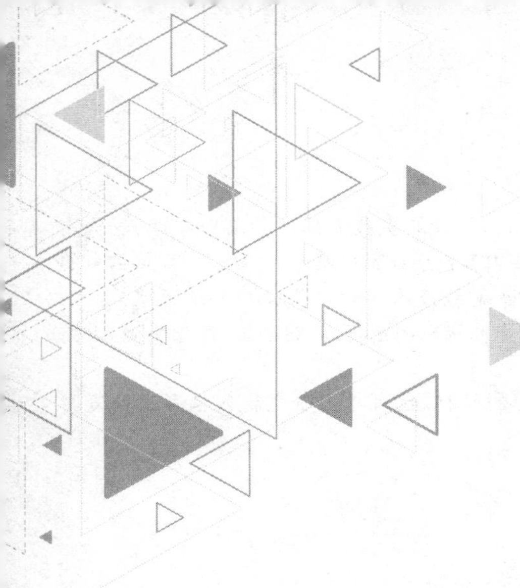

普通高等教育"十一五"
国家级规划教材

21世纪高等学校计算机专业
核心课程规划教材

计算机组成原理

（修订版）

◎ 张功萱　顾一禾　邹建伟　王晓峰　余立功　编著

清华大学出版社
北京

内容简介

本书主要讨论计算机单机系统的组成原理及内部工作机制，包括计算机各大部件的工作原理、逻辑实现、设计方法及其互连构成计算机整机的技术。全书共9章，主要内容包括计算机概论、计算机中数据信息的表示、运算方法与运算器、存储器系统、指令系统、控制系统与CPU、总线技术、I/O设备、I/O系统组织。

本书结合了作者多年的教学实践经验，吸取了国内外有关著作和资料的精华，内容丰富，概念明确，思路清晰，重点突出，通俗易懂，并含有大量例题与习题。

本书可作为计算机本科及相关专业的计算机组成原理课程的教材，也可作为研究生入学考试的复习用书。

图书在版编目(CIP)数据

计算机组成原理/张功萱等编著. --修订本. --北京：清华大学出版社，2016(2022.1重印)
21世纪高等学校计算机专业核心课程规划教材
ISBN 978-7-302-43363-7

Ⅰ. ①计…　Ⅱ. ①张…　Ⅲ. ①计算机组成原理　Ⅳ. ①TP301

中国版本图书馆CIP数据核字(2016)第074722号

责任编辑：魏江江　薛　阳
封面设计：刘　键
责任校对：李建庄
责任印制：朱雨萌

出版发行：清华大学出版社
网　　址：http://www.tup.com.cn，http://www.wqbook.com
地　　址：北京清华大学学研大厦A座　　**邮　　编**：100084
社 总 机：010-62770175　　**邮　　购**：010-83470235
投稿与读者服务：010-62776969，c-service@tup.tsinghua.edu.cn
质量反馈：010-62772015，zhiliang@tup.tsinghua.edu.cn
课件下载：http://www.tup.com.cn，010-83470236
印 装 者：三河市天利华印刷装订有限公司
经　　销：全国新华书店
开　　本：185mm×260mm　　**印　　张**：26.25　　**字　　数**：655千字
版　　次：2005年8月第1版　2016年8月第2版　　**印　　次**：2022年1月第11次印刷
印　　数：18501～20500
定　　价：49.00元

产品编号：053727-01

修订版前言

“计算机组成原理”是计算机硬件课群中至关重要的一个环节，它是计算机专业的一门核心主干课程，在先导课程和后续课程之间起着承上启下的作用。本书自2005年出版以来，得到了许多高校同行的好评和使用，并深受计算机专业的学生欢迎。为适应计算机的发展，适应教学改革的需要，我们结合近十年的教学实践经验，重新修订和组织教材结构，调整了部分教学内容，使本书结构更加精练，内容更具有实用性。

本书大纲及内容组织由集体讨论而成。全书共9章：第1章为计算机概论，介绍了计算机硬件5大部件之间的关系以及计算机的发展情况；第2章讲述计算机中数据信息的表示；第3章是运算方法与运算器，讲解了运算器的组织方法；第4章讨论了存储器系统，讲解了各类存储器件的工作原理和存储器系统的扩充方法；第5章主要讲解了指令系统与寻址方式；第6章讨论控制系统与CPU；第7章介绍目前流行的总线技术；第8章和第9章主要叙述I/O设备的工作原理以及外设与主机之间的互连问题。本书强调了计算机的基本原理、基本知识和基本技能的训练，通过控制器原理的学习和模型机的例子，可以使读者建立起计算机整机工作的概念，为从事计算机系统的分析、设计、开发与维护等工作打好基础。

本书还附有配套的电子教案，有需要的读者可与清华大学出版社联系。

本书的第1章、第6章由张功萱编写，第2章、第3章、第5章由顾一禾编写，第4章由王晓峰编写，第7章、第9章由邹建伟编写，第8章由余立功编写。全书由张功萱、顾一禾统稿与编审。清华大学出版社的编辑们为本书的出版做了大量的工作，在此对他们辛勤的工作和热情的支持表示诚挚的感谢！

编者虽然从事计算机组成原理等课程的教学工作多年，但由于时间仓促以及水平有限，书中难免出现错误和不妥的地方，恳切欢迎广大同行和读者批评指正。我们的电子邮箱是：gongxuan@njust.edu.cn。

编　者

2016年6月

目录

第1章 概论

随着科学技术的高速发展,促使了电子计算机的诞生。电子计算机按其信息的表示形式和处理方式可分为电子模拟计算机和电子数字计算机两大类。电子模拟计算机是以连续变化的量即模拟量表示数据,通过电的物理变化过程实现运算。电子数字计算机是以离散量即数字量表示数据,应用算术运算法则实现运算。电子模拟计算机由于受元器件精度的影响,其运算精度较低,解题能力有限,信息存储困难,因而应用面很窄。电子数字计算机由于具有很强的逻辑判断功能和大的存储能力,具有计算、模拟、分析问题、操作机器、处理事务等能力,因而得到了极其广泛的应用。它可以以近似于人的大脑的"思维"方式进行工作,所以又被称为"电脑"。

电子数字计算机的诞生是当代最卓越的科学技术成就之一。它的发明与应用,标志着人类的文明史进入了一个新的历史阶段。它的迅速发展已成为当今新技术革命浪潮中最活跃的因素,也是衡量世界各国现代科学技术发展水平的重要标志。本书主要讨论电子数字计算机的组成原理,为叙述简便,书中不再在计算机前面冠以"电子数字"的定语。

本章简要介绍计算机的发展和基本组成,使读者对组成计算机中各大部件的主要功能和一些基本术语有个初步了解,以便在后面各章学习中能更好地理解各大部件的组成原理。

1.1 计算机的发展历史

从 1946 年 2 月 15 日第一台计算机 ENIAC (Electronic Numerical Integrator and Computer)诞生以来,计算机的发展经历了差不多 70 年的迅猛发展。下面从硬件和软件两个方面介绍计算机的发展历程。

1.1.1 更新换代的计算机硬件

翻开计算机的发展历史,人们感受最直接的是计算机器件的发展,因此习惯上将计算机的发展按"代"划分为 5 个发展阶段。

1. 电子管时代(1946—1959 年)

在第一代电子管阶段,计算机以电子管作为基本逻辑单元,主存储器采用的是声汞延迟线、磁鼓等材料,数据用定点表示。

ENIAC 当属鼻祖,它体积庞大(8 英尺(1 英尺=0.3048 米)高,3 英尺宽,100 英尺长),使用了 18 000 个电子真空管、1500 个电子继电器、70 000 个电阻和 18 000 个电容,功耗为 150 千瓦,重达 30 吨,速度为每秒 5000 次加法运算。

在这一阶段,最具代表性的机器有冯·诺依曼的 IAS(1946 年)、UNIVAC 公司的 UNIVAC-I(1951 年)、IBM 公司的 IBM701(1953 年)和 IBM704(1956 年)。我国在这一阶段推出的计算机有103机、104机、119机等机种。

2. 晶体管时代(1959—1964年)

第二代晶体管阶段的计算机主要以晶体管代替电子管作为基本逻辑元件,主存储器由磁芯构成,通过引入浮点运算硬件加强科学计算能力。

晶体管计算机具有体积小、功耗低、速度快和可靠性高等特点,推动了计算机的革命。最具代表性的机器有IBM公司的IBM7090(1959年)、IBM7094(1962年)。我国在1965年推出第一台晶体管计算机——DJS-5机,此后成功研制了DJS-121机、DJS-108机等5个机种。

3. 中、小规模集成电路时代(1964—1975年)

随着半导体工艺的发展,集成电路得以研制成功,自然成了计算机的主要逻辑元件,计算机进入了第三个发展阶段——中、小规模集成电路(MSI、SSI)时代,主存储器也进入了由半导体存储器代替磁芯存储器的发展阶段,采用多处理器并行结构的大型、巨型机和物美价廉的小型机得到快速发展。

本阶段典型的计算机有IBM公司的IBM360系列(1964年)、CDC公司的CDC6600(1964年)和DEC公司的PDP-8(1964年)。我国这个时期也推出了大/中/小型计算机,如150机(1973年)、DJS-130机(1974年,100系列机)、220机(1973—1981年,200系列机)和182机(1976年,180系列机)。

4. 超、大规模集成电路时代(1975—1990年)

随着集成电路的集成度进一步提高,超规模、大规模电路被广泛应用于计算机,进入了第四个阶段——超、大规模集成电路(VLSI、LSI)时代,半导体存储器完全替代了磁芯存储器,发展了并行技术、多机系统和分布式计算技术,出现了RISC指令集。

此时,巨型向量机、阵列机等高级计算机得到了发展,如美国的Cray-I,我国的HY-I等。同时,低档的微处理器开始面世,并迅速推向社会各个领域和家庭。

1973年,Intel 8080的研制成功标志着8位微机占领市场时刻的到来,如Z80微机、Apple II微机等,而1978年采用Intel 8086微处理器构成的16位微机IBM-PC/XT的面世,真正使得台式个人计算机走进办公室和家庭。

低端微机发展的另一个方面是单片机,它被广泛应用于工业控制、智能仪器仪表。

与此同时,计算机网络也由实验研究阶段转入商业市场,推动了计算机信息处理的发展和应用,从而带动并形成了计算机IT业。

5. 超级规模集成电路时代(1990年至今)

从集成度来看,计算机使用的半导体芯片集成度接近了极限,出现了极大、甚大规模集成电路(ULSI、ELSI)。这一阶段出现了采用大规模并行计算和高性能机群计算技术的超级计算机,如IBM公司的"深蓝"计算机是一台RS/6000 SP2超级并行计算机,有256块处理器芯片。我国的HY-Ⅲ(大规模并行处理,128个CPU,1997年)、HY-Ⅳ(机群技术)巨型机已达到国际水平,而在1999年,"神威-Ⅰ"超级并行处理计算机的成功研制使我国继美国和日本之后成为第三个具备研制高性能计算机能力的国家。

微处理器此时推出了32位、64位的芯片,如Pentium 4、Itanium Ⅱ等,微机性能更上一个台阶。我国也开始了处理器芯片的设计与研究,推出了自己的"龙芯"芯片。微处理器芯片还可以作为巨型机的处理单元,构成大规模计算阵列。

1.1.2 日臻完善的计算机软件

软件是计算机系统的重要组成部分,它能够在计算机裸机的基础上,更好地发掘计算机的性能。因此，计算机软件的发展与计算机硬件及技术的发展紧密相关。

1. 汇编语言阶段(20 世纪 50 年代)

这一阶段软件基本是空白，根本没有系统软件，只有专业人员才能操作计算机。人们通过机器语言来编写程序，没有程序控制流的概念。当在程序中插入一条新指令时，需要程序员手工移动数据和程序，操作烦琐而又困难。为了便于记忆和操作，出现了指令助记符描述指令——汇编语言，汇编语言程序是最早的软件设计抽象形式，代表了机器语言的第一层抽象。

2. 程序批处理阶段(20 世纪 60 年代)

在这一阶段，编译器开始出现，软件方面产生了 FORTRAN、COBOL、ALGOL 等高级语言，控制流概念获得直接应用，并开始对算法和数据结构进行研究，出现了数据类型、子程序、函数、模块等概念，将复杂的程序划分为相对独立的逻辑块，大大简化了程序设计过程。在软件调度与管理上，建立了子程序库和批处理的管理程序。

3. 分时多用户阶段(20 世纪 70 年代)

高级语言的便利使人们不断完善编译程序和解释程序的功能，极大地改进了程序设计手段和设计描述方法。人们开始认识到加强对计算机硬件资源管理和利用的必要性，提出了多道程序和并行处理等新技术，推出了 UNIX 操作系统(1974 年)。多个用户可以通过操作终端将程序输入到功能较强的中央主机，操作系统分时调度运行程序。这一阶段随着 UNIX 系统的成功面世，产生了 C 语言的编程风格。

4. 分布式管理阶段(20 世纪 80 年代)

UNIX 操作系统的问世，使人们开始在这一环境中研究分布式操作系统。而在 IBM 公司推出 PC/XT 后，出现了开放式的、模块化的单机操作系统——DOS 系统。在这一时期，人们将精力用于研究数据库管理系统，致力于一个单位的信息管理软件的开发，使办公自动化、无纸化成为可能。同时，我国开始了汉字信息处理的系统软件开发，完成了 CCDOS 汉字处理系统。在 20 世纪 80 年代中后期，开放式局域网络进入市场，为信息共享奠定了物质基础。基于网络的分布式系统软件的研究初现端倪。

5. 软件重用阶段(20 世纪 90 年代)

在这个阶段，面向对象技术得到了广泛的应用，形成了以面向对象为基础的一系列软件概念和模型，包括基于视窗的操作系统、软件界面的可视化构成控件、动态链接库、组件、OLE、ODBC、CORBA 和 JaveBean 等，为软件的划分、重用和组装设计提供了崭新的思想和技术。同时，随着 Internet 网络技术的成熟和完善，基于 Web 的分布式应用软件的研究与开发成了主流，出现了软件工程概念。

6. Web 服务阶段(21 世纪前 10 年)

目前，基于 Internet 网络技术的分布式计算软件仍然是软件业研究和开发的主要方向，如 Web 多层体系结构、协同计算模型等。大型企业数据库管理系统的应用为软件开发的主流。然而随着应用系统的增强和扩充，需要进一步挖掘 Internet 网络功能，因此人们开始了 Web 应用服务器系统软件的研究，形成了以 Web 应用服务器为中心的多层开发体系结构，出现了 J2EE 编程技术规范，推出了网格计算技术和 Web Services 协议架构。

7. 云计算阶段(现今全球热点)

进入 2010 年以后，云计算技术在全球 IT 领域蜂拥而起，成为当今信息领域的主要商业计算模式而应用于各个领域。云计算是一种全新的网络服务模式，是对并行计算、分布式计算和网格计算的发展或商业实现，将传统的以桌面为核心的任务处理转变为以网络为核心的任务处理,利用互联网实现自己想完成的一切处理任务,使网络成为传递服务、计算力和信息的综合媒介,真正实现按需计算、网络协作。云计算包括软件即服务(SaaS)、平台即服务(PaaS)和基础设施即服务(IaaS)三层架构。

1.2 计算机系统的硬件组成

1.2.1 计算机的功能部件

计算机的基本功能主要包括数据加工、数据保存、数据传送和操作控制等。数据加工的任务是对数据进行算术运算和逻辑运算;数据加工的任务是在计算机进行数据处理时,将计算机中的信息(指令和数据)保存起来,必要时需要永久性地保存,以便于再次运算或对结果进行分析;数据的传送反映在必须有传输通道将数据从一个地方传送到另一个地方,尤其是数据必须能够在“外界”和计算机之间传送,人们才能够将加工的数据发给计算机,并得到计算机完成的结果;当然,所有这些工作都必须在严格的控制之下,有条理地进行,这样才能达到人们期望的结果。

为了实现这些基本功能,计算机必须要有相应的功能部件(硬件)承担有关工作。计算机的硬件系统就是指组成一台计算机的各种物理装置,它是由各种实实在在的器件组成的,是计算机进行工作的物质基础。计算机的硬件通常由输入设备、输出设备、运算器、存储器和控制器等 5 大部件组成,如图 1-1 所示。

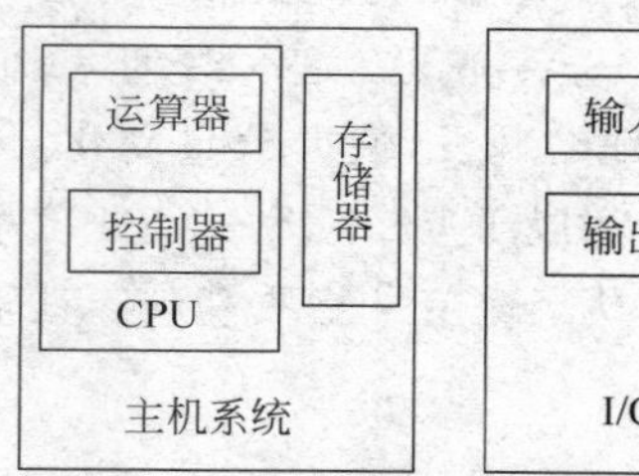

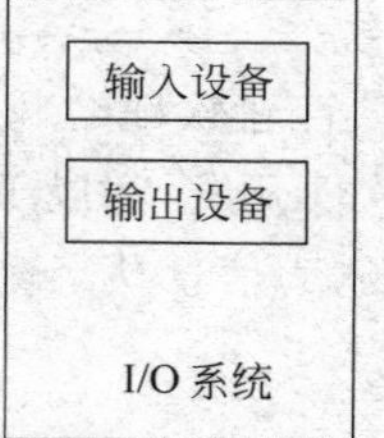

图 1-1 计算机的基本硬件

1. 输入设备

输入设备的主要功能是将程序和数据以机器所能识别和接受的信息形式输入到计算机内。最常用也是最基本的输入设备是键盘,此外还有鼠标、扫描仪、摄像机等。

2. 输出设备

输出设备的主要功能是将计算机处理的结果以人们所能接受的信息形式或其他系统所要求的信息形式输出。最常用、最基本的输出设备是显示器、打印机。

计算机的输入输出设备(简称 I/O 设备)是计算机与外界联系的桥梁,没有 I/O 设备,计算机既不知道干什么,也不知道怎么干,干的结果也无法知道。所以,I/O 设备是计算机中不可缺少的一个重要组成部分。

3. 存储器

存储器是计算机的存储部件,是信息存储的核心,用来存放程序和数据。

存储器分为主存储器(也称内存储器)和辅助存储器(也称为外存储器)。CPU 能够直接访问的存储器是主存储器(简称主存)。辅助存储器帮助主存记忆更多的信息,辅助存储器中的信息必须调入主存后,才能为 CPU 所使用。

主存储器如同一个宾馆一样分为很多个房间,每个房间称为一个存储单元。每个单元都有自己唯一的门牌号码,称为地址码。存储器通常是按地址进行访问的。若对存储器某个单元进行读写操作,必须首先给出被访存储单元的地址码。

主存的最基本的组成可简化为如图 1-2 所示的逻辑框图。图中存储体相当于宾馆的客房，它是存放二进制信息的主体。地址寄存器用于存放所要访问的存储单元的地址码，由它经地址译码找到被选的存储单元。数据寄存器是主存与其他部件的接口，用于暂存从存储器读出（取出）或向存储器中写入（存入）的信息。控制逻辑用于产生存储器操作所需各种时序信号。

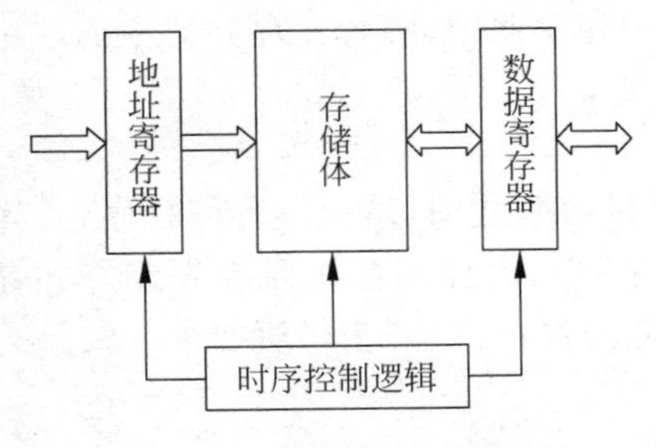

图 1-2　主存储器结构简图

4. 运算器

运算器是计算机的执行部件，用于对数据的加工处理，完成算术运算和逻辑运算。算术运算是指按照算术运算规则进行的运算，如加、减、乘、除以及它们的复合运算。逻辑运算则为非算术性运算，如与、或、非、异或、比较、移位等。

运算器的核心是算术逻辑部件（Arithmetic and Logical Unit，ALU）。运算器中设有若干寄存器，用于暂存操作数据和中间结果。这些寄存器常兼备多种用途，如用作累加器、变址寄存器、基址寄存器等，所以通常称为通用寄存器。运算器的简单框图如图 1-3 所示。

5. 控制器

如果把计算机比作一个乐团，那么我们前面讲的输入设备、输出设备、存储器、运算器就相当于不同乐器的演奏员，而控制器则相当于乐团的指挥，它是整个计算机的指挥中心。乐团的指挥是根据作曲家事先编好的“乐曲”进行指挥的，计算机控制器也是根据事先编好的“乐曲”进行指挥的，这个“乐曲”称为程序。程序就是解题步骤，控制器就是按事先安排好的解题步骤，控制计算机各个部件有条不紊地自动工作。程序以指令序列存放在存储器中，控制器是根据程序实施控制的，把这种工作方式称为存储程序方式。

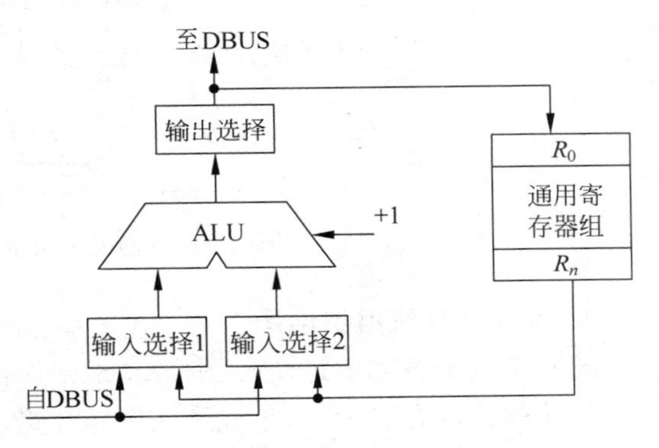

图 1-3　运算器的简单框图

1.2.2　冯·诺依曼计算机

存储程序的概念是由美国数学家冯·诺依曼于 1946 年 6 月在研究 EDVAC 计算机时首先提出来的，它奠定了现代计算机的结构基础，尽管几十年来，计算机体系结构发生许多重大变革，但存储程序的概念仍是普遍采用的结构原则，现在广泛应用的计算机仍属于冯·诺依曼的结构格式。

1. 存储程序思想

冯·诺依曼思想的基本要点可归纳如下。

1）计算机由输入设备、输出设备、运算器、存储器和控制器 5 大部件组成

图 1-1 示出了计算机的基本硬件组成。通常把运算器和控制器统称为 CPU，把 CPU 与主存储器（内存）统称为计算机主机，而把输入设备、输出设备、外存储器称为计算机的外部设备，简称为 I/O 设备。

2）采用二进制形式表示数据和指令

指令是程序的基本单位，由操作码和地址码两部分组成，操作码指明操作的性质，地址码

给出数据所占存储单元的地址编号。若干指令的有序集合组成完成某功能的程序。冯·诺依曼结构计算机中,指令与数据均以二进制代码的形式同存于存储器中,两者在存储器中的地位相同,并可按地址寻访。

3) 采用存储程序方式

这是冯·诺依曼思想的核心。存储程序是指在用计算机解题之前,事先编写好程序,并连同所需的数据预先存入主存储器中。在解题过程(运行程序)中,由控制器按照事先编好并存入存储器中的程序自动地、连续地从存储器中依次取出指令并执行,直到获得所要求的结果为止。所以,存储程序方式是计算机能高速自动运行的基础。

2. 早期的冯·诺依曼计算机

在微处理器问世之前,运算器和控制器是两个分离的功能部件,加上当时存储器以磁芯存储器为主,计算机存储的信息量较少,因此早期冯·诺依曼提出的计算机结构是以运算器为中心的,其他部件都通过运算器完成信息的传递。图 1-4 描述了早期冯·诺依曼计算机的组织结构图。

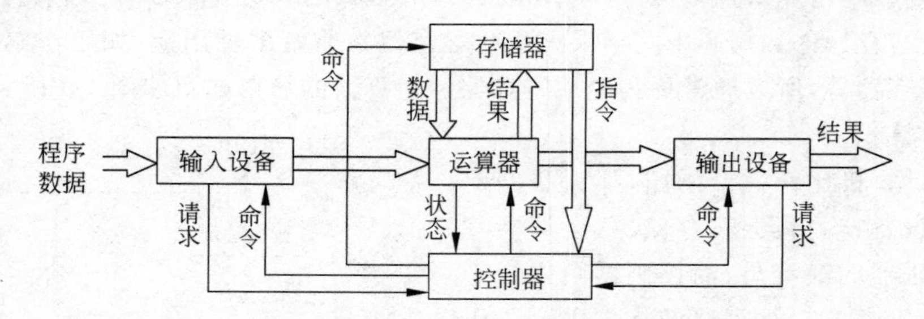

图 1-4　早期冯·诺依曼计算机的组织结构图

3. 现代计算机组织结构

随着微电子技术的进步,人们成功地研制出了微处理器。微处理器将运算器和控制器两个主要功能部件合二为一,集成到一个芯片里。同时,随着半导体存储器代替磁芯存储器,存储容量成倍地扩大,加上需要计算机处理、加工的信息量与日俱增,以运算器为中心的结构已不能满足计算机发展的需求,甚至会影响计算机的性能。必须改变这 5 大功能部件的组织结构,以适应发展的需要,因此现代计算机组织结构逐步转变为以存储器为中心,如图 1-5 所示。但是,现代计算机的基本结构仍然遵循冯·诺依曼思想。

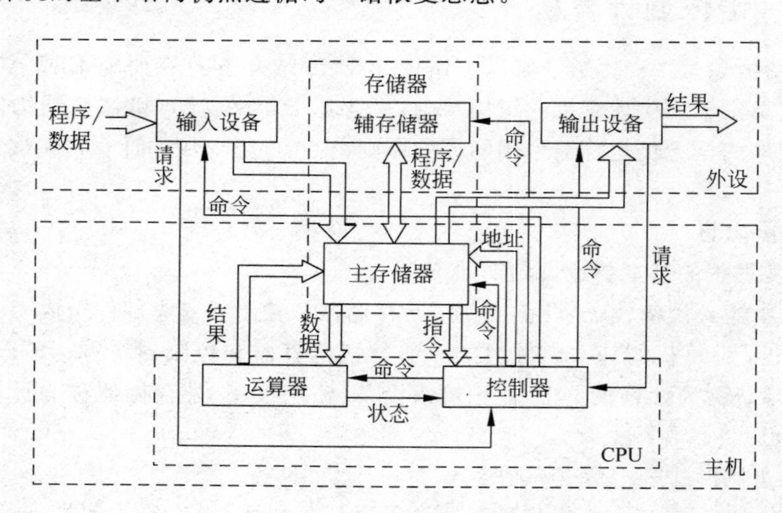

图 1-5　现代计算机结构图

1.3　计算机的软件系统

在计算机系统中，各种软件的有机组合构成了软件系统。基本的软件系统应包括系统软件与应用软件两大类。

1.3.1　系统软件

系统软件是一组保证计算机系统高效、正确运行的基础软件，通常作为系统资源提供给用户使用，主要有以下几类。

1. 操作系统

操作系统是软件系统的核心，负责管理和控制计算机的硬件资源、软件资源和程序的运行，包括并发控制、内存管理、处理机的进程/线程调度、I/O 管理和磁盘调度、文件命名与管理等。它是用户与计算机之间的接口，提供了软件的开发环境和运行环境。

2. 语言处理程序

由于计算机硬件实体只能识别和处理用数字代码表示的机器语言，因此任何用其他语言编制的程序都必须经过“翻译”，“翻译”为机器语言程序后才能由计算机硬件去执行和处理。完成这种“翻译”的程序就称为语言处理程序。通常有两种“翻译”方式：一种称为解释，通过解释程序对用程序设计语言编写的源程序边解释边执行；另一种称为编译，通过编译程序将源程序全部翻译为机器语言的目标程序后，再执行目标程序。第二种是更常用的方式。

3. 数据库管理系统

计算机在信息处理、情报检索以及各种管理系统中需要大量地处理数据、检索和建立各种表格等，这些数据和表格按一定规律组织起来，就建立了数据库。

为了便于用户根据需要建立数据库，查询、显示、修改数据库的内容，输出打印各种表格等，就必须有一个数据库管理系统。数据库管理系统既可以认为是一个系统软件，也可以认为是一个通用的应用软件，用于实现对数据库的描述、管理和维护等。

4. 分布式软件系统

分布式软件主要用于分布式计算环境，管理分布式计算资源，控制分布式程序的运行，提供分布式程序开发与设计工具等。包括分布式操作系统、分布式编译系统、分布式数据库系统、分布式算法及软件包等。

5. 网络软件系统

计算机网络已是人们生活中的一部分，如收发电子邮件、网上购物等，网络软件系统就是用于支持这些网络活动和数据通信的系统软件。它包括网络操作系统、通信软件、网络协议软件、网络应用系统等。

6. 各种服务程序

一个完善的计算机系统往往配置有许多服务性的程序，主要是为了帮助用户使用和维护计算机，提供服务性手段而编制的程序。这类程序可以包含很广泛的内容，如装入程序、编辑程序、调试程序、诊断程序等。这些程序或者被包含在操作系统之内，或者被操作系统调用。

还有一些可供调用的通用性应用软件，如文字处理软件、表格处理软件、图形处理软件等，也可认为是一种服务程序。

1.3.2 应用软件

应用软件是指用户为解决某个应用领域中各类问题而编制的程序,如各种科学计算类程序、工程设计类程序、数据统计与处理程序、情报检索程序、企业管理程序、生产过程控制程序等。由于计算机已应用到各种领域,因而应用程序是多种多样,极其丰富的。目前,应用软件正向标准化、集成化方向发展,通用的应用程序可以根据其功能组成不同的应用软件包供用户选择使用。

1.4 计算机系统的组织结构

1.4.1 硬件与软件的关系

一个计算机系统是由硬件和软件两大部分组成的。硬件是计算机系统的物质基础,没有硬件,再好的软件也无法运行;没有强有力的硬件支持,就不可能编制出高质量、高效率的软件;没有好的硬件环境,一些先进的软件也无法运行。同样,软件是计算机系统的灵魂,没有软件,再好的硬件也毫无用途,犹如一堆废物;没有高质量的软件,硬件也不可能充分发挥它的效率。

虽然在一个具体的计算机系统中,硬件和软件是紧密相关、缺一不可的,但是对某一具体功能来说,可以用硬件实现,也可以用软件实现,这就是硬件和软件在逻辑功能上的等效。其是指任何由硬件实现的操作,在原理上均可用软件模拟来实现;同样,任何由软件实现的操作,在原理上都可硬化由硬件来实现。因此,在设计一个计算机系统时,必须根据设计要求和现有技术与器件条件,首先确定哪些功能直接由硬件实现,哪些功能通过软件实现,这就是硬件和软件的功能分配。

1.4.2 计算机系统的多级层次结构

现代计算机是一个硬件与软件组成的综合体。由于面对的应用范围越来越广,所以必须有复杂的系统软件和硬件的支持。又由于软件、硬件的设计者和使用者都从不同的角度,以各种不同的语言来对待同一个计算机系统。因此,他们各自看到的计算机系统的属性及对计算机系统提出的要求也就不一样。于是,对不同的对象而言,一个计算机系统就成为实现不同语言的,具有不同属性的机器。假如在软件和硬件之间,在系统设计者和使用者之间不能很好地协调、配合,就会极大地影响系统的性能与效率。

计算机系统的多级层次结构,就是针对上述情况,根据从各种角度所看到的机器之间的有机联系,分清彼此之间的界面,明确各自的功能,以便构成合理、高效的计算机系统。

目前,计算机系统层次结构的分层方式尚无统一的标准,这里采用如图 1-6 所示的层次结构。

第 0 级是硬件操作时序。

第 1 级是微程序机器层,这是一个实在的硬件层,由机器硬件直接执行微指令。

第 2 级是传统机器语言层,也是一个实际机器层。这一层由微程序解释机器指令系统。

第 3 级是操作系统层,由操作系统程序实现。操作系统程序是由机器指令和广义指令组成的,这些广义指令是为扩展机器功能而设置的,它是由操作系统定义和解释的软件指令,所

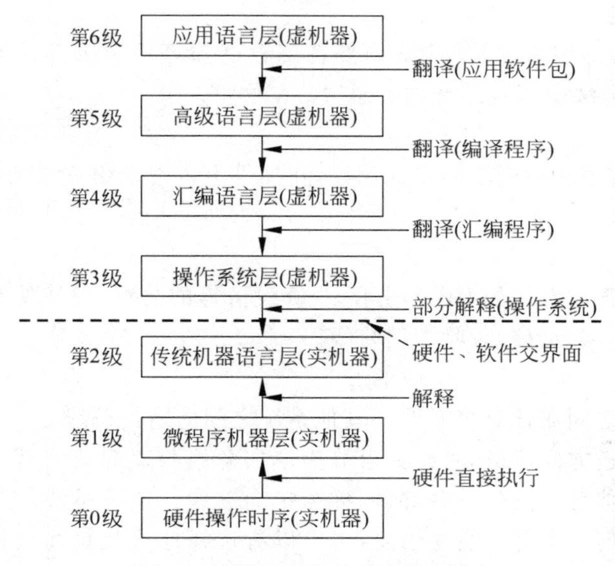

图 1-6　计算机系统的多级层次结构

以这一层也称为混合层。

第 4 级是汇编语言层，为用户提供一种符号形式语言，借此可编写汇编语言源程序。这一层由汇编程序支持和执行。

第 5 级是高级语言层，是面向用户的，为方便用户编写应用程序而设置的。该层由各种高级语言编译程序支持和执行。

第 6 级是应用语言层，直接面向某个应用领域，为方便用户编写该应用领域的应用程序而设置。由相应的应用软件包支持和执行。

在多级层次结构中，除了第 1 级和第 2 级是实机器以外，上面几层均为虚机器。所谓虚机器是指用软件技术构成的机器。虚机器一定是建立在实机器的基础上，利用软件技术扩充了实机器的功能，就好像有了一台更强功能的机器，因此称为虚机器。

采用上述层次结构的观点来设计计算机，显然对保证产生一个良好的系统结构是很有益处的。同样，对读者掌握计算机的组成也提供了一种较好的结构和体制。

1.4.3　计算机硬件系统的组织

正如前面所述，计算机由 5 大基本部件组成，那么把 5 大基本部件互连起来构成计算机的硬件系统，就是计算机硬件系统的组织问题。在计算机的 5 大部件之间，有大量的信息需要传送，如何实现信息的传送，取决于数据通路的逻辑结构。早期的计算机往往在各部件之间直接连接传送线路，数据通路复杂、零乱，控制不便，而且没有多少扩展余地。现在的计算机则普遍采用总线结构。

总线是一组可以为多个功能部件共享的公共信息传送线路。为保证总线上信息不至于冲突，共享总线的各个部件必须分时使用总线发送信息，以保证总线上信息每时每刻都是唯一的。但是，总线上的各个部件可同时接收总线上的信息。

总线的概念已广泛应用于计算机系统的各级硬件中，按其任务，可把总线分为下面几种类型。

1. CPU 内部总线

这是一级数据线，是用来连接 CPU 内部各寄存器和算术逻辑部件的总线。在微型计算机系统中，CPU 内部总线也就是芯片内的总线。

2. 部件内总线

在计算机中，通常按功能模块制作成插件，在插件上也常采用总线结构连接有关芯片。这一级属芯片间的总线。

3. 系统总线

这是连接系统内各大部件如 CPU、主存、I/O 设备等的总线，是连接整机系统的基础。系统总线包括地址线、数据线、控制/状态信号线。

4. 外总线

这是计算机系统之间或计算机系统与其他系统之间的通信总线。

按照总线信息传送方向区分，总线又可分为单向总线与双向总线两种。连接总线的某些部件只能有选择地将信息传向另一些部件，称为单向总线。连接总线的任何一个部件可以有选择地向总线上的任何一个部件发送信息，也可以有选择地接收总线上任何一个部件发送来的信息，这种双向传送信息的总线称为双向总线。

采用总线结构可以大幅减少传输线数，减轻发送部件的负载，并可简化硬件结构，灵活地修改与扩充系统。

如图 1-7 所示的是以总线为基础的微、小型机的典型结构。这是一种单总线结构，通过一组系统总线（数据线、地址线、控制线）把 CPU、存储器及各种 I/O 接口连接起来。接口泛指系统总线与外围设备间连接的逻辑部件。

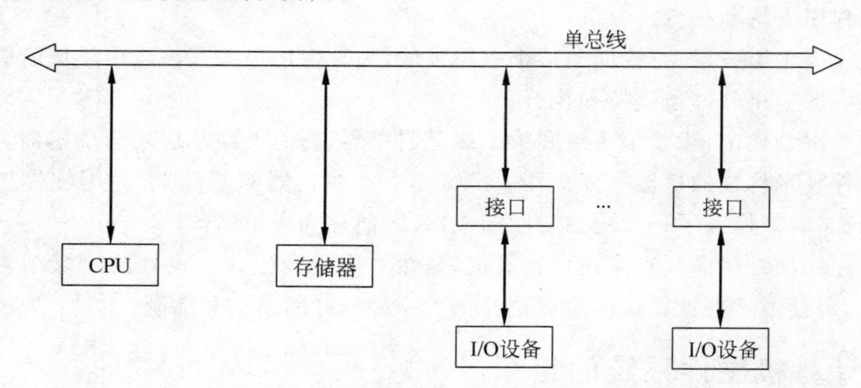

图 1-7 计算机的单总线结构

在图 1-7 的单总线结构中，CPU 通过单总线访问主存储器，CPU 与各 I/O 设备之间，I/O 设备与主存之间，各 I/O 设备之间，都可以通过这组单总线交换信息。因此，可以将各 I/O 设备的寄存器与主存单元统一编址，统称为总线地址。这样 CPU 可以用通用的传送指令像访问主存单元一样地访问 I/O 设备的寄存器，不仅控制简单，而且易于系统扩充，这是单总线结构的突出优点。但是，由于同一时刻只能在一对设备之间或部件之间传送信息，因此系统速度受到限制。另外，由于主存与 CPU 间的信息传送要比 CPU 与 I/O 设备间的信息传送频繁很多，而单总线结构把主存与 I/O 设备同等对待，这就降低了主存的地位。因此，在 CPU 与主存之间增加了一组存储器总线，CPU 访存直接通过存储器总线实现，这就是在单总线基础上发展为面向主存的双总线结构，如图 1-8 所示。

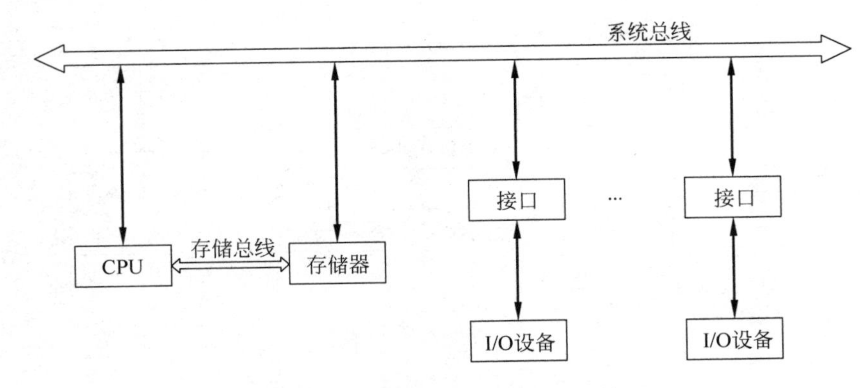

图 1-8　面向存储器的双总线结构

这种双总线结构保持了单总线结构的优点，同时由于通过存储器总线访存，提高了 CPU 的访存速度，并且也减轻了系统总线的负担。

除上述总线结构外，在早期的一些小型机中还有一种以 CPU 为中心的双总线结构，如图 1-9 所示。图中有两组总线，一组为存储器总线，它是 CPU 与主存之间的信息传送通路；另一组为 I/O 总线，它是 CPU 与 I/O 设备之间的信息交换通路。这种结构的优点是比较简单，但由于 I/O 设备与主存间的信息传送都必须通过 CPU 进行，使 CPU 要花费大量时间进行信息的输入输出处理，从而降低了 CPU 的工作效率。

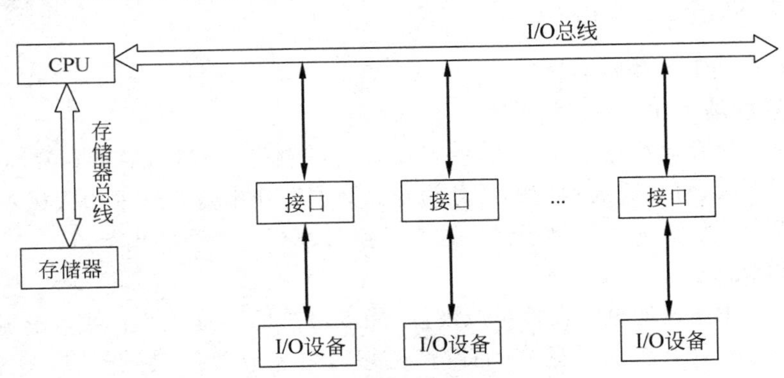

图 1-9　以 CPU 为中心的双总线结构

上述的总线结构主要用于微、小型计算机中。对于中、大型计算机系统的构成，主要着重于系统功能的扩充和效率的提高。为了增强系统功能，必然要配置更多的硬件资源和软件资源。

由于主存储器的负荷更重，在 CPU 与主存之间、主存与 I/O 设备之间，都需要有独立的传送通路。

由于 I/O 设备的增多使 I/O 处理成为又一个十分突出的问题。许多 I/O 设备由于具有机械动作，其工作速度远比 CPU 的速度低，因此如何解决速度匹配问题，使 CPU 与 I/O 操作尽可能并行地工作以提高 CPU 的工作效率，成为系统结构中的一个关键问题，为此提出了通道的概念。

通道是一种具有处理机功能的专门用来管理 I/O 操作的控制部件。具有通道的计算机系统通常采用主机、通道、I/O 设备控制器、I/O 设备四级连接方式，图 1-10 示出了大、中型机

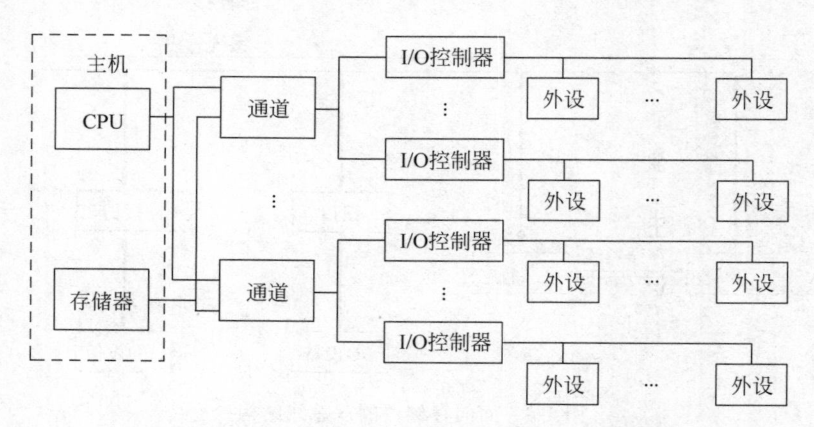

图 1-10 大、中型计算机系统的典型结构

的一种典型结构。这种结构具有较大的变化和扩展余地,对较小的系统来说,可将设备控制器与 I/O 设备合并在一起,将通道与 CPU 合并在一起。对较大的系统,则可单独设置通道,如图 1-10 所示。对更大的系统,可将通道发展为专门的 I/O 处理机,甚至功能更强的前端机。

1.5 计算机的工作特点和性能指标

1.5.1 计算机的工作特点

计算机主要有如下一些特点。

1. 能自动连续地工作

由于计算机采用存储程序工作方式,一旦输入了编制好的程序,启动计算机后,它就能按程序自动地执行下去,直到完成预定的任务为止。除非工作本身要求采用人机对话方式,一般在运算处理过程中不需要人的直接干预。这是数字计算机的一个突出特点。

2. 运算速度快

由于计算机采用高速的电子器件组成硬件,能以极高的速度工作。现在普通的微机每秒可执行数十万甚至数百万次加减运算,而巨型机每秒可完成数亿、数十亿甚至万亿次基本运算。随着计算机体系结构的发展,以及更新的技术和更高速器件的诞生,计算机将达到更高的速度。

3. 运算精度高

由于计算机采用二进制数字表示数据,因此它的精度主要取决于表示数据的二进制位数,位数越多,精度越高。所以,在计算机中不仅有单字长运算,为了获得更高的精度,还可以进行双倍字长、多倍字长的运算。

4. 具有很强的存储能力和逻辑判断能力

计算机的存储器具有存储大量信息的功能,这是数字计算机的又一主要特点。计算机的许多功能和特点也是由此派生的。由于存储程序,所以能自动连续地工作,而且存储容量越大,可存储的信息越多,计算机功能就越强,使许多信息处理得以实现。

计算机不仅具有运算能力,而且还具有很强的逻辑判断能力,这是计算机高度自动化工作的基础。正因为它可以根据上一步运算结果的判断,自动选择下一步工作,使计算机能够进行诸如资料分类、情报检索、逻辑推理等具有逻辑加工性质的工作,极大地扩大了计算机的应用范围。

5. 通用性强

由于计算机具有上面一些特点，使计算机的使用具有很大的灵活性和通用性，能应用于各个科学技术领域，并渗透到社会生活的各个方面。

1.5.2 计算机的性能指标

计算机是一个综合处理系统，因此很难用一两项具体指标，衡量其优劣。全面衡量一台计算机的性能要考虑多项指标，而且不同面向的计算机其侧重点也有所不同。这里仅介绍一些基本的性能指标。

1. 基本字长

基本字长是指参与运算的数的基本位数。字长往往也是硬件组织的基本单位，它决定着寄存器、ALU、数据总线的位数，因而直接影响着硬件成本。如 PC 字长有 16 位、32 位、64 位等，巨型机的字长一般是 64 位。

字长标志着运算精度，当 i 位十进制数与 j 位二进制数比较时，存在下列等式：

$$10^i = 2^j$$

两边取对数得：

$$\frac{j}{i} = \frac{\ln 10}{\ln 2} = 3.3$$

可见，要保证 i 位十进制数的精度，至少要采用 3.3 倍 j 位二进制数的位数，否则精度难以满足要求。

为了适应不同应用需要，兼顾精度和硬件成本，许多计算机都允许变字长运算，如双字长运算。

2. 主存容量

主存储器所能存储的最大信息量称为主存容量。CPU 需要执行的程序和要处理的数据都存放在主存中。主存容量大，可以存入大量信息，运行比较复杂的程序，可利用更完善的软件支撑环境。所以，计算机的处理能力在很大程度上取决于主存容量的大小。

主存容量以字节数表示，如 4MB，表示可存储 4M(1M＝1024K)个字节。在以字为单位的计算机中常用字数乘以字长表示主存容量，如 512K×32 位。表 1-1 列出了存储容量的常用计量单位。

表 1-1 存储容量的常用计量单位

单 位	通常意义	实际表示
K(Kilo)	10^3	$2^{10}=1024$
M(Mega)	10^6	$2^{20}=1\ 048\ 576$
G(Giga)	10^9	$2^{30}=1\ 073\ 741\ 824$
T(Tera)	10^{12}	$2^{40}=1\ 099\ 511\ 627\ 776$
P(Peta)	10^{15}	$2^{50}=1\ 125\ 899\ 906\ 842\ 624$

3. 运算速度

由于计算机执行不同的操作所需时间可能不同，因而对运算速度的描述常采用不同方法。第一种方法是以加法指令的执行时间为标准来计算，例如 DJS130 机一次加法时间为 2μs，所以运算速度为每秒50万次；第二种方法是根据不同指令在程序中出现的频度，乘上不同的系数，求得系统平均值，得到平均运算速度；第三种方法是具体指明每条指令的执行时间。

目前，计算机文献中常使用每秒平均执行的指令条数(IPS)作为运算速度单位，如MIPS(每秒百万条指令)或MFLOPS(每秒百万个浮点运算)。

$$\text{MIPS} = \frac{\text{指令条数}}{\text{执行时间}} \times 10^{-6}$$

$$\text{MFLOPS} = \frac{\text{浮点运算次数}}{\text{执行时间}} \times 10^{-6}$$

$$\text{MFLOPS} \approx 3 \sim 4\text{MIPS}$$

也有的用主时钟频率反映速度的快慢，例如以Intel 80386 CPU为核心的微机系统的时钟频率就有25MHz、33MHz、50MHz等多种，现在Pentium微型计算机的CPU主频已达到2.8GHz、3.5GHz等。但是，其他部件(如主存存储器)处理速度远不及主频的速度，存在很大的差距，属速度匹配问题。Cache是解决CPU和RAM的速度匹配问题的主要方法。

4. 所配置的外部设备及其性能指标

外部设备的配置也是影响整个系统性能的重要因素，所以在系统技术说明中常给出允许配置情况与实际配置情况。

5. 系统软件的配置

作为一种硬件系统，允许配置的系统软件原则上是可以不断扩充的，但实际购买的系统已配置了哪些软件，包括操作系统、高级语言、应用软件等，则表明了它当前的功能。

此外，还有可靠性、可用性、可维护性，以及安全性和兼容性等。

1.6 计算机的分类与应用

1.6.1 计算机的分类

由于考察计算机性能的角度不同，因此计算机有多种分类方法。常见的分类方法主要有以下几种。

1. 按处理的信息形式分

计算机可分为模拟计算机和数字计算机。1946年的ENIAC计算机开辟了数字计算机的先河，引来了信息工业革命。它的工作原理是，用脉冲编码表示数字，处理的是数字信息。

2. 按计算机字长分

计算机字长反映了计算机处理信息并行位的能力，可分为8位机、16位机、32位机、48位机、64位机等。

3. 按计算机应用范围分

计算机就应用范围，可分为专用机和通用机。专用机主要为专用场合而设计，具有效率高、速度快、适应性差等特点。通用机则可用于任何场合，一机多能。但它的效率和速度方面将受到一定的影响。

4. 按计算机规模分

计算机的规模反映了计算机的性能。目前，可分为超级巨型机、巨型机、小巨型机、大中型机、小型机、工作站、微机和单片机等。机器的复杂度也由复杂到简单排序，性能由高到低排序。

巨型机主要用于科学计算，其运算速度在每秒万亿次以上，存储容量大、结构复杂、价格昂贵。单片机只用一片集成电路芯片构成，体积小、结构简单、价格便宜、性能指标较低。但随着超大规模集成电路技术的发展，各种类型计算机的概念也在不断变化。未来的微型机和单片机的性能可能相当于今天的小型机。

1.6.2　计算机的应用

现在已进入信息社会和网络时代，计算机的应用已渗透到人类社会活动的各个领域和人们的日常生活中，成为当今生活中不可缺少的一部分。按照计算机应用的特点，可以划分为以下几个方面。

1. 科学计算

计算机起源于计算问题，可以说科学计算是计算机应用最早且最重要的应用领域之一，主要用于完成科学研究和工程技术中所提出的数学问题。科学计算的特点是计算量大、求解的问题复杂，如核反应堆方程式、卫星轨道、材料结构受力分析等的计算，飞机、汽车、船舶、桥梁等的设计，这些工作无法由人工完成，必须要高性能的计算机处理。

2. 数据处理

数据处理用于非工程技术的大量数据的计算、管理等工作。它包括政府公文、报表和档案的归类与管理；企事业单位的财务、人事、生产调度等信息的收录、整理、统计、检索等。数据处理的特点是处理的数据量大，但计算比较简单，存在许多逻辑运算与判断，处理的结果以表格和文件(数据库)形式存储、输出。常见数据处理有银行储蓄系统、证券交易系统、办公自动化、管理信息系统、专家系统等。计算机数据处理是现代企事业单位、国家政府机关提高管理水平的重要标志。

3. 现代控制

现代控制主要是指计算机通过传感设备控制某领域的操作或加工过程。大部分体现为工业生产的过程控制，以提高生产自动化程度、降低人工劳动强度、促进产品质量和生产水平全面上升，是涉及面很广的一门学科。它以标准的工控计算机软、硬件平台构成集成系统，具有适应性强、开放性好、扩展容易等优点。

随着微处理器和单片机技术的发展，嵌入式系统是当今用于人类生产和生活中的最热门的概念之一，是控制、监视或者辅助设备、机器和车间运行的装置。在工业和服务领域，使用嵌入式技术的数字机床、智能工具、工业机器人、服务机器人等正在逐渐改变着传统的工业生产和服务方式。

4. 辅助设计

计算机辅助设计(Computer Aided Design，CAD)是利用计算机帮助设计人员进行工程、产品、建筑等设计工作的过程和技术。设计人员通过计算机辅助设计系统(如 CAD 2004 设计系统)输入任务需求，由计算机产生设计结果，并通过图形设备进行交互，以便及时对设计做出判断和修改，最终完成设计工作。采用 CAD 技术，提高了设计的自动化水平，缩短了设计周期，减轻了设计人员的劳动强度，也极大地提高了设计质量。

CAD 技术的发展，也带动了计算机辅助制造(Computer Aided Manufacturing，CAM)的进步。CAM 是指在制造业中，利用计算机辅助各种设备完成产品的加工、装配、检测和包装等的过程和技术，为提高生产率、降低产品成本和提高产品质量发挥重要作用。

5. 人工智能

人工智能是指用计算机来模拟、延伸和扩展人的智能的技术。人工智能技术的研究与应用主要体现在模式识别、自然语言翻译、博弈、专家系统、虚拟仿真、机器人等方面。

模式识别是指用计算机对某些感兴趣的客体(图像、文字等)做定量的或结构的描述,并自动地分配到某个模式类别中。

专家系统则是用计算机来模拟专家的行为。人们利用计算机将专家丰富的知识和经验以数据形式构成存储量极大的知识库,并通过专用软件按照用户的要求给出合理的解答。

虚拟仿真是利用计算机生成一种模拟环境,通过各种传感设施使客户身临其境,达到与环境直接进行交互的目的。

博弈是并行处理技术和专家系统结合的又一新的应用技术。1997 年 5 月 12 日,IBM 的"深蓝"超级并行计算机出奇制胜,以 3.5:2.5 的总比分战胜了国际象棋特级大师俄罗斯名将卡斯帕罗夫,实现了人机对决的首场胜利。"深蓝"的 256 块处理器芯片中,每片都能完成每秒 200 万步棋的推算量,加起来共有每秒 2 亿步棋的神速。同时还存储了一百多年来全球所有国际象棋特级大师开局和残局的棋谱。可见"深蓝"威力非同一般。

6. 网络应用

虽然 Internet 网络起源于 20 世纪 60 年代的阿网,但直到 20 世纪 80 年代中期,Novell 公司推出开放的、模块化的 Netware 网络系统后,计算机网络才从实验研究阶段转向公众,走向社会。因此,各种基于网络的 MIS 系统应运而生,从而加快了社会信息自动化的前进步伐。

随着计算机技术和网络通信技术的进一步发展,Internet 网络的应用全面推广,电子邮件、电子商务、企业 Web 应用系统、计算机远程网络教育、网络聊天、多媒体音视频点播等,说明了我们已处在计算机网络时代。

7. 互联网+技术

德国的工业 4.0 将物联网互联网引入制造业,产生了智能工厂(重点研究智能化生产系统及生产流程等的实现)和智能生产(涉及企业的物流生产管理、智能技术的应用等),由此引发了第四次工业革命。从互联网到物联网包括工业 4.0,产生了大量的人机互联、机器与机器的互联。

2015 年,中国提出了"互联网+"行动计划,将移动互联网、云计算、大数据和物联网等与现代制造业结合,促进电子商务、工业互联网和互联网金融健康发展。所谓"互联网+"就是以互联网为主的一整套信息技术(包括移动互联网、云计算、大数据技术等)在经济、社会生活各部门的扩散、应用过程。互联网作为一种通用目的技术(General Purpose Technology),将对人类经济社会产生巨大、深远而广泛的影响。

中国未来重点发展工业互联网,推动智慧工厂建设,智能生产是工厂的主导生产模式,同时其他行业推出了智慧医疗、智慧家居、智能交通等,由此产生着大量繁杂的互联数据,网络已经数据化了。

大数据的特征是规模化(Volume)、多样化(Variety)、高速率(Velocity)、低价值(Value),还有其真实性(Veracity)。大数据的处理成为网络计算的核心问题,即对于非结构化、多元、异构、实时的数据,怎么样能够挖掘出对于企业直接有用的信息,是互联网要解决的一个关键问题。

习　　题

1.1　基本的软件系统包括哪些内容？

1.2　计算机硬件系统由哪些基本部件组成？它们的主要功能是什么？

1.3　冯·诺依曼计算机的基本思想是什么？什么叫存储程序方式？

1.4　早期计算机组织结构有什么特点？现代计算机结构为什么以存储器为中心？

1.5　什么叫总线？总线的主要特点是什么？采用总线有哪些好处？

1.6　按其任务分总线有哪几种类型？它们的主要作用是什么？

1.7　计算机的主要特点是什么？

1.8　衡量计算机性能有哪些基本的技术指标？以你所熟悉的计算机系统为例，说明它的型号、主频、字长、主存容量、所接的I/O设备的名称及主要规格。

1.9　单选题。

(1) 1942年，美国推出了世界上第一台电子数字计算机，名为________。

A. ENIAC　　B. UNIVAC-Ⅰ　　C. ILLIAC-Ⅳ　　D. EDVAC

(2) 在计算机系统中，硬件在功能实现上比软件强的是________。

A. 灵活性强　　B. 实现容易　　C. 速度快　　D. 成本低

(3) 完整的计算机系统包括两大部分，它们是________。

A. 运算器与控制器　　B. 主机与外设

C. 硬件与软件　　D. 硬件与操作系统

(4) 在下列的描述中，最能准确反映计算机主要功能的是________。

A. 计算机可以代替人的脑力劳动

B. 计算机可以存储大量的信息

C. 计算机是一种信息处理机

D. 计算机可以实现高速运算

(5) 存储程序概念是由美国数学家冯·诺依曼在研究________时首先提出来的。

A. ENIAC　　B. UNIVAC-Ⅰ　　C. ILLIAC-Ⅳ　　D. EDVAC

(6) 现代计算机组织结构是以________为中心，其基本结构遵循冯·诺依曼思想。

A. 寄存器　　B. 存储器　　C. 运算器　　D. 控制器

(7) 冯·诺依曼存储程序的思想是指________。

A. 只有数据存储在存储器

B. 只有程序存储在存储器

C. 数据和程序都存储在存储器

D. 数据和程序都不存储在存储器

1.10　填空题。

(1) 计算机CPU主要包括________和________两个部件。

(2) 计算机的硬件包括________、________、________、________和________等5大部分。

(3) 计算机的运算精度与机器的________有关，为解决精度与硬件成本的矛盾，大多数计算机使用________。

(4) 从软硬件交界面看，计算机层次结构包括________和________两大部分。

(5) 计算机硬件直接能执行的程序是________程序,高级语言编写的源程序必须经过________翻译,计算机才能执行。

(6) 从计算机诞生起,科学计算一直是计算机最主要的________。

(7) 银河 I(YH-I)巨型计算机是我国研制的________。

1.11 是非题。

(1) 控制器就是计算机的 CPU。

(2) ENIAC 计算机的主要工作原理是存储程序和多道程序控制。

(3) 决定计算机运算精度的主要技术指标是计算机的字长。

(4) 计算机总线用于传输控制信息、数据信息和地址信息的设施。

(5) 计算机系统软件是计算机系统的核心软件。

(6) 计算机运算速度是指每秒能执行操作系统的命令个数。

(7) 计算机主机由 CPU、存储器和硬盘组成。

(8) 计算机硬件和软件是相辅相成、缺一不可的。

第2章

计算机中数据信息的表示

数据信息是计算机处理的对象，学习数据在计算机中的表示方法及其运算和处理方法是了解计算机对数据信息的加工处理过程、掌握计算机硬件组成及整机工作原理的基础。

计算机表示的数据信息包括数值型数据和非数值型数据两大类。其中，数值型数据用于表示整数和实数之类数值数据的信息，其表示方式涉及数的位权、基数、符号、小数点等问题；非数值型数据用于表示字符、声音、图形、图像、动画、影像之类的信息，其表示方式涉及代码的约定问题。计算机处理的要求不同，对数据采用的编码方式也不同。

本章的主要内容包括不同进制数及不同进制数之间的转换方法，二进制数据中的原码、反码、补码、移码等数据编码方法和特点，定点数、浮点数、字符、汉字的二进制编码表示方法以及检错纠错码的编码和使用方法。

2.1 进位计数制与数制转换

由计算机系统的设计理论和实现技术可知，计算机能够直接识别和处理的数据形式是二进制数，但二进制表示不够直观且容易出现书写错误，而人们在使用计算机时，常采用十进制、八进制、十六进制等数制进行数据信息的输入和输出，因此需要有不同的进制表示和数制转换。有关进位计数制与数制转换的问题在相关的前导课程中已有讨论，下面简要归纳有关内容。

对于任何一个 R 进制数 $(N)_R=x_{n-1}x_{n-2}\cdots x_1x_0.x_{-1}x_{-2}\cdots x_{-(m-1)}x_{-m}$，可用式(2-1)所示的按权展开多项式和的形式表示：

$$
\begin{aligned}
(N)_R &= \sum_{i=-m}^{n-1} x_iR^i \\
&= x_{n-1}R^{n-1}+x_{n-2}R^{n-2}+\cdots+x_0R^0+x_{-1}R^{-1}+\cdots \\
&\quad +x_{-(m-1)}R^{-(m-1)}+x_{-m}R^{-m}
\end{aligned} \tag{2-1}
$$

其中：

R：R 进制的基数，表示数列中各位数字 x_i $(-m\leqslant i\leqslant n-1)$ 的取值范围是 $0\sim R-1$，并且计数规则是逢 R 进一。

R^i：位权值，x_iR^i 表示 x_i 在数列中所代表的实际数值。

基数和位权值是任何进位计数制中两个重要的基本因素。

计算机系统常见的进位计数制有二进制、四进制、八进制、十进制、十六进制等，通常用 $(X)_R$ 的形式表示 R 进制数，或者在数字后加上后缀以区分所采用的数制。

例 2.1 常用的进位计数制。

二进制数：基数为 2，各位数字的取值范围是 0～1，计数规则是逢二进一，后缀为 B，如

$$(10100011.1101)_2=10100011.1101\text{B}$$

八进制数：基数为8，各位数字的取值范围是0～7，计数规则是逢八进一，后缀为O或Q，如

$$(137.67)_8 = 137.67\text{Q}$$

十进制数：基数为10，各位数字的取值范围是0～9，计数规则是逢十进一，后缀为D或不用后缀，如

$$(2357.89)_{10} = 2357.89$$

十六进制数：基数为16，各位数字的取值范围是0～9、A～F，计数规则是逢十六进一，后缀为H，如

$$(\text{A9BF.36E})_{16} = \text{A9BF.36EH}$$

根据任何两个有理数相等，则这两个有理数的整数和小数部分分别相等的原则，以按权展开多项式为基础，可以进行不同进制数之间的等值转换。

在进行不同进制数的转换时，应注意以下几个方面的问题：

(1) 不同进制数的基数不同，所使用数字的取值范围也不同。

(2) 将任意进制数转换为十进制数的方法是按权相加，即利用按权展开多项式将系数 x_i 与位权值相乘后，将乘积逐项求和。

(3) 将十进制数转换为任意进制数时，整数部分与小数部分分别进行转换。整数部分的转换方法是除基取余，小数部分的转换方法是乘基取整。

利用除基取余法将十进制整数转换为 R 进制整数的规则：

a. 把被转换的十进制整数除以基数 R，所得余数即为 R 进制整数的最低位数字；

b. 将前次计算所得到的商再除以基数 R，所得余数即为 R 进制整数的相应位数字；

c. 重复步骤b直到商为0为止。

利用乘基取整法将十进制小数转换为 R 进制小数的规则：

a. 把被转换的十进制小数乘以基数 R，所得乘积的整数部分即为 R 进制小数的最高位数字；

b. 将前次计算所得到的乘积的小数部分再乘以基数 R，所得新的乘积的整数部分即为 R 进制小数的相应位数字；

c. 重复步骤b直到乘积到小数部分为0或求得所要求的位数为止。

(4) 因为 $2^3=8$，$2^4=16$，所以二进制数与八进制数、十六进制数之间的转换可以利用它们之间的对应关系直接进行转换。

将二进制数转换为八进制的方法：

a. 将二进制数的整数部分从最低有效位开始，每三位二进制数对应一位八进制数，不足三位，高位补0；

b. 小数部分的转换方法：将二进制数的小数部分从最高有效位开始，每三位二进制数对应一位八进制数，不足三位，低位补0。

将二进制数转换为十六进制的方法：

a. 整数部分的转换方法：将二进制数的整数部分从最低有效位开始，每四位二进制数对应一位十六进制数，不足四位，高位补0；

b. 小数部分的转换方法：小数部分从最高有效位开始，每四位二进制数对应一位十六进制数，不足四位，低位补0。

例2.2 将二进制数110011.101转换为十进制数。

解：利用按权展开多项式，采用按权相加的方法进行转换。

$(110011.101)_2=2^5+2^4+2^1+2^0+2^{-1}+2^{-3}=32+16+2+1+0.5+0.125=(51.625)_{10}$

例 2.3　将$(1101111.10101)_2$转换为八进制和十六进制数。

解：① 根据二进制数转换为八进制的方法可得：$(1101111.10101)_2=(157.52)_8$

$$\underbrace{001}_{1}\ \underbrace{101}_{5}\ \underbrace{111}_{7}\ .\ \underbrace{101}_{5}\ \underbrace{010}_{2}$$

② 根据二进制数转换为十六进制的方法可得：$(1101111.10101)_2=(6F.A8)_{16}$

$$\underbrace{0110}_{6}\ \underbrace{1111}_{F}\ .\ \underbrace{1010}_{A}\ \underbrace{1000}_{8}$$

例 2.4　将$(116.8125)_{10}$转换为二进制数。

解：① 首先，利用除基取余法，进行整数部分的转换。

得：$(116)_{10}=(1110100)_2$

② 利用乘基取整法，进行小数部分的转换。

得：$(0.8125)_{10}=(0.1101)_2$

因此，$(116.8125)_{10}=(1110100.1101)_2$

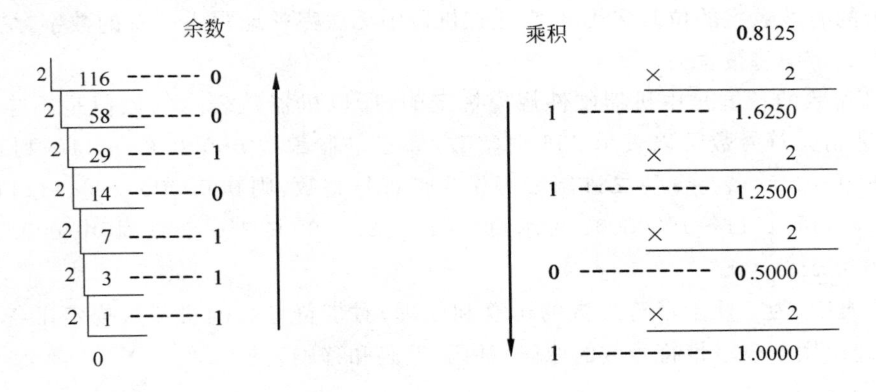

2.2　带符号数的表示

2.2.1　机器数与真值

由于计算机只能直接识别和处理二进制形式的数据，所以无法按人们的书写习惯用正负号加绝对值来表示数值，而需要与数字一样用二进制代码 0 和 1 来表示正负号。这样在计算机中表示带符号的数值数据时，数符和数据均采用 0 和 1 进行了代码化。这种采用二进制表示形式的连同数符一起代码化了的数据，在计算机中统称为机器数或机器码。而与机器数对应的用正负号加绝对值来表示的实际数值称为真值。

机器数可分为无符号数和带符号数两种。无符号数是指计算机字长的所有二进制位均表示数值。带符号数是指机器数分为符号和数值部分，且均用二进制代码表示。

例 2.5　设某机器的字长为 8 位，无符号整数在机器中的表示形式为：

7　　　　　　0
数　值

带符号整数在机器中的表示形式为：

7	6　　　　0
符号	数　值

分别写出机器数 10011001 作为无符号整数和带符号整数对应的真值。

解：10011001 作为无符号整数时，对应的真值是 $10011001=(153)_{10}$。

10011001 作为带符号整数时，其最高位的数码 1 代表符号"－"，所以与机器数 10011001 对应的真值是 $-0011001=(-25)_{10}$。

综上所述，可得机器数的特点为：

(1) 数的符号采用二进制代码化(0 代表"＋"，1 代表"－")，并放在数据最高位；

(2) 小数点本身是隐含的，不占用存储空间；

(3) 每个机器数所占的二进制位数受机器硬件规模的限制，与机器字长有关。超过机器字长的数值要舍去。

例如，如果要将数 $x=+0.101100111$ 在字长为 8 位的机器中表示为一个单字长的数，由于小数部分的有效数字的位数多于 8，因此在机器中无法完整地写入所有的数字，最低位的两个 1 在机器表示中将被舍去。

因为机器数的长度是由机器硬件规模规定的，所以机器数表示的数值是不连续的。例如，8 位二进制无符号数可以表示 256 个整数，即二进制编码 00000000～11111111 可以表示十进制的 0～255，若将 8 位二进制编码作为带符号整数，则 00000000～01111111 表示正整数 0～127，11111111～10000000 表示负整数 －127～0，共 256 个数，其中 00000000 表示 ＋0，10000000 表示 －0。

在计算机中，为了便于带符号数的运算和处理，对带符号数的机器数规定了各种表示方法，下面将介绍用于表示带符号数的原码、补码、反码和移码表示。

2.2.2 原码表示

原码是一种简单、直观的机器数表示方法，其表示形式与真值的形式最为接近。原码规定机器数的最高位为符号位(0 表示＋，1 表示－)，数值在符号位后面，以绝对值的形式给出。

设 x 为 n 位数值的二进制数据，其原码定义如式(2-2)、式(2-3)所示。

纯小数原码的定义：(真值 $\pm 0.x_{n-1}\cdots x_1x_0$)

$$[X]_{原}=\begin{cases}x & 0\leqslant x<1\\ 1-x=1+|x| & -1<x\leqslant 0\end{cases}\quad (x\text{ 为纯小数})\tag{2-2}$$

纯整数原码的定义：(真值 $\pm x_{n-1}\cdots x_1x_0$)

$$[X]_{原}=\begin{cases}x & 0\leqslant x<2^n\\ 2^n-x=2^n+|x| & -2^n<x\leqslant 0\end{cases}\quad (x\text{ 为纯整数})\tag{2-3}$$

根据定义可知，数值部分的位数为 n 的二进制数据 x 的原码 $[x]_{原}$ 是一个 $n+1$ 位的机器数 $x_nx_{n-1}\cdots x_2x_1x_0$，其中 x_n 为符号位，$x_{n-1}\cdots x_2x_1x_0$ 为数值部分。

例 2.6　设某机器的字长为 8 位，已知 x 的真值，求 x 的原码 $[x]_{原}$。

① $x=+0.1010110$　② $x=-0.1010110$　③ $x=+1010110$　④ $x=-1010110$

解：根据原码的定义，可得：

① $[x]_{原}=x=0.1010110$

② $[x]_{原}=1-x=1+0.1010110=1.1010110$

③ $[x]_{原}=x=01010110$（最高位的0为表示正数的符号）

④ $[x]_{原}=2^7-x=2^7+1010110=10000000+1010110=11010110$

由例2.6的结果可知：

(1) $[x]_{原}$的表示形式$x_nx_{n-1}\cdots x_1x_0$为符号位加上x的绝对值。当$x\geqslant 0$时，符号位$x_n=0$；$x\leqslant 0$时，符号位$x_n=1$。

(2) 当x为纯小数时，$[x]_{原}$中的小数点默认在符号位x_n和数值最高位x_{n-1}之间；当$x\geqslant 0$时，$[x]_{原}=x$；当$x\leqslant 0$时，$[x]_{原}=1+|x|$，即符号位加上x的小数部分的绝对值。当x为纯整数时，$[x]_{原}$中的小数点默认在数值最低位x_0之后；当$x\geqslant 0$时，$[x]_{原}=x$；当$x\leqslant 0$时，$[x]_{原}=2^n+|x|$，其中2^n是符号位的权值，$2^n+|x|$相当于使符号为1。

(3) 将$[x]_{原}$的符号取反即可得到$[-x]_{原}$。

根据定义式(2-2)、式(2-3)可知，在原码表示中真值0有两种不同的表示形式，即+0和-0。

纯小数+0和-0的原码表示：$[+0]_{原}=0.00\cdots 0$　　　$[-0]_{原}=1.00\cdots 0$

纯整数+0和-0的原码表示：$[+0]_{原}=00\cdots 0$　　　$[-0]_{原}=10\cdots 0$

由于原码是在二进制真值的基础上增加了符号位的机器数，根据二进制数的移位规则和原码的定义，给出原码的移位规则是：符号位不变，数值部分左移或右移，移出的空位填0。

例2.7 设某机器的字长为8位，已知$[x]_{原}$，求$[2x]_{原}$、$\left[\frac{1}{2}x\right]_{原}$。

① $[x]_{原}=0.0101001$　　　② $[x]_{原}=10011010$

解：① $[2x]_{原}=0.1010010$　　　左移后，符号位保持不变，最高位移出，最低位填0。

$\left[\frac{1}{2}x\right]_{原}=0.0010100$　　　右移后，符号位保持不变，最高位填0，末尾的1移出。

② $[2x]_{原}=10110100$

$\left[\frac{1}{2}x\right]_{原}=10001101$

在原码的左移过程中，注意不要将高位的有效数值位移出，否则将会出现溢出错误。

原码表示的优点是简单直观，与数据真值之间的转换简单、方便。现代计算机系统中常用定点原码小数表示浮点数的尾数部分。不过在利用原码进行两数相加运算时，首先要判别两数符号，若同号则做加法，若异号则做减法。在利用原码进行两数相减运算时，不仅要判别两数符号，使得同号相减，异号相加；还要判别两数绝对值的大小，用绝对值大的数减去绝对值小的数，取绝对值大的数符号为结果的符号。可见原码表示不便于实现加减运算。

2.2.3 补码表示

由于原码表示中"0"的表示形式的不唯一和原码加减运算的不方便，造成实现原码加减运算的硬件比较复杂。为了简化运算，让符号位也作为数值的一部分参加运算，并使所有的加减运算均以加法运算来代替实现，人们提出了补码表示方法。

1. 模的概念

补码表示的引入基于模的概念。所谓"模"是指一个计数器的容量。钟表是以12为一个计数循环(12 为模)的例子。设当前钟表的时针停在 9 点钟的位置,要将时针拨到 4 点钟,时钟校正时可以采用两种方法:一种是逆时针方向拨动指针后退 5 个小时,即 9－5＝4,另一种是顺时针方向拨动指针前进 7 个小时,也能够使时针指向 4。这是因为钟表的时间只有 1,2,…,12,这 12 个刻度,超过 12 时又重复指向 1,2,…,相当于每超过 12,就把 12 丢掉。由于 9＋7＝16,把 12 减掉后得到 4,即钟表对准到 4 点钟。这样,$9-5\equiv 9+7 \pmod{12}$,称为在模 12 的条件下,9－5 等于 9＋7。这里,7 称为－5 对 12 的补数,即 $7=[-5]_{补}=12+(-5) \pmod{12}$。这个例子说明,对某一个确定的模而言,当需要减去一个数 x 时,可以用加上 x 对应的负数 $-x$ 的补数 $[-x]_{补}$ 来代替。

对于任意 x,在模 M 条件下的补数 $[x]_{补}$,可由式(2-4)给出:

$$[x]_{补}=M+x \pmod M \tag{2-4}$$

根据式(2-4)可知:

(1) 当 $x\geqslant 0$ 时,$M+x$ 大于 M,把 M 丢掉,得 $[x]_{补}=x$,即正数的补数等于其本身;

(2) 当 $x<0$ 时,$[x]_{补}=M+x=M-|x|$,即负数的补数等于模与该数绝对值之差。

例 2.8 设机器字长为 8 位,求模 $M=2$ 时,二进制数 x 的补数。

① $x=+0.1010101$ ② $x=-0.1010101$

解:① 因为 $x\geqslant 0$,把模 2 丢掉,所以 $[x]$补 $=2+x=0.1010101 \pmod 2$

② 因为 $x<0$,所以 $[x]$补 $=2+x=2-|x|=10.0000000-0.1010101=1.0101011 \pmod 2$。

2. 补码的定义

在计算机中,由于硬件的运算部件与寄存器都有一定的字长限制,一次处理的二进制数据的长度有限,因此计算机的运算也是有模运算。例如,一个 8 位的二进制计数器,计数范围为 00000000～11111111,当计数到 11111111 时,再加 1,计数值为 100000000,产生溢出,最高位的 1 被丢掉,使得计数器又从 00000000 开始计数,100000000 就是计数器的模。

对于计算机二进制编码表示的数据,通常将某数对模的补数称为补码。设 x 为 n 位数值的二进制数据,其补码定义如式(2-5)、式(2-6)所示。

纯小数补码的定义:(真值 $\pm 0.x_{n-1}\cdots x_1x_0$)

$$[x]_{补}=\begin{cases}x & 0\leqslant x<1\\ 2+x & -1\leqslant x<0\end{cases} \pmod 2 \tag{2-5}$$

纯整数补码的定义:(真值 $\pm x_{n-1}\cdots x_1x_0$)

$$[x]_{补}=\begin{cases}x & 0\leqslant x<2^n\\ 2^{n+1}+x & -2^n\leqslant x<0\end{cases} \pmod{2^{n+1}} \tag{2-6}$$

可见,$[x]_{补}$ 是 $n+1$ 位的机器数 $x_nx_{n-1}\cdots x_1x_0$,其中 x_n 为符号位,$x_{n-1}\cdots x_1x_0$ 为数值部分,n 为 x 数值位的长度,纯小数补码表示的模为 $M=2$;纯整数补码表示的模为 $M=2^{n+1}$。

例 2.9 设机器字长为 8 位,已知 x,求 x 的补码 $[x]_{补}$。

① $x=+0.1010110$

② $x=-0.1010110$

③ $x=+1010110$

④ $x=-1010110$

解：根据补码的定义，可得：

① $[x]_补=x=0.1010110$

② $[x]_补=2+x=10.000000+(-0.1010110)=1.0101010$

③ $[x]_补=x=01010110$

④ $[x]_补=2^8+x=100000000+(-1010110)=10101010$

在$[x]_补$的表示 $x_nx_{n-1}\cdots x_1x_0$ 中，x_n表示真值 x 的符号：$x\geqslant0$ 时，$x_n=0$；$x<0$ 时，$x_n=1$。

3. 特殊数的补码表示

(1) 真值0的补码表示。

根据补码的定义可知，真值0的补码表示是唯一的，即：

$$[+0]_补=[-0]_补=2\pm0.00\cdots0=0.00\cdots0 \quad (纯小数)$$

$$[+0]_补=[-0]_补=2^{n+1}\pm000\cdots0=000\cdots0 \quad (纯整数)$$

(2) -1 和 -2^n 的补码表示。

在纯小数的补码表示中，$[-1]_补=2+(-1)=10.00\cdots0+(-1.00\cdots0)=1.00\cdots0$。

在纯小数的原码表示中，$[-1]_原$是不能表示的，而在补码表示中，纯小数的补码最小可以表示到-1，这时在$[-1]_补$中，符号位的1既表示符号一也表示数值1。

在纯整数的补码表示中，$[-2^n]_补=2^{n+1}+(-2^n)=1\underbrace{000\cdots0}_{n+1个0}+(-1\underbrace{00\cdots0}_{n个0})=1\underbrace{00\cdots0}_{n个0}$。

同样，在纯整数的原码表示中，$[-2^n]_原$是不能表示的，而在补码表示中，在模为 2^{n+1} 的条件下，纯整数的补码最小可以表示到-2^n。这时在$[-2^n]_补$中，符号位的1既表示符号“$-$”也表示数值 2^n。

4. 补码的简便求法

给定一个二进制数 x，求其补码时，可以直接由定义计算，也可采用以下简便方法求得：

(1) 若 $x\geqslant0$，则$[x]_补=x$，并使符号位为0；

(2) 若 $x<0$，则将 x 的各位取反，然后在最低位上加1，并使符号位为1，即得到$[x]_补$。

例 2.10 证明补码的简便求法。

证：设 x 为纯小数，根据式(2-5)的定义，有：

当 $x=+0.x_{n-1}\cdots x_1x_0$ 时，$[x]_补=x=0.x_{n-1}\cdots x_1x_0$，这时符号位 $x_n=0$，表示 $x\geqslant0$。

当 $x=-0.x_{n-1}\cdots x_1x_0$ 时，

$$\begin{aligned}[x]_补 &= 2+x=2-0.x_{n-1}\cdots x_1x_0\\ &=1.11\cdots1+0.00\cdots1-0.x_{n-1}\cdots x_1x_0\\ &=1.11\cdots1-0.x_{n-1}\cdots x_1x_0+0.00\cdots1\\ &=1.\bar{x}_{n-1}\cdots\bar{x}_1\bar{x}_0+0.00\cdots1\end{aligned}$$

所以，当 $x<0$ 时，将 x 的各位取反，再在最低位上加1，即可求得 x 的补码$[x]_补$。

纯整数的补码也可以采用同样的简便方法求得，读者可自行证明。

例 2.11 用简便方法求出例2.9中 x 的补码。

解：① $x=+0.1010110$　因为 $x\geqslant0$，所以$[x]_补=x=0.1010110$。

② $x=-0.1010110$　因为 $x<0$，所以将 x 的各位取反，得 1.0101001，再在最低位加1，得：$[x]_补=1.0101001+0.0000001=1.0101010$。

③ $x=+1010110$　因为 $x\geqslant0$，所以$[x]_补=x=01010110$　符号位为0。

④ $x=-1010110$　因为 $x<0$，所以将 x 的各位取反，再在最低位加1，并使符号位为1，

得：$[x]_{补}=10101001+00000001=10101010$。

由此得出规律：$x<0$ 时，从数值部分的最低位 x_0 开始向高位扫描，在遇到第一个 1 之后，保持该位 1 和比其低的各位不变，将比其高的各位变反，即可得到 x 的补码。

5. 补码的几何性质

根据补码的定义，可以得到补码的几何性质。下面以 $n=3$ 的整数为例，说明补码的几何性质。$n=3$ 的所有整数的补码如表 2-1 所示。

表 2-1　$n=3$ 时所有整数的补码

真　值	补　码	真　值	补　码
+000(+0)	0000	−001(−1)	1111
+001(+1)	0001	−010(−2)	1110
+010(+2)	0010	−011(−3)	1101
+011(+3)	0011	−100(−4)	1100
+100(+4)	0100	−101(−5)	1011
+101(+5)	0101	−110(−6)	1010
+110(+6)	0110	−111(−7)	1001
+111(+7)	0111	−1000(−8)	1000

将表 2-1 中数的真值与补码反映在数轴上就可以看到补码的几何性质，如图 2-1 所示。

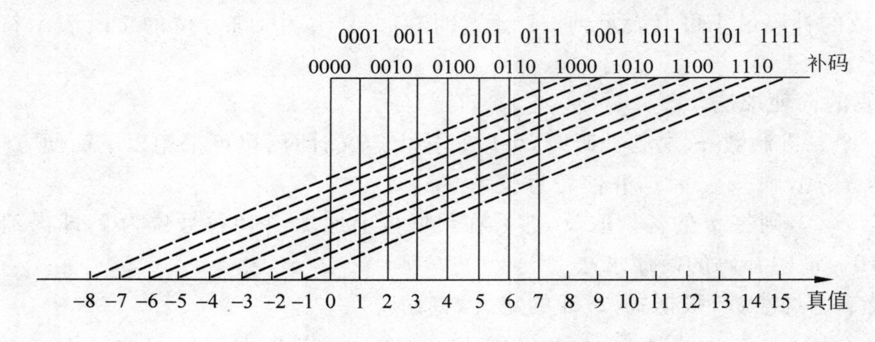

图 2-1　补码的几何性质

补码的几何性质说明了以下两点：

(1) 正数的补码表示就是其本身，负数的补码表示的实质是把负数映像到正值区域，因此加上一个负数或减去一个正数可以用加上另一个数(负数或减数对应的补码)来代替。

(2) 从补码表示的符号看，补码中符号位的值代表了数的正确符号，0 表示+，1 表示−；而从映像值来看，符号位的值是映像值的一个数位，因此在补码运算中，符号位可以与数值位一起参加运算。

6. 补码的几个关系

1) 补码与机器负数的关系

如前所述，在模 M 的条件下，当需要减去一个数 x 时，可以用加上 x 对应的负数的补数 $[-x]_{补}$ 来代替。通常把 $[-x]_{补}$ 称为机器负数，把由 $[x]_{补}$ 求 $[-x]_{补}$ 的过程称为对 $[x]_{补}$ 求补或变补。在补码运算过程中常需要在已知 $[x]_{补}$ 的条件下求 $[-x]_{补}$。对 $[x]_{补}$ 求补的规则是：将 $[x]_{补}$ 的各位(含符号位)取反，然后在最低位上加 1，即得到 $[-x]_{补}$。反之亦然。

2）补码的移位规则

根据二进制数的移位规则和补码的定义可知补码的移位规则：

(1) 补码的右移：符号位不变，数值部分右移，最高位移出的空位填补符号位的代码；

(2) 补码的左移：连同符号位同时左移，低位移空位置补“0”。若左移前后符号位不一致，说明移位出错，将有效位移出了。

例 2.12　已知$[x]_补$，求$[2x]_补$、$\left[\frac{1}{2}x\right]_补$。

① $[x]_补=0.0101001$

② $[x]_补=11011010$

解：① $[2x]_补=0.1010010$　　左移后，符号位保持不变，数值最高位移出，最低位填 0。

$\left[\frac{1}{2}x\right]_补=0.0010100$　右移后，符号位保持不变，数值最高位填与符号位相同的 0，末尾的 1 移出。

② $[2x]_补=10110100$　左移后，符号位保持不变，数值最高位移出，最低位填 0。

$\left[\frac{1}{2}x\right]_补=11101101$　右移后，符号位保持不变，数值最高位填与符号位相同的 1，末尾的 0 移出。

补码左移时不要将高位的有效数值位移出，否则出现移位错误。例如，8 位纯整数补码$[x]_补=01011010$ 左移时，如果将数值部分最高位的 1 移入符号位，则造成符号错误，将原本是正数的补码变成了负数的补码；如果丢掉最高位的 1，则失去最高位的有效数值，造成出错。同理，如果要将 8 位纯整数补码$[x]_补=10011010$ 进行左移，也会出现同样的错误。

2.2.4　反码表示

反码表示也是一种机器数，它是实质上是一种特殊的补码，其特殊之处在于反码的模比补码的模小一个最低位上的 1。

1. 反码的定义

根据补码的定义可以推出数值位长度为 n 的反码的定义，如式(2-7)、式(2-8)所示。

纯小数反码的定义：

$$[x]_反=\begin{cases}x & 0\leqslant x<1\\(2-2^{-n})+x & -1<x\leqslant 0\end{cases}\quad (\mathrm{mod}\ (2-2^{-n}))\tag{2-7}$$

纯整数反码定义：

$$[x]_反=\begin{cases}x & 0\leqslant x<2^n\\(2^{n+1}-1)+x & -2^n<x\leqslant 0\end{cases}\quad (\mathrm{mod}\ (2^{n+1}-1))\tag{2-8}$$

根据反码的定义可得反码表示的求法：

(1) 若 $x\geqslant 0$，则使符号位为 0，数值部分与 x 相同，即可得到$[x]_反$；

(2) 若 $x\leqslant 0$，则使符号位为 1，x 的数值部分各位取反，即可得到$[x]_反$。

2. 反码的特点

(1) 在反码表示中，用符号位 x_n 表示数值的正负，形式与原码表示相同，即 0 表示“+”，1 表示“−”。

(2) 在反码表示中，数值 0 有两种表示方法：

纯小数 +0 和 −0 的反码表示：$[+0]_反=0.00\cdots0$　$[-0]_反=1.11\cdots1$

纯整数+0和−0的反码表示：$[+0]_{反}=000\cdots0$ $[-0]_{反}=111\cdots1$

(3) 反码的表示范围与原码的表示范围相同。

反码表示在计算机中往往作为数码变换的中间环节。

2.2.5 移码表示

从图2-1所示的补码的几何性质中可以看到，如果将补码的符号部分与数值部分统一看成数值，则负数补码的值大于正数补码的值，这样在比较补码所对应的真值的大小时，就不是很直观和方便，因此提出了移码表示。

1. 移码的定义

移码的定义如式(2-9)、式(2-10)所示。

纯小数移码的定义：

$$[x]_{移}=1+x \quad -1\leqslant x<1 \tag{2-9}$$

纯整数移码的定义：

$$[x]_{移}=2^n+x \quad -2^n\leqslant x<2^n \tag{2-10}$$

根据式(2-9)、式(2-10)可知，移码表示是把真值x在数轴上正向平移1(纯小数)或2^n(纯整数)后得到的，所以移码也被称为增码或余码。

下面以$n=3$时纯整数的移码为例，看一下移码的几何性质。$n=3$时，纯整数的移码为$[x]_{移}=2^3+x$，如表2-2所示。

表2-2 $n=3$时纯整数的移码

真值	移码	真值	移码
+000(+0)	1000	−001(−1)	0111
+001(+1)	1001	−010(−2)	0110
+010(+2)	1010	−011(−3)	0101
+011(+3)	1011	−100(−4)	0100
+100(+4)	1100	−101(−5)	0011
+101(+5)	1101	−110(−6)	0010
+110(+6)	1110	−111(−7)	0001
+111(+7)	1111	−1000(−8)	0000

图2-2显示了真值与移码的对应关系。可以看到，移码表示的实质是把真值映像到一个正数域，因此移码的大小可直观地反映真值的大小。这样采用移码表示时，不管真值的

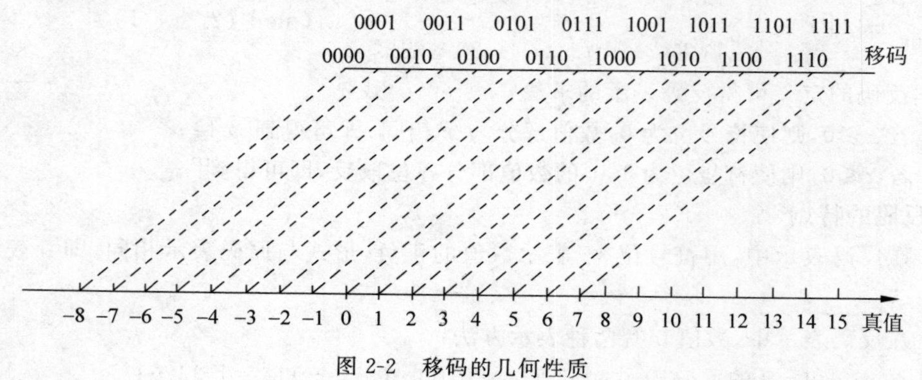

图2-2 移码的几何性质

正负，均可以按无符号数比较大小。由于移码表示便于比较数值的大小，所以移码主要用于表示浮点数的阶码。因为在浮点数中阶码通常是整数，所以本书中重点讨论整数的移码表示。

2. 移码与补码的关系

根据式(2-6)给出的纯整数的补码定义可知：

当 $0 \leqslant x < 2^n$ 时，$[x]_补 = x$，因为 $[x]_移 = 2^n + x$　所以 $[x]_移 = 2^n + [x]_补$

当 $-2^n \leqslant x < 0$ 时，$[x]_补 = 2^{n+1} + x$，

因为 $[x]_移 = 2^n + x$　所以 $[x]_移 = 2^n + [x]_补 - 2^{n+1} = [x]_补 - 2^n$

其中，n 为数值部分的长度。

求一个数的移码，可以直接根据定义求得，也可以根据移码与补码的关系求得。

例 2.13　已知 x，求 $[x]_补$ 和 $[x]_移$。

① $x = +1011010$　② $x = -1011010$

解：① 因为 $x > 0$，所以 $[x]_补 = 01011010$，$[x]_移 = 2^n + x = 2^7 + 1011010 = 11011010$

② 因为 $x < 0$，所以 $[x]_补 = 10100110$，$[x]_移 = 2^n + x = 2^7 + (-1011010) = 00100110$

可见，移码与补码数值部分相同，符号位相反。

3. 移码的特点

(1) 设 $[x]_移 = x_n x_{n-1} \cdots x_1 x_0$，符号位 x_n 表示真值 x 的正负。$x_n = 1$，x 为正；$x_n = 0$，x 为负；

(2) 真值 0 的移码表示只有一种形式：$[+0]_移 = [-0]_移 = 100\cdots0$；

(3) 移码与补码的表示范围相同。纯小数的移码可以表示到"-1"，$[-1]_移 = 0.0\cdots0$；纯整数的移码可以表示到"-2^n"，n 为数值部分的长度，$[-2^n]_移 = 00\cdots0$；

(4) 真值大时，对应的移码也大；真值小时，对应的移码也小。

4. 移数值为 K 的移码

根据移码的几何性质，可以将移码的定义进行扩展，得到移数值为 K 的移码为

$$\text{移数值为 } K \text{ 的移码} = K + \text{实际数值} \tag{2-11}$$

K：约定的移数值

当移数值 K 为 127 时，可以得到移 127 码，即：移 127 码＝127＋实际数值。

在 2.3.2 小节的 IEEE 754 标准中将使用这种移数值为 K 的移码表示浮点数的阶码。

综上所述，各种码制之间的关系以及转换方法如图 2-3 所示。若真值 x 为正，使符号位 $x_0 = 0$，真值为负，$x_0 = 1$，数值部分不变，就得到 x 对应的原码。真值 x 为正数时，原码＝反码＝补码。当真值 x 为负时，x 对应的原码、补码、反码表示各不相同。保持原码符号位不变，数值

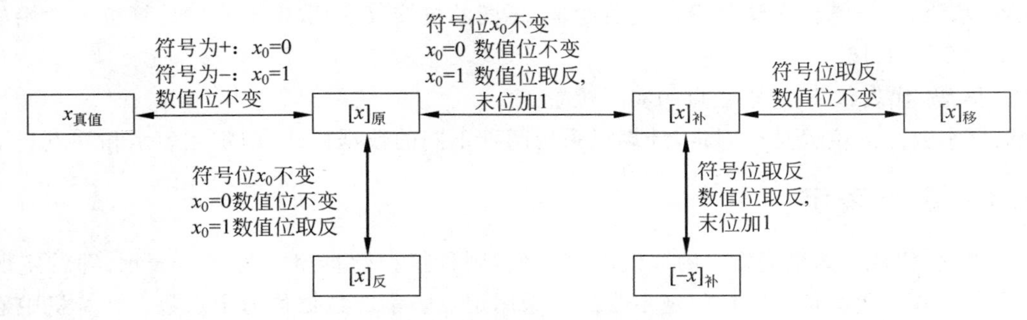

图 2-3　各种码制之间的关系及转换方法

位各位取反即得反码；反码末位加 1 即得补码。不论真值 x 是正数还是负数，将其对应的补码的符号位取反，数值位不变即可得到 x 对应的移码。

例 2.14 设某计算机的字长为 8 位，采用纯整数表示。表 2-3 中给出了相同的机器数在不同表示形式中对应的十进制真值。

表 2-3 相同的机器在不同表示形式中对应的十进制真值

机器数 \ 表示方法	原码	补码	反码	移码	无符号数
01001001	+73	+73	+73	−55	73
10101101	−45	−83	−82	+45	173
11111111	−127	−1	−0	+127	255

说明：以机器数 01001001 为例：

当把它看作原码表示时，其真值为＋1001001，对应的十进制数为＋73；

当把它看作补码表示时，其真值为＋1001001，对应的十进制数为＋73；

当把它看作反码表示时，其真值为＋1001001，对应的十进制数为＋73；

当把它看作移码表示时，其真值为－0110111，相应的十进制数为－55；

当把它看作无符号数时，所有二进制位均表示数值，因此其对应的十进制真值为 73。

对于机器数 10101101 和 11111111 也可同样分析。

2.3 数的定点表示与浮点表示

实际中使用的数通常既有整数部分又有小数部分，在计算机中为了便于处理，通常不希望小数点占用存储空间，因此机器数的小数点往往默认隐含在数据的某一固定位置上。下面讨论一下计算机中小数点的位置的表示方法，即计算机中的数据格式。

在日常使用的十进制数中，同一个十进制数可以表示成不同的形式，例如，

$$(N)_{10} = 123.456 = 123456 \times 10^{-3} = 0.123456 \times 10^{+3}$$

同理，同一个二进制数也可以表示成不同的形式，例如，

$$(N)_2 = 1101.0011 = 11010011 \times 2^{-100} = 0.11010011 \times 2^{+100}$$

由此可见，任何一个 R 进制数 N 均可以写成式(2-12)所示的形式：

$$(N)_R = \pm S \times R^{\pm e} \tag{2-12}$$

其中，S：尾数，代表数 N 的有效数字。

R：基值，由计算机系统的设计人员约定，不同的机器，R 的取值不同。计算机中常用的 R 的取值为 2、4、8、16。

e：阶码，代表数 N 的小数点的实际位置。

根据小数点的位置是否固定，计算机采用两种不同的数据格式，即定点表示和浮点表示。

2.3.1 定点表示

在式(2-12)中，如果规定 e 的取值固定不变，则称这种数据格式为定点表示，即约定所有数据的小数点位置均是相同且固定不变的。采用定点表示的数据称为定点数。计算机中通常使用的定点数有定点小数和定点整数两类。

1. 定点小数

对于一个 x_n 为符号位的 $n+1$ 位机器数 $x_n.x_{n-1}\cdots x_1x_0$，定点小数约定小数点在符号位和最高数值位之间，即在式(2-12)中约定 e 的值为 0，其格式为 $x_n.x_{n-1}\cdots x_1x_0$，如图 2-4 所示。

定点小数代表的是纯小数 $\pm 0.x_{n-1}\cdots x_1x_0$。不同码制下定点小数表示的数值范围不同。

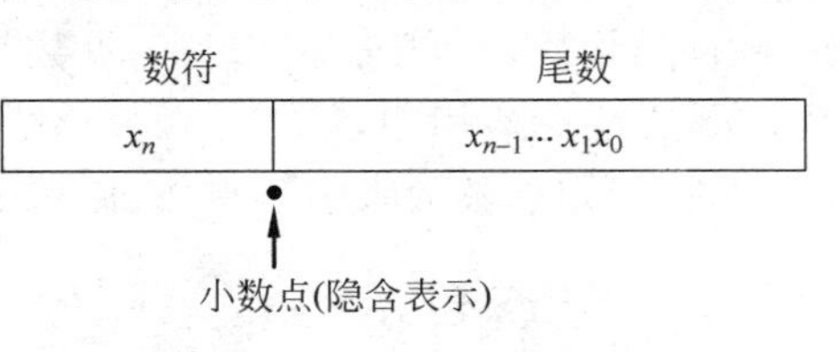

图 2-4　定点小数格式

对于字长为 $n+1$ 的二进制机器数，定点小数的原码表示范围为：$0\leqslant|x|\leqslant 1-2^{-n}$。定点小数的反码表示范围与原码表示范围相同。包括符号位在内字长为 $n+1$ 的定点小数原码的典型数据，如表 2-4 所示。

对于字长为 $n+1$ 的二进制机器数，定点小数的补码表示范围为：$-1\leqslant x\leqslant 1-2^{-n}$。定点小数的移码表示范围与补码表示范围相同。包括符号位在内字长为 $n+1$ 的定点小数补码的典型数据，如表 2-5 所示。

表 2-4　定点小数原码的典型数据

典型数据	原码	真值
最小正数	0.00…001（n 位）	$+2^{-n}$
最大正数	0.11…111	$+(1-2^{-n})$
最小负数	1.11…111	$-(1-2^{-n})$
最大负数	1.00…001	-2^{-n}
+0	0.00…000	0
−0	1.00…000	0

表 2-5　定点小数补码的典型数据

典型数据	补码	真值
最小正数	0.00…001（n 位）	$+2^{-n}$
最大正数	0.11…111	$+(1-2^{-n})$
最小负数	1.00…000	−1
最大负数	1.11…111	-2^{-n}
0	0.00…000	0

2. 定点整数

对于一个 x_n 为符号位的 $n+1$ 位机器数 $x_nx_{n-1}\cdots x_1x_0$，定点整数就是约定小数点在最低数值位之后的定点数，即在式(2-12)中 e 的值为 n。数据格式为 $x_nx_{n-1}\cdots x_1x_0$，如图 2-5 所示。

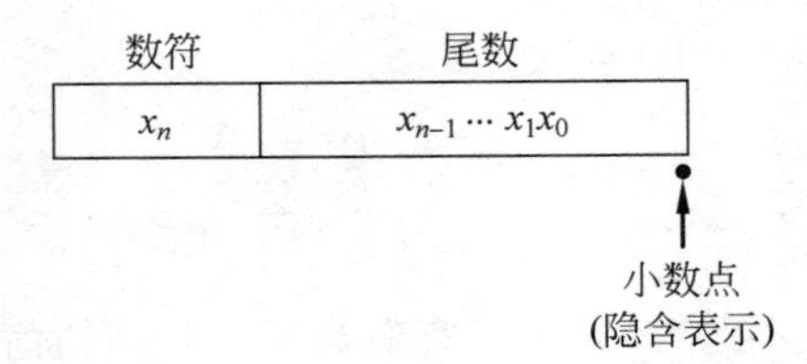

图 2-5　定点整数格式

设定点整数代表的是纯整数 $x_{n-1}\cdots x_1x_0$，二进制机器数的字长为 $n+1$，则定点整数的原码和反码表示范围为：$0\leqslant|x|\leqslant 2^n-1$；定点整数的补码和移码表示范围为：$-2^n\leqslant x\leqslant 2^n-1$。字长为 $n+1$ 的定点整数的原码和补码的典型数据如表 2-6、表 2-7 所示。

表 2-6　定点整数原码的典型数据

典型数据	原码	真值
最小正数	0 00…001（n 位）	+1
最大正数	0 11…111	$+(2^n-1)$
最小负数	1 11…111	$-(2^n-1)$
最大负数	1 00…001	−1
+0	0 00…000	0
−0	1 00…000	0

表 2-7　定点整数补码的典型数据

典型数据	补码	真值
最小正数	0 00…001（n 位）	+1
最大正数	0 11…111	$+(2^n-1)$
最小负数	1 00…000	-2^n
最大负数	1 11…111	−1
0	0 00…000	0

定点数在数轴上的分布是不连续的。相邻两个定点数之间的最小间隔称为定点数的分辨率。字长为 $n+1$ 的定点小数的分辨率为 2^{-n}；字长为 $n+1$ 的定点整数的分辨率为 1。

硬件上只考虑定点小数或定点整数运算的计算机称为定点机。定点机的优点在于运算简单,硬件结构比较简单。但由于定点数其所能表示的数据范围小,运算精度较低,存储单元利用率低,在实际应用中,很难兼顾数值范围和精度的要求,不适合科学计算,因此在实际应用中通常只使用定点整数来表示整数,而对于实数,则采用了数据的浮点表示。

2.3.2 浮点表示

1. 浮点表示的数据格式

所谓浮点表示是指数据中的小数点位置是可以浮动的,即式(2-12)中 e 的值是可变的。由于 e 值可变,因此在浮点数的数据格式中必须将 e 表示出来。

典型的浮点表示的数据格式包括阶码 E 和尾数 S 两部分。其中,阶码 E 用于表示小数点的实际位置,对应于式(2-12)中的 e；尾数用于表示数据的有效数字,对应于式(2-12)中的 S；数据的正负用数符表示,阶码中阶符用于表示指数的正负。

浮点表示中,阶码的基数均为 2,即阶码采用二进制表示；而尾数基数 R 是计算机系统设计时约定的(R 取值 2、4、8、16 等),且 R 是隐含常数,不用在数据格式中明显给出。下面的讨论中,为了方便,我们采用 $R=2$ 的数据格式,即尾数采用二进制表示。

常见的浮点数据格式有两种形式,如图 2-6(a)、图 2-6(b)所示。在实际机器中,通常采用图 2-6(b)所示的表示格式。其中,尾数一般采用定点小数,可用补码或原码的形式表示；阶码一般采用定点整数,可用补码或移码的形式表示。

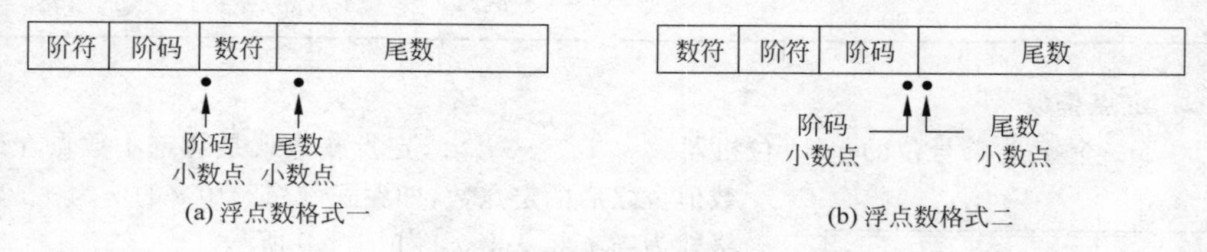

(a) 浮点数格式一　　(b) 浮点数格式二

图 2-6　浮点数据格式

2. 浮点数的规格化

当一个数采用浮点表示时,存在两个问题,一是如何尽可能多地保留有效数字；二是如何保证浮点表示的唯一性。

例如,对于数 0.001001×2^5,因为 $0.001001\times2^5=0.100100\times2^3=0.00001001\times2^7$,所以它有多种表示,这样对于同样的数,在浮点表示下的代码就不唯一了。另外,如果规定尾数的位数为 6 位,则采用 0.00001001×2^7 就变成了 0.000010×2^7,丢掉了有效数字,减少了精度。因此,为了尽可能多地保留有效数字,应采用 0.100100×2^3 的表示形式。

在计算机中,浮点数通常都采用规格化表示方法。采用规格化表示的目的在于:

(1) 为了提高运算精度,应尽可能占满尾数的位数,以保留更多的有效数字。

(2) 为了保证浮点数表示的唯一性。

当浮点数的基数 R 为 2,即采用二进制数时,规格化尾数的定义为:$\frac{1}{2}\leqslant|S|<1$。

若尾数采用原码表示,$[S]_{原}=S_f.S_1S_2\cdots S_n$,$S_f$ 为尾符(即数符),则把满足 $S_1=1$ 的数称

为规格化数。当尾数的最高位满足 $S_1=1$，$[S]_原=0.1\times\times\cdots\times$ 或 $[S]_原=1.1\times\times\cdots\times$ 时，表示该浮点数为规格化数，尾数的有效位数已被充分利用。

若尾数采用补码表示，为判别方便，规定满足条件：$-1\leqslant|S|<-\frac{1}{2}$ 和 $\frac{1}{2}\leqslant|S|<1$ 的尾数为规格化数。具体的判别方法是：设尾数 $[S]_补=S_f.S_1S_2\cdots S_n$，则满足 $S_f\oplus S_1=1$ 的数为规格化数。即当采用补码表示的尾数的形式为 $[S]_补=0.1\times\times\cdots\times$ 或 $[S]_补=1.0\times\times\cdots\times$ 时，该浮点数为规格化数。由此可见，尾数为 -1 时，为规格化数；但尾数为 $-\frac{1}{2}$ 时，因为 $[S]_补=1.100\cdots0$，$S_f\oplus S_1=0$，不满足规格化数的条件，所以 $-\frac{1}{2}$ 是非规格化数。

计算机中的浮点数通常以规格化数形式存储和参加运算。如果运算结果出现了非规格化浮点数，则需对结果进行规格化处理。例如，对于数 0.001001×2^5，为了尽可能多地保留有效数字，可以将尾数左移两位，去掉两个前置0，使小数点后的最高位为1，相应的阶码减2，即把 0.001001×2^5 进行规格化后，表示为 0.100100×2^3。

3. 浮点数的表示范围

一种浮点表示的数据格式一旦确定，其所能表示的数据范围也随之确定。求浮点数的表示范围，就是求浮点数所能表示的最小负数、最大负数，最小正数和最大正数等典型数据。

从图2-7表示的浮点数的数据范围可见，0以及处于最大负数到最小负数（负数区）之间、最小正数到最大正数（正数区）之间的数为浮点数所能正确表达的数；处于最大负数和最小正数（下溢区）的浮点数，其绝对值小于可表示的数值，计算机中通常作为0处理，称为机器零；大于最大正数或小于最小负数（即处于上溢区）的浮点数，其绝对值大于机器所能表示的数值，计算机将做溢出处理（大于最大正数为正溢出，小于最小负数为负溢出）。

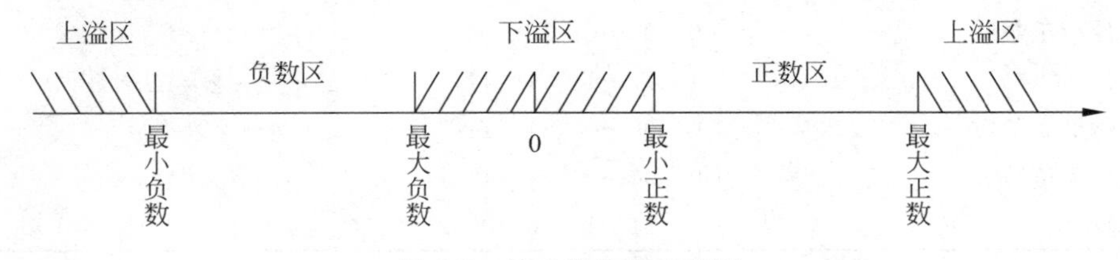

图2-7　浮点数的数据范围

设浮点表示的数据格式如图2-8所示。其中，基数 $R=2$，数符和阶符各占一位，阶码为 m 位，尾数为 n 位。

数符	阶符	阶码	尾数
1位	1位	m位	n位

图2-8　浮点表示的数据格式举例

（1）阶码与尾数均采用原码表示时，典型数据的机器数形式和对应的真值如表2-8所示。

（2）阶码与尾数均采用补码表示时，典型数据的机器数形式和对应的真值如表2-9所示。

（3）阶码采用移码、尾数采用补码表示时，典型数据机器数形式和真值如表2-10所示。

表 2-8 阶码与尾数均采用原码表示

典型数据	机器数形式	真值
非规格化最小正数	0 1 11…1(m位) 00…01(n位)	$+2^{-n}\times 2^{-(2^m-1)}$
规格化最小正数	0 1 11…1 10…00	$+2^{-1}\times 2^{-(2^m-1)}$
最大正数	0 0 11…1 11…11	$+(1-2^{-n})\times 2^{+(2^m-1)}$
非规格化最大负数	1 1 11…1 00…01	$-2^{-n}\times 2^{-(2^m-1)}$
规格化最大负数	1 1 11…1 10…00	$-2^{-1}\times 2^{-(2^m-1)}$
最小负数	1 0 11…1 11…11	$-(1-2^{-n})\times 2^{+(2^m-1)}$

表 2-9 阶码与尾数均采用补码表示

典型数据	机器数形式	真值
非规格化最小正数	0 1 00…0(m位) 00…01(n位)	$+2^{-n}\times 2^{-2^m}$
规格化最小正数	0 1 00…0 10…00	$+2^{-1}\times 2^{-2^m}$
最大正数	0 0 11…1 11…11	$+(1-2^{-n})\times 2^{+(2^m-1)}$
非规格化最大负数	1 1 00…0 11…11	$-2^{-n}\times 2^{-2^m}$
规格化最大负数	1 1 00…0 01…11	$-(2^{-1}+2^{-n})\times 2^{-2^m}$
最小负数	1 0 11…1 00…00	$-1\times 2^{+(2^m-1)}$

表 2-10 阶码采用移码、尾数采用补码表示

典型数据	机器数形式	真值
非规格化最小正数	0 0 00…0(m位) 00…01(n位)	$+2^{-n}\times 2^{-2^m}$
规格化最小正数	0 0 00…0 10…00	$+2^{-1}\times 2^{-2^m}$
最大正数	0 1 11…1 11…11	$+(1-2^{-n})\times 2^{+(2^m-1)}$
非规格化最大负数	1 0 00…0 11…11	$-2^{-n}\times 2^{-2^m}$
规格化最大负数	1 0 00…0 01…11	$-(2^{-1}+2^{-n})\times 2^{-2^m}$
最小负数	1 1 11…1 00…00	$-1\times 2^{+(2^m-1)}$

计算机在对浮点数进行处理的过程中,值得注意的是机器零的问题。所谓机器零是指:如果一个浮点数的尾数为全0,不论其阶码为何值,或者如果一个浮点数的阶码小于它所能表示的最小值,不论其尾数为何值,计算机在处理时都把这种浮点数当作0看待。特别是当浮点数的阶码采用移码表示、尾数采用补码表示时,如果阶码为它所能表示的最小数-2^m(m为阶码的位数)且尾数为0时,其阶码的表现形式全为0,尾数的表现形式也为全0,这时机器零的表现形式为000…00。这种全0表示,有利于简化机器中的判0电路。

浮点表示的数据格式中,尾数的位数决定了数据表示的精度,增加尾数的位数可增加有效数字的位数,即提高数据表示的精度;阶码的位数决定了数据表示范围,增加阶码的位数,可扩大数据表示的范围。在字长一定的条件下,必须合理地分配阶码和尾数的位数以满足应用的需要。为了得到较高的精度和较大的数据表示范围,在很多机器中都设置单精度(一个字长表示)浮点数和双精度(两个字长表示)浮点数等不同的浮点数格式。

例 2.15　VAX-11 系列机的浮点数格式。

① 单精度浮点数—— F 浮点

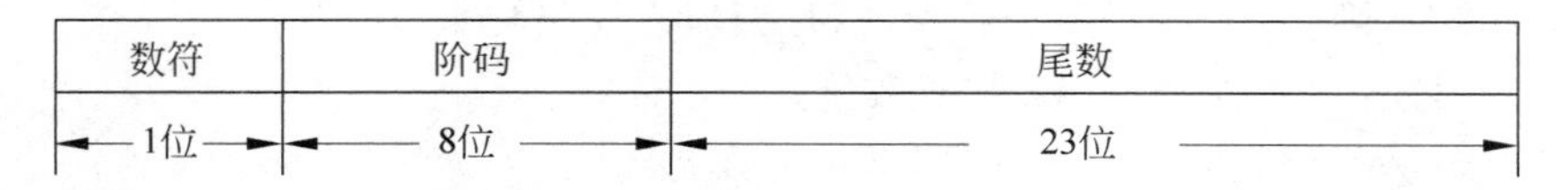

② 双精度浮点数—— G 浮点

数符	阶码	尾数
1位	11位	52位

4.　IEEE 754 浮点数标准

由于不同机器所选用的基数、尾数位长度和阶码位长度的不同，因此对浮点数的表示有较大差别，不利于软件在不同计算机之间的移植。为此，美国 IEEE(电气及电子工程师协会)提出了一个从系统结构角度支持浮点数的表示方法，称为 IEEE 标准 754(IEEE，1985)，当今流行的计算机几乎都采用了这一标准。

IEEE 754 标准在表示浮点数时，每个浮点数均由 3 部分组成：符号位 S，指数部分 E 和尾数部分 M，如图 2-9 所示。

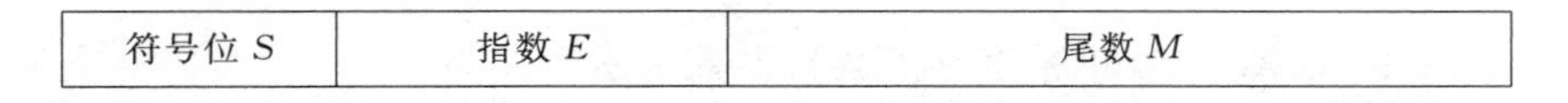

图 2-9　IEEE 754 标准

IEEE 754 标准的浮点数可采用以下 4 种基本格式：

(1) 单精度格式(32 位)：E=8 位，M=23 位；

(2) 扩展单精度格式：$E \geqslant 11$ 位，M=31 位；

(3) 双精度格式(64 位)：E=11 位，M=52 位；

(4) 扩展双精度格式：$E \geqslant 15$ 位，$M \geqslant 63$ 位。

1) IEEE 754 标准 32 位单精度浮点数

IEEE 754 浮点数据编码标准中，32 位单精度浮点数表示格式如图 2-10 所示。

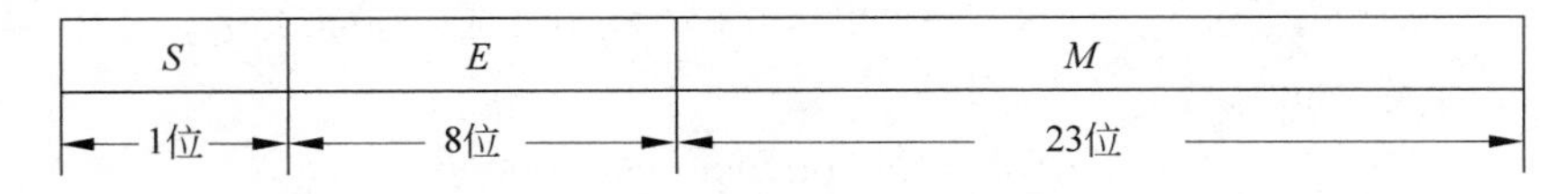

图 2-10　IEEE 754 标准 32 位单精度浮点数表示格式

各部分的规定如下：

S：数符，0 表示＋，1 表示－。

E：指数即阶码部分。其中包括 1 位阶符和 7 位数值，采用移 127 码，移码值为 127。移 127 码是一种特殊的移码，反映了移码的值与实际数据的指数值满足关系：阶码＝127＋实际指数值。规定阶码的取值范围为 1～254，阶码值 255 和 0 用于表示特殊数值。

M：尾数共 23 位，用规格化原码表示。由于尾数采用规格化表示，所以 IEEE 754 标准约定在小数点左部有一位隐含位为 1，从而使尾数的实际有效位为 24 位，即尾数的有效值为 $1.M$。

IEEE 754 标准 32 位单精度浮点数 N 的解释如下：

若 $E=0$，且 $M=0$，则 N 为 0。

若 $E=0$，且 $M\neq0$，则 $N=(-1)^S\times2^{-126}\times(0.M)$，为非规格化数。

若 $1\leqslant E\leqslant254$，则 $N=(-1)^S\times2^{E-127}\times(1.M)$，为规格化数。

若 $E=255$，且 $M\neq0$，则 $N=\text{NaN}$(非数值)。

若 $E=255$，且 $M=0$，则 $N=(-1)^S\times\infty$(无穷大)。

IEEE 754 标准使 0 有了精确表示，同时也明确地表示了无穷大。当 $a/0(a\neq0)$ 时得到的结果为 $\pm\infty$；当 0/0 时得到的结果为 NaN。对于绝对值较小的数，为了避免下溢而损失精度，允许采用比最小规格化数还要小的非规格化数来表示更小的数值，所能表示的最小非规格化数达到 2^{-149}。应该注意的是，非规格化数和正零、负零的尾数 M 前的隐含值不是 1 而是 0。

例 2.16 将 5/32 及 −4120 表示成 IEEE 754 单精度浮点数格式，并用十六进制书写。

解：① $(5/32)_{10}=(0.00101)_2=1.01\times2^{-3}$，按照 IEEE 754 单精度浮点数的规定：

因为 5/32>0，所以符号位 $S=0$。

因为尾数值为 $1.M$，现 $1.M=1.01$，所以去掉隐含的 1，得到尾数部分的机器数：

$$M=01000\cdots00$$

因为阶码值为指数值加 127，所以阶码值为：

$$E=127+(-3)=124=(01111100)_2$$

得到 $(5/32)_{10}$ 的 IEEE 754 单精度浮点数机器数表示形式为：

0 01111100 01000000000000000000000

写成十六进制形式：3E200000H。

② $(-4120)_{10}=(-1000000011000)_2=-1.000000011\times2^{12}$

$S=1,M=000000011\cdots00,E=127+12=139=(10001011)_2$，$(-4120)_{10}$ 的 IEEE 754 单精度浮点数机器数表示形式为：

1 10001011 00000001100000000000000

写成十六进制形式：C580C000H。

例 2.17 将十六进制的 IEEE 单精度浮点数代码 42E48000 转换成十进制数。

解：将十六进制数 42E48000 写成二进制度机器数形式为：

$$(42\text{E}48000)_{16}=(01000010111001001000000000000000)_2$$

按 IEEE 754 标准可写成：

0 10000101 11001001000000000000000

其中符号位 $S=0$，阶码部分值 $E=133$，尾数部分 $M=(0.11001001000000000000000)_2=(0.78515625)_{10}$，根据 IEEE 754 标准的表示公式，得：

$$N=(-1)^0\times(1+0.78515625)\times2^{133-127}=1.78515625\times2^6=114.25$$

2) IEEE 754 标准 64 位双精度浮点数

64 位双精度浮点数表示格式如图 2-11 所示。

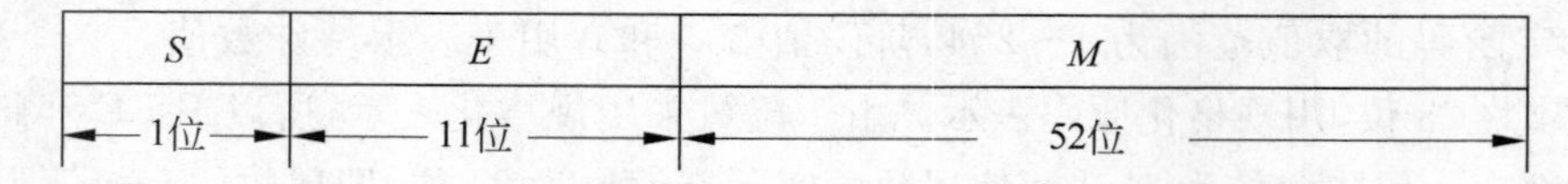

图 2-11 IEEE 754 标准 64 位双精度浮点数表示格式

64 位双精度浮点数所表示的数值 N 为：$N=(-1)^S\times 1.M\times 2^{E-1023}$。

有关 IEEE 754 标准浮点数的其他数据格式不再赘述，有兴趣的读者可以查阅相关资料。

2.4　非数值型数据的表示

所谓非数值型数据是指逻辑数、字符、字符串、文字及某些专用符号等的二进制代码。随着计算机应用领域的扩大，计算机除了用于进行数值计算外，还需要引入文字、字母及一些专用符号，以便表示文字语言、逻辑语言等非数值信息。但由于计算机硬件能够直接识别和处理的只是 0、1 这样的二进制信息，因此必须研究在计算机中如何用二进制代码来表示和处理这类非数值型数据。由于非数值型数据所使用的二进制代码并不表示数值，所以也将非数值型数据称为符号数据。

2.4.1　逻辑数——二进制串

计算机中的逻辑数用于代表命题的真与假、是与非等逻辑关系，通常用一个二进制串来表示，其特点是：

(1) 逻辑数的"0"与"1"不代表值大小，仅代表命题的真与假、是与非等逻辑关系。

(2) 逻辑数没有符号问题。逻辑数中各位之间相互独立，没有位权和进位问题。

(3) 逻辑数只能参加逻辑运算，并且逻辑运算是按位进行的。

例如，10＋11＝11，其中"＋"表示或运算。

2.4.2　字符与字符串

字符是非数值型数据的基础，字符与字符串是计算机中用得最多的非数值型数据。人们使用计算机时，需要利用字符与字符串编写程序、表示文字及各类信息，以便与计算机进行交流。为了使计算机硬件能够识别和处理字符，必须对字符按一定规则用二进制进行编码。

1. 字符编码

目前国际上广泛使用的字符编码是由美国国家标准委员会(American National Standards Institute，ANSI)制定的美国国家信息交换标准字符码(American Standard Code for Information Interchange，ASCII)。ASCII 码采用 7 位二进制编码，共表示 128 个字符，包括 10 个数字字符(0～9)、52 个英文字母(大、小写各 26 个)、34 个常用符号以及 32 个控制字符(如 NUL、CR、LF 等)。表 2-11 显示了 ASCII 编码，7 位二进制编码用 $b_6b_5b_4b_3b_2b_1b_0$ 表示，其中 $b_6b_5b_4$ 为高 3 位，$b_3b_2b_1b_0$ 为低 4 位。

表 2-11　ASCII 字符编码表

$b_6b_5b_4$ / $b_3b_2b_1b_0$	000	001	010	011	100	101	110	111
0000	NUL	DEL	SP	0	@	P	`	p
0001	SOH	DC_1	!	1	A	Q	a	q
0010	STX	DC_2	”	2	B	R	b	r
0011	ETX	DC_3	#	3	C	S	c	s

续表

$b_6 b_5 b_4$ / $b_3 b_2 b_1 b_0$	000	001	010	011	100	101	110	111
0100	EQT	DC_4	$	4	D	T	d	t
0101	ENQ	NAK	%	5	E	U	e	u
0110	ACK	SYN	&	6	F	V	f	v
0111	BEL	ETB	'	7	G	W	g	w
1000	BS	CAN	(	8	H	X	h	x
1001	HT	EM	)	9	I	Y	i	y
1010	LF	SUB	*	:	J	Z	j	z
1011	VT	ESC	+	;	K	[	k	{
1100	FF	FS	,	<	L	\	l	|
1101	CR	GS	−	=	M	]	m	}
1110	SO	RS	.	>	N	^	n	~
1111	SI	US	/	?	O	_	o	DEL

表 2-11 中许多 ASCII 控制字符原本是设计用于数据传输控制的,如 SOH、STX、ETX、EOT 等,但现在通过电话线和网络传输信息的格式与这些控制规定并不相同,所以 ASCII 控制传输字符用得很少。

在计算机中,用 $b_7 b_6 b_5 b_4 b_3 b_2 b_1 b_0$ 表示一个字节中的 8 个二进制位(一个字节)。7 位的 ASCII 编码一般存放在一个字节的低 7 位中,这时字节中的最高位 b_7 通常有以下用法:

(1) 常置 0;

(2) 用作奇偶校验位,用来检测错误;

(3) 用于扩展编码。例如,在我国将 b_7 用于区分汉字和字符。如规定 b_7 为"0",表示 ASCII 码,b_7 为"1",表示汉字编码。

除 ASCII 码外,还有采用 8 位二进制数表示一个字符的扩展 ASCII 码和 EBCDIC 码(Extended Binary Coded Decimal Interchange Code)。其中,EBCDIC 码是 IBM 公司常用的字符编码。在实际应用中,可以采用软件实现不同编码之间的转换。表 2-12 为 ASCII 字符编码表中部分命令字符的含义。

表 2-12 ASCII 字符编码表中部分命令字符的含义

命令	含义	命令	含义	命令	含义	命令	含义
NUL	空	DLE	数据连接断开	ACK	应答	SYN	同步空闲
SOH	信息头开始	DC_1	设备控制 1	BEL	响铃	ETB	传输块结束
STX	文本起始	DC_2	设备控制 2	BS	退格	CAN	取消
ETX	文本结束	DC_3	设备控制 3	HT	水平制表符	EM	媒体结束
EOT	传输结束	DC_4	设备控制 4	LF	换行	SUB	取代
ENQ	询问	NAK	反向应答	VT	垂直制表符	ESC	中断
FF	换页	FS	文件分隔符	SI	移入	US	单元分隔符
CR	回车	GS	组分隔符	DEL	作废	SP	空格
SO	移出	RS	记录分隔符				

2. 字符串数据

字符串数据是指连续的一串字符。通常一个字符串需要占用主存中多个连续的字节进行存放。设每个字符占用一个字节，则一个由 L 个字符组成的字符串在按字节编址的内存中的存放情况如图 2-12 所示。

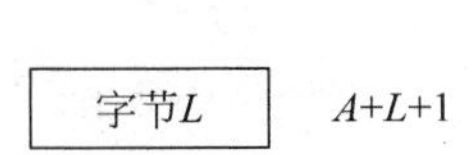

图 2-12　字符串的存放情况

2.4.3　汉字信息的表示

汉字结构与西文字符不同。汉字不仅具有独立的字形，而且数量庞大，所以使用计算机处理汉字要比处理西文字符更加复杂。在计算机中使用汉字时，需要涉及汉字的输入、存储、处理、输出等各方面的问题，因此有关汉字信息的编码表示有很多种类。

输入汉字时，需要通过键盘上的西文字符按照一定的汉字输入码进行汉字的输入，并且为了不与西文字符编码冲突，需按相应的规则将汉字输入码变换成汉字机内码，才能在计算机内部对汉字进行存储和处理。输出汉字时，如果是送往终端设备或其他汉字系统，则需要把汉字机内码变换成标准汉字交换码，再进行传送；如果需要显示或打印，则要根据汉字机内码按一定规则到汉字字形库中取出汉字字形码送往显示器或打印机。在汉字处理过程中需要涉及的汉字编码如图 2-13 所示。

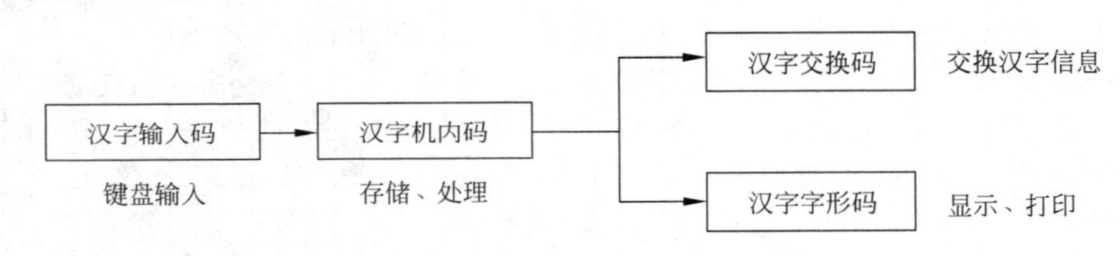

图 2-13　汉字系统的汉字编码

1. 汉字输入码

汉字可以通过键盘、手写、语音、扫描等多种方法输入，但采用最多的仍然是汉字的键盘输入法。汉字输入码就是键盘输入操作者使用的代码，其编码方式多种多样，归纳起来分为：数字码（如区位码、电报码）、拼音码（如全拼输入法、智能 ABC 法输入法）、笔形码（如五笔字型输入法、郑码输入法）、混合码（如音形码）等，它们有自己的汉字输入编码方案。例如，“计算机”三个字的五笔字型编码为“ytsm”，而智能 ABC 的编码可以为“jsj”。计算机安装的输入法软件可以根据与操作者所选择的汉字输入法相应的编码规则，将键盘输入的西文字符组合转换成汉字机内码。

2. 汉字交换码

汉字交换码是用于不同汉字系统间交换汉字信息的汉字编码。由于汉字数量极多，所以必须规定统一的交换码标准。1980 年，我国国家标准总局颁布的第一个汉字编码字符集标准——GB 2312—80《信息交换用汉字编码字符集基本集》（简称为国标码）是我国大陆地区及新加坡等海外华语区通用的汉字交换码，它奠定了中文信息处理的基础。GB 2312—80 收录了 6763 个汉字（包括 3755 个一级汉字，3008 个二级汉字），以及 682 个英、俄、日文字母等各种图形符号，共 7445 个字符。国标码规定每个汉字或图形符号用两个连续的字节表示，每个字节只使用最低七位，两个字节的最高位均为 0。例如，“计”的汉字编码为 $(3C46)_{16}$。

3. 汉字机内码

汉字机内码是计算机内部存储和处理汉字信息使用的编码，简称为汉字内码。如上所述，“计”的汉字国标码编码为 $(3C46)_{16}$，它会与码值为 $(3C)_{16}$ 和 $(46)_{16}$ 的两个 ASCII 字符“＜”和

“F”相混淆。但我国计算机系统的汉字内码以国标码为基础,并置每个字节的最高位为1(表示汉字)。计算机内部表示汉字时把国标码两个字节最高位改为1,即最高位都是1的两个相邻字节代表一个汉字;若某字节的最高位为0,则代表一个ASCII码字符。

4. 汉字字形码

汉字字形码用于记录汉字的外形,主要用于汉字的显示和打印。汉字字形有两种记录方法:一种是点阵法,另一种是矢量法。点阵法对应的字形编码称为点阵码;矢量法对应的字形编码称为矢量码。

点阵码采用点阵表示汉字字形,即把汉字按字形排列成点阵,再进行编码。常用的汉字点阵规模有16×16、24×24、32×32或更高,16×16点阵是最基础的汉字点阵。图2-14给出了“次”字的16×16点阵和编码,需要占用32个字节。相应的一个24×24点阵的汉字需要占用72个字节。由此可知汉字字形点阵的信息量很大,需要占用非常大的存储空间。例如,若采用16×16点阵表示GB 2312—80中两级6763个汉字,约需要256KB的存储空间。

矢量码使用一组数学矢量来记录汉字的外形轮廓,矢量码记录的字体称为矢量字体或轮廓字体。这种字体能很容易地放大缩小而不会出现锯齿状边缘,屏幕上看到的字形和打印输出的效果完全一致。在目前使用的系统中,已普遍使用轮廓字体(称为True Type字体)。例如,中文Windows中提供了宋体、黑体、楷体、仿宋体等True Type字体的汉字库文件。

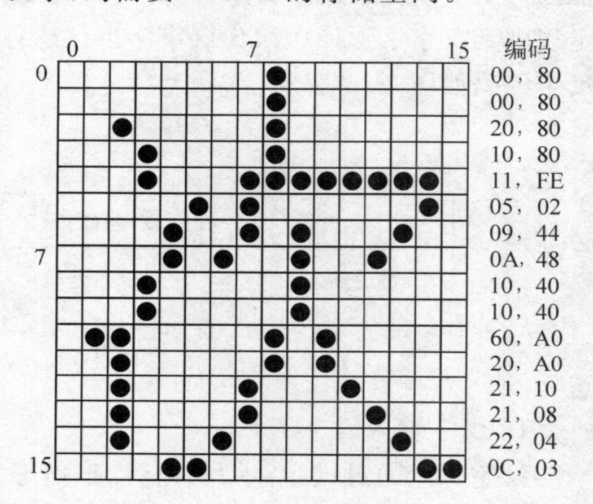

图2-14 “次”的汉字字形点阵与编码

汉字字形码所需要的存储空间很大,不用于机内存储,因而采用字库存储。所有的不同字体、字号的汉字字形码构成了汉字字库。输出汉字时,将汉字机内码转换为相应的汉字字库地址,检索字库,输出字形码。目前,汉字字库通常是以多个字库文件的形式存储在硬盘上。

随着计算机技术和因特网技术的发展,汉字信息处理的应用范围不断扩大,各种领域对字符集提出了多文种、大字量、多用途的要求,GB 2312—80中的6763个汉字明显不够用。为满足各方面应用的需要,国家开始对原来的基本汉字集进行扩充。

1993年国家制定了GB 13000.1—1993。该标准采用了全新的多语种编码体系,收录了中、日、韩三国的20 902个汉字,称为CJK(Chinese-Japanese-Korean)汉字集。

1995年,全国信息技术标准化技术委员会制定和发布了《汉字扩展规范GBK 1.0》。这是一个技术规范指导性文件,共收录了21 886个简体、繁体汉字和其他符号,并在Windows 95/98/NT/2000系统中广泛应用。

2000年3月17日,信息产业部和原国家质量技术监督局联合发布了GB 18030—2000《信息技术信息交换用汉字编码字符集基本集的扩充》。GB 18030采用单字节、双字节和四字节三种方式对字符进行编码。双字节部分收录内容主要包括GB 13000.1中的全部CJK汉字20 902个、标点符号、表意文字描述符13个、增补的汉字和部首/构件80个、双字节编码的欧元符号等;四字节部分收录了上述双字节字符之外的,包括CJK统一汉字扩充在内的GB 13000.1中的全部字符。GB 18030编码空间约为160万码位,目前已编码的字符约2.6万。

随着我国汉字整理和编码研究工作的不断深入，以及国际标准ISO 10646的不断发展，GB 18030收录的字符将在新版本中增加。

在国际上，由于每种语言都制定了自己的字符集，导致最后存在的各种字符集实在太多，在国际交流中需要经常转换字符集，非常不便。为了满足不同国家不同语系的字符编码要求，一些计算机公司结成了一个联盟，创立了一个称为Unicode的编码体系，目前Unicode体系已成为了一种国际标准，即ISO 10646。Unicode体系目前普遍采用的是UCS-2，即用两个字节来编码一个字符，每个字符和符号被赋予一个永久、唯一的16位值，即码点。体系中共有65 536个码点，可以表示65 536个字符。由于每个字符长度固定为16位，使得软件的编制简单了许多。目前，Unicode将世界上几乎所有语言的常用字符都收录其中，方便了信息交流。例如，在分配给汉语、日语和朝鲜语的码点中，包括1024个发音符号、20 992个汉语和日语统一的象形符号（即汉字）和11 156个朝鲜语音节符号。另外Unicode还分配了6400个码点供用户进行本地化时使用。Unicode也有UCS-4规范，用4个字节来编码字符。

2.5　十进制数串的表示

如前所述，计算机中采用二进制进行信息的存储和处理，但人们日常使用和熟悉的是十进制，因此需要研究十进制数在计算机中的表示方法。

在计算机中，十进制数的表示有两方面的要求：

(1) 用于十进制形式的输入输出。输入时，用人们熟悉的十进制形式把数据输入计算机，再由专用的转换软件或硬件将十进制转换为二进制的形式，以便机器进行运算和处理；输出时，将处理的二进制结果转换为十进制形式，再进行输出，以便获得人们熟悉的十进制表示形式。对于这类应用，可以将十进制看作字符串，采用ASCII码等字符编码进行十进制的表示。例如，十进制数10，可用ASCII码表示为3130H＝$(00110001\ 00110000)_2$。

(2) 用于直接进行十进制运算。随着计算机应用的发展，在某些应用领域，如商用领域中，其运算往往很简单，但数据的输入输出量很大。如果每个数据都需进行二进制与十进制的转换，将大大降低计算机的处理效率。为了满足这类要求，需要对十进制数的二进制编码进行一些特殊的规定，使计算机内部具有直接进行十进制运算的能力。设计满足这类要求的编码需解决的问题就是如何对十进制数进行二进制编码，且使编码具有可计算性，即BCD(Binary Coded Decimal)码的问题。常见的BCD码如表2-13所示。

表2-13　常见的BCD码

十进制数	8421码	2421码	余3码	十进制数	8421码	2421码	余3码
0	0000	0000	0011	5	0101	1011	1000
1	0001	0001	0100	6	0110	1100	1001
2	0010	0010	0101	7	0111	1101	1010
3	0011	0011	0110	8	1000	1110	1011
4	0100	0100	0111	9	1001	1111	1100

BCD码与所表示的十进制数的数值大小有一定的关系。例如，8421码各位二进制数的权值是$8=2^3$、$4=2^2$、$2=2^1$、$1=2^0$，因此编码1001对应的十进制数是9。2421码各位二进制数的权值是$2=2^1$、$4=2^2$、$2=2^1$、$1=2^0$，因此编码1101对应的十进制数是7。将余3码编码对应

的二进制数值减 3,即可得到对应的十进制数。例如,余 3 码编码 1001 对应的二进制数值是 9,因此 1001 代表的十进制数字是 6。

应注意的是,BCD 码均是对一位十进制数进行的编码,如要表示多位十进制数,则应将每一位十进制数对应的 BCD 码组合起来。例如,十进制数 156 对应的 8421BCD 码为 0001 0101 0110。下面讨论一下十进制数在计算机内部应如何存储和表示。

1. 字符串形式

将十进制数串以字符串形式进行表示,即把十进制数串中每一位数字以及符号都看作一个字符,用一个字节表示它的字符编码或符号编码(ASCII 码)。这样,一个十进制数串在主存存储时,需占用多个连续的字节,因此在存取一个十进制数串时,就需要指明该数串在主存中的起始地址和串的长度。根据数串中符号所处位置,字符串形式又可分为前分隔数字串和后嵌入数字串两种表示形式。

1) 前分隔数字串

前分隔数字串表示十进制数串的方法是:符号位占用单独一个字节,位于数字位之前,即放在数串最前面的字节中。正号用字符"+"表示,即 ASCII 码的 2BH,负号用字符"-"表示,即 ASCII 码的 2DH。

例 2.18 写出采用前分隔数字串方式,十进制数+135 与-2678 在内存中的表示形式。

解:+135 在内存中的表示形式:

+135	2B	31	33	35
	+	1	3	5

共占用了 4 个字节。

-2678 在内存中的表示形式:

-2678	2D	32	36	37	38
	-	2	6	7	8

共占用了 5 个字节。

2) 后嵌入数字串

后嵌入数字串表示十进制数串的方法是:符号位不单独占用一个字节,而是嵌入到最低一位数字的编码中。嵌入规则是:若十进制数串的符号为+,则最低一位数字 0~9 的 ASCII 编码不变(30H~39H);若数串的符号为-,则把-变为 40H,再与最低数值位相加,此时数字 0~9 的编码变为 70H~79H。

例 2.19 写出采用后嵌入数字串方式,十进制数+135 与-2678 在内存中的表示形式。

解:+135 在内存中的表示形式:

+135	31	33	35
	1	3	5

共占用了 3 个字节。

-2678 在内存中的表示形式:

-2678	32	36	37	78
	2	6	7	8

共占用了 4 个字节。

后嵌入数字串表示方式比前分隔方式少用一个字节，节省了存储空间，但其最低有效位需使用特殊编码，既表示该位的数值，又表示数的符号。

十进制数的字符串表示方式主要应用于显示、打印等非数值处理过程中，但对十进制数的算术运算很不方便。从上述例子中，可以看到在十进制数符的 ASCII 编码中，每一字节只有低 4 位表示数值，而高 4 位在算术运算时不具有数值的意义，如果对这种用字符串表示的十进制数进行计算，就必须利用软件或硬件将十进制数的字符串转换为二进制数值。

2. 压缩的十进制数串

压缩的十进制数串的表示方法是：用一个字节存放两位十进制数，每一位十进制数值均用 BCD 码表示，符号另外占半个字节，并存放在最低数值位之后。通常用 1100 表示＋，1101 表示－。为了保证在这种表示中不出现只有半个字节的内容的情况，规定数字个数与符号位之和必须是偶数，否则在最高位之前补一个 0。

例 2.20　写出采用压缩的十进制数串方式，十进制数＋135 与－2678 在内存中的表示形式。

解：＋135 在内存中的表示形式如下：

＋135	0001	0011	0101	1100
	1	3	5	＋

共占用了 2 个字节。

－2678 在内存中的表示形式：

－2678	0000	0010	0110	0111	1000	1101
	0	2	6	7	8	－

共占用了 3 个字节。

压缩的十进制数串既节省了存储空间，又便于直接进行十进制算术运算，是广泛采用的十进制数串表示方式。与字符串表示方法类似，在对一个压缩的十进制数进行存取时，需要给出它在内存中的首地址和串的长度。

2.6　数据的长度与存储方式

计算机中任何信息都必须以二进制编码形式表示。一串二进制 0、1 序列既可以表示数值，也可表示字符、字符串、汉字或其他信息。不同类型数据的二进制长度各不相同，同时计算机在存储数据时，需要按照规定的顺序组织存储。

2.6.1　数据的长度

1. 位、字节、字和字长

在计算机系统中，一位二进制数据 0 或 1 称为一个位或一个比特(bit，简写为 b)。位是存储、传输和处理信息的最小单位。由于计算机系统中西文字符通常采用 8 个二进制位表示，因此将 8 个 bit 称为一个字节(Byte，简写为 B)，字节是计算机系统中最常用的二进制计量单位。

除了位和字节，计算机中还经常使用字(word)作为单位。所谓字是指计算机系统中可以在同一时间内被同时处理的一组二进制数，字在计算机中通常作为一个整体被存取、传输和处理。

字中包含的二进制位数称为字长。字长反映了 CPU 内部数据通道的宽度,也反映了 CPU 中通用寄存器的宽度。不同的计算机系统中字的长度不是一定的,有的机器一个字的字长是 1 个或 2 个字节,如早期的 Intel 系列 8 位和 16 位处理器;有的机器一个字的字长是 4 个或 8 个字节,如现在常用的 32 位和 64 位微处理器。字长反映了一台计算机的计算精度,同时为适应不同用户的要求、协调运算精度和硬件造价间的关系,大多数计算机均支持变字长运算,即机内可实现半字长、全字长(或单字长)和双倍字长运算。一般来说,在其他指标相同的情况下,字长越长,计算机处理数据的速度越快。

2. C 语言中基本数据类型的长度和格式

在使用高级语言编程时,如果深入了解了其中各种数据类型与机器数长度及格式的对应关系,就能够更好地运用高级语言来解决问题和避免错误。下面以 C 语言中的最基本的整型、实型和字符型数据为例,了解一下高级语言中的数据类型。

C 语言的基本数据类型包含数值型和字符型(char)两大类。数值型数据进一步分为整型数(int)和实型数(float,也称浮点数型)。整型数又分为无符号整数(unsigned)和带符号整数(signed),各种数据根据长度不同分为短数据(short)、长数据(long)和正常数据。如整型数(int)、短整型数(short int)、长整型数(long int)、无符号整型数(unsigned int)、浮点数(float)、双精度浮点数(double float)、长双精度浮点数(long double float)等。

C 语言中的字符型数据是按字符所对应的 ASCII 码值来存储的,因此 char 型数据的长度通常为 1 个字节,可以用于表示单个字符,也可以用于表示 8 位整数。

C 语言中的整型数用于表示整数。其中,无符号整数与 2.2.1 节中介绍的无符号整数一样,其数据对应的机器数字长的所有二进制位均表示数值。C 语言中的带符号整数采用补码表示,用机器数最高位的 0 和 1 表示数值的+和-。因此,当 C 语言中整型数据的长度为 n 时,无符号整数的数据范围是 $0\sim2^n-1$,带符号整数的数据范围是 $-2^{n-1}\sim+(2^{n-1}-1)$。

C 语言中的实型数主要用于表示浮点数。在机器内部,实型数均采用 IEEE 754 浮点数标准格式。通常 C 语言中的 float 和 double float 类型数据采用的是 IEEE 754 标准中的单精度和双精度浮点数格式,long double 类型数据的机器数格式采用的是 IEEE 754 浮点数标准中的扩展双精度浮点数格式。

在实际工作中,我们常说系统工作在某平台上,所谓平台是指计算机系统所使用的 CPU、操作系统和编译器。作为高级语言,C 语言中各种数据类型在不同的平台上分配的字节数不一定相同。通常关于 C 语言中的数据长度有如下规定:

(1) char 类型一般是 8bit,但某些嵌入式编译器使用的 char 类型可能是 16bit;

(2) short 类型和 long 类型的长度不相同;

(3) int 类型通常与具体机器的物理字长一致;

(4) 虽然每种编译器可以根据硬件的不同自由确定各种数据类型的长度,但 short 和 int 类型最少是 16bit,long 类型最少是 32bit,short 类型必须比 int 和 long 类型要短。

表 2-14 列出了在不同环境下 C 语言中常用数据类型的字节数。实际应用时,如果要详细了解各种数据类型的长度,可以用 sizeof()函数进行测试。

需要说明的是在实际应用中,如果需要在不同类型的数据之间进行运算和转换,必须注意各种数据的格式和长度规定以及转换规则,以防止出现一些意想不到的错误。以下是一些需要注意的情况(假设在 32 位的编译环境中):

(1) 在整数运算中,如果同时有无符号数和带符号数参加运算,则 C 编译器会隐含地将带符号整数强制地转换为无符号整数，从而造成运算出错。

表 2-14 C语言中常用数据类型的字节数

数据类型 \ 字节数	32位编译器	64位编译器
char	1	1
char *（指针变量）	4	8
short int	2	2
int	4	4
long int	4	8
float	4	4
double	8	8
long	4	8
long long	8	8

(2) 从 int 转换为 float 时，不会发生溢出，但因为 32 位单精度浮点数的尾数有效长度短于 int 的数值部分的长度，所以可能出现数据被舍入的情况。

(3) 从 int 或 float 转换为 double 时，因为 double 的尾数有效长度更长，所以可以保留更多的精确值。

(4) 从 double 转换 float 时，因为 float 的表示范围小于 double，所以可能发生溢出以及损失精度。

2.6.2 数据的存储方式

在计算机中存储数据时，二进制的 0、1 串从低位到高位可以有不同的存放顺序，既可以从左到右排列，也可以从右到左排列。为了避免歧义，需要规定数据的最高位和最低位，以便于后续的处理。通常用最高有效位(Most Significant Bit，MSB)和最低有效位(Least Significant Bit，LSB)分别表示数据的最高位和最低位。例如，对于带符号数而言 MSB 就是最高位——符号位，LSB 为数值部分的最低位。这样规定后，无论数据从低位到高位如何排列，只要明确了数据中 MSB 和 LSB 的位置，就可以明确表示数据的符号和数值。例如，16 位带符号整数 +15，在机器中可以表示为 0000000000001111，其最左边是符号位，即 MSB=0，最右边是数值的最低有效位，即 LSB=1。

现代计算机中，存储器的存储单元通常是按字节编址的，即每一个地址对应的存储单元用于存放一个字节。当一个数据由多个字节组成时，就需要用多个字节单元加以存储。如一个 ASCII 字符占用 1 个字节；一个 32 位的 IEEE 754 单精度浮点数需要占用 4 个字节。这时可以用最高有效字节 MSB(Most Significant Byte)和最低有效字节 LSB(Least Significant Byte)来标识数据的高位字节和低位字节的位置，数据的其他字节都在 MSB 和 LSB 之间。但是，计算机在访问多字节数据时，对每个数据只会给出一个地址，然后按规定顺序访问数据的各个字节。例如，在按字节编址的计算机中，访问某一个 32 位的 IEEE 754 单精度浮点数时，给出了该数据所在的内存地址 1000H，那么就必须规定这个地址对应的是该数据 4 个字节中的哪个字节单元以及应该按什么顺序访问这 4 个字节，这就是字节的排列顺序问题。

在所有的计算机中，多字节数据都存储在连续的字节单元中，根据数据中各字节在字节单元中的排列顺序不同，有大端和小端两种排列方式。

大端(big endian)方式：数据的最高有效字节 MSB 存放在低地址单元中，最低有效字节 LSB 存放在高地址单元中。

小端(little endian)方式：数据的最高有效字节 MSB 存放在高地址单元中，最低有效字节 LSB 存放在低地址单元中。

例 2.21 设某 32 位数据 12345678H，连续存放在以 4000H 开头的 4 个字节单元中，按大端方式和小端方式该数据在内存中的存放形式分别如图 2-15 所示。

内存地址	大端方式存放内容	小端方式存放内容
4000H	12H	78H
4001H	34H	56H
4002H	56H	34H
4003H	78H	12H

图 2-15 数据在内存中的存放形式

当计算机以 4000H 为地址访问数据 12345678H 时，若机器采用的是大端方式，则数据地址 4000H 对应的是 MSB；若机器采用的是小端方式，则数据地址 4000H 对应的是 LSB。

每个计算机系统在处理和保存数据时都需要确定其字节的排列顺序。如 IBM370/360、MIPS、SPARC 等系统采用的是大端方式，而 Intel 80x86、DEC VAX 等系统采用的是小端方式。有的系统既能工作于小端又能工作于大端，只需要在系统加电启动时选择确定采用小端还是大端方式即可，如 ARM、Alpha、Motorola 的 Power PC。需要注意的是，在字节排列顺序不同的系统之间进行数据通信时，都必须按照规定进行顺序转换。在调试底层机器级程序时，也要清楚每个数据的字节排列顺序，以便将正确地实现机器数与真值之间的转换。

大端方式和小端方式各有优缺点。通常认为采用大端方式进行数据存放比较符合人类的正常思维，而采用小端方式进行数据存放利于计算机处理。

2.7 数据校验码

数据在计算机系统内的形成、存取和传送过程中，可能会因为某种原因而产生错误，如将 0 误传为 1 等。为减少和避免这类错误，一方面需要从电路、电源、布线等硬件方面采取措施，提高计算机硬件本身的抗干扰能力和可靠性；另一方面可以在数据编码上采取检错纠错的措施，即采用某种编码方法，使得机器能够发现、定位乃至纠正错误。

具有检测某些错误或带有自动纠正错误能力的数据编码称为数据校验码。数据校验码的实现原理是在正常编码中加入一些冗余位，即在正常编码组中加入一些非法编码，当合法数据编码出现某些错误时，就成为非法编码，因此就可以通过检测编码是否合法来达到自动发现、定位乃至改正错误的目的。在数据校验码的设计中，需要根据编码的码距合理地安排非法编码的数量和编码规则。

2.7.1 码距与数据校验码

通常把一组编码中任何两个编码之间代码不同的位数称为这两个编码的距离，也称为海明距离。而码距是指在一组编码中任何两个编码之间最小的距离。例如，编码 0011 与 0001

仅有一位不同，称其海明距离为1。又如采用4位二进制编码表示16种状态(0000到1111编码)都用时，则这组编码的码距为1。也就是说，在这组编码中任何一个状态的4位码中的1位或几位出错，都会变成另一个合法编码，所以这组编码没有查错和纠错能力。但是，如果采用4位二进制表示8个状态，例如只将其中的8种编码0000、0011、0101、0110、1001、1010、1100、1111用作合法编码，而将另外8种编码作为非法编码，此时这组编码的码距为2，即从一个合法编码改为另一个合法编码需要修改两位。如果在数据传输过程中，任何一个合法编码有一位发生了错误，就会出现非法编码。例如，编码0000的任意一位发生错误形成的编码都不是合法编码，因此系统只要检查编码的合法性，就可以发现错误。

校验码通常是在正常编码的基础上按特别规定增加一些附加的校验位形成的，即通过增大编码的码距来实现检查和纠正错误的目的。一般来说，合理地增加校验位、增大码距，就能提高校验码发现错误的能力。如上所述，要检查1位错误，编码的码距需要1+1=2。而要检查e位错，编码的码距需要$e+1$，因为对于这样的编码，一个码字e位出错就无法将一个合法编码变为另外一个合法编码。类似地，如果出错的位置能够确定，将出错位的内容取反，就能够自动纠正错误。而要纠正t位错，编码的码距需要$2t+1$。这是因为当码距达到$2t+1$时，即使合法编码中有t位出错，它与原合法编码的编码距离还是比与其他任何合法码字的编码距离要小，这样就可以唯一地确定它的合法编码，即可以自动纠正错误。

例如，对于只有4个合法编码0000000000，0000011111，1111100000，1111111111的编码组。可以看出这个编码组的码距为5，意味着它能纠两位错。如果在数据传输过程中，接受方接收到一个编码0000000111，就能够知道原来的正确编码应该是0000011111(必须假定不出现两位以上的错误)。当然，如果错了3位，即0000000000变成了0000000111，就无法确定是0000000000出现了错误，还是0000011111出现了错误，因而无法纠正错误，即码距为5时，只能够纠两位错。

由此可见校验位越多，码距越大，编码的检错和纠错能力越强。记码距为d，码距与校验码的检错和纠错能力的关系是：

$d \geqslant e+1$，可检验e个错。

$d \geqslant 2t+1$，可纠正t个错。

$d \geqslant e+t+1$，且$e>t$，可检验e个错并能纠正t个错。

由于数据校验码所使用的二进制位数比正常数据编码要多，所以在使用过程中，将增加数据存储的容量或数据传送的数量。因此，在确定与使用数据校验码的时候，必须考虑在不过多增加硬件开销的情况下，尽可能发现或改正更多的错误。常用的数据校验码有奇偶校验码、海明校验码和循环冗余校验码。

2.7.2 奇偶校验码

奇偶校验码是一种最简单、最常用的校验码。奇偶校验码广泛用于主存的读写校验或ASCII码字符传送过程中的检查。

1. 奇偶校验码的编码方法

组成奇偶校验码的基本方法是：在n位有效信息位上增加一个二进制位作为校验位P，构成$n+1$位的奇偶校验码。校验位P的位置可以在有效信息位的最高位之前，也可以在有效信息位的最低位之后。奇偶校验码可分为奇校验和偶校验。

奇校验(Odd)：使$n+1$位的奇偶校验码中1的个数为奇数。

偶校验(Even):使 $n+1$ 位的奇偶校验码中 1 的个数为偶数。

例如,设 $A_7A_6A_5A_4A_3A_2A_1A_0$ 为 8 位有效信息,A_7 为最高信息位,加一位校验位 P 构成的 9 位奇偶校验码为 $A_7A_6A_5A_4A_3A_2A_1A_0P$ 或 $PA_7A_6A_5A_4A_3A_2A_1A_0$。

若采用偶校验,则校验位 P 可由式(2-13)确定:

$$P_{\text{even}} = A_7 \oplus A_6 \oplus A_5 \oplus A_4 \oplus A_3 \oplus A_2 \oplus A_1 \oplus A_0 \tag{2-13}$$

若采用奇校验,则校验位 P 可由式(2-14)确定:

$$P_{\text{odd}} = \overline{P}_{\text{even}} \tag{2-14}$$

例 2.22 设校验位 P 位于有效信息的最低位之后,分别写出有效信息 11011001、10111011、11111111 的奇校验码和偶校验码。

解:各有效信息对应的奇校验码和偶校验码为:

$A_7A_6A_5A_4A_3A_2A_1A_0$	P_{odd}	P_{even}	奇校验码	偶校验码
11011001	0	1	110110010	110110011
10111011	1	0	101110111	101110110
11111111	1	0	111111111	111111110

2. 奇偶校验码的校验

采用奇偶校验的编码在传输过程中需要进行奇偶校验,以判断信息传输是否出错。如果接收方接收到奇校验码中 1 的个数为偶数,或接收到偶校验码中 1 的个数为奇数,则表示接收到的编码中有一位出错。

以上面的 9 位奇偶校验码为例。

出现偶校验错的标志是:$E=A_7\oplus A_6\oplus A_5\oplus A_4\oplus A_3\oplus A_2\oplus A_1\oplus A_0\oplus P_{\text{even}}$。

出现奇校验错的标志是:$E=\overline{A_7\oplus A_6\oplus A_5\oplus A_4\oplus A_3\oplus A_2\oplus A_1\oplus A_0\oplus P_{\text{odd}}}$。

进行奇偶校验时,$E=0$,表示无错;$E=1$,表示校验出错。

3. 奇偶校验码的校错能力

奇偶校验码只能发现一位或奇数位个错误,不能发现偶数位个错误,即使发现奇数位个错误也无法确定出错的位置,因而无法自动纠正错误。由于现代计算机可靠性高,出错概率低,而出错中只有一位出错的概率比多位出错的概率高得多,因此用奇偶校验检测一位出错,能够满足一般可靠性的要求。在 CPU 与主存的信息传送过程中,奇偶校验被广泛应用。

2.7.3 海明校验码

如前所述,合理地增加校验位、增大码距,能够提高校验码发现错误的能力。因此,如果在奇偶校验的基础上增加校验位的位数,构成多组奇偶校验,就能够发现更多位的错误并可自动纠正错误。这就是海明校验码的实质所在。

1. 海明校验码中校验位的位数

海明校验码是 Richard Hamming 于 1950 年提出来的。它的实现原理是:在数据编码中加入几个校验位,并把数据的每一个二进制位分配在几个奇偶校验组中。当某一位出错后,就会引起有关的几个校验组的值发生变化,这样不但可以发现出错,还能指出是哪一位出错,为自动纠错提供了依据。那么海明校验码究竟应该设置多少个校验位呢?

设有效信息位的位数为 n,校验位的位数为 k,则组成的海明校验码共长 $n+k$ 位。校验时，需进行 k 组奇偶校验，将每组的奇偶校验结果组合，可以组成一个 k 位的二进制数，共能够表示 2^k 种状态。在这些状态中，必有一个状态表示所有奇偶校验都是正确的，用于判定所有信息均正确无误，剩下的 2^k-1 种状态，可以用来判定出错代码的位置。因为海明校验码共长 $n+k$ 位，所以校验位的位数 k 与有效信息位的位数 n 应满足关系：

$$2^k-1 \geqslant n+k \tag{2-15}$$

如果出错代码的位置能够确定，将出错位的内容取反，就能够自动纠正错误。因此，满足关系式(2-15)的海明校验码能够检测出一位错误并且能自动纠正一位错误。

由式(2-15)可计算出具有检测一位错误并且纠正一位错误能力的海明校验码中 n 与 k 的具体对应关系，如表2-15所示。

表2-15 海明校验码中有效信息位的位数与校验位位数的关系

k(最小)	n	k(最小)	n
2	1	5	12～26
3	2～4	6	27～57
4	5～11	7	58～120

2. 海明校验码的编码方法

一个具有 n 位有效信息的海明校验码可以按下面的步骤进行编码：

(1) 将 n 位有效信息和 k 位校验位，构成 $n+k$ 位的海明校验码。设校验码各位编码的位号按从左向右(或从右向左)的顺序从1到 $n+k$ 排列，则规定校验位所在的位号分别为 2^i，$i=0,1,2,\cdots,k-1$，有效信息位按原编码的排列次序安排在其他位号中。

以7位ASCII码的海明校验码为例，设ASCII码的有效信息位的排列为 $A_6A_5A_4A_3A_2A_1A_0$。根据表2-14，可知应选择校验位位数 $k=4$，这样构成的海明校验码共有 $7+4=11$ 位。根据规定，4个校验位分别在位号为 2^i 的位置上，即位号为 2^0、2^1、2^2、2^3 的位置上，相应地命名为 P_1、P_2、P_4、P_8，其中下标为校验位所在的位号，有效信息位 $A_6A_5A_4A_3A_2A_1A_0$ 依次排列在其余位上。编码排列位置如图2-16所示。

位号：	1	2	3	4	5	6	7	8	9	10	11
编码：	P_1	P_2	A_6	P_4	A_5	A_4	A_3	P_8	A_2	A_1	A_0

图2-16 海明校验码中编码排列位置

(2) 将 k 个校验位分成 k 组奇偶校验，每个有效信息位都被2个或2个以上的校验位校验，决定各有效信息位应被哪些校验位校验的规则是：被校验的位号等于校验它的校验位位号之和。

以上述7位ASCII码的海明校验码为例，有效信息 A_6 的位号为3，$3=1+2$，所以 A_6 应被校验位 P_1、P_2 校验；有效信息 A_3 的位号为7，$7=1+2+4$，所以 A_3 应被校验位 P_1、P_2、P_4 校验。以此类推，可知每个信息位分别被哪些校验位校验，如图2-17所示。

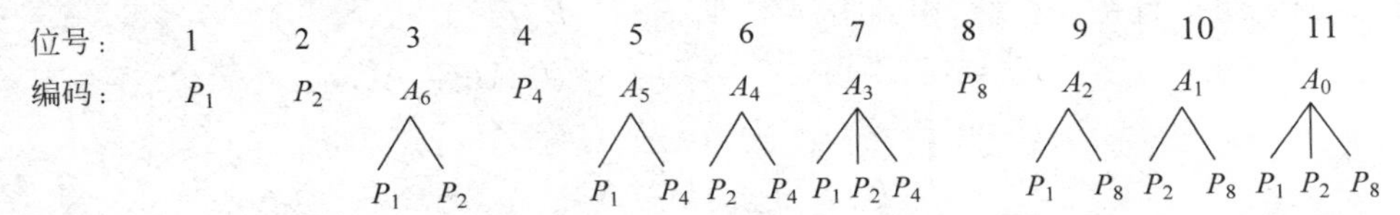

图2-17 海明校验码校验位与有效信息位的对应关系

由图 2-17 可得到形成 k 个校验位 P 的有效信息的分组情况，即校验组的分组情况：

P_1：A_6、A_5、A_3、A_2、A_0　　（第 1 组）

P_2：A_6、A_4、A_3、A_1、A_0　　（第 2 组）

P_4：A_5、A_4、A_3　　（第 3 组）

P_8：A_2、A_1、A_0　　（第 4 组）

(3) 根据校验组的分组情况，按奇偶校验原理，由已知的有效信息按奇校验或偶校验规则求出各个校验位，形成海明校验码。

以 7 位 ASCII 码的海明校验码为例，按偶校验求出各个校验位的方法是：

$$P_{1\text{even}} = A_6 \oplus A_5 \oplus A_3 \oplus A_2 \oplus A_0$$
$$P_{2\text{even}} = A_6 \oplus A_4 \oplus A_3 \oplus A_1 \oplus A_0$$
$$P_{4\text{even}} = A_5 \oplus A_4 \oplus A_3$$
$$P_{8\text{even}} = A_2 \oplus A_1 \oplus A_0$$

按奇校验求出各个校验位的方法是：

$$P_{1\text{odd}} = \overline{P}_{1\text{even}}$$
$$P_{2\text{odd}} = \overline{P}_{2\text{even}}$$
$$P_{4\text{odd}} = \overline{P}_{4\text{even}}$$
$$P_{8\text{odd}} = \overline{P}_{8\text{even}}$$

例 2.23　编制 ASCII 字符 M 的海明校验码。

解：M 的 ASCII 码为 $A_6A_5A_4A_3A_2A_1A_0=1001101$

$$P_{1\text{even}} = A_6 \oplus A_5 \oplus A_3 \oplus A_2 \oplus A_0 = 1 \oplus 0 \oplus 1 \oplus 1 \oplus 1 = 0 \quad P_{1\text{odd}} = 1$$
$$P_{2\text{even}} = A_6 \oplus A_4 \oplus A_3 \oplus A_1 \oplus A_0 = 1 \oplus 0 \oplus 1 \oplus 0 \oplus 1 = 1 \quad P_{2\text{odd}} = 0$$
$$P_{4\text{even}} = A_5 \oplus A_4 \oplus A_3 = 0 \oplus 0 \oplus 1 = 1 \quad P_{4\text{odd}} = 0$$
$$P_{8\text{even}} = A_2 \oplus A_1 \oplus A_0 = 1 \oplus 0 \oplus 1 = 0 \quad P_{8\text{odd}} = 1$$

将校验位按其位号与有效信息位一起排列，即可得到 ASCII 码字符“M”的海明校验码：

01110010101（偶校验）

10100011101（奇校验）

海明校验码产生后，将有效信息位和校验位一起进行保存和传输。

3. 海明校验码的校验

在信息传输过程中，接收方接收到海明校验码后，需对 k 个校验位分别进行 k 组奇偶校验，以判断信息传输是否出错。分组校验后，校验结果形成 k 位的指误字 $E_kE_{k-1}\cdots E_2E_1$，若第 i 组校验结果正确，指误字中相应位 E_i 为 0；若第 i 组校验结果错误，指误字中相应位 E_i 为 1。因此若指误字 $E_kE_{k-1}\cdots E_2E_1$ 为全 0，表示接收方接收到的信息无错；若指误字 $E_kE_{k-1}\cdots E_2E_1$ 不为全 0，则表示接收方接收到的信息中有错，并且指误字 $E_kE_{k-1}\cdots E_2E_1$ 代码所对应的十进制值就是出错位的位号。将该位取反，错误码即得到自动纠正。

以上述 7 位 ASCII 码的海明校验码为例，校验时，需按形成 4 个校验位 P_1、P_2、P_4、P_8 的分组情况，分 4 组进行奇偶校验，得到指误字 $E_4\ E_3\ E_2\ E_1$：

$$E_1 = P_1 \oplus A_6 \oplus A_5 \oplus A_3 \oplus A_2 \oplus A_0$$
$$E_2 = P_2 \oplus A_6 \oplus A_4 \oplus A_3 \oplus A_1 \oplus A_0$$
$$E_3 = P_4 \oplus A_5 \oplus A_4 \oplus A_3$$
$$E_4 = P_8 \oplus A_2 \oplus A_1 \oplus A_0$$

若 $E_4E_3E_2E_1=0000$，则无错；若 $E_4E_3E_2E_1\neq0000$，则 $E_4E_3E_2E_1$ 代码所对应的十进制值可以指明所接收到的 11 位海明校验码中出错位的位号。当然，指误字能够正确指示出错位所在位置的前提是代码中只能有一个错误。如果代码中存在多个错误，就可能查不出来。所以海明校验码只有在代码中只存在一个错误的前提下，才能实现检一纠一错。

例 2.24　已知采用偶校验的 M 的海明校验码为 01110010101。设接收到的代码是 01110010101 和 01110000101，分别写出校验后得到的指误字并判别出错位置。

解：① 若接收到的代码是 01110010101，则校验后得到的指误字为：

$$E_1=P_1\oplus A_6\oplus A_5\oplus A_3\oplus A_2\oplus A_0=0\oplus1\oplus0\oplus1\oplus1\oplus1=0$$

$$E_2=P_2\oplus A_6\oplus A_4\oplus A_3\oplus A_1\oplus A_0=1\oplus1\oplus0\oplus1\oplus0\oplus1=0$$

$$E_3=P_4\oplus A_5\oplus A_4\oplus A_3=1\oplus0\oplus0\oplus1=0$$

$$E_4=P_8\oplus A_2\oplus A_1\oplus A_0=0\oplus1\oplus0\oplus1=0$$

因为 $E_4E_3E_2E_1=0000$，说明接收到的海明校验码无错。

② 若接收到的代码是 01110000101，则校验后得到的指误字为：

$$E_1=P_1\oplus A_6\oplus A_5\oplus A_3\oplus A_2\oplus A_0=0\oplus1\oplus0\oplus0\oplus1\oplus1=1$$

$$E_2=P_2\oplus A_6\oplus A_4\oplus A_3\oplus A_1\oplus A_0=1\oplus1\oplus0\oplus0\oplus0\oplus1=1$$

$$E_3=P_4\oplus A_5\oplus A_4\oplus A_3=1\oplus0\oplus0\oplus0=1$$

$$E_4=P_8\oplus A_2\oplus A_1\oplus A_0=0\oplus1\oplus0\oplus1=0$$

得到的指误字为 $E_4E_3E_2E_1=0111$，表示接收到的海明校验码中第 7 位上的数码出现了错误。将第 7 位上的数码 A_3 取反，即可得到正确结果。

在例 2.24 中，如果信息传送时第 3 位、第 6 位同时出错，即接收到的校验码为 01010110101，则校验时得到指误字为 $E_4E_3E_2E_1=0101$，指出的是第 5 位代码出错，这与实际情况不符，若按第 5 位代码出错的情况去纠错，结果将是越纠越错。这是因为这种海明校验码只能检出和纠正一位错误。

4. 扩展的海明校验码

如前所述，海明校验码的指误字能够正确指示出错的前提是代码中只存在一个错误。如果代码中存在多个错误，就可能查不出来或查错。回想第 2.7.2 节中介绍的奇偶校验码，我们可以设想如果给检一纠一错的海明校验码增加一位奇偶校验位，对其所有代码进行奇偶校验，就可以再检查出一位错误，实现检测出两位错误，或者纠正一位错误的目标。这种增加了一位奇偶校验位的检一纠一错的海明校验码具有检测出两位错误，或者纠正一位错误的能力，称为扩展的海明校验码或检二纠一错海明校验码。注意：这里的检二纠一错是指检测出两位错误，或者纠正一位错误，而不是检测出两位错误并且纠正其中之一位的错误。

扩展的海明校验码的编码方式是：在检一纠一错的海明校验码的基础上，增加一个校验位 P_0，构成长度为 $n+k+1$ 的编码。P_0 的取值是使长度为 $n+k+1$ 的编码中的 1 的个数为偶数（偶校验）或奇数（奇校验）。

例 2.25　已知采用偶校验的"M"的海明校验码为 01110010101，写出采用偶校验的"M"的检二纠一错海明校验码。

解：因为"M"的海明校验码 $P_1P_2A_6P_4A_5A_4A_3P_8A_2A_1A_0=01110010101$，增加一个偶校验位 P_0：

$$\begin{aligned}P_0&=P_1\oplus P_2\oplus A_6\oplus P_4\oplus A_5\oplus A_4\oplus A_3\oplus P_8\oplus A_2\oplus A_1\oplus A_0\\&=0\oplus1\oplus1\oplus1\oplus0\oplus0\oplus1\oplus0\oplus1\oplus0\oplus1=0\end{aligned}$$

所以,“M”的检二纠一错海明校验码 $P_0P_1P_2A_6P_4A_5A_4A_3P_8A_2A_1A_0$=001110010101。

检二纠一错海明校验码的校验方法是:

(1) 首先,由 P_0 对整个 $n+k+1$ 位海明校验码进行校验,校验结果为 E_0。若校验正确,则 $E_0=0$;若校验错误,$E_0=1$。然后再按检一纠一错海明校验码对各组进行校验,得到指误字 $E_kE_{k-1}\cdots E_2E_1$。

(2) 根据校验结果 E_0 和 $E_kE_{k-1}\cdots E_2E_1$ 进行判断。

$E_0=0, E_kE_{k-1}\cdots E_2E_1=00\cdots0$ 表示无错。

$E_0=1, E_kE_{k-1}\cdots E_2E_1\neq00\cdots0$ 表示有一位出错,可根据 $E_kE_{k-1}\cdots E_2E_1$ 的值确定出错位号,将出错位取反,即可自动纠正错误。

$E_0=0, E_kE_{k-1}\cdots E_2E_1\neq00\cdots0$ 表示有两位出错,但此时无法确定出错位置,因而也无法纠错。

$E_0=1, E_kE_{k-1}\cdots E_2E_1=00\cdots0$ 表示 P_0 出错,将 P_0 取反,即可自动纠正错误。

2.7.4 循环冗余校验码

目前,在磁介质存储器与主机之间的信息传输、计算机之间的通信以及网络通信等采用串行传送方式的领域中,广泛采用循环冗余校验码(Cyclic Redundancy Check,CRC)。循环冗余校验码是在 n 位有效信息位后拼接 k 位校验位构成的,它通过除法运算来建立有效信息和校验位之间的约定关系,是一种具有很强检错纠错能力的校验码。

1. CRC码的编码思想

CRC校验采用多项式编码方法。就是将待编码的 n 位有效信息看作是一个 n 阶的二进制多项式 $M(x)$。例如,一个8位二进制数10110101可以表示为:

$$1x^7+0x^6+1x^5+1x^4+0x^3+1x^2+0x^1+1x^0=x^7+x^5+x^4+x^2+1$$

再用另一个约定的多项式 $G(x)$ 去除 $M(x)$,可得到式(2-16)所示的关系:

$$\frac{M(x)}{G(x)}=Q(x)+\frac{R(x)}{G(x)} \tag{2-16}$$

其中,$Q(x)$ 为除得的商数,$R(x)$ 为除得的余数。

由式(2-16)可得:

$$M(x)-R(x)=Q(x)\times G(x) \tag{2-17}$$

在传送过程中,发送方可以把 $M(x)-R(x)$ 作为编好的校验码进行传送,接收方接收到编码后,仍用原约定的多项式 $G(x)$ 去除,如果能够整除,即余数为0,则表示该校验码传送正确;如果不能够整除,即余数不为0,则表示该校验码传送有误。

2. 模2运算

根据式(2-17)可知,$M(x)-R(x)$ 是减法操作,可能需要涉及借位运算,难以用简单的拼装方法实现编码。为了回避借位,CRC码采用了模2运算。所以说CRC码是一种基于模2运算建立编码规律的校验码。

所谓模2运算是指以按位模2加为基础的二进制四则运算。模2运算不考虑进位和借位。

1) 模2加减

模2加减就是用异或规则实现按位加,不进位。其运算规则是:

$$0\pm0=0 \quad 0\pm1=1\pm0=1 \quad 1\pm1=0$$

例2.26 按模2加减规则,计算1100+0110;1010−0111;1010+1010。

解:根据模2加减规则可得:

$$1100+0110=1010 \quad 1010-0111=1101 \quad 1010+1010=0000$$

具体算式如下:

```
   1100        1010        1010
+  0110     -  0111     +  1010
  -----       -----       -----
   1010        1101        0000
```

2）模 2 乘

模 2 乘就是在作乘法时按模 2 加的规则求部分积之和，计算时不进位。

例 2.27 按模 2 乘规则，计算 1010×1011；1101×1001。

解：根据模 2 乘规则可得：

1010×1011=1001110　　1101×1001=1100101

具体算式如下：

```
       1010                  1101
×      1011             ×    1001
-----------             -----------
       1010                  1101
      1010                  0000
     0000                  0000
    1010                  1101
-----------             -----------
    1001110  … 乘积        1100101  … 乘积
```

3）模 2 除

模 2 除就是在作除法时按模 2 减求部分余数，计算时不借位。若部分余数（首次为被除数）最高位为 1，则上商为 1；若部分余数最高位为 0，则上商为 0。每求一位商后，使部分余数减少一位，即去掉部分余数的最高位，再继续求下一位商。当部分余数的位数小于除数位数时，该余数就是最后的余数。

例 2.28 按模 2 除规则，计算 1000000÷1001；1011001÷1101。

解：根据模 2 除规则可得：

1000000 ÷ 1001 = 1001　　余数为 001

1011001 ÷ 1101 = 1100　　余数为 101

具体算式如下：

```
          1001  … 商Q                1100  … 商Q
     ___________              ___________
1001 ) 1000000           1101 ) 1011001
       1001                     1101
       ---------                ---------
        0010                     1100
        0000                     1101
        ---------                ---------
         0100                     0010
         0000                     0000
         ---------                ---------
          1000                     0101
          1001                     0000
          ---------                ---------
           001  … 余数R             101  … 余数R
```

3. CRC 码的编码方法

（1）把待编码的 n 位有效信息表示为多项式 $M(x)$：

$$M(x) = C_{n-1}x^{n-1} + C_{n-2}x^{n-2} + \cdots + C_1x^1 + C_0$$

其中,$C_i=0$ 或 1,对应 n 位有效信息中第 i 位的信息。

选择一个 $k+1$ 位的生成多项式 $G(x)$ 作为约定除数:

$$G(x)=G_kx^k+G_{k-1}x^{k-1}+\cdots+G_1x^1+G_0$$

其中,$G_i=0$ 或 1,对应 $k+1$ 位的生成多项式中第 i 位的信息。

(2) 将 $M(x)$ 左移 k 位,得到 $n+k$ 位的 $M(x)\cdot x^k$。然后按模 2 除法,用 $M(x)\cdot x^k$ 除以 $G(x)$,得到 k 位余数 $R(x)$,即:

$$\frac{M(x)\cdot x^k}{G(x)}=Q(x)+\frac{R(x)}{G(x)} \tag{2-18}$$

(3) 将 $M(x)\cdot x^k$ 与余数 $R(x)$ 作模 2 加,得:

$$M(x)\cdot x^k+R(x)=Q(x)\cdot G(x)+R(x)+R(x)=Q(x)\cdot G(x) \tag{2-19}$$

注意:在模 2 加的条件下,$R(x)+R(x)=0$。

由式(2-19)可知,因为 $M(x)\cdot x^k+R(x)$ 可以被 $G(x)$ 整除,所以可作为循环冗余码。又因为 $M(x)\cdot x^k$ 可以将 $M(x)$ 左移 k 位得到,$M(x)\cdot x^k$ 中后 k 位为全 0,所以 $M(x)\cdot x^k$ 与 $R(x)$ 的模 2 加可用简单的拼装来实现,即将 k 位的 $R(x)$ 拼接到 $M(x)\cdot x^k$ 的后 k 位,就形成了 $n+k$ 位循环冗余校验码。

例 2.29 设生成多项式为 4 位多项式 $G(x)=x^3+x^1+1$,将 4 位有效信息 1101 编成 7 位 CRC 码。

解:生成多项式 $G(x)=x^3+x^1+1=1011$,有效信息 $M(x)=1101=x^3+x^2+1$,将 $M(x)$ 左移 3 位,得:

$$M(x)\cdot x^3=1101000$$

将 $M(x)\cdot x^3$ 模 2 除以 $G(x)$ 得到余数 $R(x)=001$。

把 $R(x)$ 拼接到 $M(x)\cdot x^3$ 的后 3 位,得:$M(x)\cdot x^3+R(x)=1101000+001=1101001$。

因此可得,有效信息 1101 的 7 位 CRC 码为 1101001。

在 CRC 码中,由 n 位有效信息和 k 位校验信息构成的 $n+k$ 编码,称为 $(n+k,n)$ 码。例 2.29 的 CRC 编码中,由于 $n=4,n+k=7$,故称(7,4)码。

4. CRC 码的校验

将接收到的 CRC 码用约定的生成多项式 $G(x)$ 作模 2 除,若得到的余数为 0,表示正确接收信息;若除得余数不为 0,则表示接收到的信息中某一位出错。因为不同位出错对应的余数不同,所以根据余数值就可确定出错的位置。如例 2.29 中,对应生成多项式 $G(x)=x^3+x^1+1$ 的(7,4)CRC 码的出错模式如表 2-16 所示。

表 2-16 对应 $G(x)=x^3+x^1+1$ 的(7,4)码的出错模式

	A_7	A_6	A_5	A_4	A_3	A_2	A_1	余数	出错位
正确码	1	1	0	1	0	0	1	0 0 0	无
错误码	1	1	0	1	0	0	**0**	001	1
	1	1	0	1	0	**1**	1	010	2
	1	1	0	1	**1**	0	1	100	3
	1	1	0	**0**	0	0	1	001	4
	1	1	**1**	1	0	0	1	110	5
	1	**0**	0	1	0	0	1	111	6
	0	1	0	1	0	0	1	101	7

从表 2-16 的出错模式可知，如果接收到的 CRC 码与 $G(x)$ 作模 2 除得到的余数为 001，表示接收到的信息中的 A_1 出错；如果得到的余数为 111，表示接收到的信息中的 A_6 出错。将相应位取反，即可自动纠正错误。更换不同的待测编码可以发现，对于相同的生成多项式 $G(x)$，余数与出错位的对应关系是不变的。

以表 2-16 中第一行错误码为例，把余数 001 补 0 再除以 $G(x)=1011$，得到的第二次余数为 010，再补 0 除以 1011，得到余数为 100，按此继续除下去，我们会发现，得到的余数依次为 011、110、111、101，最后又回到 001，即各次余数会按表 2-15 给出的模式反复循环，这就是循环码的来历。根据循环码的这一特点，当接收到的 CRC 码与 $G(x)$ 作模 2 除得到的余数不为 0 时，我们可以一边对余数补 0 继续作模 2 除，同时使被检测的 CRC 码循环左移，当出现余数 101 时，原来出错的位已移到 A_7 的位置，通过异或门把它纠错（取反）后在下次移位时送回 A_1，将编码继续循环左移，移满一个循环（对(7,4)码共移 7 次）后，就可得到一个纠错后的 CRC 码。当位数增加时，循环冗余校验能有效地降低硬件成本，故得到广泛应用。

例如，设生成多项式为 $G(x)=1011$，若接收端收到的码字为 1010111，用 $G(x)$ 作模 2 除，得到的余数为 100，说明传输有错。将此余数继续补 0 用 $G(x)=1011$ 作模 2 除，同时让编码循环左移。做了 4 次后，得到余数为 101，这时编码也循环左移了 4 位，变成 1111010。说明出错位已移到最高位 A_7，将最高位 1 取反后变成 0111010。再将它循环左移 3 位，补足 7 次，出错位回到 A_3 位，就成为一个正确的码字 1010011。

5. 循环冗余校验的生成多项式

在循环冗余码的形成和校验中，生成多项式是一个非常重要的因素。生成多项式不同，得到的 CRC 码的码距就不同，CRC 码的出错模式也不同，而且检错和纠错能力不同。

并非任何一个 $k+1$ 位的多项式都可作为生成多项式使用。生成多项式应满足下列要求：

(1) 任何一位发生错误都应使余数不为 0；

(2) 不同位发生错误应当使余数不同；

(3) 对余数作模 2 除法，应能使余数循环。

表 2-17 列出了常用的生成多项式。其他不同码长的生成多项式，可查阅有关资料。

表 2-17　常用的生成多项式

CRC 码长	有效信息位	码距	$G(x)$ 多项式	$G(x)$ 二进制
7	4	3	x^3+x+1	1011
7	4	3	x^3+x^2+1	1101
7	3	4	$x^4+x^3+x^2+1$	11101
7	3	4	x^4+x^2+x+1	10111
15	11	3	x^4+x+1	10011
15	7	5	$x^8+x^7+x^6+x^4+1$	111010001
15	5	7	$x^{10}+x^8+x^5+x^4+x^2+x+1$	10100110111
31	26	3	x^5+x^2+1	100101
31	21	5	$x^{10}+x^9+x^8+x^6+x^5+x^3+1$	11101101001
63	57	3	x^6+x+1	1000011
63	51	5	$x^{12}+x^{10}+x^5+x^4+x^2+1$	1010000110101

在数据通信与网络中，通常 n 相当大，由一千甚至数千个二进制数据位构成一帧，为检测信息传输的正确与否，广泛采用 CRC 码进行校验。这时所使用的生成多项式的次数比较高，常用的 $k=16$ 和 $k=32$ 的生成多项式有：

$\mathrm{CRC}-16=x^{16}+x^{15}+x^{2}+1$

$\mathrm{CRC}-\mathrm{CCITT}=x^{16}+x^{12}+x^{5}+1$

$\mathrm{CRC}-32=x^{32}+x^{26}+x^{22}+x^{16}+x^{12}+x^{11}+x^{10}+x^{8}+x^{7}+x^{5}+x^{4}+x^{2}+x+1$

在网络通信中，通常使用 CRC 码检测错误，而不是纠正错误。通信发送方按约定的生成多项式形成有效信息的 CRC 码进行发送，接收方接收到信息后，用约定的生成多项式进行模 2 除，如果只要得到的余数不为 0，就认为检测到差错，于是通知发送方没有正确接收到信息。

习　题

2.1　完成下列不同进制数之间的转换。

(1) $(246.625)_D=(\qquad)_B=(\qquad)_Q=(\qquad)_H$

(2) $(AB.D)_H=(\qquad)_B=(\qquad)_Q=(\qquad)_D$

(3) $(1110101)_B=(\qquad)_D=(\qquad)_{8421BCD}$

2.2　分别计算用二进制表示 4 位、5 位、8 位十进制数时所需要的最小二进制位的长度。

2.3　写出判断一个 7 位二进制正整数 $K=K_7K_6K_5K_4K_3K_2K_1$ 是否为 4 的倍数的判断条件。

2.4　设机器字长为 8 位(含一位符号位)，已知十进制整数 x，分别求出 $[x]_{原}$、$[x]_{反}$、$[x]_{移}$、$[x]_{补}$、$[-x]_{补}$、$\left[\frac{1}{2}x\right]_{补}$。

(1) $x=+79$　(2) $x=-56$　(3) $x=-0$　(4) $x=-1$

2.5　已知 $[x]_{补}$，求 x 的真值。

(1) $[x]_{补}=0.1110$　(2) $[x]_{补}=1.1110$　(3) $[x]_{补}=0.0001$　(4) $[x]_{补}=1.1111$

2.6　已知 x 的二进制真值，试求 $[x]_{补}$、$[-x]_{补}$、$\left[\frac{1}{2}x\right]_{补}$、$\left[\frac{1}{4}x\right]_{补}$、$[2x]_{补}$、$[4x]_{补}$、$[-2x]_{补}$、$\left[-\frac{1}{4}x\right]_{补}$。

(1) $x=+0.0101101$　(2) $x=-0.1001011$

(3) $x=-1.0000000$　(4) $x=-0.0001010$

2.7　根据表 2-18 中给定的机器数(整数)，分别写出把它们看作原码、反码、补码、移码表示形式时所对应的十进制真值。

表　2-18

表示形式 / 机器数	原码表示	反码表示	补码表示	移码表示
01011100				
11011001				
10000000				

2.8　设十进制数 $x=(+124.625)\times 2^{-10}$。

(1) 写出 x 对应的二进制定点小数表示形式。

(2) 若机器的浮点数表示格式为：

20	19	18　　15	14　　　　0
数符	阶符	阶码	尾　　数

其中，阶码和尾数的基数均为 2。

① 写出阶码和尾数均采用原码表示时的机器数形式。

② 写出阶码和尾数均采用补码表示时的机器数形式。

2.9　设某机器的字长为 16 位，数据表示格式为：

定点整数：

15	14　　　　0
数符	尾　　数

浮点数：

15	14	13　　10	9　　　　0
数符	阶符	阶码	尾　　数

分别写出该机器在下列的数据表示形式中所能表示的最小正数、最大正数、最大负数、最小负数(绝对值最大的负数)和浮点规格化最小正数、最大负数在机器中的表示形式和所对应的十进制真值。

(1) 原码表示的定点整数；

(2) 补码表示的定点整数；

(3) 阶码与尾数均用原码表示的浮点数；

(4) 阶码与尾数均用补码表示的浮点数；

(5) 阶码为移码、尾数用补码表示的浮点数。

2.10　设 2.9 题的浮点数格式中，阶码与尾数均用补码表示，分别写出下面用十六进制书写的浮点机器数所对应的十进制真值。

(1) FFFFH　　(2) C400H　　(3) C000H

2.11　用十六进制写出下列十进制数的 IEEE 754 标准 32 位单精度浮点数的机器数的表示形式。

(1) 0.15625　　(2) −0.15625　　(3) 16　　(4) −5

2.12　用十六进制写出 IEEE 754 标准 32 位单精度浮点数所能表示的最小规格化正数和最大规格化负数的机器数表示形式。

2.13　写出下列十六进制的 IEEE 单精度浮点数代码所代表的十进制数值。

(1) 42E48000　　(2) 3F880000　　(3) 00800000　　(4) C7F00000

2.14　设有两个正浮点数：$N_1=S_1\times 2^{e_1}$，$N_2=S_2\times 2^{e_2}$。

(1) 若 $e_1>e_2$，是否有 $N_1>N_2$。

(2) 若 S_1、S_2 均为规格化数，上述结论是否正确？

2.15 设一个六位二进制小数 $x=0.a_1a_2a_3a_4a_5a_6$，$x\geqslant 0$，请回答：

(1) 若要 $x\geqslant\frac{1}{8}$，$a_1a_2a_3a_4a_5a_6$需要满足什么条件？

(2) 若要 $x>\frac{1}{2}$，$a_1a_2a_3a_4a_5a_6$需要满足什么条件？

(3) 若要$\frac{1}{4}\geqslant x>\frac{1}{16}$，$a_1a_2a_3a_4a_5a_6$需要满足什么条件？

2.16 表示一个汉字的内码需要几个字节？表示一个 32×32 点阵的汉字字形码需几个字节？在计算机内部如何区分字符信息与汉字信息？

2.17 分别用前分隔数字串、后嵌入数字串和压缩的十进制数串形式表示下列十进制数。

(1) +74 (2) −639 (3) +2004 (4) −8510

2.18 数据校验码的实现原理是什么？

2.19 什么是码距？数据校验与码距有什么关系？

2.20 奇偶校验码的码距是多少？奇偶校验码的校错能力怎样？

2.21 下面是两个字符(ASCII 码)的检一纠一错的海明校验码(偶校验)，请检测它们是否有错？如果有错请加以改正，并写出相应的正确 ASCII 码所代表的字符。

(1) 10111010011 (2) 10001010110

2.22 试编出 8 位有效信息 01101101 的检二纠一错的海明校验码(用偶校验)。

2.23 设准备传送的数据块信息是 1010110010001111，选择生成多项式为 $G(x)=100101$，试求出数据块的 CRC 码。

2.24 某 CRC 码(CRC)的生成多项式 $G(x)=x^3+x^2+1$，请判断下列 CRC 码是否存在错误。

(1) 1000000 (2) 1111101 (3) 1001111 (4) 1000110

2.25 选择题。

(1) 某机字长 64 位，其中 1 位符号位，63 位尾数。若用定点小数表示，则最大正小数为________。

A. $+(1-2^{-64})$ B. $+(1-2^{-63})$ C. 2^{-64} D. 2^{-63}

(2) 设$[x]_{补}=1.x_1x_2x_3x_4x_5x_6x_7x_8$，当满足________时，$x>-1/2$ 成立。

A. $x_1=1$，$x_2\sim x_8$至少有一个为 1 B. $x_1=0$，$x_2\sim x_8$至少有一个为 1

C. $x_1=1$，$x_2\sim x_8$任意 D. $x_1=0$，$x_2\sim x_8$任意

(3) 在某 8 位定点机中，寄存器内容为 10000000，若它的数值等于−128，则它采用的数据表示为________。

A. 原码 B. 补码 C. 反码 D. 移码

(4) 在下列机器数中，哪种表示方式中 0 的表示形式是唯一的？________

A. 原码 B. 补码 C. 反码 D. 都不是

(5) 下列论述中，正确的是________。

A. 已知$[x]_{原}$求$[x]_{补}$的方法是：在$[x]_{原}$的末位加 1

B. 已知$[x]_{补}$求$[-x]_{补}$的方法是：在$[x]_{补}$的末位加 1

C. 已知$[x]_{原}$求$[x]_{补}$的方法是：将尾数连同符号位一起取反，再在末位加 1

D. 已知$[x]_{补}$求$[-x]_{补}$的方法是：将尾数连同符号位一起取反，再在末位加 1

(6) IEEE 754 标准规定的 32 位浮点数格式中，符号位为 1 位，阶码为 8 位，尾数为 23 位，

则它所能表示的最大规格化正数为________。

A. $+(2-2^{-23})\times2^{+127}$　　B. $+(1-2^{-23})\times2^{+127}$

C. $+(2-2^{-23})\times2^{+255}$　　D. $2^{+127}-2^{-23}$

(7) 浮点数的表示范围取决于________。

A. 阶码的位数　　B. 尾数的位数

C. 阶码采用的编码　　D. 尾数采用的编码

(8) 在24×24点阵的汉字字库中，一个汉字的点阵占用的字节数为________。

A. 2　　B. 9　　C. 24　　D. 72

(9) 假设下列字符码中有奇偶校验位，但没有数据错误，采用奇校验的编码是________。

A. 10011010　　B. 11010000　　C. 11010111　　D. 10111000

(10) 在循环冗余校验中，生成多项式$G(x)$应满足的条件不包括________。

A. 校验码中的任一位发生错误，在与$G(x)$作模2除时，都应使余数不为0

B. 校验码中的不同位发生错误时，在与$G(x)$作模2除时，都应使余数不同

C. 用$G(x)$对余数作模2除，应能使余数循环

D. 不同的生成多项式所得的CRC码的码距相同，因而检错、校错能力相同

2.26 填空题。

(1) 设某机字长为8位(含一符号位)，若$[x]_{补}=11001001$，则x所表示的十进制数的真值为__①__，$\left[\frac{1}{4}x\right]_{补}=$__②__；若$[y]_{移}=11001001$，则$y$所表示的十进制数的真值为__③__；$y$的原码表示$[y]_{原}=$__④__。

(2) 在带符号数的编码方式中，0的表示是唯一的有__①__和__②__。

(3) 若$[x_1]_{补}=10110111$，$[x_2]_{原}=1.01101$，则数x_1的十进制数真值是__①__，x_2的十进制数真值是__②__。

(4) 设某浮点数的阶码为8位(最左一位为符号位)，用移码表示；尾数为24位(最左一位为符号位)，采用规格化补码表示，则该浮点数能表示的最大正数的阶码为__①__，尾数为__②__；规格化最大负数的阶码为__③__，尾数为__④__。(用二进制编码回答)

(5) 设有效信息位的位数为N，校验位数为K，则能够检测出一位出错并能自动纠错的海明校验码应满足的关系是__①__。

2.27 是非题。

(1) 设$[x]_{补}=0.x_1x_2x_3x_4x_5x_6x_7$，若要求$x>1/2$成立，则需要满足的条件是$x_1$必须为1，$x_2\sim x_7$至少有一个为1。

(2) 一个正数的补码和它的原码相同，而与它的反码不同。

(3) 浮点数的取值范围取决于阶码的位数，浮点数的精度取决于尾数的位数。

(4) 在规格化浮点表示中，保持其他方面不变，只是将阶码部分由移码表示改为补码表示，则会使该浮点表示的数据表示范围增大。

(5) 在生成CRC校验码时，采用不同的生成多项式，所得到CRC校验码的校错能力是相同的。

第3章

运算方法与运算器

计算机的基本功能是对数据信息进行各种加工处理。计算机内部对数据信息的加工可归结为两种基本运算：算术运算和逻辑运算。本章将讨论计算机中各种数据信息的加工方法，重点是四则运算的算法及其硬件实现。

3.1 运算器的设计方法

计算机具有强大的数值运算和信息处理能力，能够帮助人们完成各种复杂的工作。但作为计算机的核心部件——运算器，所具有的只是简单的算术、逻辑运算以及移位、计数等功能。因此，计算机中对数据信息加工的基本思想是：将各种复杂的运算处理分解为最基本的算术运算和逻辑运算。例如，在算术运算中，可以通过补码运算将减法化为加法；利用加减运算与移位功能的配合实现乘除运算；通过阶码与尾数的运算组合实现浮点运算。

运算器的逻辑组织结构设计通常可以分为以下层次：

(1) 根据机器的字长，将 N 个一位全加器通过加法进位链连接构成 N 位并行加法器；

(2) 利用多路选择逻辑在加法器的输入端实现多种输入组合，将加法器扩展为多功能的算术/逻辑运算部件；

(3) 根据乘除运算的算法，将加法器与移位器组合，构成定点乘法器与除法器。将计算定点整数的阶码运算器和计算定点小数的尾数运算器组合构成浮点运算器；

(4) 在算术/逻辑运算部件的基础上，配合各类相关的寄存器，构成计算机中的运算器。

3.2 定点补码加减运算

加减运算是计算机最基本的运算。定点数的加减运算可以用原码、补码、BCD码等各种码制进行。由于补码运算可以把减法转换为加法，规则简单，易于实现，简化了加减运算的算法，所以现代计算机均采用补码进行加减运算。本节讨论定点数的补码加减运算。

3.2.1 补码加减运算的基础

1. 补码加法

补码加法所依据的基本关系是：

$$[x]_{补}+[y]_{补}=[x+y]_{补} \quad (\mathrm{mod}\ M) \tag{3-1}$$

式(3-1)中，如果 x、y 是定点小数，则 $M=2$；如果 x、y 是定点整数，则 $M=2^{n+1}$，n 为定点整数数值部分的位数。

式(3-1)说明了补码加法的规则，即两数补码之和等于两数之和的补码。下面以定点小数为例，证明式(3-1)的正确性。

证明：设 x、y 的取值范围分别为 $-1\leqslant x<1$，$-1\leqslant y<1$；两数之和 $x+y$ 的值在正常范围之内，即 $-1\leqslant x+y<1$。

(1) 设 $x\geqslant 0$，$y\geqslant 0$。

由补码定义得：$[x]_补=x$，$[y]_补=y$，则 $[x]_补+[y]_补=x+y$。

因为 $x+y\geqslant 0$ 所以 $[x+y]_补=x+y=[x]_补+[y]_补$。

(2) 若 $x\geqslant 0$，$y<0$，且 $|x|\geqslant|y|$。

由补码定义得：$[x]_补=x$，$[y]_补=2+y \pmod 2$，则 $[x]_补+[y]_补=2+x+y$。

因为 $x+y\geqslant 0$，所以 $2+x+y\geqslant 2$，在(mod 2)的条件下，舍去模 2，得 $[x]_补+[y]_补=x+y$。

又因为 $x+y\geqslant 0$，所以 $[x+y]_补=x+y=[x]_补+[y]_补$。

(3) 若 $x\geqslant 0$，$y<0$，且 $|x|<|y|$。

由补码定义得：$[x]_补=x$，$[y]_补=2+y \pmod 2$。

则 $[x]_补+[y]_补=2+x+y$。

因为 $|x|<|y|$，所以 $x+y<0$，$[x+y]_补=2+x+y=[x]_补+[y]_补 \pmod 2$。

(4) 若 $x<0$，且 $y<0$。

由补码定义得：$[x]_补=2+x$，$[y]_补=2+y$，则 $[x]_补+[y]_补=2+2+x+y$。

根据定点小数数据表示范围的要求，舍去 $[x]_补+[y]_补$ 中的模 2，得：$[x]_补+[y]_补=2+x+y$。

因为 $x<0$，$y<0$，所以 $x+y<0$，$[x+y]_补=2+x+y=[x]_补+[y]_补 \pmod 2$。

对于 $x<0$，$y\geqslant 0$ 的情况，可以按第(2)和第(3)步骤同样加以证明。

到此，证明了式(3-1)的正确性。

2. 补码减法

补码减法所依据的基本关系是：

$$[x]_补-[y]_补=[x]_补+[-y]_补=[x-y]_补 \pmod M \tag{3-2}$$

式(3-2)中，如果 x、y 是定点小数，则 $M=2$；如果 x、y 是定点整数，则 $M=2^{n+1}$，n 为定点整数数值部分的位数。

根据式(3-1)，可知 $[x]_补+[-y]_补=[x+(-y)]_补=[x-y]_补$，因此要证明式(3-2)成立，只需证明 $[x]_补-[y]_补=[x]_补+[-y]_补$，即证明 $-[y]_补=[-y]_补$ 成立即可。

证明：因为 $[x]_补+[y]_补=[x+y]_补$，所以 $[y]_补=[x+y]_补-[x]_补$，

又因为 $[x-y]_补=[x+(-y)]_补=[x]_补+[-y]_补$，所以 $[-y]_补=[x-y]_补-[x]_补$，

因此

$$\begin{aligned}[y]_补+[-y]_补&=([x+y]_补-[x]_补)+([x-y]_补-[x]_补)\\&=[x+y]_补+[x-y]_补-[x]_补-[x]_补\\&=[x+y+x-y]_补-[x]_补-[x]_补\\&=[x]_补+[x]_补-[x]_补-[x]_补=0\end{aligned}$$

由此证明了 $-[y]_补=[-y]_补$，即证明了式(3-2)成立。

根据式(3-1)和式(3-2)，可以给出补码加减运算的基本规则：

(1) 参加运算的各个操作数均以补码表示，运算结果仍以补码表示；

(2) 按二进制数逢二进一的运算规则进行运算；

(3) 符号位与数值位按同样规则一起参与运算，结果的符号位由运算得出；

(4) 进行补码加法时，将两补码数直接相加，得到两数之和的补码；进行补码减法时，将

减数变补(即由$[y]_补$求$[-y]_补$),然后与被减数相加,得到两数之差的补码。

(5) 补码总是对确定的模而言,如果运算结果超过了模(即符号位运算产生了进位),则将模自动丢掉。

例 3.1 $x=+0.1001, y=+0.0101$,求 $x \pm y$。

解:$[x]_补=0.1001, [y]_补=0.0101, [-y]_补=1.1011$。

$$[x+y]_补=[x]_补+[y]_补=0.1001+0.0101=0.1110$$

$$[x-y]_补=[x]_补+[-y]_补=0.1001+1.1011=0.0100$$

$x+y=0.1110, x-y=0.0100$。

```
     0.1001          0.1001
 +   0.0101      +   1.1011
 ----------      ----------
     0.1110         [1] 0.0100
                     ↑
                    丢模
```

例 3.2 $x=-0.0110, y=-0.0011$,求 $x \pm y$。

解:$[x]_补=1.1010, [y]_补=1.1101, [-y]_补=0.0011$。

$$[x+y]_补=[x]_补+[y]_补=1.1010+1.1101=1.0111$$

$$[x-y]_补=[x]_补+[-y]_补=1.1010+0.0011=1.1101$$

$x+y=-0.1001, x-y=-0.0011$。

```
     1.1010          1.1010
 +   1.1101      +   0.0011
 ----------      ----------
  [1] 1.0111         1.1101
   ↑
  丢模
```

例 3.3 $x=-0.1000, y=+0.0110$,求 $x \pm y$。

解:$[x]_补=1.1000, [y]_补=0.0110, [-y]_补=1.1010$。

$$[x+y]_补=[x]_补+[y]_补=1.1000+0.0110=1.1110$$

$$[x-y]_补=[x]_补+[-y]_补=1.1000+1.1010=1.0010$$

$x+y=-0.0010, x-y=-0.1110$。

```
     1.1000          1.1000
 +   0.0110      +   1.1010
 ----------      ----------
     1.1110         [1] 1.0010
                     ↑
                    丢模
```

例 3.4 $x=+0.1010, y=+0.1001$,求 $x+y$。

解:$[x]_补=0.1010, [y]_补=0.1001$,

$$[x+y]_补=[x]_补+[y]_补=0.1010+0.1001$$

根据加法算式可以看出,两个正数相加,得到的结果的符号却为负,显然结果出错。

```
     0.1010
 +   0.1001
 ----------
     1.0011
```

例 3.5 $x=-0.1101, y=-0.1011$，求 $x+y$。

解：$[x]_补=1.0011, [y]_补=1.0101$，

$$[x+y]_补=[x]_补+[y]_补=1.0011+1.0101$$

$$\begin{array}{r} 1.0011 \\ +\ 1.0101 \\ \hline \boxed{1}0.1000 \end{array}$$

丢模

根据加法算式可以看出，两个负数相加，得到的结果的符号却为正，显然结果出错。

从例 3.4 和例 3.5 的计算结果可以发现补码加减运算出现了错误。出错的原因是运算结果超出了机器所能表示的数据范围，数值位侵占了符号位，正确符号被挤走了。如字长 5 位的定点小数中，最大正数的补码表示为 0.1111，例 3.4 中的 0.1010+0.1001=1.0011 结果值超过了 0.1111，最高数值位产生的数值进位向前侵占了符号位，于是出现了错误。同样，例 3.5 中出现的问题是运算结果超出了机器所能表示的最小负数，这种情况称为溢出。如果两个正数相加的结果超出机器所能表示的最大正数，称为正溢出。如果两个负数相加的结果小于机器所能表示的最小负数，称为负溢出。出现溢出后，机器将无法正确表示运算结果，因此计算机在运算过程中必须正确判别溢出并及时加以处理。

3.2.2 溢出判断与变形补码

设参加运算的操作数为

$$[x]_补=x_f.x_1x_2\cdots x_n \quad [y]_补=y_f.y_1y_2\cdots y_n$$

$[x]_补+[y]_补$的和为：

$$[s]_补=s_f.s_1s_2\cdots s_n$$

发生溢出时判别信号为：

$$\mathrm{OVR}=1$$

常用的溢出判别方法有以下 3 种。

1. 根据两个操作数的符号与结果的符号判别溢出

因为参加运算的数都是定点数，只有两数同号相加时才可能出现溢出。所以，可以利用参加运算的两个操作数的符号与结果的符号的异同来判断是否发生了溢出，判断的条件为：

$$\mathrm{OVR}=\bar{x}_f\,\bar{y}_f s_f+x_f y_f\,\bar{s}_f=(x_f\oplus s_f)(y_f\oplus s_f) \tag{3-3}$$

即如果 x_f和 y_f均与 s_f不同，则产生溢出，OVR=1。

如在例 3.4 中，$x_f=0, y_f=0, s_f=1$，由于 $\mathrm{OVR}=(x_f\oplus s_f)(y_f\oplus s_f)=(0\oplus 1)(0\oplus 1)=1$，因此可以判定运算结果产生了溢出。又因为操作数 x、y 均为正数，所以产生的是正溢出。相应地，例 3.5 中运算结果产生的是负溢出。

2. 根据两数相加时产生的进位判别溢出

从例 3.1～例 3.3 可以看到，当补码运算的结果正确且溢出时，两数相加在符号位上产生的进位和数值最高位产生的进位情况是一致的。而从例 3.4 和例 3.5 可以看到，当补码运算的结果出现溢出时，两数相加在符号位上产生的进位和数值最高位产生的进位情况是不相同的。这样可利用两数相加产生的最高位（符号位）和次高位（数值最高位）进位进行溢出判断。

$$\begin{array}{r} 0.1010 \\ +\ 0.1001 \\ \hline 1.0011 \end{array}$$

$C_f=0 \quad C_1=1$

设 C_f 为符号位上产生的进位，C_1 为最高数值位上产生的进位，则溢出的条件为：

$$OVR = C_f \oplus C_1 \tag{3-4}$$

如在例 3.4 中，计算 $[x+y]_{补}=[x]_{补}+[y]_{补}=0.1010+0.1001$ 时，由于 $C_f=0, C_1=1$，使得 $OVR=C_f \oplus C_1=0 \oplus 1=1$，所以可以判断运算结果出现了溢出。

3. 采用变形补码进行运算

如上所述，补码加减运算中使用了一个符号位，溢出时正确的符号位将被数值侵占，即被溢出的数值挤掉了，符号位含义发生混乱。因此，如果将符号位扩展为两位，这样在进行运算时，即使因为出现溢出，数值侵占了一个符号位，仍能保持最左边的符号是正确的。这种采用两个符号位表示的补码称为变形补码或双符号位补码。

定点小数的变形补码定义为：

$$[x]_{变形补}=\begin{cases} x, & 0 \leqslant x < 1 \\ 4+x, & -1 \leqslant x < 0 \end{cases} \quad (\text{mod } 4) \tag{3-5}$$

根据式(3-5)可知，定点小数的变形补码是以 4 为模的，所以也称其为模 4 补码。

定点整数的变形补码定义为：

$$[x]_{变形补}=\begin{cases} x, & 0 \leqslant x < 2^n \\ 2^{n+2}+x, & -2^n \leqslant x < 0 \end{cases} \quad (\text{mod } 2^{n+2}) \tag{3-6}$$

例 3.6 已知 x 的真值，求 x 对应的变形补码。

① $x=+0.1101$ ② $x=-0.1011$ ③ $x=+1101$ ④ $x=-1011$

解：① 因为 $x=+0.1101 \geqslant 0$，所以 $[x]_{变形补}=00.1101$

② 因为 $x=-0.1011<0$，所以 $[x]_{变形补}=4+(-0.1011)=11.0101$

③ 因为 $x=+1101 \geqslant 0$，所以 $[x]_{变形补}=001101$

④ 因为 $x=-1011<0$，所以 $[x]_{变形补}=2^{4+2}+(-1011)=110101$

与普通补码加减运算相同，变形补码加减运算时，两个符号位与数值部分一起参加运算。

例 3.7 利用变形补码求 $x+y$。

① $x=+0.1001, y=+0.0101$

② $x=-0.0110, y=-0.0011$

③ $x=+0.1010, y=+0.1001$

④ $x=-0.1101, y=-0.1011$

解：① $[x+y]_{变形补}=[x]_{变形补}+[y]_{变形补}=00.1001+00.0101=00.1110$；

② $[x+y]_{变形补}=[x]_{变形补}+[y]_{变形补}=11.1010+11.1101=11.0111$；

③ $[x+y]_{变形补}=[x]_{变形补}+[y]_{变形补}=00.1010+00.1001$，根据加法算式，相加结果出现了正溢出，结果的变形补码中，两个符号位不相同；

④ $[x+y]_{变形补}=[x]_{变形补}+[y]_{变形补}=11.0011+11.0101$，根据加法算式，相加结果出现了负溢出，结果的变形补码中，两个符号位不相同。

```
    00.1001          11.1010          00.1010          11.0011
 +  00.0101       +  11.1101       +  00.1001       +  11.0101
 ----------       ----------       ----------       ----------
    00.1110         [1]11.0111        01.0011         [1]10.1000
                     ↑                                 ↑
                    丢模                               丢模
```

设 s_{f1}、s_{f2} 分别为结果的符号位，s_{f1} 定义为第一符号位，s_{f2} 定义为第二符号位。根据例 3.7 的结果，可以得出采用变形补码进行运算时 s_{f1}、s_{f2} 的含义为：

$s_{f1}s_{f2}=00$，表示结果为正数，无溢出；

$s_{f1}s_{f2}=11$，表示结果为负数，无溢出；

$s_{f1}s_{f2}=01$，表示结果为正溢出；

$s_{f1}s_{f2}=10$，表示结果为负溢出。

由此可见，如果 s_{f1}、s_{f2} 不一致，就表示运算结果产生了溢出。因此，采用变形补码进行运算时，结果是否溢出的判断条件是：

$$\mathrm{OVR}=\overline{s}_{f1}s_{f2}+s_{f1}\overline{s}_{f2}=s_{f1}\oplus s_{f2} \tag{3-7}$$

如在例 3.7 的第③小题中，$\mathrm{OVR}=s_{f1}\oplus s_{f2}=0\oplus 1=1$，表示运算结果出现了溢出，且因为 $s_{f1}s_{f2}=01$，所以表示结果为正溢出。

分析 s_{f1}、s_{f2} 的含义还可知，无论运算结果是否产生溢出，第一符号位 s_{f1} 始终指示结果的正确的正负符号。

需要说明的是，采用变形补码时，因为任何正确的数的两个符号位总是相同的，所以数据在寄存器或主存中保存时，只需保存一位符号位即可。然而，由于将操作数送到加法器中进行运算时，需要采用双符号位，所以在实际运算电路中，必须将一位符号的值同时送到加法器的两个符号位的输入端。

3.2.3 算术逻辑运算部件

运算器的基本功能是进行算术逻辑运算，其最基本也是最核心的部件是加法器。在加法器的输入端加入多种输入控制功能，就能将加法器扩展为多功能的算术/逻辑运算部件。

1. 补码加减运算的逻辑实现

设参加运算的操作数为 A、B，根据补码加减运算的规则，可知：

$$[A]_{补}+[B]_{补}=[A+B]_{补}$$

$$[A]_{补}-[B]_{补}=[A]_{补}+[-B]_{补}=[A]_{补}+[\overline{B}]_{补}+1=[A-B]_{补} \tag{3-8}$$

根据式(3-8)，在加法器的输入端增加控制信号 M，控制实现加法和减法。图 3-1 显示了采用串行进位的补码加减运算逻辑电路。

在图 3-1 中，当 $M=0$ 时，操作数 B 与 M 异或后得到的仍是 B 的原变量，因此加法器的运算结果为 $F=[A]_{补}+[B]_{补}=[A+B]_{补}$；当 $M=1$ 时，操作数 B 与 M 异或后得到的是 B 的反变量，由于 $M=1$ 又使 $C_0=1$，实现了最低位加 1 的功能，所以加法器的运算结果为 $F=[A]_{补}+[\overline{B}]_{补}+1=[A-B]_{补}$。

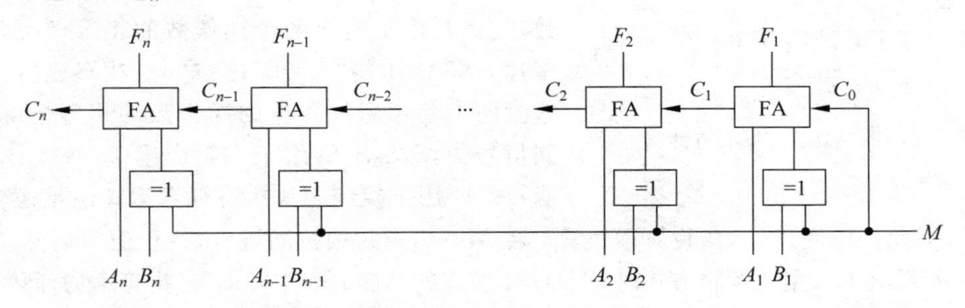

图 3-1 采用串行进位的补码加减运算逻辑电路

在实际的运算器中,参加运算的操作数和运算结果通常都存放在寄存器中,控制器通过对指令译码得到控制信号,控制将操作数输入加法器及将运算结果写回寄存器。图 3-2 显示了带有寄存器的实现 $A \leftarrow (A) \pm (B)$ 的补码加减运算逻辑电路。

图 3-2 中寄存器 A、B 分别存放参加运算的两个补码操作数,运算结束后,结果写回寄存器 A 保存。运算控制信号逻辑如下:

$F \leftarrow A = \text{ADD} + \text{SUB}$,$F \leftarrow A$ 信号控制将寄存器 A 的正向信号输入加法器 F 的输入端;

$F \leftarrow B = \text{ADD}$,$F \leftarrow B$ 信号控制将寄存器 B 的正向信号输入加法器 F 的输入端;

$F \leftarrow \overline{B} = \text{SUB}$,$F \leftarrow \overline{B}$ 信号控制将寄存器 B 的反向信号输入加法器 F 的输入端;

$C_0 \leftarrow 1 = \text{SUB}$,$C_0 \leftarrow 1$ 信号控制使加法器 F 的最低位进位 $C_0 = 1$;

$A \leftarrow F = \text{ADD} + \text{SUB}$,$A \leftarrow F$ 信号控制使加法器 F 的运算结果写入寄存器 A。

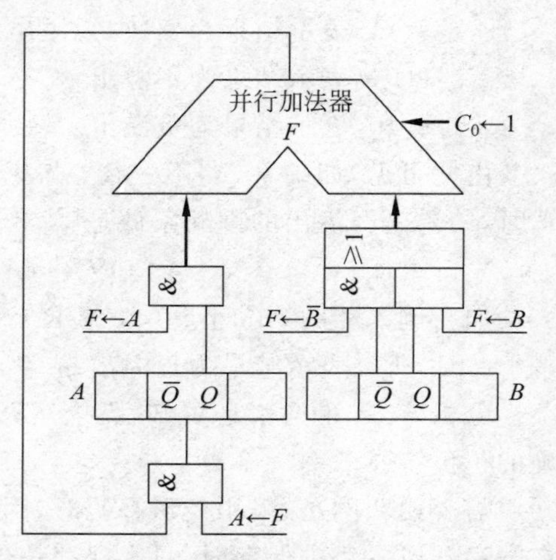

图 3-2 实现补码加减运算的逻辑电路

其中,ADD 和 SUB 分别为控制器根据加法指令和减法指令译码后得到的控制电位信号。

2. 算术逻辑运算部件举例

除了加减运算,运算器还需要完成其他算术逻辑运算,在加法器的输入端加以多种输入控制,就可以将加法器的功能进行扩展。算术逻辑运算单元(简称 ALU)就是一种以加法器为基础的多功能组合逻辑电路。其基本设计思想是:在加法器的输入端加入一个函数发生器,这个函数发生器可以在多个控制信号的控制下,为加法器提供不同的输入函数,从而构成一个具有较完善的算术逻辑运算功能的运算部件。下面以中规模集成电路芯片 SN74181 为例,说明 ALU 组件的工作原理。

SN74181 是一个 4 位 ALU 组件,它可以实现 16 种算术运算功能和 16 种逻辑运算功能,其具体功能由 $S_3S_2S_1S_0$ 和 M 信号控制实现。

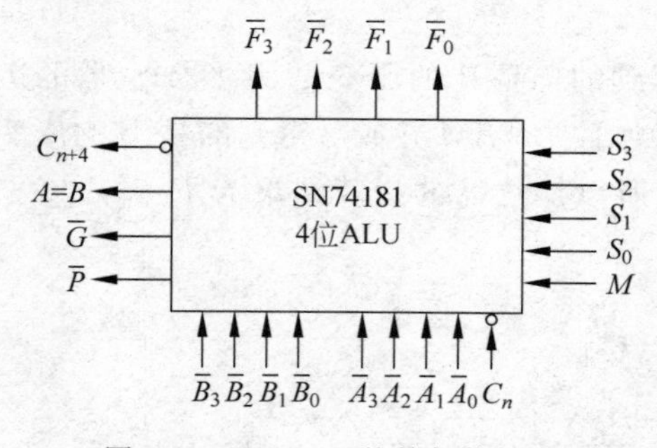

图 3-3 SN74181 的外部特性图

SN74181 有正逻辑和负逻辑两种芯片,图 3-3 给出了采用负逻辑方式工作的 SN74181 芯片的外部特性。其中,$A_{3\sim0}$、$B_{3\sim0}$ 为参加运算的两组 4 位操作数;C_n 为低位来的进位;$F_{3\sim0}$ 为输出的运算结果;C_{n+4} 为向高位的进位;G 为小组本地进位;P 为小组传递函数;$A=B$ 用于输出两个操作数的相等情况,如果将多片 SN74181 的"$A=B$"端按"与"逻辑连接,就可以检测两个字长超过 4 位的操作数的相等情况。在控制信号中,$S_3S_2S_1S_0$ 用于控制产生 16 种不同的逻辑函数;M 用于控制芯片执行算术运算还是逻辑运算,若 $M=0$,则允许位间进位,执行算术运算;若 $M=1$,则封锁位间进位,执行逻辑运算。

表 3-1 列出了采用负逻辑方式时 SN74181 完成的功能。表中,"加"是指算术加,而"+"是指逻辑加,即"或"运算。进行算术加运算时,最低位的进位为 0。如果要实现减法,可以用表中的"A 减 B 减 1"功能,并使最低位的进位 C_n 为 1,即通过最低进位实现的加 1 完成"A 减 B"。

表 3-1　SN74181 ALU 的功能表

工作方式选择 $S_3S_2S_1S_0$	F 的输出功能(负逻辑)	
	逻辑运算 $M=1$	算术运算 $M=0, C_n=0$
0 0 0 0	$\overline{A}$	A 减 1
0 0 0 1	$\overline{AB}$	AB 减 1
0 0 1 0	$\overline{A}+B$	$A\overline{B}$ 减 1
0 0 1 1	逻辑 1	全 1
0 1 0 0	$\overline{A+B}$	A 加$(A+\overline{B})$
0 1 0 1	$\overline{B}$	AB 加$(A+\overline{B})$
0 1 1 0	$\overline{A}\oplus\overline{B}$	A 减 B 减 1
0 1 1 1	$A+\overline{B}$	$A+\overline{B}$
1 0 0 0	$\overline{A}B$	A 加$(A+B)$
1 0 0 1	$A\oplus B$	A 加 B
1 0 1 0	B	$A\overline{B}$ 加$(A+B)$
1 0 1 1	$A+B$	$A+B$
1 1 0 0	逻辑 0	0
1 1 0 1	$A\overline{B}$	AB 加 A
1 1 1 0	AB	$A\overline{B}$ 加 A
1 1 1 1	A	A

注：1＝高电平，0＝低电平。

将多片 SN74181 组合，可以构成更多位数的 ALU。例如，从低位到高位依次将 4 片 SN74181 的 C_{n+4} 与高位芯片的 C_{-1} 相连，就可以构成 16 位的 ALU。如果需要进一步提高进位速度，可以采用与 SN74181 配套的并行进位链芯片 SN74182 组成快速的并行加法器。图 3-4 给出了利用 4 片 SN74181 和 1 片 SN74182 构成的 16 位快速并行加法器的例子。

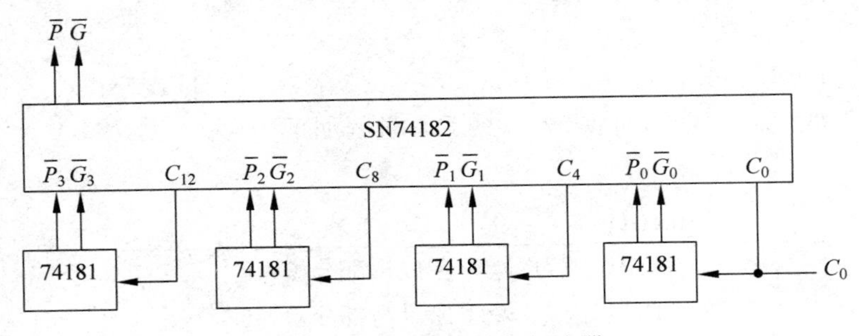

图 3-4　16 位快速并行加法器

3.3　定点乘法运算

乘除运算是经常遇到的基本算术运算。计算机中实现乘除运算通常采用以下 3 种方式：

(1) 利用乘除运算子程序。

基本思想是：采用软件实现乘除运算，即利用计算机的加减运算指令、移位指令及控制类指令组成循环程序,通过运算器中的加法器、移位器等基本部件的反复操作,得到运算结果。这种方式所需硬件简单,但实现速度较慢,主要用于早期的小、微型机上。

(2) 在加法器的基础上增加左、右移位及计数器等逻辑线路构成乘除运算部件。

基本思想是:采用硬件实现乘除运算。在采用乘除运算部件实现乘除运算的计算机中,设有乘除运算指令,用户执行乘除指令即可进行乘除运算。这种方式实现乘除运算的速度比第一种方式快,但需要根据一定的乘除算法构建乘除运算部件,所需的硬件线路较复杂。

(3) 设置专用的阵列乘除运算器。

由于方式(2)在实现乘除运算时,通常是在一个加法器的基础上,通过对操作数多次串行地进行运算、移位得到运算结果的,所以依然需要较多的运算时间。随着大规模集成电路技术的发展带来的硬件成本的降低,出现了专用的阵列乘除运算器。阵列乘除运算器将多个加减运算部件排成乘除运算阵列,依靠硬件资源的重复设置,同时进行多位乘除运算,赢得了乘除运算的高速度。

本书主要介绍乘除运算后两种方法的算法及硬件实现。

3.3.1 原码乘法运算

原码乘法的算法基本是从二进制乘法的手算方法演化而来的。在定点机中,两个数的原码乘法运算的实现包括两个部分:乘积的符号处理和两数绝对值相乘。

设:被乘数$[x]_原=x_f.x_1x_2\cdots x_n$

乘数$[y]_原=y_f.y_1y_2\cdots y_n$

乘积$[z]_原=[x]_原\times[y]_原=[x\times y]_原=z_f.z_1z_2\cdots z_n$

根据同号相乘,乘积为正;异号相乘,乘积为负的原则,可得符号运算的真值表如表 3-2 所示。

表 3-2 符号运算真值表

x_f	y_f	z_f
0	0	0
0	1	1
1	0	1
1	1	0

根据真值表,可得乘积符号运算的逻辑表达式为 $z_f=x_f\oplus y_f$。由于乘积的符号单独进行处理,所以乘法运算中实际需要解决的问题是两个数的绝对值相乘或者说是两个正数相乘的算法与实现。我们先分析一下乘法的手算过程。

例 3.8 设 $x=0.x_1x_2x_3x_4=0.1101$,$y=0.y_1y_2y_3y_4=0.1011$,求 $x\times y$。

解:根据二进制乘法规律,可得 $x\times y$ 的手算过程如下:

```
        0.1101
      × 0.1011
-----------------------------------------------
          1101  因为 y4=1 所以得部分积为x
         1101   因为 y3=1 所以得部分积为x
        0000    因为 y2=0 所以得部分积为0
       1101     因为 y1=1 所以得部分积为x
-----------------------------------------------
    0.10001111   将所有部分积相加,得到最后的乘积
```

得:$x\times y=0.10001111$。

分析例 3.8 可以发现,在乘法的手算过程中,是将乘数一位一位地与被乘数相乘,当乘数位 $y_i=1$ 时,与被乘数 x 相乘所得的部分乘积就是 x;当 $y_i=0$ 时,与 x 相乘所得的部分乘积

就是0；由于相乘的乘数的位权是逐次递增的，所以每次得到的部分积都需要在上次部分积的基础上左移一位。将各次相乘得到的部分积相加，即可得到最后的乘积。可以在计算机中用硬件模仿手算运算过程实现原码乘法。但是仔细分析后可知，在例3.8中两个4位数相乘，共得到4个部分积，相加后得到的最后的乘积为8位，因此具体实现时，需使用8位加法器对4个部分积进行相加。推而广之可知，两个n位数相乘共得到n个部分积，需要n个寄存器保存n个部分积；同时由于乘积为$2n$位，所以需用$2n$位加法器进行相加运算。显然，模仿手算运算所需硬件太多。在计算机中实现乘法时，必须对算法加以改进。

1. 原码一位乘法

在原码一位乘法中，参加运算的被乘数和乘数均用原码表示；运算时符号位单独处理，被乘数与乘数的绝对值相乘；所得的积也采用原码表示。

设参加运算的被乘数为$x=0.x_1x_2\cdots x_n$，乘数为$y=0.y_1y_2\cdots y_n$，则有：

$$
\begin{aligned}
x\times y &= x\times 0.y_1y_2\cdots y_n\\
&= x\times(2^{-1}y_1+2^{-2}y_2+\cdots+2^{-(n-1)}y_{n-1}+2^{-n}y_n)\\
&= 2^{-1}xy_1+2^{-2}xy_2+\cdots+2^{-(n-1)}xy_{n-1}+2^{-n}xy_n\\
&= 2^{-1}\{2^{-1}[2^{-1}\cdots(2^{-1}<0+xy_n>+xy_{n-1})+\cdots+xy_2]+xy_1\}
\end{aligned}
\tag{3-9}
$$

式(3-9)的运算过程可以用式(3-10)的递推公式表示：

$$
\begin{aligned}
z_0 &= 0 \quad (\text{初始部分积 } z_0 \text{ 为 } 0)\\
z_1 &= 2^{-1}(z_0+xy_n)\\
z_2 &= 2^{-1}(z_1+xy_{n-1})\\
&\cdots\cdots\\
z_i &= 2^{-1}(z_{i-1}+xy_{n-i+1})\\
&\cdots\cdots\\
z_n &= 2^{-1}(z_{n-1}+xy_1)=x\times y
\end{aligned}
\tag{3-10}
$$

其中，$z_0,z_1,\cdots,z_n$称为部分积。从式(3-10)可以看出，可以把乘法转换为一系列加法与移位操作。考虑了符号的处理后，可得出原码一位乘法的算法如下：

(1) 积的符号单独按两个操作数的符号模2加(异或)得到，即$z_f=x_f\oplus y_f$。用被乘数和乘数的数值部分进行运算。

(2) 以乘数的最低位作为乘法判别位，若判别位为1，则在前次部分积(初始部分积为0)上加上被乘数，然后连同乘数一起右移一位；若判别位为0，则在前次部分积上加0(或不加)，然后连同乘数一起右移一位。

(3) 重复第(2)步直到运算n次为止(n为乘数数值部分的长度)。

(4) 将乘积的符号与数值部分结合，即可得到最终结果。

例3.9 根据原码一位乘法的算法计算例3.8。

解：$[x]_原=0.1101$，$[y]_原=1.1011$，乘积$[z]_原=[x\times y]_原$。

① 符号位单独处理得$[z]_原$的符号$z_f=0\oplus 1=1$。

② 将被乘数和乘数的绝对值的数值部分相乘。

$$|x|=0.1101,\quad |y|=0.1011$$

数值部分为4位，共需运算4次。运算过程如下：

	部分积	乘数 y_n	说明
	0.0000	1 0 1 1	初始部分积 $z_0=0$
+	0.1101		因为乘数$y_n=1$，所以加x
	0.1101		
→	0.0110	1 1 0 1	部分积与乘数同时右移一位
+	0.1101		因为乘数$y_n=1$，所以加x
	1.0011		
→	0.1001	1 1 1 0	部分积与乘数同时右移一位
+	0.0000		因为乘数$y_n=0$，所以加0
	0.1001		
→	0.0100	1 1 1 1	部分积与乘数同时右移一位
+	0.1101		因为乘数$y_n=1$，所以加x
	1.0001		
→	0.1000	1 1 1 1	部分积与乘数同时右移一位
			运算了4次，计算结束

得$|x\times y|=0.10001111$,加上符号部分得$[x\times y]_{原}=1.10001111$,即$x\times y=-0.10001111$。

比较例3.8和例3.9可见,采用原码一位乘法的算法所得的结果与手算的结果是一致的。

分析例3.9的运算过程,可知在用硬件实现原码一位乘法算法时,只需用一个寄存器保存部分积,并且只需用一个n位加法器即可完成运算,因此该算法适合于乘法的硬件实现。实现原码一位乘法算法的硬件逻辑电路如图3-5所示。图中A、B、C为3个寄存器,在运算开始时,A用于存放部分积、B用于存放被乘数、C用于存放乘数;乘法运算结束后,A用于存放乘积高位部分,C用于存放乘积低位部分。CR为计数器,用于记录乘法运算的次数。C_j为进位位。C_T为乘法控制触发器,用于控制乘法运算的开始与结束。$C_T=1$,允许发出移位脉冲,控制进行乘法运算;$C_T=0$,不允许发出移位脉冲,停止进行乘法运算。

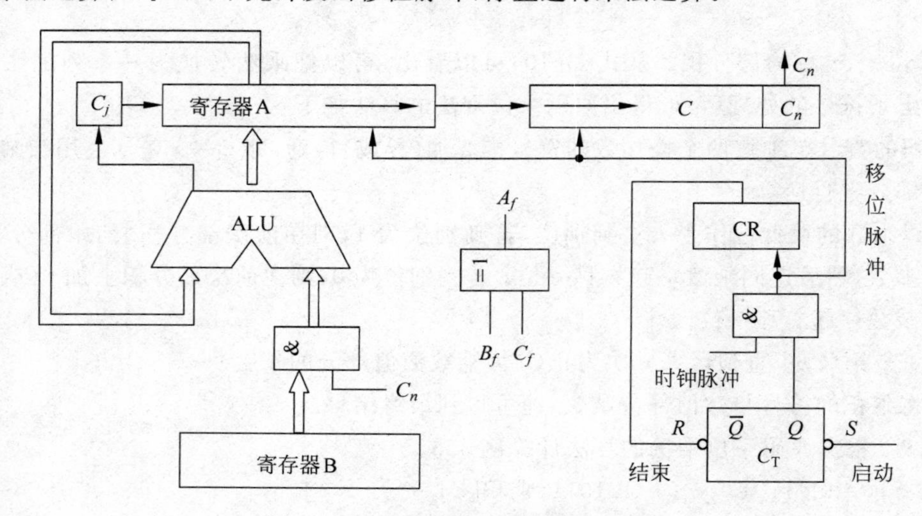

图3-5 原码一位乘法硬件逻辑电路图

按图3-5的硬件线路实现原码一位乘法的流程如图3-6所示。执行乘法运算前,把被乘数的绝对值$|x|$送入寄存器B,乘数的绝对值$|y|$送入寄存器C,把存放部分积的寄存器A、进位标志C_j及计数器CR都清0。乘法运算开始时,将触发器C_T置1,使乘法线路可以在时钟

脉冲的作用下进行右移操作。寄存器 C 的最低位 C_n 用于控制被乘数是否与上次的部分积相加。相加后，在时钟脉冲的作用下将 C_j 位与寄存器 A、C 一起右移一位，即 CF 移入 A 的最高位，A 的最低位移入 C 的最高位，作为本次运算控制用的 C_n 被移出；同时计数器 CR 加 1。循环 n 次相加、移位后，寄存器 A 中存放的是 $|x\times y|$ 的高 n 位乘积，C 中存放的是 $|x\times y|$ 的低 n 位乘积。此时，计数器 CR 计满 n 次，向触发器 C_T 发出置 0 信号，结束乘法运算。将乘积符号 $z_f=B_f\oplus C_f$ 与 $|x\times y|$ 结合，即得 $[x\times y]_{原}$。

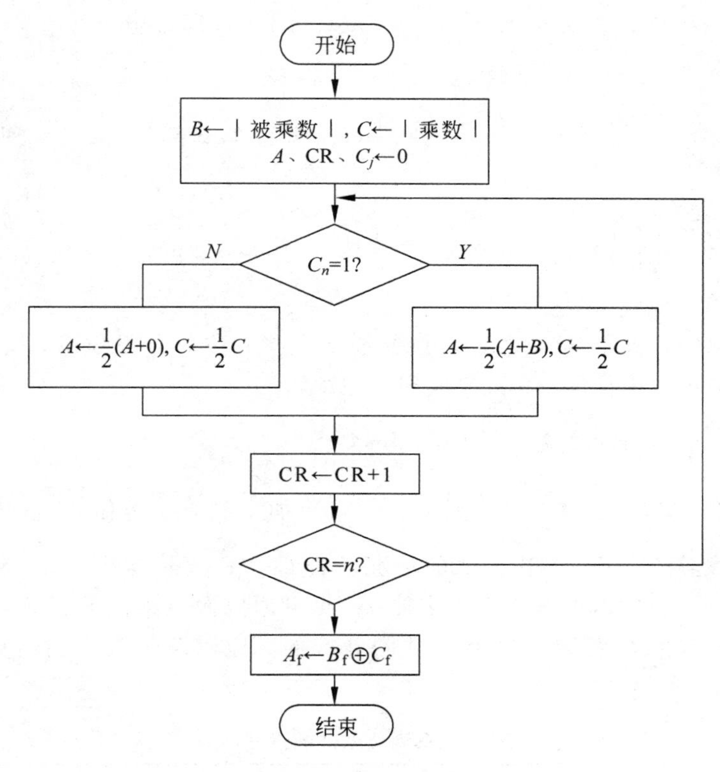

图 3-6　原码一位乘法算法流程

在实际机器中，寄存器 C 通常为具有左移和右移功能的移位寄存器，但寄存器 A 一般不具有移位功能，因此由 ALU 计算出的部分积是采用斜送到寄存器 A 的方法实现移位的。图 3-7 是具有左、右斜送和直接传送的移位器的示意图。图中 F_{i-1}、F_i、F_{i+1} 分别是加法器的第 $i-1$、i、$i+1$ 位输出，$A\leftarrow\frac{1}{2}F$、$A\leftarrow 2F$、$A\leftarrow F$ 分别为将加法器的运算结果右移、左移和直接传送到 A 的控制信号。

在利用原码一位乘法进行乘法时，因为每次判别乘数的一位，因此 n 位乘数需作 n 次加法与移位，使乘法计算的速度较慢。如果能够一次判别多位乘数，就可以提高乘法速度，这就是多位乘法的思想。有两位、四位甚至更多位的乘法，其中原码两位乘法与原码一位乘法相比，增加的逻辑电路不多，但可使乘法计算速度提高将近一倍。下面讨论原码两位乘法的算法。

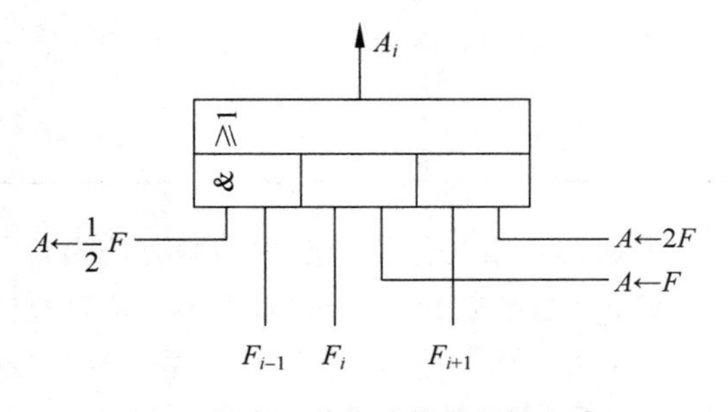

图 3-7　实现移位功能的逻辑电路

2. 原码两位乘法

原码两位乘法算法的思想是每次判别乘数的两位,将一位乘法中的两步用一步替代。设 $y_{n-1}y_n$ 为判别位,z_{i-1}为前次部分积,z_i为两位乘法的第 i 位部分积。观察原码一位乘法的运算,我们可以发现部分积 z_i与 $y_{n-1}y_n$和 z_{i-1}的关系如下:

$y_{n-1}y_n=00, z_i=\frac{1}{2}\left[\frac{1}{2}(z_{i-1}+0)+0\right]=\frac{1}{4}(z_{i-1}+0)$,即部分积 z_{i-1}加 0,右移两位;

$y_{n-1}y_n=01, z_i=\frac{1}{2}\left[\frac{1}{2}(z_{i-1}+x)+0\right]=\frac{1}{4}(z_{i-1}+x)$,即部分积 z_{i-1}加被乘数 x,右移两位;

$y_{n-1}y_n=10, z_i=\frac{1}{2}\left[\frac{1}{2}(z_{i-1}+0)+x\right]=\frac{1}{4}(z_{i-1}+2x)$,即部分积 z_{i-1}加两倍被乘数 x,右移两位;

$y_{n-1}y_n=11, z_i=\frac{1}{2}\left[\frac{1}{2}(z_{i-1}+x)+x\right]=\frac{1}{4}(z_{i-1}+3x)$,即部分积 z_{i-1}加三倍被乘数 x,右移两位;

在上述操作中,$z_{i-1}+2x$ 可以通过将被乘数 x 左移一位后与部分积 z_{i-1}相加来实现,但 $z_{i-1}+3x$ 却难以简单地用移位后相加来实现。注意到:

$$\frac{1}{4}(z_{i-1}+3x)=\frac{1}{4}(z_{i-1}+4x-x)=\frac{1}{4}(z_{i-1}-x)+x$$

即在做$\frac{1}{4}(z_{i-1}+3x)$时,可以本次先做$\frac{1}{4}(z_{i-1}-x)$,加 x 到下次再做,本次先欠着。为此设置了一个欠账触发器 C_J,记录本次欠账的情况。若 $C_J=1$,表示本次欠账,下次需多加一个 x; $C_J=0$,表示本次无欠账,下次就不用多加 x。可见原码两位乘法的运算规则是由两个乘数判别位 $y_{n-1}y_n$和欠账触发器 C_J的状态共同确定的。原码两位乘法的运算规则如表 3-3 所示。

表 3-3 原码两位乘法的运算规则

$y_{n-1}y_n C_J$	操 作	说 明
0 0 0	部分积 z_{i-1}右移两位,$C_J\leftarrow 0$;	$z_{i-1}+0$ 的加 0 操作可以不做,直接将 z_{i-1}右移即可
0 0 1	部分积 z_{i-1}加 x,右移两位,$C_J\leftarrow 0$;	为还上次欠账,做 $z_{i-1}+x$
0 1 0	部分积 z_{i-1}加 x,右移两位,$C_J\leftarrow 0$	
0 1 1	部分积 z_{i-1}加 $2x$,右移两位,$C_J\leftarrow 0$;	为还上次欠账,做 $z_{i-1}+2x$
1 0 0	部分积 z_{i-1}加 $2x$,右移两位,$C_J\leftarrow 0$	
1 0 1	部分积 z_{i-1}减 x,右移两位,$C_J\leftarrow 1$;	为了还上次欠账,需加 $3x$,所以本次减 x,再欠账
1 1 0	部分积 z_{i-1}减 x,右移两位,$C_J\leftarrow 1$;	为了加 $3x$,本次减 x,欠账
1 1 1	部分积 z_{i-1}右移两位,$C_J\leftarrow 1$;	为了还上次欠账,需做 $z_{i-1}+4x$,因为$\frac{1}{4}(z_{i-1}+4x)=\frac{1}{4}z_{i-1}+x$,所以本次将 z_{i-1}右移,不加减 x,再欠账

原码两位乘法运算次数的控制方法为:

(1) 若操作数字长为奇数,去掉一位符号位后,数值部分长度 n 为偶数,共需做 $n/2$ 次运算。

(2) 若操作数字长为偶数,去掉一位符号位后,数值部分长度 n 为奇数,因此需将乘数再加上一个符号位并使之为 0,以便形成偶数位,此时共需做$(n+1)/2$ 次运算,但最后一次移位仅移一位。

(3) 若最后一次运算后 C_J 仍为 1，则需再做一次加 x 操作，最高符号位作为真正的符号位，才能保证运算过程正确无误。以便还清欠账。

因为在原码两位乘法中需要 $2x$，即需要将 x 左移 1 位，这时被乘数的绝对值可能会大于 2，数值会侵占符号位；又因在运算过程中，做加法所得到的正常进位不得丢失，所以在进行原码两位乘法运算时，部分积(初始时为被乘数)需要使用 3 个符号位，以便记录左移和进位的数值。

原码两位乘法的算法规定：使用 3 个符号位时，用 000 表示“+”，用 111 表示“−”；在运算过程中，最高符号位为真正的符号，低两位符号位可以用于记录左移和进位的数值。由于原码乘法是被乘数和乘数的绝对值参加运算，所以在运算初始时，被乘数的符号位一定为 000。另外，在原码两位乘法的运算过程中，需要做 $-x$ 操作，因此采用了补码减法的方法，即采用加 $[-|x|]_补$ 的方法实现减法操作。由于在原码两位乘法的运算过程中使用了补码加减运算，所以右移两位的操作也必须按补码右移的规则进行。

例 3.10 按原码两位乘法的算法，计算 $[x\times y]_原$。

① $[x]_原=0.1101$，$[y]_原=1.1011$ ② $[x]_原=1.01101$，$[y]_原=1.10111$

解：① $|x|=000.1101$，$|y|=0.1011$，$[-|x|]_补=1.0011=111.0011$，积 $[z]_原$ 的符号 $z_f=0\oplus1=1$。

部分积	乘数	C_J	说明
000.0000	1011	0	初始部分积 $z_0=0$
+ 111.0011			因为 $y_{n-1}y_nC_J=110$，所以减 x；$C_J=1$
111.0011			
→ 111.1100	1110	1	部分积与乘数同时右移两位
+ 111.0011			因为 $y_{n-1}y_nC_J=101$，所以减 x；$C_J=1$
110.1111			
→ 111.1011	1111	1	部分积与乘数同时右移两位
+ 000.1101			因为 $C_J=1$，所以需要再加一次 x
000.1000	1111		

得 $|x\times y|=0.10001111$，加上符号部分得 $[x\times y]_原=1.10001111$，即 $x\times y=-0.10001111$。

② $|x|=000.01101$，$|y|=0.10111$，$[-|x|]_补=111.10011$，积 $[z]_原$ 的符号 $z_f=1\oplus1=0$。因为乘数数值部分为 5 位，所以运算时要在乘数上加一位符号且为 0。

部分积	乘数	C_J	说明
000.00000	010111	0	初始部分积 $z_0=0$
+ 111.10011			因为 $y_{n-1}y_nC_J=110$，所以减 x；$C_J=1$
111.10011			
→ 111.11100	110101	1	部分积与乘数同时右移两位
+ 000.11010			因为 $y_{n-1}y_nC_J=011$，所以加 $2x$；$C_J=0$
000.10110			
→ 000.00101	101101	0	部分积与乘数同时右移两位
+ 000.01101			因为 $y_{n-1}y_nC_J=010$，所以加 x；$C_J=0$
000.10010			
→ 000.01001	01011		最后一次右移一位，运算结束

得 $|x\times y|=0.0100101011$，加上符号部分得 $[x\times y]_原=0.0100101011$，即 $x\times y=+0.0100101011$。

原码乘法实现比较简单，但由于实际机器中都采用补码作加减运算，数据的存放也采用补码形式，因此如果在作乘法前要将补码转换成原码，相乘之后又要将原码转换为补码，会增添许多操作步骤,使运算复杂。为了减少原码与补码之间的转换,有不少机器直接采用了补码乘法。

3.3.2 补码乘法运算

补码乘法有多种算法,计算机中常用的有校正法和布斯乘法,其中布斯乘法是由布斯(A. D. Booth)夫妇提出的,算法实现比较方便。下面我们主要讨论的补码一位乘法就是布斯乘法。

以定点小数为例,设参加运算的被乘数 x 的补码为$[x]_补=x_0.x_1x_2\cdots x_n$,乘数 y 的补码为$[y]_补=y_0.y_1y_2\cdots y_n$,乘积为$[z]_补=[x\times y]_补$。

(1) 设被乘数 x 的符号任意,乘数 y 为正数,即:

$$[x]_补 = x_0.x_1x_2\cdots x_n$$
$$[y]_补 = 0.y_1y_2\cdots y_n$$

根据补码的定义(2-5)及模 2 运算的性质,有:

$$[x]_补 = 2+x = 2^{n+1}+x \pmod 2$$
$$[y]_补 = y$$

则:$[x]_补\times[y]_补=2^{n+1}y+x\times y=2\times(y_1y_2\cdots y_n)+x\times y \pmod 2$ (3-11)

因为式(3-11)中 $y_1y_2\cdots y_n$为大于 0 的正整数,根据模 2 性质有:

$$2\times(y_1y_2\cdots y_n)=2 \pmod 2$$

所以得$[x]_补\times[y]_补=2+x\times y=[x\times y]_补 \pmod 2$

因为 $y>0$,$[y]_补=y$,$y_0=0$,所以

$$[x\times y]_补=[x]_补\times[y]_补=[x]_补\times y=[x]_补\times(0.y_1y_2\cdots y_n)$$
$$=[x]_补\times\left(\sum_{i=1}^{n}y_i2^{-i}\right) \tag{3-12}$$

(2) 设被乘数 x 的符号任意,乘数 y 为负数,即:

$$[x]_补 = x_0.x_1x_2\cdots x_n$$
$$[y]_补 = 1.y_1y_2\cdots y_n = 2+y \pmod 2$$

因为 $y=[y]_补-2=0.y_1y_2\cdots y_n-1$,所以 $x\times y=x\times(0.y_1y_2\cdots y_n)-x$,得:

$$[x\times y]_补=[x\times(0.y_1y_2\cdots y_n)]_补-[x]_补 \tag{3-13}$$

因为 $0.y_1y_2\cdots y_n>0$,所以$[x\times(0.y_1y_2\cdots y_n)]_补=[x]_补\times(0.y_1y_2\cdots y_n)$。

可得

$$[x\times y]_补=[x]_补\times(0.y_1y_2\cdots y_n)-[x]_补 \tag{3-14}$$

(3) 设被乘数 x 和乘数 y 均为任意符号数,将情况(1)、(2)综合,可得:

$$[x\times y]_补=[x]_补\times(0.y_1y_2\cdots y_n)-[x]_补\times y_0=[x]_补\times(0.y_1y_2\cdots y_n-y_0)$$
$$=[x]_补\times\left(-y_0+\sum_{i=1}^{n}y_i2^{-i}\right)$$
$$=-y_0[x]_补+2^{-1}y_1[x]_补+2^{-2}y_2[x]_补+\cdots+2^{-n}y_n[x]_补$$
$$=(y_1-y_0)[x]_补+2^{-1}(y_2-y_1)[x]_补+2^{-2}(y_3-y_2)[x]_补$$
$$+\cdots+2^{-(n-1)}(y_n-y_{n-1})[x]_补+2^{-n}(y_{n+1}-y_n)[x]_补 \tag{3-15}$$

仿照原码一位乘法的推导方法,令部分积的初始值$[z_0]_补=0$,可将式(3-15)写成部分积的递推形式:

$[z_0]_{补}=0$　（初始部分积为 0）

$[z_1]_{补}=2^{-1}\{[z_0]_{补}+(y_{n+1}-y_n)[x]_{补}\}$

$[z_2]_{补}=2^{-1}\{[z_1]_{补}+(y_n-y_{n-1})[x]_{补}\}$

⋮

$[z_i]_{补}=2^{-1}\{[z_{i-1}]_{补}+(y_{n-i+2}-y_{n-i+1})[x]_{补}\}$

⋮

$[z_n]_{补}=2^{-1}\{[z_{n-1}]_{补}+(y_2-y_1)[x]_{补}\}$

$$[z_{n+1}]_{补}=\{[z_n]_{补}+(y_1-y_0)[x]_{补}\}=[x\times y]_{补} \tag{3-16}$$

根据式(3-16)，可以归纳出补码一位乘法的运算规则：

(1) 参加运算的数均以补码表示，符号位 x_0、y_0 均参加运算。考虑到运算时可能出现部分积的绝对值大于 1 而占用的情况(此时并不属于溢出)，部分积与被乘数采用双符号位。

(2) 在乘数最低位增设附加位 y_{n+1}，且初始 $y_{n+1}=0$。

(3) 以乘数最低位的 y_ny_{n+1} 作为乘法判别位，依次比较相邻两位乘数的状态，以决定相应的操作。具体操作如表 3-4 所示。

表 3-4　补码一位乘法的操作

y_ny_{n+1}	操　作	说　明
0　0	$[z_{i+1}]_{补}=2^{-1}[z_i]_{补}$	本次部分积等于前次部分积加 0(或不加)后连同乘数右移一位
1　1	$[z_{i+1}]_{补}=2^{-1}[z_i]_{补}$	本次部分积等于前次部分积加 0(或不加)后连同乘数右移一位
0　1	$[z_{i+1}]_{补}=2^{-1}\{[z_i]_{补}+[x]_{补}\}$	本次部分积等于前次部分积加$[x]_{补}$后连同乘数右移一位
1　0	$[z_{i+1}]_{补}=2^{-1}\{[z_i]_{补}-[x]_{补}\}$	本次部分积等于前次部分积减$[x]_{补}$后连同乘数右移一位

(4) 重复第(3)步，共做 $n+1$ 次，但最后一次(第 $n+1$ 次)只运算、不移位。

在补码一位乘法的运算过程中应注意的是：部分积的初始值 $z_0=0$；减$[x]_{补}$的操作用加$[-x]_{补}$实现；部分积右移时必须按补码右移的规则进行。

例 3.11　设 $x=-0.1101$，$y=-0.1011$，用补码一位乘法计算 $x\times y$。

解：$[x]_{补}=11.0011$，$[y]_{补}=1.0101$，$[-x]_{补}=00.1101$

	部分积	乘数　y_ny_{n+1}	说明
	00.0000	1.0101 0	初始部分积 $z_0=0$，附加位 $y_{n+1}=0$
+	00.1101		因为 $y_ny_{n+1}=10$，所以 $+[-x]_{补}$
	00.1101		
→	00.0110	1 1010 1	部分积与乘数同时右移一位
+	11.0011		因为 $y_ny_{n+1}=01$，所以 $+[x]_{补}$
	11.1001		
→	11.1100	11 101 0	部分积与乘数同时右移一位
+	00.1101		因为 $y_ny_{n+1}=10$，所以 $+[-x]_{补}$
	00.1001		
→	00.0100	111 10 1	部分积与乘数同时右移一位
+	11.0011		因为 $y_ny_{n+1}=01$，所以 $+[x]_{补}$
	11.0111		
→	11.1011	1111 1 0	部分积与乘数同时右移一位
+	00.1101		因为 $y_ny_{n+1}=10$，所以 $+[-x]_{补}$
	00.1000	1111	最后一次只运算、不移位

得 $[x\times y]_{补}=0.10001111$,所以 $x\times y=0.10001111$。

从例 3.11 中可以看出,采用补码一位乘法的算法,乘积的符号是在运算过程中自然形成的,不需要加以特别处理,这是补码乘法与原码乘法的重要区别。实现补码一位乘法的硬件逻辑结构如图 3-8 所示。

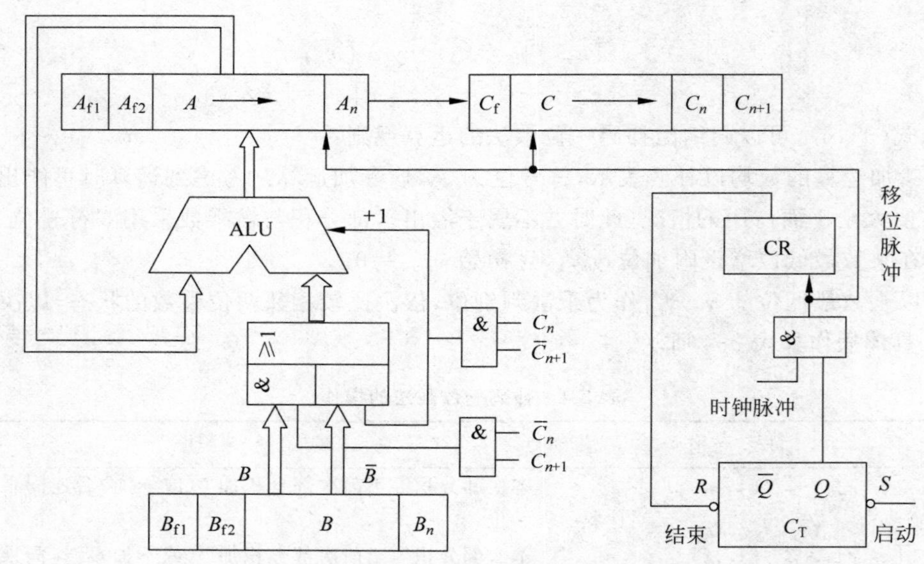

图 3-8 补码一位乘法的硬件逻辑结构图

实现补码一位乘法的硬件逻辑结构与实现原码一位乘法的硬件逻辑结构很相似,只是部分控制线路不同。图 3-8 中寄存器 A 用于存放乘积和部分积高位部分,初始时其内容为 0;A_{f1}、A_{f2} 是部分积的两个符号位,补码乘法中符号位和数值位同时参加运算。寄存器 C 用于存放乘数和部分积低位部分,初始时其内容为乘数;C_n 和 C_{n+1} 用于控制电路中是进行 $+[x]_{补}$ 操作还是 $+[-x]_{补}$ 操作。寄存器 B 用于存放被乘数,可以在 C_n 和 C_{n+1} 的控制下输出正向信号 B 和反向信号 $\overline{B}$;当执行 $+[x]_{补}$ 时,输出正向信号 B,进行 $A+B$ 操作;当执行 $+[-x]_{补}$ 时,输出反向信号 $\overline{B}$,进行 $A+\overline{B}+1$ 操作。C_T 是乘法控制触发器,$C_T=1$,允许发出移位脉冲,控制进行乘法运算;$C_T=0$,不允许发出移位脉冲,停止进行乘法运算。CR 是计数器,用于记录乘法次数。在运算初始时,CR 清 0,每进行一次运算,CR+1;当计数到 CR$=n+1$ 时,结束运算。另外,由于线路中控制在 CR$=n$ 时,就将 C_T 清 0,所以在第 $n+1$ 次运算时,不再进行移位。补码一位乘法的算法流程如图 3-9 所示。

注意,在补码一位乘法的流程图中,寄存器 A 和 C 的移位是在对 CR 进行判断之后进行的,说明在第 $n+1$ 次运算后不进行移位。

为了提高运算速度,可以采用补码两位乘法。与原码两位乘法的算法类似,将补码一位乘法中的两步用一步代替,就可以得到补码两位乘法的运算规则。限于篇幅,本书中不再讲解,感兴趣的读者可以进一步查询资料。

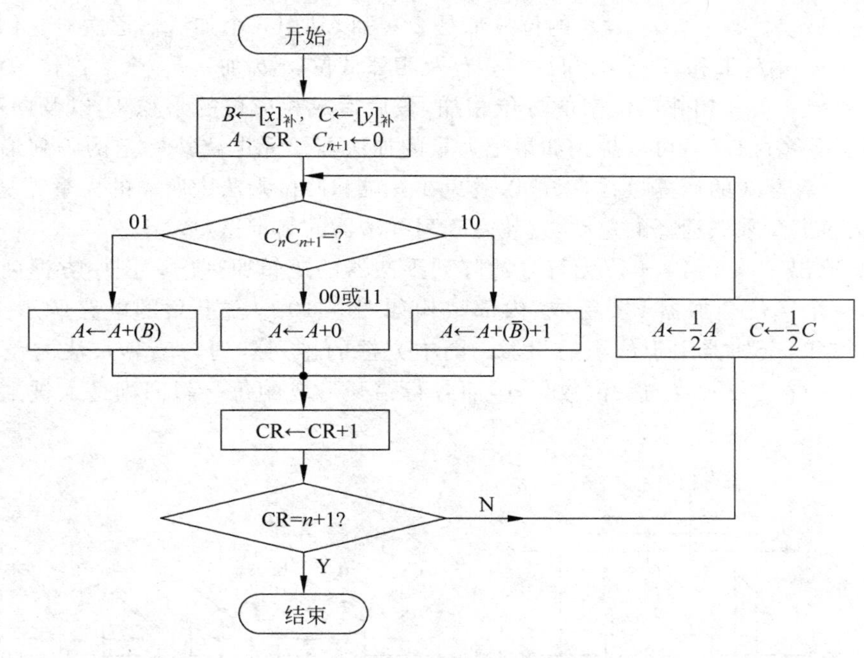

图 3-9 补码一位乘法的算法流程

3.3.3 快速乘法运算

在科学计算中，乘法运算约占全部算术运算的 1/3。因此，无论从提高计算机的运算速度还是从提高计算效率来说，都有必要研究高速乘法部件以进一步提高乘法的运算速度。根据 3.3.1 节的内容，可知在常规乘法器中，两位乘法比一位的运算速度快，显然可采用一次判断更多位乘数（如一次判断四位）的方法进一步提高乘法运算的速度。但多位乘法运算的控制复杂性将呈几何级数性的增加，实现的难度很大。随着大规模集成电路的迅速发展和硬件价格的降低，出现了多种阵列乘法组件，目的就是利用硬件的叠加方法或流水处理的方法来提高乘法运算速度。在本小节中，我们将简单讨论阵列乘法器的基本原理。

1. 无符号数阵列乘法器

设有两个 4 位无符号二进制整数：$A=a_3a_2a_1a_0$，$B=b_3b_2b_1b_0$，求 $P=A\times B$。按手算方法的运算过程为：

在手算算式中，每个 a_ib_j（$i=0\sim3$，$j=0\sim3$）都是由两个 1 位的二进制数相乘得到的，称为位积，每个位积都可以用一个二输入端的与门予以实现。两个 4 位的二进制整数相乘所得的乘积的有效位数最多可达到 8 位，即 $P=P_7P_6P_5P_4P_3P_2P_1P_0$。利用二进制加法器将位权相等的位积相加，即可得到相应位的乘积。

$$
\begin{array}{cccccccc}
 & & & & a_3 & a_2 & a_1 & a_0 \\
 & & & \times & b_3 & b_2 & b_1 & b_0 \\
\hline
 & & & & a_3b_0 & a_2b_0 & a_1b_0 & a_0b_0 \\
 & & & a_3b_1 & a_2b_1 & a_1b_1 & a_0b_1 & \\
 & & a_3b_2 & a_2b_2 & a_1b_2 & a_0b_2 & & \\
 & a_3b_3 & a_2b_3 & a_1b_3 & a_0b_3 & & & \\
\hline
P_7 & P_6 & P_5 & P_4 & P_3 & P_2 & P_1 & P_0
\end{array}
$$

例如,位积 a_3b_0,a_2b_1,a_1b_2、a_0b_3 的位权都是 2^3,可以利用 3 个加法器逐次对它们求和。其过程是先对 a_3b_0、a_2b_1 求和,产生的和数与 a_1b_2 及相邻低位(a_2b_0 加 a_1b_1)来的进位相加,然后再将所得的和数与 a_0b_3 及相邻低位来的进位相加,最后形成相应位的乘积 P_3 以及向高位 P_4 的进位。分析了手算过程后,可以想到如果把大量的加法器单元电路按一定的阵列形式排列起来,直接实现手算算式的运算过程,就可以避免在一位和两位乘法中所需的大量重复的相加和移位操作,从而提高乘法运算的速度,这就是阵列乘法器的基本思想。

图 3-10 给出了一个 4×4 位无符号数阵列乘法器的逻辑原理图。图中方框内的电路由一个与门和一个一位全加器 FA 组成,内部结构如图 3-10 中左上角的电路所示。其中,与门用于产生位积,全加器用于位积的相加。图中方框的排列阵列与笔算乘法的位积排列相似,阵列的每一行送入乘数的一位数位 b_i,而各行错开形成的每一斜列则送入被乘数的一位数位 a_i。

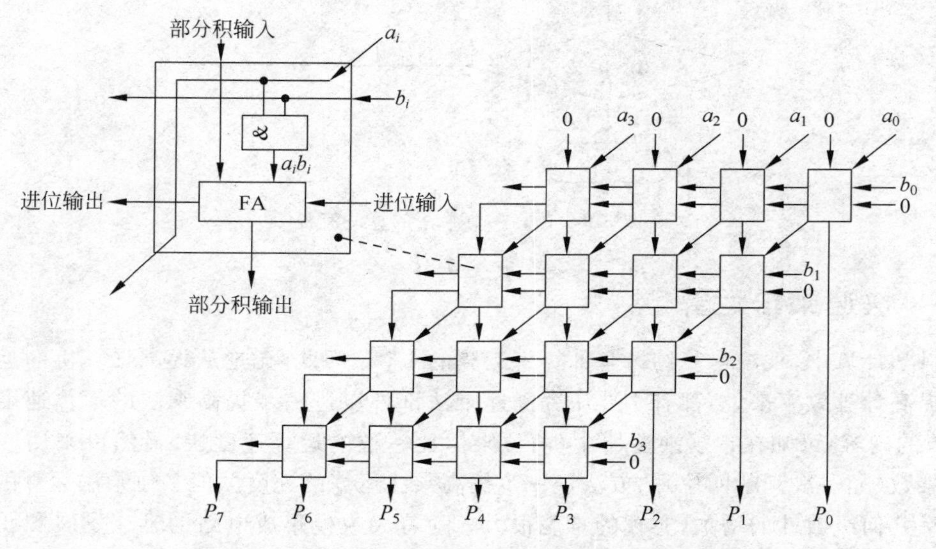

图 3-10 4×4 位无符号数阵列乘法器的逻辑原理图

2. 带符号数阵列乘法器

在无符号数阵列乘法器的基础上增加符号处理电路和求补电路,即可实现带符号数乘法器。带符号阵列乘法器既可以实现原码乘法也可以实现补码乘法。

设被乘数和乘数分别为 $n+1$ 位带符号数,$A=a_f.a_{n-1}a_{n-2}\cdots a_0$,$B=b_f.b_{n-1}b_{n-2}\cdots b_0$。图 3-11 给出了一个$(n+1)\times(n+1)$位带符号数乘法的阵列乘法器的逻辑原理图。在图 3-11 中,如果需要进行原码乘法运算,则不用算前求补器与算后求补器,直接把被乘数和乘数的绝对值送入乘法阵列中进行计算,得到 $2n$ 位乘积的绝对值 $p_{2n-1}p_{2n-2}\cdots p_1p_0$;将被乘数 a_f 和乘数的符号 b_f 通过异或门的处理得到积的符号 P_f。将积的符号加入到乘积的绝对值中,即得到 $2n+1$ 位原码形式的乘积 $P_fP_{2n-1}P_{2n-2}\cdots P_1P_0$。

如果需要进行补码乘法,则需要由两个算前求补器先将两个补码操作数转换为两数的绝对值,然后再送入无符号乘法阵列中计算,即可得到 $2n$ 位的乘积绝对值 $p_{2n-1}p_{2n-2}\cdots p_1p_0$。然后根据异或门输出的积的符号 P_f 控制算后求补器对 $p_{2n-1}p_{2n-2}\cdots p_1p_0$ 求补,将求补结果与符号 P_f 结合,就得到 $2n+1$ 位的补码形式的乘积 $P_fP_{2n-1}P_{2n-2}\cdots P_1P_0$。

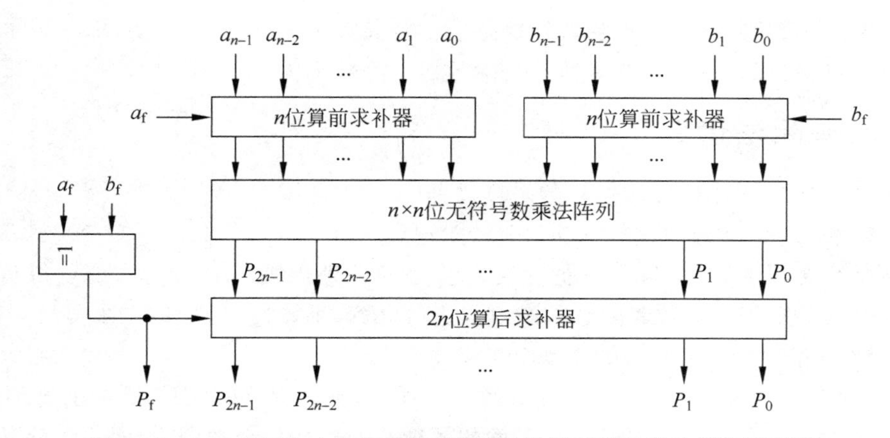

图 3-11 $(n+1)\times(n+1)$位带符号数乘法的阵列乘法器的逻辑原理图

在图 3-11 中，算前和算后求补器可以在符号位的控制下对数值部分进行求补，以便满足补码乘法运算的需要。图 3-12 给出了一个 4 位二进制对 2 求补器的逻辑电路。其中每一位二进制对 2 求补电路的逻辑表达式为：

$$a_i^* = a_i \oplus EC_{i-1}, \quad 0 \leqslant i \leqslant n$$
$$C_i = a_i + C_{i-1}, \quad 其中\ C_{-1} = 0 \qquad (3\text{-}17)$$

式(3-17)中，E 为控制信号，用于控制是否进行求补。

$E=0$，不进行求补，$a_i^* = a_i$；

$E=1$，进行求补，$a_i^* = a_i \oplus EC_{i-1}$。

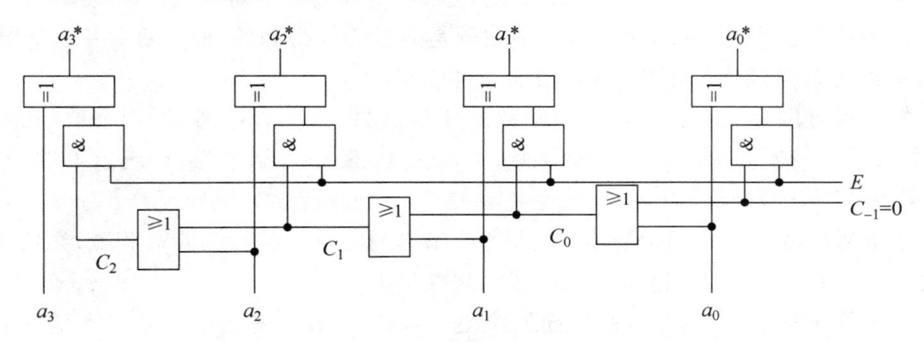

图 3-12 一个 4 位二进制对 2 求补器的逻辑电路

由于阵列乘法器采用重复设置大量器件的方法构成乘法阵列，避免了乘法运算中的重复相加和移位操作，换取了高速的乘法运算速度。而且乘法阵列内部结构规整，便于用超大规模集成电路实现，使得阵列乘法器得到了广泛的应用。

3.4 定点除法运算

除法运算的处理思想与乘法运算的处理思想相似，其常规算法也是将除法的计算过程转换成若干次“加减—移位”循环来实现。

定点除法运算可以分为原码除法和补码除法。由于定点运算的结果不应超过机器所能表示的数据范围，所以为了不使商产生溢出，在进行定点除法时应满足下列条件：

(1) 对定点小数除法要求|被除数|<|除数|,且除数不为0;

(2) 对定点整数除法要求|被除数|≥|除数|,且除数不为0。

3.4.1 原码除法运算

首先分析一下定点小数除法运算的手算过程。

例 3.12 设 $x=-0.1011$,$y=0.1101$ 求 x/y。

解:在手算 x/y 时,商的符号根据除法对符号的处理规则"正正得正,正负得负"心算得到;商的数值部分采用被除数和除数的绝对值进行计算,手算过程如图 3-13 所示。运算结果得:商 $q=-0.1101$,余数 $r=-0.00000111$。

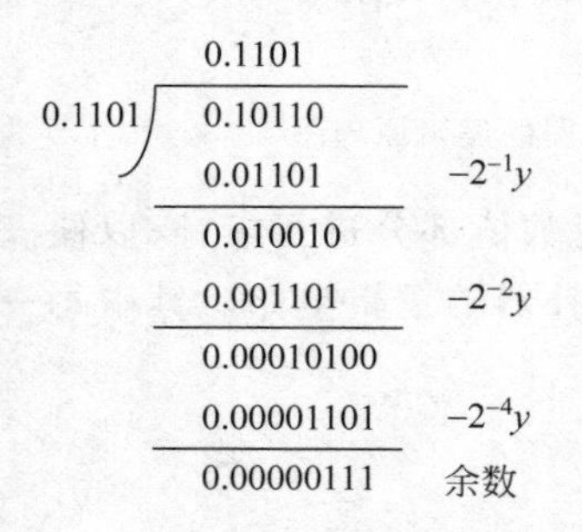

图 3-13 小数除法的手算过程

分析例 3.12 的运算过程,可得手算除法的规则:

(1) 商的各位是通过比较余数(初始时为被除数)与除数的大小得到的。若余数大于除数,则相应位上商为1,将余数减去除数,再把除数向右移一位与余数相比较;若余数小于除数,则相应位上商为0,把除数向右移一位再与余数相比较。

(2) 每次做减法时,总是余数不动,低位补0,再与右移一位后的除数相减。

(3) 商的符号单独处理。

由于上述算法是通过不断比较余数和除数来决定上商的,所以也将其称为比较法。

在计算机中可以参照比较法的算法实现除法,但实现过程中需解决的问题有:

(1) 在手算过程中,余数和除数的大小比较是通过心算得到的,而计算机中进行比较就需要在加减电路之外设置比较电路,这将增加硬件成本。

(2) 如果通过做减法来进行余数和除数的比较,则可以节省电路,即用余数(初始时为被除数)减去除数,若减得结果为正,表示够减,上商为1;若减得结果为负,表示不够减,上商为0。但如果不够减,进行减法后,余数已经被减去了,下一步应该如何处理?

(3) 如果每次减法均采用余数不动,低位补0,再与右移一位后的除数相减,则所需的加法器的位数必须是除数的两倍,这将使加法器的规模增大。

(4) 在手算过程中,上商是从高位向低位逐位求的,而在计算机中要求机器把每位商直接写到寄存器的不同位是较难控制的。

在实际的计算机中实现除法时,一般采用以下方法解决上述问题:

(1) 通过做减法来进行比较余数和除数的比较,即用余数(初始时为被除数)减去除数,若减得结果为正,表示够减,上商为1;若减得结果为负,表示不够减,上商为0。

(2) 采用恢复余数法或不恢复余数法解决余数减去除数后不够减的处理问题。

(3) 在余数不动,低位补0,再与右移一位后的除数相减的操作中,用左移余数的方法代替右移除数的操作。这样操作,实际运算结果是一样的,但对线路结构更有利。不过这样操作所得到的余数不是真正的余数,必须将它乘上 2^{-n} 才是真正的余数。

(4) 为了便于控制,可以在运算过程中通过将每次得到的商直接写到寄存器的最低位并与前面运算所得到部分商一起左移一位的方法实现商的定位。

1. 原码恢复余数法

在原码除法中,参加运算的被除数和除数均采用原码表示,所得的商和余数也采用原码表示。运算时，符号位单独处理，被除数和除数的绝对值相除。为了保证定点除法的运算结果不超过机器所能表示的定点数据范围，在进行除法之前必须判定被除数和除数是否满足定点小数除法或定点整数除法的要求，如果不满足要求，由于运算结果会将产生溢出，因此不能继续进行除法运算。下面以定点小数除法为例，讨论原码恢复余数法的算法。

定点小数的原码恢复余数法由以下步骤实现：

(1) 判溢出，要求|被除数|＜|除数|。若|被除数|＞|除数|，则除法将发生溢出。

(2) 符号位单独处理，商的符号由被除数和除数符号的异或运算求得。

(3) 用被除数和除数的数值部分进行运算，被除数减去除数。

(4) 若所得余数为正，表示够减，相应位上商为1，余数左移一位(相当于除数右移)减去除数；若所得余数为负，表示不够减，相应位上商为0，余数加上除数(即恢复余数)，再左移一位后减去除数。

(5) 重复第(4)步，直到求得所要求的商的各个位为止。

需注意的是：在原码除法的运算过程中，数值部分的计算是对被除数和除数的绝对值进行的；因为需要进行减法，所以采用补码加减法来实现运算；为了不使余数左移时产生数值侵犯符号位的情况，加减运算时采用双符号位。

例 3.13　已知 $x=-0.1011$，$y=+0.1101$，用原码恢复余数法求 x/y。

解：$[x]_{原}=1.1011$，$[y]_{原}=0.1101$，$\lvert x\rvert=00.1011$，$\lvert y\rvert=00.1101$，$[-\lvert y\rvert]_{补}=11.0011$，商符 $q_f=x_f\oplus y_f=1\oplus 0=1$。

	余数	上商	说明
	00.1011	0.0000	初始余数为被除数
+	11.0011		减 y，即加 $[-\lvert y\rvert]_{补}$
	11.1110	0.0000	余数为负，上商为0
+	00.1101		加 y 恢复余数
	00.1011		
←	01.0110	0.0000	左移一位
+	11.0011		减 y
	00.1001	0.0001	余数为正，上商为1
←	01.0010	0.0010	左移一位
+	11.0011		减 y
	00.0101	0.0011	余数为正，上商为1
←	00.1010	0.0110	左移一位
+	11.0011		
	11.1101	0.0110	余数为负，上商为0
+	00.1101		加 y 恢复余数
	00.1010		
←	01.0100	0.1100	左移一位
+	11.0011		减 y
	00.0111	0.1101	余数为正，上商为1，结束运算

得商的绝对值为 $\lvert q\rvert=\lvert x/y\rvert=0.1101$，余数的绝对值为 $\lvert r\rvert=0.0111$。因为 $q_f=1$，所以商 $[q]_{原}=[x/y]_{原}=1.1101$，$x/y=-0.1101$。因为本题中 $n=4$，所以所得的余数需乘以 2^{-4} 才是真正的余数，即 $\lvert r\rvert=0.0111\times 2^{-4}$。因为余数的符号与被除数一致，所以余数 $[r]_{原}=1.0111\times 2^{-4}$，$r=-0.00000111$。

从例 3.13 中可以看出，在数值部分的长度 $n=4$ 的除法运算中，共上商 5 次，其中第一次商位于商的整数部分，对于定点小数除法而言，如果该位商为 1，则表示|被除数|＞|除数|，除

法溢出,不能继续进行运算;如果该位商为0,则表示|被除数|<|除数|,除法合法,可以继续进行运算。

分析恢复余数法的运算过程可知,当余数为正时,需作余数左移、相减,共两步操作;当余数为负时,需作相加、左移、相减,共三步操作。由于操作步骤的不一致,使得控制复杂,而且恢复余数的过程也降低了除法速度。因此,在实际应用中,很少采用恢复余数法。

2. 原码不恢复余数法

在恢复余数法的运算过程中:

当余数 $r_i>0$ 时,执行的操作是左移一位→减除数,结果是 $2r_i-y$;当余数 $r_i<0$ 时,执行的操作是加除数(恢复余数)→左移→减除数,结果是 $2(r_i+y)-y$。变换后得 $2(r_i+y)-y=2r_i+2y-y=2r_i+y$。

根据上述分析,可以发现将"加除数(恢复余数)→左移→减除数"的操作用"余数左移→加除数"的操作来替代,所得结果是一样的。而且这样做,既节省了恢复余数的时间,又简化了除法控制逻辑(无论余数为正还是为负,余数的操作均为左移、加减运算两步操作)。由此导出了原码不恢复余数法,其算法为:

(1) 判溢出,比较被除数和除数。若在定点小数运算时,|被除数|>|除数|,则除法将发生溢出,不能进行除法运算。

(2) 符号位单独处理,商的符号由被除数和除数符号的异或运算求得。

(3) 用被除数和除数的数值部分进行运算,被除数减去除数。

(4) 若所得余数为正,表示够减,相应位上商为1,将余数左移一位后,减去除数;若所得余数为负,表示不够减,相应位上商为0,将余数左移一位后,加上除数。

(5) 重复第(4)步,直到求得所要求的商的各位为止。如果最后一次所得余数仍为负,则需再做一次加除数的操作,以得到正确的余数。

运算时对除数的加减是交替进行的,所以原码不恢复余数法也称为原码加减交替除法。

例 3.14 已知 $x=-0.1011$,$y=+0.1101$,用原码不恢复余数法求 x/y。

解:$[x]_原=1.1011$,$[y]_原=0.1101$,$|x|=00.1011$,$|y|=00.1101$,$[-|y|]_补=11.0011$,商符 $q_f=x_f \oplus y_f=1 \oplus 0=1$。

	余数	上商	说明
	00.1011	0.0000	初始余数为被除数,初始商为0
+	11.0011		减 y
	11.1110	0.0000	余数为负,上商为0
←	11.1100	0.0000	左移一位
+	00.1101		加 y
	00.1001	0.0001	余数为正,上商为1
←	01.0010	0.0010	左移一位
+	11.0011		减 y
	00.0101	0.0011	余数为正,上商为1
←	00.1010	0.0110	左移一位
+	11.0011		减 y
	11.1101	0.0110	余数为负,上商为0
←	11.1010	0.1100	左移一位
+	00.1101		加 y
	00.0111	0.1101	余数为正,上商为1

因为 $q_f=1$，所以商 $[q]_原=[x/y]_原=1.1101$，$x/y=-0.1101$，余数 $[r]_原=1.0111\times2^{-4}$，$r=-0.00000111$。

例 3.15 已知 $[x]_原=0.10101$，$[y]_原=0.11110$，用原码不恢复余数法求 x/y。

解：$|x|=00.10101$，$|y|=00.11110$，$[-|y|]_补=11.00010$，商符 $q_f=x_f\oplus y_f=0\oplus 0=0$。

	余数	上商	说明
	00.10101	0.00000	初始余数为被除数，初始商为0
+	11.00010		减 y
	11.10111	0.00000	余数为负，上商为0
←	11.01110	0.00000	左移一位
+	00.11110		加 y
	00.01100	0.00001	余数为正，上商为1
←	00.11000	0.00010	左移一位
+	11.00010		减 y
	11.11010	0.00010	余数为负，上商为0
←	11.10100	0.00100	左移一位
+	00.11110		加 y
	00.10010	0.00101	余数为正，上商为1
←	01.00100	0.01010	左移一位
+	11.00010		减 y
	00.00110	0.01011	余数为正，上商为1
←	00.01100	0.10110	左移一位
+	11.00010		减 y
	11.01110	0.10110	余数为负，上商为0
+	00.11110		最后一步，因余数为负，加 y 恢复余数
	00.01100		

因为 $q_f=0$，所以商 $[q]_原=[x/y]_原=0.10110$，$x/y=0.10110$，余数 $[r]_原=0.01100\times2^{-5}$，$r=0.0000001100$。

以上讨论的定点小数的除法算法也适用于定点整数的除法运算。如前所述，为了不使商超出定点整数所能表示的数据范围，要求满足条件|除数|≤|被除数|。因为只有这样才能得到整数商，满足定点整数的要求。因此，在做整数除法前，通常先要对被除数和除数进行判断，如果不满足上述条件，则机器将发出出错信号。

另外，因为在乘法运算时，两个 n 位数相乘可得到 $2n$ 位的积，由于除法是乘法运算的逆运算，所以 $2n$ 位被除数除以 n 位除数，可以得到 n 位的商。在整数除法中，为了得到 n 位整数商，被除数位数的长度应该是除数位数长度的两倍，并且为了使商不超过 n 位，要求被除数的高 n 位比除数（n 位）小，否则商将超过 n 位，即运算结果溢出。如果被除数和除数的位数都为 n 位，则应在被除数前面加上 n 个 0，使被除数的长度扩展为 $2n$ 后再进行运算。在小数除法中，也可以使被除数位数的长度为除数位数长度的两倍。在字长为 n 的计算机中，称被除数采用双字长、除数采用单字长的除法为双精度除法。相应地称被除数和除数均采用单字长的除法为单精度除法。

例 3.16 已知 $[x]_原=111011$，$[y]_原=000010$，用原码不恢复余数法求 x/y。

解：因为被除数 x 和除数 y 的数值位数都为 5 位，所以在 x 前面加上 5 个 0，使其长度扩展为 $2\times5=10$，得：$|x|=\underline{00}\ 0000011011$，$|y|=\underline{00}\ 00010$，$[-|y|]_补=\underline{11}\ 11110$，商符 $q_f=x_f\oplus y_f=1\oplus 0=1$。

	被除数高位	被除数低位	上商	说明
	0000000	11011	0	初始余数为被除数
+	1111110			减y
	1111110	11011	0	余数为负,上商为0
←	1111101	10110	0	左移一位
+	0000010			加y
	1111111	10110	0	余数为负,上商为0
←	1111111	01100	0	左移一位
+	0000010			加y
	0000001	01100	1	余数为正,上商为1
←	0000010	11001	0	左移一位
+	1111110			减y
	0000000	11001	1	余数为正,上商为1
←	0000001	10011	0	左移一位
+	1111110			减y
	1111111	10011	0	余数为负,上商为0
←	1111111	00110	0	左移一位
+	0000010			加y
	0000001	00110	1	余数为正,上商为1

因为 $q_f=1$,所以商$[q]_原=[x/y]_原=101101$。得:$x/y=-1101$,余数$[r]_原=100001$,$r=-1$。

例 3.17 设 $n=5$,$x=+567$,$y=+27$,用原码不恢复余数法求 x/y。

解:$x=(+567)_{10}=(+1000110111)_2$,$y=(+27)_{10}=(+11011)_2$,可见被除数 x 的长度为 $10=2\times5$,除数 y 的长度为 5,应采用双精度除法。

有$|x|=\underline{00}\ 1000110111$,$|y|=\underline{00}\ 11011$,$[-|y|]_补=\underline{11}\ 00101$。

	被除数高位	被除数低位	上商	说明
	0010001	10111	0	初始余数为被除数
+	1100101			减y
	1110110	10111	0	余数为负,上商为0
←	1101101	01110	0	左移一位
+	0011011			加y
	0001000	01110	1	余数为正,上商为1
←	0010000	11101	0	左移一位
+	1100101			减y
	1110101	11101	0	余数为负,上商为0
←	1101011	11010	0	左移一位
+	0011011			加y
	0000110	11010	1	余数为正,上商为1
←	0001101	10101	0	左移一位
+	1100101			减y
	1110010	10101	0	余数为负,上商为0
←	1100101	01010	0	左移一位
+	0011011			加y
	0000000	01010	1	余数为正,上商为1

因为 $q_f=x_f\oplus y_f=0\oplus0=0$,所以商$[q]_原=[x/y]_原=010101$,$x/y=(+10101)_2=(+21)_{10}$,余数$[r]_原=000000$,$r=0$。

由例 3.16、例 3.17 可见,在进行双精度除法时,双字长的被除数的低字节部分在开始运算之前需要占用商的位置,在运算过程中随着商的左移,不断地与除数进行计算。

实现原码不恢复余数法的硬件逻辑结构如图 3-14 所示。图中 3 个寄存器 A、B、C 分别用于存放被除数、除数和商。对于单精度除法,在除法运算前,A 中存放的是被除数、B 中存放的是除数，而 C 的初始值为 0；除法计算结束后，A 中存放的是余数、B 中存放的仍是除数，而 C 中存放的是商。对于双精度除法，在除法运算前，A 中存放的是被除数的高位、B 中存放的是除数，C 中存放的是被除数的低位；除法计算结束后，A 中存放的是余数、B 中的内容不变，C 中存放的是商。表 3-5 列出了在各种除法情况下寄存器的分配情况。

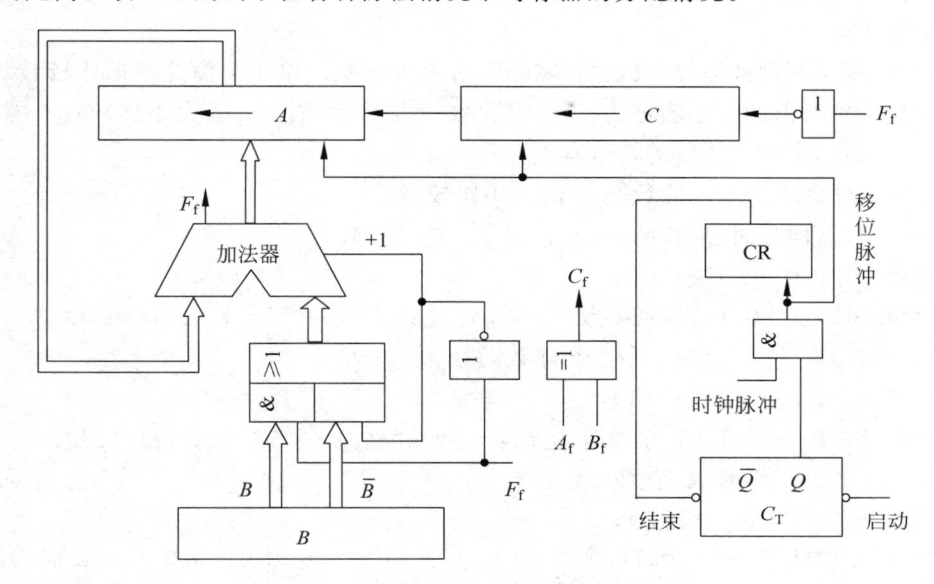

图 3-14 原码不恢复余数法的逻辑结构图

表 3-5 原码不恢复余数除法寄存器的分配

操作数类型		A 寄存器 初态　　　终态	B 寄存器	C 寄存器 初态　　　终态
定点小数	单字长	被除数→(部分余数)→余数	除数	0→商
	双字长	被除数高位→(部分余数)→余数	除数	被除数低位→商
定点整数	单字长	0→(部分余数)→余数	除数	被除数→商
	双字长	被除数高位→(部分余数)→余数	除数	被除数低位→商

为了便于控制上商，图 3-14 中将上商的位置固定在 C 的最低位，并要求在余数左移的同时，商数也随之向左移位，因此要求 C 寄存器具有左移功能。上商是由加法器的符号位 F_f 控制的。$F_f=0$，表示余数为正，经非门将 F_f 取反后，在 C 的最低位上商为 1，并控制下次做减法，即控制进行 $A+\overline{B}+1$；$F_f=1$，表示余数为负，取反后上商为 0，并控制下次做加法，即控制进行 $A+B$ 操作。C_T 为除法控制触发器，用于控制除法运算的开始与结束。$C_T=1$，允许发出左移移位脉冲，控制进行除法运算；$C_T=0$，不允许发出移位脉冲，停止进行除法运算。一般寄存器 A 不具有移位功能，加法器计算出的余数可以通过图 3-7 的电路斜送到寄存器 A 中来实现余数的左移。

3.4.2 补码除法运算

在补码除法运算中，参加运算的数均为补码数，与补码加、减、乘法一样，符号位参加运算，所得商也是补码形式。并且与原码除法类似，补码除法同样要求除数 $y\neq0$。如果进行定点小数除法，要求|被除数|<|除数|；如果进行定点整数除法，要求|被除数|>|除数|。

补码除法也可分为恢复余数法和不恢复余数法。因为后者用得较多,所以本书中只讨论补码不恢复余数除法的算法。下面以定点小数的补码除法为例进行讨论。

1. 补码不恢复余数除法

在进行补码除法时,需考虑以下问题。

1) 比较规则

比较规则用于判别被除数(或余数)减除数时是否够减。由于上商是根据比较被除数(或余数)与除数的绝对值的大小确定的,因此被除数$[x]_补$和除数$[y]_补$的大小比较就不能简单地用$[x]_补$减去$[y]_补$,它与操作数的符号有关。

例 3.18 被除数$[x]_补$和除数$[y]_补$的大小比较。

(1) 当 x 与 y 同号时,应作减法$[x]_补-[y]_补$进行比较。

① $x>0,y>0$ 且$|x|>|y|$;

设 $x=0.1011,y=0.1001$,则余数 $r=[x]_补-[y]_补=0.1011+1.0111=0.0010$。

这时表示$|x|-|y|$够减,余数与除数同号。

② $x>0,y>0$ 且$|x|<|y|$;

设 $x=0.1001,y=0.1101$,余数 $r=[x]_补-[y]_补=0.1001+1.0011=1.1100$。

这时$|x|-|y|$不够减,余数与除数异号。

③ $x<0,y<0$ 且$|x|>|y|$;

设 $x=-0.1011,y=-0.0011$,余数 $r=[x]_补-[y]_补=1.0101+0.0011=1.1000$。

这时表示$|x|-|y|$够减,余数与除数同号。

④ $x<0,y<0$ 且$|x|<|y|$;

设 $x=-0.0110,y=-0.1010$,余数 $r=[x]_补-[y]_补=1.1010+0.1010=0.0100$。

这时表示$|x|-|y|$不够减,余数与除数异号。

(2) 当 x 与 y 异号时,应作加法$[x]_补+[y]_补$进行比较。

① $x>0,y<0$ 且$|x|>|y|$;

设 $x=0.1011,y=-0.1101$,余数 $r=[x]_补+[y]_补=0.1011+1.1101=0.1000$。

这时实际表示$|x|-|y|$够减,且余数与除数异号。

② $x>0,y<0$ 且$|x|<|y|$;

设 $x=0.0110,y=-0.1101$,余数 $r=[x]_补+[y]_补=0.0110+1.0011=1.1001$。

这时实际表示$|x|-|y|$不够减,余数与除数同号。

③ $x<0,y>0$ 且$|x|>|y|$;

设 $x=-0.1011,y=0.0011$,余数 $r=[x]_补+[y]_补=1.0101+0.0011=1.1000$。

这时实际表示$|x|-|y|$够减,且余数与除数异号。

④ $x<0,y>0$ 且$|x|<|y|$。

设 $x=-0.0001,y=0.1001$,余数 $r=[x]_补+[y]_补=1.1111+0.1001=0.1000$。

这时实际表示$|x|-|y|$不够减,余数与除数同号。

根据例 3.18 的分析,可以归纳出被除数与除数绝对值大小的比较规则。若被除数与除数同号,则应通过减法比较它们绝对值的大小;若所得余数与除数同号,则表示够减;若所得余数与除数异号,则表示不够减。如果被除数与除数异号,则通过做加法比较其绝对值的大小;若所得余数与除数同号,表示不够减;若所得余数与除数异号,表示够减。表 3-6 列出了被除数与除数的比较规则。

表 3-6 比较与上商规则

$[x]_{补}$与$[y]_{补}$	比较操作	余数$[r]_{补}$与除数$[y]_{补}$	上商
同号	$[x]_{补}-[y]_{补}$	同号,表示够减	1
		异号,表示不够减	0
异号	$[x]_{补}+[y]_{补}$	同号,表示不够减	1
		异号,表示够减	0

2) 上商规则

参照原码除法的上商方法可推出补码除法的上商规则。如果被除数与除数同号,则商为正,上商方法与原码相同,余数与除数够减,上商为1；不够减,上商为0。如果被除数与除数异号,则商为负。由于负数的补码与原码存在“取反加1”的关系,如不考虑末位加1,则补码与原码的数值部分各位刚好相反,这时如余数与除数够减,对原码应上商1,而补码则应上商0；若不够减,则补码应上商1。把这一规则与表3-6综合起来,得到补码除法的上商规则为每次加减所得余数与除数同号,则上商为1；余数与除数异号,则上商为0。

3) 商符的确定

因为补码除法中,被除数与除数的符号参加运算,所得的商也是补码,因此商的符号是在求商的过程中自动形成的。在运算过程中,第一次比较上商的结果,实际就是商的正确符号。这是因为在除法过程中已判别溢出,因此第一次被除数加减除数肯定是不够减的,这样若被除数与除数同号,商应为正,被除数减除数因不够减,所得余数必与除数异号,按前面上商规则上商为0,刚好为正商的符号；若被除数与除数异号,商为负,被除数加除数因不够减,所得余数必与除数同号,则上商为1,刚好为负商的符号。因此,商符的确定与其他数值位上商规则完全相同。

根据商符的确定方法可知,商的符号也可以用于判断商是否溢出。例如,当被除数$[x]_{补}$与除数$[y]_{补}$同号时,如果余数$[r]_{补}$与$[y]_{补}$同号,且上商为1,则表示商溢出；当被除数$[x]_{补}$与除数$[y]_{补}$异号时,如果余数$[r]_{补}$与$[y]_{补}$异号,且上商为0,则表示商溢出。

4) 求新余数

在补码不恢复余数法除法中,求新余数的方法与原码不恢复余数法相类似。

若被除数与除数同号,则做减法,所得余数与除数同号,表示够减,因此,将余数左移一位,减去除数,求得新余数；如果所得余数与除数异号,表示不够减,因此将余数左移一位,加上除数,求得新余数。

若被除数与除数异号,则做加法,所得余数与除数异号,表示够减,余数左移一位后仍加上除数,求得新余数；若所得余数与除数同号,表示不够减,按不恢复余数法,左移一位后应减去除数,求得新余数。

综上分析,得到求新余数的规则,如表3-7所示。

表 3-7 新余数规则

$[r_i]_{补}$与$[y]_{补}$	商	新余数$[r_{i+1}]_{补}$
同号	1	做减法$[r_{i+1}]_{补}=2[r_i]_{补}+[-y]_{补}$
异号	0	做加法$[r_{i+1}]_{补}=2[r_i]_{补}+[y]_{补}$

5) 商的校正

从前面上商规则可以看出,补码除法实质是按反码上商。如果商为正,则原码、补码、反码均相同,所得商是正确的;如果商为负,因负数反码与补码相差末位的1,因此按反码上商得到的补码商,就存在一定的误差。常用的处理方法有两种:

(1) 末位恒置1法

即最末位商不是通过比较上商,而是固定置为1。这种方法简单、容易,其最大误差为 2^{-n}(对定点小数而言),所以在精度要求不高的情况下,通常都采用此方法。

(2) 校正法

在精度要求较高的情况下通常采用校正法。校正法的方法是:

① 若在所要求的位数内能够除尽,则除数为正时,商不必校正;除数为负时,商加 2^{-n} 校正;

② 若在所要求的位数内不能除尽,则商为正时,不必校正;商为负时,商加 2^{-n} 校正。

有关校正法的说明如下:

(1) 当在所要求的位数内不能除尽时,即 $[r_n]_补 \neq 0$ 且任一步 $[r_i]_补 \neq 0$ 时,若商为正,商的反码与补码相同,不必修正;若商为负,形成反码商后,应在末位(2^{-n}位)加1,即加 2^{-n},才是商的补码。

(2) 当在所要求的位数内能够除尽时,即 $[r_n]_补 = 0$ 或任一步 $[r_i]_补 = 0$,除尽那一步的上商,将根据除数的正、负不同而不同。设除数为 B,根据 $B>0$ 还是 $B<0$,分别加以说明。

① $B>0$ 时,若除尽那一步除法所得的余数 $[r_i]_补 = 0$,由于 r_i 的符号位为正,所以上商为1,按补码除法规则,下一步除法的余数为:

$$[r_{i+1}]_补 = 2[r_i]_补 + [-B]_补 = [-B]_补$$

由于 $[r_{i+1}]_补$ 与除数异号,所以上商为0,并且再下一步除法的余数为:

$$[r_{i+2}]_补 = 2[r_{i+1}]_补 + [B]_补 = 2[-B]_补 + [B]_补 = [-B]_补$$

由于 $[r_{i+2}]_补$ 仍与除数异号,所以仍然上商为0。

以此类推,直到 $[r_n]_补$ 为止,以后各位商均为0。可见,在所要求的位数内能够除尽时,若除数为正,则除尽那位上商为1,以后各位商上0,商是正确的,不必修正。

② $B<0$ 时,若除尽那一步 $[r_i]_补 = 0$,由于 r_i 的符号位为正并与除数异号,因此除尽那一步上商为0,按补码除法规则,下一步除法的余数为:

$$[r_{i+1}]_补 = 2[r_i]_补 + [B]_补 = [B]_补$$

由于 $[r_{i+1}]_补$ 与除数同号,所以上商为1,并且再下一步除法的余数为:

$$[r_{i+2}]_补 = 2[r_{i+1}]_补 + [-B]_补 = [B]_补$$

由于 $[r_{i+2}]_补$ 与除数同号,所以仍然上商为1。

以此类推,直到 $[R_n]_补$ 为止,以后各位均商1。

可见,在所要求的位数内能够除尽且除数为负时,不论商为正或负,除尽那位上商为0,以后各位上商为1,将商加上 2^{-n},正好修正为正确的商。

综合上面的讨论,可得补码不恢复余数除法的运算规则:

(1) 被除数与除数同号,则被除数减去除数;被除数与除数异号,则被除数加上除数。

(2) 若所得余数与除数同号,则上商为1,余数左移一位减去除数;若所得余数与除数异号,则上商为0,余数左移一位加上除数。

(3) 重复第(2)步,若采用末位恒置1法,则共做 n 次;若采用校正法,共做 $n+1$ 次。

由于运算过程中，对除数的加减运算是交替进行，所以补码不恢复余数除法也称补码加减交替法。

例 3.19 已知 $x=-0.1011$，$y=-0.1101$，用补码不恢复余数法求 x/y。

解：$[x]_{补}=11.0101$，$[y]_{补}=11.0011$，$[-y]_{补}=00.1101$。

被除数(余数)	上商	
11.0101	0.000 0	
+ 00.1101		x,y 同号，$[x]_{补}-[y]_{补}$
00.0010	0.000 0	余数 r 与 y 异号，上商为 0
← 00.0100	0.000 0	左移一位，加 y
+ 11.0011		
11.0111	0.000 1	余数 r 与 y 同号，上商为 1
← 10.1110	0.001 0	左移一位，减 y
+ 00.1101		
11.1011	0.001 1	余数 r 与 y 同号，上商为 1
← 11.0110	0.011 0	左移一位，减 y
+ 00.1101		
00.0011	0.011 0	余数 r 与 y 异号，上商为 0
← 00.0110	0.110 [1]	左移一位。若采用末位恒置 1 法，到此结束
+ 11.0011		若采用校正法，继续运算，加 y
11.1001	0.110 1	余数 r 与 y 同号，上商为 1。商为正，不必校正

得 $[x/y]_{补}=0.1101$，$x/y=+0.1101$，$[r]_{补}=1.1001\times 2^{-4}$，$r=-0.0111\times 2^{-4}$。

例 3.20 已知 $x=0.10101$，$y=-0.11110$，用补码不恢复余数法求 $[x/y]_{补}$。

解：$[x]_{补}=00.10101$，$[y]_{补}=11.00010$，$[-y]_{补}=00.11110$。

经运算得 $[x/y]_{补}=1.01001$（末位恒置 1 法）或 $[x/y]_{补}=1.01010$（校正法），余数 $[r]_{补}=0.01100\times 2^{-5}$。

被除数(余数)	上商	
00.10101	0.0000 0	
+ 11.00010		x,y 异号，$[x]_{补}+[y]_{补}$
11.10111	0.0000 1	余数 r 与 y 同号，上商为 1
← 11.01110	0.0001 0	左移一位，减 y
+ 00.11110		
00.01100	0.0001 0	余数 r 与 y 异号，上商为 0
← 00.11000	0.0010 0	左移一位，加 y
+ 11.00010		
11.11010	0.0010 1	余数 r 与 y 同号，上商为 1
← 11.10100	0.0101 0	左移一位，减 y
+ 00.11110		
00.10010	0.0101 0	余数 r 与 y 异号，上商为 0
← 01.00100	0.1010 0	左移一位，加 y
+ 11.00010		
00.00110	0.1010 0	余数 r 与 y 异号，上商为 0
← 00.01100	1.0100 [1]	左移一位，若采用末位恒置 1 法，到此结束
+ 11.00010		若采用校正法，继续运算，加 y
11.01110	1.0100 1	余数 r 与 y 同号，上商为 1
+ 00.11110	+ 0.0000 1	商为负，加 2^{-n} 校正；同时要恢复余数，减 y
00.01100	1.0101 0	

在除法运算中，一般情况下是不需要保留余数的。在采用末位恒置 1 法时，不需要求得余数。在采用校正法时，如需保留余数，则当最后一次运算所得余数仍为不够减时，就进行恢复余数操作，以恢复正确余数，如例 3.20 所示。

2. 布斯除法

在补码不恢复余数法的算法中,被除数与除数的计算和余数与除数的计算规则不同,不便于控制。如果把被除数当作初始余数看待,采用余数与除数的计算方法和上商规则,就可把补码不恢复余数除法规则的第一步与第二步统一起来,更加便于控制。采用这种思想的补码除法就是布斯除法。布斯除法的规则如下:

(1) 余数(初始为被除数)与除数同号,上商为1,余数左移一位,减去除数;

余数(初始为被除数)与除数异号,上商为0,余数左移一位,加上除数;

(2) 重复上述步骤,直到求得所需位数为止;

(3) 将商符变反,若采用校正法,则对商校正。

例 3.21 已知 $x=-0.1011$,$y=+0.1101$,用布斯除法求$[x/y]_补$。

解:$[x]_补=11.0101$,$[y]_补=00.1101$,$[-y]_补=11.0011$。

被除数(余数)	上商	
11.0101	0.000 0	x,y 异号,上商为0
10.1010	0.000 0	左移一位,加 y
+ 00.1101		
11.0111	0.000 0	余数 r 与 y 异号,上商为0
10.1110	0.000 0	左移一位,加 y
+ 00.1101		
11.1011	0.000 0	余数 r 与 y 异号,上商为0
11.0110	0.000 0	左移一位,加 y
+ 00.1101		
00.0011	0.000 1	余数 r 与 y 同号,上商为1
00.0110	0.001 [1]	左移一位。若采用末位恒置1法,到此结束
+ 11.0011		若采用校正法,继续运算,减 y
11.1001	0.001 0	余数 r 与 y 异号,上商为0
	1.001 0	将商符变反
	+ 0.000 1	商为负,需加 2^{-n} 进行校正
	1.001 1	

得$[x/y]_补=1.0011$。

图 3-15 给出了实现布斯除法的硬件逻辑结构。图中 3 个寄存器 A、B、C 分别用于存放被除数、除数和商。在各种除法情况下,寄存器的分配情况与原码不恢复余数法的情况类似。对于单精度除法,在除法运算前,A 中存放的是被除数、B 中存放的是除数,C 的初始值为 0;除法计算结束后,A 中存放的是余数、B 中存放的仍是除数,C 中存放的是商。对于双精度除法,在除法运算前,A 中存放的是被除数的高位、B 中存放的是除数,C 中存放的是被除数的低位;除法计算结束后,A 中存的是余数、B 中的内容不变,C 中存放的是商。图 3-15 中上商由被除数符号 A_f 和除数符号 B_f 控制。$A_f \oplus B_f=0$ 时,表示余数与除数同号,经非门取反后,在 C 的最低位上商为 1,并控制下次做减法,即控制进行 $A+\bar{B}+1$;$A_f \oplus B_f=1$ 时,表示余数为负,取反后上商为 0,并控制下次做加法,即控制进行 $A+B$ 操作。因为运算结束后需要将商符取反,所以最终的商符应由 C 的最高位取反得到。一般寄存器 A 不具有移位功能,加法器计算出的余数可以通过图 3-7 的电路斜送到寄存器 A 中来实现余数的左移。

补码除法也可用于整数运算,但在进行整数除法运算时,需要将单字长的被除数扩展为双字长,因此要按照补码规则对被除数按符号进行扩展。即被除数为正,高位应补充为全 0;被除数为负,高位应补充为全 1。例如,设机器字长为 8 位,$[x]_补=10100000$,如果需要将$[x]_补$

扩展为双字长则按照补码的符号扩展规则，应将高位补充为全1，即所得的双字长$[x]_{补}=$ 111111110100000。在寄存器初值的安排时，必须注意符号扩展问题，若单字长的被除数为正，则寄存器A的初值为全0；若单字长的被除数为负，则寄存器A的初值为全1。

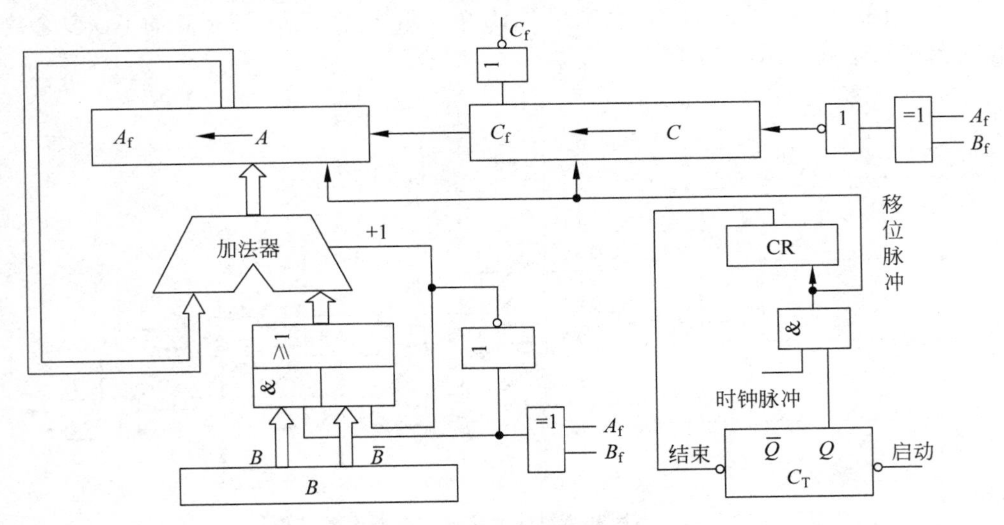

图 3-15 布斯除法的硬件逻辑结构

3.4.3 阵列除法器

与阵列乘法器类似，阵列除法器的思想是利用多个加减单元组成除法阵列，将除法各步的加减、移位操作在一个节拍内完成，从而提高除法运算速度。

1. 可控加减单元(CAS)

构成阵列除法器的基本电路是可控加减单元(CAS)，其逻辑结构如图3-16所示。CAS单元有4个输入端和4个输出端。其中P用于控制加减运算；A_i、B_i为操作数；C_i为相邻低位的进位或借位；S_i为运算结果；C_{i-1}为向相邻高位的进位或借位。当控制信号$P=0$时，CAS作为全加器单元；当$P=1$时，输入B_i被变反，CAS作为减法单元。CAS单元电路的输入输出逻辑关系为：

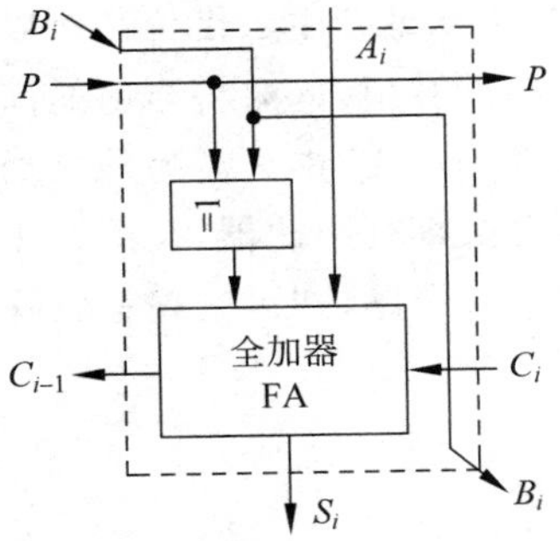

$$S_i = A_i \oplus (B_i \oplus P) \oplus C_i$$
$$C_{i-1} = (A_i + C_i)(B_i \oplus P) + A_iC_i \tag{3-18}$$

图 3-16 可控加减单元逻辑结构

在式(3-18)中，当$P=0$时，S_i和C_{i-1}变为：

$$S_i = A_i \oplus (B_i \oplus P) \oplus C_i$$
$$C_{i-1} = A_iB_i + B_iC_i + A_iC_i \tag{3-19}$$

式(3-19)恰好是全加器的逻辑表达式，所以$P=0$时，CAS单元实现的是加法运算。

当$P=1$时，S_i和C_{i-1}变为：

$$S_i = A_i \oplus \overline{B}_i \oplus C_i$$
$$C_{i-1} = A_i\overline{B}_i + \overline{B}_iC_i + A_iC_i \tag{3-20}$$

根据3.2.3节介绍的补码加减运算电路(图3-1)，可知$P=1$时，CAS单元实现的是减法运算。此时C_i为相邻低位的借位输入，C_{i-1}为向相邻高位的借位输出。运算时，将控制信号

$P=1$ 接到最低位 CAS 单元的 C_i，即可实现补码减法要求的末位加 1 的功能。

2. 不恢复余数除法阵列除法器

设被除数 $x=0.x_1x_2x_3x_4x_5x_6$（双字长），除数 $y=0.y_1y_2y_3$，且 $x<y$，$y>0$，x/y 的商为 $q=0.q_1q_2q_3$，余数 $r=0.000r_3r_4r_5r_6$，则利用 CAS 单元组成的实现上述运算的不恢复余数除法阵列除法器逻辑结构如图 3-17 所示。

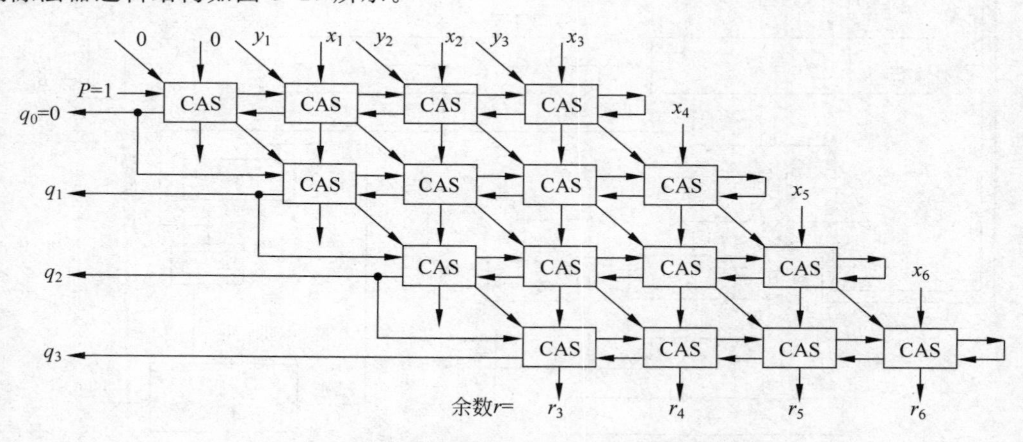

图 3-17 不恢复余数除法阵列除法器逻辑结构

因为 $x<y$，所以图 3-17 所示的阵列除法器第一行(最上面一行)的 CAS 单元所执行的初始操作是减法，因此将第一行的控制线 P 固定置为 1，这时 P 直通最右端 CAS 单元上的反馈线用作初始的进位输入，即实现了最低位上加 1。因为第一次的余数 $r=x-y<0$，所以商 $q_0=0$。在阵列除法器中，减法是补码运算实现的。考虑在做 $x-y$ 的过程中，当 $x<y$ 时，$x-y$ 将发生借位。由于是用$+[-y]_补$实现减法，而$[x]_补+[-y]_补=x+2+y<2$，不会发生进位，实际是产生了借位。所以在阵列除法器中，每一行最左边的 CAS 单元的进位输出可以决定商的数值，同时将当前的商反馈到下一行，就可确定下一行的操作是加法还是减法。

在图 3-17 中只需另外增加一级异或门来求商的符号，即可用于原码的阵列除法。类似于带符号数阵列乘法器，在图 3-17 电路的操作数输入端增加算前求补电路、在商的输出端增加算后求补电路，即可实现补码阵列除法。

3.5 浮点四则运算

由于浮点数比定点数表示范围大、有效精度高，更适合于科学与工程计算的要求，因此计算机中除了能够实现定点加减乘除四则运算外，通常还要求能够实现浮点四则运算。在第 2 章中我们了解到，浮点数据包括尾数和阶码两部分，尾数代表数的有效数字，一般用定点小数表示；阶码代表数的小数点实际位置，一般用定点整数表示，因此在浮点运算中，阶码与尾数需分别进行运算。这样，浮点运算实质上可以归结为定点运算。为了能保留更多的有效数字和使浮点数的表示唯一，计算机中一般都采用规格化的浮点运算，即要求参加运算的数都是规格化的浮点数，运算结果也应进行规格化处理。

3.5.1 浮点加减运算

设有两个规格化浮点数 x 与 y，分别为 $x=S_x\times2^{e_x}$，$y=S_y\times2^{e_y}$。其中，S_x、S_y分别为数 x、

y 的尾数，e_x、e_y 分别为数 x、y 的阶码。实现两个浮点数的加减运算，一般需要对阶、尾数加减、结果规格化、尾数舍入 4 个步骤。

1. 对阶

浮点数的小数点实际位置是由阶码表示的，若两个规格化的浮点数的阶码不相等，则两数小数点的实际位置就不同，因而也就不能对它们的尾数直接进行加减运算。要进行两个浮点数的加减运算，首先必须把两数的小数点对齐。在浮点运算中，使两个浮点数的阶码取得一致的过程称为对阶。

对阶的标志是使两个浮点数阶码相等。对阶的方法首先是求出两数阶码之差，即：

$$\Delta e = e_x - e_y \tag{3-21}$$

若 $\Delta e=0$，表示两数阶码相等，小数点已经对齐；若 $\Delta e>0$，则表示 $e_x>e_y$；若 $\Delta e<0$，则表示 $e_x<e_y$。

当阶差 $\Delta e\neq 0$ 时，需进行对阶移位，即通过尾数移位，改变阶码，使两数阶码相等。

根据浮点表示的规则，在保证数值不变的条件下，浮点数的尾数每向右移一位，阶码加 1，尾数每向左移一位，阶码减 1。因此对阶既可以通过将阶码小的数的尾数向右移位，阶码增量，直到等于阶码大的数的阶码为止；也可以通过将阶码大的数的尾数向左移位，阶码减量，直到等于阶码小的数的阶码为止。但是，由于在规格化的浮点运算中，参加运算的浮点数均为规格化尾数，尾数左移将引起数值最高有效位的丢失，从而造成很大的误差；而尾数右移丢失的是数值的最低有效位，造成的误差小。所以对阶的基本方法是：小阶向大阶看齐，即将阶码小的数的尾数向右移位，每右移一位，阶码加 1，直到两数的阶码相等为止。右移位数等于两数阶码之差 $|\Delta e|$。

2. 尾数求和(差)

对阶完毕，两数阶码相等，即可进行尾数的加减运算。若求和，则将两数尾数直接相加；若求差，则将对阶后的减数的尾数变补与被减数的尾数相加。因为浮点数的尾数为定点小数，所以尾数的加减运算规则与定点加减运算规则相同。根据加减运算阶码不变的原则，和差的阶码与对阶后的阶码即两数中的大阶相等。

例 3.22 设某机浮点数格式为：

数符	阶码	尾数
←1位→	←5位→	←6位→

阶码和尾数均采用补码表示。

已知 $x=+0.110101\times 2^{+0011}$，$y=-0.111010\times 2^{+0010}$，求 $x\pm y$。

解：把 x、y 转换成机器数形式，得：

$$x = 0\ 00011\ 110101,\quad y = 1\ 00010\ 000110$$

首先进行对阶，求阶差：$[\Delta e]_补=00011+11110=00001$，因为 Δe 为正，所以 $e_x>e_y$。

由于 $|\Delta e|=1$，根据小阶对大阶的原则，把 y 的尾数右移一位(按补码移位规则)，阶码加 1，得到 y 的阶码为 00011，与 x 的阶码相等。对阶后，$y=1\ 00011\ 100011$。

① 作 $x+y$ 时，将 x、y 的尾数相加。

得$[S_{x+y}]_补=0.011000$。

取 x,y 的大阶作为和的阶码，得$[x+y]_补$的机器数形式为$[x+y]_补=0\ 00011\ 011000$。

② 做 $x-y$ 时，将尾数相减，即将$[-y]_补$的尾数与 x 的尾数相加。

在计算$[S_{x-y}]_补$过程中,进入符号位和符号位输出的进位不一致,计算结果发生了溢出。

$$\begin{array}{rr} [S_x]_补= & 0\ 110101 \\ +\quad [S_y]_补= & 1\ 100011 \\ \hline [S_{x+y}]_补= & 0\ 011000 \end{array} \qquad \begin{array}{rr} [S_x]_补= & 0\ 110101 \\ +\quad [-S_y]_补= & 0\ 011101 \\ \hline [S_{x-y}]_补= & 1\ 010010 \end{array}$$

3. 结果规格化

在规格化浮点运算中,若运算结果不是规格化数,则必须进行规格化处理。根据浮点规格化数的定义可知,对于基值为 2 的浮点数,若尾数 s 采用原码表示,则满足 $1/2 \leqslant |s| < 1$ 的数为规格化数;在补码表示中,满足 $-1 \leqslant s < -1/2$ 和 $1/2 \leqslant s < 1$ 的数为规格化数。如果运算结果不满足上述条件,则称为破坏规格化。

当尾数运算结束后,需要进行尾数的规格化判断,通常运算结果破坏规格化有两种情况。第一种是尾数的运算结果发生溢出,称为向左破坏规格化;另一种情况是尾数的运算结果未发生溢出,但不满足规格化条件,称为向右破坏规格化。

设浮点数的尾数采用原码表示,$[s]_原 = s_f.s_1 s_2 \cdots s_n$。如果尾数发生溢出,则为向左破坏规格化;如果尾数未发生溢出,但 $s_1 = 0$,则为向右破坏规格化。

设尾数用补码表示,$[s]_补 = s_f.s_1 s_2 \cdots s_n$。如果尾数发生溢出,则称为向左破坏规格化;如尾数未溢出,但 $s_f \oplus s_1 = 0$,即 s_f 与 s_1 相同,则为向右破坏规格化。

为了便于判断溢出,尾数可采用变形补码表示。设尾数为$[s]_补 = s_{f1} s_{f2}.s_1 s_2 \cdots s_n$。如果 $s_{f1} \oplus s_{f2} = 1$,则表示尾数发生溢出,即结果向左破坏规格化;如果 $\overline{s}_{f1}\,\overline{s}_{f2}\,\overline{s}_1 \oplus s_{f1} s_{f2} s_1 = 1$,即 s_{f1}、s_{f2} 与 s_1 相同,则表示尾数未溢出,但符号位与最高数值位相同,结果向右破坏规格化。

当运算结果出现向左破坏规格化时,必须进行向右规格化(也称右规)。右规时,需将尾数向右移位(要按照原码和补码的右移规则进行移位),每移一位,阶码加 1,一直移位到满足规格化要求为止。当运算结果出现向右破坏规格化时,必须进行向左规格化(也称左规)。左规时,将尾数向左移位,每移一位,阶码减 1,一直移位到满足规格化要求为止。

在例 3.22 中,计算 $x+y$ 时,尾数的运算结果$[s_{x+y}]_补 = 0.011000$,由于参加运算的 x、y 异号,根据运算结果可知尾数没有发生溢出。但因为 $s_f \oplus s_1 = 0$,所以运算结果出现了向右破坏规格化,需要进行向左规格化。将尾数向左移一位,阶码减 1,得尾数$[s_{x+y}]_补 = 0.110000$,阶码 $e_{x+y} = 00011 - 1 = 00010$,因此规格化后,$[x+y]_补 = 0\ 00010\ 110000$,得:$x+y = +0.110000 \times 2^{+0010} = +0.110000 \times 2^{+2}$。

在 $x-y$ 的运算过程中,尾数的运算结果发生了溢出。如果在定点运算中,结果溢出将不能继续运算。但在浮点运算中,运算结果出现了溢出,即表示发生了运算结果向左破坏规格化,可以通过对运算结果进行向右规格化而获得正确结果。右规格化时,将尾数向右移一位,阶码加 1,得尾数$[s_{x-y}]_补 = 0.101001$,阶码 $e_{x-y} = 00011 + 1 = 00100$,因此规格化后,$[x-y]_补 = 0\ 00100\ 101001$,得:$x-y = +0.101001 \times 2^{+0100} = +0.101001 \times 2^{+4}$。

4. 舍入

浮点运算过程中,当对阶操作时小阶对应的尾数需右移和运算结果需右规时,都将尾数的低位移出。为减少因尾数右移而造成的误差,提高运算精度,需要进行舍入处理。

计算机中对采用的舍入方法有两个要求,第一是单次舍入引起的误差不超过所允许的范围,一般要求不大于保留的尾数最低位的位权,即 2^{-n};第二是误差应有正有负,使得多次舍入不会产生积累误差。常用的舍入方法有以下几种。

1) 截断法(恒舍法)

截断法是：将右移移出的值直接舍去。该方法简单，精度较低。

2) 0舍1入法

0舍1入法是：若右移时被丢掉数位的最高位为0，则舍去；若右移时被丢掉数位的最高位为1，则将1加到保留的尾数的最低位。

0舍1入法类似于十进制数的四舍五入。主要优点是单次舍入引起的误差小，精度较高；缺点是加1时需多做一次运算，而且可能造成尾数溢出，需要再次右规。

3) 末位恒置1法

末位恒置1法也称冯·诺依曼舍入法。其方法是：尾数右移时，无论被丢掉的数位的最高位为0还是为1，都将保留的尾数的最低位恒置为1。

末位恒置1法的主要优点是舍入处理不用做加法运算，方法简单、速度快且不会有再次右规的可能，并且没有积累误差，是常用的舍入方法。其缺点是单次舍入引起的误差较大。

4) 查表舍入法(ROM舍入法)

查表舍入法根据尾数的低 k 位的代码值及被丢掉数位的最高位值，按一定舍入规则编制成舍入表，并将该表存到只读存储器中。当需要舍入操作时，以尾数低 k 位及被丢掉数位的最高位作为ROM地址，查找舍入表，得到舍入后尾数的低 k 位值，如图3-18所示。

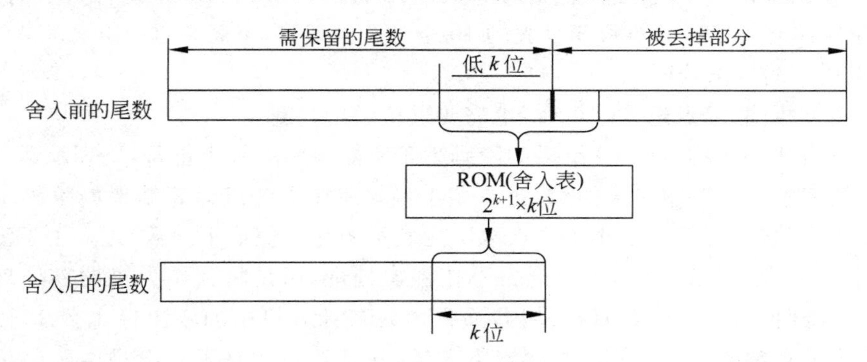

图3-18　查表舍入法

舍入表编制原则是：若尾数低 k 位值不为全1，则按0舍1入法编制；若尾数低 k 位值为全1，则按截断法编制。

查表舍入法既具有0舍1入法的优点，又可以避免0舍1入法中的进位传送。

5) 设保护位(guard bit)法

设保护位(guard bit)法是：在尾数后面设若干位保护位，运算时保护位与尾数一起参加运算和移位，运算结果根据保护位的值决定舍入。

尾　数	保护位

例如，DG-MV系列机中，双精度浮点数的尾数为56位，设置了8位保护位，运算时，尾数加保护位共64位数据参加运算。运算结果的舍入规则为：

若保护位的值为00H～7FH(0×××××××)，则采用截断法；

若保护位值为80H(10000000)，则尾数最低位加到尾数最低位上；

若保护位值为81H～FFH(1×××××××)，则尾数最低位上加1。

这种方法可使误差小于尾数最低位的1/2。

例 3.23 设$[x]_{原}=1.101010011$,$[y]_{补}=1.101010010$,要求保留8位数据(包括1位符号位)。请用恒舍法、0舍1入法、末位恒置1法进行舍入。

解:由于原码是符号代码化,所以对数值部分的舍入,只要根据舍去部分的最高位是否为1来决定舍入。

① 对于$[x]_{原}=1.101010011$

按恒舍法舍入后得 $[x]_{原}=1.1010100$

按0舍1入法舍入后得 $[x]_{原}=1.1010101$

按末位恒置1法舍入后得 $[x]_{原}=1.1010101$

② 对于$[y]_{补}=1.101010010$

按恒舍法舍入后得 $[y]_{补}=1.1010100$

按0舍1入法舍入后得 $[y]_{补}=1.1010100$

按末位恒置1法舍入后得 $[y]_{补}=1.1010101$

按0舍1入法对补码进行舍入时,需注意的是:当$y<0$时,若舍去部分的最高位为1,其余位为全0,则只将舍去部分全部舍去即可。因为对于$[y]_{补}=1.101010010$,其对应的真值$y=-0.010101110$,按0舍1入法对y舍入后得$y=-0.0101100$。将舍入后的y取补,得$[y]_{补}=1.1010100$。可见,只要将要舍去的10全部舍去即可,不需要进行0舍1入。

5. 浮点运算的溢出处理

与定点运算相同,浮点运算结束时,也需要进行溢出判断。

如第2章所述,如果浮点运算结果的阶码大于所能表示的最大正阶,则表示运算结果超出了浮点数所能表示的绝对值最大的数,进入了上溢区;如果浮点运算结果的阶码小于所能表示的最小负阶,则表示运算结果小于浮点数所能表示的绝对值最小的数,进入了下溢区。由于下溢时,浮点数的数值趋近于0,所以通常不作溢出处理,而是将其作为机器零处理。而当运算结果出现上溢时,表示浮点数真正溢出,通常需要将计算机中的溢出标志置1,转入溢出中断处理。可见浮点数的溢出通常是指浮点数上溢,并且浮点数是否溢出是由阶码是否大于浮点数所能表示的最大正阶来判断的。

例如,设浮点数的阶码采用补码表示,双符号位,这时浮点数的溢出与否可由阶码的符号进行判断:

若阶码$[j]_{补}=\underbrace{01}_{符号}\times\times\cdots\times$,则表示出现上溢,需作溢出处理;

若阶码$[j]_{补}=10\times\times\cdots\times$,则表示出现下溢,按机器零处理。

浮点加减运算的流程图,如图3-19所示。

3.5.2 浮点乘除运算

浮点乘除运算实质上是尾数和阶码分别按定点运算规则运算。

设有浮点数$x=s_x\times 2^{e_x}$,$y=s_y\times 2^{e_y}$,则:

浮点乘法为

$$x\times y=(s_x\times s_y)\times 2^{e_x+e_y} \tag{3-22}$$

浮点除法为

$$x/y=(s_x/s_y)\times 2^{e_x-e_y} \tag{3-23}$$

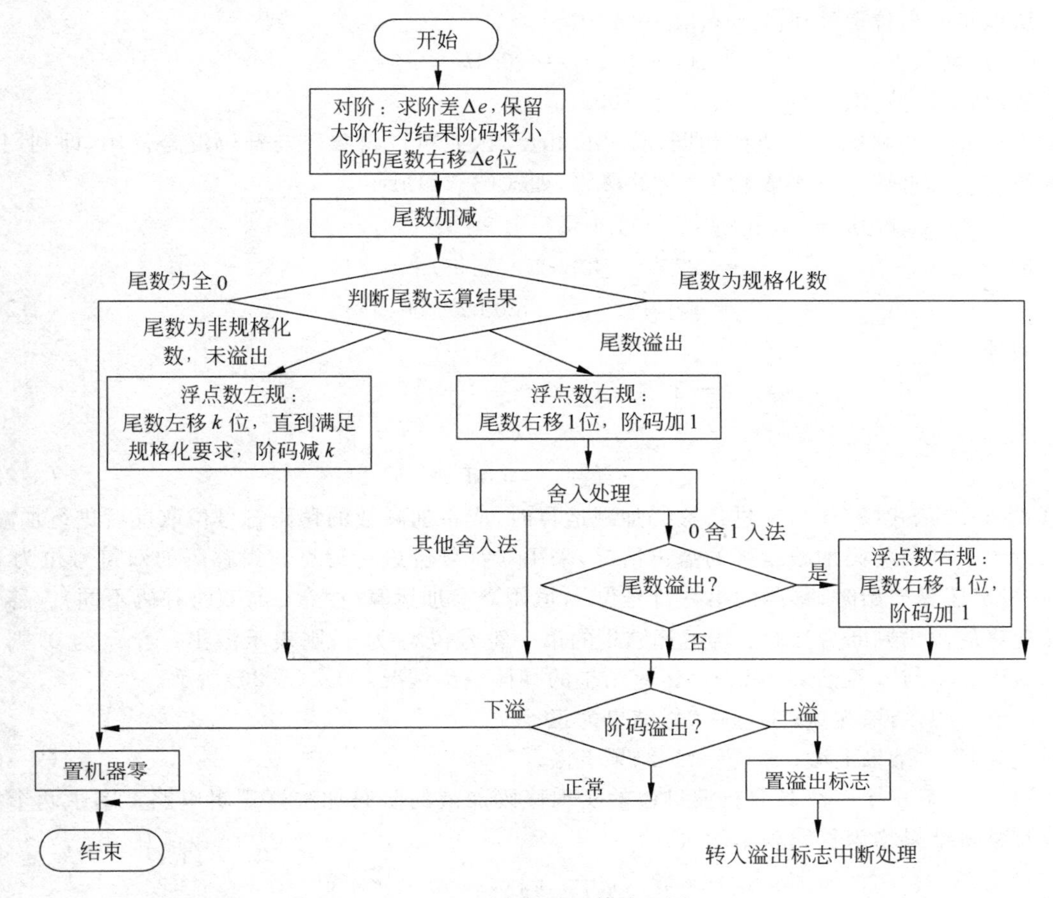

图 3-19　浮点加减运算流程图

1. 阶码运算及溢出判断

如果参加运算的浮点数的阶码采用补码表示，则乘积的阶码为被乘数与乘数阶码之和 $[e_x+e_y]_{补}=[e_x]_{补}+[e_y]_{补}$，商的阶码为被除数与除数阶码之差 $[e_x-e_y]_{补}=[e_x]_{补}-[e_y]_{补}$。我们可以根据补码运算的规则进行阶码运算，并按照补码的溢出条件判断阶码是否产生了溢出。

如果阶码采用移码表示，则阶码的加减运算必须按照移码的加减运算规则进行。下面讨论一下移码的加减运算规则。

根据移码的定义 $[x]_{移}=2^n+x(-2^n\leqslant x<2^n)$，有：

$[e_x]_{移}=2^m+e_x,[e_y]_{移}=2^m+e_y$（$m$ 为不含阶符的阶码位数）

$[e_x]_{移}+[e_y]_{移}=2^m+e_x+2^m+e_y=2^m+[2^m+(e_x+e_y)]=2^m+[e_x+e_y]_{移}$

可见直接用移码求阶码之和，结果比两数之和的移码多了 2^m，即最高位上多加了一个1，所以要求得两数和的移码，必须将两数移码之和的最高位(符号位)取反。

例 3.24　求 $[e_x+e_y]_{移}$。

① $[e_x]_{移}=10011,[e_y]_{移}=01001$；

② $[e_x]_{移}=01100,[e_y]_{移}=10101$。

解：① 因为 $[e_x]_{移}+[e_y]_{移}=10011+01001=11100$，

所以将符号位取反得$[e_x+e_y]_移=01100$。

② 因为 $[e_x]_移+[e_y]_移=01100+10101=00001$，

所以将符号位取反得$[e_x+e_y]_移=10001$。

由于补码与移码的数值位相同、符号位相反，因此可以将移码与补码混合使用，即利用 x 的移码与 y 的补码之和来表示 $x+y$ 的移码，如式(3-24)所示。

$$\begin{aligned}[e_x]_移+[e_y]_补 &= 2^m+e_x+2^{m+1}+e_y \\ &= 2^{m+1}+[2^m+(e_x+e_y)] = 2^{m+1}+[e_x+e_y]_移 \\ &= [e_x+e_y]_移 \pmod{2^{m+1}}\end{aligned} \tag{3-24}$$

同理可推出：

$$\begin{aligned}[e_x]_移+[-e_y]_补 &= 2^m+e_x+2^{m+1}+(-e_y) \\ &= 2^{m+1}+[2^m+(e_x-e_y)] = 2^{m+1}+[e_x+e_y]_移 \\ &= [e_x-e_y]_移 \pmod{2^{m+1}}\end{aligned} \tag{3-25}$$

根据式(3-24)、式(3-25)，在进行移码加减运算时，应将加减数的移码符号位取反后进行加减。

为便于判断移码加减运算的溢出情况，采用双符号位进行运算。设移码的双符号位为 $s_{f1}s_{f2}$，并规定运算初始时，移码的第一符号位 s_{f1} 恒用 0 参加运算(注意：与双符补码不同)。移码加减运算的溢出判断方法是：若运算结果的第一符号位 s_{f1} 为 1，则表示溢出；若 s_{f1} 为 0，则表示未溢出。s_{f1} 与 s_{f2} 配合，可以表示运算结果的具体溢出情况，如式(3-26)所示。

$s_{f1}s_{f2}=00$，结果为负；$s_{f1}s_{f2}=01$，结果为正；

$s_{f1}s_{f2}=10$，结果上溢；$s_{f1}s_{f2}=11$，结果下溢。 (3-26)

图 3-20 显示了一个具有行波进位的实现移码加减的阶码加法器逻辑电路。图中两个操作数及所得结果均为移码表示的数：

$$[e_x]_移 = e_{xn}e_{xn-1}\cdots e_{x1};\ [e_y]_移 = e_{yn}e_{yn-1}\cdots e_{y1}$$

$$[e_x \pm e_y]_移 = s_n s_{n-1}\cdots s_1$$

其中，e_{xn}、e_{yn}、s_n 为移码的符号位。

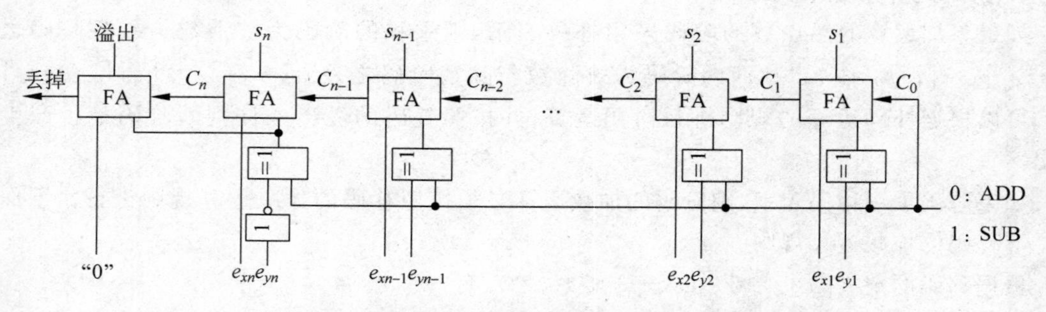

图 3-20 实现移码加减运算的阶码加法器逻辑电路

例 3.25 设不含阶符的阶码位数 $m=4$，求$[e_x \pm e_y]_移$。

① $e_x=+1001$，$e_y=+0101$；

② $e_x=+1010$，$e_y=-1001$；

③ $e_x=-1010$，$e_y=-1101$。

解：① 按照移码双符号位的规定，得：

$[e_x]_移=011001$，$[e_y]_补=000101$，$[-e_y]_补=111011$。

则：$[e_x+e_y]_移=[e_x]_移+[e_y]_补=011001+000101=011110$，$e_x+e_y=+1110$；

$[e_x - e_y]_移 = [e_x]_移 + [-e_y]_补 = 011001 + 111011 = 010100$，$e_x - e_y = +0100$。

② $[e_x]_移 = 011010$，$[e_y]_补 = 110111$，$[-e_y]_补 = 001001$。

则：$[e_x + e_y]_移 = [e_x]_移 + [e_y]_补 = 011010 + 110111 = 010001$，$e_x + e_y = +0001$；

$[e_x - e_y]_移 = [e_x]_移 + [-e_y]_补 = 011010 + 001001 = 100011$，运算结果上溢。

$e_x = -1010$，$e_y = -1101$。

③ $[e_x]_移 = 000111$，$[e_y]_补 = 110011$，$[-e_y]_补 = 001101$。

则：$[e_x + e_y]_移 = [e_x]_移 + [e_y]_补 = 000111 + 110011 = 111010$，运算结果下溢；

$[e_x - e_y]_移 = [e_x]_移 + [-e_y]_补 = 000111 + 001101 = 010100$，$e_x - e_y = +0100$。

2. 尾数运算

1) 浮点乘法尾数运算

由式(3-22)可知，在浮点乘法运算中，乘积的尾数是相乘的两个浮点数的尾数之积，并按定点小数的乘法规则进行运算。浮点乘法尾数运算的运算步骤一般为：

(1) 检测被乘数和乘数的尾数是否为0，若有一个为0，则乘积必然为0，不需再进行计算。只有当两数皆不为0时，方可进行运算。

(2) 被乘数和乘数的尾数相乘。根据尾数采用的是原码表示还是补码表示，可采用任意一种相应的定点小数乘法完成运算。

(3) 运算结果规格化。如果尾数乘积的绝对值小于1/2，则需对运算结果进行左规。如果在左规调整阶码时，出现阶码下溢，则应将运算结果作机器零处理。在规格化浮点乘法中，参加运算的尾数均为规格化尾数，因此尾数乘积的绝对值必然大于等于1/4，所以乘法运算结果最多只会做一次左规。如果尾数采用补码表示，由于-1是规格化数，而当两尾数均为-1时，由于$(-1)\times(-1)=1$，因此需要对运算结果进行一次右规，如果在右规调整阶码时，出现阶码上溢，则表示浮点数上溢，应转入溢出中断处理。注意，如果尾数采用原码表示，则乘法运算结果不会出现右规。

(4) 舍入处理。两个n位(除符号位外)尾数相乘，乘积为$2n$位。如果只需要取乘积的高n位，则需要对乘法运算结果进行舍入处理。

2) 浮点除法尾数运算

由式(3-23)可知，在浮点除法运算中，商的尾数是被除数尾数除以除数尾数之商，尾数按定点小数除法规则运算。如果运算结果不满足规格化要求或出现溢出情况，则需进行相应的处理。浮点除法尾数运算的运算步骤一般为：

(1) 检测被除数和除数的尾数是否为0，若被除数为0，商必然为0，不需再进行计算；若除数为0，则商为无穷大，转入除数0中断处理。只有当两数皆不为0时，方可进行运算。

(2) 被除数和除数的尾数相除。根据尾数采用的是原码表示还是补码表示，可采用任意一种相应的定点小数除法完成运算。由于在定点小数除法中，要求$|被除数|<|除数|$，因此当被除数和除数的尾数$|s_x|\geq|s_y|$时，需对被除数进行调整。由于在规格化浮点运算中，被除数和除数的尾数均为规格化数，所以只需将s_x右移一位，阶码加1，即可满足$|s_x|<|s_y|$，正常进行定点小数除法运算，且此时获得的商必为规格化定点小数。另一种方法是，先进行尾数的除法运算，此时运算结果必然溢出，然后按向左破坏规格化对结果进行右规处理。

(3) 运算结果规格化。如果商的绝对值小于1/2，则需对运算结果进行左规。如果在左规调整阶码时，出现阶码下溢，则应将运算结果作机器零处理。如果尾数采用补码表示，当被除数的尾数$s_x=1/2$，$[s_x]_补=(0.100\cdots0)_2$；除数的尾数$s_y=-1$，$[s_y]_补=(1.00\cdots0)_2$时，由于

$s_x/s_y=-1/2$,$[s_x/s_y]_补=(1.100\cdots0)_2$不是规格化数,所以必须对运算结果进行一次左规。而若尾数采用的是原码表示,则当$[s_x/s_y]_原=(1.100\cdots0)_2$时不需要进行左规。

例 3.26 设浮点数的阶码用移码表示,尾数用补码表示。已知两个浮点数:

$x=-0.1001\times2^5$,$y=+0.1011\times2^{-3}$,求 $x\times y$。

解:设阶码包括符号位为 4 位;尾数包括符号位为 5 位,因此可得:

x 的尾数$[s_x]_补=1.0111$,x 的阶码$[e_x]_移=1\ 101$;

y 的尾数$[s_y]_补=0.1011$,y 的阶码$[e_y]_移=0\ 101$。

① 阶码求和

因为 $[e_y]_补=1\ 101$,采用双符号位进行移码加法运算,得:

所以 $[e_x+e_y]_移=[e_x]_移+[e_y]_补=01101+11101=01010$。

结果的阶码的第一符号位 s_{f1} 为 0,则表示阶码无溢出。

② 尾数相乘

尾数可采用定点补码乘法(双符号位),得:

$$[s_x\times s_y]_补=[s_x]_补\times[s_y]_补=11.0111\times00.1011=11.10011101$$

因为尾数的符号与最高数值位相同,所以尾数需要进行向左规格化。

尾数左移 1 位,阶码减 1,得:

$[s_x\times s_y]_补=11.00111010$,$[e_x+e_y]_移+[-1]_补=01010+11111=01001$,若尾数取 8 位数值位,则:

$x\times y$ 的尾数的补码为:$[s_x\times s_y]_补=1.00111010$,$x\times y$ 的阶码为:$[e_x+e_y]_移=1001$。

所以 $x\times y=-0.11000110\times2^{+001}=-0.11000110\times2^{+1}$。

例 3.27 设浮点数的阶码用移码表示,尾数用补码表示。已知两个浮点数:

$x=-0.1011\times2^4$,$y=+0.1101\times2^{-3}$,求 x/y。

解:设阶码包括符号位为 4 位;尾数包括符号位为 5 位,因此可得:

x 的尾数$[s_x]_补=1.0101$,x 的阶码$[e_x]_移=1\ 100$;

y 的尾数$[s_y]_补=0.1101$,y 的阶码$[e_y]_移=0\ 101$。

① 阶码求差

因为 $[-e_y]_补=0\ 011$,采用双符号位进行移码加法运算,得:

所以 $[e_x-e_y]_移=[e_x]_移+[-e_y]_补=01100+00011=01111$。

结果的阶码的第一符号位 s_{f1} 为 0,则表示阶码无溢出。

② 尾数相除

尾数可采用定点补码除法,得:$[x/y]_补=[s_x]_补\div[s_y]_补=1.0101\div0.1101=1.0011$。

因为尾数的符号与最高数值位相异,所以尾数不需要进行规格化。

若尾数取 4 位数值位,x/y 的尾数的补码为$[s_x/s_y]_补=1.0011$,x/y 的阶码为$[e_x-e_y]_移=1111$。

所以 $x\times y=-0.1101\times2^{+111}=-0.1101\times2^{+7}$。

3.6 运算器的组成

3.6.1 定点运算器

1. 定点运算器的基本结构

如前所述,运算器的核心是算术/逻辑运算单元(ALU),但是作为一个完整的数据加工处理部件，运算器中还需要有各类通用寄存器、累加器、多路选择器、状态/标志触发器、移位器和数据总线等逻辑部件，辅助ALU完成规定的工作。设计运算器的逻辑结构时，为了使各部件能够协调工作，主要需要考虑的是ALU和寄存器与数据总线之间传递操作数和运算结果的方式以及数据传递的方便性与操作速度。

根据运算器中各部件之间如何传递操作数和运算结果的方式以及总线数目的不同，可将运算器分为单总线结构、双总线结构和三总线结构，如图3-21所示。

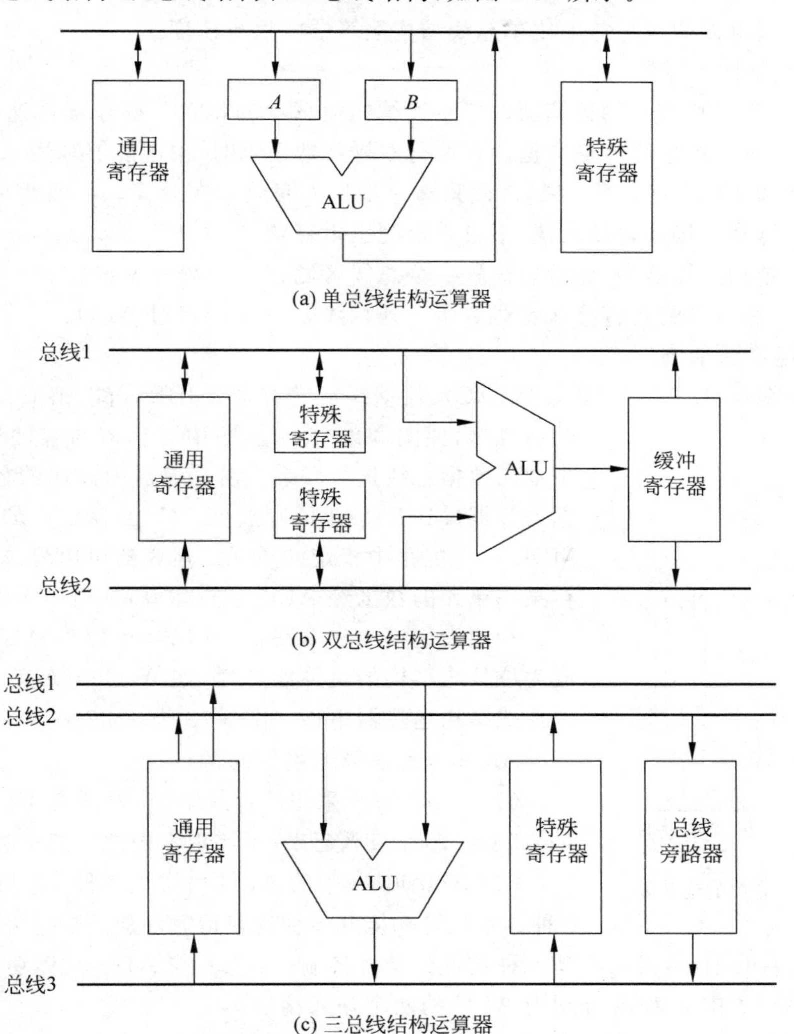

图3-21 运算器的3种基本结构形式

1) 单总线结构运算器

图3-21(a)为单总线结构运算器。单总线结构运算器的特点是所有部件都接在同一总线上。由于所有部件都通过同一总线传送数据，因此在同一时间内，只能有一个操作数放在单总线上，所以需A、B两个缓冲器。当执行双操作数运算时，首先把一个操作数送入缓冲器A，然后把另一操作数送入缓冲器B，只有两个操作数同时出现在ALU的输入端时，ALU才能正确执行相应运算。运算结束后，再通过单总线将运算结果存入目的寄存器。单总线结构的主要缺点就是操作速度慢。

2）双总线结构运算器

图 3-21(b)为双总线结构运算器。双总线结构运算器的特点是操作部件连接在两组总线上，可以同时通过两组总线传输数据。在执行双操作数运算时，可以将两个操作数同时加到ALU 的输入端进行运算，一步完成操作并得到结果。但由于在输出 ALU 的运算结果时，两条总线都被输入的操作数占用着，运算结果不能直接加到数据总线上，所以需要利用输出缓冲器来暂存运算结果，等到下一个步骤，再将缓冲器中的运算结果通过总线送入目的寄存器。显然双总线结构运算器的执行速度比单总线结构运算器的执行速度快。

3）三总线结构运算器

图 3-21(c)为三总线结构运算器。三总线结构运算器的特点是操作部件连接在三组总线上，可以同时通过三组总线传输数据。在执行双操作数运算时，由于能够利用三组总线分别接收两个操作数和 ALU 的运算结果，因此只需一步就可完成一次运算。与前两种结构相比较，三总线结构运算器的操作速度最快，不过其控制也更复杂。

在三总线结构运算器中，还可以设置一个总线旁路器。如果一个操作数不需要运算操作或修改，可通过总线旁路器直接从总线 2 传送到总线 3，而不必经过 ALU。

2. 定点运算器举例

由算术逻辑部件(ALU)、累加器(AC)、数据缓冲寄存器(MDR)可以组成最基本、最简单的运算器，如图 3-22 所示。图中运算器与存储器之间通过一条双向数据总线进行联系。从存储器中读取的数据，可经过数据寄存器(MDR)、ALU 存放到 AC 中；AC 中的信息也可经过 MDR 存入主存中指定的单元。运算器可以将 AC 中数据与主存某一单元的数据经 ALU 进行运算，并将结果暂存于 AC 中。

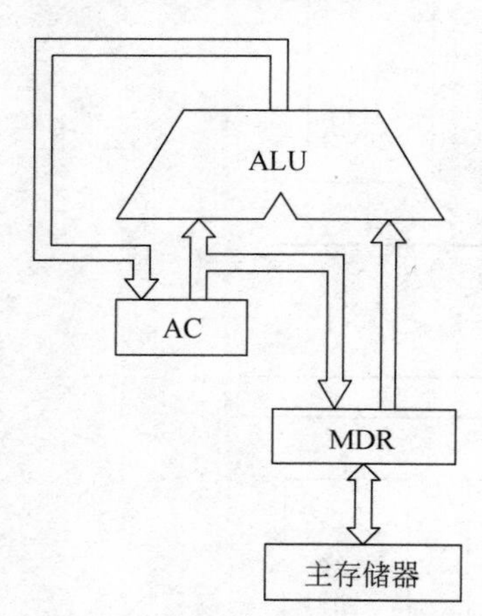

图 3-22 最简单的运算器

利用大规模集成电路技术(LSI)可以将 ALU 与寄存器集成为位片式结构的运算器芯片，如 Am2901A 就是一种 4 位的位片式结构运算器组件。图 3-23 为 Am2901A 的逻辑示意图。

Am2901A 运算器组件的特点：

(1) Am2901A 采用位片式结构，内部有 4 位线路，把多块 Am2901A 芯片级联起来，可实现不同位数的运算器；

(2) Am2901A 中的 ALU 可实现 8 种运算功能，其中包括 3 种算术运算功能和 5 种逻辑运算功能。通过外部送入的 3 位控制信号 $I_5I_4I_3$ 的编码，可以实现 8 种功能的选择控制。$I_5I_4I_3$ 与 ALU 具体功能的选择关系如表 3-8 所示。表中 R 和 S 分别为 ALU 的两个输入端。

(3) ALU 的 R 输入端可以接收外部送入运算器的数据 D(如从主存读入数据)、寄存器组的 A 输出及逻辑 0 值；S 输入端可接收寄存器组的 A 输出、B 输出、寄存器 Q 输出及逻辑 0 值。通过外部送入的控制信号 $I_2I_1I_0$ 的编码，可以控制 R、S 端多路选择器的输入选择。$I_2I_1I_0$ 编码与 R、S 端的输入选择关系如表 3-9 所示。

(4) 运算器中有一个 16×4 位的通用寄存器组和一个 4 位的 Q 寄存器。通用寄存器组为双端口输出部件，可将各寄存器的值分别送到输出端口 A 或 B，每一个寄存器可以用 A 地址或 B 地址选择。当 A 和 B 地址不同时，在输出端口 A 和 B 将得到两个不同寄存器中的内容。不过寄存器组的写入控制，只取决于 B 地址。写入端口 B 的数据来自可移位的多路选择器，即移位器。移位器可执行直送、左移一位或右移一位的操作，使加减运算和移位操作可在同一

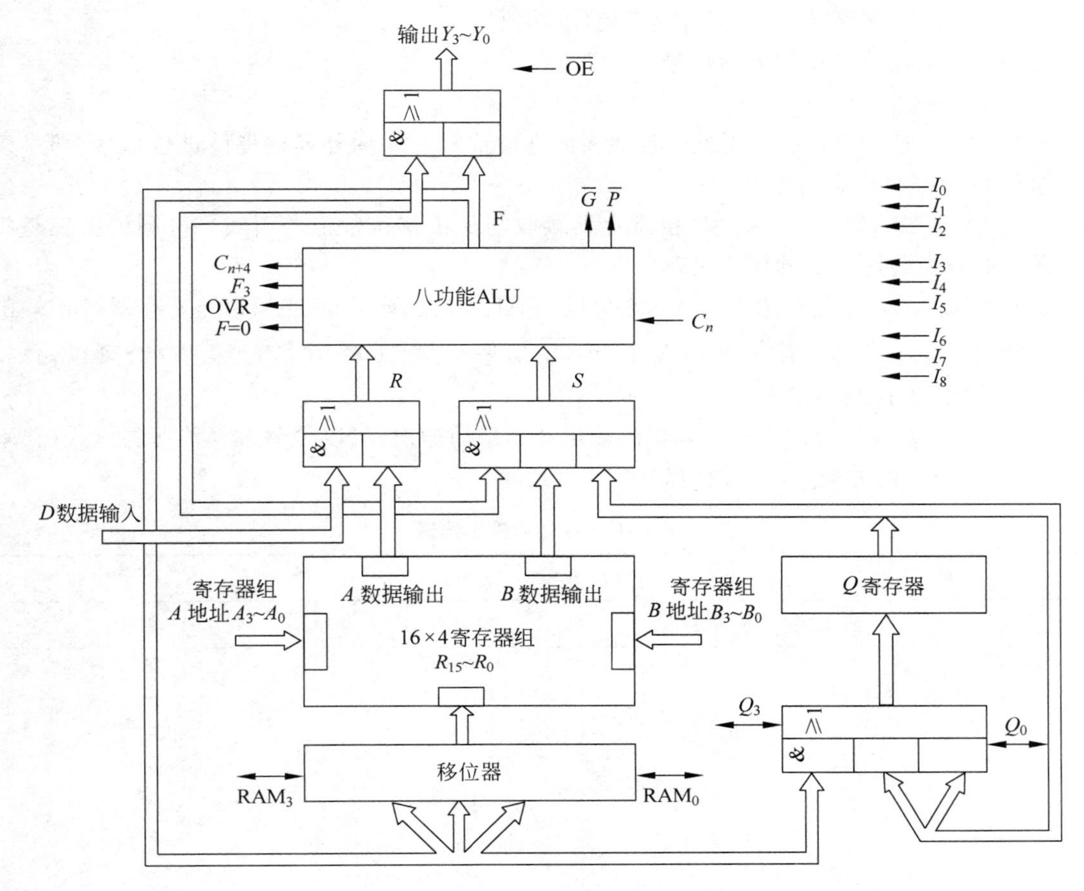

图 3-23 Am2901A 的逻辑示意图

个操作步骤中完成。寄存器 Q 本身具有移位功能，可以实现左移一位或右移一位的功能。寄存器 Q 还可以接收 ALU 的输出 F 的值。Q 的输出可以经 ALU 的 S 输入端送入 ALU。寄存器 Q 可作为乘积和商寄存器。

表 3-8 ALU 功能选择

编码 $I_5\ I_4\ I_3$	功能
0 0 0	$R+S$
0 0 1	$S-R$
0 1 0	$R-S$
0 1 1	$R \vee S$
1 0 0	$R \wedge S$
1 0 1	$\bar{R} \wedge S$
1 1 0	$R \oplus S$
1 1 1	$R \odot S$

表 3-9 ALU 操作数选择

编码 $I_2\ I_1\ I_0$	ALU 操作数输入 R	S
0 0 0	A	Q
0 0 1	A	B
0 1 0	0	Q
0 1 1	0	B
1 0 0	0	A
1 0 1	D	A
1 1 0	D	Q
1 1 1	D	0

(5) 根据运算结果，ALU 向外输出 4 个状态信息，它们是：

C_{n+4}：本片 4 位运算器产生的向更高位的进位；

F_3：本片运算结果最高位的取值（可用作符号位）；

OVR：运算结果溢出的判断信号；

$F=0$：结果为 0 信号。

另外，ALU 还需要接收从更低位片送入的进位信号 C_n；向外提供提前进位信号，即小组本地进位 $\overline{G}$ 和小组传递函数 $\overline{P}$。

(6) RAM_3、RAM_0、Q_3、Q_0 是移位寄存器接收与送出移位数值的引线。可利用由三态门组成的具有双向传送功能的线路实现。

(7) 运算器的 4 位输出为 $Y_3 \sim Y_0$，它可以是 ALU 的运算结果，也可以是寄存器组 A 输出端口上的内容。输出端采用三态门电路，用 $\overline{OE}$ 信号控制。$\overline{OE}=0$，Y 的值有效，可以输出；$\overline{OE}=1$，Y 输出处于高阻状态。

(8) 用 $I_8I_7I_6$ 编码决定移位寄存器的输出和结果的输出，可以控制数据传送的方式（移不移位）和数据发送的方向。具体规定如表 3-10 所示。

表 3-10　ALU 的输出选择

编　码	功　能		
I_8 I_7 I_6	寄存器组	Q 寄存器	Y 输出
0 0 0		$F \to Q$	F
0 0 1			F
0 1 0	$F \to B$		A
0 1 1	$F \to B$		F
1 0 0	$F/2 \to B$	$Q/2 \to Q$	F
1 0 1	$F/2 \to B$		F
1 1 0	$2F \to B$	$2Q \to Q$	F
1 1 1	$2F \to B$		F

例 3.28　给出实现指令 $R_0+R_1 \to M$，的控制信号。

解：实现指令 $R_0+R_1 \to M$ 的控制信号如下：

控制选择 R_0：A 地址＝0000；

控制选择 R_1：B 地址＝0001；

控制 ALU 的输入 $R=A, S=B$：$I_2I_1I_0=001$；

控制执行运算 $R+S$：$I_5I_4I_3=000$；

控制输出运算结果 $F(Y=F)$：$I_8I_7I_6=001$；

控制允许运算结果 F 输出：$\overline{OE}=0$。

例 3.29　给出实现指令 $2(D-R_9) \to R_{10}$ 的控制信号。

解：实现指令 $2(D-R_9) \to R_{10}$ 的控制信号如下：

控制选择 R_9：A 地址＝1001；

控制选择 R_{10}：B 地址＝1010；

控制 ALU 的输入 $R=D, S=A$：$I_2I_1I_0=101$；

控制执行运算 $R-S$：$I_5I_4I_3=010$；

控制输出运算结果 $2F$ 到 R_{10}：$I_8I_7I_6=111$；

控制封锁 $Y=F$ 的输出：$\overline{OE}=1$。

3.6.2　浮点运算器

定点数中小数点的位置固定，所以可以直接运算，所需运算设备比较简单。而浮点数由于小数点位置是浮动的，在进行加减运算时，需要将参加运算的数据的小数点位置对齐，即需要进行对阶后，才能正确执行运算。为了尽可能多地保留运算结果中的有效数字，还需要进行规格化。可见浮点运算既需要进行尾数运算又需要进行阶码运算，算法复杂，因此所需设备量大，线路复杂，运算速度也比定点数运算慢。

图3-24显示了一个简单的浮点运算器的逻辑图。浮点运算中阶码运算与尾数运算需要分别进行，图3-24所示的浮点运算部件中包括了尾数部件和阶码部件两个部分。

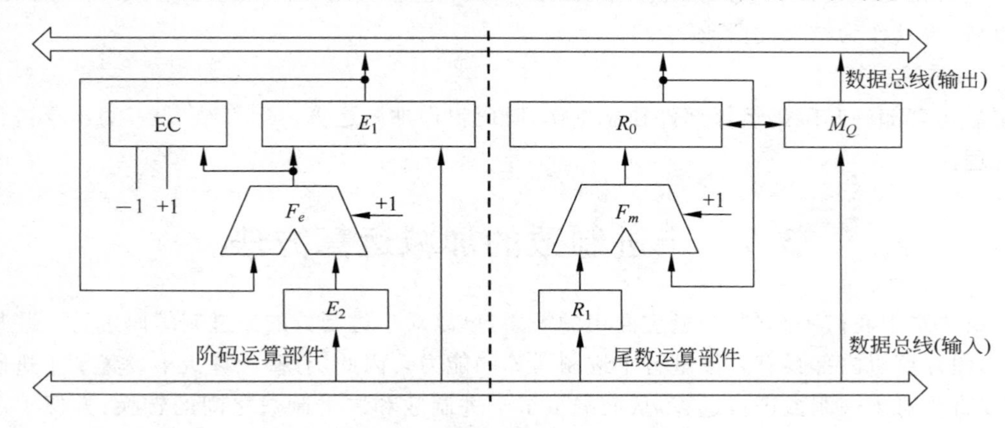

图3-24　浮点运算器的简单逻辑示意图

1. 尾数运算部件

尾数运算部件用于进行尾数的加减乘除运算，由寄存器 R_0、R_1、M_Q 及并行加法器 F_m 组成。其中 R_0、R_1 用于暂存操作数，R_0 还用于存放运算结果；M_Q 是乘商寄存器，用于进行乘除运算。R_0、M_Q 具有联合左移、右移的功能，移位的实现方法与定点乘、除法器中同类寄存器的移位实现方法相类似。R_1 具有右移功能，可以用于实现对阶移位。

表3-11给出了不同运算的尾数部件中各寄存器的分配情况。借助于时序部件（图3-24中未画出）的控制，采用移位—加减的算法，尾数部件可以实现加、减、乘、除四则运算。

表3-11　浮点运算器尾数部件的寄存器分配

运算种类	寄存器分配			实现的操作
	R_0	R_1	M_Q	
加	被加数	加数	不用	$(R_0)+(R_1)\to R_0$
减	被减数	减数	不用	$(R_0)-(R_1)\to R_0$
乘	乘积（高位）	被乘数	乘数/乘积（低位）	$(R_1)\times(M_Q)\to R_0, M_Q$
除	被除数/余数	除数	商	$(R_0)\div(R_1)\to M_Q$（商），R_0（余数）

2. 阶码运算部件

阶码运算部件用于进行阶码的加减运算。由寄存器 E_1、E_2、阶差计数器EC以及并行加法器 F_e 组成。其中 E_1、E_2 用于存放与 R_0、R_1 中尾数相对应的阶码。

浮点运算部件的工作原理如下：

1) 做加减运算时

(1) 由阶码运算部件求出阶差 $\Delta E=E_1-E_2$,并存入阶差计数器 EC 中,EC 可根据符号判断哪个阶码小,控制将对应的尾数(R_0或 R_1)进行右移。

若 ΔE 为+,则判断 E_2小,控制 R_1右移,且每右移一位,EC−1;

若 ΔE 为−,则判断 E_1小,控制 R_0右移,且每右移一位,EC+1。

一直控制移位到 EC=0,完成对阶工作。

(2) 尾数部件做加减运算,结果存入 R_0。

(3) 判别运算结果,进行规格化。

在规格化处理过程中,每将 R_0左移(右移)一位,应将 E_1与 E_2中的较大者减 1(加 1),规格化结束后,将其作为结果的阶码。

2) 做乘除运算时

尾数运算部件和阶码运算部件独立工作,阶码仅做加减运算。运算结束后,对结果进行规格化处理。

3.7 十进制数的加减运算方法

在第 2 章中我们了解到,为适应商用的需要,可以对十进制数的二进制编码进行一些特殊的规定,使计算机内部具有直接进行十进制运算的能力。因此,有些计算机中设置了十进制指令,可以直接对十进制数进行运算,从而减少了十进制数和二进制数之间的转换,方便了商用指令的处理。计算机中实现十进制数加减运算通常采用的方法有:

(1) 利用原有的二进制加法器对采用 BCD 编码表示的十进制数进行运算,然后再用十进制修正指令对运算结果进行修正,以获得正确的十进制运算结果。

(2) 直接利用十进制加法器实现十进制运算。

第(1)种方法是目前微型计算机中常用的方法。这种方法几乎不需要对原有的二进制加法器做任何修改,就可以实现十进制加减运算,但由于需要利用指令进行"二进制加减运算——结果修正"两步操作,所以实现十进制运算的速度较慢。第(2)种方法需要专用的十进制运算器,增加了硬件系统的复杂性,但实现十进制运算的速度较快。

3.7.1 一位十进制加法器的设计

运算器的核心部件是十进制加法器,它实际是在二进制加法器的基础上加上一定的修正逻辑构成的。十进制加法器的基本思路是将两个十进制数的 BCD 码按二进制加法运算,再根据运算结果与十进制和数的正确 BCD 码的差别求得修正逻辑,将二进制结果修正为十进制和数。由于 BCD 码中 8421 码用得较多,因此下面我们主要讨论 8421 码十进制加法器。

利用 8421 码进行十进制运算,实际就是将每个十进制数对应的 4 位二进制编码先当作二进制数进行计算,然后再按十进制运算的进位规律对运算结果进行必要的修正。我们知道两个一位十进制数相加,其和小于等于 18,若考虑低位来的进位,其和的最大值不会超过 19。表 3-12 列出了两个 8421 码按二进制加法规则相加的结果和正确的 8421 码之间的关系。

表 3-12 8421 码十进制加法器运算结果的修正关系

十进制数	用 8421 码表示的十进制和数 $C_4' F_4 F_3 F_2 F_1$	两个 8421 码按二进制规则相加得到的和数 $C_4\ S_4 S_3 S_2 S_1$	修正逻辑
0	0 0000	0 0000	不修正
1	0 0001	0 0001	
2	0 0010	0 0010	
3	0 0011	0 0011	
4	0 0100	0 0100	
5	0 0101	0 0101	
6	0 0110	0 0110	
7	0 0111	0 0111	
8	0 1000	0 1000	
9	0 1001	0 1001	
10	1 0000	0 1010	加"0110"修正
11	1 0001	0 1011	
12	1 0010	0 1100	
13	1 0011	0 1101	
14	1 0100	0 1110	
15	1 0101	0 1111	
16	1 0110	1 0000	
17	1 0111	1 0001	
18	1 1000	1 0010	
19	1 1001	1 0011	

根据表 3-12 中两个 8421 码按二进制加法规则相加后的结果与正确的 8421 码和数之间的关系，可以看到，两个 8421 码相加后，若相加的和数<10，则不需修正，按二进制规则相加的结果就是正确的 8421 码的和数；若相加的和数≥10，则需在二进制相加的结果上加"0110"进行修正。由此可以得到两个 8421 码相加后，结果需要修正的条件为：

$$C_4 + S_4 S_3 + S_4 S_2 \tag{3-27}$$

其中，C_4 为两个 8421 码相加后向高位的进位。分析表 3-12 还可发现，在正确的 8421 码和数中，本位十进制数向高位十进制数产生的进位 C_4' 的条件与修正条件一致，即：

$$C_4' = C_4 + S_4 S_3 + S_4 S_2$$

例 3.30 利用 8421 码加法规则计算 3+4。

解： 十进制数 3 和 4 的 8421 码为 0011 和 0100，

3+4 的 8421 码和数=0011+0100=0111。

$$\begin{array}{r} 0011 \\ +\ 0100 \\ \hline 0111 \end{array}$$

因为和数<10，所以结果不需要修正，3+4=7。

例 3.31 利用 8421 码加法规则计算 3+9。

解： 十进制数 3 和 9 的 8421 码为 0011 和 1001，

3+9 的 8421 码和数=0011+1001=1100。

因为结果≥10,所以结果需要进行加 0110 修正。

```
   0011
+  1001
-------
   1100
+  0110
-------
 1 0010
进位
```

修正后 3+9 的正确的 8421 码和数为 0001 0010,即 3+9=12。

根据上述修正条件和修正方法设计的一位 8421 码十进制加法器的逻辑电路如图 3-25 所示。从图中可见两个 8421 码 $A_4A_3A_2A_1$ 与 $B_4B_3B_2B_1$ 相加后的和经过修正后,才能得到正确的 8421 码 $F_4F_3F_2F_1$。按 8421 码的设计思路,读者可以设计其他 BCD 码十进制加法器。

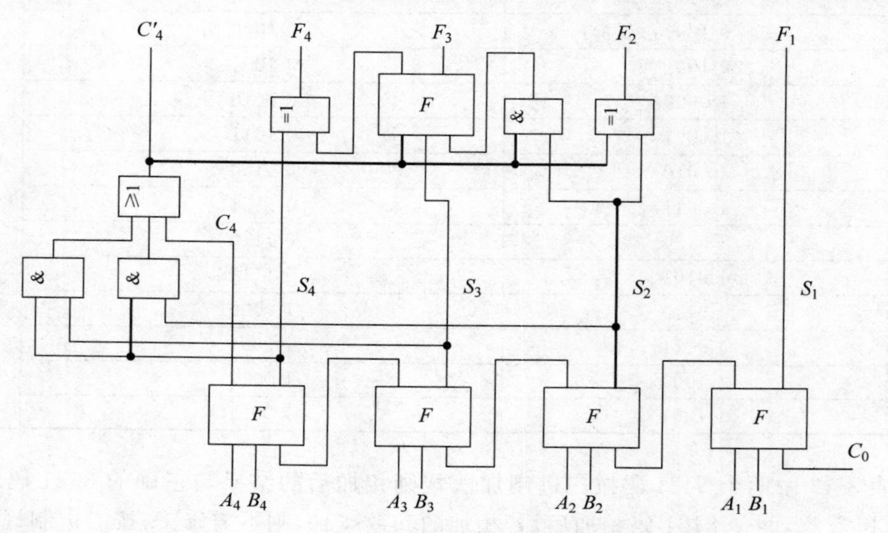

图 3-25 一位 8421 码十进制加法器的逻辑电路

3.7.2 多位十进制整数的加减运算

1. 多位十进制加法

多位十进制加法可以按照一位十进制加法规则进行运算和结果修正。需注意的是,在进行结果修正时,每一位十进制数运算结果的修正,必须是在低位十进制数运算结果修正的基础上进行的,即高位结果的修正必须考虑低位结果修正后的进位。

例 3.32 利用 8421 码加法规则计算 137+376。

解:十进制数 137 的 8421 码为 0001 0011 0111,376 的 8421 码为 0011 0111 0110,137+376 的 8421 码和数=0001 0011 0111+0011 0111 0110。

运算和结果修正过程为:

```
   0001   0011   0111
+  0011   0111   0110
---------------------
   0100   1010   1101
+       1 0110  1 0110
---------------------
   0101 ↑ 0001 ↑ 0011
        |        |
      进位     进位
```

所以 137+376 的 8421 码和数为 0101 0001 0011，即 137+376=513。

多位十进制加法运算器可以用多个一位十进制加法运算器级联起来实现。

2. 多位十进制减法

十进制减法与二进制减法类似，用加上减数的补码代替。设 x、y 均为 n 位十进制整数，则利用十进制减法进行运算时，它们的差 F 为：

$$F = x - y = x + [-y]_{10补} \tag{3-28}$$

十进制补的定义为：

$$[-y]_{10补} = 10^n - y \tag{3-29}$$

因此：

$$x - y = x + (10^n - y) = 10^n + (x - y) \tag{3-30}$$

根据式(3-30)，可以得出：

若 $x-y \geqslant 0$，最高位产生的进位丢掉，结果正确，为正数；

若 $x-y < 0$，最高位不产生进位，结果为负，需再变一次补，才能得到正确结果。

例 3.33　利用 8421 码减法规则计算 319−146。

解：$[-146]_{10补} = 10^3 - 146 = 854$，$319 + [-146]_{10补}$ 的和数 $319 + [-146]_{10补} = 0011\ 0001\ 1001 + 1000\ 0101\ 0100$，运算和结果修正过程为：

$$\begin{array}{rrrr}
 & 0011 & 0001 & 1001 \\
+ & 1000 & 0101 & 0100 \\ \hline
 & 1011 & 0110 & 1101 \\
+ & 0110 & 0000 & 0110 \\ \hline
\boxed{1} & 0001 & 0111 & 0011
\end{array}$$

进位丢掉

因为最高位产生的进位丢掉，结果正确，为正数。所以 319−146=173。

例 3.34　利用 8421 码减法规则计算 257−582。

解：$[-582]_{10补} = 10^3 - 582 = 418$，运算和结果修正过程为：

$$\begin{array}{rrrrl}
 & 0010 & 0101 & 0111 & \\
+ & 0100 & 0001 & 1000 & \\ \hline
 & 0110 & 0110 & 1111 & \\
+ & 0000 & 0000 & {}_1 0110 & \\ \hline
 & 0110 & 0111 & 0101 & \quad (675)
\end{array}$$

结果最高位没有进位，结果为负，需再变一次补，才能得到正确结果。

因为 $[-675]_{10补} = 10^3 - 675 = 325$，所以 257−582=−325。

3.8　逻辑运算和移位操作

3.8.1　逻辑运算

运算器除了要完成数值数据的算术运算外，还要完成逻辑运算和移位操作。计算机中的逻辑运算包括与、或、非、异或等运算。由于逻辑数是非数值数据，其每一位的 0 和 1 仅用于表示逻辑上的真与假，不存在符号位、数值位、阶码、尾数之分，因此逻辑运算的特点是：按位运算，运算简单，运算结果的各位之间互不影响，不存在进位、借位、溢出等问题。

例 3.35 设 $x=11010$,$y=00101$,求 $x\cdot y$,$x+y$、$x\oplus y$、$\bar{x}$。

解:$x\cdot y$ 是逻辑与运算,$x\cdot y=11010\cdot 00101=00000$;

$x+y$ 是逻辑或运算,$x+y=11010+00101=11111$;

$x\oplus y$ 是逻辑异或运算,$x\oplus y=11010\oplus 00101=11111$;

$\bar{x}$ 是逻辑非运算,$\bar{x}=\overline{11010}=00101$。

逻辑运算还可用于对数据字中某些位(一位或多位)进行操作,常见的应用有:

1. 按位测

利用"逻辑与"操作可以屏蔽掉数据字中的某些位。例如,让被检测的数作为目的操作数,屏蔽字作为源操作数,要检测被检数的某些位时,可使屏蔽字的相应位为 1,其余位为 0,将两者进行"逻辑与"操作,根据结果是否为全 0,检测出所要求的位是 0 还是 1。

2. 按位清

利用"逻辑与"可以将数据字的某些位清 0。例如,把待清除的数作为目的操作数,操作模式作为源操作数,要清除数据字中的哪些位,就使源操作数的相应位为 0,其余位为 1,然后将两者进行"逻辑与"操作,即可将目的操作数的相应位清 0。

3. 按位置

利用"逻辑或"可以使数据字的某些位置 1。例如把需设置的数作为目的操作数,操作模式作为源操作数,要设置数据字中的哪些位,就使操作模式的相应位为 1,其余位为 0,然后将两者进行"逻辑或"操作,就可使目的操作数的相应位置 1。

4. 判符合或修改

根据异或运算的特点可知,若两数相同,则两者的异或结果必为 0。而任何数与 1 相异或,所得结果必为该数的反。因此根据两数异或结果是否为 0,即可判断两数是否相符。如果需要修改数据的某些位(即将相应位取反),可使操作模式的相应位设为 1,其余为 0,将操作模式与数据字异或之后,就可实现对数据字相应位的修改。

3.8.2 移位操作

如第 2 章所述,用二进制表示的机器数在相对小数点做 n 位左移或右移时,相当于使该数乘以或除以 $2n$。在定点乘法和除法运算中,也要用到移位操作。可见移位操作是运算器中的重要操作。

由于计算机中机器的字长是固定的,当机器数进行左移或右移时,必然会使机器数的低位或高位产生空位。对这些空位是填 0 还是填 1,需要根据机器数采用的是无符号数还是带符号数来确定。移位操作包括逻辑移位、算术移位和循环移位,如图 3-26 所示。

1. 逻辑移位

进行逻辑移位时,认为需要移位的机器数代码为无符号数或纯逻辑代码,所以移位时不考虑符号问题。移位时所有代码均参加移位。

(1) 逻辑左移:各位按位左移,最高位向左移出,最低位空位填 0。通常,向左移出的最高位可保存到运算器的进位状态寄存器 C 中。

(2) 逻辑右移:各位按位右移,最低位向右移出,最高位空位填 0。通常,向右移出的最低位可保存到运算器的进位状态寄存器 C 中。

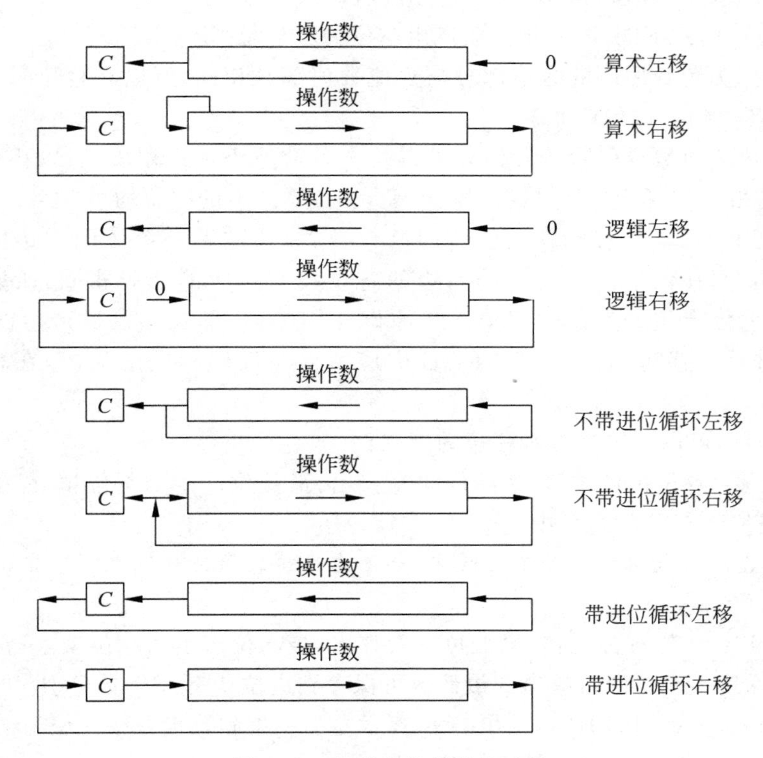

图 3-26 各种移位的操作过程

例 3.36 设 x 为无符号数，$x=11010101$，写出 x 逻辑左移一位和逻辑右移一位的结果。

解：(1) x 逻辑左移一位后，最低位空位填 0，得 $x=10101010$。最高位移入进位状态寄存器，$C=1$。

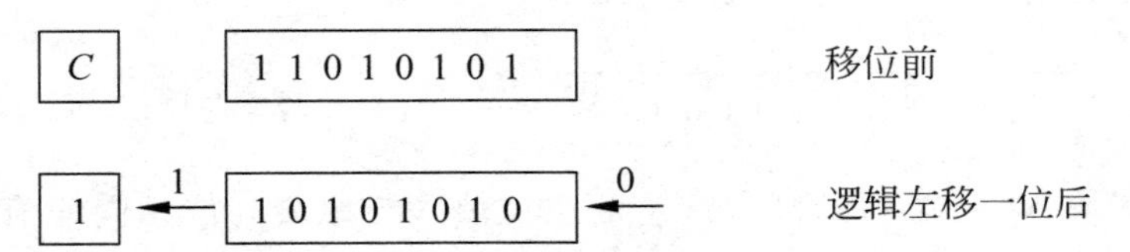

(2) x 逻辑右移一位后，最高位空位填 0，得 $x=01101010$。最低位移入进位状态寄存器，$C=1$。

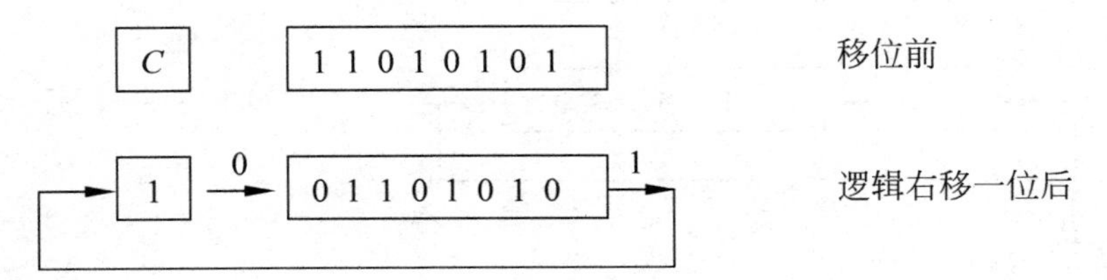

2. 算术移位

进行算术移位时，需要移位的代码为带符号数，具有数值含义且带有符号位，因此在算术移位中，必须保持移位前后的符号位不变。

根据第 2 章中带符号数的原码、补码、反码的移位规则可知，对于带符号数 x，若 $x>0$，则

$[x]_{原}=[x]_{补}=[x]_{反}=$真值,故对 x 进行移位后产生的空位均填 0。若 $x<0$,由于$[x]_{原}$、$[x]_{原}$、$[x]_{反}$的表示形式不同,因而移位后产生空位的填补规则不同。

对于$[x]_{原}$,因为负数原码的数值部分与真值数值部分相同,所以在移位时只要保持符号位不变,移位后产生的空位均填 0。

对于$[x]_{反}$,因为负数反码除符号位外的各位与负数原码正好相反,所以移位后空位所填的代码应与原码相反,即移位时保持符号位不变,移位后产生的空位均填 1。

对于$[x]_{补}$,因为从负数补码的最低位向高位寻找,遇到第一个 1 的左边的各位均与所对应的反码相同,而在包括该 1 在内的右边的各位均与对应的原码相同,所以在对负数补码进行左移时,低位产生的空位中应填入与原码相同的值,即在移位后产生的空位中填 0;在对负数补码进行右移时,高位产生的空位中应填入与反码相同的值,即在移位后产生的空位中填 1。

根据上述分析,可以归纳出算术移位的规则:

(1) 算术左移:各位按位左移,最高位向左移出,最低位产生的空位填 0。向左移出的最高位可保存到进位状态寄存器 C 中。

注意:*算术左移后数据的符号不应改变,如果左移前后的符号位发生了变化,说明数据的符号被破坏,移位溢出。*

(2) 算术右移:各位按位右移,最低位向右移出,最高位产生的空位填入与原最高位相同的值,即符号位保持不变。向右移出的最低位可保存到进位状态寄存器 C 中。

例 3.37 设$[x]_{补}=11010101$,写出$[x]_{补}$算术左移一位和算术右移一位的结果。

解:因为 $[x]_{补}=11010101$,所以 $x<0$。

① $[x]_{补}$算术左移一位后,最低位空位填 0,得 $x=10101010$,最高位移入 C 中,$C=1$。左移前后的符号位未发生变化,移位正确。

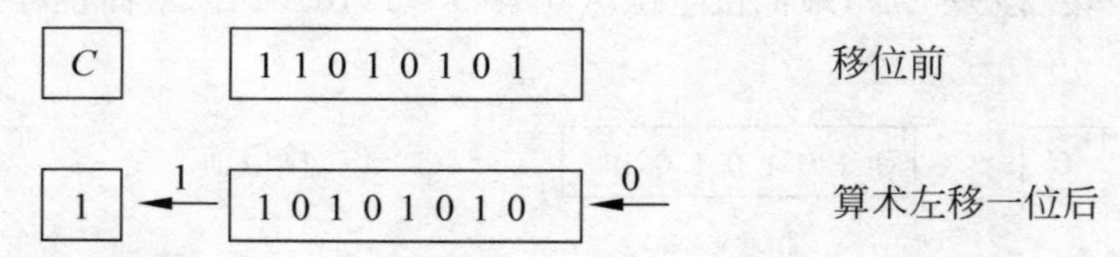

② $[x]_{补}$算术右移一位后,最高位产生的空位填入与原最高位相同的值,即填 1,得 $x=11101010$。最低位移入 C 中,$C=1$。

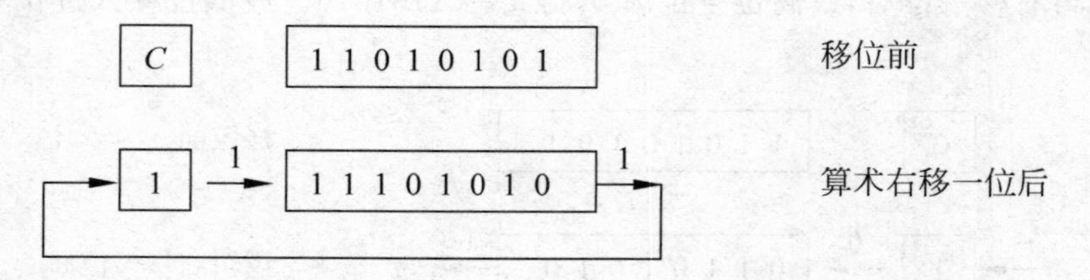

3. 循环移位

在计算机中通常还设有循环移位操作指令。所谓循环移位,就是指移位时数据的首尾相连进行移位,即最高(最低)位的移出位又移入数据的最低(最高)位。根据循环移位时的进位是否一起参加循环,可将循环移位分为不带进位循环和带进位循环两类。其中,不带进位循环是指进位状态寄存器 C 中的内容不与数据部分一起循环移位,也称小循环。带进位循环是指进位状态寄存器 C 中的内容与数据部分一起循环移位,也称大循环。具体可分为：

(1) 不带进位循环左移：各位按位左移，最高位移入最低位，同时保存到 C 中；

(2) 不带进位循环右移：各位按位右移，最低位移入最高位，同时保存到 C 中；

(3) 带进位循环左移：各位按位左移，最高位移入 C 中，C 中的内容移入最低位；

(4) 带进位循环右移：各位按位右移，最低位移入 C 中，C 中的内容移入最高位。

循环移位一般用于实现循环式控制、高低字节的互换，还可以用于实现多倍字长数据的算术移位或逻辑移位。

例 3.38 设有两个 8 位寄存器 A 和 B，A 中的内容为 11010101，B 中的内容为 00111100。试利用移位指令将两个寄存器的内容联合逻辑右移一位，其中寄存器 A 为高 8 位，B 为低 8 位。

解：先将寄存器 A 中的内容逻辑右移一位，其最低位移入进位状态寄存器 C 中，再将寄存器 B 中的内容带进位循环右移一位，即可完成两个寄存器的联合逻辑右移。

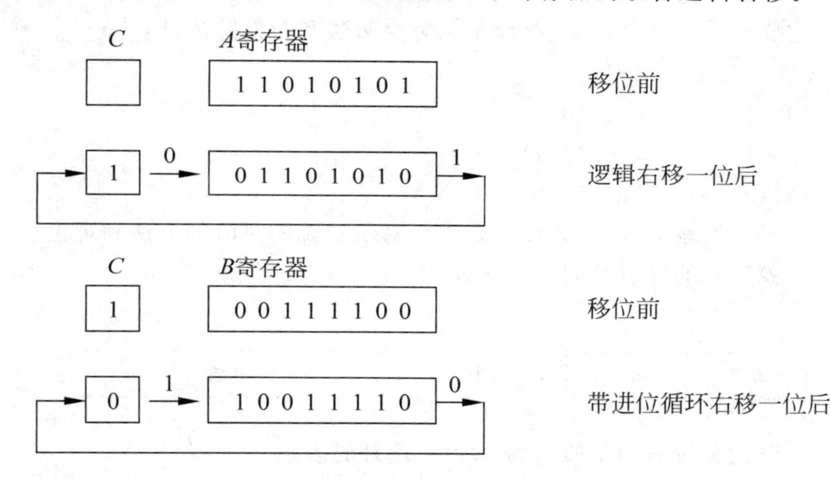

寄存器 A、B 联合逻辑右移后，A 中的内容为 01101010，B 中的内容为 10011110，进位状态寄存器 C 中的内容为 0。

习　　题

3.1 已知 $[x]_补$、$[y]_补$，计算 $[x+y]_补$ 和 $[x-y]_补$，并判断溢出情况。

(1) $[x]_补=0.11011$　$[y]_补=0.00011$

(2) $[x]_补=0.10111$　$[y]_补=1.00101$

(3) $[x]_补=1.01010$　$[y]_补=1.10001$

3.2 已知 $[x]_补$、$[y]_补$，计算 $[x+y]_{变形补}$ 和 $[x-y]_{变形补}$，并判断溢出情况。

(1) $[x]_补=100111$　$[y]_补=111100$

(2) $[x]_补=011011$　$[y]_补=110100$

(3) $[x]_补=101111$　$[y]_补=011000$

3.3 设某机字长为 8 位，给定十进制数 $x=+49$，$y=-74$。试按补码运算规则计算下列各题，并判断溢出情况。

(1) $[x]_补+[y]_补$

(2) $[x]_{补}-[y]_{补}$

(3) $[-x]_{补}+\left[\frac{1}{2}y\right]_{补}$

(4) $\left[2x-\frac{1}{2}y\right]_{补}$

(5) $\left[\frac{1}{2}x+\frac{1}{2}y\right]_{补}$

(6) $[-x]_{补}+[2y]_{补}$

3.4 分别用原码一位乘法和补码一位乘法计算$[x\times y]_{原}$和$[x\times y]_{补}$。

(1) $x=0.11001$ $y=0.10001$

(2) $x=0.01101$ $y=-0.10100$

(3) $x=-0.10111$ $y=0.11011$

(4) $x=-0.01011$ $y=-0.11010$

3.5 分别用原码不恢复余数法、补码不恢复余数法和布斯除法计算$[x/y]_{原}$和$[x/y]_{补}$。

(1) $x=0.01011$ $y=0.10110$

(2) $x=0.10011$ $y=-0.11101$

(3) $x=-0.10111$ $y=-0.11011$

(4) $x=+10110$ $y=-00110$

3.6 在进行浮点加减运算时,为什么要进行对阶?说明对阶的方法和理由。

3.7 已知某模型机的浮点数据表示格式如下:

0	1	2　　　　7	8　　　　15
数符	阶符	阶码	尾数

其中,浮点数尾数和阶码的基值均为2,均采用补码表示。

(1) 求该机所能表示的规格化最大正数和非规格化最小负数的机器数表示及其所对应的十进制真值。

(2) 已知两个浮点数的机器数表示为EF80H和FFFFH,求它们所对应的十进制真值。

(3) 已知浮点数的机器数表示为:

$$[x]_{补}=1\ 1111001\ 00100101,\quad [y]_{补}=1\ 1110111\ 00110100$$

试按浮点加减运算算法计算$[x\pm y]_{补}$。

3.8 已知某机浮点数表示格式如下:

0	1	2　　　　5	6　　　　11
数符	阶符	阶码	尾数

其中,浮点数尾数和阶码的基值均为2,阶码用移码表示,尾数用补码表示。设:

$$x=0.110101\times 2^{-001}\qquad y=-0.100101\times 2^{+001}$$

试用浮点运算规则计算$x+y$、$x-y$、$x\times y$、x/y(要求写出详细运算步骤,并进行规格化)。

3.9 图3-27给出了实现补码乘法的部分硬件框图。

(1) 请将图3-27中逻辑门AND_1和AND_2的输入信号填写正确。

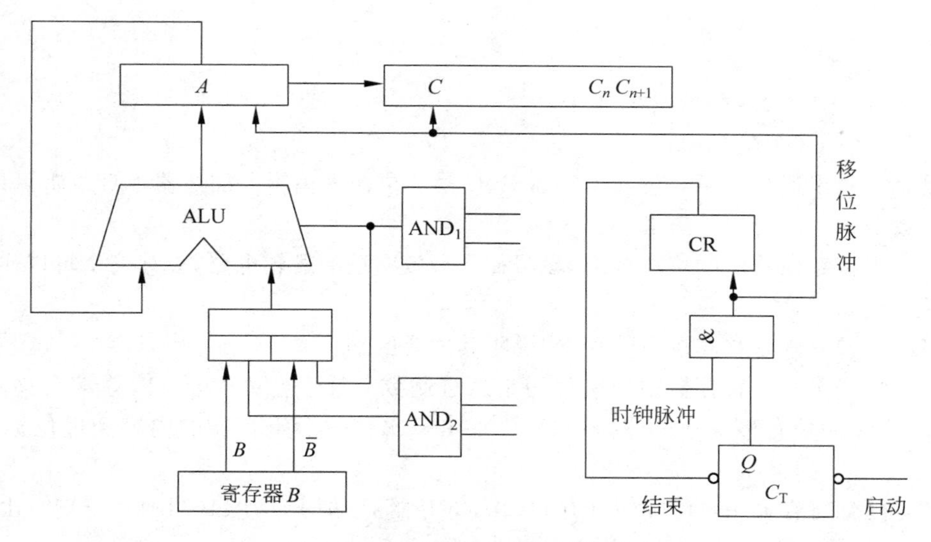

图 3-27　补码乘法的部分硬件框图

(2) 按补码乘法规则将下列乘法运算算式完成，写出 $x\times y$ 的真值。

	00.00000	1001100
→	00.00000	0100110
	00.11001	
	00.11001	
→	00.01100	1010011
→	00.00110	0101001

(3) 根据(2)的乘法算式，将乘法运算初始和结束时，3 个寄存器中的数据填入下列表格中。

寄存器	A	B	C
运算初始			
运算结束			

3.10　说明定点补码和浮点补码加减运算的溢出判断方法。

3.11　说明定点原码除法和定点补码除法运算的溢出判断方法。

3.12　比较舍入方法中截断法、恒置 1 法和 0 舍 1 入法的优缺点。

3.13　利用十进制加减运算计算下列各题：

(1) 125＋436

(2) 125－436

(3) 436－125

3.14　参照第 2 章表 2-13 的余 3 码的编码规则，设计利用余 3 码进行十进制加法的修正逻辑。

3.15　设有一个 16 位定点补码运算器，数据最低位的序号为 1。运算器可实现下述功能：

(1) $A \pm B \rightarrow A$

(2) $B \times C \rightarrow A$、C(乘积高位在 A 中)

(3) $A \div B \rightarrow C$(商在 C 中)

请设计并画出运算器第 3 位及寄存器 A、C 第 3 位输入逻辑。加法器本身逻辑可以不画，原始操作数输入问题可以不考虑。

3.16 根据布斯除法的算法规则，参照补码一位乘法的逻辑电路，设计一个可以实现布斯除法的逻辑电路。

3.17 比较算术右移和逻辑右移，试说明其主要区别。

3.18 设一个 8 位寄存器中的内容为十六进制数 C5H，连续经过一次算术右移、一次逻辑左移、一次大循环右移、一次小循环左移。写出每次移位后寄存器的内容和进位标志 C 的状态。

3.19 已知寄存器 A 的内容为 01011010，寄存器 B 的内容为 11011011，分别写出经过下列移位操作后，寄存器 A、B 中的内容。

(1) 算术左移两位；

(2) 逻辑左移两位；

(3) 算术右移两位；

(4) 逻辑右移两位。

3.20 选择题。

(1) 运算器的核心部分是________。

A. 数据总线　　B. 累加寄存器

C. 算术逻辑运算单元　　D. 多路开关

(2) 在浮点运算中下面的论述正确的是________。

A. 对阶时应采用向左规格化

B. 对阶时可以使小阶向大阶对齐，也可以使大阶向小阶对齐

C. 尾数相加后可能会出现溢出，但可采用向右规格化的方法得出正确结论

D. 尾数相加后不可能得出规格化的数

(3) 当采用双符号位进行补码加减运算时，若运算结果的双符号位为 01，则表明运算________。

A. 无溢出　　B. 正溢出　　C. 负溢出　　D. 不能判别是否溢出

(4) 补码加法运算的规则是________。

A. 操作数用补码表示，符号位单独处理

B. 操作数用补码表示，连同符号位一起相加

C. 操作数用补码表示，将加数变补，然后相加

D. 操作数用补码表示，将被加数变补，然后相加

(5) 原码乘除法运算要求________。

A. 操作数必须都是正数　　B. 操作数必须具有相同的符号位

C. 对操作数符号没有限制　　D. 以上都不对

(6) 进行补码一位乘法时，被乘数和乘数均用补码表示，运算时________。

A. 首先在乘数最末位 y_n 后增设附加位 y_{n+1}，且初始 $y_{n+1}=0$，再依照 $y_n y_{n+1}$ 的值确

定下面的运算

B. 首先在乘数最末位 y_n 后增设附加位 y_{n+1}，且初始 $y_{n+1}=1$，再依照 y_ny_{n+1} 的值确定下面的运算

C. 首先观察乘数符号位，然后决定乘数最末位 y_n 后附加位 y_{n+1} 的值，再依照 y_ny_{n+1} 的值确定下面的运算

D. 不应在乘数最末位 y_n 后增设附加位 y_{n+1}，而应直接观察乘数的末两位 $y_{n-1}y_n$ 确定下面的运算

(7) 下面对浮点运算器的描述中正确的是________。

A. 浮点运算器由阶码部件和尾数部件实现

B. 阶码部件可实现加、减、乘、除四种运算

C. 阶码部件只能进行阶码的移位操作

D. 尾数部件只能进行乘法和加法运算

(8) 若浮点数的阶码和尾数都用补码表示，则判断运算结果是否为规格化数的方法是________。

A. 阶符与数符相同为规格化数

B. 阶符与数符相异为规格化数

C. 数符与尾数小数点后第一位数字相异为规格化数

D. 数符与尾数小数点后第一位数字相同为规格化数

(9) 已知$[x]_补=1.01010$，$[y]_补=1.10001$，下列答案正确的是________。

A. $[x]_补+[y]_补=1.11011$　　　B. $[x]_补+[y]_补=0.11011$

C. $[x]_补-[y]_补=0.11011$　　　D. $[x]_补-[y]_补=1.11001$

(10) 下列叙述中概念正确的是________。

A. 定点补码运算时，其符号位不参加运算

B. 浮点运算中，尾数部分只进行乘法和除法运算

C. 浮点数的正负由阶码的正负符号决定

D. 在定点小数一位除法中，为了避免溢出，被除数的绝对值一定要小于除数的绝对值

3.21　填空题。

(1) 在补码加减运算中，符号位与数据__①__参加运算，符号位产生的进位__②__。

(2) 在采用变形补码进行加减运算时，若运算结果中两个符号位__①__，表示发生了溢出。若结果的两个符号位为__②__，表示发生正溢出；为__③__，表示发生负溢出。

(3) 在原码一位乘法的运算过程中，符号位与数值位__①__参加运算，运算结果的符号位等于__②__。

(4) 浮点乘除法运算的运算步骤包括：__①__、__②__、__③__、__④__和__⑤__。

(5) 在浮点运算过程中，如果运算结果的尾数部分不是__①__形式，则需要进行规格化处理。设尾数采用补码表示形式，当运算结果__②__时，需要进行右规操作；当运算结果__③__时，需要进行左规操作。

(6) 将两个8421BCD码相加，为了得到正确的十进制运算结果，需要对结果进行修正，其修正方法是__①__。

(7) 浮点运算器由__①__和__②__两部分组成，它们本身都是定点运算器，其中①要求能

够进行 ③ 运算;②要求能够进行 ④ 运算。

(8) 设有一个16位的数据存放在由两个8位寄存器AH和AL组成的寄存器AX中,其中数据的高8位存放在AH寄存器中,低8位存放在AL寄存器中。现需要将AX中的数据进行一次算术左移,其操作方法是:先对 ① 进行一次 ② 操作,再对 ③ 进行一次 ④ 操作。

3.22 是非题。

(1) 运算器的主要功能是进行加法运算。

(2) 加法器是构成运算器的主要部件,为了提高运算速度,运算器中通常都采用并行加法器。

(3) 只有定点运算才会发生溢出,浮点运算不会发生溢出。

(4) 在定点整数除法中,为了避免运算结果的溢出,要求|被除数|<|除数|。

(5) 浮点运算器中的阶码部件可实现加、减、乘、除运算。

(6) 在浮点加减运算中,对阶时既可以使小阶向大阶对齐,也可以使大阶向小阶对齐。

(7) 根据数据的传递过程和运算控制过程来看,阵列乘法器实现的是全并行运算。

(8) 逻辑右移执行的操作是进位标志位移入符号位,其余数据位依次右移1位,最低位移入进位标志位。

第4章

存储器系统

存储器是计算机的存储部件，用以存放程序和数据。存储器是计算机信息存储的核心，是计算机必不可少的部件之一，计算机就是按存放在存储器中的程序自动连续地进行工作的。因此，如何设计容量大、速度快、价格低的存储器，一直是计算机发展的一个重要问题。本章主要讨论存储器基本结构和读写原理。

4.1 存储器概述

4.1.1 存储器的分类

随着计算机及其器件的发展，存储器也有了很大的发展，存储器类型日益繁多，因而存储器分类方法也有多种。

1. 按与CPU的连接和功能分类

1）主存储器

CPU能够直接访问的存储器为主存储器，用以存放当前运行的程序和数据。由于它设在主机内部，又称内存储器，因此简称内存或主存。

2）辅助存储器

辅助存储器是为解决主存容量不足而设置的存储器，用以存放当前不参加运行的程序和数据，当需要运行时，成批调入内存供CPU使用，CPU不能直接访问它。由于它是外部设备的一种，所以又称为外存储器，简称外存。

3）高速缓冲存储器

高速缓冲存储器是一种介于主存与CPU之间用于解决CPU与主存间速度匹配问题的高速小容量的存储器。它被用于存放CPU立即要运行或刚使用过的程序和数据。

2. 按存取方式分类

1）随机存取存储器(RAM)

存储器任何单元的内容均可按其地址随机地读取或写入，而且存取时间与单元的物理位置无关。一般主存储器主要由RAM(Random Access Memory)组成。

2）只读存储器(ROM)

存储器任何单元的内容只能随机地读出信息，而不能写入新信息，称为只读存储器(Read Only Memory，ROM)。只读存储器可以作为主存储器的一部分，用以存放不变的程序和数据。只读存储器可以用作其他固定存储器，例如存放微程序的控制存储器，存放字符点阵图案的字符发生器等。

3）顺序存取存储器(SAM)

存储器所存信息的排列、寻址和读写操作均是按顺序进行的，并且存取时间与信息在存储器中的物理位置有关。这种存储器称为顺序存取存储器(Sequential Access Memory，SAM)。

在这种存储器中，如磁带存储器，信息通常以文件或数据块形式按顺序存放。信息在载体上没有唯一对应的地址，完全按顺序存放或读取。

4）直接存取存储器(DAM)

这种存储器既不像RAM那样能随机地访问任何存储单元，也不像SAM那样完全按顺序存取，而是介于RAM与SAM之间的一种存储器。目前广泛使用的磁盘就属于直接存取存储器(Direct Access Memory，DAM)。当要存取所需信息时，它要进行两个逻辑动作，第一步为寻道，使磁头指向被选磁道，第二步在被选磁道上顺序存取。

5）按内容寻址存储器(CAM)

也称为相联存储器(Associated Memory，AM)，先按信息内容寻址，然后再按地址访问。主要用于快速比较和查找。

3. 按存储介质分类

凡具有两个稳定物理状态，可用来记忆二进制代码的物质或物理器件均称为存储介质。按存储介质对存储器分类，有下面几种。

1）磁芯存储器

采用具有矩形磁滞回线的铁氧体磁性材料制成环形磁芯，利用它的两个不同剩磁状态存放二进制代码0和1。早期计算机的主存通常采用磁芯存储器。

2）半导体存储器

是指用半导体器件组成的存储器，根据工艺不同，可分为双极型和MOS型。

3）磁表面存储器

利用涂在基体表面上的一层磁性材料存放二进制代码，例如磁盘、磁带等。

4）光存储器

利用光学原理制成的存储器，它是通过能量高度集中的激光束照在基体表面引起物理的或化学的变化，记忆二进制信息。

此外，还有其他一些分类方法，如按信息的可保存性分为易失性存储器和非易失性存储器等，这里不再详述。

4.1.2 主存储器的组成和基本操作

图4-1示出了主存储器的基本组成框图。其中，存储阵列是存储器的核心部分，它是存储二进制信息的主体，也称为存储体。存储体是由大量存储单元构成的，为了区分各个存储单元，把它们进行统一编号，这个编号称为地址，因为是用二进制进行编码的，所以又称地址码。地址码与存储单元是一一对应的，每个存储单元都有自己唯一的地址，因此要对某一存储单元进行存取操作，必须首先给出被访问的存储单元的地址。

主存可寻址的最小单位称为编址单位。有些计算机是按字编址的，最小可寻址信息单元是一个机器字，连续的存储器地址对应于连续的机器字。目前，多数计算机是按字节编址的，最小可寻址单位是一个字节。一个32位字长的按字节寻址的计算机，一个存储器字包含4个可单独寻址的字节单元，由地址的低两位来区分。

地址寄存器用于存放所要访问的存储单元的地址。要对某一单元进行存取操作，首先应

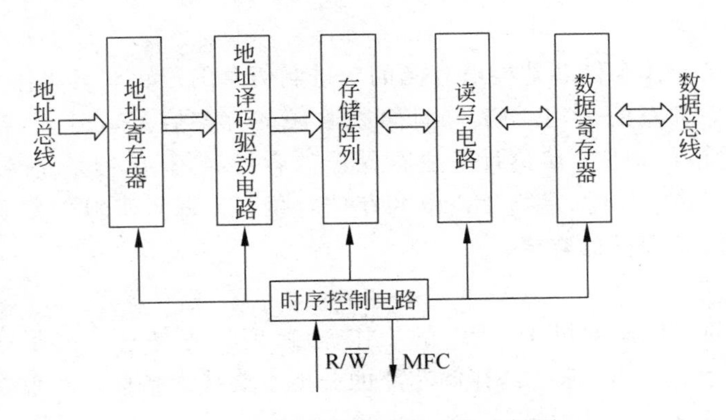

图 4-1　主存储器的基本组成框图

通过地址总线将被访问单元地址存放到地址寄存器中。

地址译码与驱动电路的作用是把地址寄存器中的地址进行译码，通过对应的地址选择线到存储阵列中找到所要访问的存储单元并驱动其完成指定的存取操作。

读写电路与数据寄存器的作用是根据 CPU 的读写命令，把数据寄存器的内容写入被访问的存储单元；或者从被访问单元中读出信息送入数据寄存器中，以供 CPU 或 I/O 系统使用。所以数据寄存器是存储器与计算机其他功能部件联系的桥梁。从存储器中读出的信息是经数据寄存器通过数据总线传送给 CPU 与 I/O 系统；向存储器中写入信息，也必须先将写入信息经数据总线送入数据寄存器，再经读写电路写入被访问的存储单元。

时序控制电路用于接收来自 CPU 的读写控制信号，产生存储器操作所需的各种时序控制信号，控制存储器完成指定的操作。如果存储器采用异步控制方式，当一个存取操作完成，该控制电路还应给出存储器操作完成(MFC)信号。

主存储器用于存放 CPU 正在运行的程序和数据，它和 CPU 的关系最为密切。主存与 CPU 间的连接是由总线支持的，连接形式如图 4-2 所示。

存储器基本操作是读（取）和写（存）。当 CPU 要从存储器中读取一个信息字时，CPU 首先把被访单元的地址送到存储器地址寄存器 MAR，经地址总线送给主存，同时发出“读”命令。存储器接到“读”命令，根据地址从被选单元读出信息经数据总线送入存储器数据寄存器 MDR。为了存一个字到主存，CPU 把要存入的存储单元地址经 MAR 送入主存，并把要存入的信息字送入 MDR，此时发出“写”命令，在此命令的控制下经数据总线把 MDR 中的内容写入主存。

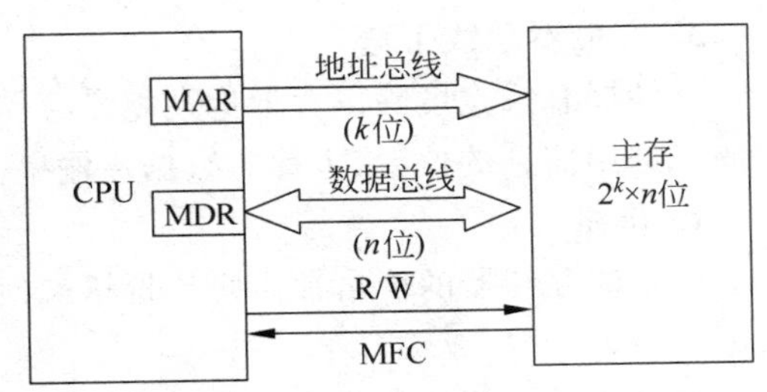

图 4-2　主存与 CPU 的连接

CPU 与主存之间的数据传送，可采用同步控制方式，也可采用异步控制方式。目前，多数计算机采用同步方式，数据传送在固定的时间间隔内完成，此时间间隔构成了存储器的一个存储周期，异步传送方式允许选用具有不同存取速度的存储器作为主存。

4.1.3　存储器的主要技术指标

衡量一个半导体存储器的主要技术指标有以下几个方面。

1. 存储容量

存储容量是指半导体存储芯片能够存储的二进制信息的位数。其单位是K位(kilobits)、M位(Megabits)等。注意的是，要将其与计算机系统的存储容量区分开，当我们讨论存储芯片的容量时，采用的单位是位；讨论计算机存储器的容量时，其单位是字节。因此，当存储芯片资料中提到4M存储芯片时，是指4M位的存储容量；若宣传资料中提到计算机存储器有4M时，是指4M字节的存储器容量。

2. 速度

由于存储芯片的工作速度慢于CPU的工作速度，所以存储芯片的工作速度直接影响着CPU执行指令的速度。因此，速度是存储芯片的一项重要技术指标。存储芯片速度通常用取数时间和存取周期表示。

访问时间(Memory Access Time)又称取数时间，它是指从启动一次存储器存取操作到完成该操作所经历的时间。对存储器的某一个单元进行一次读操作，例如CPU取指令或取数据，访问时间就是指从把要访问的存储单元的地址，加载到存储器芯片的地址引脚上开始，直到读取的数据或指令在存储器芯片的数据引脚上可以使用为止，两者之间的时间间隔即为访问时间(取数时间)。在存储器芯片的数据手册中(Data Sheet)，访问时间(取数时间)被记为t_A。经常在存储器芯片的数据手册中可以见到的其他有关时间的参数还有一些，一个时间参数是t_{CA}，它是指从加载到存储器芯片上的选片(Chip Select, CS)信号引脚上的选片信号有效开始，直到读取的数据或指令在存储器芯片的数据引脚上可以使用为止的这段时间间隔。对于某些ROM芯片，特别是对于EEPROM而言，t_{OE}是指从OE(读)信号有效开始，直到读取的数据或指令在存储器芯片的数据引脚上可以使用为止的这段时间间隔。但访问时间(t_A)是一个最为常见的参数。

存取周期(Memory Cycle Time)又称存储周期或读写周期，它是指对存储器进行连续两次存取操作所需要的最小时间间隔。由于有些存储器在一次存取操作后需要有一定的恢复时间，所以通常存取周期大于或等于取数时间。

3. 存储器总线带宽

存储器总线宽度除以存取周期就是存储器带宽或频宽，它是指存储器在单位时间内所存取的二进制信息的位数，也称为数据传输率。

4. 价格

半导体存储器的价格常用每位价格来衡量。设存储器容量为S位，总价格为C，则每位价格可表示为$c = C/S$。

半导体存储器的总价格正比于存储容量，而反比于存取时间。容量、速度、价格3个指标是相互矛盾、相互制约的。高速存储器往往价格也高，因而容量也不可能很大。

除了上述几个指标外，影响半导体存储器性能的还有功耗、可靠性等因素。

4.1.4 存储器系统的层次结构

不管主存储器的容量有多大，它总是无法满足人们的期望。其主要原因是，随着技术的进步，人们开始希望存放以前完全属于科学幻想领域的信息，存储器存储能力的扩大永远无法赶上需要它存放的信息的膨胀。

存储大量数据的传统办法是采用如图4-3所示的存储器层次结构。最上层是CPU中的寄存器，其存取速度可以满足CPU的要求。下面一层是高速缓存，再往下是主存储器，然后是磁盘存储器，这是当前用于永久存放数据的主要存储介质。最后，还有用于后备存储的磁带和光盘存储器。

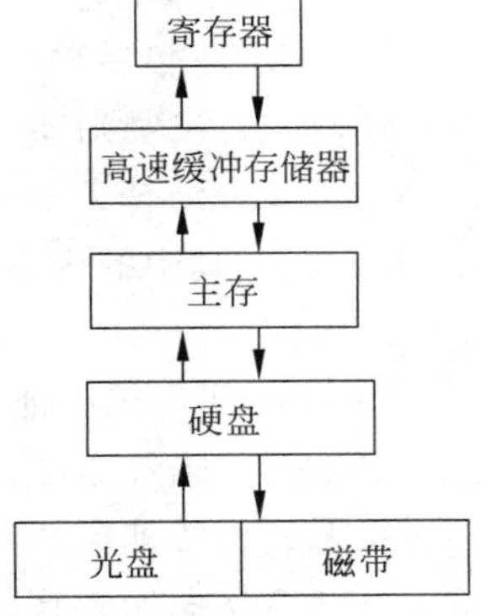

图 4-3　存储器层次结构图

按层次结构自上而下，有3个关键参数逐渐增大。第一，访问时间逐渐增长。寄存器的访问时间是几个纳秒，高速缓存的访问时间是寄存器访问时间的几倍，主存储器的访问时间是几十个纳秒。再往后是访问时间的突然增大，磁盘的访问时间最少要10ms以上。如果加上介质的取出和插入驱动器的时间，磁带和光盘的访问时间就要以秒来计量了。

第二，存储容量逐渐增大。在现今的个人电脑中，寄存器的容量以字节为单位来衡量，而高速缓存达到了几百MB到若干GB，主存储器容量一般为若干GB，磁盘的容量应该是几百GB到若干TB。磁带和光盘一般脱机存放，其容量只受限于用户的预算。

第三，用相同的钱能购买到的存储容量逐渐加大，即存储每位的价格逐渐减小。显然，主存每位的价格要高于磁盘，而磁盘每位的价格要高于磁带或光盘。

4.2　半导体随机存储器

在现代计算机中，半导体存储器已广泛用于实现主存储器。由于主存储器直接为CPU提供服务，对主存的要求是能够迅速响应CPU的读写请求，半导体存储器在这方面能做得很好，因此半导体存储器是实现主存的首选器件。通常使用的半导体存储器分为随机存取存储器(Random-Access Memory，RAM)和只读存储器(Read-Only Memory，ROM)。它们各自又有许多不同的类型。

4.2.1　半导体随机存储器的分类

由于大多数随机存取存储器在断电后会丢失其中存储的内容，故这类随机存取存储器又被称为易失性存储器。由于随机存取存储器可读可写，有时它们又被称为可读写存储器。随机存取存储器分为3类：静态RAM、动态RAM和非易失性RAM。

1) 静态RAM

静态RAM(Static RAM，SRAM)中的每一个存储单位都由一个触发器构成，因此可以存储一个二进制位，只要不断电就可以保持其中存储的二进制数据不丢失。使用触发器作为存储单位的问题是，每个存储单位至少需要6个MOS管来构造一个触发器，以便存储一位二进制信息，所以SRAM存储芯片的存储密度较低，即每块芯片的存储容量不会太大。近年来，人们发明了用4个MOS管构成一个存储单位的SRAM技术，利用该技术再加上CMOS技术，人们制造出了大容量的SRAM。尽管如此，SRAM的容量仍然远远低于同类型的动态RAM。

2) 动态RAM

在1970年，Intel公司推出了世界上第一块动态RAM(Dynamic RAM，DRAM)芯片，其容量为1024位，它使用一个MOS管和一个电容来存储一位二进制信息。用电容来存储信息减少了构成一个存储单位所需要的晶体管的数目。但由于电容本身不可避免地会产生漏电，因此DRAM存储器芯片需要频繁的刷新操作，但DRAM的存储密度大大提高了。

3）非易失性 RAM

一般情况下，不论 DRAM 还是 SRAM 都是易失性的，即断电后存储的信息会丢失掉。而有一类 RAM 是非易失性的，称为非易失性 RAM（NonVolatile RAM，NV-RAM）。和其他 RAM 一样，NV-RAM 允许 CPU 对其进行随机读写，同时又像 ROM 一样，断电后内容不会丢失。NV-RAM 结合了 RAM 和 ROM 的优点：RAM 可随机读写，ROM 内容不会丢失。为了在断电后保存其中的内容，NV-RAM 芯片使用了下面的技术：

（1）使用由 CMOS 构成的功耗极低的 SRAM 存储单元。

（2）内部使用锂电池作为后备电源。

（3）使用一个智能控制电路。该电路一直监控着芯片 V_{CC} 引脚，若 V_{CC} 引脚提供的电能过低，使其无法正常地保持芯片中所存储的内容，控制电路则自动切换到内部电源，启用锂电池对芯片供电，从而保障在外部电源断开的情况下给芯片供电，保证芯片的内容不丢失。

由于这三部分集成在芯片内部，NV-RAM 价格非常高。若不考虑价格因素，NV-RAM 在断电后保持其内容可达十年之久。

4.2.2 半导体随机存储器单元电路

1. 静态 RAM 单元电路

图 4-4 所示的存储单元电路，是一种比较常见的六管静态 MOS 存储单元电路。图中 T_1、T_2 两个 MOS 管构成了触发器，用于存储一位二进制信息位。MOS 管 T_3、T_4 是触发器的两个负载管。MOS 管 T_5、T_6 称为门控管，通过连接在这两个 MOS 管栅极上的字线 W，可以控制触发器电路与位线 b 和 b' 的联系。

当加载在字线 W 上的电平为低电平时，T_5、T_6 栅极为低电平，使 T_5、T_6 两个 MOS 管呈现截止状态，从而触发器电路与位线隔离，表示存储单元未被选中。在这种情况下，触发器的状态不可能发生改变，意味着原来存储的信息不发生变化。

当要向该存储单元写入信息时，首先在字线 W 上加载一个表示选中了这个存储单元的高电平，使 T_5、T_6 两个 MOS 管呈现导通状态，而位线上的电平状态则要由写入的信息控制。假设在图 4-4 所示的电路中，触发器 A 端为高电平状态、B 端为低电平状态时，表示存储单元存储的信息是 1；触发器 A 端为低电平状态、B 端为高电平状态则表示存储的信息是 0。假设要写入的信息是 0，则应在位线 b 上加载低电平，同时在位线 b' 上加载高电平。在位线 b' 上加载

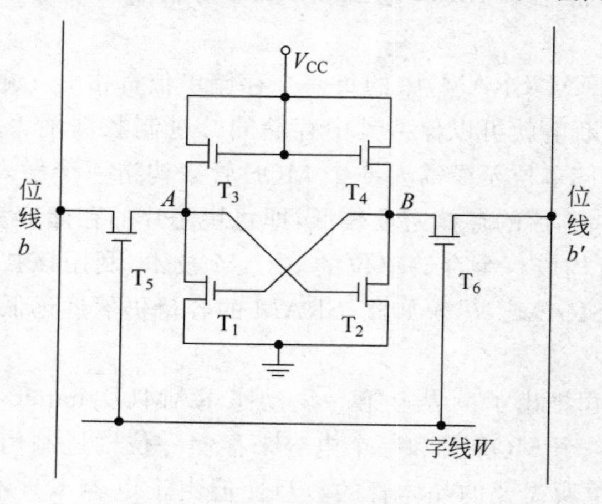

图 4-4　六管静态存储单元电路

的高电平通过 T_6 加到 T_1 管的栅极，致使 T_1 导通，同时在位线 b 上加载的低电平通过 T_5 加载到 T_2 管的栅极，致使 T_2 截止，从而使 A 端为低电平状态，B 端为高电平状态，即写入了信息 0。类似地，若要写入的信息是 1，则在位线 b 上加载高电平，在位线 b' 上加载低电平，从而使 T_2 导通、T_1 截止，使 A 端为高电平状态、B 端为低电平状态，即写入了信息 1。写入操作结束后，字线 W 恢复到低电平状态，使 T_5、T_6 截止，从而保证了写入的信息不会发生变化。

当读出信息时，同样首先在字线 W 上加载一个表示选中了这个存储单元的高电平，使 T_5、T_6 导通。此时若原存储的信息为 0，即原先 T_1 导通、T_2 截止，因而在位线 b 上呈现低电平状态，在位线 b' 上呈现高电平状态，表示输出信息 0。同样，若原存储的信息为 1，则 T_1 截止、T_2 导通，因而在位线 b 上呈现高电平状态，在位线 b' 上呈现低电平状态，表示输出信息 1。

通过上面的分析，我们可以得知静态 MOS 存储器是利用触发器的两个稳定状态来存储二进制信息的，而且通过对读出过程的了解，我们可以看出读出时触发器的状态没有被破坏，原来存储的信息依然存在。因此，从静态 MOS 存储电路中读取其中存放的信息的过程，对原来存放的信息而言，是非破坏性的读出过程。

2. 动态 RAM 单元电路

目前最常用的动态 MOS 存储单元电路是单管动态存储单元电路，如图 4-5 所示。该电路用电容 C 存储二进制信息，若 C 上存有电荷，表示存储的信息为 1，若 C 上无电荷，表示存储的信息为 0。当加载在字线 W 上的电平为低电平时，MOS 管 T 截止，表示电路不被选中，保持原存储的信息不变。

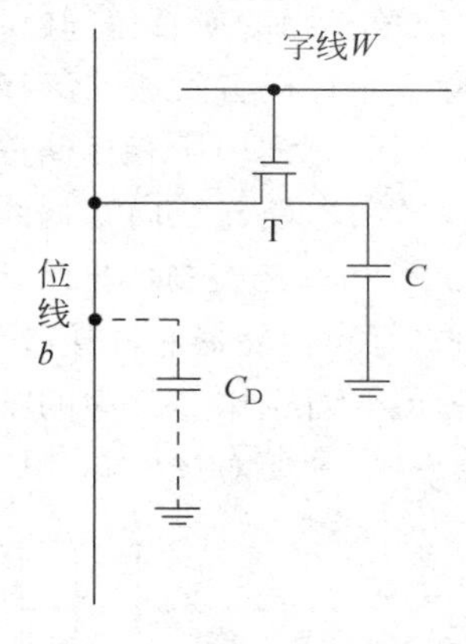

图 4-5　单管动态 MOS 存储单元电路

当要向存储单元写入信息时，首先要在字线 W 上加载一个表示选中了这个存储单元的高电平，使 MOS 管 T 导通。若要写入的信息为 1，就要在位线 b 上加载高电平，对电容 C 充电，使其中存有电荷，实现写入了信息 1；若要写入的信息为 0，就要在位线 b 上加载低电平，使电容 C 能够通过 T 管和位线 b 放掉其中的电荷，实现写入了信息 0。

当读出信息时，同样首先要在字线 W 加载一个表示选中了这个存储单元的高电平，使 MOS 管 T 导通。若原来存储的信息为 1，即 C 中有电荷存储，在 T 导通后，C 中原来存储的电荷经过 T 管向位线 b 上泄放，致使位线 b 上有微弱电流流动，表示有输出信号，该信号经过读出再生放大器放大后，输出信息 1；若原来存储的信息为 0，即电容 C 中无电荷存储，所以在位线上不会产生电流的流动，表示无输出信号，这样读出再生放大器输出信息 0。由于在读取信息 1 时，位线 b 上电流流动很微弱，这就要求读出再生放大器需要具有较高的灵敏度。

由于单管存储单元电路是靠存储在电容中的电荷泄放检测信息 1，原来存放的信息被读出后，存储单元电路的状态被破坏掉(电荷释放)。因此，从动态 MOS 存储单元电路中读取存放信息的过程，对原来存放的信息而言，是破坏性的读出过程，因此在信息被读出后，必须采取再生措施，即读出信息后要立即重写该信息。读出再生放大器具有这种再生功能。由于在单管存储单元电路中存在的分布电容 C_D 一般要比存储电容 C 大得多，对读出信号影响较大，所以要求读出再生放大器具有较高的灵敏度，一般都采用翘板式放大电路。

4.2.3 半导体随机存储器芯片的结构及实例

一个存储单元电路存储一位二进制信息。把大量存储单元电路按一定的形式排列起来，即构成存储体。存储体一般都排列成阵列形式，所以又称作存储阵列。把存储体及其外围电路(包括地址译码与驱动电路、读写放大电路及时序控制电路等)集成在一块硅片上，称为存储器组件。存储器组件经过各种形式的封装后，通过引脚引出地址线、数据线、控制线及电源与地线等，就制成了半导体存储器芯片。半导体存储器芯片的内部组织，一般有两种结构：字片式结构和位片式结构。

1. 字片式结构的半导体存储器芯片

图 4-6 是 64 字×8 位的字片式结构的存储器芯片的内部组织图。图中每一小方块表示一个存储单元电路，这里略去了每个单元电路的内部结构及电源部分，图中仅画出了与每个存储单元电路相连的一根字线和两根位线。存储阵列的每一行组成一个存储单元，也是一个编址单位，存放一个 8 位的二进制字。一行中所有存储单元电路的字线连在一起，接到地址译码器的对应的输出端。存储器芯片接收到的 6 位存储单元的地址，经地址译码器译码选中某一输出端有效时，与该输出端相连的一行中的每个单元电路同时进行读/写操作，从而实现了对一个存储单元中的所有位同时读/写。这种对接收到的存储单元地址仅进行一个方向译码的方式，称为单译码方式或一维译码方式。在这种结构的存储器芯片中，所有存储单元的相同的位组成一列，一列中所有存储单元电路的两根位线分别连在一起，并使用同一个读/写放大电路。读/写放大电路与双向数据线相连接。图 4-6 中所示的芯片有两根控制线，即读/写控制信号线 $R/\overline{W}$ 和片选控制信号线$\overline{CS}$。当$\overline{CS}$为低电平时，选中芯片工作；当$\overline{CS}$为高电平时，芯片不被选中。每当存储器芯片接收到某个存储单元的地址并译码后，此时若$\overline{CS}$为低电平，$R/\overline{W}$ 为高电平，就要对选中芯片中的某个存储单元进行读出操作；同样的，当$\overline{CS}$为低电平而 $R/\overline{W}$ 也为低电平时，就要对选中芯片中的某个存储单元进行写入操作。

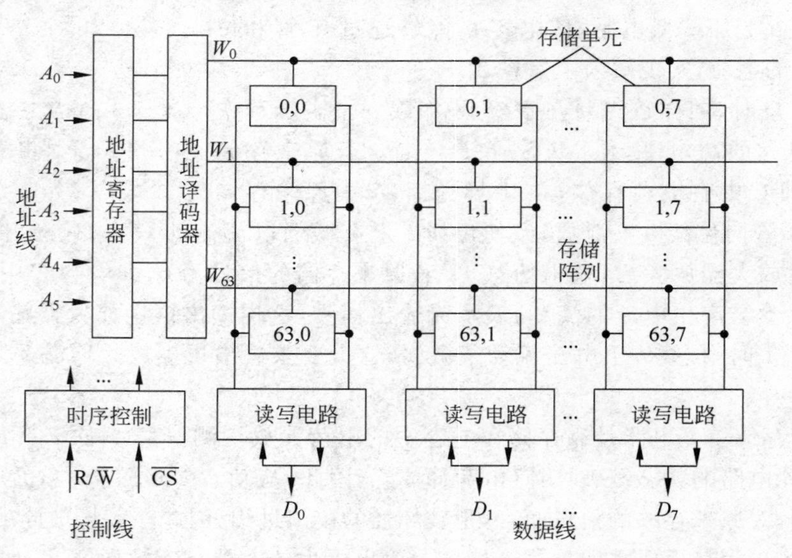

图 4-6 64 字×8 位字片式结构 RAM 芯片

在上述的字片式结构存储器芯片中，由于采用单译码方案，有多少个存储单元，就有多少个译码驱动电路，所需译码驱动电路较多。为减少译码驱动电路数量，多数存储器芯片都采用双译码(也称二维译码)方案,即采用位片式结构。

2. 位片式结构的半导体存储器芯片

如图4-7所示的是4K×1位的位片式结构存储器芯片的内部组织。它共有4096个存储单元电路,排列成64×64的阵列。对4096个存储单元进行寻址,需要12位地址,在此将其分为6位行地址和6位列地址。对于一个给定的访问某个存储单元电路的地址,分别经过行、列地址译码器的译码后,致使一根行地址选择线和一根列地址选择线有效。行地址选择线选中的某一行中的64个存储单元电路可以同时进行读写操作。列地址选择线用于选择控制64个多路转接开关中的一个,即表示选中一列,每个多路转接开关由两个MOS管组成,分别控制两条位线。选中的那一个多路转接开关的两个MOS管呈现"开"状态,使这一列的位线与读/写电路接通;其余63个没被选中的多路转接开关的两个MOS管则呈现"关"状态,使其余63列的位线与读/写电路断开。

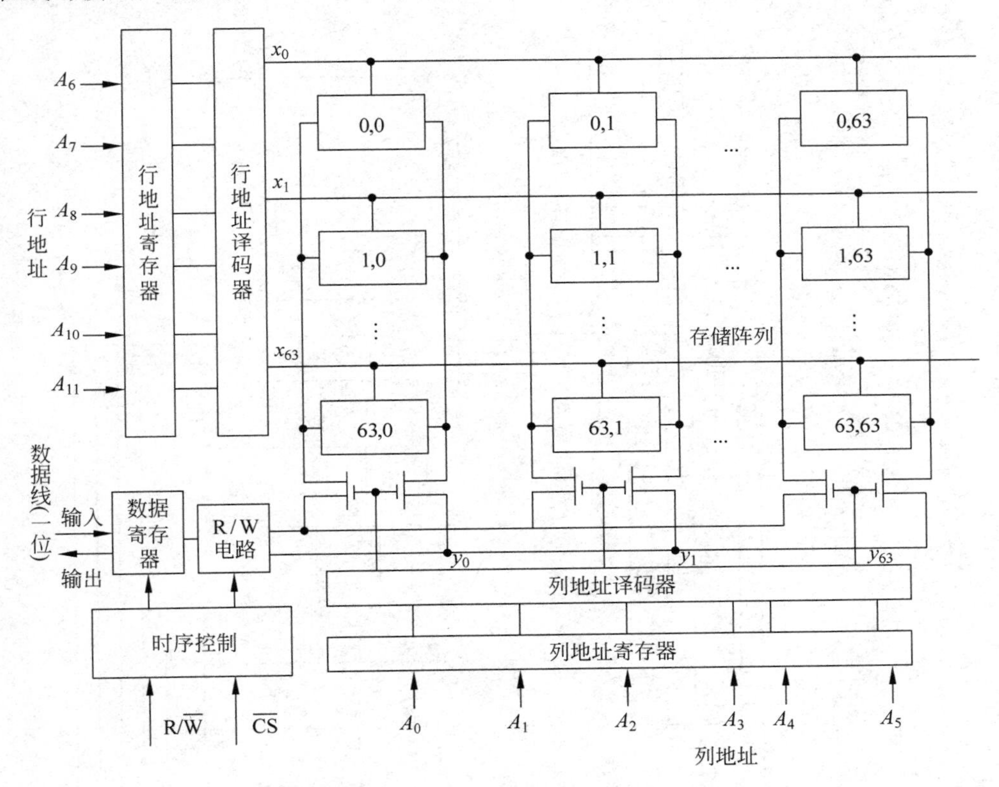

图4-7　4K×1位双译码方式的RAM芯片结构

当选中该芯片工作时,首先给定要访问的存储单元的地址,并给出有效的片选信号$\overline{CS}$和读写信号R/$\overline{W}$,通过对行列地址的译码,找到被选中的行和被选中的列两者交叉处的唯一一个存储单元电路,读出或写入一位二进制信息。

如图4-7所示,这种双译码方案,对于4096个字只需128个译码驱动电路(针对行有64个,针对列也有64个),若采用单译码方案,4096个字将需要4096个译码驱动电路。

3. 半导体RAM芯片实例

为了加深对芯片结构的理解,下面以静态MOS存储器芯片Intel 2114和动态MOS存储器芯片TMS 4116为例,进一步说明MOS型存储器的结构及工作原理。

1) Intel 2114 芯片

Intel 2114 芯片是 1K×4 位的静态 MOS 存储器,采用 N-MOS 工艺制作,双列直插式封装。图 4-8 示出了 2114 芯片的引脚分配和内部逻辑结构。图中 $A_0 \sim A_9$ 为 10 根地址线,用于寻址 1024 个存储单元;$I/O_1 \sim I/O_4$ 为 4 根双向数据线;$\overline{CS}$与$\overline{WE}$分别为片选信号线和读/写控制线,加上 5V 电源线和地线,共 18 个引脚。

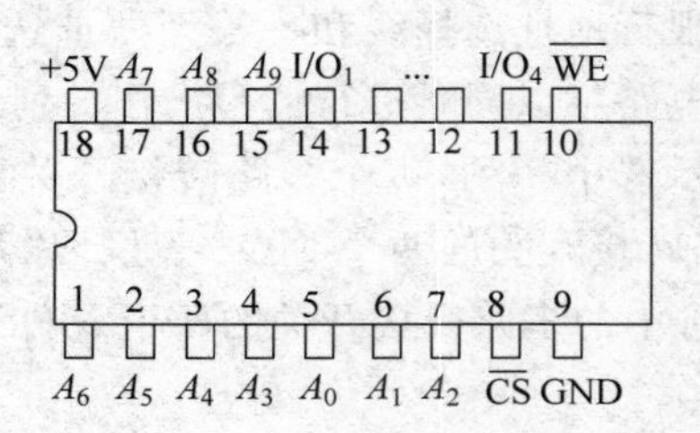

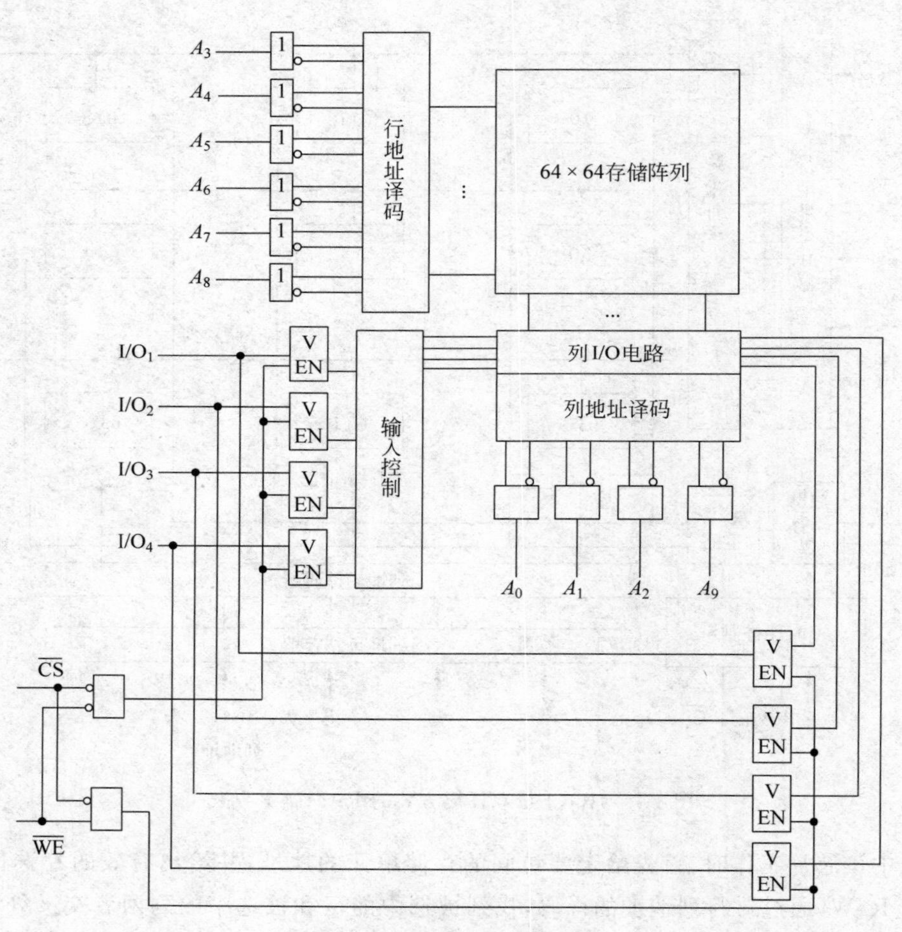

图 4-8 2114 逻辑结构及引脚

2114 芯片由存储体、地址缓冲器、地址译码器、读/写控制电路及三态输入输出缓冲器组成,存储体中共有 4096 个六管存储单元电路,排列成 64×64 阵列。地址译码采用二维译码结构,10 位地址码分成两组,$A_3 \sim A_8$ 作为 6 位行地址,经行地址译码器驱动 64 根行选择线。$A_0 \sim A_2$ 及 A_9 作为 4 位列地址,经列地址译码器驱动 16 根列选择线,每根列选择线同时选中

64 列中的 4 列,控制 4 个转接电路,控制被选中的 4 列存储电路的位线与 I/O 电路的接通。被选的行选择线与列选择线的交叉处的 4 个存储电路,就是所要访问的存储字,4 个存储电路对应一个字的 4 位。存储体内部的阵列结构如图 4-9 所示。存储器的读/写操作由片选信号 $\overline{CS}$ 与读/写控制信号 $\overline{WE}$ 控制。$\overline{CS}$ 为高电平时,输入与输出的三态门均关闭,不能与外部的数据总线交换信息。当 $\overline{CS}$ 为低电平时,芯片被选中工作,若 $\overline{WE}$ 为低电平,则打开 4 个输入三态门,数据总线上的信息被写入被选的存储单元;若 $\overline{WE}$ 为高电平,打开 4 个输出三态门,从被选的存储单元中读出信息并送到数据总线上。

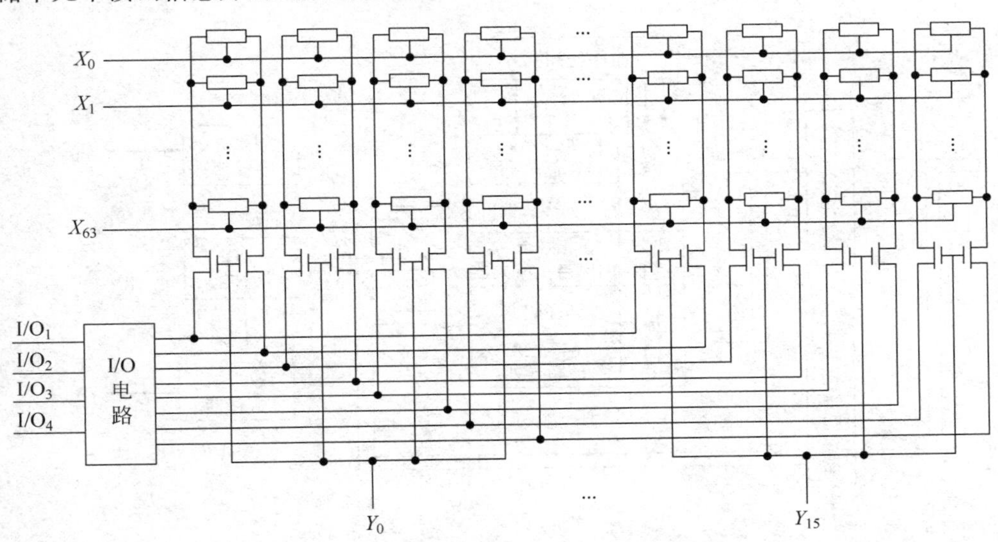

图 4-9　2114 芯片的存储阵列结构

2) TMS4116 芯片

TMS4116 是由单管动态 MOS 存储单元电路构成的随机存取存储器芯片,其容量为 16K×1 位。图 4-10 示出了 4116 芯片的逻辑结构框图和引脚分配图。

16K 的存储器,地址码有 14 位,为了节省引脚,该芯片只用了 $A_0 \sim A_6$ 七根地址线,采用分时复用技术,分两次把 14 位地址送入芯片。首先,送入低 7 位地址 $A_6 \sim A_0$,由行地址选通信号 $\overline{RAS}$,把这 7 位地址送到行地址缓冲器锁存,高 7 位地址 $A_{14} \sim A_8$,由列地址选通信号 $\overline{CAS}$ 打入列地址缓冲器锁存。

D_{IN}、D_{OUT} 分别为数据输入线和数据输出线,它们各有自己的数据缓冲寄存器。$\overline{WE}$ 为写允许控制线,$\overline{WE}$ 为高电平时为读出,$\overline{WE}$ 为低电平时为写入。该芯片没有专门设置选片信号,一般用 $\overline{RAS}$ 信号兼做选片控制信号,只有 $\overline{RAS}$ 有效(低电平)时,芯片才工作。

图 4-11 是 TMS4116 芯片的存储阵列结构图。16K×1 位共 16384 个单管 MOS 存储单元电路,排列成 128×128 的阵列,并将其分为两组,每组为 64 行×128 列。每根行选择线控制 128 个存储电路的字线。每根列选择线接到列控制门的删极,控制读出再生放大器与 I/O 缓冲器的接通,控制数据的读出或写入。每根列选择线控制一个读出再生放大器,128 列共有 128 个读出再生放大器,一列中的 128 个存储电路分为两组,每 64 个存储电路为一组,两组存储电路的位线分别接入读出再生放大器的两端。

读出时,行地址经行地址译码选中某一根行线有效,接通此行上的 128 个存储电路中的

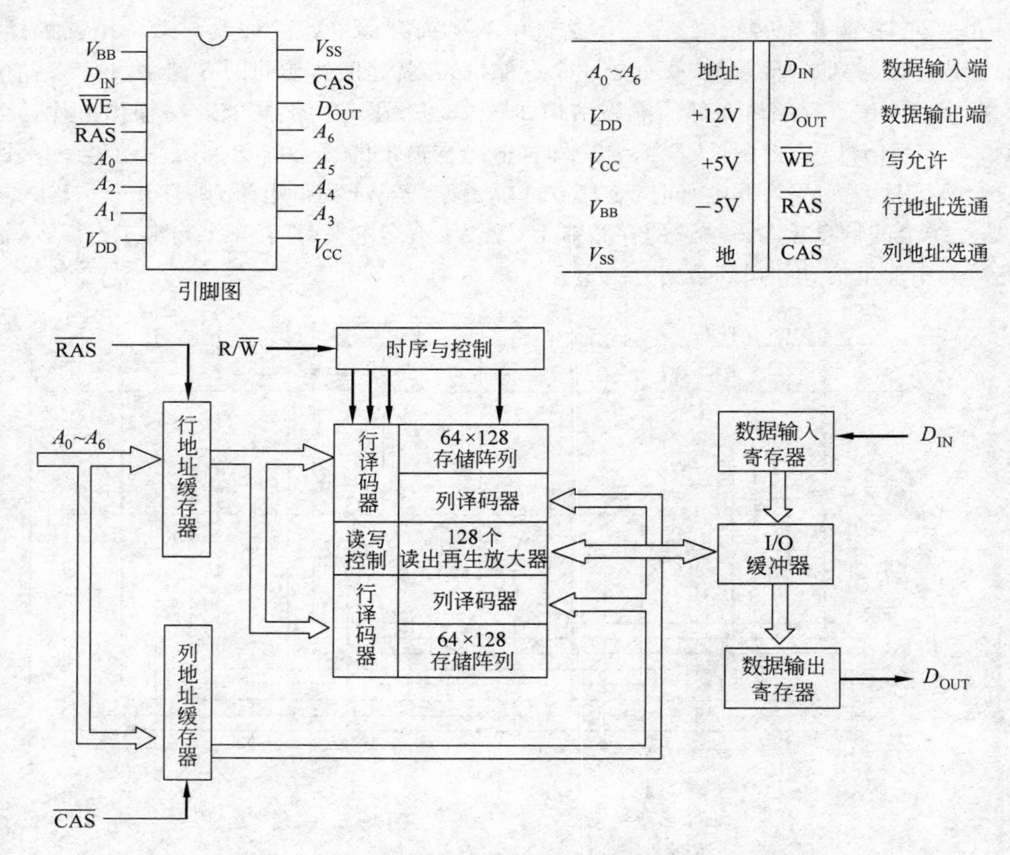

图 4-10　4116 动态存储器逻辑结构框图与引脚分配图

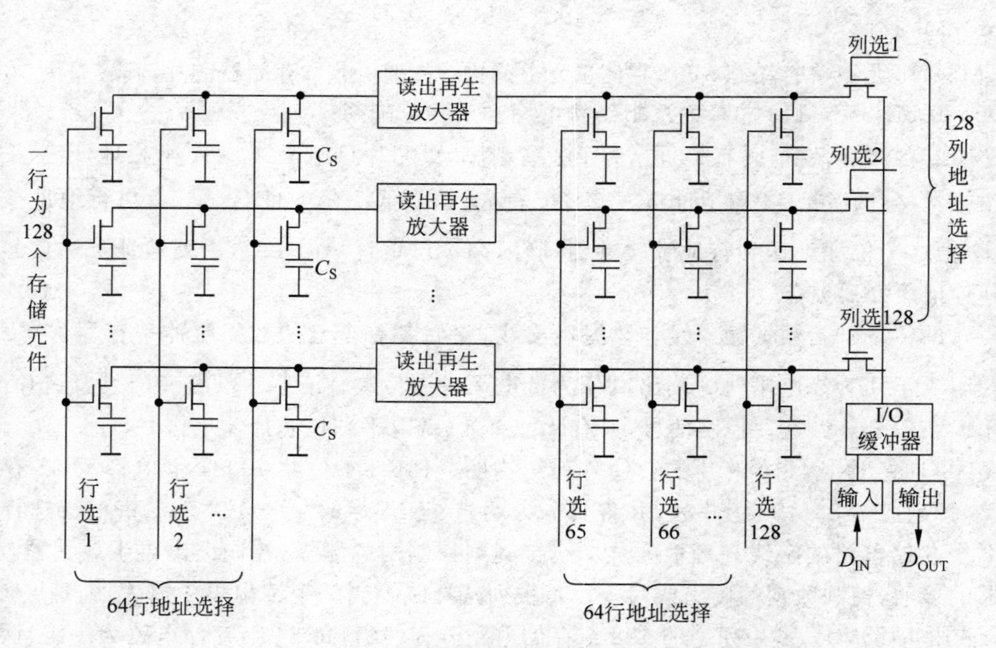

图 4-11　4116 动态存储器存储阵列图

MOS管，使电容所存信息分别送到128个读出再生放大器。由于是破坏性读出，经放大后的信息又送回到原电路进行重写，使信息再生。当列地址经列译码选中某根列线有效，接通相应的列控制门，将该列上读出放大器输出的信息送入I/O缓冲器，经数据输出寄存器输出到数据总线上。

写入时，首先将要写入的信息由数据输入寄存器经I/O缓冲器送入被选列的读出再生放大器中，然后再写入行、列同时被选中的存储单元。

由上可知，当某个存储单元被选中进行读/写操作时，该单元所在行的其余127个存储电路也将自动进行一次读出再生操作，这实质是完成一次刷新操作。故这种存储器的刷新是按行进行的，每次只加行地址，不加列地址，即可实现被选行上的所有存储电路的刷新。

读出再生放大器的结构形式如图4-12所示。图中T_1、T_2、T_3、T_4组成放大器，位于放大器两侧的行选择线仅画出了行选64和行选65，T_6、T_7与C_s是两个预选单元，由XW_1与XW_2控制。在读写之前，先使两个预选单元中的电容C_s预充电到0与1电平的中间值（预充电路图中未画出），并使$\Phi_1=0$，$\Phi_2=1$，使T_3、T_4截止，T_5导通，使读出放大器两端W_1、W_2处于相同电位。

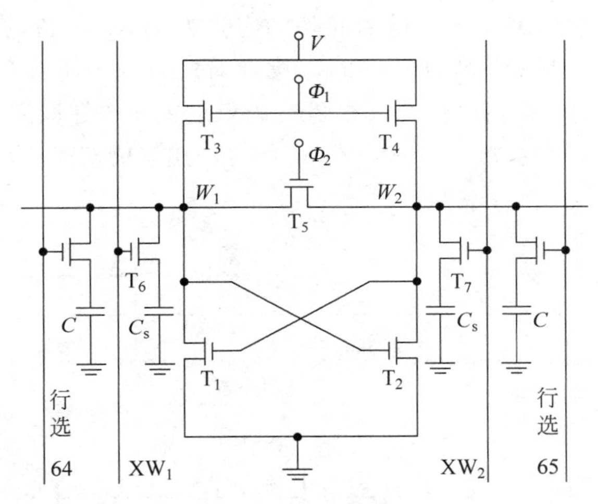

图4-12　读出再生放大器电路

读出时，先使$\Phi_2=0$，T_5截止。放大器处于不稳定平衡状态。这时使$\Phi_1=1$，T_3、T_4导通，T_1、T_2、T_3、T_4构成双稳态触发器，其稳定状态取决于W_1、W_2两点电位。设选中的行选择线处于读出放大器右侧（如行65），同时使处于读出放大器另一侧的预选单元选择线有效。这样，在放大器两侧的位线W_1和W_2上将有不同电位：预选单元侧具有0与1电平的中间值，被选行侧则具有所存信息的电平值0或1。若选中存储电路原存1，则W_2电位高于W_1的电位，使T_1导通，T_2截止，因而W_2端输出高电平，经I/O缓冲器输出1信息，并且W_2的高电平使被选存储电路的电容充电，实现信息再生。若被选存储电路原存0，则W_2电位低于W_1的电位，从而使T_1截止，T_2导通，W_2端输出低电平，经I/O缓冲器输出为0信息，并回送到原电路，使信息再生。

写入时，在T_3、T_4开始导通的同时，将待写信息加到W_2上。若写1，则W_2加高电平，将被选电路的存储电容充电为有电荷，实现写1。若写0，则W_2为低电平，使被选电路的存储电容放电为无电荷，实现写0。

4. 动态存储器的刷新方式

动态 MOS 存储器之所以要刷新,是因为电容电荷的泄放会引起信息的丢失。因此,每隔多少时间进行一次刷新操作,主要根据电容电荷泄放速度决定。设存储电容为 C,其两端电压为 u,电荷 $Q=C\cdot u$,则泄漏电流为:

$I=\frac{\Delta Q}{\Delta t}=C\frac{\Delta u}{\Delta t}$,因而泄漏时间 $\Delta t=C\frac{\Delta u}{I}$,若 $C=0.2\text{pF}$,允许电压变化 $\Delta u=1\text{V}$,泄漏电流 $I=0.1\text{nA}$,所以 $\Delta t=0.2\times10^{-12}\times\frac{1}{0.1\times10^{-9}}=2\text{ms}$。

由此得出,一般动态 MOS 存储器每隔 2ms 必须刷新一次,称作刷新最大周期。

随着半导体芯片技术的进步,刷新周期可达到 2ms、4ms、8ms,甚至更长。

动态存储器的刷新方式通常有下面几种。

1)集中式刷新方式

这种刷新方式是按照存储器芯片容量大小集中安排刷新操作的时间段,在此时间段内对芯片内所有的存储单元电路执行刷新操作,在此期间禁止 CPU 对存储器进行正常的访问,称它为 CPU 的"死区"。例如,某动态存储器芯片的容量为 16K×1 位,存储矩阵为 128×128。一次刷新操作可同时刷新 128 个存储单元电路,因此对芯片内的所有存储单元电路全部刷新一遍需要 128 个存取周期。刷新操作要求在 2ms 内留出 128 个存取周期专门用于刷新,假设该存储器的存取周期为 500ns,则在 2ms 内有 64μs 专门用于刷新操作,其余 1936μs 用于正常的存储器操作,如图 4-13(a)所示。

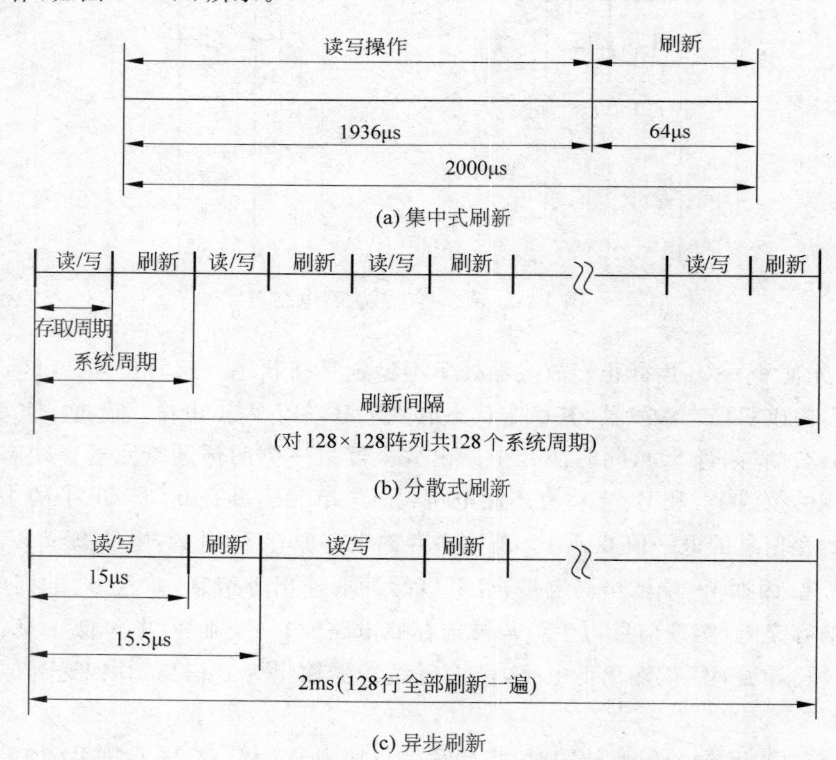

图 4-13 动态存储器 3 种刷新方式

2）分散式刷新方式

在这种刷新方式中定义系统对存储器的存取周期是存储器本身的存取周期的两倍。把系统的存取周期平均分为两个操作阶段，前一个阶段用于对存储器的正常访问，后一个阶段用于刷新操作，每次刷新一行，如图4-13(b)所示。显然这种刷新方式没有“死区”，但由于没有充分利用所允许的最大的刷新时间间隔，以致刷新过于频繁，人为降低了存储器的速度。就上面的例子而言，仅每隔128μs就对所有的存储单元电路实施了一遍刷新操作。

3）异步式刷新方式

异步式刷新方式是上述两种方式的折中。按上述例子，每隔2ms/128=15.625μs时间间隔刷新一次(128个存储单元电路)即可。取存取周期的整数倍，则每隔15.5μs时间间隔刷新一次，在15.5μs中前15μs(30个存取周期)用于正常的存储器访问，后0.5μs用于刷新，时间分配情况如图4-13(c)所示。异步式刷新方式既充分利用所允许的最大的刷新时间间隔，保持了存储器的应有速度，又大大缩短了“死区”时间，所以是一种常用的刷新方式。

4）透明刷新(隐含式刷新)

前3种刷新方式均延长存储器系统周期，占用CPU的时间。实际上，CPU在取指周期后的译码时间内，存储器为空闲阶段，可利用这段时间插入刷新操作，这不占用CPU时间，对CPU而言是透明的。这时设有单独的刷新控制器，刷新由单独的时钟、行计数与译码独立完成。

4.2.4　半导体存储器的组成

CPU对存储器进行读写操作，首先要由地址总线给出地址信号，然后要发出相应的读/写控制信号，最后才能在数据总线上进行信息交流。所以，存储芯片与CPU的连接，主要包括：地址信号线的连接、数据信号线的连接和控制信号线的连接。

但由于一块存储器芯片的容量总是有限的，因此内存总是由一定数量的存储器芯片构成。要组成一个主存储器，首先考虑如何选芯片以及如何把许多芯片连接起来的问题，之后按照上述3部分将整个存储器与CPU连接起来。

存储芯片的选择通常要考虑存取速度、存储容量、电源电压、功耗及成本等多方面的因素。就主存所需芯片的数量而言，可由下面的公式求得：

$$\text{芯片总数} = \frac{\text{主存储器的单元数} \times \text{位数} / \text{单元}}{\text{每片存储芯片的单元数} \times \text{位数} / \text{单元}}$$

例如，用2164A(64K×1位)芯片组成256K×8位的存储器，则所需的芯片数为：

$$\frac{256\text{K} \times 8\ \text{位}}{64\text{K} \times 1\ \text{位}} = 32\ (\text{片})$$

通常存储器芯片在单元数和位数方面都与要搭建的存储器有很大差距，所以需要在字方向和位方向两个方面进行扩展，按扩展方向分为下列3种情况。

1. 位扩展

如果芯片的单元数(字数)与存储器要求的单元数是一致的，但是存储芯片中单元的位数不能满足存储器的要求，就需要进行位扩展，即位扩展只是进行位数扩展(加大字长)，不涉及增加单元数。例如，用Intel 2114芯片(1K×4位)构成1K×8位的存储器时，就需要进行位扩展。位扩展的连接方式是将所有存储器芯片的地址线、选片信号线和读/写控制线一一并联起来，而将各芯片的数据线单独列出，分别接到CPU数据总线的对应位。上例的连接方式如

图 4-14 所示,图中$\overline{MREQ}$为 CPU 访问存储器请求信号。

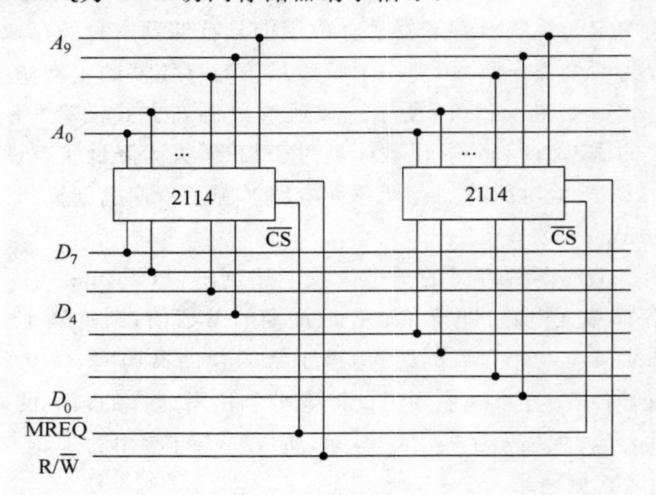

图 4-14 存储器位扩展举例

2. 字扩展

字扩展仅是单元数扩展,也就是在字方向扩展,而位数不变。在进行字扩展时,将所有芯片的地址线、数据线和读/写控制线一一对应地并联在一起,利用选片信号来区分被选中的芯片,选片信号由高位地址(除去用于芯片内部寻址的地址之后的存储器高位地址部分)经译码进行控制。

图 4-15 给出了用 16K×8 位存储器芯片构成 64K×8 位的存储器连接图。本例中,64K 个单元需 16 位地址 A_{15}~A_0,其中低 14 位地址 A_{13}~A_0用于存储芯片片内寻址,高两位地址 A_{15}、A_{14}用于形成选片信号。若存储器从 0 开始连续编址,则 4 块芯片的地址分配如下:

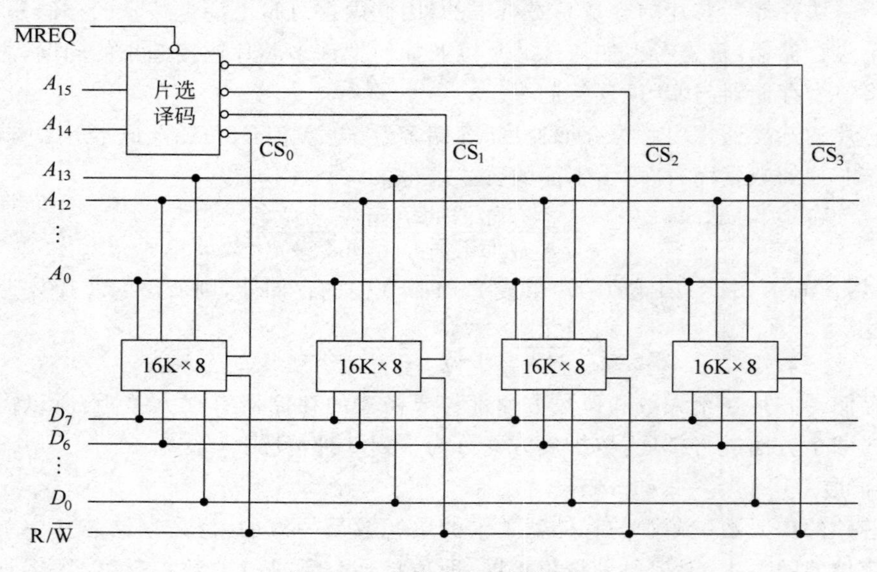

图 4-15 存储器字扩展举例

第 1 片地址范围为:0000H~3FFFH(高两位地址 A_{15}、A_{14}为 00 时,选中第 1 片芯片);

第 2 片地址范围为:4000H~7FFFH(高两位地址 A_{15}、A_{14}为 01 时,选中第 2 片芯片);

第3片地址范围为：8000H～BFFFH(高两位地址 A_{15}、A_{14} 为10时，选中第3片芯片)；

第4片地址范围为：C000H～FFFFH(高两位地址 A_{15}、A_{14} 为11时，选中第4片芯片)。

3. 字和位同时扩展

在搭建主存储器时，往往需要字和位同时扩展，它可以看作是位扩展与字扩展的组合，可按下面的规则实现：

(1) 确定组成主存储器需要的芯片总数；

(2) 所有芯片对应的地址线接在一起，接到CPU引脚的对应位，所有芯片的读写控制线接在一起，接入CPU的读写控制信号上；

(3) 所有处于同一地址区域芯片的选片信号接在一起，接到选片译码器对应的输出端；

(4) 所有处于不同地址区域的同一位芯片的数据输入输出线对应地接在一起，接到CPU数据总线的对应位。

例4.1　用Intel 2114(1K×4位)芯片组成4K×8位存储器。

用2114芯片构成4K×8位存储器所需的芯片数为 $\frac{4K\times 8\text{位}}{1K\times 4\text{位}}=8$(块)。8块芯片分成4组，每组组内按位扩展方法连接，两组组间按字扩展方法连接。图4-16为该例中芯片的连接。

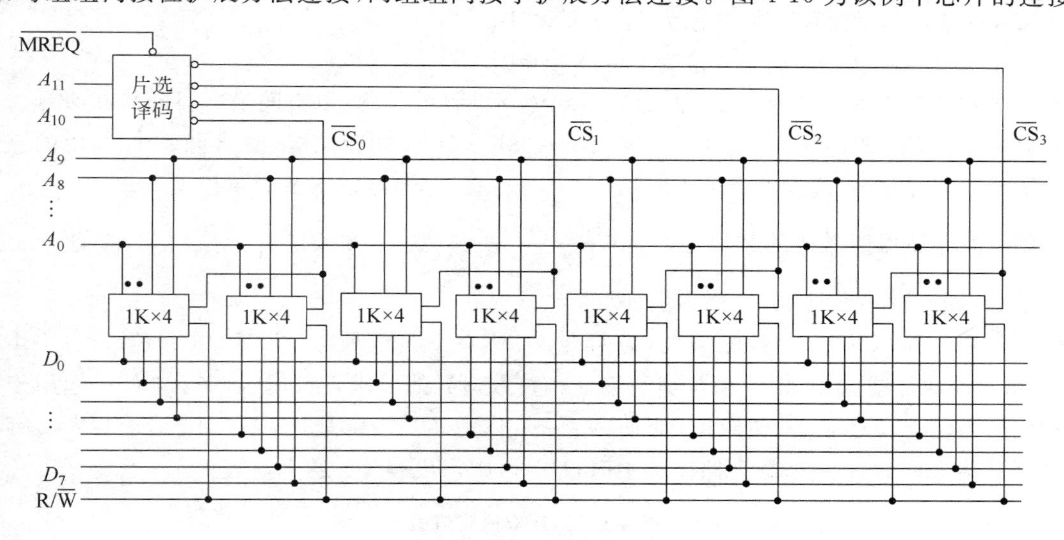

图4-16　存储器字位扩展举例

4. 多种数据的传输

多种数据的传输是指存储器按照CPU的指令要求，与CPU间传输8位、16位、32位或64位数据的情况。此时，CPU要增加控制信号，控制存储器传输不同位数的数据。

整数边界存储是指当计算机具有多种信息长度(8位、16位、32位等)时，应当按存储周期的最大信息传输量为界存储信息，保证数据都能在一个存储周期内存取完毕。例如，设计算机字长为64位，一个存储周期内可传输8位、16位、32位、64位等不同长度信息。那么一个8位、两个16位、两个32位、一个64位等信息的存储地址应如何给出呢？

若信息存储不合理，则会出现两个周期才能将数据传送完毕的情况。如图4-17(a)中每个方格代表一个字节的存储空间，则第一个16位、第二个32位和64位都需两个存储周期才能完成访问。无边界规定有可能造成系统访存速度下降。

图4-17(b)是按整数边界要求的信息存储情况图，其中画"O"的单元代表未存放任何有效

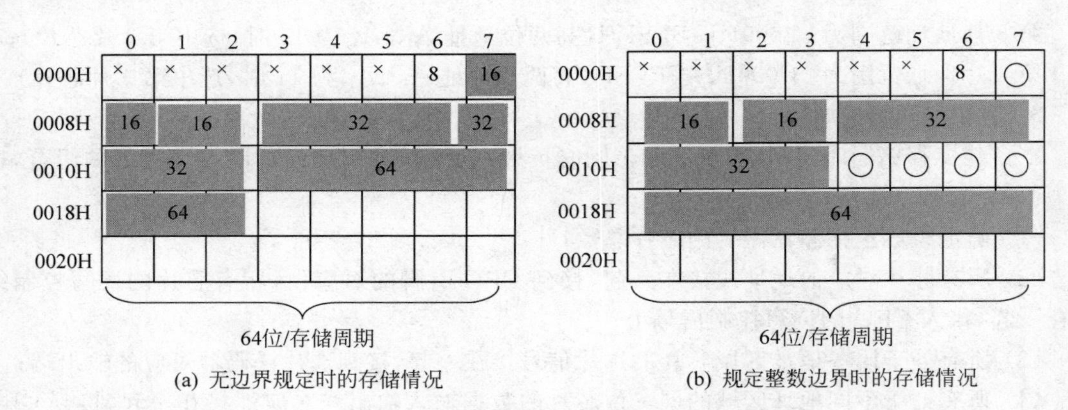

图 4-17　多数据长度的存储信息图

信息。此时,整数边界地址安排如下:

8 位(1 个字节),地址码最低位为任意值,XXXXXB;

16 位(四分之一字),地址码最低 1 位为 0,XXXX0B;

32 位(半字),地址码最低 2 位为 00,XXX00B;

64 位(单字),地址码最低 3 位为 000,XX000B。

整数边界存储虽然浪费空间,但随着半导体存储器的扩容,以空间换取时间势在必行。

例 4.2　请用 2K×8 位的 SRAM 设计一个 8K×16 位的存储器,要求当 CPU 给出的控制信号 $B=0$ 时访问 16 位数据,$B=1$ 时访问 8 位数据。存储器以字节为单位编址。

解:该存储器所需要的芯片总数为 $\frac{8\text{K}\times 16\text{位}}{2\text{K}\times 8\text{位}}=8$(块)。8 块芯片分成两列,按地址交叉方式编址,即一列为奇地址,一列为偶地址。

由于存储器以字节为单位编址,总容量为 8K×16 位,所以 $8\text{K}\times 16\text{b}=8\text{K}\times 2\times 8\text{b}=2^{14}\times 8\text{b}$。故地址线为 14 根。由于交叉编址和整数边界的要求,所以地址 A_0 与 B 一起用于控制存储器传输 8 位还是 16 位数据,地址 $A_{11}\sim A_1$ 作为芯片内部地址,A_{13}、A_{12} 用于 2∶4 译码。设偶存储体选中时,$C=1$,奇存储体选中时,$D=1$,则得出表 4-1 的真值表。

表 4-1　*C*、*D* 取值真值表

B A_0	C D	说　明
0 0	1 1	访问 16 位数据
0 1	0 0	不访问
1 0	1 0	访问偶存储体
1 1	0 1	访问奇存储体

由此真值表可得下面的逻辑表达式:

$$C=\overline{A_0},\quad D=\overline{B\oplus A_0}$$

8K×16 位的存储器需要 4 个模块,因此需用 2∶4 译码,译码器的输出一般是低电平有效,设经过反相后的输出为 Y_0、Y_1、Y_2、Y_3,则 8 块芯片的片选信号的逻辑表达式为:

$$\overline{\text{CS}_0}=\overline{C\cdot Y_0}\quad \overline{\text{CS}_2}=\overline{C\cdot Y_1}\quad \overline{\text{CS}_4}=\overline{C\cdot Y_2}\quad \overline{\text{CS}_6}=\overline{C\cdot Y_3}$$

$$\overline{\text{CS}_1}=\overline{D\cdot Y_0}\quad \overline{\text{CS}_3}=\overline{D\cdot Y_1}\quad \overline{\text{CS}_5}=\overline{D\cdot Y_2}\quad \overline{\text{CS}_7}=\overline{D\cdot Y_3}$$

存储器结构图及与 CPU 连接的示意图如图 4-18 所示。

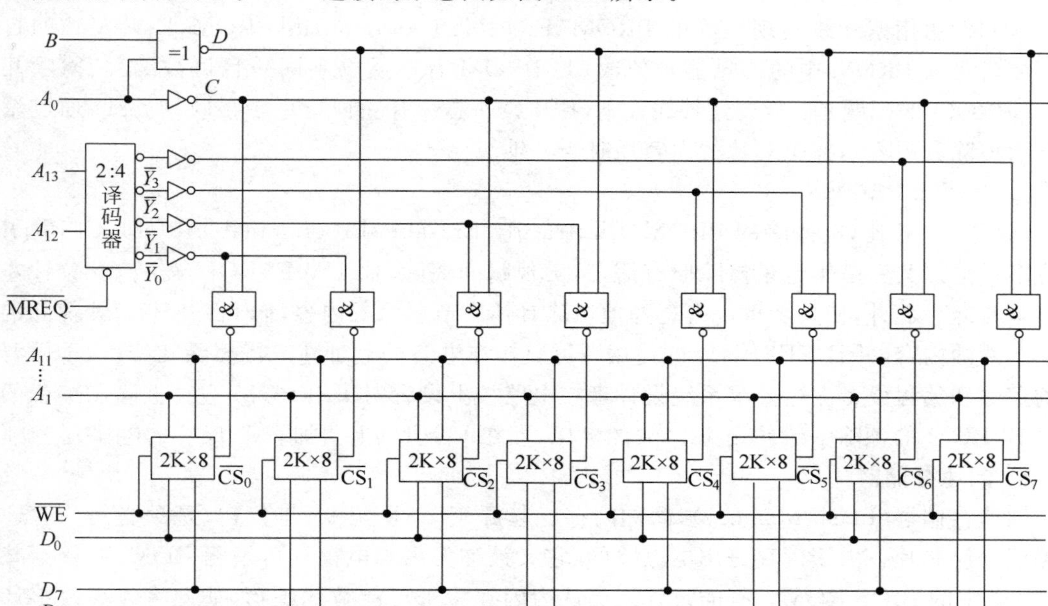

图 4-18 存储器多数据传输举例

4.3 半导体只读存储器

4.3.1 只读存储器的分类

只读存储器的特点是：在系统断电以后，只读存储器中所存储的内容不会丢失。因此，只读存储器是非易失性存储器。半导体只读存储器常作为主存的一部分，用于存放一些固定的程序，如监控程序、启动程序、磁盘引导程序等。只要一接通电源，这些程序就能自动运行。此外，只读存储器还可以用作控制存储器、函数发生器、代码转换器等。在输入输出设备中，常用 ROM 存放字符、汉字等的点阵图形信息。

只读存储器的类型多种多样，如掩膜 ROM、可编程 ROM、紫外线擦除 PROM、电擦除 PROM 和闪速存储器。下面对它们分别做出简要说明。

1. 掩膜 ROM

掩膜 ROM 中的内容是由半导体存储芯片制造厂家在制造该芯片时，直接写入 ROM 中的，即掩膜 ROM 不是用户可编程 ROM。掩膜 ROM 的主要优点是比其他类型的 ROM 便宜，但是一旦掩膜 ROM 中的某个代码或数据有错误，整批的掩膜 ROM 都得扔掉。

2. 可编程 ROM

可编程 ROM(Programmable ROM，PROM)是一种提供给用户，将要写入的信息烧入 ROM。PROM 为一次可编程 ROM(One Time Programmable ROM，OTPROM)。对 PROM 写入信息需要用一个叫 ROM 编程器的特殊设备来实现这个过程。

3. 紫外线擦除 PROM

人们发明用紫外线实现擦除的 PROM(Erasable Programmable ROM,EPROM)的目的是要使已写入 PROM 中的信息能被修改(与 PROM 有本质的不同),且可被编程、擦除几千次。EPROM 的问题是:需要紫外线设备(EPROM 芯片有一窗口用于接收紫外线,通过紫外线照射擦除其内容),擦除芯片的内容耗时为分钟级。

4. 电擦除 PROM

与 EPROM 比,电擦除的 PROM(Electrically Erasable Programmable ROM,EEPROM)有许多优势。其一是用电来擦除原有信息,实现瞬间擦除,而 UV-EPROM 需要 20 分钟左右的擦除时间。此外,使用者可以有选择地擦除具体字节单元的内容,而 UV-EPROM 擦除的是整个芯片的内容,并且 EEPROM 的使用者可直接在电路板上对其进行擦除和编程,不需要额外的擦除和编程设备。这要求系统设计者在电路板上设置对 EEPROM 进行擦除和编程的电路(EEPROM 的擦除一般使用 12.5V 的电压,即在 V_{PP}引脚上要加有 12.5V 的电压)。

5. 闪速存储器

闪速存储器(Flash Memory),简称闪存。起源于 20 世纪 90 年代初,是深受用户欢迎的可编程存储芯片。由于闪存是用电擦除的,它又被称为闪烁电擦除可编程 ROM,并逐渐替代原来 PC 中的 BIOS ROM。有的设计人员认为闪存将来可能替代硬盘,如此将大大改善计算机的性能,因为闪存的存取时间在 100ns 之内,而磁盘的存取时间为毫秒级。

闪存替代硬盘有两个问题必须解决:一是成本因素,即同等容量的 U 盘价格应与同等容量的硬盘价格相差不大;二是闪存可擦写的次数,必须像硬盘一样在理论上是无限的(这是硬盘的工作原理所决定的),而闪存和 EEPROM 的可擦写次数是有限的。

4.3.2 闪速存储器

东芝公司的发明人 Fujio Masuoka 于 1984 年首先提出了快速闪存存储器的概念。与传统电脑内存不同,闪存的特点是非易失性。

Intel 是世界上第一个生产闪存并将其投放市场的公司。1988 年,公司推出了一款 256Kb 闪存芯片。它如同鞋盒一样大小,内嵌于一个录音机里。后来,Intel 发明的这类闪存被统称为 NOR 闪存。它结合了 EPROM 和 EEPROM 两项技术,并拥有一个 SRAM 接口。

另一种闪存是日立公司于 1989 年研制的 NAND 闪存,它被认为是 NOR 闪存的理想替代者。NAND 闪存的写周期是 NOR 闪存的 1/10 倍,保存与删除处理的速度快,存储单元只有 NOR 的一半,但读取速度要慢于 NOR 型闪存。

1. 闪速存储器的基本原理

闪存以单晶体管作为二进制信号的存储单元,它的结构与普通的半导体晶体管(场效应管)非常类似,如图 4-19 所示,区别在于闪存的晶体管加入了浮动栅(Floating Gate)和控制栅(Control Gate)——前者用于存储电子,表面被一层硅氧化物绝缘体所包覆,并通过电容与控制栅相耦合。当负电子在控制栅的作用下被注入浮动栅中时,该 NAND 单晶体管的存储状态就由 1 变成 0。反之,当负电子从浮动栅中移走后,存储状态就由 0 变成 1;而包覆在浮动栅表面的绝缘体的作用就是将内部的电子困住,达到保存数据的目的。如果要写入数据,就必须将浮动栅中的负电子全部移走,令目标存储区域都处于 1 状态,这样只有遇到数据 0 时才发生写入动作。

闪存有几种不同的电荷生成与存储方案,应用最广泛的是通道热电子编程(Channel Hot

Electron,CHE),该方法通过对控制栅施加高电压,使传导电子在电场的作用下突破绝缘体的屏障进入到浮动栅内部,反之亦然,以此来完成写入或者抹除动作;另一种方法被称为隧道效应法(Fowler-Nordheim,FN),该方法直接在绝缘层两侧施加高电压形成高强度电场,帮助电子穿越氧化层通道进出浮动栅。

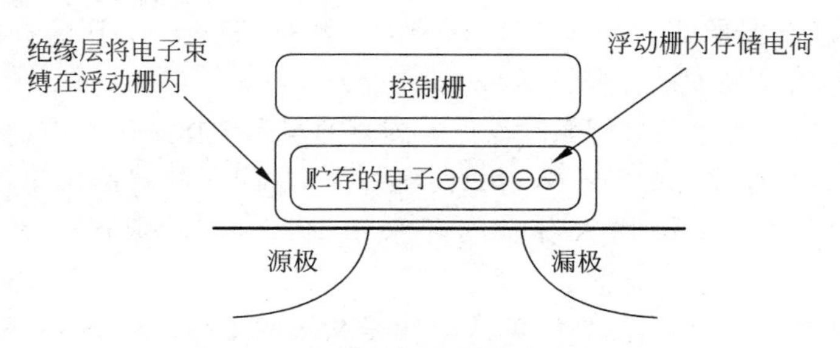

图 4-19　闪存的基本存储单元结构图

2. 闪速存储器的特点

固有的非易失性:SRAM 和 DRAM 断电后保存的信息随即丢失,为此 SRAM 需要备用电池来保存数据,而 DRAM 一般需要磁盘作为后援存储器。由于闪速存储器具有可靠的非易失性,它是一种理想的存储器。

廉价和高密度:和 SRAM 及 DRAM 相比,相同存储容量的闪速存储器具有更低的成本。

可直接执行:NOR 型闪速存储器中存储的应用程序可以直接在闪存内运行,不必再把代码读到系统 RAM 中,而磁盘中存储的应用程序要先加载到 RAM 中,才能执行。

固态性能:闪速存储器是一种低功耗、高密度且没有机电移动装置的半导体技术,因而特别适合于便携式微型计算机系统,使它成为替代磁盘的一种理想存储介质。

3. 闪速存储器的分类

根据技术架构的不同,闪速存储器可分为如下几类。

1) NOR 型闪存

NOR 型闪存工作时同时使用 CHE 和 FN 两种方法。CHE 用于数据写入,支持单字节或单字编程;FN 法则用于擦除。但 NOR 不能单字节擦除,必须以块为单位或对整片区域执行擦除操作,由于擦除和编程速度慢、块尺寸也较大,使得 NOR 闪存在擦除和编程操作中所花费的时间很长,无法胜任纯数据存储和文件存储之类的应用。

NOR 型闪存带有 SRAM 接口,有足够的地址引脚来寻址,可以很容易地存取其内部的每一个字节,因此它支持代码本地直接运行,即应用程序可以直接在闪存内运行,不必再把代码读到系统 RAM 中。但其价格比较贵,容量比较小,比较适合频繁随机读写的场合,通常用于存储程序代码并直接在闪存内运行,手机就是使用 NOR 型闪存的大户,所以手机的内存容量通常不大。

2) NAND 型闪存

NAND 型闪存工作时采用 FN 法写入和擦除,单晶体管的结构相对简单,存储密度较高,擦除动作很快,但缺陷在于读出性能平平且不支持代码本地执行。

另一个不可忽视的地方在于,NAND 闪存很容易出现坏块,制造商通过虚拟映射的方式将其屏蔽。但是,NOR 型闪存理论擦写次数约为 10 万次,NAND 型闪存理论擦写次数约为 100 万次,寿命上 NAND 型闪存要占优势。

NAND型闪存与NOR型闪存相比,成本要低一些,而容量大得多。NAND型闪存的基本存储单元是页(Page)。每一页的有效容量是512B的倍数,这就类似于硬盘的扇区(硬盘的一个扇区的有效存储容量也为512B)。所谓的有效容量是指用于数据存储的部分,实际上还要加上16B的校验信息。因此,我们可以在闪存厂商的技术资料当中看到(512+16)B的表示方式。目前,2GB以下容量的NAND型闪存绝大多数是(512+16)B的页面容量,2GB以上容量的NAND型闪存则将页容量扩大到(2048+64)B。

NAND型闪存以块为单位进行擦除操作。闪存的写入操作必须在空白区域进行,如果目标区域已经有数据,必须先擦除后写入,因此擦除操作是闪存的基本操作。一般每个块包含32个512B的页,容量16KB;而大容量闪存采用2KB页时,则每个块包含64个页,容量128KB。

NAND型闪存类似于硬盘,地址线和数据线是共用的I/O线。每颗NAND型闪存一般有8条I/O线。但较大容量的NAND型闪存也越来越多地采用16条I/O线的设计,如三星编号K9K1G16U0A的芯片就是64M×16b的NAND型闪存,容量是1GB。

寻址时,NAND型闪存通过8条I/O接口数据线传输地址信息包,每包传送8位地址信息。由于闪存芯片容量比较大,一组8位地址只够寻址256个页,显然是不够的,因此通常一次地址传送需要分若干组,占用若干个时钟周期。NAND的地址信息包括列地址(页面中的起始操作地址)、块地址和相应的页面地址,传送时分别分组,至少需要3次,占用3个周期。随着容量的增大,地址信息会更多,需要占用更多的时钟周期传输,因此NAND型闪存的一个重要特点就是容量越大,寻址时间越长。而且,由于传送地址周期比其他存储介质长,因此NAND型闪存比其他存储介质更不适合大量的小容量读写请求。

NAND型闪存主要用来存储资料,它常常被应用于诸如数码照相机、数码摄像机及闪存卡等数码产品。根据不同的生产厂商和不同的应用,闪存卡大概有SmartMedia(SM卡)、Compact Flash(CF卡)、MultiMediaCard(MMC卡)、Secure Digital(SD卡)、Memory Stick(记忆棒)、XD-Picture Card(XD卡)和Microdrive(微硬盘)。这些闪存卡虽然外观、规格不同,但是技术原理都是相同的。

4.4 并行存储器

随着计算机的不断发展,虽然存储器系统速度也在不断提高,但始终跟不上CPU速度的提高,因而使之成为限制系统速度的一个瓶颈。为了解决两者的速度匹配问题,可以采用下列几种方法:

(1) 采用更高速的主存储器,或加长存储器的字长;

(2) 采用并行操作的双端口存储器;

(3) 在每个存储器周期中存取几个字,即采用并行存储器;

(4) 在CPU和主存储器之间插入一个高速缓冲存储器(Cache)。

本节先介绍双端口存储器,然后介绍并行主存系统,最后介绍相联存储器,下一节介绍高速缓冲存储器。

4.4.1 双端口存储器

常规存储器是单端口存储器,每次只接收一个地址,访问一个编址单元,从中读取或存入一个字节或一个字。在执行双操作数指令时，就需要分两次读取操作数，工作速度较低。在高速系统中，主存储器是信息交换的中心。一方面 CPU 频繁地访问主存，从中读取指令、存取数据；另一方面外围设备也需较频繁地与主存交换信息，而单端口存储器每次只能接受一个访存者，或是读或是写，这也影响了工作速度。为此，在某些系统或部件中使用双端口存储器，已有集成芯片可用。

如图 4-20 所示，双端口存储器具有两个彼此独立的读写口，每个读写口都有一套独立的地址寄存器和译码电路、数据总线和控制总线，可以并行地独立工作。

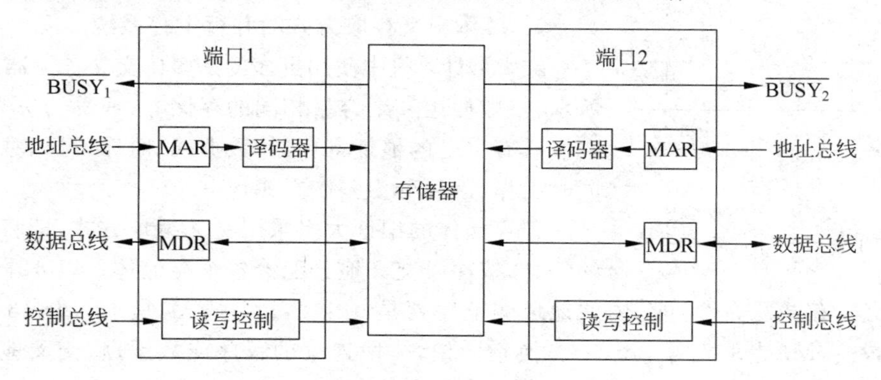

图 4-20　双端口存储器

当送达两个端口的访存地址不同时，在两个端口上进行读写操作，一定不会发生冲突。每个端口都可独立对存储器进行读写，就像是两个存储器在同时工作，实现了并行存储操作。

当两个端口地址总线上送来的是存储器同一单元的地址时，便发生读写冲突。为解决此问题，双端口存储器芯片特设置$\overline{BUSY}$标志。在这种情况下，芯片上的判断逻辑可以决定对哪个端口优先进行读写操作，而对另一个被延迟的端口置$\overline{BUSY}$标志（使其变为低电平），即暂时关闭此端口。换句话说，读写操作对$\overline{BUSY}$变为低电平的端口是不起作用的。一旦优先端口完成了读写操作，才将被延迟端口的$\overline{BUSY}$复位（使其变为高电平），开放此端口允许延迟端口进行存取。

双端口存储器的常见应用场合有：在运算器中采用双端口存储芯片，作为通用寄存器组，能快速提供双操作数，或快速实现寄存器间传送。另一种应用是让双端口存储器的一个读写口面向 CPU，通过专门的存储总线（或称局部总线）连接 CPU 与主存，使 CPU 能快速访问主存；另一个读写口则面向外围设备或输入输出处理机 IOP，通过共享的系统总线连接，这种连接方式具有较大的信息吞吐量。此外，在多机系统中，常采用双端口存储器甚至多端口存储器，作为各 CPU 的共享存储器，实现多 CPU 之间的通信。

4.4.2　并行主存系统

为解决主存与 CPU 之间的速度差异，在高速的大型计算机中普遍采用并行主存系统，在一个存储周期内可并行存取多个字，从而提高整个存储器系统的吞吐率（数据传送率），解决 CPU 与主存间的速度匹配问题。通常有两种方式。

1. 单体多字并行主存系统

如图 4-21 所示，多个并行存储器共用一套地址寄存器，按同一地址码并行地访问各自的对应单元。例如，读出沿这 n 个存储器顺序排列的 n 个字，每个字有 w 位。假定送入的地址

码为 A,则 n 个存储器同时访问各自的 A 号单元。我们也可以将这 n 个存储器视作一个大存储器,每个编址对应于 n 字×w 位,因而称为单体多字方式。

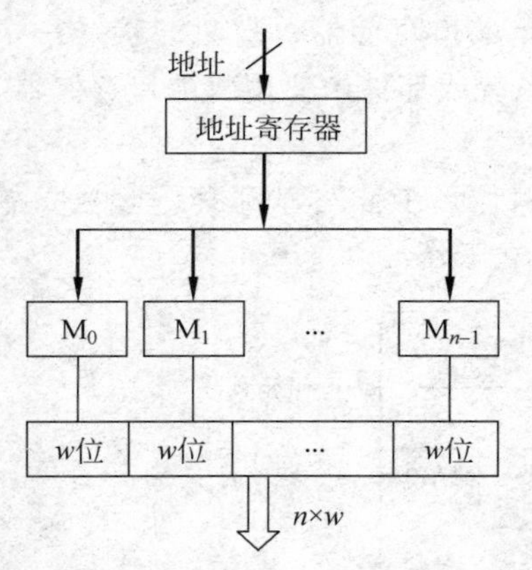

图 4-21 单体多字并行主存系统

单体多字并行主存系统适用于向量运算一类的特定环境。在执行向量运算指令时,一个向量型操作数包含 n 个标量操作数,可按同一地址分别存放于 n 个并行主存之中。例如,矩阵运算中的 $a_i b_j = a_0 b_0$、$a_0 b_1$、…,就适于采用单体多字并行存取方式。

2. 多体交叉存取方式的并行主存系统

在大型计算机中使用更多的是多体交叉存储器,如图 4-22 所示,一般使用 n 个容量相同的存储器,或称为 n 个存储体,它们具有自己的地址寄存器、数据线、时序,可以独立编址的同时工作,因而称为多体方式。

各存储体的编址大多采用交叉编址方式,即将一套统一的编址,按序号交叉地分配给各个存储体。以 4 个存储体组成的多体交叉存储器为例:M_0 体的地址编址序列是 0,4,8,12,…,M_1 是 1,5,9,13,…,M_2 是 2,6,10,14,…,M_3 是 3,7,11,15,…。换句话说,一段连续的程序或数据,将交叉地存放在几个存储体中,因此整个并行主存是以 n 为模交叉存取。

相应地,对这些存储体采取分时访问的时序,如图 4-23 所示。仍以 4 个存储体为例,模等于 4,各体分时启动读/写,时间错过四分之一存取周期。启动 M_0 后,经 $T_M/4$ 启动 M_1,在 $T_M/2$ 时启动 M_2,在 $3T_M/4$ 时启动 M_3。各体读出的内容也将分时地送入 CPU 中的指令栈或数据栈,每个存取周期可访存 4 次。

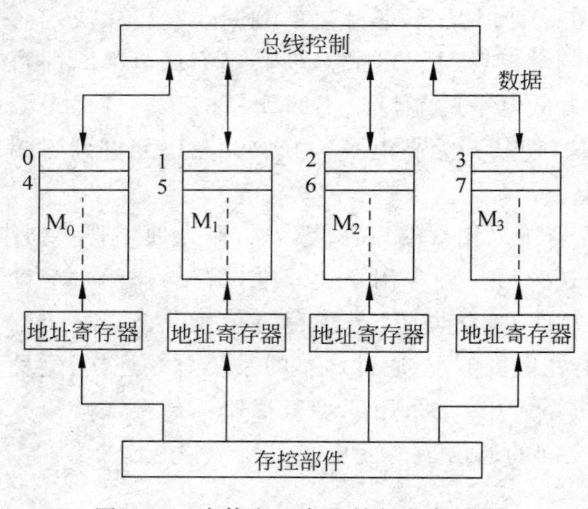

图 4-22 多体交叉存取并行主存系统

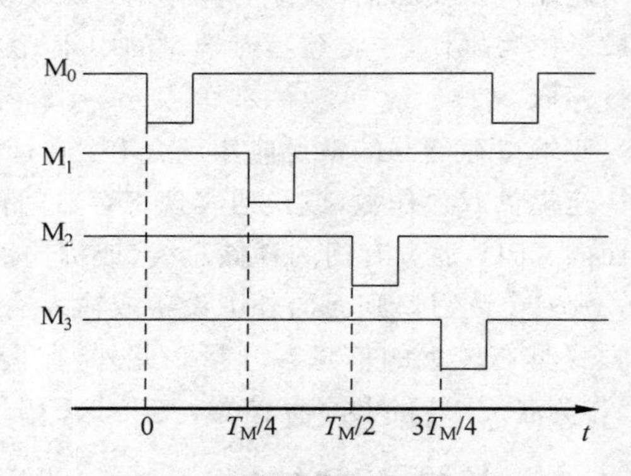

图 4-23 多存储体分时工作示意图

采取多体交叉存取方式,需要一套存储器控制逻辑,简称为存控部件。它由操作系统设置或控制台开关设置,确定主存的模式组合,如所取的模是多大;接收系统中各部件或设备的访存请求,按预定的优先顺序进行排队,响应其访存请求;分时接收各请求源发来的访存地址,转送至相应的存储体;分时收发读/写数据;产生各存储体所需的读/写时序;进行校验处理等。显然,多体交叉存取方式的存控逻辑比较复杂。

当 CPU 或其他设备发出访存请求时,存控部件按优先排队决定是否响应请求。响应后按交叉编址关系决定该地址是访问哪个存储体,然后查询该存储体的"忙"触发器是否为1。若为1,表示该存储体正在进行读/写操作,需等待;若该存储体已完成一次读/写,则将"忙"触发器置0,然后可响应新的访存请求。当存储体完成读/写操作时,将发出一个回答信号。

这种多体交叉存取方式很适合于支持流水线的处理方式,而流水线处理方式已是CPU中一种典型技术。因此,多体交叉存储结构是高速大型计算机的典型主存结构。

4.4.3 相联存储器

常规存储器是按地址访问的,即送入一个地址编码,选中相应的一个编址单元,然后进行读/写操作。在信息检索一类工作中,需要的却是按信息内容选中相应单元,进行读/写。例如,从一份学生档案中查找某生的学习成绩,送出的检索依据是该生的姓名(字符串),找到相应的存储单元或存储区,从中读出他的成绩数据。当使用常规存储器进行检索时,就需要采用某种搜索算法,依次按地址选择某个存储单元,从中读出姓名信息(字符串),与检索依据进行符合比较。若不符合,按算法修改地址,再读出另一个姓名信息,进行比较。直到二者相符,表示已找到所需寻找的学生姓名,然后从此找到对应的存储区域,读出成绩数据。可见,用常规存储器进行信息检索,需将检索依据的内容设法转化为地址,因此效率往往很低。能否将有关的这些姓名与检索依据同时进行符合比较,一次就找到相符内容所存的单元呢?于是出现了相联存储器。

相联存储器(Associative Memory)又称为联想存储器,它不是根据地址而是根据所存信息的全部特征或部分特征进行存取的,即一种按内容寻址的存储器。

相联存储器的逻辑结构如图4-24所示。它由存储体、检索寄存器、屏蔽寄存器、符合寄存器、比较线路、数据寄存器以及控制线路组成。检索寄存器和屏蔽寄存器的位数与存储体中存储单元的位数(n)相等,符合寄存器的位数则跟存储单元数(m)相等,即符合寄存器的每一位对应于存储体中一个存储单元。

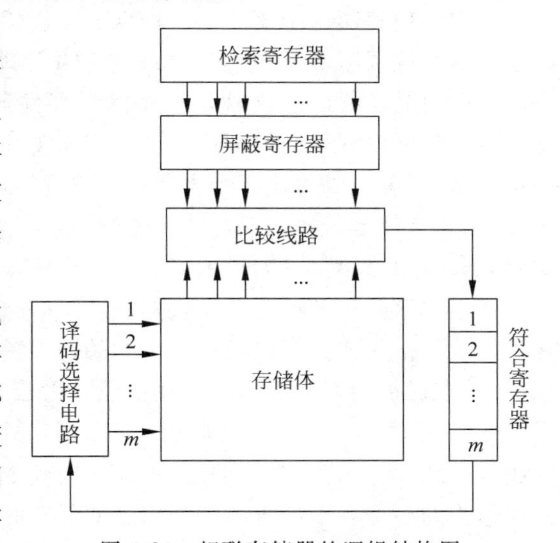

图4-24 相联存储器的逻辑结构图

当需要查找某一数据时,先把数据本身或数据的特征标志部分(检索项)送入检索寄存器。由于每次检索时一般只用到其中的一部分,例如只输入学号,或只输入姓名。因此屏蔽寄存器中存放着屏蔽字代码。如本次检索只用到高8位,即输入的检索字为高8位,则屏蔽字的高8位为1,而其余低位均为0,将本次不用的无效位屏蔽掉。高8位的检索信息将能与相联存储器中的m个字的高8位同时进行符合比较,其余被屏蔽掉的无效位将不进行符合比较。如果输入的检索字是另外的检索项,则修改屏蔽字。屏蔽字中为1的诸位像一个窗口,只允许窗口对应的检索项进行比较操作。

比较线路的作用是把检索项同时和相联存储阵列中的每一个存储单元的相应部分进行逻辑比较,若完全相同,就把与该字对应的符合寄存器相应位置1,表示该字就是所要查找的字,并利用这个符合信号去控制该字单元的读/写操作,实现数据的读出或写入。数据寄存器则存放读出或要写入的数据。

由上述可知,存储体中的每个单元都应有一套比较线路,最终产生使符合寄存器相应位置1的信号。

由于相联存储器的成本高,其容量有限,所以相联存储器一般用来存放检索中可能要查询的关键信息。所以,若其他信息存放在另外的常规数据存储器中,则符合寄存器的各位经编码产生地址,据此到数据寄存器中读/写。

在计算机系统中,相联存储器主要用于虚拟存储器中存放分段表、页表和快表;在高速缓冲存储器中,相联存储器用于存放Cache的行地址。在这两种应用中,都需要快速查找。

4.5 高速缓冲存储器

4.5.1 Cache在存储体系中的地位和作用

由于集成电路技术不断进步,导致生产成本不断降低,CPU的功能不断增强,运算速度也越来越快;同时,微型计算机的应用领域也不断拓展,使得系统软件和应用软件都变得越来越大,客观上需要大容量的内存支持软件的运行,因此需要计算机配备较大容量的内存。从成本和容量这两个因素考虑,现代计算机广为采用的内存实现方法是用DRAM构成的内存。因为DRAM的功耗和成本较低,构成大容量的内存也不困难。但DRAM的速度相对较慢,很难满足高性能CPU在速度上的要求。

那么如何解决这个矛盾呢?根据冯·诺伊曼计算机的特点,我们注意到:在较短时间内,程序的执行仅局限于某个部分,相应地,CPU所访问的存储器空间也局限于某个区域(至少在一段时间内是这样的),这就是程序的局部性(Locality of Reference)原理。程序的局部性表现为时间局部性和空间局部性。由于程序中存在着大量的循环结构,如果程序中的某条指令一旦执行,则不久以后该指令可能再次执行;如果某数据被访问过,则不久以后该数据可能再次被访问,这就是时间局部性。程序的另一个典型情况就是顺序执行,一旦程序访问了某个存储单元,在不久以后,其附近的存储单元也将被访问,表现为空间的局部性。

基于程序的局部性原理,高速缓冲存储器(Cache)的设计理念就是:只将CPU最近需要使用的少量指令或数据以及存放它们的内存单元的地址,复制到速度较快的高速缓冲存储器(Cache)中提供给CPU使用,即用少量速度较快的SRAM构成高速缓冲存储器(Cache)置于CPU和主存之间。这种设计思想利用了SRAM的速度优势和DRAM的高集成度、低功耗及低成本的特点。因为,若全部用SRAM构成主存,不仅成本太高,功耗也太大,这需要使用过去在昂贵的小型和大型机中才会用到的复杂的冷却系统;但全部用DRAM构成主存,又会影响系统的性能,故采用了上述的折中方案。

例如,在33MHz 80386构成的系统中,如果CPU需要从内存中读取指令或数据,在不需要插入任何等待状态的理想情况下(零等待),最大的延迟时间为60ns,即CPU发出内存地址和读命令后,最多等待60ns就需要在数据总线上取得它需要的指令或数据,换一个角度讲,当内存得到了CPU送来的地址和读命令后,只有60ns的时间完成地址译码、读出指令或数据并将读出的指令或数据稳定地放到数据总线上。当时能够在市场上获得满足成本要求的DRAM芯片,但在速度上都不能满足要求,只有访问时间为45ns的SRAM,速度上才能满足CPU的要求。因此,在这样的系统中,使用Cache是完全必要的。

不难想象，随着大规模集成电路技术不断进步，CPU 的工作频率进一步提高，虽然 DRAM 技术和生产工艺也在不断进步，DRAM 的读写周期在不断缩短，即速度也在不断提高，但是仍然达不到同阶段的 CPU 对内存速度上的要求。问题依然存在，且变得更加严重，所以在目前的系统中，均采用了 Cache 和 DRAM 内存的组合结构。

基于目前的大规模集成电路技术和生产工艺，人们已经可以在 CPU 芯片内部放置一定容量的高速缓冲存储器(Cache)。CPU 芯片内部的高速缓冲存储器(Cache)，称为一级(L1) Cache，CPU 外部由 SRAM 构成的高速缓冲存储器(Cache)，称为二级(L2)Cache。目前最新的 CPU 内部已经可以放置二级甚至三级 Cache。

同时也应该看到，若 CPU 随机地访问存储器，不遵循局部性原理，Cache 的设计理念就根本无法发挥作用。目前看来，频繁且无规则地在程序中使用 CALL 或 JMP 指令，将会严重地影响基于 Cache 的系统性能，但这种情况在实际应用中并不多见，也可以考虑通过加大 Cache 的容量来提高系统性能。

在带有 Cache 的计算机系统中，Cache 对于程序员是透明的。从逻辑上讲，程序员并不感觉到 Cache 的存在，只是感觉到主存的速度加快了。

4.5.2　Cache 的结构及工作原理

Cache 的总体结构如图 4-25 所示。Cache 存储阵列由高速存储器构成，用于存放主存信息的副本。其容量虽小于主存，但编址方式、物理单元长度均与主存相同。

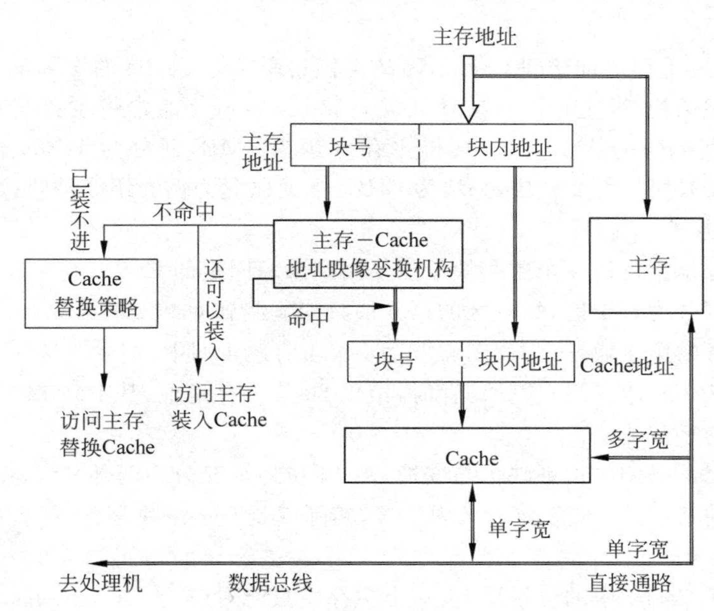

图 4-25　Cache 总体结构图及工作原理

Cache 中用于存放数据的部分称为数据 Cache，存放指令的部分称为指令 Cache，有时二者也统称为内容 Cache。Cache 中有专门用于实现主存地址与 Cache 地址映像的机构，一般由相联存储器组成，其中有用以记录主存内容存入 Cache 时两者地址的对应关系的部件，称为标识 Cache。Cache 中的替换策略实现机构是在 Cache 未命中而又没有空闲空间时，按照某种替换算法，调出某一 Cache 块，然后从内存中装入所需的块。

在带有Cache的计算机系统中,Cache和主存均被分割成大小相同的块(也称为行),信息以块为单位调入内容Cache。Cache中数据块的大小一般为几个~几百个字节。在标识Cache中,内容Cache中的每个块都有一个对应的标识,表明存入Cache当前块中主存内容的特征,用于实现主存地址到Cache地址的映像。当CPU存取数据或指令时,按数据或指令在内存中的内存地址去与Cache中已存放的数据或指令的地址相比较。若相等,说明Cache中找到了需要的数据或指令(称为Cache命中),则CPU不需要任何等待状态,Cache就可以将信息传送给它;若不相等,说明需要的数据或指令不在Cache中(称为未命中),存储器控制电路从内存中取出数据或指令传送给CPU,同时拷贝一份副本到Cache中。若Cache已满,则通过替换策略实现机构调出某一Cache块,然后装入所需的块。之所以这样做,是为了防止CPU以后再访问同一信息时又会出现不命中的情况,以便尽量降低CPU访问速度相对较慢的内存的概率。换言之,CPU访问Cache的命中率越高,系统性能就越好。这就要求任何时刻Cache控制器都要知道Cache中存储的是什么指令或数据。目前在绝大多数有Cache的系统中,Cache的命中率一般能做到高于85%。

Cache的命中率取决于Cache的大小、Cache的组织结构和程序的特性等3个因素。容量相对较大的Cache,命中率会相应的提高,但太大成本就会变得不合理。遵循局部性原理的程序在运行时,Cache命中率也会很高。然而,Cache的组织结构的好坏,对命中率也会产生较大的影响。

就Cache的组织结构而言,有3种类型的Cache:直接映像方式、全相联映像方式和组相联映像方式。

由于CPU仍以主存地址访问Cache,因此需将其变换为Cache的实际地址。地址变换取决于Cache的组织结构,即主存信息按什么规则装入Cache。通常将主存与Cache的存储空间划分为若干大小相同的块。例如,某机主存容量为1MB,划分为16384块,每块为64B;Cache容量为16KB,划分为256块,每块为64B。下面以此为例介绍3种映像方式。

1. 直接映像方式

所谓直接映像是指任何一个主存块只能复制到某一固定的Cache块中。它实际是将主存以Cache的大小划分为若干区,每一区的第0块只能复制到Cache的第0块,每一区的第1块只能复制到Cache的第1块,…。如图4-26所示,在前述实例中,把主存按照Cache的大小分为64个区,每个区256块。当CPU访存时,给出20位主存地址,其中高14位给出主存块号,低6位给出块内的字节地址。

为了实现与Cache间的地址映像与变换,高14位地址又分为两部分:高6位给出主存区号,选择64区中的某一区;低8位为区内块号,实际就是Cache块号,选择区内256块中的某一块。

由于主存块在Cache中的位置固定,一个主存块只能对应一个Cache块,故标识Cache中只需存储每一块所对应的主存区号。

如图4-27所示,访存时,以主存块号为地址定位到标识Cache的相应位置,再将主存地址中的区号与标识Cache中的相应单元中的区号比较。若相等,表示Cache命中,将主存块号和块内地址变换为Cache块号和块内地址,即可在内容Cache中访问所需的单元。若不相等,表示所需块未装入Cache,此时需访问主存将所需块从主存复制到Cache中并修改对应的标识Cache。

在直接映像方式下,主存中存储单元的数据只可调入Cache中的一个固定位置,如果主存

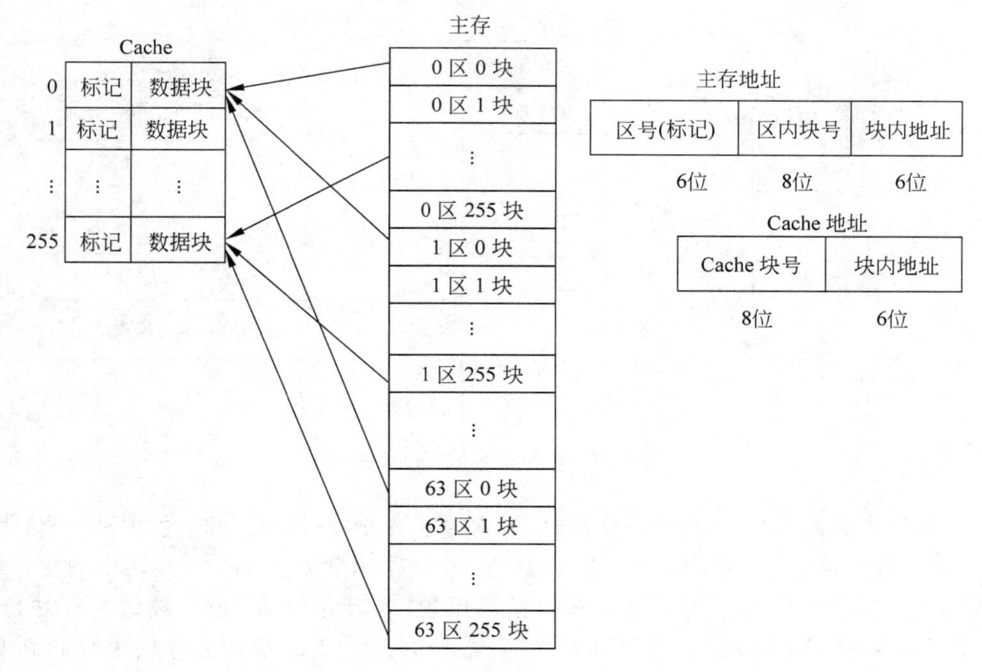

图 4-26　直接映像的 Cache 组织

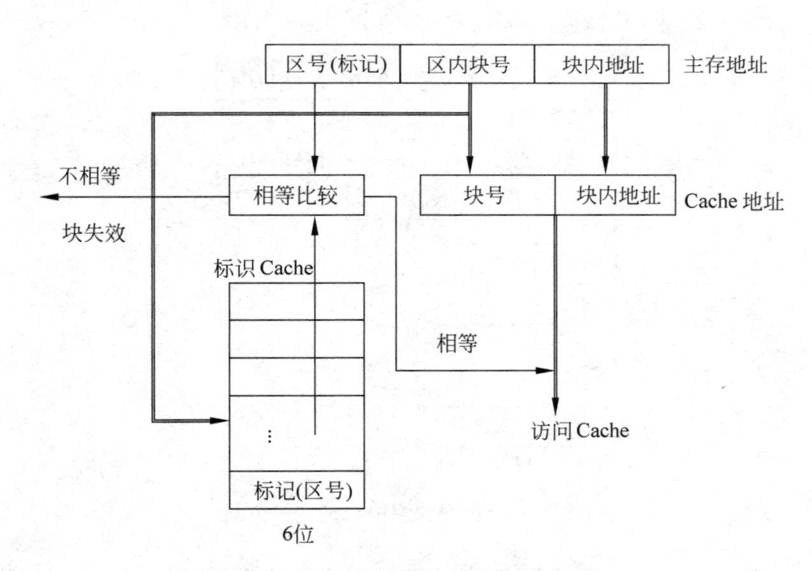

图 4-27　直接映像中地址变换方式

中另一个存储单元的数据也要调入该位置，则将发生冲突。

直接映像方式的硬件实现简单，地址变换速度快；由于主存块在 Cache 中的位置固定，一个主存块只能对应一个 Cache 块，所以没有替换策略问题，但块的冲突率高，Cache 利用率也降低了。若程序连续访问两个相互冲突的块，将会使命中率急剧下降。

2. 全相联映像方式

在全相联映像方式的 Cache 中，任意主存单元的数据或指令，可以存放到 Cache 的任意单元中去，两者之间的对应关系不存在任何限制，如图 4-28 所示。

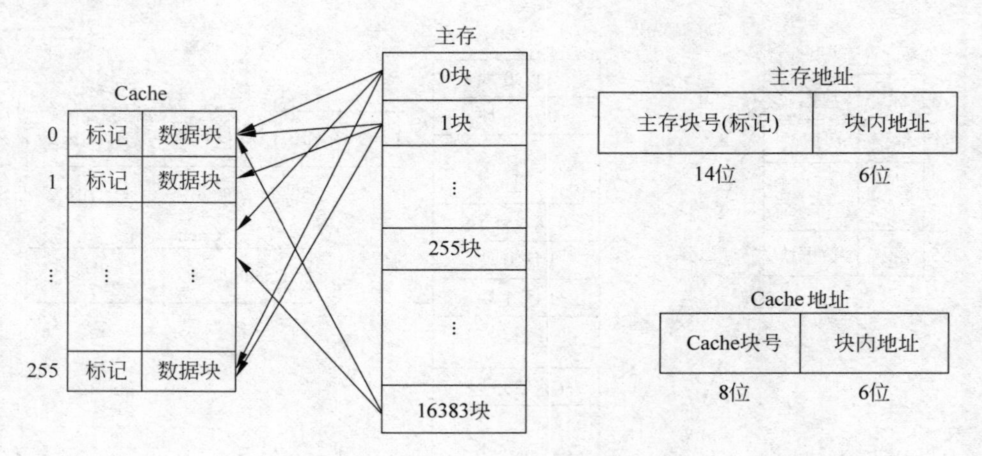

图 4-28 全相联映像 Cache 组织

在全相联映像方式中，进行地址变换时，主存地址被分为两部分，如上例中高 14 位为主存块号，低 6 位为块内地址。Cache 标记也为 14 位，用于指示装入 Cache 对应块中的主存块号。当 CPU 访存时，将主存块号与 Cache 标记相联比较，若有相符者，表示被访主存块已装入 Cache，根据查到的 Cache 块号访问 Cache。若没有相符者，表示被访主存块未复制到 Cache 中，此时若 Cache 中有空块，则从主存调入所需块并建立标记；若 Cache 中无空块，则需淘汰某一 Cache 块，再调入新块，并修改 Cache 标记，如图 4-29 所示。

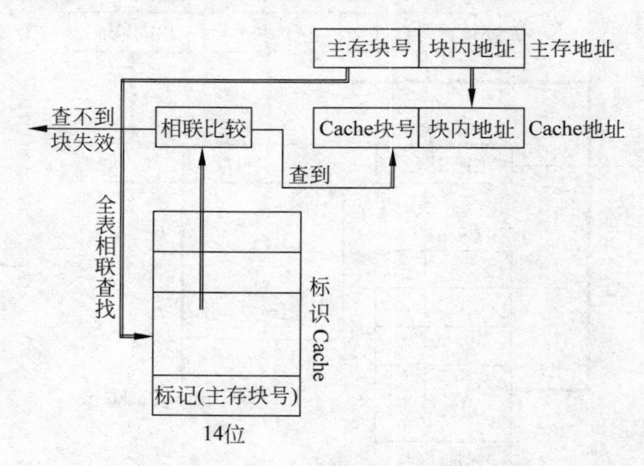

图 4-29 全相联映像中地址变换方式

全相联方式 Cache 空间利用率高，只有在 Cache 中的块全部装满后才会出现块冲突，所以块冲突概率小。缺点是需相联比较，因而硬件逻辑复杂，价格高。

3. 组相联映像方式

全相联映像方式灵活性和命中率高，但地址映像电路中的比较器复杂，而直接映像方式正好与之相反。组相联映像是上述两种方式的一种折中，它将 Cache 进行分组，每组中块数固定，同时，将主存按照 Cache 的块尺寸分割成若干块。主存中的任何一块只能存放到 Cache 中的某一固定组中，但存放在该组的哪一块是灵活的。

仍使用前面的例子。如图 4-30 所示，假设 Cache 中每组大小为 4 块，则 Cache 共有 64

组。12 位 Cache 地址分为 3 部分：6 位组号、2 位组内块号和 6 位块内地址。1MB 主存共有 16384 块，20 位主存地址的高 14 位为块号。设主存中某一块的块号为 s，则它所在的 Cache 组号 $k=s$ MOD Cache 组数，即 14 位块号的低 6 位即是 s 块所在的 Cache 组号，而 14 位块号中的高 8 位作为标记存储在标识 Cache 中，用于地址映像时的相联比较。

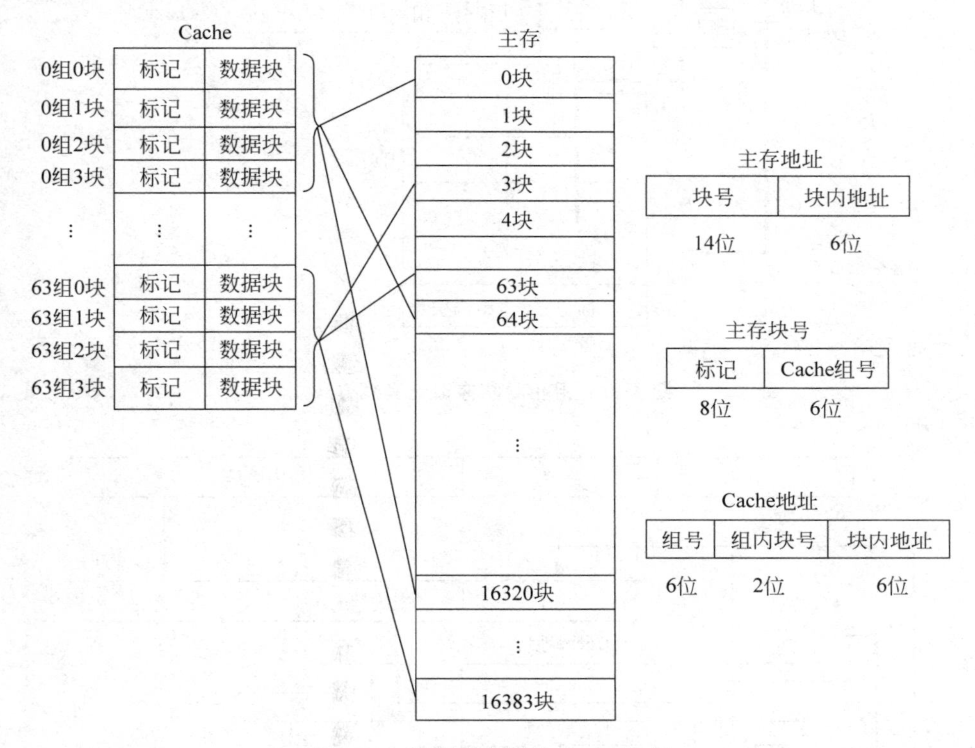

图 4-30　组相联映像的 Cache 组织

由于主存块 s 可存放在 Cache 的第 k 组中 4 块的任意位置，所以标识 Cache 中还应存放每块对应的 Cache 组内块号，便于地址映像机构形成 Cache 地址。由于组的映像是直接映像，主存块号的低 6 位可以直接作为 Cache 的组号，而不用在标识 Cache 中指明。

当 CPU 以 20 位主存地址访存时，其地址先被分为两部分，14 位块号和 6 位块内地址，之后 14 位块号又被分为两部分——8 位标记和 6 位 Cache 组号。如图 4-31 所示，根据主存地址中的组号查找标识 Cache，在标识 Cache 中将对应组的 4 个标记与主存地址中的标记进行相联比较，如果有匹配的，表示 Cache 命中，将匹配块的 Cache 组内块号取出与主存地址中的组号和块内地址拼接得到访问内容 Cache 的地址；如果没有匹配的，表示不命中，对主存进行访问并将主存中的块调入 Cache 中，同时将主存地址中的标记写入标识 Cache 中，以改变地址映像关系。在新的数据块调入时，可能还需确定将组内的哪一个数据块替换出去。

如果 Cache 中组的大小为 1，组相联映像就变成了直接映像。如果组的大小为整个 Cache 的尺寸，组相联映像就变成了全相联映像。

在组相联映像方式中，组内的块数量一般是很小的，如 4 块左右。因此，可以采用把块表存储器(标识 Cache)中一个相联比较的组按块方向展开存放，如图 4-32 所示。这样，可以用多个相等比较器来代替相联访问，以加快查表的速度。许多实用的组相联 Cache 都采用这种方法，此时的组相联映像方式被称为多路组相联。本节例子中，每组中有 4 块，故又称为四路组相联。

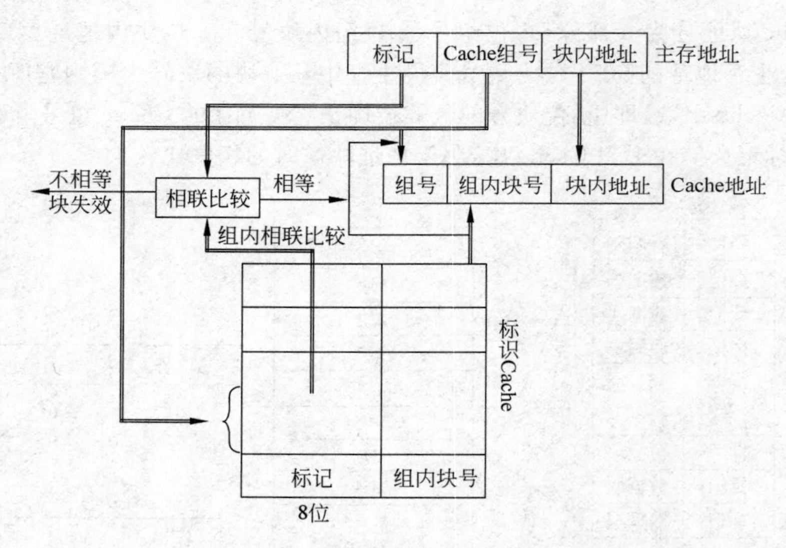

图 4-31 组相联映像地址变换方式

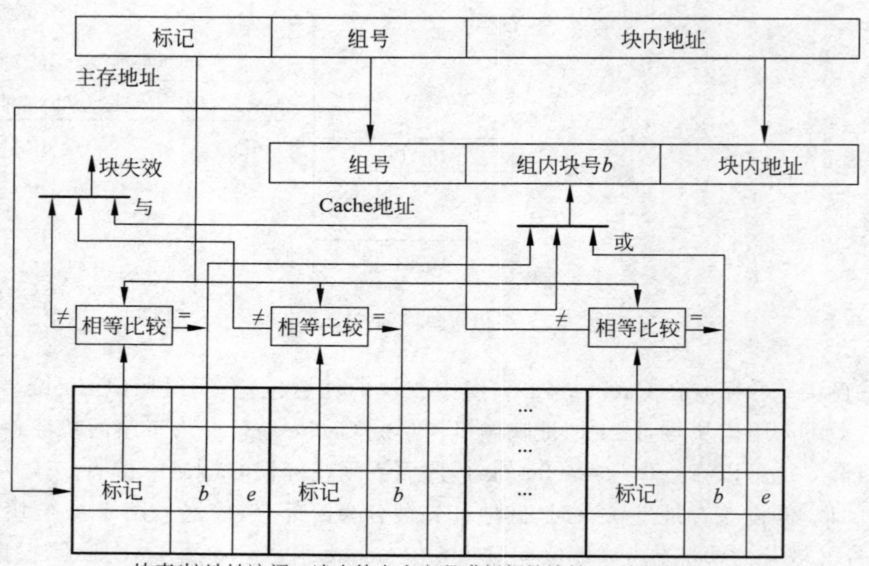

图 4-32 多路组相联—并行相等比较

4.5.3 Cache 的替换算法与写策略

1. Cache 替换算法

Cache 的容量比主存小得多，当 Cache 中的所有块(行)均被使用并向 Cache 存放新的数据或指令时，就必须替换 Cache 中的一个块(行)中的数据或指令，以便腾出位置存放新的数据或指令，这个过程称为 Cache 刷新。

根据计算机的设计目的和使用意向，可以采用随机的、顺序的、FIFO(先进先出)和 LRU 算法，来决定被替换的数据。最近最久未使用(Least Recently Used，LRU)算法是将最近一段时间内 CPU 最久未使用的数据替换掉。考虑到实现的方便性，一般采用最近最少使用算法

(Least Frequently Used,LFU)来决定被替换的数据,这种方法是让Cache控制器记录Cache中每块数据最近使用的次数,当要为新数据腾出空间时,最近使用次数最少的数据块被替换。

在替换数据时,若内存中已有该数据块的副本,则无须将其再写回内存,直接丢弃即可,否则将被替换的Cache块写回主存,以保证数据的一致性。

2. Cache写策略

在具有Cache的系统中,由于对应于同一地址的数据有两份副本,一份在主存中,一份在Cache中,因此必须确保在操作过程中不丢失任何数据,使CPU使用的任何数据都是最新的。这就必须采用一个完美的Cache写策略,以确保写入Cache中最新的数据也写入了主存。目前有两种Cache写策略:写直达法(write-through)和写回法(write-back)。

1) 写直达法

采用写直达法,数据被同时写入主存中和Cache中。因此,任何时刻内存中都有Cache中有效数据的副本。这种策略保证了内存中的数据总是最新的。如果Cache中的内容被覆盖,可以从内存中访问到最新数据。但这种做法却增加了CPU占用系统总线的时间。

2) 写回法

采用写回法,CPU将最新的数据只写入Cache中,但不写入内存。仅当Cache要替换数据时,才由Cache控制器将Cache中被替换的那个数据写入内存。采用此策略的Cache中增加了一位状态位,称为修改位(dirty bit)。当Cache要替换其中的某个块(行)中的数据时,首先查看与该块(行)对应的修改位,若为0,表明Cache中的数据未被修改过,其内容与内存中对应块的内容是一致的,可以直接丢弃;若修改位为1,表明Cache中的数据是新数据,只有Cache中有而内存中没有,在替换之前需要将其写入内存。当把Cache中的数据拷贝到内存中后,修改位将被清0。采用写回法,实现了在必要时才更新内存的内容,减少CPU占用系统总线的时间。写回法不像写直达法那样,当CPU每次向Cache中写入数据时,都要同时向内存中写入数据,而无端占用系统总线。

在多处理器或有DMA控制器的系统中,不止一个处理器可以访问内存,此时必须确保Cache中总是有最新的数据。当一个处理器或DMA控制器改变了内存中的某些单元的数据,此时必须通知其他处理器,内存的数据已经被修改。如果在其他处理器所使用的Cache中,存放的是被修改的内存单元修改前的内容,要将Cache中的旧数据标记为旧的。这样,若处理器要使用旧数据的话,Cache会告知它数据已被更改,需要到内存中重取。在多处理器共享内存中的同一组数据时,必须采取策略确保所有处理器用到的都是最新的数据。

4.6　虚拟存储器

根据程序的局部性原理,应用程序在运行之前,没有必要全部装入内存,仅将那些当前需要运行的部分代码先装入内存运行,其余部分暂留在磁盘上。如果程序所要访问的代码或数据尚未调入内存,此时系统产生中断,由操作系统自动将所缺部分从磁盘调入内存,以使程序能继续执行下去。如果此时内存已满,无法再装入新的代码或数据,则操作系统利用置换功能,将内存中暂时不用的内容调至磁盘上,腾出足够的内存空间,装入要访问的内容,使程序继续执行下去。这种存储器管理技术称为虚拟存储器。

所谓虚拟存储器,是指具有请求调入功能和置换功能,能从逻辑上对内存容量加以扩充的一种存储器系统。其逻辑容量由内存容量和外存容量之和所决定,其运行速度接近于内存速度,而每位的成本却又接近于外存。利用虚存技术,程序不再受有限的物理内存空间的限制,用户可以在一个巨大的虚拟内存空间上写程序。此时,CPU 执行指令所生成的地址称为逻辑地址或虚地址,由程序所生成的所有逻辑地址的集合称为逻辑地址空间或虚地址空间。而内存单元所看到的地址,即加载到内存地址寄存器中的地址称为物理地址或实地址。程序执行时,从虚地址到物理地址的映射是由内存管理部件 MMU 完成的。

虚拟存储器的管理方式有 3 种:页式、段式和段页式。

4.6.1 页式虚拟存储器

1. 基本原理

在页式虚拟存储系统中,把程序的逻辑地址空间分为若干大小相等的块,称为逻辑页,编号为 0,1,2,…。相应地,把物理地址空间也划分为与逻辑页相同大小的若干个存储块,称为物理块或页框,编号为 0,1,2,…。设逻辑地址空间为 2^n 大小,页面大小为 2^m,则页式虚拟存储系统中的逻辑地址结构如下:

逻辑页号 p	页内地址 d
$n-m$ 位	m 位

操作系统将程序的部分逻辑页离散地存储在内存中不同的物理页框中,并为每个程序建立一张页表。页表中的每个表项(行),分别记录了相应页在内存中对应的物理块号,该页的存在状态(是否在内存),以及对应的外存地址等控制信息。程序执行时,通过查找页表即可找到每个逻辑页在内存中的物理块号,实现由逻辑地址到物理地址的映射。

如图 4-33 所示,当程序执行时产生访存的逻辑地址,页式虚存地址变换机构将逻辑地址分为逻辑页号和页内地址两部分,并以逻辑页号为索引去检索页表(检索操作由硬件自动执行)。地址变换机构根据页表基地址与逻辑页号,找到该逻辑页在页表中的对应表项,得到该页对应的物理块号,装入物理地址寄存器,同时再将逻辑地址寄存器中的页内地址送入物理地址寄存器,就得到了该逻辑地址对应的物理地址,完成了地址映射。

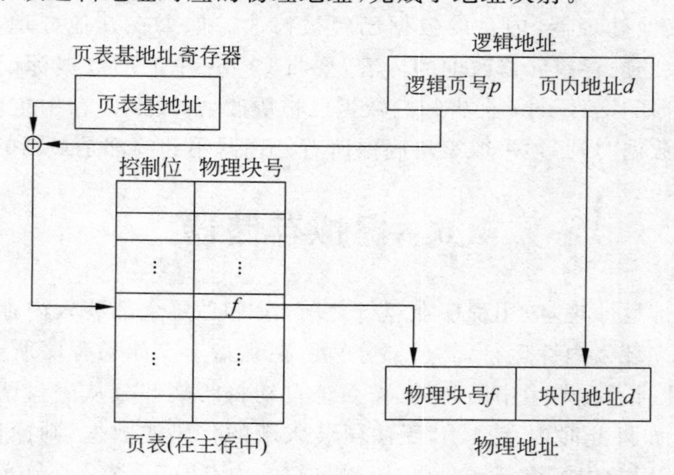

图 4-33 页式虚拟存储器的地址映射

在页式虚拟存储系统中,当地址变换机构根据逻辑页号查找页表时,若该逻辑页不在物理内存中(页表对应表项的存在位为 0),此时产生缺页中断,请求操作系统将所缺的页调入内存。缺页中断处理程序根据该逻辑页对应页表项指明的外存地址在硬盘上找到所缺页面，若物理内存中有空闲物理块，则直接装入所缺页。否则，缺页中断处理程序转去执行页面置换功能，根据页面置换算法选择一页换出内存，再将所缺页换入内存。常用的页面置换算法有先进先出(FIFO)、最近最久未使用(LRU)、Clock算法、最少使用算法(LFU)等。

2. 快表

一般页表存放在内存，使得CPU执行指令时每次访存操作至少要访问两次主存：第一次是访问内存中的页表，从中找到指定页的物理块号，第二次访存才是获得所需数据或指令。这使计算机的处理速度降低近1/2。

通常的解决办法是：在地址变换机构中增设一组由关联存储器构成的能按内容并行查找的小容量特殊高速缓冲寄存器(通常只存放16～512个页表项)，又称为联想寄存器(Associative Memory)或称为快表，用以存放当前访问的那些页表项。而内存中的页表则称为慢表。

在具有快表的页式虚拟存储系统中，逻辑地址映射为物理地址的过程如图4-34所示。在CPU给出访存的逻辑地址后，由地址变换机构自动地将逻辑页号P送入快表，并与快表中的所有页号同时并行比较，若其中有与此相匹配的页号，便表示所要访问的页表项在快表中。于是，可直接从快表中读出该逻辑页所对应的物理块号，并送到物理地址寄存器中。如在快表中未找到对应的页表项，则再访问内存中的页表(慢表)，找到后，把从页表项中读出的物理块号送物理地址寄存器，同时还要将此页表项存入快表的一个单元中。若快表此时已满，则操作系统必须按照一定的置换算法从快表中换出一个页表项。

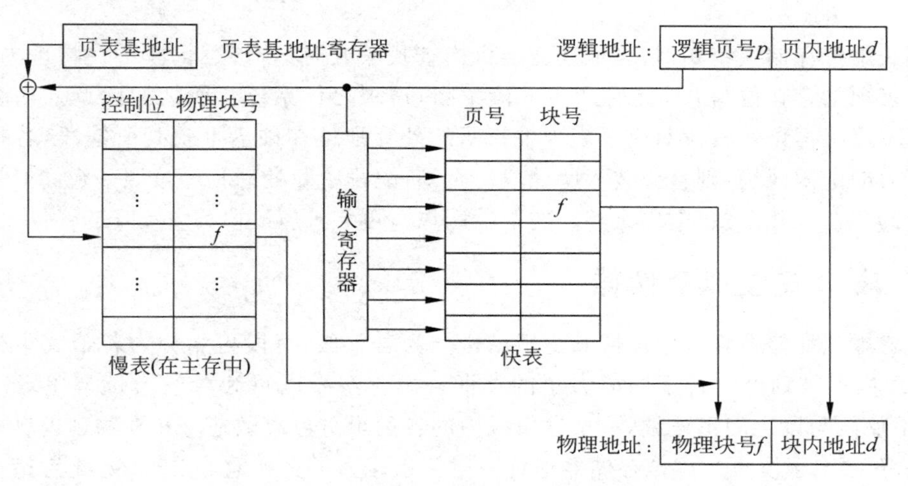

图4-34　具有快表的页式虚拟存储器的地址映射

4.6.2　段式虚拟存储器

段式虚拟存储系统把程序按照其逻辑结构划分为若干逻辑段，如主程序段、子程序段、数据段等，逻辑段号为0,1,2,…。每个段的大小不固定，由各段的逻辑信息长度决定。逻辑段内的地址从0开始编址，并采用一段连续的逻辑地址空间。

段式虚拟存储系统中的逻辑地址结构如下：

逻辑段号 s	段内地址 d

操作系统在装入程序时,将程序的若干逻辑段离散地存储在内存不同区块中,每个逻辑段在物理内存占有一个连续的区块。为了能在内存中找到每个逻辑段,并实现二维逻辑地址到一维物理地址的映射,系统为每个程序建立了一张段表。程序的每个逻辑段都有一个对应表项,记录该段的长度,在物理内存的起始地址,该段的存在状态(是否在内存),对应的外存地址等控制信息。

如图 4-35 所示,若程序执行时产生了访存的二维逻辑地址,段式虚存地址变换机构以逻辑段号为索引检索段表,得到该逻辑段在内存的起始物理地址,将起始物理地址与逻辑地址中的段内地址相加,即可得到一维物理地址,完成地址映射。

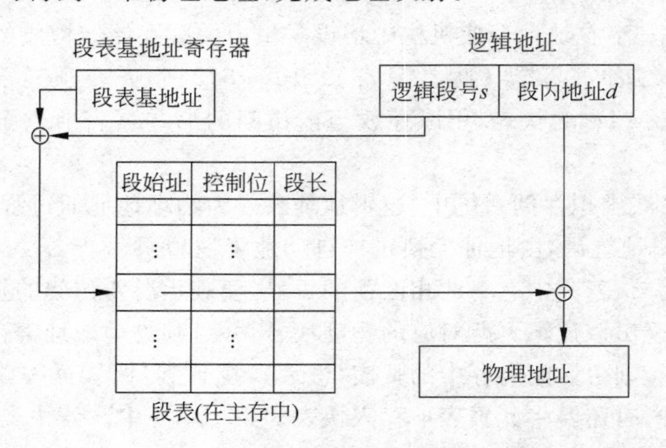

图 4-35 段式虚拟存储器的地址映射

与页式虚拟存储系统相似,当地址变换机构查找段表时,若该逻辑段不在物理内存中(段表中对应表项的存在位为 0),此时产生缺段中断,请求操作系统将所缺的段调入内存。缺段中断处理程序根据该逻辑段对应段表项中指明的外存地址在硬盘上找到所缺段,若物理内存中有足够大的空闲区块,则直接装入所缺段。否则,缺段中断处理程序按照一定的置换算法换出内存中的一个或几个段(空出足够大的内存区块),再装入所缺段。

4.6.3 段页式虚拟存储器

段页式虚拟存储器将程序按照其逻辑结构分为若干段,每段再划分为若干大小相等的逻辑页;物理内存被划分为若干同样大小的页框。操作系统以页为单位为每个逻辑段分配内存,这样不仅段与段之间不连续,一个逻辑段内的各逻辑页也离散地分布在物理内存中。

图 4-36 给出了段页式虚拟存储器地址映射关系。为了实现地址映射,系统为每个程序建立一张段表,为每个逻辑段建立一张页表。段表记录程序各个逻辑段的页表在内存的起始地址、段长、存在状态等控制信息。每个逻辑段对应的页表记录着本段各页对应的物理块号。

CPU 执行指令时产生的访存逻辑地址分为 3 部分:段号、段内页号和页内地址。进行地址映射时,首先利用段号 S 和段表起始地址的和求出该段所对应的段表项在段表中的位置,从中得到该段的页表起始地址,并利用逻辑地址中的段内页号 P 来获得对应页的页表项位置,从中读出该页所在的物理块号 b,再利用块号 b 和页内地址来构成物理地址。

在段页式虚拟存储系统中,为了从主存中取出一条指令或数据,至少要访存三次。第一次访问的是内存中的段表,从中取得该逻辑段对应的页表起始地址;第二次访问的是内存中的页表,从中取出要访问的页所在的物理块号,并将该块号与页内地址一起形成指令或数据的物

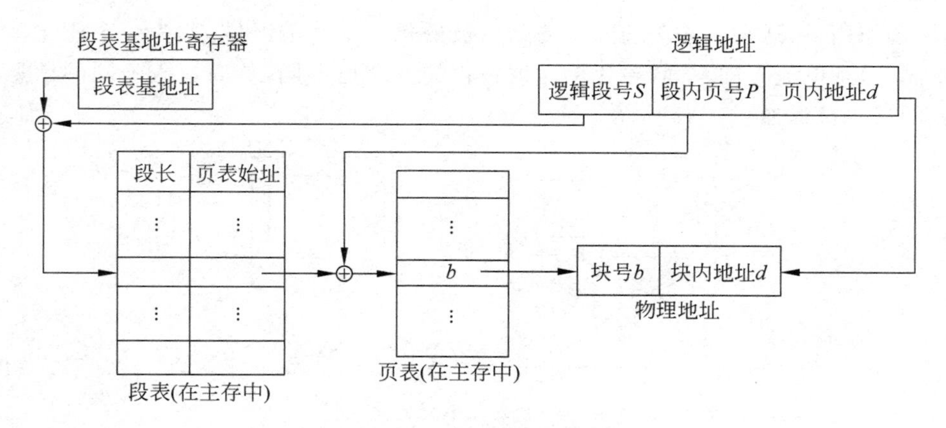

图 4-36　段页式虚拟存储器的地址映射

理地址；第三次访存才是真正取出指令或数据。为了提高执行速度，可在地址变换机构中增加类似页式虚拟存储器的高速缓冲寄存器，即段页式快表。段页式快表将段表和页表合成一张表，表项如下：

段号	逻辑页号	物理块号	其他控制位

地址变换时，先查找快表，仅当快表中没有找到，才去查找慢表，提高了访问效率。

4.7　辅助存储器

辅助存储器作为主存的后援存储器用来存放当前 CPU 暂时不用的程序和数据，需要时再成批地调入主存。从它所处的部位和与主机交换信息的方式看，它属于外部设备的一种。

辅助存储器的特点是容量大，成本低，可以脱机保存信息。目前主要有磁表面存储器和光存储器两类，如磁盘、磁带、光盘等。下面分别介绍它们的基本原理。

4.7.1　磁表面存储器的基本原理

磁表面存储器存储信息的原理与早期的磁芯存储器相似，它是利用磁性材料在不同方向的磁场作用下，具有两个稳定的剩磁状态来记录信息的。磁表面存储器是把某些磁性材料（最常用的为 $\gamma\text{-}Fe_2O_3$）均匀地涂敷在载体的表面上，形成厚度为 0.3～5μm 的磁层，信息记录在磁层上。把磁层及其所附着的载体称为记录介质。载体是由非磁性材料制成的，若为带状则称为磁带，一般由聚酯塑料制成；若载体为盘状，则称为磁盘；如果由合金材料制成，则为硬盘；若由塑料制成则为软盘。

磁表面存储器的读/写元件是磁头，它是实现电-磁转换的关键元件。磁头通常由铁氧体或坡莫合金等高导磁率的材料制成，磁头上绕有线圈。磁头铁芯通常呈现圆环或马蹄形，铁芯上有一个缝隙，用玻璃等非磁性材料填充，称为头隙。

磁表面存储器的读/写操作是通过磁头与磁层相对运动进行的。一般都采用磁头固定，磁层作匀速平移或高速旋转。由磁头缝隙对准运动的磁层进行读/写操作。

当写入信息时，根据所要写入的信息，按一定的记录方式，在磁头线圈上通以一定方向的电流，若写 1，通以正向电流；若写 0，通以负向电流。写入电流使磁头中产生一定方向的磁场,在此磁场作用下,运动到磁头缝隙下的磁层被磁化一个小的区域,称为一个磁化单元。写入信息不同,写入电流方向不同,磁化单元被磁化的方向也不同,从而写入不同的信息。一个磁化单元的写入过程如图 4-37 所示。

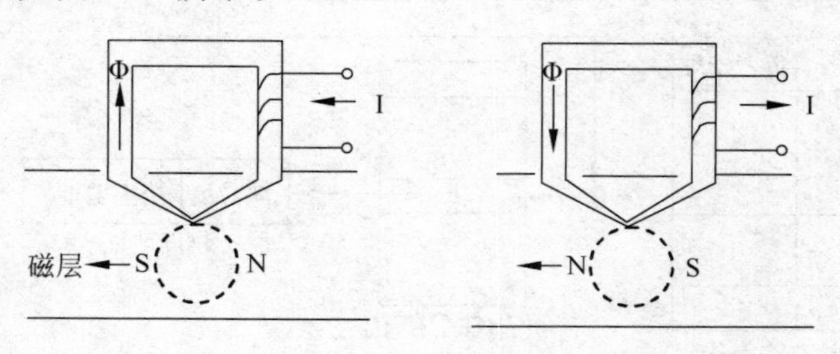

图 4-37 一个磁化单元的写入过程

读出时,被磁化了的磁层相对磁头高速移动,处于剩磁状态的磁化单元经过磁头缝隙,使磁层与磁头交链的磁路中发生磁通变化,此变化的磁通在磁头线圈中产生感应电势,感应电势经读出放大电路放大和整形,在选通脉冲的选通下,读出原写入的信息。

4.7.2 磁记录方式

磁记录方式是一种编码方法,即按照某种规律将一连串的二进制数字信息变换成磁层的磁化翻转形式,并经读/写控制电路实现这种转换规律。记录方式的实质是解决在磁头线圈中加入什么样的写入电流波形才能实现所要求的二进制数字信息的写入操作,也就是按何种规律对写入电流进行编码。磁记录方式有多种,我们仅讨论下面几种常见的记录方式。

1. 归零制(RZ)

它的规则是:若记录 1 信息,则加正向写入电流脉冲;若记录 0 信息,则加负向写入电流脉冲,每写入一个信息,电流归零。在这种方式中,相邻两位信息之间,磁头线圈的写电流为 0,相应的这段磁层未被磁化。因此,在写入信息前必须先去磁。由于这种方法有未被磁化的空白区,记录密度低,抗干扰能力差,所以目前已不被使用。

2. 不归零制(NRZ)

在这种方式中,若写 1,加正向电流脉冲;若写 0,加负向电流脉冲。与 RZ 制的主要区别在于在记录信息时,磁头线圈的写入电流不是正向电流脉冲,就是负向电流脉冲,绝不会出现电流为 0 的状态。这种方式在连续记录相同的信息时,电流方向不变,只有相邻两位信息不同时,电流才改变方向,因此称它为见变就翻的不归零制。

3. 不归零-1 制(NRZ-1)

它是归零制的一种改进,又称见 1 就翻的不归零制。当写 1 时,磁头线圈的写入电流改变一次方向;当写 0 时,磁头线圈的写入电流方向维持不变。本方式用于低速磁带机中。

4. 调相制(PM)

调相制又称相位编码(PE)或曼彻斯特码。它利用磁层的磁化翻转方向的相位差表示 1 或 0。假定记录 0 信息时,规定磁头线圈的写入电流在一个位周期的中间位置从负变正,则记录 1 信息时,写入电流在位周期中间位置从正变负。当连续写多个 0 或多个 1 时,则在两个位周期交界处,写入电流需改变一次方向。这种记录方式常用于磁带机。

5. 调频制(FM)

在这种方式中,若记录 1 信息,则写入电流在一个位周期中间位置改变一次方向(不管原来方向如何）；若记录 0 信息，则写入电流在位周期中间不改变方向。不论写 0 或写 1，在两个位周期交界处，写入电流总要改变一次方向。这种方式在记录 1 时，磁层磁化翻转频率为记录 0 时的两倍，因此又称为倍频制。调频制记录方式主要用于早期磁盘中。

6. 改进调频制（MFM）

改进调频制是在调频制基础上加以改进，若记录 1 信息。在位周期中间写入电流改变一次方向，若记录 0 信息，在位周期中间写入电流方向不变。若连续写多个 0，则在两个 0 的位周期交界处，写入电流改变一次方向。

图 4-38 示出了上述各种记录方式的写入电流波形。不同的磁记录方式特点不同，性能各异。评价一种记录方式的优劣标准主要是编码效率和自同步能力等。自同步能力是指从读出的脉冲信号序列中提取同步时钟信号的能力。磁表面存储器为了从读出信号中分离出数据信息必须要有时间基准信号，称为同步信号。同步信号可以从专门设置用来记录同步信号的磁道中取得，这种方法称为外同步。如果直接从读出信号中提取同步信号，则称为内同步。

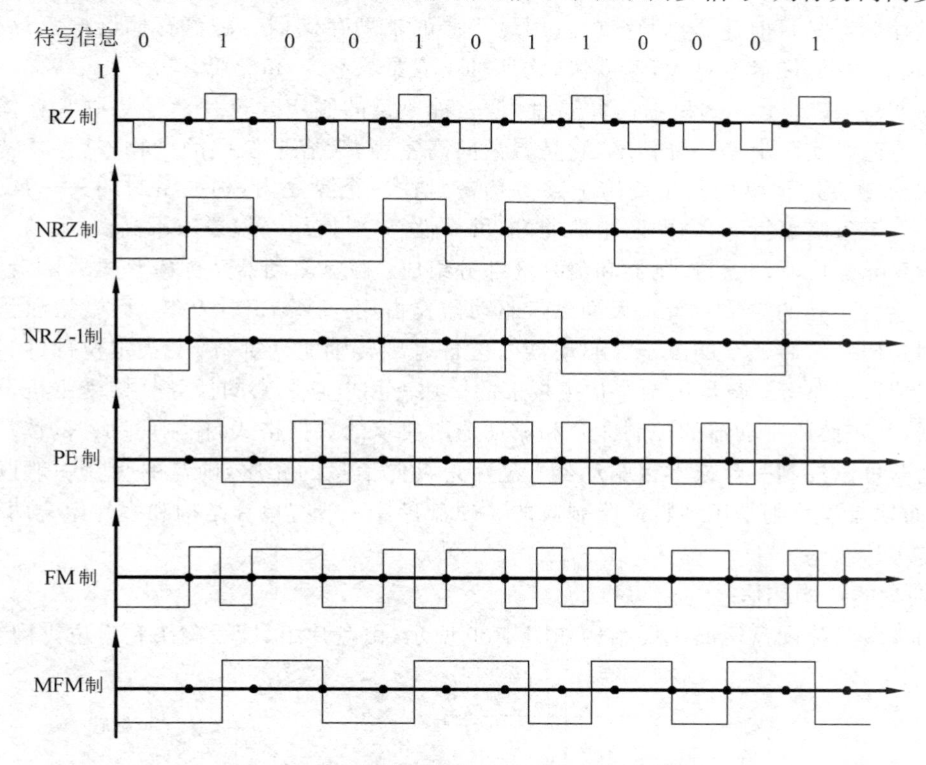

图 4-38 各种磁记录方式的写入电流波形图

自同步能力的大小可以用最小磁化翻转间隔与最大磁化翻转间隔的比值 R 来衡量。比值 R 越大，自同步能力越强。NRZ 制与 NRZ-1 制记录方式无自同步能力，PM、FM、MFM 记录方式有自同步能力。FM 记录方式的最小磁化翻转间隔是 $T/2$，最大磁化翻转间隔是 T，其中 T 为位周期，因此 $R_{FM}=0.5$。

编码效率又称记录效率，是指每次磁层磁化翻转所存储信息的位数。FM、PM 记录方式中存储一位信息磁层最大磁化翻转次数为 2，因此编码效率为 50%。而 NRZ、NRZ-1、MFM 三种记录方式编码效率为 100%，它们存储一位信息磁层磁化翻转次数最多为一次。

除编码效率和自同步能力外，还有读出信号的分辨能力、频带宽度、抗干扰能力以及编码译码电路的复杂性等，它们都影响记录方式的取舍评价。

除上述讨论的几种记录方式外，还有改进的改进调频制 M^2FM，成组编码法 GCR。游程长度受限码 RLLC 等记录方式，它们已广泛用于高密度磁带和磁盘中。GCR 是把待写入的信息序列按 4 位长度进行分组，然后按某一确定规则将 4 位信息编码为 5 位码字，再把编码字序列按 NRZ-1 制记录方式记录在磁层中。读出时再把读出的编码字序列进行译码，以读出原存信息，采用这种编码可使磁带机存储密度提高到 6250 位/英寸(bpi)。

RLLC 码已广泛用于高密度磁盘中，它实质是把原始数据序列变换成 0、1 受限制的记录序列，其编码规则是：把待输入的信息序列变换为 0 游程长度受限码，即任何两位相邻的 1 之间的 0 的最大位数 k 和最小位数 d 均受到限制的新编码，然后再用 NRZ-1 进行写入。正确地设计 k 和 d 值，可以获得优良的编码性能。

4.7.3 磁盘存储器

磁盘存储器是目前计算机系统中应用最普遍的辅助存储器。磁盘存储器按盘片材料分，有硬盘、软盘两种，硬盘容量大，速度快，软盘对环境要求不高，价格低。

温彻斯特(Winchester)磁盘简称温盘，是一种典型的固定式盘片活动头硬盘存储器。所谓温彻斯特磁盘实际上是一种技术，它是磁盘向高密度、大容量发展的产物，其主要特点是把磁头、盘片、磁头定位机构甚至读写电路等均密封在一个盘盒内，构成密封的头一盘组合体。这个组合体不可随意拆卸，它的防尘性能好，可靠性高，对使用环境要求不高。

磁盘存储器由驱动器、控制器和盘片 3 部分组成：磁盘驱动器又称磁盘机或磁盘子系统，它是独立主机之外的完整装置。大型磁盘驱动器要占用一个或几个机柜，而微型温盘或软盘驱动器则是比一块砖还小的匣子。驱动器内包含有旋转轴驱动部件、磁头定位部件、读/写电路和数据传送电路等；磁盘控制器是主板上的一块专用电路。它的任务是接受主机发送的命令和数据，并转换成驱动器的控制命令和驱动器所要求的数据格式，控制驱动器的读/写操作。一个控制器可以控制一台或多台驱动器；盘片是存储信息的介质，硬盘的盘片一般以铝合金为基体，而软盘盘片则是用塑料薄膜制成的。硬盘盘片一般有单片结构和多片组合两种，温盘中一般是多片结构。

1. 硬盘的结构和信息的读写

活动头多盘片硬盘机的主要结构如图 4-39 所示，由盘片组、读写磁头和定位机构组成。

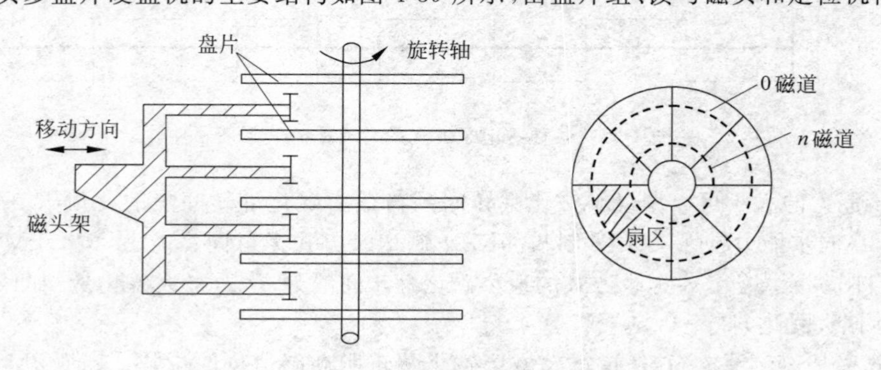

图 4-39　活动头磁盘结构和扇区

盘片由铝合金圆盘载体两面涂敷磁胶制成，厚度为 1～2mm，片间距 10～20mm，由同心轴带动旋转。通常，盘片组的最上面和最下面不做记录用，作为保护面。每个记录盘面装有一个读写头，读写头可在步进电机或音圈电机驱动下沿磁盘径向移动。磁头和盘面不直接接触。保持一定的距离。当盘片高速旋转时，磁头保持悬浮状态。

在磁盘的记录面上有许多半径不同的同心圆磁道，由外向内给每个磁道编号，最外边的是0号磁道。将盘面沿垂直于磁道的方向划分成若干个扇区，并加以编号，可以连续编号，也可以间隔编号。每条磁道在扇区内的部分称为扇段，每个扇段存储等量的信息。扇段是磁盘信息的基本单位，也就是说；磁盘是以扇段为单位编址的。由于各条磁道的半径不同，各条磁道的存储密度是不同的。

如果磁盘组有 n 个记录面，则 n 个面上位于同一半径的磁道形成一个圆柱面，圆柱面数等于一个盘面的磁道数。在读写过程中，各个盘面的磁头总是处于同一个圆柱面上。存取信息时，可按圆柱面的顺序进行，这样在存取连续数据时，磁头的径向移动动作就会减少（相对于按盘面的顺序进行存取而言），有利于提高速度。于是磁盘地址可表示为：

圆柱面号	盘面号	扇区号

上述格式表示，磁盘信息的地址可由3个具有一定意义的二进制数字段拼接而成。例如，若某盘片组有8个记录面，每个盘面分成256条磁道，8个扇区；当主机要访问其中第5个记录面上，第65条磁道，第7个扇区信息时，则主机向磁盘控制器提供的地址信息是：

01000001　101　111

如何根据地址信息，把读写头定位到相应位置呢？可以看出，圆柱面和盘面的定位都是容易实现的，主要困难在于扇段的定位。确定磁盘的扇段地址有许多方法。一般地，可使用设置盘片缺口或孔，通过光源和光敏元件，使盘片每转一圈产生一个索引脉冲和若干个扇标脉冲（硬分段），索引脉冲用来标志磁道信息的起点，此后第一个扇区为0扇区，第二个为1扇区（连续编址）等。再利用扇标脉冲作为定时时钟驱动一个计数器，根据计数器的内容，即可确定磁道上的扇段编号。磁道上每一个数据位的同步脉冲可以直接从存储的磁盘信息中分离出来，但对于不包含同步信息的记录方式，则必须由专用磁道来提供定时脉冲。

如果主机配有几台磁盘驱动器，则还应给驱动器编号，用来选择所需的驱动器，此时磁盘信息的地址格式为：

驱动器号	圆柱面号	盘面号	扇区号

在上述地址格式中，当盘片为单片单面结构时，圆柱面号一栏应改为磁道号。

在活动头系统中，当访问磁盘中某一扇段时，必须由磁道定位机构把读写头沿磁盘半径方向移到相应的磁道位置上，这一时间称为定位时间。定位时间取决于磁头的起始位置与所要求磁道间的距离。定位以后寻找所需扇区的时间称为等待时间，或称旋转延迟，平均值为磁盘旋转半圈的时间，可为几个毫秒。上述两个延时之和称为磁盘的寻址时间。

读写操作总是从扇区的边界开始，每次交换一个扇段的信息。如果写入的内容不满一个扇段，则在该扇段的余下部分重复数据的最后一位。

磁盘和主存间的数据交换可通过DMA或通道控制（见第9章）完成。为了保证写入时数据的可靠性，通常在写操作以后启动一个读操作，把从磁盘读出的内容与从主存相应的单元读出的内容进行比较，如果不一致，则经中断系统向CPU送一个出错信息。

2. 磁盘的信息记录格式

磁盘信息访问的基本单位是一个磁道的扇区部分,即扇段。图 4-40 表示一个扇段的信息记录格式。

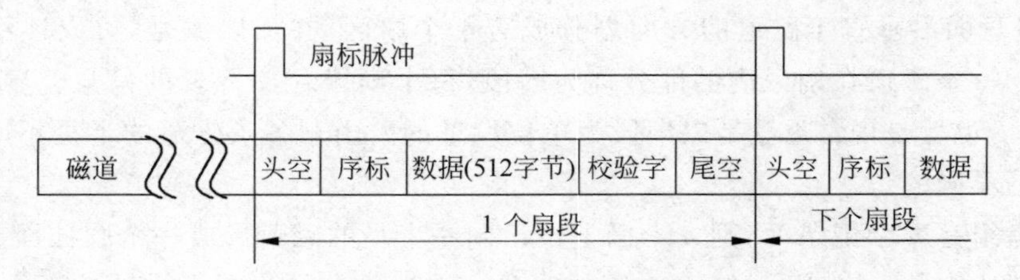

图 4-40　扇段记录格式

由磁盘控制器产生的扇标脉冲标志着一个扇区的开始。每个扇区段由头部空白、序标、数据、校验字、尾部空白等字段组成,其中空白段用来作为地址定位缓冲,便于磁盘控制器作好读写准备,序标部分指出本扇区的地址,以及作为磁盘控制器的同步定时信号,之后即为本扇区记录的数据。校验字用来校验读出数据是否正确,一般采用循环校验码。

3. 磁盘存储器的主要技术指标

1) 存储容量 C

存储容量指磁盘组所有盘片能记录的二进制信息的最大数量,一般以字节为单位。若一个磁盘组有 n 个盘面存储信息,每个面有 T 条磁道,每条磁道分成 S 个扇段,每段存放 B 个字节,则:

$$C = n \times T \times S \times B$$

存储容量有非格式化容量和格式化容量两个指标,格式化容量指按照特定记录格式所存储的用户可以使用的信息总量,非格式化容量指记录面可以利用的磁化单元总数。格式化容量一般为非格式化容量的 60%～70%。

2) 平均寻址时间

平均寻址时间等于平均磁道定位时间和平均旋转等待时间之和。

3) 存储密度

存储密度可用位密度和道密度来衡量。

位密度:沿磁道方向单位长度所能存储的二进制位数。位密度又称线密度,单位是位/英寸(bpi)。

道密度:沿磁盘径向单位长度所包含的磁道数,单位是道/英寸(tpi)或道/毫米(tpm)。

4) 数据传输率

单位时间内磁盘存储器所能传送的数据量,以字节/秒(Bps)为单位。

评价磁盘存储器的技术指标还有误码率(出错信息和读出总信息位数之比)及价格等。

下面举例说明计算磁盘存储器参数的方法。

例 4.3　设某磁盘由 8 片盘组成,其中最上面和最下面两面不记录信息,已知该盘每个记录面共有 1024 个磁道,每个磁道有 64 个扇区。磁盘转速为 6000r/min,平均寻道时间为 12ms,启动延迟为 1ms。假设磁盘最内圈直径为 5cm,最外圈直径为 10cm。计算磁盘的容量、磁盘地址需要多少位、磁盘的数据传输率、读写一个扇区的数据需要的平均访问时间、该盘的道密度、最小位密度和最大位密度。

解:磁盘的容量(非格式化容量)为:

$$C = \text{记录面} \times \text{磁道数/面} \times \text{扇区数/道} \times \text{字节数/扇区}$$
$$= 14 \times 1024 \times 64 \times 512\text{B} = 448\text{MB}$$

磁盘的地址格式为，

圆柱面号（1024个柱面）	盘面号（16个盘面）	扇区号（64个扇区/面）

所以，磁盘地址需要20位。

数据传输率为：

$$D_r = \text{每一磁道的容量} \times \text{每秒转数} = 64 \times 512 \times 6000/60 = 3200(\text{KB/s})$$

$$\text{平均访问时间} = \text{平均寻道时间} + \text{平均旋转时间} + \text{启动延迟} + \text{传送一个扇区数据所需的时间}$$
$$= 12 + 1 + \frac{60 \times 1000}{6000 \times 2} + \frac{512}{3200} = 18.16(\text{毫秒})$$

$$\text{磁道密度} = \frac{1024}{(10-5)/2} = 409.6(\text{道/厘米})$$

$$\text{最小位密度} = \frac{8 \times 512 \times 64}{\pi \times 10} = 834.9(\text{位/毫米})$$

$$\text{最大位密度} = \frac{8 \times 512 \times 64}{\pi \times 5} = 1669.7(\text{位/毫米})$$

4. 硬盘的垂直记录技术

技术人员实现硬盘扩容的方法就是把平铺在磁盘上用于记录数据的磁微粒不断削小（或提高道密度）来扩大硬盘容量。但磁颗粒变小也有极限，当到达极限时就会导致超顺磁(superparamagnetic)现象，即承载数据的微粒变得非常小，以至于在室温下任何材料的原子随机振动都会引起数据位的磁定向发生自然逆转，从而致使记录数据丢失。

1977年被誉为现代垂直记录技术之父的日本岩崎俊教授率先开展了这项技术的研究。希捷公司首先将垂直记录技术的革新产品推向市场。这一全新磁盘存储技术冲破了以往水平记录方式发展的瓶颈。水平记录技术是让数据平躺在磁盘表面上，如图4-41(a)所示；而垂直记录技术则是让数据位站立在磁盘表面上，如图4-41(b)所示。

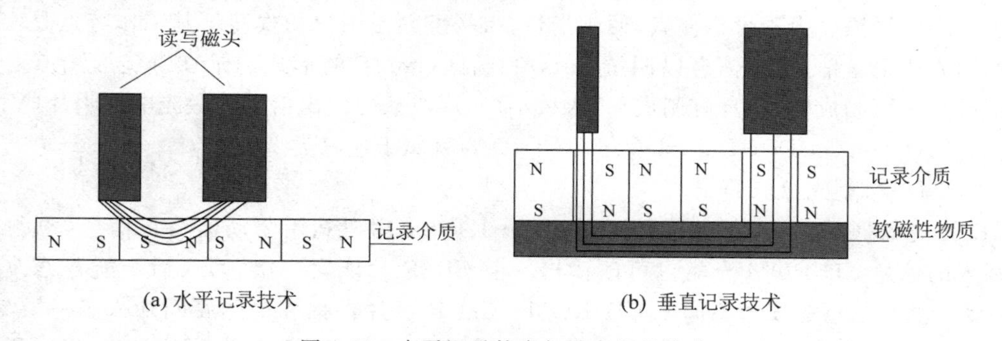

图4-41　水平记录技术与垂直记录技术

磁微粒垂直排列能使磁盘的位密度更大，提高磁盘总容量，并使得磁头在单位时间内扫描更多的数据位，提高读写能力，减少了读写相等数据量磁盘所转的圈数，降低了能耗，减小了发热。当然，磁头读写数据的工作方式不同。对采用水平记录技术的磁盘进行数据读写时，只使用了深层间隙磁场的一部分,没有充分利用磁盘的厚度。而在垂直记录技术中,碟片底下多了一层"软磁性"物质,该物质会受到周围磁场的作用而带有磁性,并与读写头两个隔开的部分形成磁回路,实现对磁记录单元的读写。

垂直记录技术的硬盘在结构上没有明显变化,依然是由磁盘(超平滑表面、薄磁涂层、保护涂层、表面润滑剂)、传导写入元件(软磁极、铜写入线圈、用于写入磁变换的交流线圈电流)和磁阻读出元件(检测磁变换的 GMR 传感器或者磁盘新型传感器设计)组成。但磁盘的构造有了改进,增加了软磁底层(Soft magnetic UnderLayer,SUL),磁盘材料可以增厚,让小型磁粒更能抵御超顺磁现象的不利影响;软磁底层让磁头可以提供更强的磁场,让其能够以更高的稳定性将数据写入介质;相邻的垂直比特位可以互相稳定。

垂直记录技术的出现,大大推出了大容量小尺寸的硬盘面世。如东芝的 1.8 英寸垂直记录硬盘,区域密度达到了 133Gb/in^2,希捷的垂直记录硬盘区域密度达到了 170Gb/in^2,日立公司的垂直记录硬盘区域密度达到了 230Gb/in^2,这意味 20GB 的微硬盘和容量为 1TB 的 3.5 英寸硬盘已成为现实。

4.7.4 光盘存储器

光存储技术的产品化形式是由光盘驱动器和光盘片组成的光盘驱动系统。驱动器读写头是用半导体激光器和光路系统组成的光头,记录介质采用磁光材料。光存储技术是通过光学的方法读写数据的一种存储技术,其工作原理是改变一个存储单元的性质。使其性质的变化反映出被存储的数据,识别这种性质的变化,就可以读出存储数据。光存储单元的性质,例如反射率、反射光极化方向等均可以改变,它们对应于存储的二进制数据 0 和 1,光电检测器能够通过检测出光强和光极性的变化来识别信息。高能量激光束可以聚焦成约 1μm 的光斑,因此光存储技术比其他存储技术具有更高的容量。

1. 光盘存储器类型

根据性能和用途不同,光盘可分为以下几种类型。

1) 只读光盘(CD-ROM)

只读光盘(Compact Disk Read Only Memory,CD-ROM)是最常用的光盘,直径约 12cm,厚度为 1.2mm,容量大约为 650MB。在盘基上有一层聚酯薄膜和一层金属铝(反射激光),表面刷了一层保护漆。由于价格便宜,便于携带,市场上颇受用户的欢迎。其工作特点是:采用激光调制方式记录信息,将信息以凹坑(pits)和凸区(lands)的形式记录在螺旋形光道上。光盘是由母盘压模制成的,一旦复制成形,永久不变,用户只能读出信息。激光电视唱片(VD)和数字音频盘(Compact Disc Digital Audio,CD-DA)就属于这一类型。

2) 只写一次型光盘(CD-R)

CD-R 光盘(Compact Disc Recordable,CD-R)可由用户利用驱动器写入信息(也称为刻盘),写入的信息 CD-ROM 光驱也可以读出。但 CD-R 只能写一次,写入后不能再修改。向 CD-R 盘片上写信息的技术不同于 CD-ROM。CD-R 盘片在铝和聚酯膜间加入了一层染料,这层染料是半透明的,使得激光可透射到铝层。当驱动器向 CD-R 盘上写信息时,根据所写入的信息控制激光烧掉某些区域的染料,使其成为不透明、不反射激光的区域。在读 CD-R 盘片上的信息时,激光照射到盘片上,驱动器只能接收到从有半透明染料处反射过来的激光,而染料被烧掉的区域无反射光,这就可以转换成数字信息 0 和 1。

为了完成读写任务,CD-R 驱动器中使用两路激光,读激光和写激光。

3）可擦写型光盘（CD-RW）

可擦写型光盘（Compact Disc Rewritable，CD-RW）类似于磁盘，可以重写信息。

2. 光盘存储器的工作原理

1）只读光盘读原理

只读光盘上的信息是沿着盘面螺旋形状的信息轨道以凹坑和凸区的形式记录的。

如图4-42(a)所示，光道深0.12μm，宽0.6μm，螺旋形轨迹中一条与下一条的间距为1.6μm。只读光盘既可以记录模拟信息（如LaserVision系统），也可以记录数字信号（如CD-DA）。图4-42(b)表示记录数字信号的原理。光道上凹坑或凸区的长度是0.3μm的整数倍。凹凸交界的正负跳变沿均代表数字1，两个边缘之间代表数字0，其个数是由边缘之间的长度决定的。通过光学探测仪器产生光电检测信号，从而读出0和1数据。为了提高读出数据的可靠性，减少误读率，存储数据采用EFM（Eight to Fourteen Modulation）编码，即将1个字节的8位信息编码为14位的光轨道位，并在每14位之间插入3位合并位（mergingbits）以确保1码间至少有2个0，最多有10个0码。

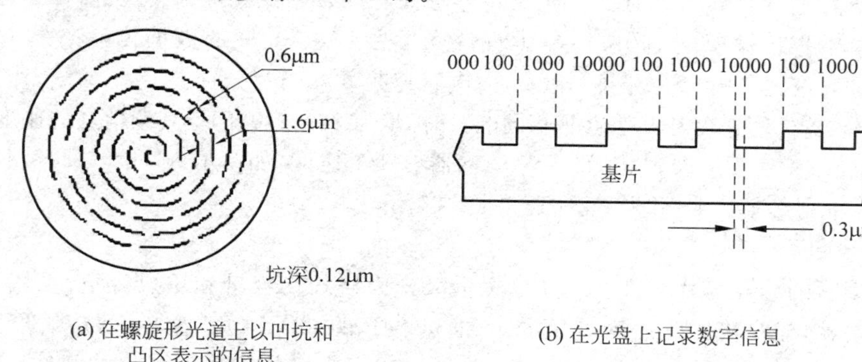

(a) 在螺旋形光道上以凹坑和凸区表示的信息　　(b) 在光盘上记录数字信息

图4-42　CD-ROM盘存储信息原理

2）可擦写光盘CD-RW的擦写原理

根据前面所述，光盘写入信息的过程是改变光盘介质的某种性质，以变化和不变两种状态分别表示1和0，从而实现信息的存储。要实现光盘信息的重写，必须恢复光盘介质原来的性质，擦去已存储的信息，然后重新记录新的信息。

按照这种改变性质来实现信息存储的原理来分，可擦写光盘的记录方式可分为两大类，磁光式擦写和相变式擦写。

(1) 磁光式擦写原理

当前国际上较流行的是磁光式擦写，该盘普遍采用玻璃盘基上再加4层膜结构组成，它是以稀土-过渡金属非晶体垂直磁化膜作为记录介质光学膜和保护膜的多层夹心结构。

有两种磁光写操作方法，即居里点记录（稀土-铁合金膜介质）和补偿点记录（稀土-钴合金膜介质）。过程是用激光照射光盘垂直膜面磁化方向上的磁化物质，并对其垂直磁化。利用磁性物质居里点热磁效应，在某一方向饱和式磁化，用激光向需要存储信息1的单元区域加热，使其温度超过居里点，失去磁性。在盘的另一面的电磁线圈上施加一个外磁场，使被照单元反向磁化，这样该单元区域磁化方向与其他未照射单元方向相反，从而产生一个信息存储状态1，而其他未经照射的单元相当于存储信息0。擦去信息的过程与写过程刚好相反，即恢复原来的磁化方向。读出原理是：利用物理学中电磁感应效应，检测出光盘上各存储单元的磁化方向,从而转换为0和1。

(2) 相变式擦写原理

相变式擦写的光盘在铝和聚酯膜间有一层相变混合层,该层由特殊的化学物质构成,可以在某个温度下改变物理状态,并可将这个物理状态无限地保持下去。混合层开始时是半透明晶体状态,允许激光透射到反射层铝上。当CD-RW驱动器的写激光向盘上烧信息时,由于热效应,某些区域的相变混合层熔化了,成为不透明、不反射激光的区域,迅速冷却,使这些区域一直保持新的物理状态。

驱动器的光头中有第三路激光,专用于擦除信息。擦除信息时,激光慢慢加热那些在写信息时被熔化的区域,将相变混合层中的这些区域再转换为半透明的晶体态,以便重写信息。

3. 光盘存储器的技术指标

1) 数据传输率

指将数据从光盘驱动器传送到主存的速率,为单位时间内光盘的光道上传送的数据比特数。这与光盘转速和存储密度有关。光盘转得越快,数据从光盘传送到主机内存的速度越快。单倍速光驱的数据传输率是150KBps。12倍速(写为12×)光驱的数据传输率是1.8MBps,其光盘外圈的转速是2400转/分钟(rpm),内圈转速是6360转/分钟。

CD-R驱动器的写速度与读速度是不同的,如标示为24×/40×,指其读信息的速度是40×,写信息(刻盘)的速度只有24×。CD-RW驱动器有3个速度,如标示为24×/12×/40×,其写速度是24×,重写的速度是12×,读的速度是40×。

2) 存储容量

指所能读写的光盘盘片的容量。光盘容量又分为格式化容量和用户容量,采用不同的格式和不同驱动器,光盘格式化后容量不同。如650MB的CD-ROM盘片,螺旋线形的光道被划分成一个个扇区,扇区是最小的信息记录单位。每个扇区的信息记录格式如图4-43所示,可存放2048B的有效数据。每个扇区的地址被标记为分、秒、扇区,每秒钟的数据需要75个扇区存放,一张盘片可存储74min的数据,所以整张盘片的容量为:

74分钟×60秒×75扇区/秒×2048字节=681984000字节≈650MB

12字节 同步	4字节头	2048字节 用户数据	4字节 EDC	8字节 空白	276字节 ECC	784字节 ECC/EDC	98个控制 字节

图4-43 CD-ROM每个扇区的数据格式

3) 平均存取时间

是在光盘上找到需要读写的信息的位置所需要的时间,即指从计算机向光盘驱动器发出命令,到光盘驱动器可以接受读写命令为止的时间。一般取光头沿半径移动全程1/3长度所需要的时间为平均寻道时间,盘片旋转一周的一半时间为平均等待时间,两者加上读写光头的稳定时间就是平均存取时间。

4) 接口规范

CD-ROM驱动器与主机的接口方式有IDE和SCSI。IDE接口采用40针的通信电缆将光驱与主板连接起来。绝大多数主板上都固化有IDE控制器,能自动识别CD-ROM驱动器。若采用SCSI接口规范,绝大多数情况下需要购买SCSI适配器将光驱与主机连接起来。有些主板固化有SCSI接口。SCSI接口的传输速度比IDE接口的传输速度快。

4. DVD

DVD(Digital Versatile Disc)盘片的物理规格与 CD 盘片是一样的，直径约为 120mm，厚度为 1.2mm。DVD 播放机能够播放 CD 和 VCD 盘片。不同的是，DVD 盘片上光道之间的间距由原来的 1.6μm 减小到 0.74μm，记录信息的最小凹坑和凸区的长度由原来的 0.83μm 减小到 0.4μm；另外，CD 盘片采用波长为 780～790nm 的红外激光器读取数据，而 DVD 采用波长为 635～650nm 的红外激光器读取数据，这就是单层单面 DVD 盘片存储容量提高到 4.7GB 的原因。而单层双面的 DVD 盘片存储容量为 9.4GB，双层单面的存储容量为 8.5GB，双层双面的存储容量为 17GB。DVD 信号的调制方式和检错纠错方法也做了相应的修正以适合高密度的需要，它采用效率较高的 8 位到 16 位＋(EFM PLUS)调制方式，DVD 校验系统采用更可靠的 RS-PC(Reed Solomon Product Code)。

DVD 播放机和驱动器的结构类似于 CD-ROM 驱动器，由带动盘片旋转的驱动装置读信息的激光头，定位光头的机械装置，以及将数据由光驱传送到主机的通信电路构成。由于 DVD 视频盘上的视频信息是按照 MPEG-2 标准编码的，有的 DVD 播放机或驱动器中有 MPEG-2 解码器，有的包括 Dolby AC-3 音频解码器或 DTS 解码器，用于解码音频信号。

DVD 播放机中使用的激光不同于 CD-ROM 驱动器中使用的激光，DVD 播放机中的激光必须能聚焦于盘片上不同层。单层 DVD 只有一层反射面，双层 DVD 盘片有两层记录面，一层为反射面，其上面一层为半透明的，激光必须能够区别这两层，聚焦在要查找信息所在的层面上。目前，市场上有 5 种 DVD 盘片的信息记录标准。

1) DVD-ROM

DVD-ROM(DVD-Read Only Memory)类似于 CD-ROM 技术，盘片上所存储的信息由生产厂商写好了，用户只能读信息，不能向盘片上写信息。由于存储容量是 CD-ROM 容量的 7 倍，价格便宜，在市场上广为流行。

2) DVD-R

DVD-R 标准由 Pioneer(先锋)公司于 1998 年提出的。DVD-R 只能做一次性写入数据的操作。DVD-R 因用途的不同，还分有两种子规格：一种是专业(Authoring)DVD-R，适合于商业用途，另一种是通用(General)DVD-R，适合普通用户使用。它们之间的主要区别是在写入和读取时激光波长不同，以及防止拷贝的能力不同。普通用户购买 DVD-R 盘片应注意购买标有 For Data 或 General 的光盘。

由于 DVD-R 盘片的反射率和 DVD-ROM 相似，因此能被大多数电脑上的 DVD 光驱以及多数 DVD 影碟机读取。

3) DVD-RAM

DVD-RAM 最原始的技术是从 Panasonic 的 PD 演进而来的，所以它跟 PD 在技术规格上有许多相近的地方。当初 Panasonic 设计 DVD-RAM 时，有一个很重要的目的，就是资料读取性能要高，所以 DVD-RAM 并未采用传统的光驱索引方式，而是采用非线性的存取方式，数据的格式上与硬盘数据相类似。因此，它可以像硬盘一样对数据进行随机读写，在各种情况下的反应速度较快，这是 DVD-RAM 的优势。但正是由于这种类似硬盘的读写模式，DVD-RAM 在使用前需要先快速格式化，并且使用一段时间后，也要做文件重组工作，以提高 DVD-RAM 的利用率。

兼容性差是 DVD-RAM 的最大缺陷，普通 DVD 光驱和 DVD 影碟机无法读取 DVD-RAM 光盘，若要读取 DVD-RAM 光盘，必须使用 DVD-RAM 驱动器。

4) DVD-RW

DVD-RW标准由 Pioneer(先锋)公司于 1998 年提出。DVD-RW的刻录原理和普通CD-R/RW 刻录类似,采用固定线性速度 CLV 的刻录方式。DVD-RW 采用相变式(Phase Change)的读写技术,可以重复擦写数据。DVD-RW 的兼容性要优于 DVD-RAM,但一些老型号的 DVD 影碟机不能读取。早期 DVD-RW 的速度只有 1 倍速(刻录一张光盘要花费 1 小时左右),不过目前已经出现高倍速的机种。

5) DVD+RW

DVD+RW 的规格由 7C(Philips/Sony/Yamaha/Mitsubishi/Chemical-Verbatim/Ricoh/hp/Thomson)所主导,并不属于 DVD 论坛(DVD-Forum)的正式规格。而 DVD+RW 和 DVD-RW 一样,具有重复可写的特点。DVD+RW 采用的是 CAV 刻录方式,并且 DVD+RW 也采取与硬盘类似的数据结构,数据的读写性能要强于 DVD-RW。虽然 DVD+ RW 使用也需要格式化(时间需要一个小时左右),但是由于从中途开始可以在后台进行格式化,因此一分钟以后就可以开始刻录数据,是使用速度最快的 DVD 刻录机。

同时,DVD+RW 标准也是目前唯一获得微软公司支持的 DVD 刻录标准。值得一提的是,DVD+RW 联盟加入了无损连接(Lossless Linking)技术。在无损连接状态下,不同数据区块的间隙可以低到 1 微米以下,这样读写头可以在上次停下来的地方继续写入数据。如此一来,这种格式的空间使用率高,数据可以随机写入,非常适合处理视频图像的应用。

不过,DVD-RW 和 DVD+RW 两种规格并不兼容,造成了用户通常受 DVD 相关软、硬件的设计与兼容性所困扰。因此,包括 SONY、NEC 等在内的厂商便针对 DVD-RW 与 DVD+RW 不兼容的问题,提出了 DVD Dual 这项新规格——也就是目前称为 DVD±R/RW 的技术。DVD±RW 刻录机可以同时兼容 DVD-R/RW 和 DVD+R/RW 这两种规格,使用者就不用担心 DVD 刻录盘搭配的问题。不过这种 DVD 刻录机也有个小缺点,需要缴纳两份专利费,生产成本会增加一些,市场价格自然也就不会很便宜了。目前 SONY 新一代的 DVD 刻录机均支持 DVD Dual 规格。

5. 蓝光光盘

蓝光光盘(Blu-ray Disc)是 DVD 光盘的下一代光盘格式。它所采用的激光波长 405nm,刚好是光谱之中的蓝光,因而得名(DVD 采用 650nm 波长的红光读写器,CD 采用的是 780nm 波长)。它目前的竞争对手是 HD-DVD,两者各由不同的公司支持。索尼、松下、飞利浦、先锋、日立、三星、LG 等公司支持蓝光光盘,而 NEC/Toshiba 所组成的光盘联盟(Advanced Optical Disc,AOD)则支持 HD-DVD。

读写光盘用的激光,是一种十分精确的光。由于红光波长有 700nm,而蓝光只有 400nm,所以蓝激光实际上可以更精确一点,能够读写一个只有 200nm 的点,而相比之下,红色激光只能读写 350nm 的点,所以同样的一张光盘,点多了,记录的信息自然也就多了。

蓝光光盘的直径为 12cm,和普通 CD 光盘及 DVD 光盘的尺寸一样,但容量大得多。单面单层的蓝光光盘可以录制、播放长达 27GB 的视频数据,是单面单层 DVD 光盘容量的 5 倍多,可录制 13 小时普通电视节目或长达 4 小时的高清晰电影。双层的蓝光光盘容量可以达到 46GB 或 54GB,足够刻录长达 8 小时的高清晰电影。4 层或 8 层的蓝光光盘容量可达 100GB 或 200GB。

NEC/Toshiba 所支持的 HD-DVD 规格,改编自目前标准 DVD 规格,与标准 DVD 具有相同的数据层厚度,但采用的是蓝光技术,由于光波长度较短,在光盘上存储的数据密度大,

HD-DVD 的单层容量可达 15～27GB。

HD-DVD 的主要优势在于它与标准 DVD 共享部分构造设计，DVD 制造商不需要再投入巨额资金，也不需要更新生产设备，就可以生产 HD-DVD。而蓝光光盘的制造商就一定要添购全新的生产设备才能生产蓝光光盘。

4.7.5　固态硬盘

固态硬盘（Solid State Disk，SSD）采用半导体 NAND 型闪存芯片作为存储介质，不存在硬磁盘的机械结构，没有数据查找时间、延迟时间和寻道时间，数据读取和写入的速度可以达到普通硬盘的 50～1000 倍。例如一个每分钟 15000 转的硬盘转一圈需要 200 毫秒的时间，而 SSD 能够在低于 1 毫秒的时间内对任意位置的存储单元完成读写操作。

由于固态硬盘的内部不存在任何机械部件，工作时非常安静，没有任何噪声产生（无机械马达、发热量小、散热快）。固态硬盘比常规 1.8 英寸硬盘重量轻 20～30g，因此在笔记本电脑、卫星定位仪等便携产品中有望得以广泛应用。

影响固态硬盘替代普通硬盘的主要因素是其可靠性。由于 NAND 闪存并不像 DRAM 内存颗粒一样拥有无限寿命（NAND 的写入寿命只有 10 万个循环），一旦某个存储单元写入达到循环极限，可能遭遇彻底的物理损坏。针对这个问题，三星公司提出了损耗平衡机制，即 10 万个写循环是针对每一个存储单元而言的，假如针对这个单元连续进行 10 万次写操作，那么这个单元的确将会失效。但固态硬盘不会只对一个单元进行写入操作，可通过固态硬盘的控制器将写入动作平均分配到其他的单元上。在三星公司的内部测试中，一块容量为 64GB 的固态硬盘被全部写满数据，然后删除，之后再进行写满-删除的循环；每隔几小时，这个循环就重复一次，几年之后，这块 SSD 固态硬盘仍然正常运作，并未遇到任何故障。

4.8　廉价磁盘冗余阵列 RAID

迄今为止，辅存性能的提升要远落后于处理器和主存，以至于辅存成为影响计算机总体性能的关键因素。为解决这个问题，技术人员想到将多个磁盘（包括驱动器）组合在一起代替一个大容量的磁盘，即构成磁盘阵列。这使得多个独立的 I/O 请求，只要它们所访问的数据位于不同磁盘上，磁盘阵列就能并行响应。单一 I/O 请求，只要访问的多个数据块位于不同磁盘，也可实现并行处理，从而提高了计算机系统的 I/O 性能。磁盘阵列提供了多种数据组织方式，并可通过增加校验数据（冗余数据）提高磁盘阵列的可靠性。

目前，磁盘阵列技术已有了业界公认的标准——廉价磁盘冗余阵列（Redundant Array of Inexpensive Disks，RAID），也称为独立磁盘冗余阵列（Redundant Array of Independent Disks）。RAID 方案有多个不同级别，分别定义了不同的体系结构，但所有级别都有下面 3 个共同特征：

（1）RAID 由一组磁盘驱动器构成，操作系统将其看成是单一的逻辑盘；

（2）存储的数据遍布在磁盘阵列的各个物理磁盘上；

（3）冗余的磁盘容量用于存储校验信息，以保证磁盘的故障恢复能力。

不同 RAID 级别的差别在于上述特征（2）和（3）的实现细节不同。但 RAID 0 是不支持特征（3）的。

虽然 RAID 工作时，多个磁盘读写头和传动装置可以同时工作，达到较高的数据传输率，提高了I/O效率,但同时使用多个设备也增加了出故障的概率。为提高系统可靠性,RAID系统可以使用所存储的校验数据,在一个磁盘出故障时,将丢失的数据恢复出来。

4.8.1 RAID 0

所有的RAID级别都是以条带为单位把数据均匀分布到多个磁盘上,RAID 0也不例外。图4-44示出了RAID 0中的数据存放方式。所有用户和系统数据被看成存储在一个逻辑盘上。物理上,各磁盘被分为条带。条带大小可以是物理块、扇区或其他一些单位。数据条带顺序交叉地存放到各个磁盘上。例如,由n个磁盘构成的RAID 0,逻辑上连续排列的第一组n个条带的数据在物理上分别存放在每个磁盘的第一个条带位置上;逻辑上排列的第二组n个条带的数据分别存放在每个磁盘的第二个条带的位置上,依次下去。这样布局的优势在于,当某个单独的I/O请求的数据大于多个连续(逻辑上)的条带数据时,最多可以有n个条带数据被并行处理,大大降低了I/O传输时间。

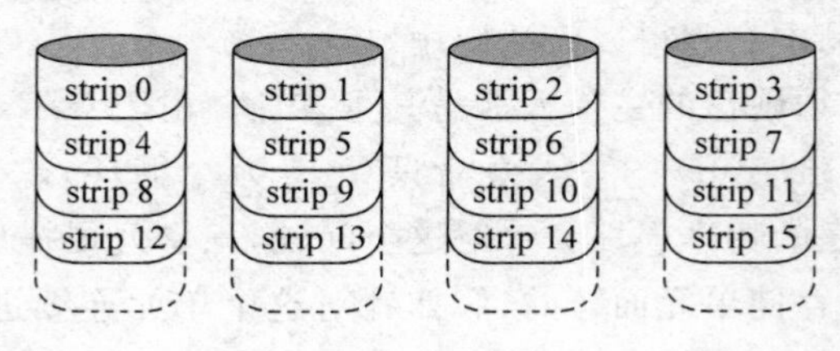

图4-44 RAID 0

严格地讲,RAID 0不是真正的RAID家族的成员,它不包含用于提升系统可靠性的冗余数据。因此一旦数据被损坏,将无法恢复。只要其中任何一块磁盘出现故障,整个系统将无法正常工作。

少数在巨型计算机上的应用,如视频处理和剪辑、超级计算等,主要关心的是存储容量和性能,可靠性在次要地位,则会使用RAID 0技术。

4.8.2 RAID 1

RAID 1是最基本的一种冗余磁盘阵列,称为镜像(mirroring)磁盘。它将所有的磁盘数据都备份一份,如图4-45所示。RAID 1也采用RAID 0中的数据条带,但每个逻辑条带数据被映像到两个不同的物理盘上,所以磁盘阵列中的每个磁盘都有一个镜像盘,使得每个数据都有两份副本。

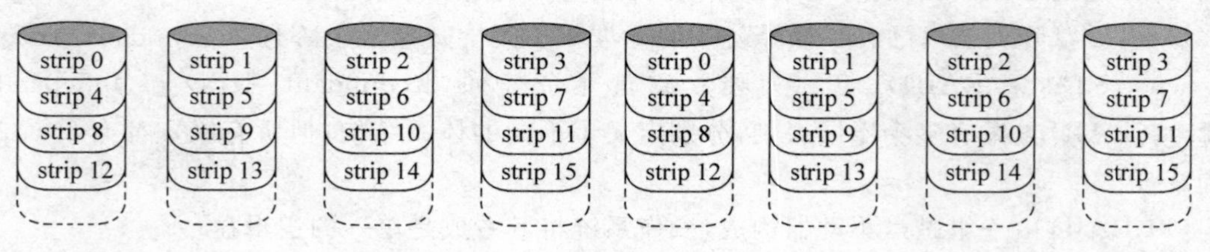

图4-45 RAID 1

RAID 1这种体系结构使得任何一个读磁盘请求,都可由包含请求数据的两个磁盘中寻道时间和旋转延迟之和最小的那个磁盘来满足。写磁盘操作要同时更新两个条带,由于位于不同磁盘上,因而可并行完成。写操作的时间取决于两个磁盘中较慢的那个。

RAID 1 不同于 RAID 2～RAID 6，前者的冗余数据是有效信息的副本，而后者的冗余数据是校验信息。故 RAID 2～RAID 6 在写磁盘时，磁盘管理软件首先要计算并更新校验位，同时还要更新有效数据，而 RAID 1 在完成写操作时，只是把有效信息并行写在两个磁盘上。

RAID 1 的成本较高，系统在逻辑上支持的存储容量，需要两倍容量的物理磁盘实现。但 RAID 1 可提供实时数据备份，一旦某个磁盘出故障，系统立即用备份磁盘提供服务，所以 RAID 1 结构主要用于存储系统软件和其他关键性数据。

4.8.3　RAID 2

RAID 2 和 RAID 3 使用了并行存取技术，即完成每次 I/O 操作时，磁盘阵列中的所有磁盘都参与其中。一般系统对磁盘阵列中所有驱动器的主轴加以同步，以保证所有磁盘的读写头在任何时刻都在同一位置。

图 4-46 是含 4 个数据盘的 RAID 2 示意图，每个数据盘存放所有数据字的一位(位交叉存放)，即 Disk0 存放所有数据字的第 0 位，Disk1 存放第 1 位，以此类推。它需要 3 个磁盘来存放检 2 纠 1 错的海明码。图中数据盘的每一行构成一个字，而纠错码盘中的对应行存放着各字的海明码。RAID 2 在读磁盘时，所有磁盘同时工作，所需的数据和相关的纠错码同时传送到磁盘阵列控制器，若读出的数据中有一位出错，控制器可立即识别并纠正。完成写操作时，所有的数据盘和校验盘都要访问到。

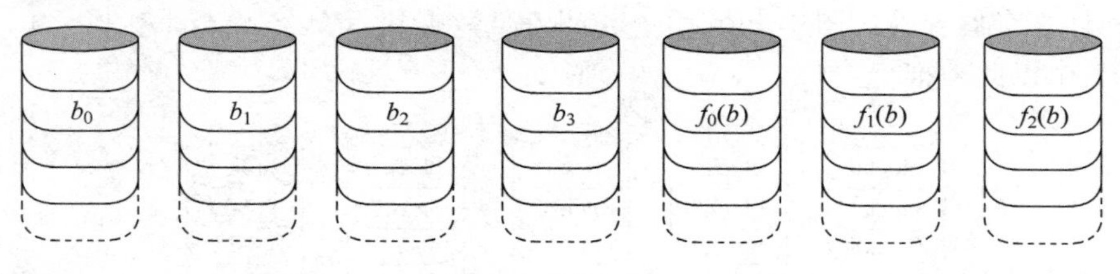

图 4-46　RAID 2

虽然 RAID 2 所需的磁盘数目比 RAID 1 少，但其成本还是较高，因为纠错码盘的数目与数据盘的数目成正比。RAID 2 只适用于磁盘出错概率较高的情况。目前，磁盘驱动器的可靠性较高，所以，在理论上 RAID 的分级有这一级，但实际上并没有商业化的产品。

4.8.4　RAID 3

RAID 3 的体系结构类似于 RAID 2，区别在于无论磁盘阵列有多大，RAID 3 只需要一个冗余盘。因为 RAID 3 采用的是奇偶校验码，而不是纠错码，如图 4-47 所示。校验盘专门用于存放数据盘中相应数据的奇偶校验位，例如 $P(b)$ 是数据 b_0～b_3 的奇偶校验位。若某个驱动器发生故障，系统会访问校验盘，故障盘上的有效数据可由其他驱动器上的数据恢复得到。假

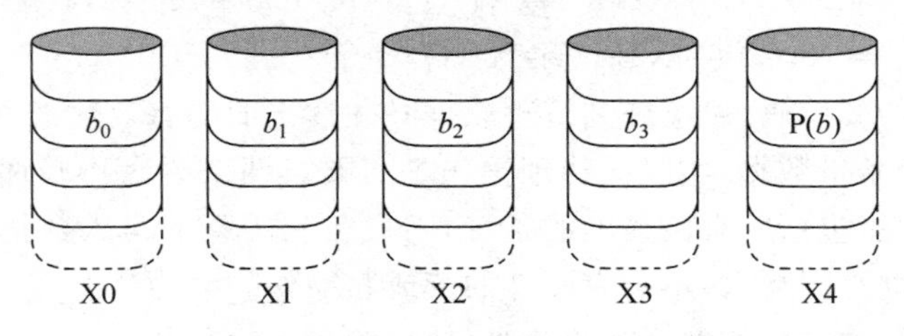

图 4-47　RAID 3

设由5个驱动器构成RAID 3,其中X0～X3是数据盘,X4是校验盘,则第i位的偶校验码由下式得到:

$$X4(i) = X3(i) \oplus X2(i) \oplus X1(i) \oplus X0(i)$$

假设驱动器X1出故障了。在上述等式的两边同时异或X4(i)+X1(i)可得如下等式:

$$X1(i) = X4(i) \oplus X3(i) \oplus X2(i) \oplus X0(i)$$

这样当用一个新磁盘替换掉X1后,原X1盘上每个条带的数据都可由其他驱动器上的数据计算得到。这个原理也适用于RAID 4～RAID 6。

RAID 3是一个细粒度的磁盘阵列,即采用的条带宽度较小,甚至可以是一个字节或一位。由于是细粒度的,所以绝大多数的I/O请求,都需要磁盘阵列中的所有磁盘为之服务。若每次I/O请求的数据量较大,系统性能的改善是很显著的。但RAID 3的结构决定它一次只能处理一个I/O请求,在面向事务处理的应用环境中,系统性能较差。

4.8.5 RAID 4

RAID 4～RAID 6使用了独立访问技术,即磁盘阵列中的每个磁盘都可以独立操作,这样可并行处理多个独立I/O请求。这种体系结构较适合于I/O请求频率高,不太适合于需要较高I/O数据传输率的应用。

如图4-48所示,RAID 4采用粗粒度的磁盘阵列,即采用比较大的条带,以块为单位进行交叉存储和计算奇偶校验。图中block0～block3是数据块,P(0～3)是block0～block3的奇偶校验码,其余以此类推。

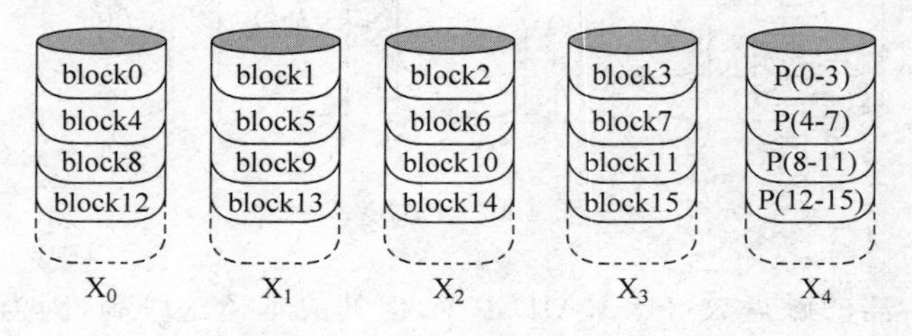

图4-48 RAID 4

若写RAID 4时数据量较小,则存在写恶化问题。这是因为每次写信息时,磁盘阵列管理软件不仅要更新有效数据,还要更新对应的校验码。图4-48中,X0～X3是数据盘,X4是校验盘。原来校验盘X4上的某位奇偶校验码X4(i)由下式得到:

$$X4(i) = X3(i) \oplus X2(i) \oplus X1(i) \oplus X0(i)$$

设某次写操作只写磁盘X1上的一个条带。则新的校验位信息X4′(i)由下式得到:

$$\begin{aligned} X4'(i) &= X3(i) \oplus X2(i) \oplus X1'(i) \oplus X0(i) \\ &= X3(i) \oplus X2(i) \oplus X1'(i) \oplus X0(i) \oplus X1(i) \oplus X1(i) \\ &= X4(i) \oplus X1(i) \oplus X1'(i) \end{aligned}$$

可见,要计算新的校验码,磁盘阵列管理软件必须读出旧的有效数据X1(i)和旧的校验码X4(i),因此要写一个条带数据,实际的物理操作是需要读两个磁盘再写两个磁盘。但若每次写磁盘的数据量大到能包括所有磁盘上的条带,则只要利用新的写入数据位即可计算出校验码,校验盘可与数据盘并行写入,不会有额外的读或写操作。

不管怎样,每次写磁盘操作都要写校验盘,使校验盘成为瓶颈。

4.8.6 RAID 5

RAID 5 体系结构类似于 RAID 4，但 RAID 5 将校验条带分布在所有磁盘上，解决了 RAID 4 中校验盘瓶颈问题，且校验带的分布方案采用轮转法。如图 4-49 所示，n 个盘的磁盘阵列中每组校验带数据依次错开存放到不同的盘中，以达到均匀分布的目的。

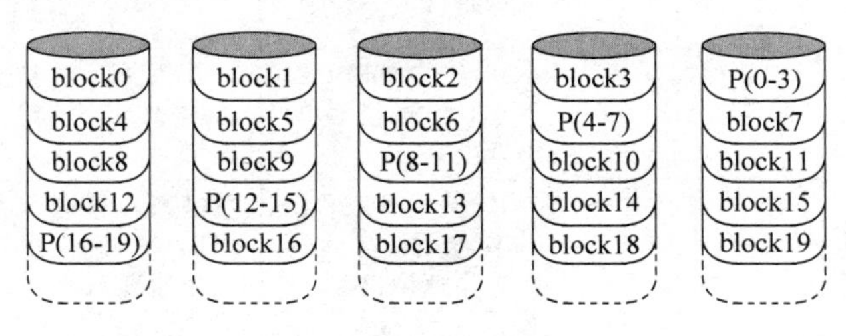

图 4-49 RAID 5

RAID 5 结构不仅能较快处理大规模访问、小规模读操作，还能比 RAID 3～RAID 4 更快地处理小规模操作。但其控制器无疑是上述所有 RAID 级别中最复杂的。

4.8.7 RAID 6

RAID 6 方案中采用了两种校验方法，每种方法的校验码存放在不同数据块中，各校验块又存储在不同磁盘上，如图 4-50 所示。图中，P 和 Q 代表两种数据校验方法，一种采用奇偶校验，另一种是独立于奇偶校验的算法，这就保证了即使有两个数据盘同时出故障，系统仍然可以自动重新生成数据。

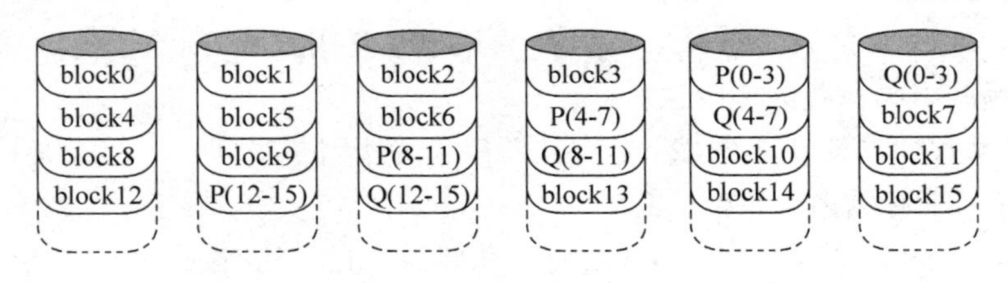

图 4-50 RAID 6

从 RAID 6 的体系结构可以知道若用户需要 N 个数据盘，物理上则需要 $N+2$ 个磁盘实现，但它的高可靠性使其很适合于重要数据的保存。

表 4-2 综述了 RAID 0～RAID 6 的主要特点及典型应用。

表 4-2 RAID 的分级及其特征

级别	特征	可容忍的故障数	可校验盘的个数	优点	缺点	典型应用
RAID 0	无冗余，数据采用条带存放	0	0	没有冗余空间开销	没有纠错能力	非重要数据的高性能存储
RAID 1	镜像	1	8	数据恢复快，小规模写操作较快	冗余空间开销最大	系统驱动器；存放重要数据文件

续表

级别	特征	可容忍的故障数	可校验盘的个数	优点	缺点	典型应用
RAID 2	海明码校验数据,支持并行访问	1	4	不依靠故障盘进行自诊断	冗余空间开销较大	无
RAID 3	位交叉奇偶校验	1	1	冗余空间开销小,大规模读写速度高	对小规模、随机读写操作没有特别支持	大规模I/O请求的应用,如图像操作、CAD
RAID 4	块交叉奇偶校验	1	1	冗余空间开销小,小规模读写操作速度高	在进行小规模写操作时,校验盘的写成为速度瓶颈	无
RAID 5	块交叉分布奇偶校验	1	1	冗余空间开销小,小规模读写操作速度高	小规模写操作时,需要访问磁盘4次	要求高速读写;大量读操作;数据查找应用
RAID 6	P+Q双奇偶校验	2	2	可以容忍2个故障	小规模写操作需要多次访问磁盘,冗余空间开销加倍	保存重要数据

习　题

4.1　静态MOS存储器与动态MOS存储器存储信息的原理有何不同?为什么动态MOS存储器需要刷新?一般有哪几种刷新方式?

4.2　某一64K×1位的动态RAM芯片,采用地址复用技术,则除了电源和接地引脚外,该芯片还应有哪些引脚?各为多少位?

4.3　假设某存储器地址长为22位,存储器字长为16位,试问:

(1) 该存储器能存储多少字节信息?

(2) 若用64K×4位的DRAM芯片组织该存储器,则需多少片芯片?

(3) 在该存储器的22位地址中,多少位用于选片寻址?多少位用于片内寻址?

4.4　某8位计算机采用单总线结构,地址总线17根(A_{16-0},A_{16}为高位),数据总线8根双向($D_{7\sim0}$),控制信号R/$\overline{W}$(高电平为读,低电平为写)。已知该机的I/O设备与主存统一编址,若地址空间从0连续编址,其地址空间分配如下:最低16K为系统程序区,由ROM芯片组成;紧接着48K为备用区,暂不连接芯片;接着60K为用户程序和数据空间,由静态RAM芯片组成;最后4K为I/O设备区。现有芯片如图4-51所示。

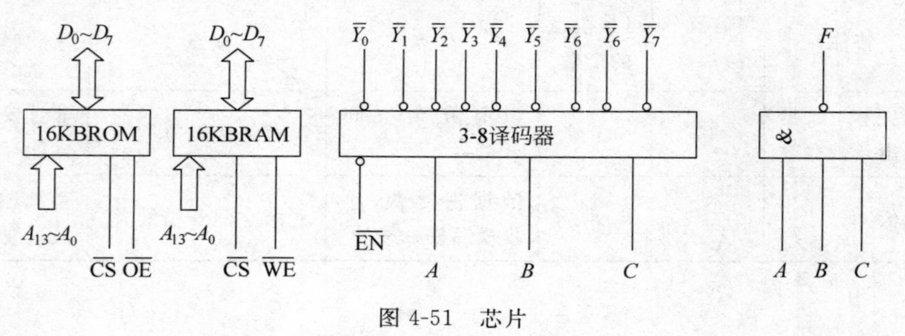

图4-51　芯片

ROM：16K×8位，其中$\overline{CS}$为片选信号，低电平有效；$\overline{OE}$为读出控制，低电平读出有效。

静态RAM：16K×8位，其中$\overline{CS}$为片选信号，低电平有效；$\overline{WE}$为写控制信号，低电平写，高电平读。

译码器：3-8译码器。输出低电平有效。$\overline{EN}$为使能信号，低电平时译码器功能有效。

与非门：扇入系数不限。

试画出主存芯片连接的逻辑图并写出各芯片地址分配表(假设存储器从0连续进行编址)。

4.5 某8位计算机采用单总线结构，地址总线17根($A_{16\sim0}$，A_{16}为高位)，数据总线8根双向($D_7\sim D_0$)，控制信号R/$\overline{W}$(高电平为读，低电平为写)。已知该机存储器地址空间从0连续编址，其地址空间分配如下：最低8K为系统程序区，由ROM芯片组成；紧接着40K为备用区，暂不连接芯片；而后78K为用户程序和数据空间，由静态RAM芯片组成；最后2K用于I/O设备(与主存统一编址)。现有芯片如下：

SRAM：16K×8位，其中$\overline{CS}$为片选信号，低电平有效；$\overline{WE}$为写控制信号，低电平写，高电平读。

ROM：8K×8位，其中$\overline{CS}$为片选信号，低电平有效；$\overline{OE}$为读出控制，低电平读出有效。

译码器：3-8译码器，输出低电平有效；$\overline{EN}$为使能信号，低电平时译码器功能有效。

其他“与、或”等逻辑门电路自选。

(1) 请问该主存需多少SRAM芯片？

(2) 试画出主存芯片与CPU的连接逻辑图。

(3) 写出各芯片地址分配表。

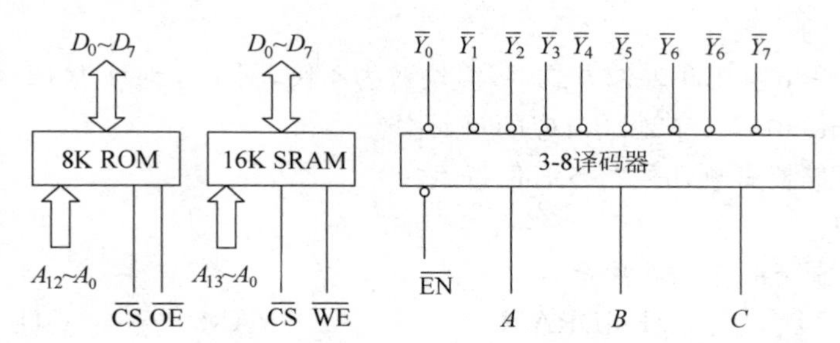

4.6 已知某8位机的主存采用4K×4位的SRAM芯片构成该机所允许的最大主存空间，并选用模块板结构形式，该机地址总线为18位，问：

(1) 若每个模块板为32K×8位，共需几个模块板？

(2) 每个模块板内共有多少块4K×4位的RAM芯片？请画出一个模块板内各芯片连接的逻辑框图。

(3) 该主存共需要多少4K×4位的RAM芯片？CPU如何选择各个模块板？

4.7 64K×1位DRAM芯片通常制成两个独立的128×256阵列。若存储器的读/写周期为0.5μs，则对集中式刷新而言，其“死区”时间是多少？如果是一个256K×1位的DRAM芯片，希望能与上述64K×1位DRAM芯片有相同的刷新延时，则它的存储阵列应如何安排？

4.8 某磁盘组有16个数据记录面，每面有256个磁道，每个磁道分为16个扇区，每个扇区包括512字节，已知磁盘内磁道直径为10英寸，外磁道直径为14英寸，转速为3600r/min，磁头平均定位时间为15ms，求：

(1) 该磁盘组最大存储容量是多少？

(2) 该磁盘组最大位密度、磁道密度是多少？

（3）该磁盘的平均存取时间、数据传输率是多少？

4.9 若某机磁盘子系统共有4台驱动器，每台驱动器装有与上述磁盘组相同的磁盘组，请设计该磁盘子系统的地址格式。

4.10 Cache的写直达法和写回法指什么？二者各有何优缺点？

4.11 请用2K×8b的SRAM设计一个8K×32b的存储器，写出各芯片片选信号的控制逻辑表达式，并画出存储器与CPU的连接原理图。要求：

（1）存储器可以分别被控制访问8、16、32位数据。控制位数的信号B_1B_0由CPU提供：

当$B_1B_0=00$时访问32位数据；

当$B_1B_0=01$时访问16位数据；

当$B_1B_0=10$时访问8位数据。

（2）存储芯片地址按交叉方式编址，即一列为奇地址，一列为偶地址。

（3）满足整数边界地址的安排。

4.12 某计算机机主存容量为16MB，采用8位数据总线；数据Cache容量为32KB，主存与数据Cache均按64B的大小分块。请回答下列问题：

（1）设标识Cache中每个单元只包含标识位和1位有效位。若Cache采用直接映像方式，则该计算机中标识Cache的容量是多少？

（2）若Cache采用直接映像方式，则主存地址为123456H的存储单元有可能装入到Cache中哪个地址对应的单元中？

（3）若Cache采用组相联映像方式，每组块数为4块。写出主存与Cache地址的结构格式并标出各个字段的位数。

（4）若Cache采用组相联映像方式，每组块数为4块，则主存地址为123456H的存储单元有可能装入到Cache中哪几个地址对应的单元中？

4.13 光盘存储器有哪几类？各有何特点？

4.14 选择题。

（1）需要定期刷新的存储芯片是________。

A. EPROM　　B. DRAM　　C. SRAM　　D. EEPROM

（2）________存储芯片是易失性的。

A. SRAM　　B. UV-EPROM　　C. NV-RAM　　D. EEPROM

（3）有$\overline{RAS}$和$\overline{CAS}$引脚的存储芯片是________。

A. EPROM　　B. DRAM　　C. SRAM　　D. 三者都是

（4）下面叙述不正确的是________。

A. 半导体随机存储器可随时存取信息，掉电后信息丢失

B. 在访问随机存储器时，访问时间与单元的物理位置无关

C. 内存中存储的信息均是不可改变的

D. 随机存储器和只读存储器可以统一编址

（5）动态RAM与静态RAM相比，其优点是________。

A. 动态RAM的存储速度快

B. 动态RAM不易丢失数据

C. 在工艺上，动态RAM比静态RAM的存储密度高

D. 动态RAM控制比静态RAM简单

(6) 某 512×8b RAM 芯片采用一位读/写线控制读写，该芯片的引脚至少有________。

A. 17 条　　B. 19 条　　C. 21 条　　D. 522 条

(7) 在调频制记录方式中，写 0 和写 1 是利用________。

A. 电平的高低变化　　B. 电流的幅值变化

C. 电流的相位变化　　D. 电流的频率变化

(8) 由于磁盘上内圈磁道比外圈磁道短，因此________。

A. 内圈磁道存储的信息比外圈磁道少

B. 无论哪条磁道存储的信息量均相同，但各磁道的存储密度不同

C. 内圈磁道的扇区少使得它存储的信息比外圈磁道少

D. 各磁道扇区数相同，但内圈磁道上每扇区存储的信息少

(9) 在下述存储器中，允许随机访问的存储器是________。

A. 半导体存储器　　B. 磁带　　C. 磁盘　　D. 光盘

(10) 在下列几种存储器中，不能脱机保存信息的是________。

A. 磁盘　　B. 磁带　　C. RAM　　D. 光盘

4.15 是非题。

(1) 数据引脚和地址引脚越多芯片的容量越大。

(2) 存储芯片的价格取决于芯片的容量和速度。

(3) SRAM 每个单元的规模大于 DRAM 的规模。

(4) 要访问 DRAM，应首先给出 $\overline{RAS}$ 地址，之后再给出 $\overline{CAS}$ 地址。

(5) 当 CPU 要访问数据时，它先访问虚存，之后再访问主存。

(6) 主存与磁盘均用于存放程序和数据，一般情况下，CPU 从主存取得指令和数据，如果在主存中访问不到，CPU 才到磁盘中取得指令和数据。

(7) 半导体存储器是一种易失性存储器，电源掉电后所存信息均将丢失。

(8) Cache 存储器保存 RAM 存储器的信息副本，所以占部分 RAM 地址空间。

(9) EPROM 只能改写一次，故不能作为随机存储器。

(10) 若磁盘的转速提高一倍，则平均等待时间和数据传送时间减半。

4.16 填空题。

(1) Cache 使用的是__①__存储芯片。

(2) 主存由__①__(DRAM、硬盘)构成，虚存由__②__(DRAM、硬盘)构成。

(3) SRAM 依据__①__存储信息，DRAM 依据__②__存储信息。SRAM 与 DRAM 中速度高的是__③__，集成度高的是__④__。

(4) 衡量非格式化硬盘的存储容量的两个指标是__①__和__②__。

(5) Cache 存储器的主要作用是解决__①__。

(6) 存储器的取数时间是衡量主存__①__的重要指标，它是从__②__到__③__的时间。

(7) 磁盘的技术指标可用平均存取时间衡量，它包括__①__和__②__两个部分。

(8) 某存储器数据总线宽度为 32 位，存取周期为 250ns，则其带宽是__①__。

(9) 磁盘等磁表面存储器的写入电流波形决定了记录方式，此外还反映了该记录方式是否有__①__能力。

(10) 存储器带宽是指__①__，如果存储周期为 T_M，存储字长为 n 位，则存储器带宽为__②__，常用的单位是__③__和__④__。为了加大存储器的带宽可采用__⑤__和__⑥__。

第5章 指令系统

指令就是控制计算机执行某种操作(如加、减、传送、转移等)的命令。一台计算机所能执行的全部指令的集合,称为计算机的指令系统或指令集。指令系统反映了计算机具有的基本功能,是计算机系统硬件、软件的主要分界面。计算机的系统设计人员根据系统的性能和用户要求研究如何确定机器的指令系统,计算机的硬件设计人员根据确定的指令系统及其功能研究如何利用硬件电路、芯片、设备来设计硬件系统,而计算机的软件设计人员则依据机器提供的指令系统来编制各种程序。由于指令系统既是计算机硬件设计的主要依据,又是计算机软件设计的基础,因此一台计算机的指令系统的优劣,直接影响着计算机系统的性能。了解指令系统,对于了解计算机的工作过程和控制方法有着重要的作用。

本章主要介绍计算机指令系统的基本知识,如指令格式、编码方式、操作数的寻址方式、常用指令的功能等,同时还要介绍指令系统设计中的CISC风格和RISC风格。

5.1 机器指令

在计算机中,指令用于直接表示对计算机硬件实体的控制信息,是计算机硬件唯一能够直接理解并执行的命令,故也称为机器指令。利用机器指令设计的编程语言称为机器语言。通常一条机器语言语句就是一条机器指令。用机器语言编制的程序称为机器语言程序。由于机器语言是计算机硬件唯一能够直接理解并执行的语言,所以任何用其他语言编制的程序,都必须经过“翻译”,翻译为机器语言程序,才能在机器中正确地运行。指令系统是面向机器的,不同的计算机系统具有不同的指令集,即每一个计算机系统都有自己的指令系统。

5.1.1 机器指令格式

在计算机中,指令与数据一样是采用二进制代码表示的。通常把表示一条指令的一串二进制代码称为指令码或指令字。

为了说明机器硬件应完成的操作,一条指令中应指明指令要执行的操作和作为操作对象的操作数的来源以及操作结果的去向。图5-1给出了指令的基本格式。

OP	A
操作码字段	地址码字段

图5-1 指令的基本格式

在机器指令中,操作码OP表示指令应执行的操作和应具有的功能,是一条指令中不可缺少的部分,不同的指令具有不同的操作码。地址码A是一个广义的概念,用于表示与操作数据相关的地址信息。地址码既可以表示参与操作的操作数的存放地址或操作结果的存放地址,也可以表示操作数本身。一条指令可以具有多个地址码字段,也可以没有地址码。

指令格式与指令功能、机器字长及存储器容量有关。设计指令格式时,需要指定指令中编码字段的个数、各个字段的位数及编码方式。指令格式的设计内容主要包括确定指令字的长度和划分指令字的字段并对各字段加以定义两个方面。

5.1.2 指令字的长度

指令字的长度是指一个指令字中包含的二进制代码的位数。在一个指令系统中，如果各种指令字的长度均为固定的，则称为定长指令字结构；如果各种指令字的长度随指令功能而异，则称为可变长指令字结构。

定长指令字的指令长度固定，结构简单，指令译码时间短，有利于硬件控制系统的设计，多用于机器字长较长的大、中型及超小型计算机；在精简指令集计算机中也多采用定长指令。但定长指令字存在指令平均长度长、容易出现冗余码点、指令不易扩展的问题。

可变长指令字的指令长度不定，结构灵活，能充分利用指令的每一位，所以指令的码点冗余少，平均指令长度短，易于扩展。但由于可变长指令的指令格式不规整，取指令时可能需要多次访存，从而导致不同指令的执行时间不一致，硬件控制系统复杂。

虽然不同指令系统的指令长度各不相同，但因为指令与数据都是存放在存储器中的，所以无论是定长还是可变长指令，其长度都不能随意确定。为了便于存储，指令长度与机器字长之间具有一定的匹配关系。由于机器字长通常等于字符长度的整倍数，而一个字符一般占有一个字节的长度，因此指令长度通常设计为字节的整倍数。例如，奔腾系列机的指令系统中，最短的指令长度为1个字节，最长的指令长度为12个字节。在按字节编址的存储器中，采用长度为字节的整倍数的指令，可以充分利用存储空间，增加内存访问的有效性。

根据指令长度与机器字长的匹配关系，通常将指令长度等于机器字长的指令，称为单字长指令；指令长度等于两个机器字长的指令，称为双字长指令；根据需要，有的指令系统中还有更多倍字长的指令以及半字长指令等。由于短指令占用存储空间少，有利于提高指令执行速度，通常把最常用的指令（如算术逻辑运算指令、数据传送指令等）设计成短指令格式。

5.1.3 指令的地址码

如前所述，指令字中的地址码用于表示与操作数据相关的地址信息。在计算机中，指令可以直接访问的存储结构包括：①主存储器。②CPU中的寄存器，包括通用寄存器和各种专用寄存器。③I/O接口寄存器，包括接口中的各种数据寄存器和状态/控制寄存器。④堆栈。在指令中涉及操作数时需指明相应的地址信息。指令中可能需要一个或多个操作数，因此在设计指令字的地址码格式时，需解决的问题主要有：

(1) 一条指令中需要指明几个地址；

(2) 应当如何给出地址；

(3) 地址码应选多长。

地址码格式设计的第(1)个问题，属于指令的地址结构问题，需根据指令所涉及的操作数的个数和操作规定进行具体分析。地址码应选多长属于地址字段的位数问题，主要取决于存储器的容量、编址单位的大小和编址方式。通常存储器的存储单元数越多，所需地址码就越长；同样的存储容量，编址单位越小，地址码也会越长。地址码格式设计的第(3)个问题与数据存储的地址结构、寻址方式及编址单位等内容均有关。有关寻址方式问题将在5.2节中详细讨论。

下面讨论指令的地址结构问题。对于一般的操作指令,指令中应给出下列地址信息:

(1) 第一操作数的地址;

(2) 第二操作数的地址;

(3) 存放运算结果的地址;

(4) 下条指令的地址。

地址信息可以在指令中明显给出,称为"显地址",也可以依照某种事先约定,用隐含方式给出,称为"隐含地址"。根据指令中显地址字段的个数,可有不同的地址结构。

1. 四地址指令

在四地址指令中,上述 4 个地址信息均在指令中明显给出,其指令格式为:

OP	A_1	A_2	A_3	A_4

其中,A_1 为第一源操作数的地址;A_2 为第二源操作数的地址;A_3 为存操作结果的地址;A_4 为指示下一条要执行指令的地址。

四地址指令的功能为:对由 A_1、A_2 指示的两个源操作数进行操作码(OP)所规定的操作,结果存入 A_3 中,即 $(A_1)\ OP\ (A_2) \rightarrow A_3$。当前指令执行结束后,接着执行由 A_4 指出的下一条指令。

四地址指令直观明了,程序的执行流向明确,不需要转移指令,指令执行后源操作数不变。但四地址指令存在的问题是地址字段多,造成指令长度太长,在实际机器中基本不用。

2. 三地址指令

由于程序在执行过程中,大多数情况是按指令序列顺序执行的,只有在执行转移指令时,程序的执行顺序才被改变。为了压缩指令长度,可将四地址指令中下一条指令地址 A_4 采用隐含的方法给出。通常采用的方法是利用程序计数器 PC 跟踪程序的执行并指示将要执行的指令地址,即当前要执行的指令的地址保存在 PC 中。每执行一条指令,PC 中的内容自动增量,指向下一条指令的地址,PC 的增量值取决于执行指令的长度。当程序出现转移时,只要用专门的转移指令将转移地址直接送入 PC,即可实现转移。这样,指令中就不必再明显地指示下条指令的地址,从而将四地址指令中的 A_4 省略,形成了三地址指令。三地址指令的格式如下:

OP	A_1	A_2	A_3

三地址指令的功能为:$(A_1)\ OP\ (A_2) \rightarrow A_3$,由 PC 指出的下一条指令的地址。

三地址指令的特点与四地址指令类似。虽然三地址指令比四地址指令少了一个字段,但指令长度仍然较长,因此多用于字长较长的大、中型计算机中,而在小、微型机中很少使用。

3. 二地址指令

对于双操作数指令,一般运算结束后源操作数就不再需要了,因此为了进一步缩短指令长度,可以将运算结果存入某一源操作数所在的寄存器或存储单元,再省略一个地址字段,形成了二地址指令。二地址指令的格式如下:

OP	A_1	A_2

二地址指令的功能为:$(A_1)\ OP\ (A_2) \rightarrow A_1$ 或 $(A_1)\ OP\ (A_2) \rightarrow A_2$。

通常把仅提供操作数的地址称为源地址，既提供一个操作数，又存放操作结果的地址称为目的地址。所以，二地址指令的意义就是将源地址中的操作数与目的地址中的操作数进行操作码所规定的操作，再将操作结果存入目的地址中。二地址指令是最常见的指令格式，在中小型机和微型机中的应用最为广泛。

在二地址指令中，如果 A_1、A_2 均为主存地址，则称这种二地址指令为存储器-存储器型（即S-S 型）指令；如果 A_1、A_2 均为寄存器地址。则其称为寄存器-寄存器型（R-R 型）指令。R-R型指令的格式常写为：

OP	R_1	R_2

如果 A_1、A_2 中一个是存储器地址，另一个是寄存器地址，则称这种二地址指令为寄存器-存储器型（R-S 型）指令，或称为一个半地址指令。R-S 型指令的格式一般为：

OP	R_n	A

二地址指令的指令长度短，特别是 R-R 型指令，在操作过程中不需要访问存储器，指令执行速度快，因此是最常用的一种指令格式。尤其在 RISC 结构机器中，所有运算型指令均为 R-R 型指令。不过二地址指令执行后，参加运算的操作数将被破坏，因此若不希望破坏操作数，则需提前进行保护。

4. 一地址指令

一地址指令也称单地址指令，指令中只有一个地址字段。一地址指令的指令格式为：

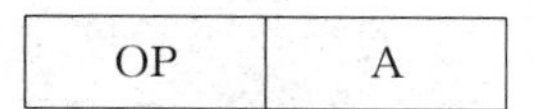

其中，A 既可以是存储器地址，也可是寄存器地址。

一地址指令有以下两种情况：

(1) 单操作数指令：如加 1(INC)、减 1(DEC)、求补(NEG)等指令。这些指令只需一个操作数，指令功能为：OP(A)→A。

(2) 双操作数指令：另一个操作数通常采用隐含寻址的方法，即约定操作数在累加器(AC)中，指令功能为：(AC)OP(A)→AC。

一地址指令长度短，指令执行速度快，是字长较短的微、小型机中常用的一种指令格式。

5. 零地址指令

零地址指令中只有操作码而无地址码，其指令格式为：

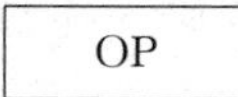

零地址指令有两种情况：

(1) 无须操作数的控制型指令，如停机(HALT)、等待(WAIT)、空操作(NOP)等。

(2) 运算型零地址指令，这种指令所需的操作数是隐含指定的。例如，对堆栈操作的运算指令是靠堆栈支持的，指令所需的操作数约定隐含在堆栈中，操作结果也写回堆栈，指令中不用指明操作数或操作数地址。有关堆栈的内容将在 5.2 节中介绍。

指令字地址结构的确定需要考虑多种因素。从缩短程序长度、编程方便、提高操作并行性等方面看，三地址指令最优；从缩短指令长度、减少访存次数、简化硬件设计等方面看，一地址指令较好。在实际的计算机指令系统中,为了丰富指令系统功能、便于编程,指令字的地址结构往往不是单一的,而是多种格式混合使用。另外,由于小型和微型计算机的指令字长较短,所以广泛使用二地址指令和一地址指令;而三地址以及多地址指令由于功能强、便于编程,多为指令字长较长的大、中型机所采用。

5.1.4 指令的操作码

操作码用于指明指令要完成的操作功能及其特性。指令系统中的每一条指令都有一个唯一确定的操作码,不同的指令具有不同的操作码。为了能够表示指令系统中的全部操作,指令字中必须有足够长度的操作码字段。若指令系统中有 m 种操作,即指令系统中可包含 m 条指令,则操作码的位数 n 应满足:

$$n \geqslant \log_2 m \tag{5-1}$$

例如,设某计算机所有指令的操作码均为 8 位,说明该机指令系统中最多可指定 $2^8=256$ 种操作,即最多可以包含 256 条指令。

不同的指令系统,操作码的编码长度可能不同。若指令中操作码的编码长度是固定的,则称为定长编码;若操作码的编码长度是变长的,则称为变长编码。

1. 定长编码

在采用定长编码的指令中,所有指令的操作码长度一致,集中位于指令字的固定字段中,是一种简单规整的编码方法。由于采用定长编码的操作码在指令字中所占的位数和位置是固定的,因此指令译码简单,有利于简化硬件设计。

2. 变长编码

在采用变长编码的指令中,不同指令的操作码长度不完全相同,操作码的位数不固定,分散地位于指令字的不同位置上。采用变长编码的方法,可以有效地压缩指令操作码的平均长度,便于用较短的指令字长表示更多的操作类型,寻址更大的存储空间。在早期的小型和微型机中,由于指令字较短,均采用变长编码的指令操作码,如 Intel 8086、PDP-11 等机器。但变长编码的指令操作码的位数不固定且位置分散,因而增加了指令译码与分析的难度,使硬件设计复杂化。

为了在满足需要的前提下,有效地缩短指令字长,通常采用扩展操作码技术进行变长操作码的编码。扩展操作码技术的思想就是当指令字长一定时,设法使操作码的长度随地址数的减少而增加,这样地址数不同的指令可以具有不同长度的操作码,从而可以充分利用指令字的各个字段,在不增加指令长度的情况下扩展操作码的长度,使有限字长的指令可以表示更多的操作类型。下面的例子说明了如何采用扩展操作码技术设计变长操作码。

设某机的指令长度为 16 位。其中操作码为 4 位,具有 3 个地址字段,每个地址字段长为 4 位。其指令格式为:

15 12	11 8	7 4	3 0
OP	A_1	A_2	A_3

如果按照定长编码的方法,4 位操作码只能表示 16 条三地址指令。如果系统中除三地址指令外,还具有二地址、一地址和零地址指令,且要求有 15 条三地址指令、15 条二地址指令、15 条一地址指令和 16 条零地址指令,则采用定长编码的方法是不可能满足要求的,这就需要采用变长操作码的方式设计操作码。

首先，从三地址指令开始编码，如图 5-2 所示，三地址指令的操作码（OP）部分为 4 位，可以采用 0000～1111 这 16 种编码，因为只需要 15 条三地址指令，所以用编码 0000～1110 表示它们的操作码，而编码 1111 可作为区分是否为三地址指令的标志。对于二地址指令，由于少用一个地址字段，所以操作码部分可以扩展到 A_1 部分，这时 15 条二地址指令的编码可以定义为 11110000～11111110，编码 11111111 作为区分是否为二地址指令的标志。由此可见，当操作码的高 4 位为 1111 时，表示操作码已扩展到 A_1 部分。对于一地址指令，操作码部分可以扩展到 A_2 部分，这时 15 条一地址指令的编码可以定义为 111111110000～111111111110，编码 111111111111 作为区分是否为一地址指令的标志。对于零地址指令，由于不需要地址字段，所以操作码部分可以扩展到整个指令字长，16 条零地址指令的编码可以定义为 1111111111110000～1111111111111111。

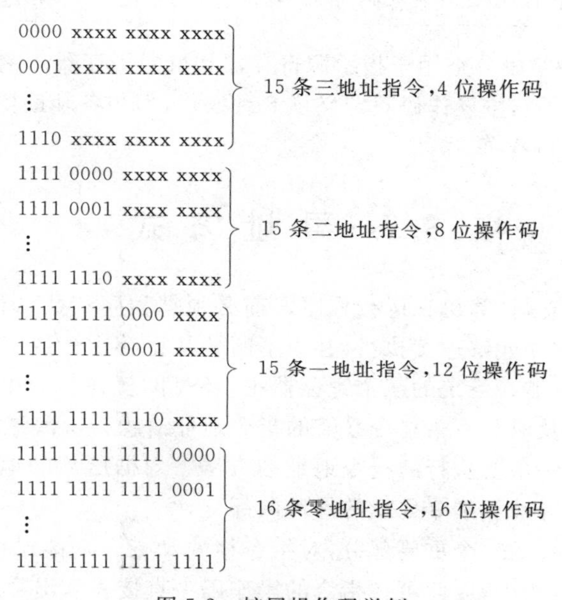

图 5-2 扩展操作码举例

例 5.1 设机器指令字长为 16 位，指令中地址字段的长度为 4 位。如果指令系统中已有 11 条三地址指令，72 条二地址指令，64 条零地址指令，问最多还能规定多少条一地址指令？

解：三地址指令的地址字段共需 12 位，指令中还可有 4 位用于操作码，可规定 16 条三地址指令。因为现有 11 条三地址指令，所以还剩下 16－11＝5 个编码，可用于二地址指令。

二地址指令的地址字段共需 8 位，可有 8 位操作码，去掉三地址指令用掉的操作码，可规定 5×16＝80 条二地址指令。现有 72 条二地址指令，所以还有 80－72＝8 个编码用于一地址指令。

一地址指令的地址字段共需 4 位，可有 12 位操作码，去掉二、三地址指令用掉的操作码，可规定 8×16＝128 条一地址指令。

由于要求有 64 条零地址指令，而 4 位操作码只能提供 16 条指令，所以需要由一地址指令提供 64/16＝4 个操作码编码，构成 4×16＝64 条零地址指令。因此，还能规定 128－4＝124 条一地址指令。

根据指令系统的要求，扩展操作码的组合方案可以有很多种，可以采用等长扩展，也可采用不等长扩展。例如，PDP-11 机的指令操作码就有 4、7、8、10、11 和 13 位等不同的长度。在进行操作码扩展的过程中,必须要注意的是,不同指令的操作码编码一定不能重复。另外在设计不同长度的操作码时,还要尽量考虑安排指令使用频度高的指令使用短的操作码,使用频度低的指令使用较长的操作码,这样可以缩短经常使用的指令的译码时间,加快系统整体的运行速度。

在有限的指令字条件下,若要表示更多操作还可采用将操作码进一步分段的方法。例如,可将指令操作码 OP 再进一步分为主操作码和辅助操作码两部分。主操作码用于表示基本操作,辅助操作码用于表示各种附加操作,如进位、移位、结果回送、判跳等操作。NOVA 机的算术逻辑类指令就采用这种方式,其指令格式为:

0	1　　2	3　　4	5　　7	8　　9	10　　11	12　　13	14　　15
1	ACS	ACD	主操作码	移位	进位	回送	跳步测试

其中,ACS 和 ACD 字段分别用于指示源寄存器和目的寄存器。主操作码为 3 位,各辅助操作码共占用了 8 位。虽然主操作码只定义了 8 种操作,但与各辅助操作码组合起来,就可以表示 $2^3 \times 2^8 = 2^{11}$ 种不同的操作。

5.2 寻址方式

根据存储程序的概念,计算机在运行程序之前必须把程序和数据存入主存中。在程序的运行过程中,为了保证程序能够连续执行,必须不断地从主存中读取指令,而指令中涉及的操作数可能在主存中,也可能在系统的某个寄存器中,还可能就在指令中。因此,指令中必须给出操作数的地址信息以及取下一条指令必需的指令地址信息。所谓寻址方式就是指形成本条指令的操作数地址和下一条要执行的指令地址的方法。根据所需的地址信息的不同,寻址实际可分为操作数地址的寻址和指令地址的寻址两部分。

寻址方式是指令系统的一个重要部分,对指令格式和指令功能设计均有很大的影响。例如,有的计算机寻址种类较少,因此可在指令的操作码中直接表示出寻址方式;有的计算机具有多种寻址方式,所以需要在指令中专门设置一个寻址字段来表示寻址方式和地址信息。寻址方式不仅与计算机硬件结构紧密相关,而且与汇编语言程序设计和高级语言的编译程序设计的关系极为密切。不同的计算机有不同的寻址方式,但无论如何不同,寻址的基本原理都是相同的。因此,本节将就几种被广泛采用的基本寻址方式进行讨论。

5.2.1 指令的寻址方式

由于在大多数情况下,程序都是按指令序列顺序执行的,因此指令地址的寻址方式比较简单。因为现代计算机均利用程序计数器 PC 跟踪程序的执行并指示将要执行的指令地址,所以当程序启动运行时,通常由系统程序直接给出程序的起始地址并送入 PC;程序执行时,可采用顺序方式或跳越方式改变 PC 的值,完成下一条要执行的指令的寻址。

1. 顺序方式

顺序方式就是采用 PC 增量的方式形成下一条指令地址。因为程序中的指令在内存中通常是顺序存放的,所以当程序顺序执行时,将 PC 的内容按一定的规则增量,即可形成下一条指令地址。增量的多少取决于一条指令所占的存储单元数。采用顺序方式进行指令地址寻址时,CPU 可按照 PC 的内容依次从内存中读取指令。

2. 跳越方式

跳越方式就是当程序发生转移时，根据指令的转移目标地址修改 PC 的内容。当程序需要转移时，由转移类指令产生转移目标地址并送入 PC，即可实现程序的转移（也称程序跳转）。转移目标地址的形成有各种方法，大多与操作数的寻址方式相似。

5.2.2 操作数的寻址方式

因为操作数的存放不如指令的存放有规律，操作数可能在主存中、寄存器中，还可能就在指令中，而且有的数据是原始数据，有的是中间结果，有的则是公用数据，因此操作数地址的寻址往往比较复杂。另外，随着程序设计技巧的发展，为提高程序设计质量，也希望能提供多种灵活的寻址方式。所以一般讨论寻址方式时，主要都是讨论操作数地址的寻址方式。

在不同的寻址方式中，指令中地址字段给出的操作数地址信息，不一定就是操作数所在的实际内存地址，因此将指令中给出的地址称为形式地址。形式地址需要经过一定的运算才能得到操作数的实际地址，实际地址也称为有效地址。研究各种寻址方式实际就是确定由形式地址变换为有效地址的算法，并根据算法确定相应的硬件结构以自动实现寻址。

为了优化指令系统，在设计寻址方式时，希望尽量满足下列要求：

(1) 指令内包含的地址字段的长度尽可能短，以缩短指令长度。

(2) 指令中给出的地址能访问尽可能大的存储空间。

访问的存储空间大就意味着地址字段的长度要长，这显然与缩短指令长度的要求是矛盾的。在实际应用中，往往将一个大的存储区域划分为若干小的逻辑段，根据程序的局部性原理，大多数程序或数据在一段时间内都使用存储器的一个小区域，因此可以将程序和数据存放在指定的逻辑段中，利用段内地址访问该逻辑段内的存储单元。这样，结合逻辑段的信息，就可以实现利用短地址访问大的存储空间的功能。

(3) 希望地址能隐含在寄存器中。

由于 CPU 中通用寄存器的数目远远少于存储器的存储单元数，所以寄存器地址比较短，而寄存器长度一般与机器字长相同。在字长较长的机器中，利用寄存器存放的地址，再通过访问寄存器获得地址信息，就可以访问很大的存储空间，从而达到利用短地址访问大的存储空间的目的。

(4) 能在不改变指令的情况下改变地址的实际值，以支持数组、向量、线性表、字符串等数据结构。

(5) 寻址方式应尽可能简单，以简化硬件设计。

由于操作数的寻址方式种类较多，所以在指令字中必须设置一个字段来指明采用的是哪一种寻址方式。下面用图 5-3 所示的一地址指令格式为例介绍一些最常用的基本寻址方式。图中，MOD 表示寻址方式字段，A 表示形式地址。形式地址按相应的寻址方式计算得到的操作数的有效地址记作 EA。

OP	寻址方式 MOD	形式地址 A

图 5-3 一种一地址指令格式

1. 立即寻址

立即寻址方式是指指令的地址码部分给出的不是操作数的地址而是操作数本身。即指令所需的操作数由指令的形式地址直接给出。如图 5-4 所示,采用立即寻址时,操作数 Data 就是形式地址部分给出的内容 D,D 也称为立即数。

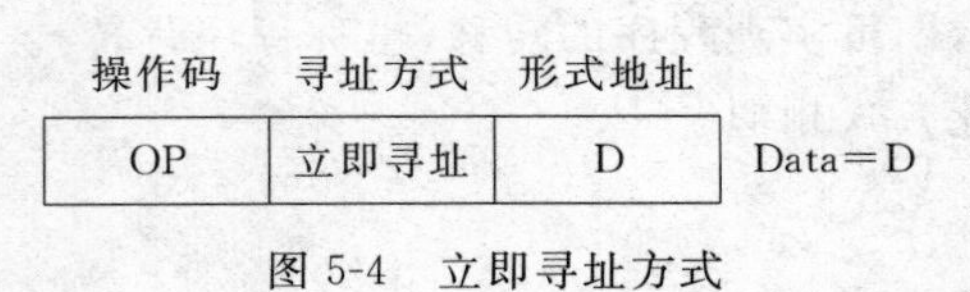

图 5-4 立即寻址方式

立即寻址的优点在于取指令的同时,操作数立即被取出,不必再次访问存储器,提高了指令的执行速度。但由于指令的字长有限,D 的位数限制了立即数所能表示的数据范围。立即寻址方式通常用于给某一寄存器或存储器单元赋予初值或提供一个常数。

例 5.2 Intel 8086 中的立即寻址指令。

```
MOV  AX,2000H  ;将立即数 2000H 存入累加器 AX 中
```

2. 直接寻址

直接寻址方式是指指令的地址码部分给出的形式地址 A 就是操作数的有效地址 EA,即操作数的有效地址在指令字中直接给出。

如图 5-5 所示,采用直接寻址时,有效地址 EA=A。

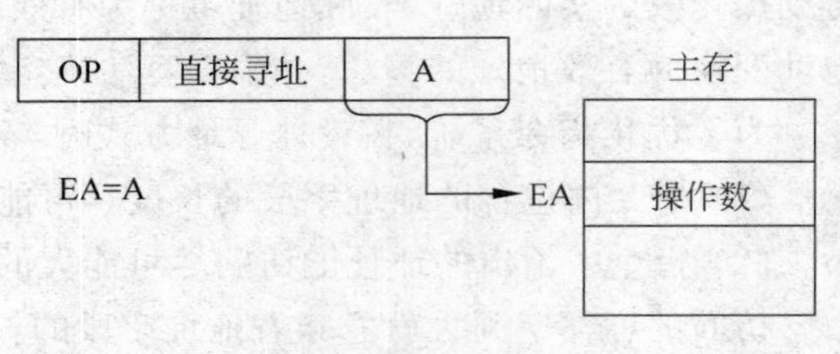

图 5-5 直接寻址方式

直接寻址简单直观,不需要另外计算操作数地址,在指令执行阶段只需访问一次主存,即可得到操作数,便于硬件实现。但形式地址 A 的位数限制了指令的寻址范围,随着存储器容量不断扩大,要寻址整个主存空间,将造成指令长度加长。另外采用直接寻址方式编程时,如果操作数地址发生变化,就必须修改指令中 A 的值,给编程带来不便。而且由于操作数地址在指令中给定,使程序和数据在内存中的存放位置受到限制。

例 5.3 Intel 8086 中的直接寻址指令。

```
MOV AX,[2000H]  ;将有效地址为 2000H 的内存单元的内容读入累加器 AX 中
```

3. 间接寻址

间接寻址方式是指指令的地址码部分给出的是操作数的有效地址 EA 所在的存储单元的地址或是指示操作数地址的地址指示字。即有效地址 EA 是由形式地址 A 间接提供的,因而称为间接寻址,如图 5-6 所示。

间接寻址可分为一级间址和多级间址。一级间址是指指令的形式地址 A 给出的是 EA 所在的存储单元的地址,这时存储单元 A 中的内容就是操作数的有效地址 EA。图 5-6(a)显示了一级间址的寻址过程。多级间址是指指令的地址码部分给出的是操作数地址的地址指示字,即存储单元 A 中的内容还不是有效地址 EA,而是指向另一个存储单元的地址或地址指示字。在多级间址中,通常把地址字的高位作为标志位,以指示该字是有效地址,还是地址指示字。如图 5-6(b)显示了三级间址的寻址过程,其中地址指示字的高位为 1,表示该单元内容仍为地址指示字,需继续访存寻址;地址指示字的高位为 0,表示该单元内容即为操作数所在单元的有效地址 EA。

例 5.4 某计算机的一级间接寻址指令:

```
MOV AX,@2000H   ;@为间接寻址标志
```

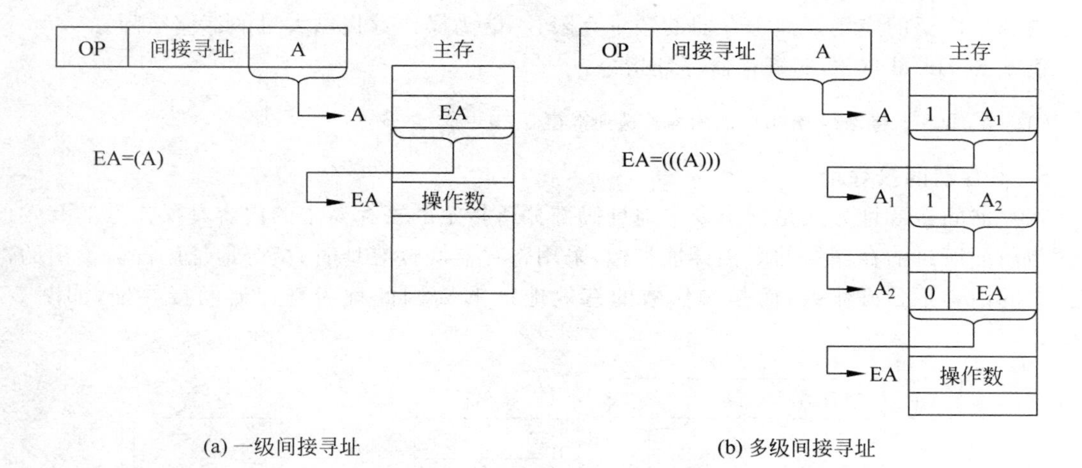

图 5-6 间接寻址方式

设主存 2000H 单元的内容为 3000H，主存 3000H 单元的内容为 5000H，则该指令源操作数的有效地址是主存 2000H 单元的内容，即：EA＝(A)＝(2000H)＝3000H。该指令所需的实际源操作数是主存 3000H 单元的内容，即 Data＝5000H。

与直接寻址相比，间接寻址的优点是：

(1) 间接寻址比直接寻址灵活，可用短地址码访问大的存储空间，扩大了操作数的寻址范围。

例如，若指令字长与存储器字长均为 16 位，指令中地址码长为 10 位，则指令的直接寻址范围仅为 1K 空间；如果用间接寻址，存储单元中存放的有效地址可达 16 位，其寻址空间为 64K，比直接寻址扩大了 64 倍。当然，如果采用多级间接寻址，由于存储字的最高 1 位用于作为标志位，所以只能有 15 位有效地址，寻址空间为 32K。

(2) 便于编制程序。采用间接寻址，当操作数地址需要改变时，可不必修改指令，只要修改地址指示字中内容(即存放有效地址的单元内容)即可。

由于采用间接寻址方式的指令在执行过程中，需两次(一级间址)或多次(多级间址)访存才能取得操作数，因而降低了指令的执行速度。所以，大多数计算机只允许一级间接寻址。在一些追求高速的大型计算机中，甚至很少采用间接寻址方式。

4. 寄存器直接寻址

寄存器直接寻址也称寄存器寻址。它是指在指令地址码中给出的是某一通用寄存器的编号(也称寄存器地址)，该寄存器的内容即为指令所需的操作数。即采用寄存器寻址方式时，有效地址 EA 是寄存器的编号，如图 5-7 所示。

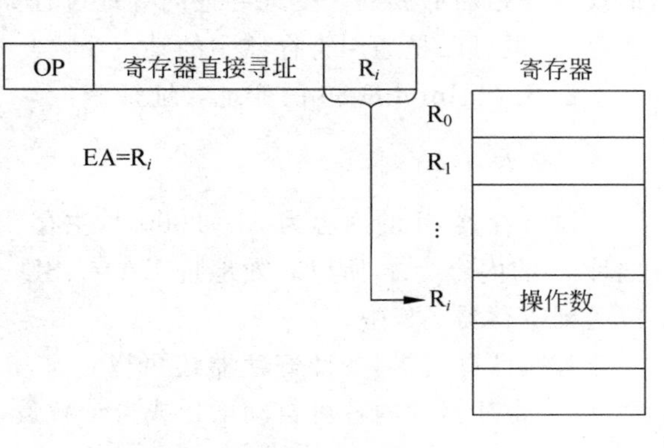

图 5-7 寄存器直接寻址方式

因为采用寄存器寻址方式时，操作数位于寄存器中，所以在指令需要访问操作数时，无须访存，减少了指令的执行时间；另外由于寄存器寻址所需的地址短，所以可以压缩指令长度，节省了指令的存储空间，也有利于加快指令的执行速度，因此寄存器寻址在计算机中得到了广泛的应用。但寄存器的数量有限,不能为操作数提供大量的存储空间。

例 5.5 Intel 8086 的寄存器寻址指令:

```
MOV  AL,BL  ; 将寄存器 BL 中的内容传送到寄存器 AL 中
```

5. 寄存器间接寻址

寄存器间接寻址方式是指指令中地址码部分所指定的寄存器中的内容是操作数的有效地址。与前面所讲的存储器的间接寻址类似,采用寄存器间接寻址时,指令地址码部分给出的寄存器中的内容不是操作数,而是操作数的有效地址 EA,因此称为寄存器间接寻址,如图 5-8 所示。

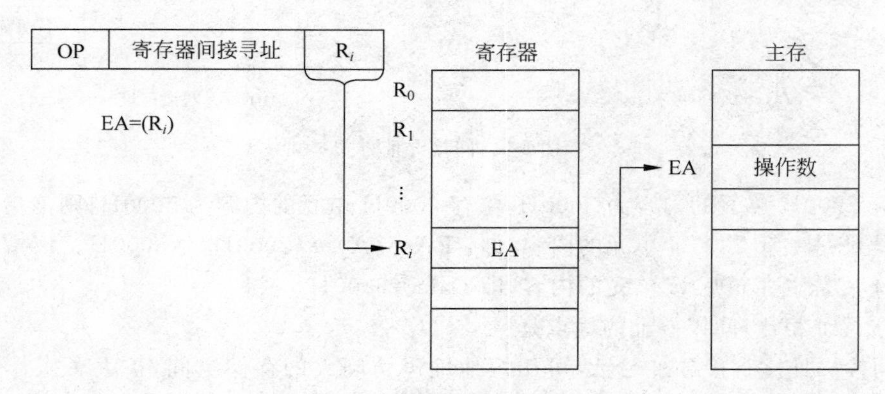

图 5-8 寄存器间接寻址方式

由于采用寄存器间接寻址方式时,有效地址存放在寄存器中,因此指令在访问操作数时,只需访问一次存储器,比间接寻址少一次访存,而且由于寄存器可以给出全字长的地址,可寻址较大的存储空间。

例 5.6 Intel 8086 的寄存器间接寻址指令:

```
MOV AL,[BX]
```

设寄存器 BX 的内容为 BX=2000H,主存 2000H 单元的内容为(2000H)=80H,则该指令源操作数的有效地址 EA=2000H,指令执行的结果是将操作数 80H 传送到寄存器 AL 中。

6. 变址寻址

变址寻址方式是指操作数的有效地址是由指令中指定的变址寄存器的内容与指令字中的形式地址相加形成的。变址寻址的寻址过程如图 5-9 所示。其中,变址寄存器 R_x 可以是专用寄存器,也可以是通用寄存器中的某一个。

例 5.7 Intel 8086 的变址寻址指令:

```
MOV  AL,[SI + 4]
```

设寄存器 SI 的内容为 SI=2000H,主存 2004H 单元的内容为(2004H)=82H,由于形式地址 A 的内容为 4,所以有效地址 EA=(SI)+4=2004H,指令执行的结果是将操作数 82H 传送到寄存器 AL 中。

有些计算机中,变址寄存器还可以自动增量或减量。即每存取一个数据,根据数据的长度,变址寄存器的内容可自动增量或自动减量,前者称为自增型变址寻址,后者称为自减型变址寻址。

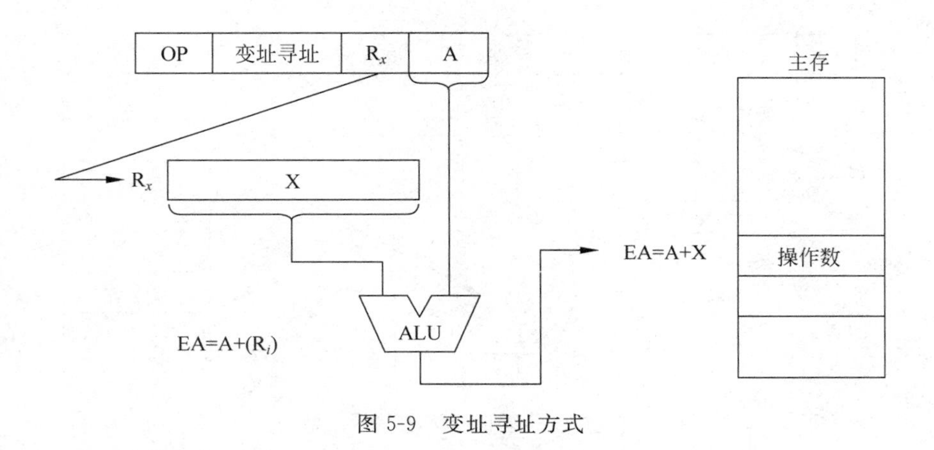

图 5-9 变址寻址方式

例 5.8 VAX-11 机的变址寻址指令：

① MOV (R_1)+,R_0 ② MOV -(R_1),R0

① (R_1)＋表示自增型变址寻址，其寻址方式是：寄存器 R_1 中内容先作为源操作数地址，访存读取操作数后 R_1 按操作数长度增量。设操作数字长为一个字节，每次增量为 1，若 R_1＝1000H，则指令执行后，R_1 自增加 1，R_1＝1001H。

② －(R_1)表示自减型变址寻址，其寻址方式是：寄存器 R_1 先按操作数长度减量后作为源操作数地址，并将减量结果送回 R_1。设每次减量为 1，R_1＝1000H，则指令执行时，先将 R_1 自减 1，R_1＝0FFFH，然后将 R_1 的内容作为有效地址访问源操作数。

变址寻址常用于数组、向量、字符串等数据的处理。例如，有一数组数据存储在以 A 为首地址的连续的主存单元中。可以将首地址 A 作为指令中的形式地址，用变址寄存器指出数据在数组中的序号，这样利用变址寻址便可以访问数组中的任意数据。

变址寻址还可以与间接寻址相结合，形成先间址后变址或先变址后间址等复合型寻址方式。先间址后变址和先变址后间址方式的寻址过程如图 5-10 所示。

7. 相对寻址

相对寻址方式是将程序计数器(PC)的当前内容与指令中给出的形式地址相加形成操作数的有效地址。如前所述，程序计数器(PC)用于跟踪程序中指令的执行，所以 PC 的当前内容一般为现行指令的下一单元的地址。而指令中的形式地址是操作数地址相对于 PC 当前内容的一个相对位移量(Disp)，位移量 Disp 可正可负，一般用补码表示。相对寻址的寻址过程如图 5-11 所示。

如图 5-11 所示，只要保持数据与指令之间的位移量不变，就可以实现指令带着数据在存储器中的浮动。相对寻址方式除了用于访问操作数外，还常被用于转移类指令。如果转移目标指令的地址与当前指令的距离为 Disp，则将转移指令的地址码部分设置为 Disp，这样采用相对寻址方式即可得到转移目标地址为(PC)＋Disp。相对转移的好处是可以相对于当前的指令地址进行浮动转移寻址，因此无论程序位于主存的任何位置都能够正确运行，这非常有利于实现程序再定位。这是因为如果采用绝对地址实现程序转移的话，该程序就必须装载到规定的主存地址才能够正确运行，否则指令中给出的转移目标地址处的指令就不是实际要转移执行的指令了。

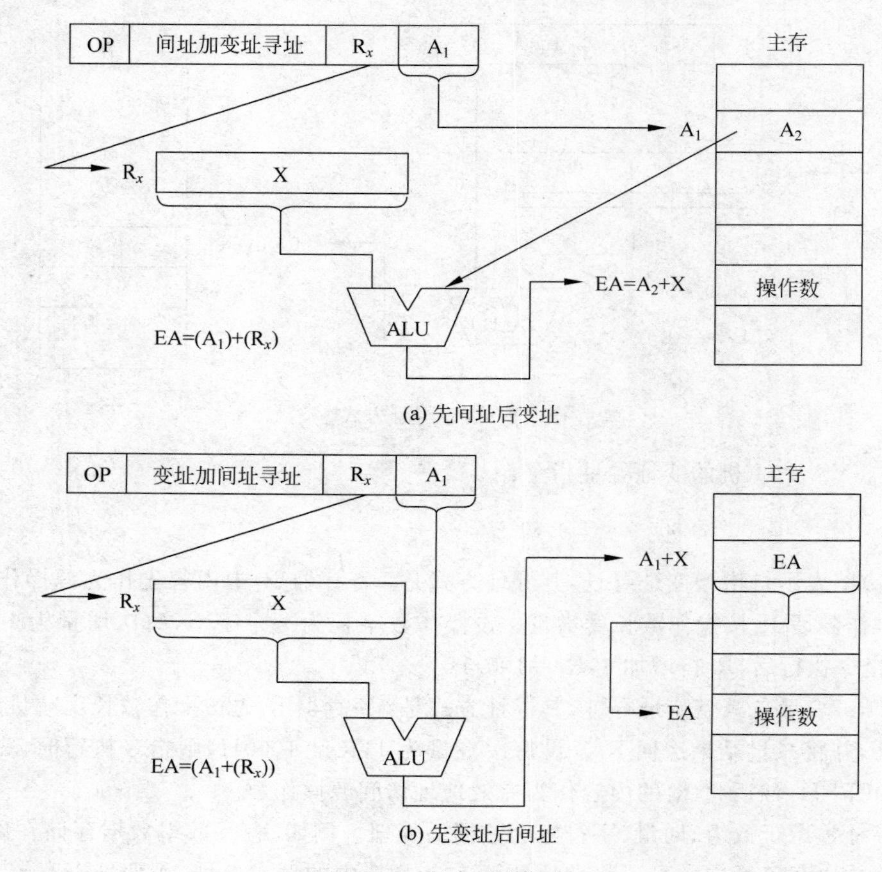

图 5-10 复合寻址方式

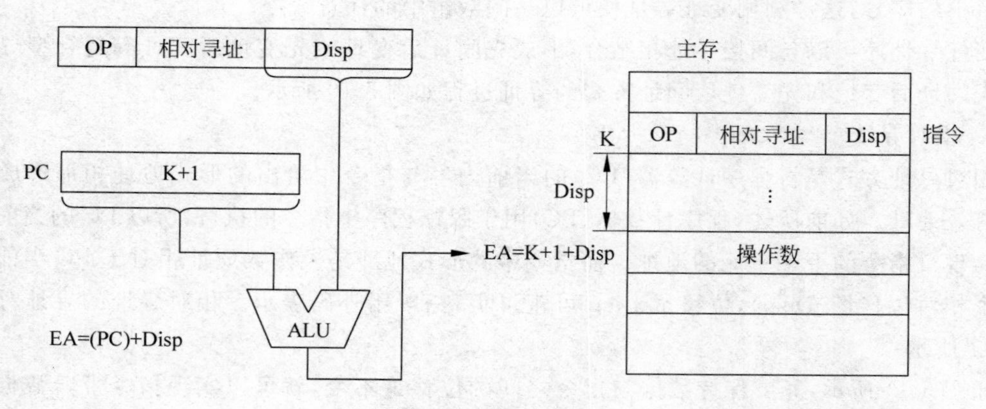

图 5-11 相对寻址

例 5.9 Intel 8086 的不为 0 转移指令 JNC D 的功能为：如果进位为 0，则转移到目标地址为(PC)＋D 处进行执行。该指令为双字节指令。设本条指令的地址为 1000H。

① 转移指令 JNC 03H 的功能：如果进位为 0，则转移到目标地址为(PC)＋03H 处进行执行。

因为本条指令取指后，程序计数器的内容为：PC＝1002H，所以转移目标地址为：1002H＋0003H＝1005H。

② 转移指令 JNC 0FDH 的功能：如果进位为 0，则转移到目标地址为(PC)＋FDH 处进行执行。

因为 Intel 8086 指令系统中位移量采用补码表示，所以 FDH 实际表示的位移量为负。这样，该转移指令的转移目标地址为：1002H＋FFFDH＝0FFFH。

两条指令的转移寻址过程如图 5-12 所示。

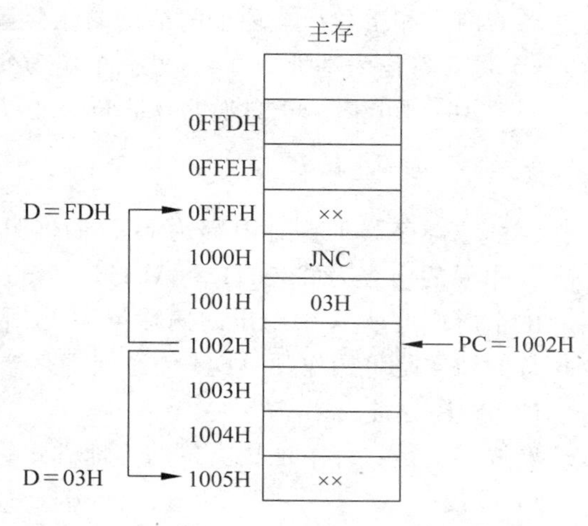

图 5-12 指令 JNC 03H 和 JNC 0FDH 的寻址过程

8. 基址寻址

基址寻址方式是指操作数的有效地址等于指令中的形式地址与基址寄存器中的内容之和。基址寄存器可以是一个专用的寄存器，也可以是由指令指定的通用寄存器，基址寄存器中的内容称为基地址。基址寻址的过程如图 5-13 所示。

基址寻址与变址寻址的有效地址的形成过程很相似。但比较基址寻址与变址寻址，可知两者的应用有着本质的区别。

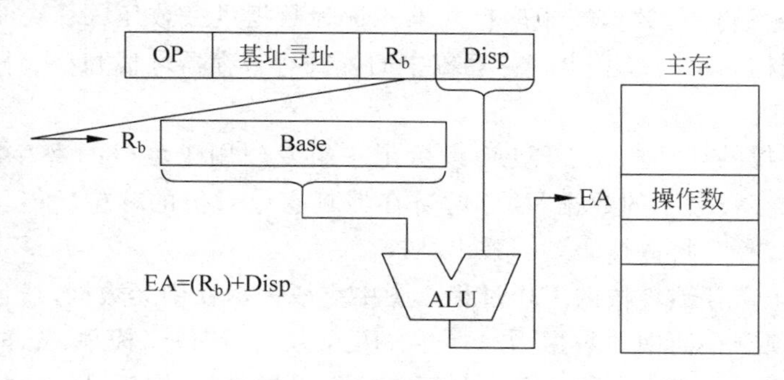

图 5-13 基址寻址方式

基址寻址是面向系统的，主要用于将用户程序的逻辑地址（用户编写程序时所使用的地址）转换成主存的物理地址（程序在主存中的实际地址），以便实现程序的再定位。例如，在多道程序运行时，需要由系统的管理程序将多道程序装入主存。由于用户在编写程序时，不知道自己的程序应该放在主存的哪一个实际物理地址中，只能按相对位置使用逻辑地址编写程序。当用户程序装入主存时，为了实现用户程序的再定位，系统程序给每个用户程序分配一个基准地址。程序运行时，该基准地址装入基址寄存器，通过基址寻址，可以实现逻辑地址到物理地址的转换。由于系统程序需通过设置基址寄存器为程序或数据分配存储空间，所以基址寄存器的内容通常由操作系统或管理程序通过特权指令设置，对用户是透明的。用户可以通过改变指令字中的形式地址 A 来实现指令或操作数的寻址。另外，基址寄存器的内容一般不进行自动增量和减量。

变址寻址是面向用户的，主要用于访问数组、向量、字符串等成批数据，用以解决程序的循环控制问题。因此，变址寄存器的内容是由用户设定的。在程序执行过程中，用户通过改变变址寄存器的内容实现指令或操作数的寻址，而指令字中的形式地址 A 是不变的。变址寄存器的内容可以进行自动增量和减量。

9. 基址加变址寻址

将基址寻址与变址寻址结合起来就形成了基址加变址寻址方式。这种寻址方式是将两个寄存器的内容和指令形式地址中给出的偏移量相加后得到的结果作为操作数的有效地址。其中,一个寄存器作为基址寄存器,另一个作为变址寄存器。

例 5.10 Intel 8086 的基址寻址与变址寻址的指令:

```
MOV  AL,[BX + SI + 4]
```

设基址寄存器 BX 的内容为 BX=1000H,变址寄存器 SI 的内容为 SI=2000H,主存 3004H 单元的内容为(3004H)=ABH。

由于形式地址 A 中给出的偏移量为 4,所以有效地址 EA=(BX)+(SI)+4=3004H,指令执行的结果是将操作数 ABH 传送到寄存器 AL 中。

10. 堆栈寻址

堆栈寻址是一种由堆栈支持的寻址方式。

1) 堆栈

计算机中的堆栈是指按先进后出(FILO)或者说后进先出(LIFO)原则进行存取的一个特定的存储区域。在堆栈结构中,第一个存入数据的堆栈单元称为栈底,最近存入数据的堆栈单元称为栈顶。通常栈底是固定不变的,而栈顶却是随着数据的进栈和出栈不断变化的,即栈顶是浮动的。在堆栈操作中,数据按顺序存入堆栈称为数据进栈或压入;从堆栈中按与进栈相反的顺序取出数据称为出栈或弹出。计算机中的堆栈有寄存器堆栈和存储器堆栈两种结构。

(1) 寄存器堆栈

采用寄存器堆栈的计算机在 CPU 中设置了一组专门用于堆栈的寄存器,每个寄存器按照机器字长可以保存一个字的数据,相邻的寄存器具有位对位的移位功能,CPU 可以通过进栈指令和出栈指令,控制将数据压入和弹出堆栈。

图 5-14 显示了寄存器堆栈的工作过程。图中空栈表示栈中无数据,栈顶为空。当数据 A 被压入堆栈后,栈顶寄存器中的数据为 A;再次压入 B 后,B 位于栈顶,先进入堆栈的 A 在 B 写入的同时,下移到下一个寄存器;压入 B 后再执行出栈操作,则后进入堆栈并位于栈顶的 B 先被弹出,同时数据 A 上移至栈顶;再一次执行出栈操作,先进入堆栈的数据 A 才被弹出。

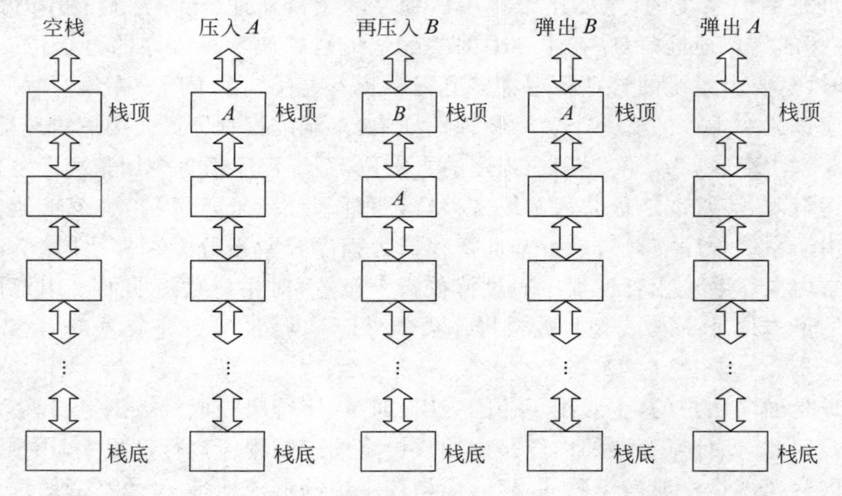

图 5-14 寄存器堆栈的工作过程

由此可知,堆栈是按先进后出原则进行存取操作的。

为了防止堆栈空时企图执行出栈和堆栈满时企图执行进栈等误操作,可以利用计数器为堆栈设置"栈空"和"栈满"指示。即每进行一次进栈操作,计数器加1;每进行一次出栈操作,计数器减1。当计数器中计数值等于堆栈中寄存器的个数时,表示"栈满";当计数器中计数值等于0时,表示"栈空"。

寄存器堆栈的存取速度快,不占用主存空间,但堆栈的容量固定,不易扩展。

(2) 存储器堆栈

为了满足用户对堆栈的容量要求,目前计算机普遍采用存储器堆栈。所谓存储器堆栈就是一组连续的存储器单元的有序集合,通常位于主存的一个特定区域,它既可以是固定的区域,也可以是浮动的区域,可以用软件加以定义,而且需要时可以定义多个存储器堆栈。

为了表示栈顶的位置,通常用一个寄存器或存储器单元指出栈顶的地址,这个寄存器或存储器单元称为堆栈指针SP,SP的内容永远指向堆栈的栈顶。由于堆栈遵循先进后出原则进行信息的存取,堆栈的压入和弹出操作总是按地址自动增量和自动减量方式在栈顶进行。

存储器堆栈有自底向上和自顶向下两种生成方式。如图5-15所示,自底向上生成是指栈底占据堆栈中的最高地址,栈顶为较低地址。当向堆栈压入数据时,按从高地址向低地址的顺序依次进行;当从堆栈中弹出数据时,按从低地址向高地址的顺序进行。而自顶向下生成方式则与自底向上生成方式顺序相反。

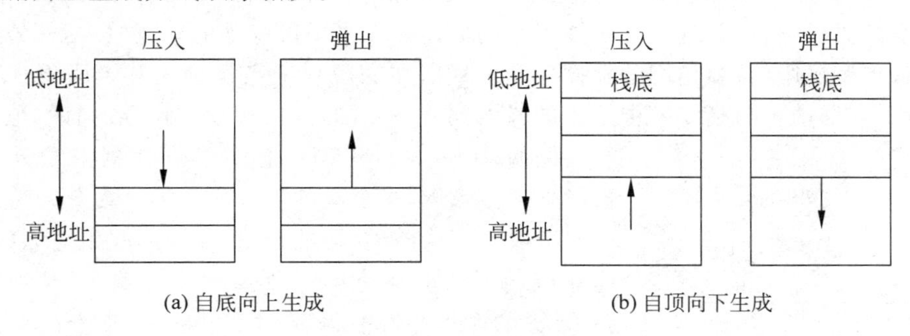

图5-15 堆栈的两种生成方式

图5-16以自底向上生成堆栈为例说明了存储器堆栈的工作过程。图中,自底向上生成堆栈在建栈时使堆栈指针SP指向栈底(堆栈中地址最大单元)的下一个单元,即SP的内容为栈底单元地址加1。每次进行进栈操作时,先将SP减1,使其指向栈顶单元,再把要进栈的数据

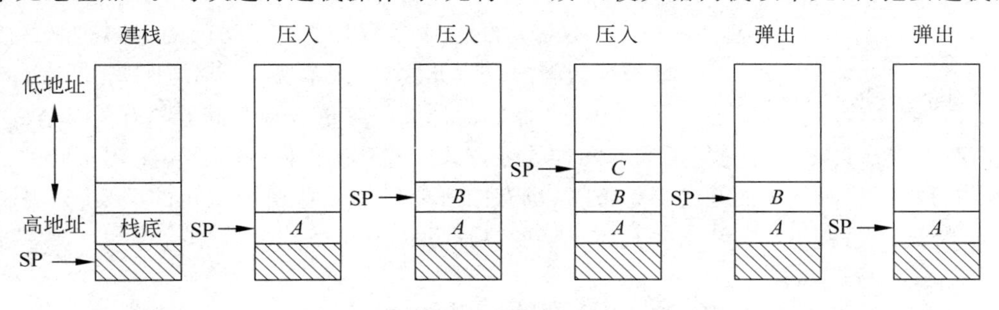

图5-16 自底向上生成堆栈的工作过程

存入 SP 所指向的存储单元,即将数据压入栈顶。每次进行出栈操作时,先将栈顶的数据弹出,即按 SP 所指的存储单元取出数据,然后将 SP 加 1,使其指向新的栈顶单元。自底向上生成堆栈是一种较常用的存储器堆栈方式。

2) 堆栈寻址

堆栈寻址方式就是按照堆栈指示器 SP 的内容确定操作数的访存地址。例如,在堆栈支持的运算型零地址指令中,操作数隐含指定在堆栈,当 CPU 执行这种指令时,自动地按当前 SP 值从堆栈的栈顶和次栈顶弹出数据,进行操作码指示的操作,然后再将所得结果自动压入堆栈。

堆栈除了可为零地址指令提供操作数外,还有很多用途。如在子程序的调用中,用堆栈存放返回地址,可以实现子程序的嵌套和递归调用;在程序中断的处理中,用堆栈存放多级中断的有关信息,可以实现多级中断的嵌套等。

11. 页面寻址

页面寻址就是将存储器逻辑地分成若干页,每一页都有自己的页面地址,一页内包含若干存储单元,可以通过页内地址进行访问。当需要访问一页内的某一单元时,将该页的页面地址与相应单元的页内地址相拼接,即可形成操作数的有效地址。

12. 扩展寻址

扩展寻址就是将要访问的存储单元地址的高位预先装入扩展寄存器中,访存时将扩展寄存器的内容与指令字中形式地址部分给出的内容相拼接,形成操作数的有效地址。

在微型计算机中,段寻址就是扩展寻址的应用。在采用段寻址的计算机中,首先将存储区域定义为若干逻辑段,将要访问的存储单元地址所在的段地址高位预先装入段寄存器中。访存时,将段寄存器内容与指令字中给出的段内偏移量相加,即可形成操作数的有效地址。

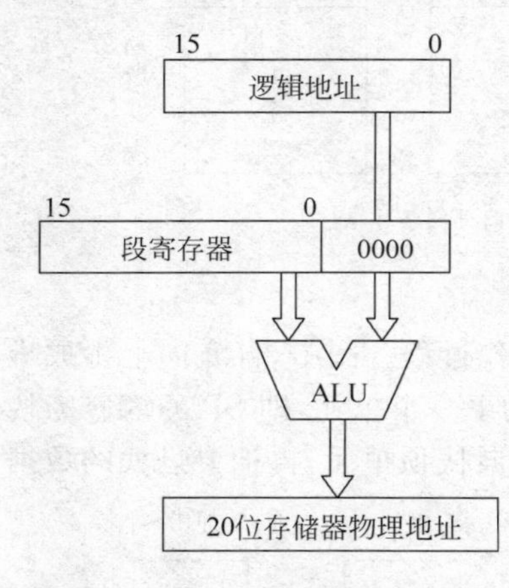

图 5-17 Intel 8086 的段寻址过程

例如,Intel 8086 CPU 将 1MB 存储器空间分成若干逻辑段来进行管理,每个段的最大容量限制为 64KB,且规定每个逻辑段只能从模 16 地址开始,即段的起始地址(或称段基地址)必须为××××0H。段基地址的高 16 位通常被保存在 16 位的段寄存器中。当 CPU 需要访问存储器时,在指令中提供说明主存单元距离段起始位置的偏移量(段内偏移量)信息,这样,存储单元的物理地址就可用段基地址+段内偏移量的方法表示。Intel 8086 的段寻址过程如图 5-17 所示。

需要说明的是,上述寻址方式所访问的存储器都是按地址进行访问的。除此之外,还有按内容寻址的相联存储器。有关相联存储器的详细内容请查阅存储器的有关章节。

前面我们重点讨论了计算机常用的几种寻址方式。实际上不同的机器可采用不同的寻址方式,有的可能只采用其中的几种寻址方式,也有的可能增加一些稍加变化的类型,只要掌握了基本的寻址方式,就不难弄清某一具体机器的寻址方式。

5.3 指令类型与功能

指令系统决定了计算机的基本功能,指令系统中不同指令的功能不仅影响到计算机的硬件结构,而且对操作系统和编译程序的编写也有直接影响。不同类型的计算机,由于其性能、结构、适用范围的不同，指令系统之间的差异很大，风格各异。有的机器的指令系统，指令类型多、功能丰富、包含几百条指令；有的机器的指令系统中，指令类型少、功能简单、只包含几十条指令。但不管怎样，一台计算机的指令系统中，最基本且必不可少的指令并不太多，因为很多复杂指令的功能都可以用最基本的指令组合实现。例如，乘除法运算指令和浮点运算指令，既可以直接用乘除法器、浮点运算器等硬件直接实现，也可以用基本的加减和移位指令编成子程序来实现。由此可见，指令系统中有相当一部分指令是为了提高程序的执行速度和便于程序员编写程序而设置的。当然某种功能用硬件实现还是用软件实现，两者在执行时间上差别很大，构成系统的成本也不同。因此，设计一个合理而有效的指令系统，对于提高机器的性能价格比有很大的影响。

作为一个合理而有效的指令系统应满足以下基本要求。

1. 完备性

指令系统的完备性是指任何运算都可以用指令编程实现。也就是要求指令系统的指令丰富、功能齐全、使用方便，应具有所有基本指令。

2. 有效性

指令系统的有效性是指用指令系统中的指令编写的程序能高效率运行，占用空间小、执行速度快。

3. 规整性

指令系统的规整性是指指令系统应具有对称性、匀齐性，指令与数据格式的一致性。其中，对称性要求指令要将所有寄存器和存储单元均同等对待，使任何指令都可以使用所有的寻址方式，减少特殊操作和例外情况；匀齐性要求一种操作可支持各种数据类型，如算术运算指令应能够可支持字节、字、双字、十进制数、浮点单精度数、浮点双精度数等各种数据类型的数据。指令与数据格式的一致性要求指令长度与机器字长和数据长度有一定的关系，以便于指令和数据存取与处理。

4. 兼容性

为了满足软件兼容的要求，系列机的各机种之间应该具有基本相同的指令集，即指令系统应具有一定的兼容性，其中至少要做到向后兼容，即先推出的机器上的程序可以在后推出的机器上运行。

不同的计算机所具有的指令系统也不同，但不管指令系统的繁简如何，所包含的指令的基本类型和功能是相似的。一般说来，一个完善的指令系统应包括的基本指令有：数据传送指令、算术逻辑运算指令、移位操作指令、堆栈操作指令、字符串处理指令、程序控制指令、输入输出指令等。一些复杂指令的功能往往是一些基本指令功能的组合。

5.3.1 数据传送指令

数据传送指令是计算机中最基本最常用的指令，主要用于实现一个部件与另一个部件之间的数据传送操作，如寄存器与寄存器、寄存器与存储器单元、存储器单元与存储器单元之间的数据传送操作。执行数据传送指令时，数据从源地址传送到目的地址，源地址中的数据不变。有的机器设置了通用的MOV指令，如本章的例5.2～例5.10所示；有的机器专门用LOAD、STORE指令访存，其中LOAD为存储器读数指令，STORE为存储器写数指令；还有些机器设置了交换指令，可以完成源操作数与目的操作数互换，实现双向数据传送。另外堆栈指令、寄存器和存储单元清0指令也属于数据传送指令。

数据传送指令可以以字节、字、双字为单位进行数据传送，甚至可以对成组数据进行传送。例如，在IBM370机的指令系统中，成组取数指令的格式为：

成组取数	R_1	R_3	B_2	D_2

其中，R_1、R_3字段均表示寄存器编号，用于指定16个通用寄存器中的某一个。B_2是指定的基址寄存器的编号，D_2为形式地址。源操作数的起始地址为：$E_2=(B_2)+D_2$。成组取数指令的功能为：从主存E_2单元开始，顺序地取出多个数据，分别存放到从R_1字段到R_3字段指定的编号连续的多个寄存器中。例如，设R_1字段指定的寄存器编号为R_6，R_3字段指定的寄存器编号为R_{11}，则从E_2单元开始顺序取出6个数据，分别存入编号从R_6到R_{11}的共6个寄存器中。

又如在Intel 8086的指令系统中，有串传送指令MOVS，在加上重复前缀REP后，可以控制一次将最多达64KB的数据块从存储器的一个区域传送到另一个区域。

5.3.2 算术逻辑运算指令

该运算类指令主要功能是进行各类数据信息处理，包括各种算术运算及逻辑运算指令。

算术运算类指令主要包括二进制的定点、浮点的加减乘除运算指令；求反、求补、加1、减1、比较指令；十进制加减运算指令等。不同计算机对算术运算类指令的支持有很大差别。对于低档机而言，由于硬件结构相对简单，一般仅支持二进制定点加减、比较、求补等最简单最基本的指令。而在一些高档机中，为了提高机器性能，除了最基本的算术运算指令之外，还设置了乘除运算指令、浮点运算指令、十进制运算指令甚至乘方、开方指令和多项式计算指令。在一些大、巨型机中，不仅支持标量运算，还设置了向量运算指令，可以直接对整个向量或矩阵进行求和、求积运算。

逻辑运算指令主要包括各类布尔量的逻辑运算指令，如与、或、非、异或、测试等指令。逻辑运算类指令多用于对数据字中某些位(一位或多位)进行操作，如按位测、按位清、按位置、按位取反等，也可以用于进行数据的相符判断和数据修改。

例5.11 Intel 8086指令系统中的算术逻辑运算指令。

```
ADD  AL,BL     ; AL←AL + BL,寄存器 AL 和 BL 的内容相加,和存入寄存器 AL
MUL  BL        ; AX←AL × BL,寄存器 AL 和 BL 的内容相乘,积存入寄存器 AX
AND  AL,0FEH   ; AL←AL ∧ FEH,AL 的内容与 11111110 相"与",其结果是 AL 的最低位清 0,其余位不变
OR   AL,0F0H   ; AL←AL ∨ F0,即 AL 的内容与 1111000 相"或",其结果是 AL 的高 4 位被置 1,其余位不变
TEST AL,01H    ; AL ∧ 00000001B,AL 的内容与 00000001 相"与",若相"与" 的结果为全 0,表示 AL0 = 0,
               ; 若相"与" 的结果不为全 0,表示 AL0 = 1
```

5.3.3 移位指令

移位指令分为算术移位、逻辑移位和循环移位3种，可以实现对操作数左移或右移一位或几位。

算术移位和逻辑移位指令分别控制实现带符号数和无符号数的移位。在算术移位的过程中，必须保持操作数的符号不变，即左移时，空出的最低位补0；右移时，空出的最高位补符号位(操作数以补码表示)。在逻辑移位的过程中，无论左移还是右移，空出位都补0。

循环移位按是否与进位位C一起循环分为带进位循环(大循环)和不带进位循环(小循

环)，具体规定见第3.8节的有关内容。循环移位一般用于实现循环式控制、高低字节的互换以及多倍字长数据的算术移位或逻辑移位。

算术和逻辑移位指令可实现带符号数和无符号数的移位，因此常用于对操作数乘以 2^n 或除以 2^n 的运算。因为移位指令的执行时间远比乘除操作的执行时间短，所以采用移位指令实现简单的乘除运算可获得较高速度。移位指令的这个性质，对于在无乘除运算指令的计算机中快速实现乘除运算来说显得特别重要。

5.3.4 堆栈操作指令

如前所述，堆栈操作指令是一种特殊的数据传送指令。堆栈操作有两种：压入(进栈)或弹出(出栈)。压入指令是把指定的操作数送入栈顶，而弹出指令是从栈顶弹出数据，送到指令指定的目的地址中。

堆栈操作指令主要用于保存和恢复中断、子程序调用时的现场数据和断点指令地址以及在子程序调用时实现参数传递。为了支持这些功能的快速实现，有些机器还设有多数据的压入指令和弹出指令，可以用一条堆栈操作指令依次把多个数据压入或弹出堆栈。

5.3.5 字符串处理指令

字符串处理指令是一种非数值处理指令，指令系统中设置这类指令的目的是为了便于直接用硬件支持非数值处理。字符串处理指令中一般包括字符串传送、字符串比较、字符串查找、字符串抽取、字符串转换等指令。其中字符串传送指令用于将数据块从主存的某一区域传送到另一区域；字符串比较指令用于把一个字符串与另一个字符串逐个字符进行比较；字符串查找指令用于在一个字符串中查找指定的子串或字符；字符串抽取用于从字符串中提取某一子串；字符串转换用于将字符串从一种数据编码转换为另一种编码。字符串处理指令在对大量字符串进行各种处理的文字编辑和排版方面非常有用。

5.3.6 程序控制指令

程序控制指令用于控制程序运行的顺序和选择程序的运行方向。这类指令是指令系统中一组非常重要的指令，它可以使程序具有测试、分析与判断的能力，程序控制类指令主要包括转移指令、循环控制指令及子程序调用与返回指令等。

1. 转移指令

计算机在执行程序时，多数情况下都是顺序执行的，即执行完一条指令后，接着执行相邻的下一条指令。但有时需要改变程序的执行顺序，即执行完一条指令后，不是接着执行相邻的下一条指令，而是要将程序转移到其他地方继续执行。转移类指令就是用于完成这类程序转移的。转移指令按其转移特征可分为无条件转移指令和条件转移指令两类。

无条件转移指令又称必转指令。这类转移指令在执行时不受任何条件的约束，直接把控制转移到指令指定的转向地址。如Intel 8086指令系统中的JMP X指令，其功能就是无条件地将程序转移到指令中给出的转移目标地址X处继续执行。

与无条件转移指令不同，条件转移指令的执行受到一定条件的约束。条件转移指令在执行时，只有在条件满足的情况下，才会执行转移操作，把控制转移到指令指定的转移地址；若条件不满足，则不执行转移操作，程序仍按原顺序继续执行。条件转移指令的转移条件，一般是前面指令执行结果的某些特征。为了便于判断，在计算机的CPU中通常设置一个状态标志寄存器(或条件码寄存器),用于记录所执行的某些操作的结果标志。这些标志主要包括:进位标志(C)、结果溢出标志(V)、结果为零标志(Z)、结果为负标志(N)、结果奇偶标志(P)等。这些标志的组合,可以产生十几种转移条件,相应地就有了诸如结果为零转、非零转、为负转、为正转、溢出转、非溢出转等条件转移指令。

转移指令的转移地址一般采用相对寻址或直接寻址。若采用相对寻址,转移地址为当前PC内容与指令中给出的位移量之和;若采用直接寻址,转移地址由指令中地址码直接给出。

例 5.12 Intel 8086 指令系统中的转移指令。

① JMP L1

这是一条直接寻址的无条件转移指令。指令执行后,程序无条件转移到 L1 处。

② JNZ 50H

这是一条相对寻址的条件转移指令。指令功能为:若前次指令的操作结果不为0,则转移到当前 PC+50H 处。设本指令所在的主存地址为 1000H,由于这是一条双字节指令,所以取指后当前 PC=1002H,转移地址为:1002H+50H=1052H。因此,若前次指令的操作结果不为0,则指令执行后,程序转向主存地址为 1052H 处的指令;否则指令执行后,程序仍按原顺序继续执行主存地址为 1002H 处的指令。

条件转移指令使计算机具有很强的逻辑判断能力,是计算机能高度自动化工作的关键。

2. 循环指令

为了支持循环程序的执行,大部分计算机都设置了专门的循环控制指令。循环控制指令实际上是一种增强型的条件转移指令,其指令功能一般包括对循环控制变量的修改、测试判断以及地址转移等功能。

例 5.13 Intel 8086 指令系统中的循环控制指令。

```
LOOP   L1
```

该指令的功能是:将循环计数器 CX 中的循环次数减 1,即 CX←CX−1,然后进行判断,如果 CX≠0,则程序转到 L1 处继续执行;如果 CX=0,则结束循环,继续执行紧接着 LOOP 指令的下一条指令。

3. 子程序调用与返回指令

在编写程序时,有些具有特定功能的程序段会被反复使用,为了避免程序的重复编写,可将这些程序段设定为独立且可以公用的子程序。在程序的执行过程中,当需要执行子程序时,可以在主程序中发出调用子程序的指令,给出子程序的入口地址,控制程序的执行序列从主程序转入子程序;而当子程序执行完毕后,可以利用返回主程序的指令,使程序重新返回主程序的发出子程序调用命令的地方继续顺序执行。

在子程序的调用与返回过程中,子程序的入口地址是指子程序第一条指令的地址。用于调用子程序、控制程序的执行从主程序转向子程序的指令称为转子指令(子程序调用指令、过程调用指令)。为了正确调用子程序,必须在转子指令中给出子程序的入口地址。主程序中转子指令的下一条指令的地址称为断点,断点是子程序返回主程序时的返回地址。从子程序返回主程序的指令称为返回指令。为了在执行返回指令时能够正确地返回主程序,转子指令应具有保护断点的功能。

执行转子指令时保存断点的方式有多种,常用的有:

(1) 将断点存放到子程序第一条指令的前一个字单元。

(2) 将断点保存到某一约定的寄存器中。

(3) 将断点压入堆栈。

其中将断点压入堆栈是保护断点的最好方法,它便于实现多重转子和递归调用,因而被很多指令系统所采用。例如 Intel 8086 就是采用堆栈保存返回地址。Intel 8086 的指令系统中设置了子程序调用指令 CALL 和返回指令 RET。CALL 指令的功能是把下一条指令的地址(断点)压入堆栈,再将程序的执行转移到指令中给出的子程序入口。RET 指令的功能是从堆栈中取出断点地址并返回断点处继续执行。

可以看到,转子指令与转移指令的执行结果都是实现程序的转移,但两者的区别在于:转移指令的功能是转移到指令给出的转移地址处去执行指令,一般用于同一程序内的转移,转移后不需要返回原处,因此不需要保存返回地址。转子指令的功能是转去执行一段子程序,实现的是不同程序之间的转移。因为子程序执行完后必须返回主程序,所以转子指令必须以某种方式保存返回地址,以便返回时能正确返回到主程序原来的位置。

转子指令和返回指令通常是无条件的,但也有带条件的转子和返回指令。条件转子和条件返回指令所需要的条件与转移指令的条件类似。

4. 陷阱指令

陷阱实际是指意外事故的中断。如机器在运行中,可能会出现的电源电压不稳定、存储器校验出错、I/O 设备故障、除数为 0、运算结果溢出以及执行特权指令等意外事件。发生了这类事件,将导致系统计算机不能正常工作,因此必须及时采取措施,以免影响整个系统的正常运行。为此,在程序的执行过程中,一旦出现意外故障,计算机就发出陷阱信号,暂停当前程序的执行,通知 CPU 当前所出现的故障,并转入故障处理程序进行相应的故障处理。有关中断的概念将在后续章节中详细讨论。

计算机的陷阱指令一般作为隐指令(即指令系统中不提供的指令),不提供给用户直接使用,只有在出现意外故障时,由 CPU 自动产生并执行。但也有计算机在指令系统中设置了用户可用的陷阱指令或"访管"指令,便于用户利用它来实现系统调用和程序请求。例如,Intel 8086 CPU 的软件中断指令 INT n(n 是 8 位二进制常数,用于表示中断类型),就是直接提供给用户使用的陷阱指令,利用它可以实现系统调用和程序请求。

5.3.7 输入输出指令

输入输出指令简称 I/O 指令,是用于主机与外部设备之间进行各种信息交换的指令。I/O 指令主要用于主机与外设之间的数据输入输出、主机向外设发出各种控制命令控制外设的工作、主机读入和测试外设的各种工作状态等。输入输出指令通常有 3 种设置方式:

(1) 外设采用单独编码的寻址方式并设置专用的 I/O 指令。由 I/O 指令的地址码部分给出被选设备的设备码(或端口地址),操作码指定所要求的 I/O 操作。

这种方式将 I/O 指令与其他指令区别对待,编写程序清晰;但因为 I/O 指令通常较少,功能简单,如果需要对外设信息进行复杂处理,则需要较多的指令才能实现。

(2) 外设与主存统一编址,用通用的数据传送指令实现 I/O 操作。

这种方式不用设置专用 I/O 指令,可以利用各类指令对外设信息进行处理。但由于外设与主存统一编址,占用了主存的地址空间。而且较难分清程序中的 I/O 操作和访存操作。

(3) 通过 I/O 处理机执行 I/O 操作。在这种方式下,CPU 只需执行几条简单的 I/O 指令,如启动 I/O 设备、停止 I/O 设备、测试 I/O 设备等,而对 I/O 系统的管理、I/O 操作控制等工作都由 I/O 处理机完成。这种方式能提高主机的效率,但必须在 I/O 处理机支持下才能实现。

5.3.8 其他指令

除了上述几种类型的指令外,还有其他一些完成某种控制功能的指令,如停机、等待、空操作、开中断、关中断、置条件码以及特权指令等。

特权指令主要用于系统资源的分配与管理,具有特殊的权限,一般只能用于操作系统或其他系统软件,而不直接提供给用户使用。在多任务、多用户的计算机系统中,这种特权指令是不可缺少的。

除此之外,在一些多处理器系统中还配有专门的多处理机指令。

5.4 CISC 机和 RISC 机指令风格

CISC 是复杂指令系统计算机 Complex Instruction Set Computer 的英文缩写。RISC 是精简指令系统计算机 Reduced Instruction Set Computer 的英文缩写。

5.4.1 复杂指令系统计算机 CISC

在早期,由于计算机技术水平较低,所使用的元器件体积大、功耗高、价格高,因此硬件结构比较简单,所支持的指令系统的功能也相应简单。随着集成电路技术的发展、计算机技术水平的提高,计算机应用领域的扩大,机器的功能越来越强,硬件结构也越来越复杂,同时对指令系统功能的要求也越来越高。为了满足对指令功能日益提高的要求,指令的种类和功能不断增加,寻址方式也变得更加灵活多样,指令系统不断扩大。为了满足软件兼容的需要,使已开发的软件能被继承,在同一系列的计算机中,新开发的机型的指令系统往往需要包含先前开发的机器的所有指令和寻址方式。这样,导致计算机的指令系统变得越来越庞大,某些机器的指令系统竟包含高达几百种指令。例如,DEC 公司的 VAX-11/780 有 18 种寻址方式,9 种数据格式,303 种指令。

另一方面为了缩小机器语言与高级语言的语义差异,便于操作系统的优化和减轻编译程序的负担,采用了让机器指令的语义和功能向高级语言的语句靠拢、用一条功能更强的指令代替一段程序的方法,这样使得指令系统的功能不断增加,指令本身的功能不断增强。

这类具备庞大且复杂的指令系统的计算机称为复杂指令系统计算机,简称 CISC。综上所述可知,CISC 的思想就是采用复杂的指令系统,来达到增强计算机的功能、提高机器速度的目的。像 DEC 公司的 VAX-11、Intel 公司的 i80x86 系列 CPU 均采用了 CISC 的思想。

归纳起来,CISC 指令系统的特点是:

(1) 指令系统复杂庞大,指令数目一般多达 200～300 条;

(2) 指令格式多,指令字长不固定,采用多种不同的寻址方式;

(3) 可访存指令不受限制;

(4) 各种指令的执行时间和使用频率相差很大;

(5) 大多数 CISC 机都采用微程序控制器。

然而,CISC 的复杂结构并不是像人们想象的那样很好地提高了机器的性能。由于指令系统复杂,导致所需的硬件结构复杂,这不仅增加了计算机的研制开发周期和成本,而且也难以保证系统的正确性，有时可能降低系统的性能。经过对 CISC 的各种指令在典型程序中使用频率的测试分析，发现只有占指令系统 20%的指令是常用的，并且这些指令大多属于算/逻运算、数据传送、转移、子程序调用等简单指令，而占 80%的指令在程序中出现的概率只有 20%左右。这一结果说明花费了大量代价增加的复杂指令，只能有 20%左右的使用率，这将造成了硬件资源的大量浪费。

在这种情况下，人们开始考虑能否用最常用的 20%左右的简单指令来组合实现不常用的 80%的指令，由此引发了 RISC 技术，出现了精简指令系统计算机 RISC。

5.4.2 精简指令系统计算机 RISC

如上分析可知，RISC 技术希望用 20%左右的简单指令来组合实现不常用的 80%的指令，用一套精简的指令系统取代复杂的指令系统，使机器结构简化，以达到用简单指令提高机器性能和速度、提高机器的性能价格比的目的。应注意的是，RISC 并不是简单地将 CISC 的指令系统进行简化，为了用简单的指令来提高机器的性能，RISC 技术在硬件高度发展的基础上，采用了许多有效的措施。

一般 CPU 的执行速度受 3 个因素的影响，即程序中的指令总数 IC、平均指令执行所需的时钟周期数 CPI 和每个时钟周期的时间 T，即 CPU 执行程序所需的时间 T_{CPU} 可用式(5-2)表示：

$$T_{CPU} = IC \times CPI \times T \tag{5-2}$$

显然，减小 IC、CPI 和 T 就能有效地减少 CPU 的执行时间，提高程序执行的速度。因此 RISC 技术主要从简化指令系统，优化硬件设计的角度来提高系统的性能与速度。

RISC 指令系统的主要特点是：

(1) 选取一些使用频率高的简单指令以及很有用又不复杂的指令来构成指令系统。

(2) 指令数目较少，指令长度固定，指令格式少，寻址方式种类少。

(3) 采用流水线技术，大多数指令可在一个时钟周期内完成；特别是在采用了超标量和超流水技术后，可使指令的平均执行时间小于一个时钟周期。

(4) 使用较多的通用寄存器以减少访存。

(5) 采用寄存器-寄存器方式工作，只有存数(STORE)/取数(LOAD)指令访问存储器，而其余指令均在寄存器之间进行操作。

(6) 控制器以组合逻辑控制为主，不用或少用微程序控制。

(7) 采用优化编译技术，力求高效率支持高级语言的实现。

表 5-1 给出了一些典型的 RISC 指令系统的指令条数。

表 5-1 一些典型的 RISC 机的指令条数

机器名	指令数	机器名	指令数
RISC 11	39	ACORN	44
MIPS	31	INMOS	111
IBM 801	120	IBMRT	118
MIRIS	64	HPPA	140
PYRAMID	128	CLIPPER	101
RIDGE	128	SPARC	89

与 CISC 机相比,RISC 机的主要优点有:

(1) 充分利用了 VLSI 芯片的面积。

由 RISC 的特点可知,RISC 机的控制器采用组合逻辑控制,其硬布线逻辑通常只占 CPU 芯片面积的 10%左右。而 CISC 机的控制器大多采用微程序控制,其控制存储器在 CPU 芯片内所占的面积达 50%以上。因此,RISC 机可以空出大量的芯片面积供其他功能部件用,例如增加大量的通用寄存器、将存储管理部件也集成到 CPU 芯片内等。

(2) 提高了计算机的运算速度。

根据 RISC 的特点可知,由于 RISC 机的指令数、寻址方式和指令格式种类比较少,指令的编码很有规律,因此 RISC 的指令译码比 CISC 快。由于 RISC 机内通用寄存器多,减少了访存次数,加快了指令的执行速度。而且由于 RISC 机中常采用寄存器窗口重叠技术,使得程序嵌套调用时,可以快速地将断点和现场保存到寄存器中,减少了程序调用过程中的保护和恢复现场所需的访存时间,进一步加快了程序的执行速度。另外,由于组合逻辑控制比微程序控制所需的延迟小,缩短了 CPU 的周期,因此 RISC 机的指令实现速度快;并且在流水技术的支持下,RISC 机的大多数指令可以在一个时钟周期内完成。

(3) 便于设计,降低了开发成本,提高了可靠性。

由于 RISC 机指令系统简单,机器设计周期短,设计出错可能性小,易查错,可靠性高。

(4) 有效地支持高级语言。

RISC 机采用的优化编译技术可以更有效地支持高级语言。由于 RISC 指令少,寻址方式少,使编译程序容易选择更有效的指令和寻址方式,提高了编译程序的代码优化效率。

CISC 和 RISC 技术都在发展,两者都具有各自的特点。目前两种技术已开始相互融合。这是因为随着硬件速度、芯片密度的不断提高,RISC 系统也开始采用 CISC 的一些设计思想,使得系统日趋复杂;而 CISC 机也在不断部分采用 RISC 的先进技术(如指令流水线、分级 Cache 和多通用寄存器等),使其性能得到提高。

5.5 指令系统举例

5.5.1 Pentium Ⅱ的指令系统

Pentium Ⅱ是 Intel 公司于 1997 年推出的第二代产品,与 Intel 的 80486、Pentium、Pentium Pro、Pentium MMX、Celeron 和 Xeon 等微处理器一样,是一台完全的 32 位机。Pentium Ⅱ采用 IA-32 体系结构,引入了包括 MMX 等指令在内的更高版本的指令,性能比 Intel 先行推出的 CPU 芯片有了更大的提高。由于 Pentium Ⅱ是 Intel 在 IBM PC 上使用的 8088 CPU 的嫡系后代,虽然其性能与 8088 相比已不可同日而语,但可以完全向下兼容到 8088。Intel 的 x86 系列 CPU 采是典型的 CISC 机器,指令系统规模庞大,但从 Pentium MMX、Pentium Ⅱ开始,引入了 RISC 的设计思想,尤其是 Pentium Ⅱ,采用了一个基于 RISC 的处理器内核,使用了大量 RISC 的特性。

1. Pentium Ⅱ的指令格式

Pentium Ⅱ指令格式比较繁杂,最多可有 6 个变长域,其中 5 个是可选的,如图 5-18 所示。

1) 前缀字节

前缀字节是一个额外的操作码,它附加在指令的最前面,用于改变指令的操作。

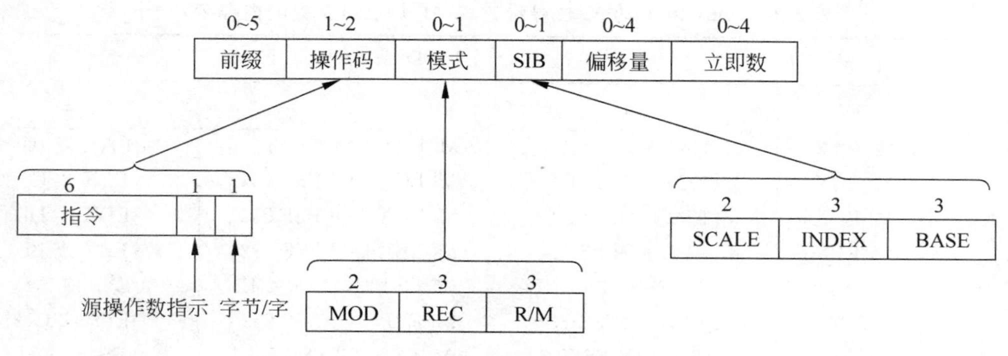

图 5-18 Pentium Ⅱ的指令格式

2) 操作码字节

操作码的最低位用于指示操作数是字节还是字,次低位用于指示内存地址(如果需要访问内存的话)是源地址还是目的地址。

3) 模式字节

模式字节包含了与操作数有关的信息,可分成2位的MOD字段和两个3位的寄存器字段REG和R/M。在某些情况下,模式字节的前3位可用作操作码扩展,使操作码的长度达11位。

Pentium Ⅱ指令系统规定操作数中必须有一个是在寄存器中。模式字段MOD与R/M字段组合定义另一个操作数的寻址方式,REG字段规定了另一个操作数所在的寄存器。

逻辑上,寄存器EAX、EBX、ECX、EDX、ESI、EDI、EBP和ESP中的任意一个都可用于源操作数寄存器和目的操作数寄存器。但是,编码规则禁止了其中的某些组合,以用于特殊的目的。

4) 额外模式字节SIB

SIB字节定义了一个比例因子(Scale)和两个寄存器。当出现SIB字节的时候,计算操作数的地址的方法是:先用变址寄存器(Index)乘上1、2、4或者8(由比例因子决定),然后再加上基址寄存器(Base),最后再根据MOD字节来决定是否要加上一个8位或者32位的偏移量。

5) 偏移量

偏移量字节给出了1、2或者4个字节的内存地址。

6) 立即数

立即数字节给出了1、2或者4个字节的常量。

2. Pentium Ⅱ的寻址方式

Pentium Ⅱ具有很大的地址空间,采用了段页式存储管理模式,即将内存分为16384个段,每个段的容量为4GB,按从0到$2^{32}-1$进行编址,地址长度为32位,按照小端排序(低位地址存放低位字节)的方式存储字。Pentium Ⅱ配备了大量的寄存器,包括基本体系结构寄存器、系统级寄存器、调试和测试寄存器、浮点寄存器等,其中32位的通用寄存器不仅可以用于处理32位的数据,还可以用于处理16位和8位数据,以满足用户的不同要求。

为了满足向下兼容的要求,Pentium Ⅱ的寻址方式非常没规律,支持的寻址方式包括:立即寻址、直接寻址、寄存器寻址、寄存器间接寻址、变址寻址、基址加变址、相对寻址和用于数组元素的特殊寻址方式等。表5-2给出了32位模式下的寻址方式。

表 5-2 Pentium Ⅱ的32位寻址方式(M[x]表示 x 处的内存字)

	MOD			
R/M	00	01	10	11
000	M[EAX]	M[EAX+OFFSET8]	M[EAX+OFFSET32]	EAX 或 AL
001	M[ECX]	M[ECX+OFFSET8]	M[ECX+OFFSET32]	ECX 或 CL
010	M[EDX]	M[EDX+OFFSET8]	M[EDX+OFFSET32]	EDX 或 DL
011	M[EBX]	M[EBX+OFFSET8]	M[EBX+OFFSET32]	EBX 或 BL
100	SIB	带 OFFSET8 的 SIB	带 OFFSET32 的 SIB	ESP 或 AH
101	直接	M[EBP+OFFSET8]	M[EBP+OFFSET32]	EBP 或 CH
110	M[ESI]	M[ESI+OFFSET8]	M[ESI+OFFSET32]	ESI 或 DH
111	M[EDI]	M[EDI+OFFSET8]	M[EDI+OFFSET32]	EDI 或 BH

3. Pentium Ⅱ的部分指令

Pentium Ⅱ指令系统包括如下指令类型:

(1) 数据传送类指令;

(2) 算术运算类指令;

(3) 逻辑运算类及位处理指令;

(4) 字符串操作类指令;

(5) 程序控制类指令;

(6) 系统寄存器、表控制类指令;

(7) 系统和 Cache 控制类指令;

(8) MMX(Multi-Media eXtension)指令集。

为了简单起见,图 5-19 列出了程序员和编译器常用的整数指令。

4. Pentium Ⅱ的指令前缀

Pentium Ⅱ中的指令前缀是可以放在大多数指令之前的一个特殊的字节,用于控制指令的执行过程。例如:

REP 前缀表示重复执行指令直到 ECX 变成 0;

REPZ 前缀表示重复执行指令直到条件码 Z 变为 1;

REPNZ 前缀表示重复执行指令直到条件码 Z 变为 0;

LOOK 前缀为整条指令保留总线,以允许多处理机同步。

还有一些指令前缀可以使指令运行于 16 位模式或者 32 位模式下。这些指令前缀不仅需要指令改变操作数的长度,而且需要彻底地重新定义操作数的寻址方式。

5.5.2 MIPS 的指令系统

MIPS(Microprocessor without Interlocked Pipeline Stages)是一种 RISC 处理器架构,广泛使用在各类电子产品、网络设备、个人娱乐装置与商业装置上。

MIPS 科技公司是一家设计制造高性能、高档次及嵌入式 32 位和 64 位处理器的厂商,在 RISC 处理器方面占有重要地位。从 20 世纪 80 年代初推出 R2000 处理器开始,MIPS 公司先后设计推出了各种型号的 RISC 处理器。1999 年,MIPS 公司发布了 MIPS 32 和 MIPS 64 架构标准。2000 年,发布了针对 MIPS 32 4Kc 的新版本以及未来 64 位 MIPS 64 20Kc 处理器内核。MIPS 指令架构属于 RISC 体系,64 位的 MIPS 指令架构与 x86 指令架构互不兼容。

数据传送类指令

MOV DST，SRC	数据从SRC复制到DST
PUSH SRC	把SRC压入堆栈
POP DST	从堆栈中弹出一个字存入DST
XCHG DS1，DS2	交换DS1 和DS2
LEA DST，SRC	把SRC的有效地址存入DST
CMOV DST，SRC	条件复制

控制转移类指令

JMP ADDR	跳转到ADDR
Jxx ADDR	基于标志执行条件转移
CALL ADDR	调用ADDR处的过程
RET	从过程返回
IRET	从中断返回
LOOPxx	循环直到条件满足
INT ADDR	初始化一个软件中断
INTO	若溢出位被设置，则发生中断

二-十进制数指令

DAA	为加法进行十进制调整
DAS	为减法进行十进制调整
AAA	为加法进行ASCII调整
AAS	为减法进行ASCII调整
AAM	为乘法进行ASCII调整
AAD	为除法进行ASCII调整

逻辑运算类指令

AND DST，SRC	SRC和DST进行逻辑与，结果存入DST
OR DST，SRC	SRC和DST进行逻辑或，结果存入DST
XOR DST，SRC	SRC和DST进行逻辑异或，结果存入DST
NOT DST	把DST替换成二进制反码

移位/循环移位指令

SAL/SAR DST，#	DST左移或右移#位
SHL/SHR DST，#	DST逻辑左移或右移#位
ROL/ROR DST，#	DST循环左移或右移#位
RCL/RCR DST，#	通过进位位对DST左移或右移#位

串操作指令

LODS	读取一个串
STOS	保存串
MOVS	复制串
CMPS	比较两个串
SCAS	扫描一个串

算术运算类指令

ADD DST，SRC	把SRC加到DST中
SUB DST，SRC	从SRC中减去DST
MUL SRC	EAX乘以SRC(无符号)
IMUL SRC	EAX乘以SRC(带符号)
DIV SRC	EDX：EAX除以SRC(无符号)
IDIV SRC	EDX：EAX除以SRC(带符号)
ADC DST，SRC	把SRC加到DST，再加上进位位
SBB DST，SRC	从SRC中减去DST和进位位
INC DST	DST加1
DES DST	DST减1
NEG DST	DST取反(也就是0－DST)

测试/比较指令

TST SRC1，SRC2	逻辑与，根据结果设置标志位
CMP SRC1，SRC2	依SRC1－SRC2结果设置标志位

杂类指令

SWAP DST	改变DST的字节顺序
CWQ	为了进行除法，把EAX扩展成EDX：EAX
CWDE	把AX中的16位数扩展成EAX
ENTER SIZE LV	创建SIZE个字节的堆栈段
LEAVE	撤销ENTER创建的堆栈段
NOP	空操作
HLT	停机指令
IN AL，PORT	从PORT端口向AL输入一个字节
OUT PORT，AL	从AL向PORT端口输出一个字节
WAIT	等待中断

条件码指令

STC	设置EFLAGS寄存器中的进位位
CLC	清除EFLAGS寄存器中的进位位
CMC	取反EFLAGS寄存器中的进位位
STD	设置EFLAGS寄存器中的方向位
CLD	清除EFLAGS寄存器中的方向位
STI	设置EFLAGS寄存器中的中断位
CLI	清除EFLAGS寄存器中的中断位
PUSHFD	EFLAGS寄存器入栈
POPFD	EFLAGS寄存器出栈
LAHF	将EFLAGS的部分内容读入AH
SAHF	把AH写入EFLAGS的规定位中

SRC＝源地址　　#＝移位/循环移位计数

DST＝目的地址　　LV＝# locals

图 5-19　Pentium Ⅱ指令系统中常用的整数指令

由中国科学院计算技术研究所获得了MIPS科技公司的专利授权，设计推出了基于MIPS架构的通用CPU——龙芯。自2002年推出龙芯1号后，相继推出了龙芯2B、2C、2E、2F、3A等通用CPU芯片。2012年推出了商用28纳米8核处理器龙芯3B1500，其最高主频可达1.5GHz，支持向量运算加速，最高峰值计算能力达到192GFLOPS，具有很高的性能功耗比，主要用于高端桌面计算机、高性能计算机、高性能服务器、数字信号处理等领域。

MIPS系统结构在设计理念上强调软硬件协同提高性能，同时简化硬件设计，设计理念先进，其指令系统从MIPS I～MIPS V、MIPS16、MIPS32发展到MIPS64。作为典型的RISC架构，MIPS的指令系统很适合于学习和研究。下面简要介绍MIPS64的指令系统。

1. MIPS64的寄存器

MIPS64有32个64位通用寄存器(GPRs)和32个64位浮点寄存器(FPRs)，分别标记为R0,R1,…,R31和F0,F1,…,F31。通用寄存器也称为整数寄存器，既可用于整数数据的寄存，也可作为指针使用，其中R0的值是恒定的，永远是0。64位浮点寄存器可寄存32位单精度浮点数或64位双精度浮点数，寄存单精度浮点数(32位)时，只用到FPR的一半，另一半没用。

MIPS还有一些特殊功能寄存器，其中HI和LO用于存储整数乘除和乘加操作的结果；浮点状态寄存器用于保存有关浮点操作结果的信息；特殊功能程序计数器由特定指令直接操作，对程序员不可见。

2. MIPS64的数据表示

MIPS64的数据表示有：

(1) 整数：包括字节(8位)、半字(16位)、字(32位)、双字(64位)。

(2) 浮点数：包括单精度浮点数(32位)、双精度浮点数(64位)。

MIPS64的操作都是针对64位整数以及32位、64位浮点数进行的。字节、半字或者字数据在装入64位整数寄存器时，用零扩展或用符号位扩展来填充该寄存器的剩余部分。数据装入后，对它们按64位整数的方式进行操作。

3. MIPS64的数据寻址方式

MIPS64的数据寻址方式形式上只有立即数寻址和偏移量寻址两种。

1) 立即数寻址

指令中立即数字段给出16位的立即数。

2) 偏移量寻址

MIPS的偏移量寻址方式与5.2.2节中介绍的基址(变址)寻址方式相同。MIPS指令中的偏移量字段就是基址(变址)寻址方式中的形式地址字段，并约定偏移量为16位。

MIPS64在执行偏移量寻址时，将偏移量设置为0即可实现寄存器间接寻址；采用R0作为基址寄存器时值恒为0，所以可以实现16位的直接寻址。这样，MIPS64实际拥有4种寻址方式。MIPS64指令格式中没有单独设置操作数的寻址方式字段，寻址方式由操作码编码给出。

MIPS64存储器按字节编址，地址为64位。GPRs和FPRs与存储器之间的数据传送都通过Load和Store指令完成。与GPRs有关的存储器访问可以是字节、半字、字和双字；与FPRs有关的存储器访问可以是单精度浮点数或双精度浮点数。MIPS规定所有数据均采用按整数边界的方式存储，存储器访问都必须是边界对齐的。

4. MIPS64 的指令格式

为了便于处理器译码和实现流水操作，MIPS 指令都是 32 位，固定采用 6 位操作码。又根据指令的类型不同，设置了 I、J、R 三种类型的指令格式，三种格式中同名的字段位置固定不变。

1) I 类指令

I 类指令包括所有的 LOAD 和 STORE 指令、立即数指令、分支指令、寄存器跳转指令以及寄存器跳转链接指令，其格式如图 5-20 所示。

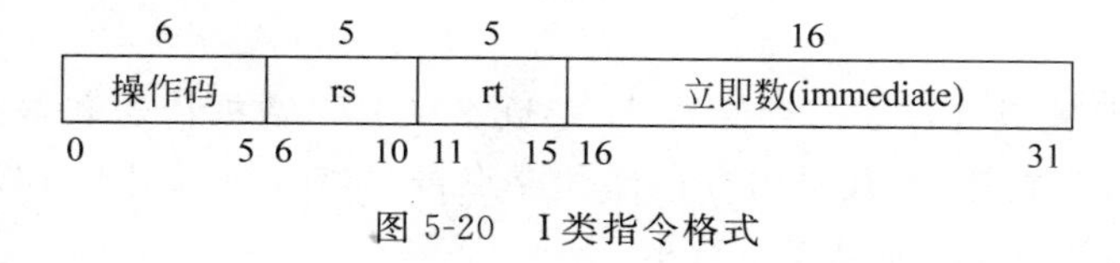

图 5-20 I 类指令格式

I 类指令格式中，rs 和 rt 分别为 5 位寄存器地址，rs 为源寄存器，rt 为目的寄存器。立即数(immediate)字段为 16 位，用于提供立即数或偏移量。该类型指令主要使用 16 位的立即数作为源操作数或参与产生有效地址，如表 5-3 所示。

表 5-3 I 类指令

指令类型	功能及有效地址
LOAD 指令	从存储器读取数据放入寄存器 rt。访存有效地址：Regs[rs]＋immediate
STORE 指令	将寄存器 rt 中的数据存入存储器。访存有效地址：Regs[rs]＋immediate
立即数指令	指令中的一个操作数是立即数。Regs[rt] ← Regs[rs] op immediate
分支指令	实现程序分支。转移目标地址：Regs[rs]＋immediate，rt 无用
寄存器跳转 寄存器跳转并链接	实现程序跳转和跳转链接。转移目标地址：Regs[rs]

2) J 类指令

J 类指令包括跳转指令、跳转并链接指令、自陷指令、异常返回指令，其格式如图 5-21 所示。

图 5-21 J 类指令格式

J 类指令格式中低 26 位是偏移量，它与 PC 值相加形成跳转的目标地址。

MIPS 的跳转并链接指令实际就是子程序调用指令。其操作是在跳转到目标地址时，把下一条指令的地址保存到寄存器 R31 中，以便于子程序返回。

3) R 类指令

R 类指令包括 ALU 指令、专用寄存器读写指令、MOVE 指令等。其格式如图 5-22 所示，rs、rt、rd 分别为 5 位寄存器地址，rs 和 rt 分别为第一和第二源操作数寄存器，rd 为目的寄存器。5 位的 shamt 字段用于表示移位的位数(如果未使用移位操作，则为全 0)，6 位的 funct 字段为具体的运算操作编码，它与指令最高位上的 6 位操作码共同决定 R 类指令的具体操作方式。

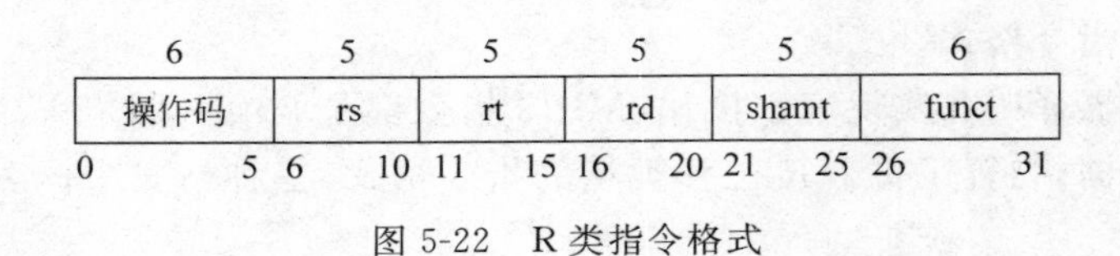

图 5-22　R 类指令格式

例如,ALU 指令的功能可表示为:Regs[rd]←Regs[rs] funct Regs[rt]。

5. MIPS64 的指令

MIPS64 指令大致可以分为:传送类指令、ALU 操作类指令、控制类指令。

1) 传送类指令

传送类指令主要完成寄存器与存储器(LOAD/STORE)数据传送和寄存器与寄存器之间的数据传送。除了 R0 之外,所有通用寄存器和浮点寄存器都可以进行 LOAD 和 STORE 操作。MIPS 的部分传送类指令如表 5-4 所示。

表 5-4　MIPS 的部分传送类指令

指　　令	功　　能
LB、LH、LW、LD	从存储器中读取一个字节、半字、字、双字数据到寄存器中
L. S、L. D	从存储器中读取一个单精度、双精度浮点数到浮点寄存器中
LBU、LHU、LWU	功能与 LB、LH、LW 指令相同,但读出的是无符号数据
SB、SH、SW、SD	把一个字节、半字、字、双字数据从寄存器存储到存储器中
S. S、S. D	把单精度、双精度浮点数从浮点寄存器存储到存储器中
MOV. S、MOV. D	两个浮点寄存器之间的单精度、双精度浮点数传送
MFC0	把一个数据从通用寄存器复制到特殊寄存器
MTC0	把一个数据从特殊寄存器复制到通用寄存器
MFC1	把一个数据从定点寄存器复制到浮点寄存器
MTC1	把一个数据从浮点寄存器复制到定点寄存器

表 5-5 给出了 MIPS64 LOAD/STORE 指令的一些例子。

表 5-5　MIPS64 LOAD/STORE 指令的例子

指令举例	指令名称	含　　义
LD R2,20(R3)	装入双字	Regs[R2]$\leftarrow_{64}$Mem[20+Regs[R3]]
LW R2,40(R3)	装入字	Regs[R2]$\leftarrow_{64}$(Mem[40+Regs[R3]]$_0$)^{32} ## Mem[40+Regs[R3]]
LB R2,30(R3)	装入字节	Regs[R2]$\leftarrow_{64}$(Mem[30+Regs[R3]]$_0$)^{56} ## Mem[30+Regs[R3]]
LBU R2,40(R3)	装入无符号字节	Regs[R2]$\leftarrow_{64}$$0^{56}$ ## Mem[40+Regs[R3]]
L. D F2,40(R3)	装入双精度浮点数	Regs[F2]$\leftarrow_{64}$Mem[40+Regs[R3]]
SD R4,300(R5)	保存双字	Mem[300+Regs[R5]]$\leftarrow_{64}$Regs[R4]
SW R4,300(R5)	保存字	Mem[300+Regs[R5]]$\leftarrow_{32}$Regs[R4]
S. S F2,40(R2)	保存单精度浮点数	Mem[40+Regs[R2]]$\leftarrow_{32}$Regs[F2]$_{0..31}$

表 5-5 中各类符号的含义如下。

Mem:表示主存。Mem[ ]表示主存单元的内容。主存按字节寻址,可以传输多个字节。

Regs:表示寄存器组。Regs[ ]表示寄存器的内容。

←:表示传送操作。

$x \leftarrow_n y$：表示从 y 传送 n 位到 x。

x，y←z：表示把 z 传送到 x 和 y。

下标：表示字段中具体的位。对于指令和数据，按从最高位到最低位(即从左到右)的顺序依次进行编号，最高位为第 0 位，次高位为第 1 位，以此类推。下标可以是一个数字，也可以是一个范围。

例如，$\text{Regs}[\text{R4}]_0$表示寄存器 R4 的符号位。$\text{Regs}[\text{R4}]_{56..63}$表示 R4 的最低字节。

上标：表示对字段进行复制的次数。

例如，0^{32}表示一个 32 位长的全 0 字段。

##：用于两个字段的拼接，并且可以出现在数据传送的任何一边。

2）ALU 操作类指令

MIPS64 中的所有 ALU 指令都是寄存器-寄存器型(RR 型)或立即数型指令。运算包括算术、逻辑和移位操作。所有 ALU 指令都支持立即数寻址方式，参与运算的立即数是由指令中的立即数字段(immediate)16 位内容经符号扩展后生成。MIPS64 的部分 ALU 指令如表 5-6 所示。

表 5-6　MIPS64 的部分 ALU 指令

指　　令	功　　能
DADD、DADDU	两个整数寄存器的内容相加、无符号加
DADDI、DADDIU	寄存器的内容加立即数、寄存器的内容加无符号立即数
ADD. S、ADD. D	单精度浮点数加、双精度浮点数加
DSUB、DSUBU	两个整数寄存器的内容相减、无符号减
SUB. S、SUB. D	单精度浮点数减，双精度浮点数减
MADD. S、MADD. D	单精度浮点数相乘加，双精度浮点数相乘加
DMUL、DMULU	两个整数寄存器的内容相乘、无符号乘
MUL. S、MUL. D	单精度浮点数乘，双精度浮点数乘
DDIV、DDIVU	两个整数寄存器的内容相除，无符号除
DIV. S、DIV. D	单精度浮点数除，双精度浮点数除
AND、ANDI	两个寄存器中的内容相与、寄存器与立即数相与
OR、ORI	两个寄存器中的内容相或、寄存器与立即数相或
XOR、XORI	两个寄存器中的内容相异或、寄存器与立即数相异或
LUI	把一个 16 位的立即数填入到一个字的高 16 位，低 16 位补 0
DSLL、DSRL、DSRA	双字逻辑左移、双字逻辑右移、双字算术右移
DSLLV、DSRLV、DSRAV	可变的双字逻辑左移、可变的双字逻辑右移、可变的双字算术右移
SLT	如果 R2 的值小于 R3，那么置 R1 的值为 1，否则置 R1 的值为 0
SLTU	功能与 SLT 一致，但为无符号比较
SLTI	如果 R2 的值小于立即数，那么置 R1 的值为 1，否则置 R1 的值为 0
SLTIU	功能与 SLTI 一致，但为无符号比较

表 5-7 给出了 MIPS64 ALU 指令的一些例子。

表 5-7　MIPS64 的 ALU 指令的例子

指令举例	指令名称	含　　义
DADDU R1，R2，R3	无符号加	Regs[R1]← Regs[R2]+ Regs[R3]
DADDIU R4，R5，#6	加无符号立即数	Regs[R4]← Regs[R5]+6
LUI R1，#4	把立即数装入到一个字的高 16 位	Regs[R1]← 0^{32} ## 4 ## 0^{16}

续表

指令举例	指令名称	含义
DSLL R1,R2,#5	逻辑左移	Regs[R1]← Regs[R2]<<5
DSRLV R1,R2,R3	可变的双字逻辑右移	Regs[R1]←Regs[R2] >>Regs[R3]
SLT R1,R2,R3	置小于	If (Regs [R2] < Regs [R3]) then Regs[R1]←1 else Regs[R1]←0

3）控制类指令

MIPS64的控制类指令主要用于程序流向的控制，其中跳转指令实现的是无条件转移，分支指令实现均为条件转移。分支指令的转移条件由指令确定。例如，比较两个寄存器的内容是否相等，测试某个寄存器的值是否为0等。

跳转和分支指令确定转移目标地址的方式有两种：

(1) 直接跳转：使用J类指令格式中26位偏移量，将偏移量左移2位(因为指令字长都是4个字节)后，替换程序计数器的低28位。

(2) 间接跳转：在I类指令格式中，由指定的寄存器给出转移目标地址。跳转和分支指令的跳转方式有两种，简单跳转和跳转并链接：

(1) 简单跳转：把目标地址送入程序计数器，实现程序转移。

(2) 跳转并链接：把目标地址送入程序计数器，把返回地址(即顺序下一条指令的地址)放入寄存器R31后，实现程序转移。跳转并链接指令可以实现子程序调用，把下一条指令的地址保存到R31中，是为了便于子程序返回。

MIPS64的部分控制类指令如表5-8所示。

表5-8 MIPS64的部分控制类指令

指令	功能
BEQZ、BENZ	当寄存器中内容为0、不为0时发生转移
BEQ、BNE	当两个寄存器内容相等、不等时发生转移
J	直接跳转，跳转地址由指令中立即数给出
JR	间接跳转，跳转地址在指令中指定的寄存器中
JAL	直接跳转链接，跳转地址由指令中立即数给出，返回地址保存到R31寄存器中
JALR	间接跳转链接，跳转地址在指令中指定的寄存器中，返回地址存放在R31寄存器中

表5-9给出了MIPS64控制类指令的一些例子。

表5-9 MIPS64控制类指令的例子

指令举例	指令名称	含义
J name	跳转	$PC_{36..63}$←name<<2
JAL name	跳转并链接	Regs[R31]←PC+4; $PC_{36..63}$←name<<2; $((PC+4)-2^{27})\leqslant name<((PC+4)+2^{27})$
JR R5	间接跳转	PC← Regs[R5]
JALR R3	间接跳转并链接	Regs[R31]←PC+4; PC←Regs[R3]
BEQZ R4,name	等于0时分支	if(Regs[R4]==0) PC←name; $((PC+4)-2^{17})\leqslant name<((PC+4)+2^{17})$
BNE R3,R4,name	不相等时分支	if(Regs[R3]!=Regs[R4]) PC←name $((PC+4)-2^{17})\leqslant name<((PC+4)+2^{17})$

4) MIPS64 的浮点操作

MIPS64 采用浮点指令实现对浮点数的操作。由指令操作码指出操作数是单精度浮点数(SP)还是双精度浮点数(DP)。在指令助记符中,用后缀 S 和 D 分别表示单精度还是双精度浮点操作。例如,传送类指令中的 MOV. S、MOV. D,ALU 类指令中的 ADD. S、ADD. D 等。在浮点数比较指令的执行过程中,系统会根据比较结果设置浮点状态寄存器中的某一位,后面的分支指令将根据指令要求测试该位,以决定是否进行分支。

习　题

5.1　什么叫指令?什么叫指令系统?指令通常有哪几种地址格式?

5.2　什么叫指令地址?什么叫形式地址?什么叫有效地址?

5.3　什么叫寻址方式?有哪些基本的寻址方式?简述其寻址过程。

5.4　基址寻址方式和变址寻址方式各有什么不同?

5.5　简述相对寻址和立即寻址的特点。

5.6　什么叫堆栈?堆栈操作的特点是什么?堆栈操作是如何寻址的?

5.7　一个较完善的指令系统应包括哪些类型的指令?

5.8　转子指令与转移指令有哪些异同?

5.9　设某机指令长为 16 位,每个操作数的地址码为 6 位,指令分为单地址指令、双地址指令和零地址指令。若双地址指令为 K 条,零地址指令为 L 条,最多可有多少条单地址指令?

5.10　设某机指令长为 16 位,每个地址码长为 4 位,试用扩展操作码方法设计指令格式。其中三地址指令有 10 条,二地址指令为 90 条,单地址指令 32 条,还有若干零地址指令,零地址指令最多有多少条?

5.11　设某机字长为 32 位,CPU 有 32 个 32 位通用寄存器,有 8 种寻址方式包括直接寻址,间接寻址、立即寻址、变址寻址等,采用 R-S 型单字长指令格式。共有 120 条指令,试问:

(1) 该机直接寻址的最大存储空间为多少?

(2) 若采用间接寻址,则可寻址的最大存储空间为多少?如果采用变址寻址呢?

(3) 若立即数为带符号的补码整数,试写出立即数范围。

5.12　设某计算机字长为 16 位,采用单字长指令格式,其指令系统中双操作数指令的各字段定义如下:

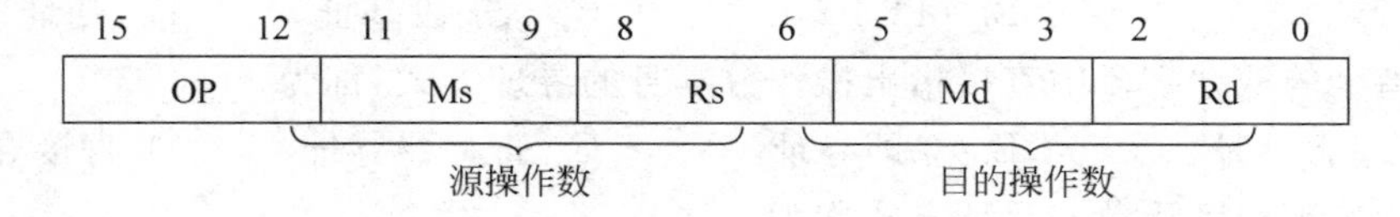

其中,

OP:操作码　　Ms:源操作数寻址方式　Rs:源寄存器

Md:目的操作数寻址方式　　Rd:目的寄存器

寻址方式定义如表 5-10 所示。

表 5-10 寻址方式定义

序号	Ms/Md 寻址方式	编码	表示方式	说明
1	寄存器寻址	000	Rn	
2	寄存器间接寻址	001	(Rn)	
3	自增型寄存器间址	010	$(Rn)_+$	
4	自减型寄存器间址	011	$-(Rn)$	
5	变址寻址	100	X(Rn)	变址寻址的指令为双字,变址值 X 存放在采用变址寻址的指令的下一单元中。X 采用无符号数表示

部分指令功能如表 5-11 所示。

表 5-11 部分指令功能

指令名称	操作码	指令功能
传送(MOV)	0000	$(E_S)\rightarrow E_D$
加法(ADD)	0001	$(E_D)+(E_S)\rightarrow E_D$
减法(SUB)	0010	$(E_D)-(E_S)\rightarrow E_D$

请回答下列问题:

(1) 该指令系统最多可有多少条指令?该计算机最多可定义多少个通用寄存器?

(2) 写出表 5-10 中序号为 2~5 的寻址方式中有效地址 E 的表达式。

(3) 现有指令 SUB (R2)+,X(R3)(逗号前为源操作数,逗号后为目的操作数)。设寄存器 R2 和 R3 的编号分别为 010 和 011,X 的值为 89ABH。请写出该指令对应的机器编码(用十六进制表示)。若寄存器 R3 的内容为 6789H,则该指令目的操作数的有效地址是多少?

(4) 设 R2 的内容为 3456H,R3 的内容为 6789H。地址 3456H 中的内容为 6789H,地址 6789H 中的内容为 3456H,则指令 ADD R2,(R3)+(逗号前为源操作数,逗号后为目的操作数)执行后,哪些寄存器和存储单元的内容会改变?改变后的内容是什么?

5.13 简述 RISC 的主要特点。

5.14 选择题。

(1) 计算机系统中,硬件能够直接识别的指令是________。

A. 机器指令　B. 汇编语言指令　C. 高级语言指令　D. 特权指令

(2) 指令系统中采用不同的寻址方式的主要目的是________。

A. 增加内存的容量　B. 缩短指令长度,扩大寻址范围

C. 提高访问内存的速度　D. 简化指令译码电路

(3) 在相对寻址方式中,若指令中地址码为 X,则操作数的地址为________。

A. X　B. (PC)+X　C. X+段基址　D. 变址寄存器+X

(4) 在指令的地址字段中直接指出操作数本身的寻址方式,称为________。

A. 隐含地址　B. 立即寻址　C. 寄存器寻址　D. 直接寻址

(5) 支持实现程序浮动的寻址方式称为________。

A. 变址寻址　B. 相对寻址　C. 间接寻址　D. 寄存器间接寻址

(6) 在一地址指令格式中,下面论述正确的是________。

A. 只能有一个操作数,它由地址码提供

B. 一定有两个操作数,另一个是隐含的

C. 可能有一个操作数，也可能有两个操作数

D. 如果有两个操作数，另一个操作数一定在堆栈中

(7) 在堆栈中，保持不变的是________。

A. 栈顶　　B. 堆栈指针　　C. 栈底　　D. 栈中的数据

(8) 在变址寄存器寻址方式中，若变址寄存器的内容是4E3CH，给出的偏移量是63H，则它对应的有效地址是________。

A. 63H　　B. 4D9FH　　C. 4E3CH　　D. 4E9FH

(9) 设寄存器R的内容(R)=1000H，内存单元1000H的内容为2000H，内存单元2000H的内容为3000H，PC的值为4000H。若采用相对寻址方式，－2000H (PC)访问的操作数是________。

A. 1000H　　B. 2000H　　C. 3000H　　D. 4000H

(10) 程序控制类指令的功能是________。

A. 进行算术运算和逻辑运算

B. 进行主存与CPU之间的数据传送

C. 进行CPU和I/O设备之间的数据传送

D. 改变程序执行的顺序

(11) 算术右移指令执行的操作是________。

A. 符号位填0，并顺次右移1位，最低位移至进位标志位

B. 符号位不变，并顺次右移1位，最低位移至进位标志位

C. 进位标志位移至符号位，顺次右移1位，最低位移至进位标志位

D. 符号位填1，并顺次右移1位，最低位移至进位标志位

(12) 下列几项中，不符合RISC指令系统的特点是________。

A. 指令长度固定，指令种类少

B. 寻址方式种类尽量多，指令功能尽可能强

C. 增加寄存器的数目，以尽量减少访存次数

D. 选取使用频率最高的一些简单指令以及很有用但不复杂的指令

5.15　填空题。

(1) 一台计算机所具有的所有机器指令的集合称为该计算机的__①__。它是计算机与__②__之间的接口。

(2) 在指令编码中，操作码用于表示__①__，n位操作码最多可以表示__②__条指令。地址码用于表示__③__。

(3) 在寄存器寻址方式中，指令的地址码部分给出的是__①__，操作数存放在__②__。

(4) 采用存储器间接寻址方式的指令中，指令的地址码的字段中给出的是__①__所在的存储器单元地址，CPU需要访问内存__②__次才能获得操作数。

(5) 操作数直接出现在指令的地址码字段中的寻址方式称为__①__寻址；操作数所在的内存单元地址直接出现在指令的地址码字段中的寻址方式称为__②__寻址。

(6) 相对寻址方式中，操作数的地址是由__①__与__②__之和产生的。

5.16　判断下列各题的正误。如果有误，请说明原因。

(1) 利用堆栈进行算术/逻辑运算的指令可以不设置地址码。

(2) 指令中地址码部分所指定的寄存器中的内容是操作数的有效地址的寻址方式称为寄

存器寻址。

(3) 指令中采用寄存器间接寻址的操作数位于内存中。

(4) 在变址寻址中,设变址寄存器中的内容为 7000H,指令中的形式地址部分的值为 ABH,采用补码表示,则操作数的有效地址为 70ABH。

(5) 一条单地址格式的双操作数加法指令,其中一个操作数来自指令中地址字段指定的存储单元,另一个操作数则采用间接寻址方式获得。

(6) 在计算机的指令系统中,真正必需的指令种类并不多,很多指令都是为了提高机器速度和便于编程而引入的。

(7) CISC 系统的特征之一是使用了丰富的寻址方式。

(8) RISC 指令系统的特点是使指令采用的寻址方式的种类尽量多,指令功能尽可能强。

第6章

控制系统与CPU

控制器和运算器一起组成中央处理器(Central Process Unit,CPU)。控制器(Control Unit,CU)是计算机的指挥和控制中心,由它把计算机的运算器、存储器、I/O设备等联系成一个有机的系统,并根据各部件具体要求,适时地发出各种控制命令,控制计算机各部件自动、协调地进行工作。因此,掌握控制器的控制原理,对于理解计算机内部工作过程,建立计算机整机工作概念至关重要。由于运算器已在第3章中进行了详细的讨论,本章重点讨论中央处理器中控制器的组成原理和实现方法。

6.1 控制器概述

6.1.1 指令执行的基本步骤

计算机的工作过程是运行程序的过程。计算机控制器是根据事先编好并存放在存储器中的解题程序,控制各部件进行有条不紊的工作的。计算机运行程序的过程,实质上就是由控制器根据程序所要求的指令序列,执行一条条指令的过程。一般来说,控制器按照下列主要步骤执行一条条指令。

1. 取指令

根据指令所处的存储器单元地址(由程序计数器PC提供),从存储器(RAM)中取出所要执行的指令。

2. 分析指令

对取出的指令进行译码分析。根据指令操作码的分析,产生相应操作的控制电位,去参与形成该指令功能所需要的全部控制命令(微操作控制信号);根据寻址方式的分析和指令功能要求,形成操作数的有效地址,并按此地址取出操作数据(运算型指令),或者形成转移地址(转移类指令),以实现程序转移。

3. 执行指令

根据指令功能,执行指令所规定的操作,并根据需要,保存操作结果。一条指令执行结束,若没有异常情况和特殊请求,则按程序顺序,再去取出并执行下一条指令。

控制器的主要功能就是按"取指令、分析指令、执行指令"等步骤进行周而复始的控制过程,直到完成程序所规定的任务并停机为止。图6-1描述了指令执行的一般过程:图6-1(a)为一个简单的CPU模型,所执行的指令的功能是$(A)+(R_7)\rightarrow A$,图6-1(b)描述了指令执行的一般流程。

6.1.2 控制器的基本功能

图6-1的指令执行过程实质上反映了计算机控制器的基本功能,控制器一般具有如下功能。

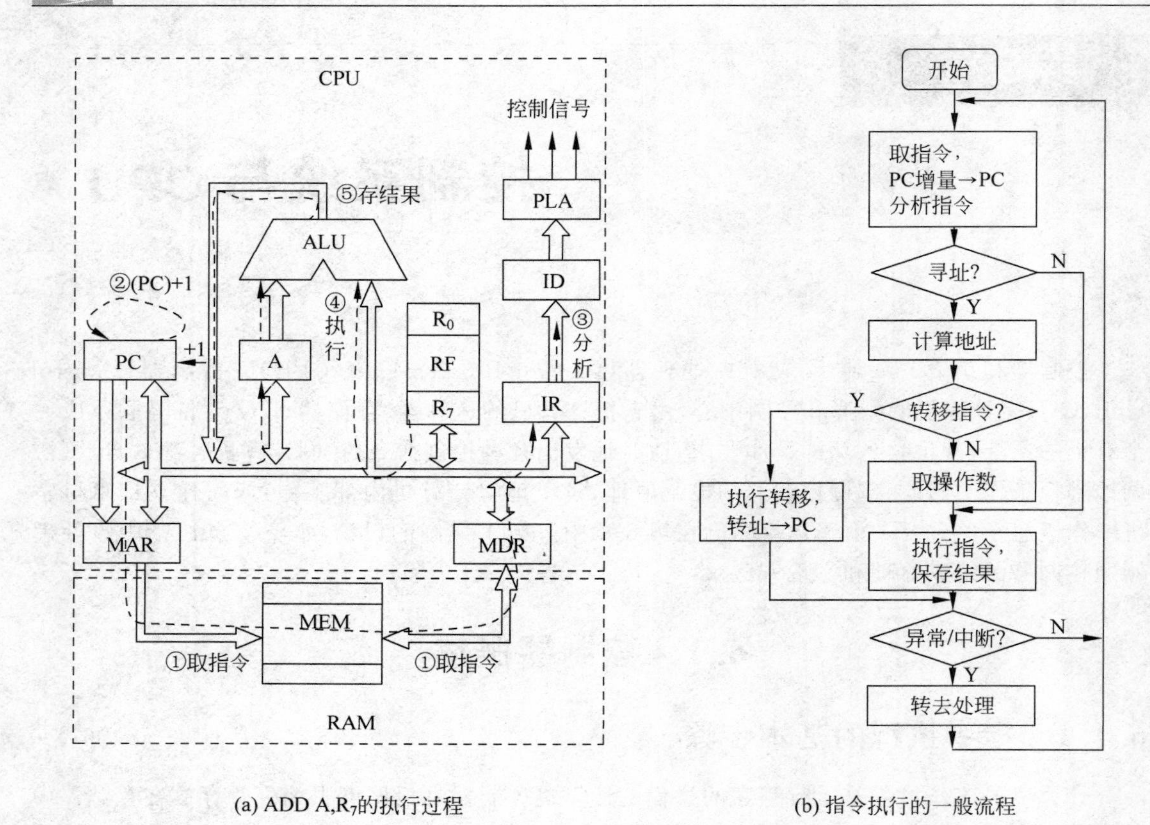

(a) ADD A,R_7的执行过程　　(b) 指令执行的一般流程

图 6-1　指令执行的一般过程

1. 控制指令的正确执行

其中包括指令流出的控制、分析指令和执行指令的控制、指令流向的控制。

指令流出控制也就是对取指令的控制。首先给出指令地址,并向存储器发出读命令。读出的指令经存储器数据寄存器存放到指令寄存器(IR)中,即:

```
(PC)→MAR,Read
(MDR)→IR
```

指令寄存器中的指令经指令译码器(ID)译码分析,确定操作性质,判明寻址方式并形成操作数的有效地址。控制器根据分析的结果和形成的有效地址产生相应的操作控制信号序列,控制有关的部件完成指令所规定的操作功能。

指令流向控制即下条指令地址的形成控制。程序在运行过程中,多数情况都是按指令序列顺序执行的,因此通过 PC 自动增量形成下条指令的地址。当需要改变指令流向时,只需改变程序计数器 PC 中的内容即可。例如,转移指令的执行把形成的转向地址送入 PC;转子指令的执行把子程序入口地址送入 PC;中断处理是将中断服务程序入口地址送入 PC(将在第 9 章中详细讨论)。为了保证程序正确返回,转子和中断还需保留 PC 被改变之前的内容(即返回地址)。

2. 控制程序和数据的输入及结果的输出

为完成某项任务而编制的程序及相关数据,必须通过某些输入设备预先存放在存储器中,运算结果要用输出设备输出或保存。通过输入输出设备,计算机操作人员可以与计算机进行人-机对话，但这些操作也必须由控制器统一指挥完成。

3. 异常情况和特殊请求的处理

机器在运行程序过程中，往往会遇到一些异常情况（如电源掉电、除法运算、除 0 溢出等）或某些特殊请求（如打印机请求传送打印字符等），这些异常和请求往往是事先无法预测的，随时都有可能发生。因此，控制器必须具有检测和处理这些异常情况和特殊请求的功能。

6.1.3 控制器的组成

根据对控制器功能的分析，控制器一般由以下几个基本部分组成，如图 6-2 所示。

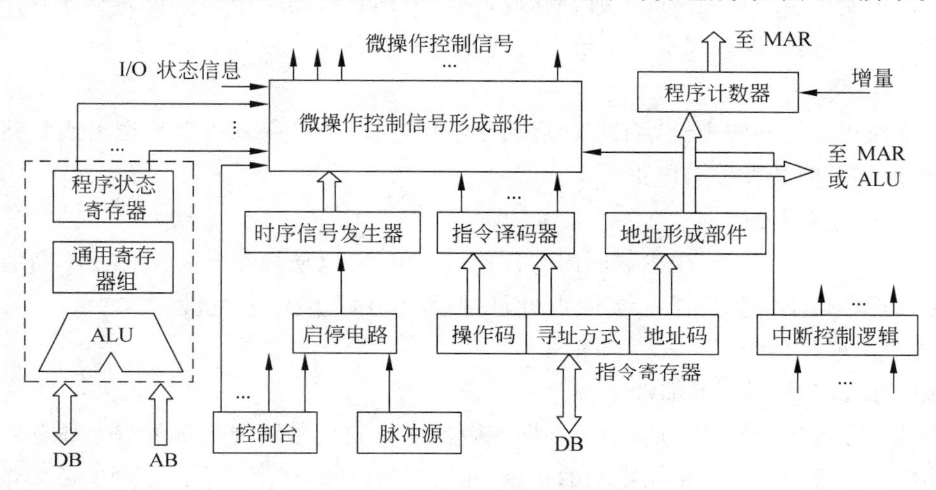

图 6-2　控制器组成框图

1. 指令部件

指令部件的主要功能是完成取指令和分析指令，包括下面几个部件。

1）程序计数器 PC

程序计数器又称指令计数器、指令地址寄存器，用以保证程序按规定的序列正确运行，并提供将要执行指令的指令地址。由于 PC 可以指向主存中任一单元的地址，因此它的位数应能表示主存的最大容量并与主存地址寄存器 MAR 的位数相同。

CPU 的程序计数器可以单独设置，也可以指定通用寄存器中的某一个作为 PC 使用。程序顺序执行时的 PC 增量计算由 PC 本身的计数逻辑实现，或由运算器的 ALU 实现。

2）指令寄存器 IR

指令寄存器用以存放当前正在执行的指令。当指令从主存取出后，经 MDR 传送到指令寄存器中，以便实现对一条指令执行的全部过程的控制。

3）指令译码器 ID

指令译码器是指令分析部件，对指令寄存器中的指令操作码进行译码分析，产生相应操作的控制电位，提供给微操作控制信号形成部件。有的机器还需对寻址方式字段进行译码分析，以控制操作数有效地址的形成。

4）地址形成部件

根据机器所规定的各种寻址方式，用来形成操作数有效地址。在一些微、小型机中，为简化硬件逻辑，通常不设置专门的地址形成部件，而是借用运算器实现有效地址的计算。

2. 时序控制部件

从宏观(即程序控制)上看,计算机的解题过程实质上是指令序列(即一条条指令)的执行过程;从微观(即指令控制)上看,计算机的解题过程又是微操作序列(即一个个或一组组微操作)的执行过程。一条指令的执行过程可以分解为若干简单的基本操作,称之为微操作。这些微操作有严格的时间顺序要求,不可随意颠倒。时序控制部件就是用来产生一系列时序信号,为各个微操作定时的,以保证各个微操作的执行顺序。

1) 脉冲源

脉冲源用于产生一定频率的主时钟脉冲,一般采用石英晶体振荡器作为脉冲源。计算机电源一接通,脉冲源立即按规定频率给出时钟脉冲。

2) 启停电路

启停电路用来控制整个机器工作的启动与停止,实际上是保证可靠地送出或封锁主时钟脉冲,控制时序信号的发生与停止。

3) 时序信号发生器

时序信号发生器用以产生机器所需的各种时序信号,以便控制有关部件在不同的时间完成不同的微操作。不同的机器有着不同的时序信号。在同步控制的机器中,一般包括周期、节拍、脉冲等三级时序信号。

3. 微操作控制信号形成部件

不同的指令完成不同的功能,需要不同的微操作控制信号序列。每条指令都有自己对应的微操作序列。控制器必须根据不同的指令,在不同的时间,产生并发出不同的微操作控制信号,控制有关部件协调工作,完成指令所规定的任务。

微操作控制信号形成部件的功能是根据指令部件提供的操作控制电位、时序部件所提供的各种时序信号,以及有关的状态条件,产生机器所需的各种微操作控制信号。

4. 中断控制逻辑

中断控制逻辑也称中断机构,用以实现异常情况和特殊请求的处理。

5. 程序状态寄存器 PSR

程序状态寄存器用以存放程序的工作状态(如管态、目态等)和指令执行的结果特征(如ALU运算的结果为零、结果为负、结果溢出等),PSR所存放的内容被称为程序状态字(PSW)。PSW表明了系统的基本状态,是控制程序执行的重要依据。不同的机器,PSW的格式及内容不完全相同。例如,8086微处理器的程序状态字的结构格式为:

15				11	10	9	8	7	6		4		2		0
				OF	DF	IF	TF	SF	ZF		AF		PF		CF

其中,状态标志有6个:进位—CF,溢出—OF,辅助进位—AF,结果零—ZF,符号—SF,校验—PF;此外,控制标志有3个:方向—DF(用于串操作指令),中断允许—IF(决定CPU是否响应外部可屏蔽中断请求),陷阱—TF(用于程序的调试,CPU处于单步方式)。

6. 控制台

控制台用于实现人与机器之间的通信联系,如启动或停止机器的运行、监视程序运行过程、对程序进行必要的修改或干预等。

6.1.4 控制器的组成方式

控制器的主要任务就是根据不同的指令，不同的状态条件，在不同的时间，产生不同的控制信号，控制计算机的各部件协调地进行工作。因此，微操作控制信号形成部件是控制器的核心。根据产生微操作控制信号的方式不同，控制器可分为组合逻辑型、存储逻辑型、组合逻辑与存储逻辑结合型3种，它们的根本区别在于微操作信号发生器的实现方法不同，而控制器中的其他部分基本上是大同小异的。

1. 组合逻辑型

这种控制器称为组合逻辑控制器，采用组合逻辑技术实现，其微操作信号发生器是由门电路组成的复杂树状网络构成的。这种方法是分立元件时代的产物，以使用最少器件数和取得最高操作速度为设计目标。

组合逻辑控制器的最大优点是速度快，但是微操作信号发生器结构不规整，使得设计、调试、维修较困难，难以实现设计自动化。一旦控制部件构成之后，要想增加新的控制功能是不可能的。因此，它受到微程序控制器的强烈冲击，目前仅有一些巨型机和RISC机为了追求高速度仍采用组合逻辑控制器。

2. 存储逻辑型

这种控制器称为微程序控制器，采用存储逻辑实现，也就是把微操作信号代码化，使每条机器指令转化成为一段微程序存入控制存储器中，微操作控制信号由微指令产生。

微程序控制器的设计思想和组合逻辑设计思想截然不同。它具有设计规整，调试、维修以及更改、扩充指令方便的优点，易于实现自动化设计，已成为当前控制器的主流。但是，由于它增加了一级控制存储器，所以指令的执行速度比组合逻辑控制器慢。

3. 组合逻辑和存储逻辑结合型

这种控制器称为PLA控制器，它吸收了前两种的设计思想，是组合逻辑技术和存储逻辑技术结合的产物。PLA控制器实际上也是一种组合逻辑控制器，但它又与常规的组合逻辑控制器的硬件结构不同，它是程序可编的，某一微操作控制信号由PLA的某一输出函数产生。PLA控制器克服了上述两者的缺点，是一种较有前途的方法。

以上几种控制器的设计方法虽然不同，但产生的微操作命令的功能是一样的，并且各个控制条件基本上也是一致的，都是由时序电路、操作码译码信号，以及被控部件的反馈信息有机配合而成。如果用图6-3来描述，可以说这几种控制器只是微操作信号发生器的结构和原理不同，而外部的输入条件和输出结果几乎完全相同。

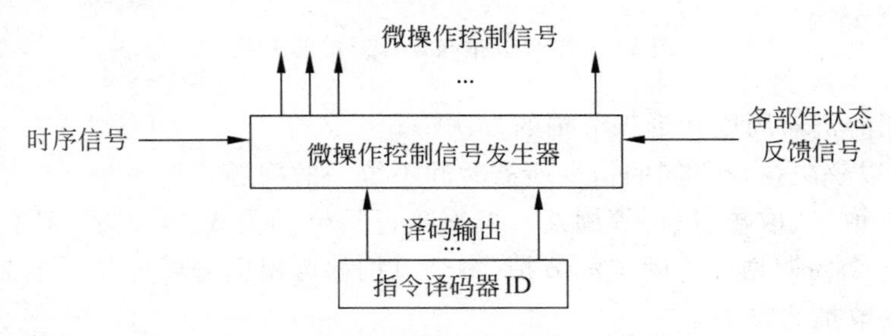

图6-3 微操作信号发生器示意图

6.2 控制器的控制方式与时序系统

6.2.1 控制方式

本书第 6.1 节已经提到,计算机执行指令的过程实际上是执行一系列微操作的过程。每一条指令都对应着一个微操作序列,这些微操作中有些可以同时执行,有些则必须按严格的时间关系执行。如何在时间上对各个微操作加以控制呢?这就是控制方式的问题。常用的控制方式有同步控制、异步控制和联合控制。

1. 同步控制方式

同步控制方式是指任何指令的运行或指令中各个微操作的执行均由确定的具有统一基准时标的时序信号所控制。每个时序信号的结束就意味着安排完成的工作已经完成,随即开始执行后续的微操作或自动转向下条指令的运行。

由于不同的指令完成不同的功能,所对应的微操作序列的长短以及各个微操作执行的时间也可能不同。所以,典型的同步控制方式是以微操作序列最长的指令和执行时间最长的微操作为标准,把一条指令执行过程划分为若干个相对独立的阶段(称为周期)或若干个时间区间(称为节拍),采用完全统一的周期(或节拍)控制各条指令的执行。这种方法时序关系简单,控制方便,但浪费时间。因为对比较简单的指令,将有很多节拍是不用的,处于等待,所以在实际应用中都不采用这种典型的同步控制方式,而是采用某些折中的方案。常用的有以下 3 种方法。

1) 采用中央控制与局部控制相结合的方法

根据大多数指令的微操作序列的情况,设置一个统一的节拍数,使之大多数指令均能在统一的节拍内完成。把统一节拍的控制称为中央控制。对于少数在统一节拍内不能完成的指令,采用延长节拍或增加节拍数,使之在延长节拍内完成,执行完毕再返回中央控制。把在延长节拍内的控制称为局部控制。

中央节拍与局部节拍的关系如图 6-4 所示。这里假设有 8 个中央节拍,在 W_6 与 W_7 之间插入若干个局部节拍 W_6^* 。

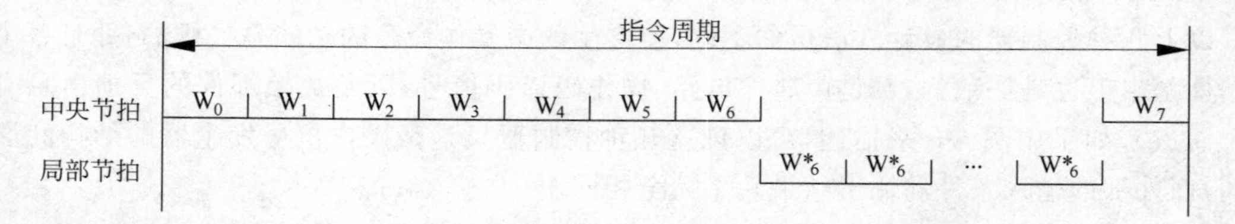

图 6-4 中央节拍与局部节拍的关系

2) 采用不同的机器周期和延长节拍的方法

这种方法可以解决执行不同的指令所需时间不统一的问题。把一条指令执行过程划分为若干机器周期,如取指、取数、执行等周期。根据执行指令的需要,可选取不同的机器周期数。在节拍安排上,每个周期划分为固定的节拍,每个节拍都可根据需要延长一个节拍。

3) 采用分散节拍的方法

所谓分散节拍是指运行不同指令时,需要多少节拍,时序部件就发生多少节拍。这种方法可完全避免节拍轮空,是提高指令运行速度的有效方法,但这种方法使得时序部件复杂化,同时还不能解决节拍内那些简单的微操作因等待所浪费的时间。

2. 异步控制方式

异步控制方式是不仅要区分不同指令对应的微操作序列的长短，而且要区分其中每个微操作的繁简，每条指令、每个微操作需要多少时间就占用多少时间。这种方式不再有统一的周期、节拍，各个操作之间采用应答方式衔接，前一操作完成后给出回答信号，启动下一个操作。这种方式没有时间上的浪费，效率高，但设计复杂且费设备。

3. 联合控制方式

联合控制方式是同步控制与异步控制相结合的方式。现代计算机中几乎没有完全采用同步或完全采用异步的控制方式，大多数都采用联合控制方式。通常的设计思想是：在功能部件内部采用同步方式或以同步方式为主的控制方式，在功能部件之间采用异步方式。

例如，在一般微、小型机中，CPU 内部基本时序采用同步控制方式，当 CPU 通过总线与主存或其他外设交换数据时，转入异步控制。CPU 只需给出起始信号，主存或外部设备即按自己的时序信号去安排操作，一旦操作结束，则向 CPU 发结束信号，以便 CPU 再安排它的后继工作。图 6-5 示出了 PDP-11 机的同步与异步时序的衔接关系。当 CPU 要访主存时，在发读信号 READ 同时发等待信号，等待信号使时序由同步转入异步操作并冻结同步时序，使节拍间的相位关系不再发生变化，直到存储器按自己速度操作结束，并向 CPU 发回答信号 MOC 才解除对同步时序的冻结，机器回到同步时序，按原时序关系继续运行。

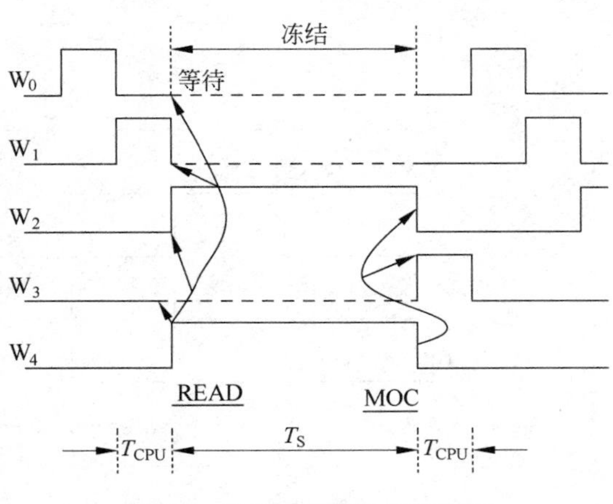

图 6-5　同步与异步时序的衔接

6.2.2 时序系统

时序系统是控制器的心脏，由它为指令的执行提供各种定时信号。通常，设计时序系统主要是针对同步控制方式的。下面主要讨论同步控制中的时序系统。

1. 指令周期与机器周期

指令周期是指从取指令、分析指令到执行完该指令所需的全部时间。由于各种指令的操作功能不同，繁简程度不同，因此各种指令的指令周期也不尽相同。

机器周期又称 CPU 周期，它是指令执行过程中的相对独立的阶段。一条指令的执行过程（即指令周期）由若干个机器周期所组成，每个机器周期完成一个基本操作。

一般机器的 CPU 周期有取指周期、取数周期（有的机器还进一步分为取源数周期和取目的数周期）、执行周期、中断周期等。每个机器周期设置一个周期状态触发器与之对应，机器运行于哪个周期，与其对应的周期状态触发器被置为 1。显然，机器运行的任何时刻都只能建立一个周期状态，即只有一个周期状态触发器被置为 1。

由于 CPU 内部操作速度快，而 CPU 访存所花时间较长，所以许多计算机系统通常以主存周期为基础来规定 CPU 周期，以便二者协调工作。

2. 节拍

在一个机器周期内，要完成若干个微操作，这些微操作不但需要占用一定的时间，而且有一定的先后次序。基本的控制方法是把一个机器周期等分成若干个时间区间，每一时间区间称为一个节拍，一个节拍对应一个电位信号，控制一个或几个微操作的执行。节拍电位信号的宽度取决于CPU完成一个基本操作的时间，如ALU完成一次正确的运算；一次寄存器间的信息传送等。

3. 脉冲

在一个节拍内，有时还设置一个或几个工作脉冲，用于寄存器的复位和接收数据等。

上述的周期、节拍、脉冲构成了三级时序系统，它们之间关系如图6-6所示。图中画出了两个机器周期M_1、M_2，每个周期包含4个节拍W_0～W_3，每个节拍内有1个脉冲P。

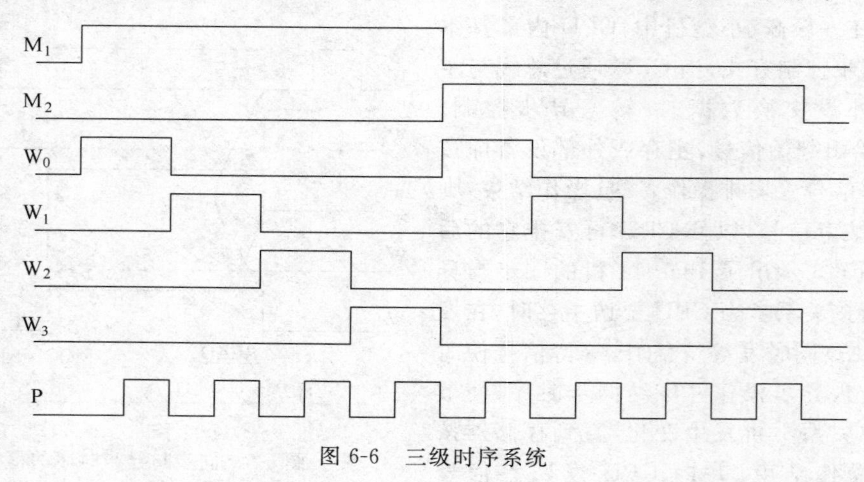

图6-6 三级时序系统

微型机中常用的时序系统与上述三级时序系统有所不同，称为时钟周期时序系统。图6-7所示的是一典型指令的基本时序，一个指令周期包含3个机器周期：取指周期、存储器读周期和存储器写周期，3个周期中分别包含4个、3个、3个时钟周期。

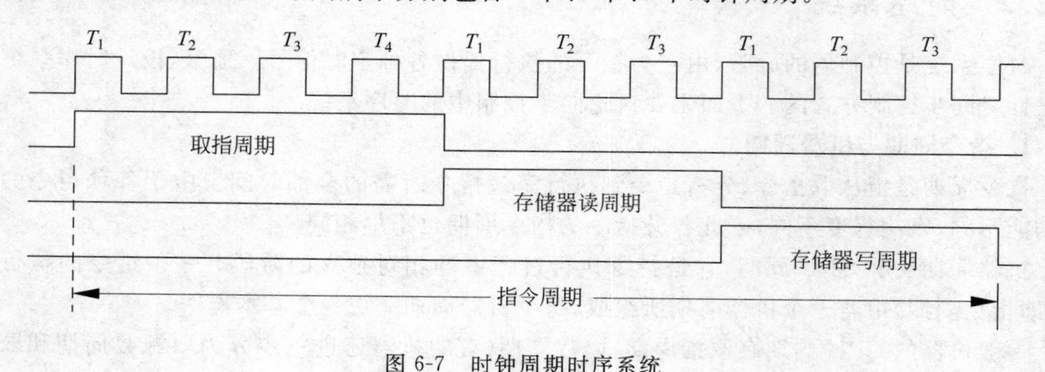

图6-7 时钟周期时序系统

6.3 CPU的总体结构

CPU即中央处理器，它包含运算器和控制器两个部分。在早期的计算机中，器件集成度低，运算器与控制器是两个相对独立的部件，各占一块到数块插件，甚至占一个到几个机柜。

随着LSI和VLSI技术的迅速发展，逐渐趋向于将CPU作为一个整体。在微型计算机中，将CPU集成为一块芯片，称为微处理器。在大、巨型机中，由于采用多个运算功能部件，目前尚需多块芯片构成运算器，仍保持相对独立的地位。随着并行处理技术的发展和高档微处理器的不断问世，正呈现一种发展趋势，即用多个甚至成千上万个微处理器来构成多机系统，实现大、巨型机的功能。

在讨论了ALU、CU的功能和组成后，本节将作为一个整体来介绍CPU的基本结构。

6.3.1 寄存器的设置

尽管不同计算机的CPU结构存在着这样那样的差别，但在CPU内部一般都设置下列寄存器：

(1) 指令寄存器IR；

(2) 程序计数器PC；

(3) 累加寄存器AC；

(4) 程序状态寄存器PSR；

(5) 地址寄存器MAR；

(6) 数据缓冲寄存器MDR(或MBR)。

IR、PC及PSR的作用，前面已做了介绍，在此不再重复。

累加寄存器简称累加器AC，用于暂存操作数据和操作结果。例如一个加法操作，AC的内容作为一个操作数与另一个操作数相加，结果送回AC。早期的机器只有一个累加器，并采用隐含寻址的方法由程序使用。随着计算机的发展，运算器结构从单累加器发展为多累加器，这就是通用寄存器结构。通用寄存器是一组程序可访问的、具有多种功能的寄存器，指令系统为这些寄存器分配了编号(或称寄存器地址)，供编程使用。

通用寄存器自身的逻辑往往很简单并且比较统一，甚至是快速的小规模存储器的一些单元，但通过编程与运算器配合，可指定其实现多种功能，如提供操作数、保存中间结果(即作累加器用)，或用作地址指针，或作为基址寄存器、变址寄存器，或作为计数器等，因而称为通用寄存器。

有的计算机将这组寄存器设计得基本通用，如PDP-11中的通用寄存器组命名为R_0、R_1、…、R_7，它们可被指定担任各种工作，大部分寄存器没有特定任务上的分工。有的计算机则为这组寄存器分别规定某一基本任务，并按各自基本任务命名，如Intel 8086设置为：累加器AX、基址寄存器BX、计数寄存器CX、数据寄存器DX。

地址寄存器MAR和数据寄存器MDR用作主存接口的寄存器。MAR用以存放所要访问的主存单元的地址，接受来自PC的指令地址，或接受来自地址形成部件的操作数地址。数据寄存器MDR用来存放向主存写入的信息或从主存中读出的信息。在外围设备与主存统一编址的机器中，CPU与外部设备交换信息时，也同样可以使用这两个寄存器。

此外，CPU还常设置程序不能直接访问用于暂存操作数据或中间结果的寄存器，称为暂存器。

6.3.2 数据通路结构及指令流程分析

数据通路结构直接影响着CPU内各种信息的传送路径。数据通路不同，指令执行过程的微操作序列的安排也不同，它将直接影响着微操作信号形成部件的设计。下面通过两个例子进行分析。

1. 单总线结构

图 6-8 示出了一个典型的单总线结构计算机框图。CPU 内部采用单总线 IBUS 将寄存器和算术逻辑运算部件连接起来。CPU、主存、I/O 设备也通过一组单总线(系统总线——ABUS、DBUS、CBUS)连接起来。

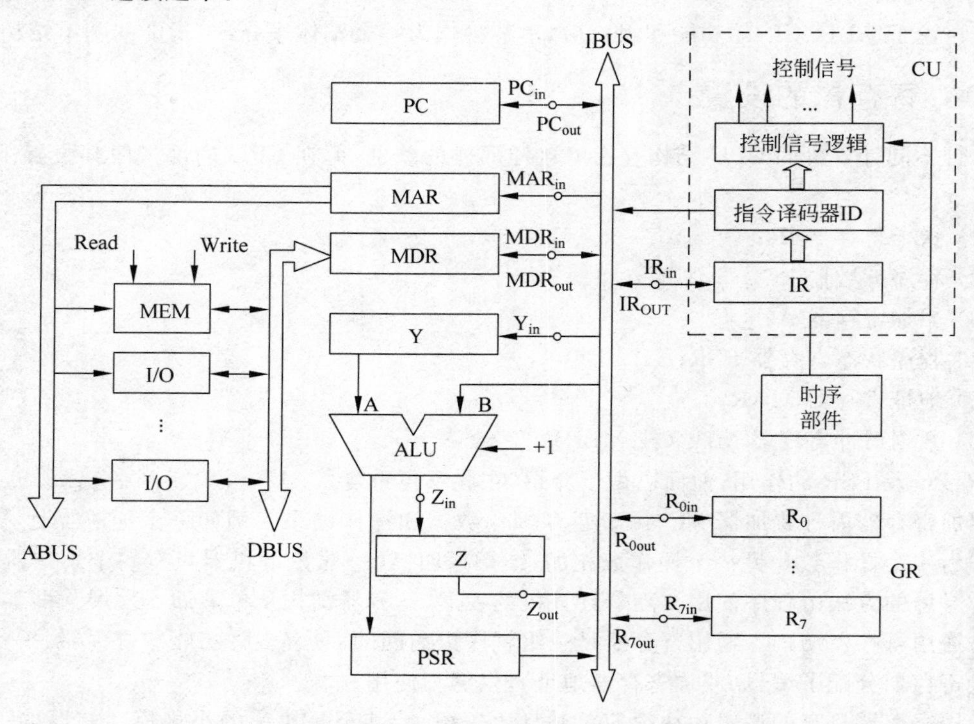

图 6-8 典型的单总线结构计算机框图

图中"○"为控制门,在相应控制信号控制下打开相应的控制门,建立相应寄存器与总线间的联系。GR 为通用寄存器组,Y 与 Z 为两个暂存器,分别暂存操作数和中间结果。A、B 为 ALU 的两个输入端,并假定 ALU 具有 A+1、A-1、A+B、A-B 等功能。主存以字编址,每条指令和每个数据均占一个主存单元。

例 6.1 现分析执行一条加法指令:ADD (R_1),R_0 的操作流程。设前一操作数地址为源,后一地址为目的。

解:指令流程如下:

(PC)→MAR, Read, PC→Y;	送指令地址,读主存
(M→MDR)→IR, (Y) + 1→Z;	取指令到 IR, PC + 1 暂存 Z
(Z)→PC;	PC + 1→PC
(R_1)→MAR, Read;	送源操作数地址
(M→MDR)→Y;	取出源操作数到 Y 中
(Y) + (R_0)→Z;	执行加法运算,结果暂存 Z
(Z)→R_0;	加法结果送回目标寄存器

在单总线结构中,CPU 内部的任何两个部件间的数据传送都必须经过这组总线,因此控制比较简单,但传送速度受到限制,在一些微、小型机中常采用这种结构。

2. 双总线结构

图6-9是一种双总线结构的CPU组成框图。CPU内部通过B总线(接收总线)和F总线(发送总线)把CPU内的各寄存器和ALU连接起来。CPU通过地址总线ABUS和数据总线DBUS与主存相连。

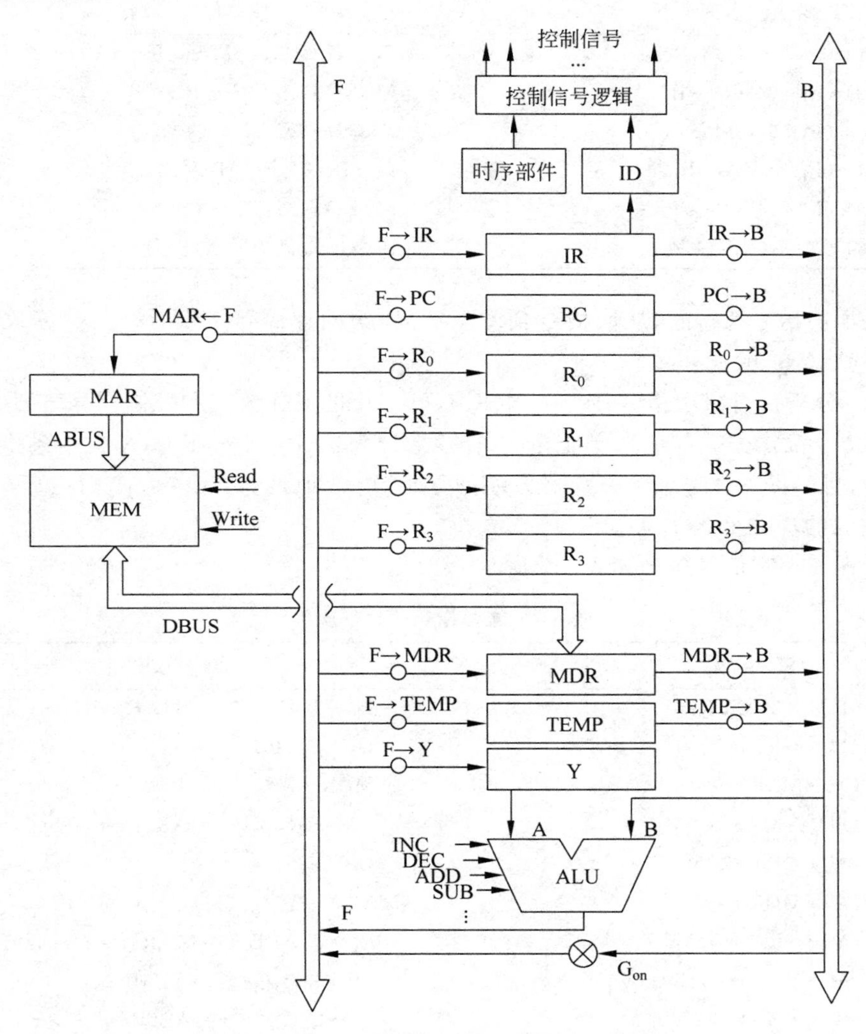

图6-9 双总线结构的CPU组成框图

图中"○"为控制门,控制着相应寄存器的输出(送至B总线),或控制相应寄存器的输入(从F总线接收信息)。B总线与F总线通过总线连接器G可直接相连,实现B总线数据向F总线的传送,由控制信号G_{on}控制,当$G_{on}=1$时,总线连接器G被打开,B的数据传向F;$G_{on}=0$时,总线连接器被关闭,两组总线相互隔离,此时ALU输出就被送到F总线上。仍假定主存以字编址,指令为单字长指令,ALU具有加1、减1、加法、减法等功能,分别实现A+1、A−1、A+B、A−B等运算。现分析下面两条指令的操作流程及其所对应的微操作信号序列。

例6.2 分析执行加法指令:ADD (R_1),R_0的操作流程和控制信号序列。加法指令完成的功能是:$(R_0)+((R_1))\rightarrow R_0$。

解:源操作数 R_1 是间接寻址方式,存放了操作数在内存中的单元地址。目的操作数是寄存器寻址,R_0 存放的是操作数。表 6-1 给出了加法指令的操作流程和控制信号序列。

表 6-1　加法指令的执行流程

操作流程	控制信号序列
(1) (PC)→MAR,Read	PC→B、G_{on}、F→MAR、Read、F→Y
(2) (M→MDR)→IR	MDR→B、G_{on}、F→IR
(3) (PC)+1→PC	INC、F→PC
(4) (R_1)→MAR,Read	R_1→B、G_{on}、F→MAR、Read
(5) (M→MDR)→Y	MDR→B、G_{on}、F→Y
(6) (Y)+(R_0)→R_0	R_0→B、ADD、F→R_0

在本条加法指令执行时,从取指令到产生结果,访问存储器 2 次:第 1 次读取(Read)指令,第 2 次读取(Read)操作数。

例 6.3　分析执行减法指令 SUB　X(R_1),(R_2)+的操作流程和控制信号序列。

解:本指令源操作数寻址为变址寻址,有效地址为:E_1=X+(R_1),X 在本条指令的下一个字单元中,目的操作数寻址为寄存器自增型寻址,有效地址为:E_2=(R_2),然后(R_2)+1→R_2。指令完成的功能是:(E_2)-(E_1)→E_2。

指令流程和控制信号序列如表 6-2 所示。

表 6-2　减法指令的执行流程

指令流程	控制信号序列
(1) (PC)→MAR,Read	PC→B、G_{on}、F→MAR、Read、F→Y
(2) (PC)+1→PC	INC、F→PC
(3) (M→MDR)→IR	MDR→B、G_{on}、F→IR
(4) (PC)→MAR,Read	PC→B、G_{on}、F→MAR、Read、F→Y
(5) (PC)+1→PC	INC、F→PC
(6) (M→MDR)→Y	MDR→B、G_{on}、F→Y
(7) (Y)+(R_1)→MAR,Read	R_1→B、ADD、F→MAR、Read
(8) (M→MDR)→TEMP	MDR→B、G_{on}、F→TEMP
(9) (R_2)→MAR,Read	R_2→B、G_{on}、F→MAR、Read、F→Y
(10) (R_2)+1→R_2	INC、F→R_2
(11) (M→MDR)→Y	MDR→B、G_{on}、F→Y
(12) (Y)-(TEMP)→MDR	TEMP→B、SUB、F→MDR
(13) (MDR)→M,Write	Write

其中,(1)~(3)为取指令阶段,(4)~(6)是取变址值 X 的流程,(7)~(8)计算形式地址,取出源操作数,(9)~(11)为取目的数,(12)~(13)进入指令的执行阶段。整个指令流程执行结束后,共访问存储器 5 次。

从上述两种 CPU 结构和指令流程分析例子可以看出,不同的指令对应着不同的微操作序列。一条指令的微操作序列,不仅与指令功能有关,而且与 CPU 的数据通路结构紧密相关。指令流程和微操作控制信号序列的分析,是设计控制信号形成部件的基础,也是进一步理解计算机内部的工作过程,建立计算机整机工作概念的重要一环,因此要求读者能很好地掌握指令流程的分析方法。

6.4 模型机的总体结构

前面几节我们已讨论了控制器的一般组成原理。本章后面部分我们将以一台模型机为例,进一步讨论控制器的控制原理和设计方法,从而更好地建立计算机的整机概念。

为了以尽量简洁的方式帮助读者掌握计算机的基本工作原理和基本设计方法,在模型机的结构格式、时序安排及操作流程安排上,都力求简单、规整,指令系统仅以少量常用指令、寻址方式来说明何题,使读者易于掌握。所以模型机的逻辑结构、时序安排等都不是最优的,而且为了突出重点、说明问题,我们忽略了很多细节问题,建议读者在学习、掌握了控制器基本设计方法后,可以自己考虑如何改进模型机的设计方案。

6.4.1 模型机的数据通路

1. 模型机数据通路结构

模型机的数据通路结构如图6-10所示。设模型机字长为16位,指令、数据均为16位长。全机采用总线结构,分为内部总线和系统总线。

内部总线为双总线结构,其中BUS_1为ALU的输入总线,在相应控制信号的控制下,打开相应的门电路(图中"○"表示控制门),使对应的寄存器内容被总线BUS_1所接收并作为ALU的A输入端数据使用,BUS_2作为ALU的输出总线。假定所有寄存器均由D触发器构成,BUS_2接入所有寄存器的数据输入端(D端),在相应的CP信号(脉冲信号)作用下,对应寄存器接收总线BUS_2上的数据。

系统总线用于连接CPU、存储器、I/O设备构成计算机整机。它包括地址总线ABUS、数据总线DBUS及控制总线。由于I/O设备与存储器共享总线,因此用MREQ信号控制访存,在$R/\overline{W}$控制下对存储器进行读写操作,$R/\overline{W}$为读写控制信号,高电平为读、低电平为写。有关I/O设备的访问将在第3部分的(第7~9章)详细讨论。

模型机中有6个可编程寄存器:R_0~R_3为4个通用寄存器,其编号分别为000~011;SP为堆栈指示器,编号为100;PC为程序计数器,编号为111。其他5个寄存器为CPU内部寄存器:MAR为地址寄存器;IR为指令寄存器;MDR为数据寄存器;TEMP与Y为暂存器,用于暂存操作数据。

模型机中设置了两个状态条件触发器C_c与C_z,用于存放运算型指令的结果特征。C_c为进位触发器,若运算结果最高位有进位,则将C_c置1;C_z是结果为零触发器,若运算结果为0,则将C_z置1。C_c与C_z的状态用作条件转移指令的转移条件。

2. 模型机的ALU功能

模型机ALU采用SN74181中规模集成电路构成。在M、$S_3S_2S_1S_0$控制信号控制下可实现16种算术运算和16种逻辑运算。表6-3列出了模型机所涉及的几种操作。

ALU的输出经移位器送入总线BUS_2,移位器采用直送、斜送的方法实现直接传送(DM)、左移一位(SL)、右移一位(SR)。字节交换功能模型机中未使用。

模型机的主存按字(16位)进行编址,主存容量为64K字。

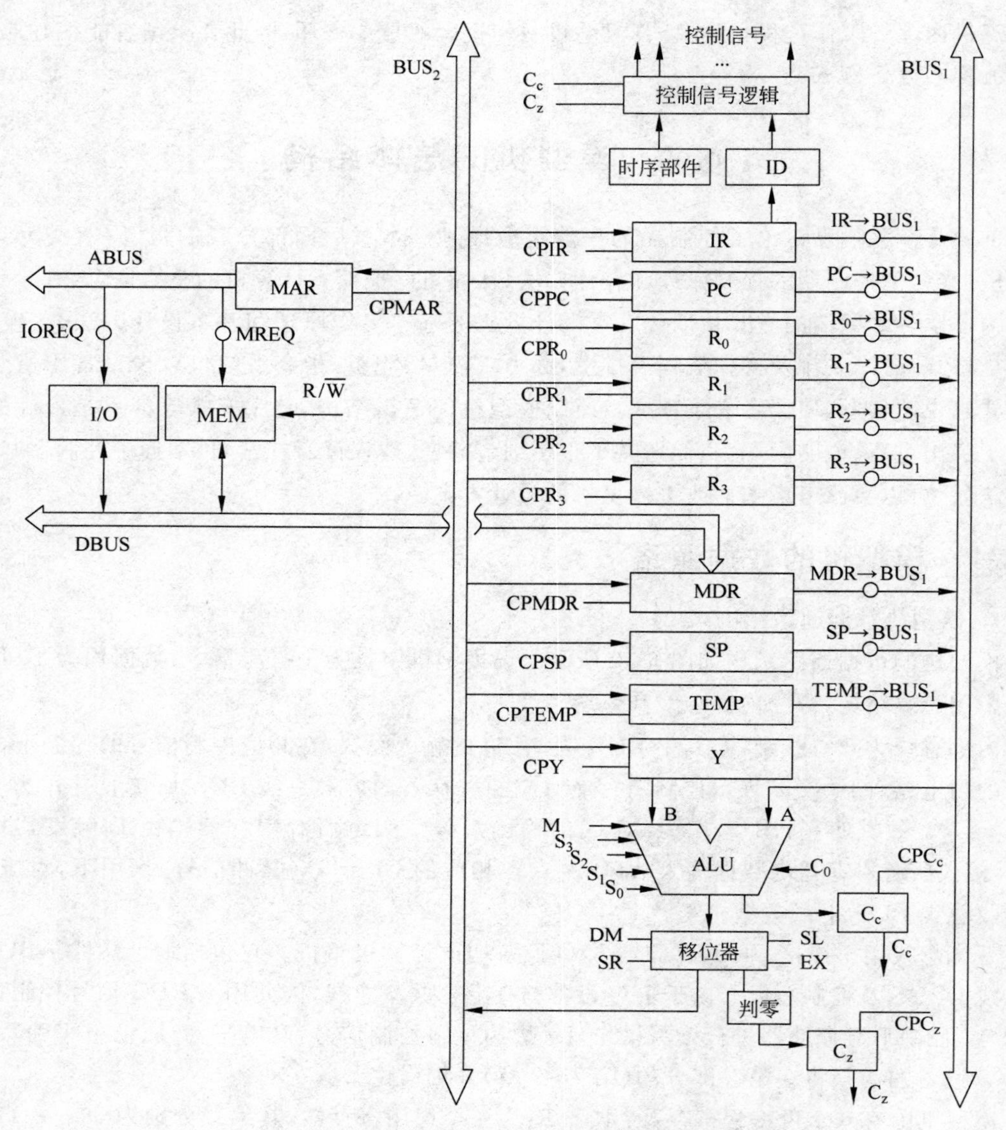

图 6-10　模型机的结构框图

表 6-3　模型机所涉及的算术逻辑操作

工作方式选择 $S_3S_2S_1S_0$	F 的输出功能(负逻辑)	
	逻辑运算 M=1	算术运算 M=0,C_0=0
0000	$\overline{A}$	A 减 1
0101	$\overline{B}$	AB 加(A+$\overline{B}$)
0110	$\overline{A \oplus B}$	A 加 $\overline{B}$
1001	$A \oplus B$	A 加 B
1010	B	A$\overline{B}$ 加(A+B)
1011	A+B	A+B
1110	AB	A$\overline{B}$ 加 A
1111	A	A

6.4.2 模型机的指令系统

1. 模型机的指令格式

模型机共设置16条指令，用四位操作码表示，指令格式如图6-11所示。其中，单操作数指令的第11～9位和返回停机指令的第11～9位、第5～3位默认值用000表示，目的在于和寄存器寻址方式同步，方便操作数周期处理流程的安排。

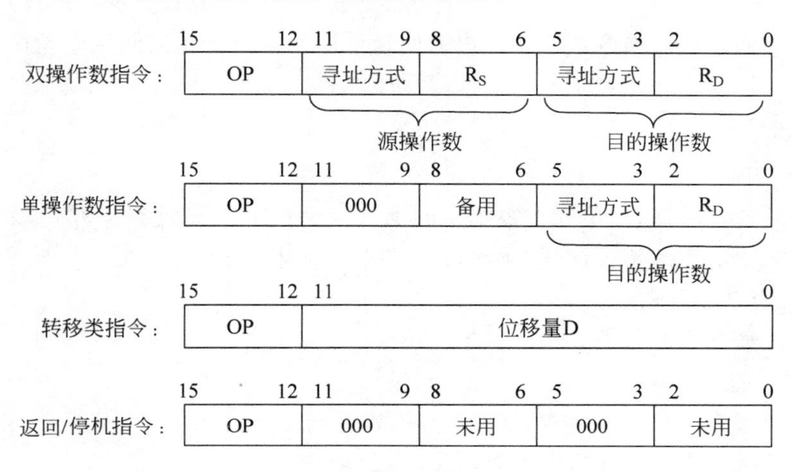

图6-11 模型机指令格式

2. 模型机的指令系统

模型机指令的操作功能如表6-4所示。其中，转子指令和返回指令隐含对堆栈的访问，因此执行转子指令时，在按子程序入口转子程序之前需将返回地址压入堆栈。转子指令操作如下：

$$SP-1 \rightarrow \begin{matrix} SP \\ MAR \end{matrix}$$

(PC)→MDR

Write ((MDR)→存储器)

(PC)+D→PC

表6-4 模型机的指令操作功能

指令名称	操作码	指令功能
传送(MOV)	0000	$(E_S)\rightarrow E_D$
加法(ADD)	0001	$(E_D)+(E_S)\rightarrow E_D$
减法(SUB)	0010	$(E_D)-(E_S)\rightarrow E_D$
逻辑与(AND)	0011	$(E_D)\wedge(E_S)\rightarrow E_D$
逻辑或(OR)	0100	$(E_D)\vee(E_S)\rightarrow E_D$
异或(EOR)	0101	$(E_D)\oplus(E_S)\rightarrow E_D$
加1(INC)	0110	$(E_D)+1\rightarrow E_D$
取反(COM)	0111	$\overline{(ED)}\rightarrow E_D$
左移(ROL)	1000	(E_D)左移一位→E_D，移位方式由指令第8～6位指定
右移(ROR)	1001	(E_D)右移一位→E_D，移位方式由指令第8～6位指定
无条件转移(JP)	1010	(PC)+位移量D→PC
有进位转移(JC)	1011	若$C_c=1$，则(PC)+D→PC

续表

指令名称	操作码	指令功能
结果零转移(JZ)	1100	若 $C_z=1$,则(PC)+D→PC
转子程序(JSR)	1101	(PC)入栈,(PC)+D→PC
返回(RTS)	1110	从栈顶弹出返回地址→PC
停机(HALT)	1111	停机

子程序结束通过返回指令从栈中弹出返回地址返回主程序。返回指令操作为:

```
(SP)→MAR,Read
M→MDR →PC
(SP) + 1 →SP
```

左移、右移位指令可以用单操作数指令的第 8 位到第 6 位规定移位方式,如算术移位、逻辑移位、循环移位等,在此不再详述,读者可自己考虑设计方案。

3. 模型机的寻址方式

模型机的寻址方式有如下 5 种。

1) 寄存器寻址

寻址方式编码为 000,汇编符号为 R_n。n 为寄存器编号。

寄存器寻址是指操作数在指定寄存器 R_n 中。

2) 寄存器间址

寻址方式编码为 001,汇编符号为@R_n或(R_n)。

寄存器间址是指操作数的有效地址在指定寄存器中,即 E=(R_n),E 表示有效地址。

3) 自增型寄存器间址

寻址方式码为 010,汇编符号为(R_n)+。

这种寻址的意义是取指定寄存器中的内容作为操作数有效地址,然后将寄存器的内容加 1,即 E=(R_n),再(R_n)+1→R_n。

在这种寻址中,若 R_n=SP,则为弹出堆栈的寻址;若 R_n=PC,则为立即寻址,立即数存放在该指令的下一个单元中。

4) 自减型寄存器间址

寻址方式码为 011,汇编符号为-(R_n)。

这种寻址方式是将指定寄存器中的内容减 1 作为操作数有效地址,并将减 1 结果送回原寄存器中,即:

$$\left\{\begin{matrix} E \\ R_n \end{matrix}\right. = (R_n)-1$$

在这种寻址方式中,若 R_n=SP,则为压入堆栈的寻址。但 $R_n \neq$PC,以免程序执行出现混乱,因为 PC 指针正常都是自增性的移动。

5) 变址型寻址

寻址方式码为 100,汇编符号为 X(R_n)。

变址寻址的意义是有效地址等于变址值 X 与指定寄存器内容之和,即:

$$E=X+(R_n)$$

变址 X 存放在该指令的下一个单元中。寻址操作过程为:

```
(PC)→MAR,Read;          送X的地址
(PC)+1→PC;              PC增量
M→MDR→Y;                取X值到Y
(Y)+(Rn)→MAR;           形成有效地址
```

在上述的寻址方式中，除了自减型寄存器间址不能使用PC外，其他可编程寄存器均可使用，没有特殊的限制。

6.4.3 模型机的时序系统

模型机采用同步控制方式、三级时序系统。

1. 模型机的机器周期

全机设置6个机器周期：取指周期FT、取源周期ST、取目的周期DT、执行周期ET、中断周期IT和DMA周期DMAT。为简化问题，本章不考虑IT与DMAT的操作。

取指周期FT主要用于实现取指令、分析指令和(PC)＋1→PC的操作。取指周期的操作称为公操作，任何指令的执行都必须首先进入取指周期。

取源周期ST用于非寄存器寻址的双操作数指令的源操作数地址的寻址和取源操作数。当源寻址方式为变址寻址时，需连续两次进入ST。

取目的周期DT用于非寄存器寻址的目的操作数地址的寻址和取目标操作数。当目的寻址为变址寻址时，需在DT中重复一次。

执行周期ET用于完成指令所规定的操作并保存结果。

每个周期设一个周期状态触发器，哪个触发器为1，机器就进入哪个机器周期，如图6-12所示。图中略去了IT和DMAT。

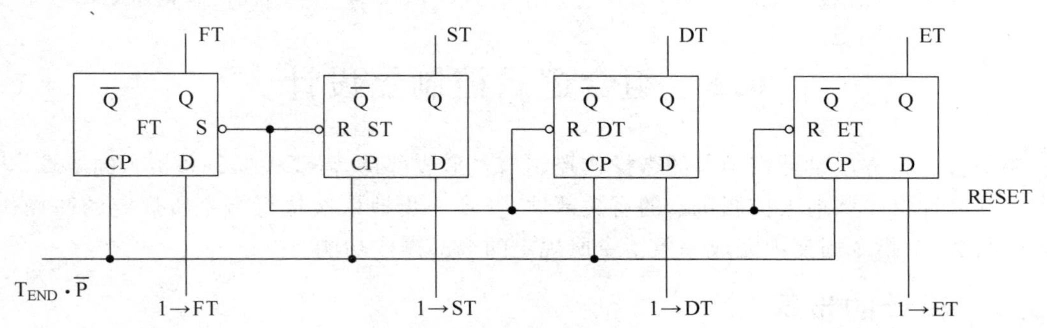

图6-12　模型机的周期状态触发器

每个机器周期内可以完成主存的一次读写操作。每个周期中设置4个节拍T_0、T_1、T_2、T_3。为节省节拍，在取目的周期DT和执行周期ET中安排两种节拍。根据微操作的需要，可选择2个节拍，也可选择4个节拍，详见图6-13。

每个节拍内设置一个脉冲，用于寄存器接收代码，图6-10数据通路中的所有CP信号如CPIR、CPPC等均为脉冲信号。寄存器接收数据使用脉冲的前沿。脉冲的后沿还用于周期、节拍的转换。

2. 模型机的节拍与时序

节拍由节拍发生器产生，其电路如图6-13所示。该电路由两位T型触发器构成模四计数器，经译码产生4个节拍电位T_0、T_1、T_2、T_3。触发器C_1的T端固定接高电位，每来一个脉冲计一次数。触发器C_2的T端受或门的输出控制。第6.5节我们分析了指令流程以后知道，对

于现行指令的目标寻址为非变址寻址时,在 DT 中不进入 T_2 拍,只需 T_0、T_1 两个节拍。对于单操作数指令、MOV 指令、双数指令目标寻址为寄存器寻址(DR=1)以及转移类指令、停机指令在 ET 中也只需两拍,不进入 T_2。上述情况应封锁 C_2 计数,图中的或门就是起此作用的。

三级时序系统的时序关系如图 6-14 所示。

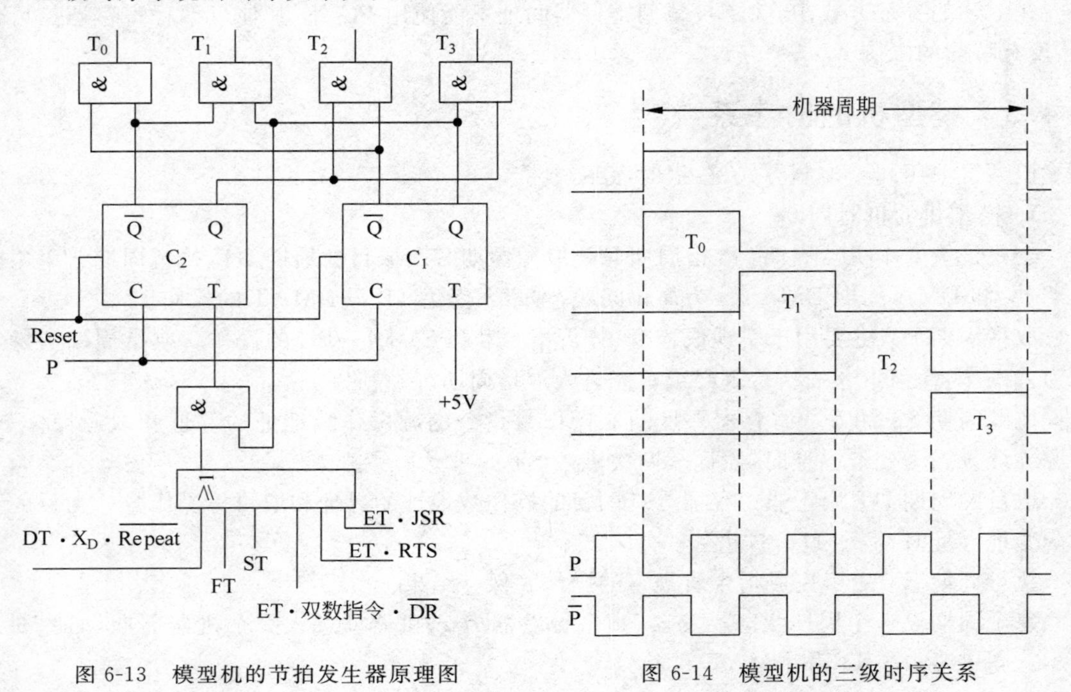

图 6-13　模型机的节拍发生器原理图　　　图 6-14　模型机的三级时序关系

6.5　组合逻辑控制器设计

用组合逻辑方法设计控制器的微操作控制信号形成部件,需要根据每条指令的要求,让节拍电位和脉冲有步骤地去控制机器的有关部件,一步一步地依次执行指令所规定的微操作序列,从而在一个指令周期内完成一条指令所规定的全部操作功能。

6.5.1　设计的步骤

一般来说,组合逻辑控制器的设计有如下步骤。

1. 绘制指令操作流程图

拟定指令操作流程是设计的基础,其目的是确定指令执行的具体步骤,以决定各步所需的控制命令。一般是根据机器指令的结构格式、数据表示方式及各种运算的算法,把每条指令的执行过程分解成若干功能部件能实现的基本微操作,并以图的形式排列成有先后次序、相互衔接配合的流程,称之为指令操作流程图。指令流程图可以比较形象、直观地表明一条指令的执行步骤和基本过程。

指令流程图有两种绘制的思路。一种是以指令为线索,按指令类型分别绘制各条指令的流程。这种方法对一条指令的全过程有清晰的线索,易于理解。另一种方法是以周期为线索,按机器周期拟定各类指令在本周期内的操作流程,再以操作时间表形式列出各个节拍内所需的控制信号及它们的条件。这种方法便于微操作控制信号的综合、化简,容易取得优化结果。

为理解控制器设计方法，模型机设计基本采用了后一种方法。

2. 编排指令操作时间表

指令操作时间表是指令流程图的进一步具体化。它把指令流程图中的各个微操作具体落实到各个机器周期的相应节拍和脉冲中去，并以微操作控制信号的形式编排一张表，称之为指令操作时间表。操作时间表形象地表明控制器应该在什么时间，根据什么条件发出哪些微操作控制信号。

3. 进行微操作综合

对操作时间表中各个微操作控制信号分别按其条件进行归纳、综合，列出其综合的逻辑表达式，并进行适当的调整、化简，得到比较合理的逻辑表达式。

4. 设计微操作控制信号形成部件

根据各个微操作控制信号的逻辑表达式，用一系列组合逻辑电路加以实现。可以根据逻辑表达式画出逻辑电路图，用组合逻辑网络实现之；也可以直接根据逻辑表达式用 PLD 器件如 PLA、PAL、GAL 等实现。

6.5.2 模型机的设计

下面以模型机为例，具体讨论组合逻辑控制器的设计。

1. 指令操作流程图

1）取指周期操作流程图

图 6-15 示出了取指公操作流程。假定访存操作安排在 3 个节拍内完成，T_0时将访存地址送入 MAR，T_1时发访存请求信号和读信号，从主存读出信息到 MDR，T_2将读出信息从 MDR 传送到有关寄存器。在取指周期内，T_0送指令地址，T_1读指令到 MDR，T_2将现行指令传送到 IR 并由 ID 进行译码。T_3根据指令译码进行判断，以确定下面应进入哪个机器周期。判断框内的 JUMP 为转移类指令的特征，其逻辑表达式为：

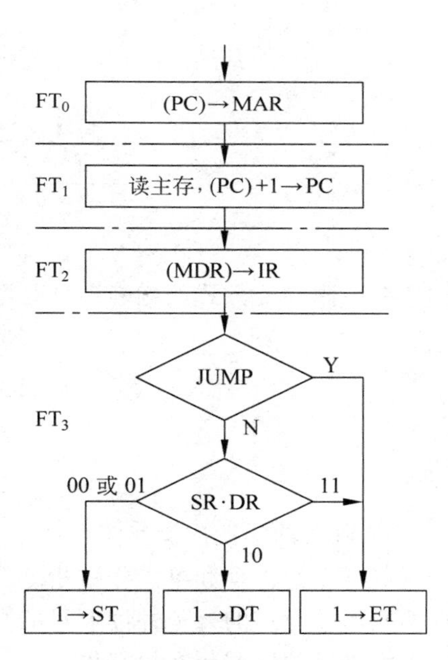

图 6-15 取指公操作流程

$$
\begin{aligned}
\text{JUMP} &= \text{JP\_op} + \text{JC\_op} + \text{JZ\_op} + \text{JSR\_op} \\
&= IR_{15} \cdot \overline{IR_{14}} \cdot IR_{13} \cdot \overline{IR_{12}} \\
&\quad + IR_{15} \cdot \overline{IR_{14}} \cdot IR_{13} \cdot IR_{12} \\
&\quad + IR_{15} \cdot IR_{14} \cdot \overline{IR_{13}} \cdot \overline{IR_{12}} \\
&\quad + IR_{15} \cdot IR_{14} \cdot \overline{IR_{13}} \cdot IR_{12} \\
&= IR_{15} \cdot (IR_{14} \oplus IR_{13})
\end{aligned}
$$

判断框内的 SR、DR 分别为源、目寻址方式为寄存器寻址的特征，其逻辑表达式为：

$$SR = \overline{IR_{11}} \cdot \overline{IR_{10}} \cdot \overline{IR_9}$$

$$DR = \overline{IR_5} \cdot \overline{IR_4} \cdot \overline{IR_3}$$

2）取源周期的操作流程图

双操作数指令的源寻址方式为非寄存器寻址时，需进入取源周期，完成源操作数寻址并取源操作数。取出的源操作数暂存在暂存器 TEMP 中。不同寻址方式有效地址形成方法不同，因此操作流程也不同。由于变址寻址需到主存取出变址值,再形成有效地址取数,需两次访问主存,因此,需在源周期重复一次。当源寻址为变址寻址时,在源周期的 T_3 建立 Repeat 信号和 1→ST 信号,使之重复进入 ST。在重复的 ST 的 T_3 时,将 Repeat 信号清除,进入下一个周期。取源周期的指令流程图见图 6-16。

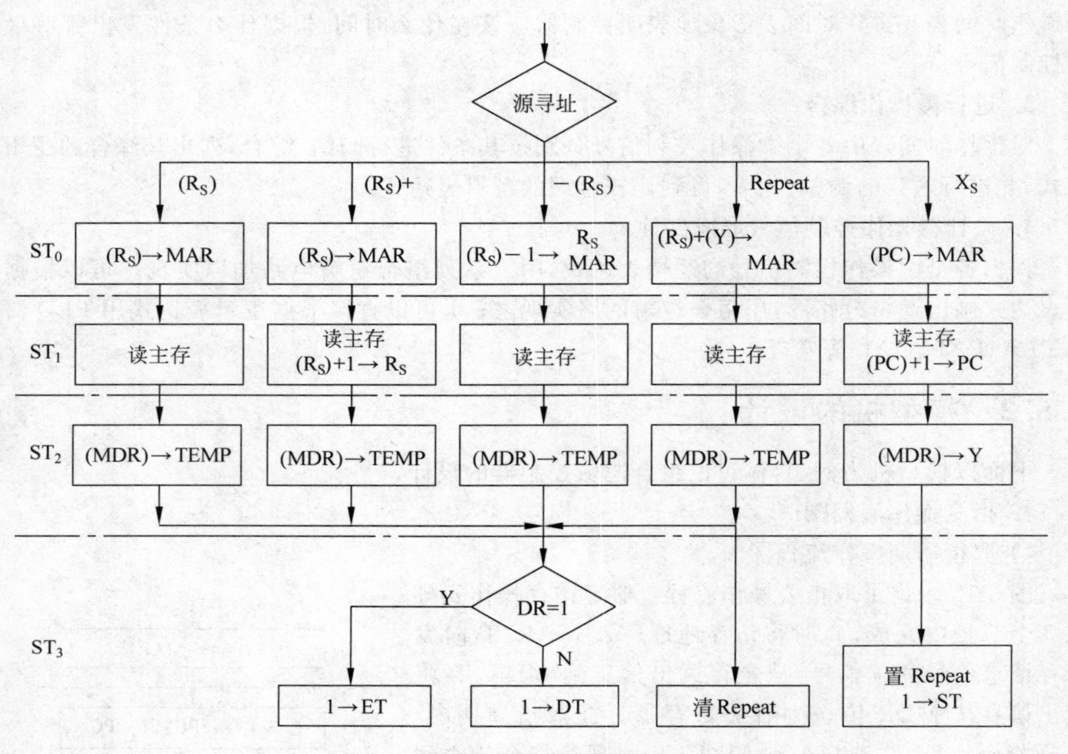

图 6-16 取源周期操作流程

图中源寻址方式的判断条件是源寻址方式的译码输出。其中:

$$(R_S) = \overline{IR_{11}} \cdot \overline{IR_{10}} \cdot IR_9$$

$$(R_S)+ = \overline{IR_{11}} \cdot IR_{10} \cdot \overline{IR_9}$$

$$-(R_S) = \overline{IR_{11}} \cdot IR_{10} \cdot IR_9$$

$$X_S = IR_{11} \cdot \overline{IR_{10}} \cdot \overline{IR_9}$$

3)取目的周期的操作流程图

双操作数指令和单操作数指令的目的寻址方式为非寄存器寻址时,进入取目的周期完成目的操作数地址的寻址并读取目的操作数,操作流程如图 6-17 所示。

由于目的操作数在执行周期才送入 ALU 的 A 输入端运算,所以取出的目的操作数暂不传送,而保留在 MDR 中,因此对于非变址寻址的寻址方式只安排 2 个节拍即可完成操作。

MOV 指令的目的寻址为非寄存器寻址时,也需进入目的周期,但因 MOV 指令只需传送目的地址而不需取目的操作数,因而操作比图 6-17 流程简单,如图 6-18 所示。

4)执行周期的操作流程

由于不同指令具有不同操作功能,不同的寻址方式,操作数又有不同的来源,因此执行周期的操作流程比较复杂。为了说明问题清楚,我们按不同类型的指令绘制执行周期的操作流程图。

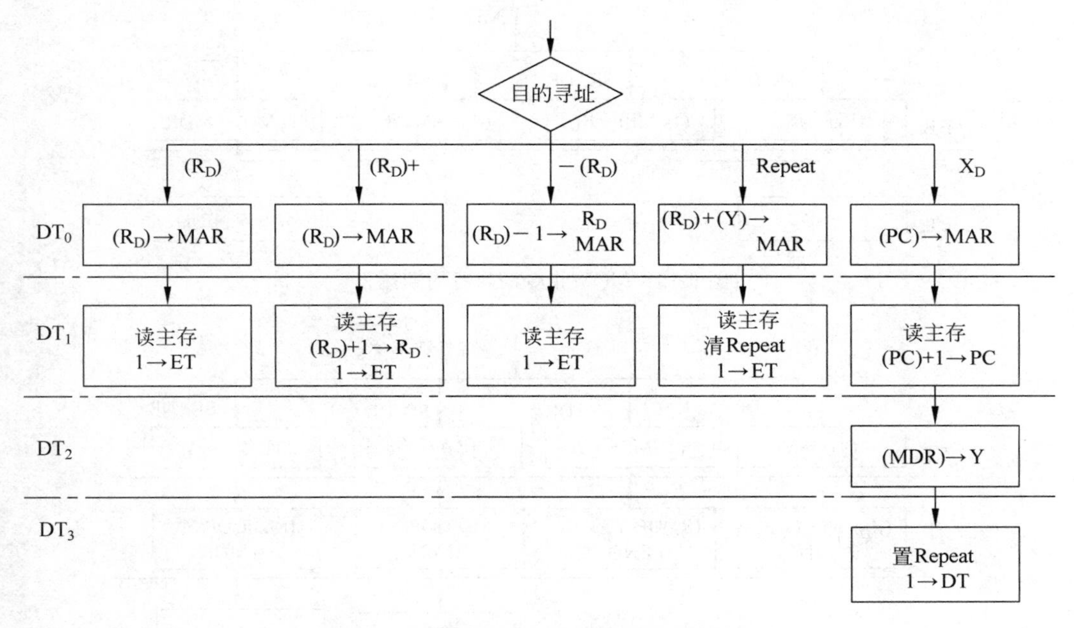

图 6-17　非 MOV 指令取目的周期操作流程

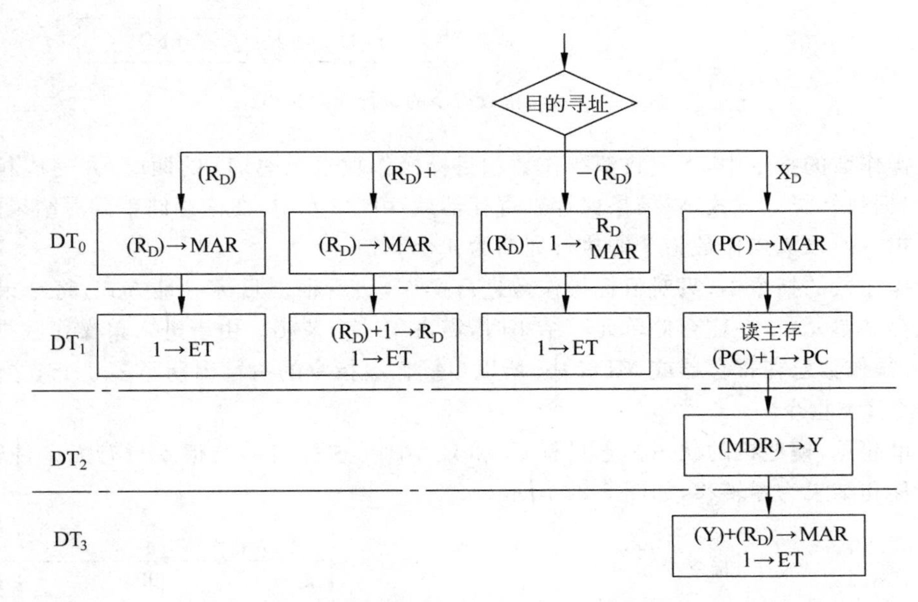

图 6-18　MOV 指令取目的周期操作流程

(1) 传送类指令

模型机的传送类指令只有一条 MOV 指令，如果目标寻址涉及存储器单元，则需要写存储器，因此至少安排 2 个节拍，如图 6-19 所示。

(2) 运算类指令

模型机的运算类指令有双操作数指令和单操作数指令两种格式，完成算术加、算术减、逻辑与、逻辑或、逻辑异或、增 1、取反、移位等功能，如图 6-20、图 6-21 所示。这一类指令的操作结果影响标志寄存器的状态。

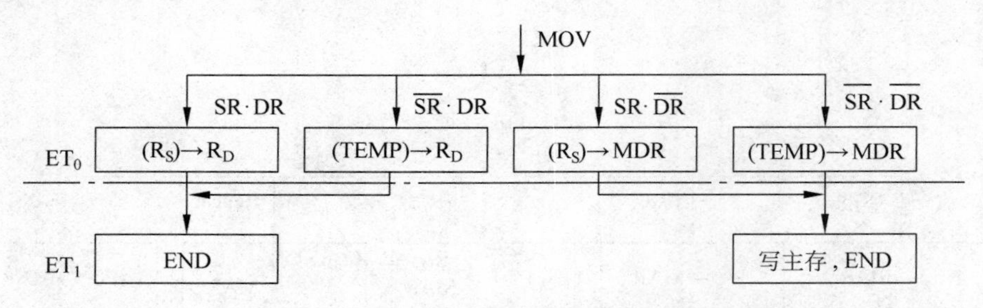

图 6-19 MOV 指令的执行周期流程

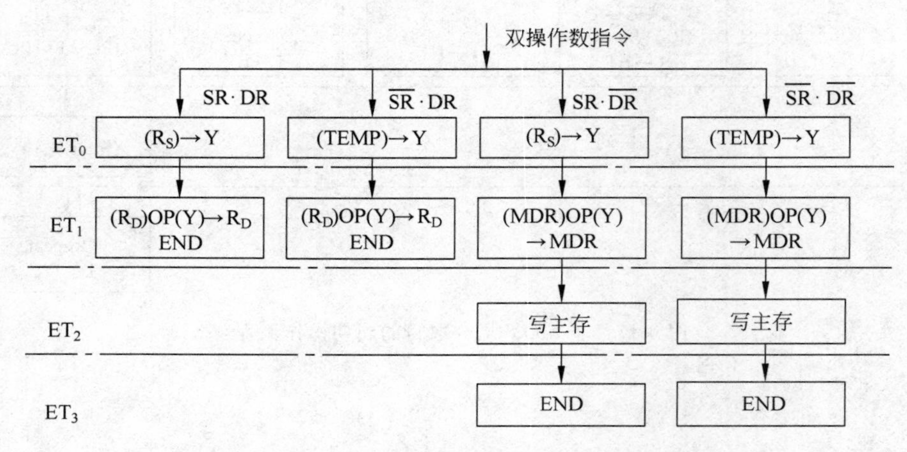

图 6-20 双操作数指令的执行周期流程

在双操作数的指令中,需要将源操作数和目标操作数送至 ALU 的两端,并完成相应的操作,然后根据目标寻址方式,将结果保存到寄存器或存储单元中,在往存储单元写结果时,需占用一个节拍。所以双操作数指令的执行周期为 4 个节拍。

在单操作数的指令中,只对目标操作数进行操作,然后根据目标寻址方式,将结果保存到寄存器或存储单元中,在往存储单元写结果时,需占用一个节拍。由于进入单操作数指令执行周期之前,操作数已在寄存器或 MDR 中,所以单操作数指令的执行周期至多 2 个节拍。

(3) 转移类指令

为简单起见,模型机的状态标志只有 C_c 和 C_z 两个,这样转移类指令只有无条件转移、有进位位转移和结果为零转移,如图 6-22 所示。

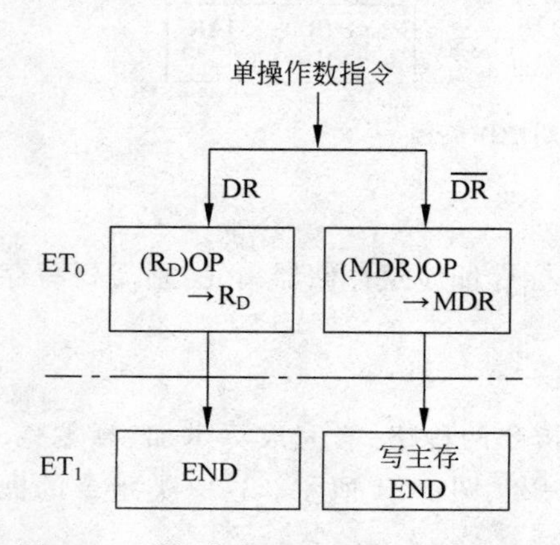

图 6-21 单操作数指令的执行周期流程

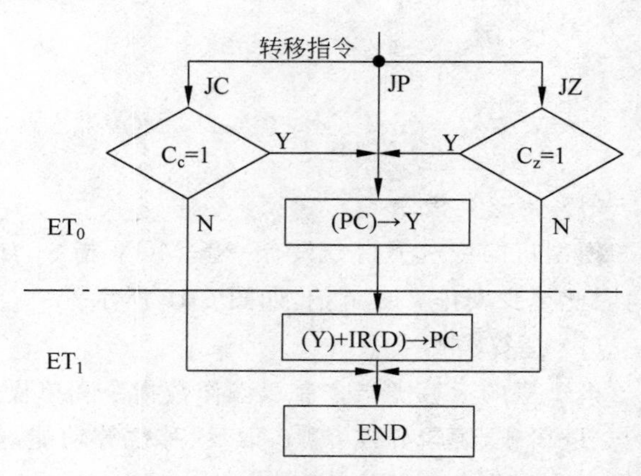

图 6-22 转移指令的执行周期流程

转移指令执行周期的主要操作是形成目标地址：

$$(PC)+IR(D) \rightarrow PC$$

(4) 停机指令

本指令的执行周期只产生一个停机信号，如图 6-23 所示。

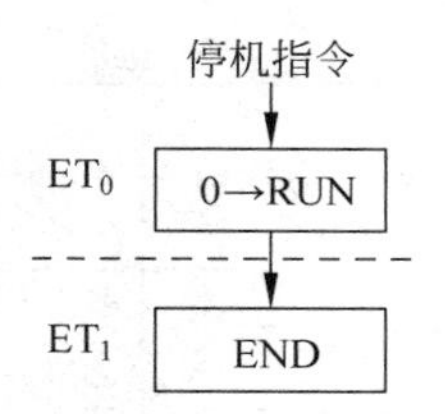

图 6-23　停机指令流程

(5) 转子/返回指令

转子/返回指令用于逻辑相对独立的程序段之间的联系(调用和被调用关系)。为了准确地返回到主程序(调用程序)，必须保留主程序当前指令的地址(PC 的值)，并在子程序(被调用程序)的最后安排一条返回指令，恢复被保留的 PC 值。为便于实现多级程序调用，多数计算机采用堆栈保存 PC 值，如图 6-24 所示。

由此可见，执行周期的操作，对多数指令均可在 2 个节拍内完成。为了节省节拍，在执行周期内设置两种节拍。对于多数指令，执行周期内只设 2 个节拍。只有 JSR、RTS 以及双操作数指令的目的寻址为非寄存器寻址(即 DR=0)时，在执行周期内设 4 个节拍来完成。通过控制图 6-13 中 C_2 的 T 输入端，选择执行周期的节拍数(如图 6-13 所示)。

执行周期的结束，意味着一条指令的执行完毕。一条指令结束，机器需自动检测有没有意外情况(电源失效)和特殊请求。若有，需进入相应周期进行处理；若没有，则机器又进入取指周期读取下条指令。流程图中的 END 框即表示一条指令执行结束，进行结束后的检测。指令结束检测流程如图 6-25 所示，检测操作均在执行周期的最后一个节拍内完成。

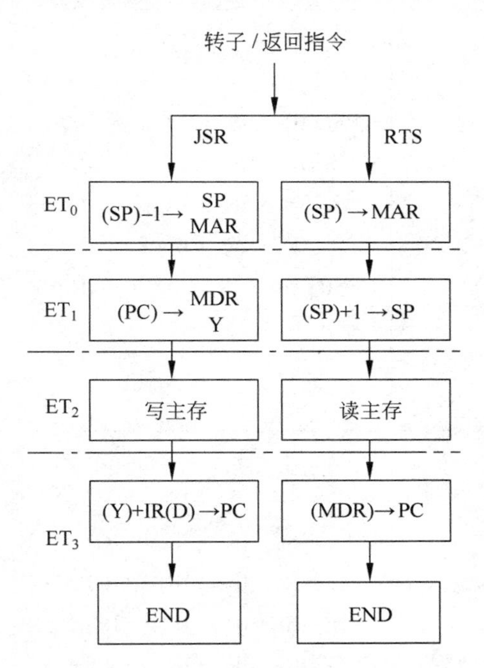

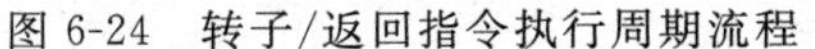

图 6-24　转子/返回指令执行周期流程

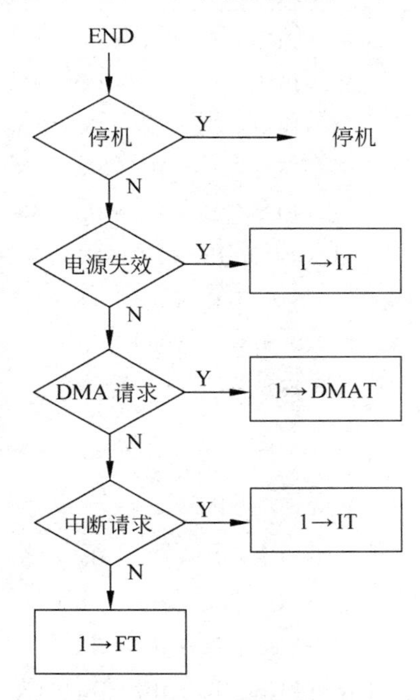

图 6-25　指令周期结束后的检测流程

2. 指令操作时间表

指令流程图反映了指令的执行过程。流程图中的每一个微操作都是通过一组控制信号控制完成的。每条指令都对应着一个微操作序列，每个微操作序列又都是在相应的控制信号序列控制下实现的。把这些控制信号序列按着其条件和周期、节拍、脉冲排列起来。就是指令操作时间表。模型机操作时间表如表 6-5～表 6-13 所示。

表 6-5　模型机的取指操作时间表

周期	节拍	微操作控制信号	
		电位信号	脉冲信号
FT	T_0	$PC \rightarrow BUS_1, S_3S_2S_1S_0M$ DM	CPMAR[P]
	T_1	MREQ, $R/\overline{W}=1$ $PC \rightarrow BUS_1, S_3S_2S_1S_0\overline{M}, C_0=1$ DM	CPPC[P]
	T_2	$MDR \rightarrow BUS_1, S_3S_2S_1S_0M$ DM	CPIR[P]
	T_3	$1 \rightarrow ST[\overline{JUMP} \cdot \overline{SR}]$ $1 \rightarrow DT[\overline{JUMP} \cdot SR \cdot \overline{DR}]$ $1 \rightarrow ET[JUMP + SR \cdot DR]$	CPFT[$\overline{P}$] CPST[$\overline{P}$] CPDT[$\overline{P}$] CPET[$\overline{P}$]

表 6-6　取源操作数的操作时间表

周期	节拍	微操作控制信号	
		电位信号	脉冲信号
ST	T_0	$R_0 \rightarrow BUS_1[\overline{IR_8} \cdot \overline{IR_7} \cdot \overline{IR_6} \cdot (\overline{X_s} + Repeat)]$ $R_1 \rightarrow BUS_1[\overline{IR_8} \cdot \overline{IR_7} \cdot IR_6 \cdot (\overline{X_s} + Repeat)]$ $R_2 \rightarrow BUS_1[\overline{IR_8} \cdot IR_7 \cdot \overline{IR_6} \cdot (\overline{X_s} + Repeat)]$ $R_3 \rightarrow BUS_1[\overline{IR_8} \cdot IR_7 \cdot IR_6 \cdot (\overline{X_s} + Repeat)]$ $SP \rightarrow BUS_1[IR_8 \cdot \overline{IR_7} \cdot \overline{IR_6} \cdot (\overline{X_s} + Repeat)]$ $PC \rightarrow BUS_1[IR_8 \cdot IR_7 \cdot IR_6 + X_s \cdot \overline{Repeat}]$ $S_3S_2S_1S_0M[\overline{Repeat} \cdot -\overline{(R_s)}]$ $S_3\overline{S_2}\,\overline{S_1}S_0\overline{M}[Repeat]$ $\overline{S_3}\,\overline{S_2}\,\overline{S_1}\,\overline{S_0}\,\overline{M}[-(R_s)]$ DM	$CPR_0[\overline{IR_8} \cdot \overline{IR_7} \cdot \overline{IR_6} \cdot -(R_s) \cdot P]$ $CPR_1[\overline{IR_8} \cdot \overline{IR_7} \cdot IR_6 \cdot -(R_s) \cdot P]$ $CPR_2[\overline{IR_8} \cdot IR_7 \cdot \overline{IR_6} \cdot -(R_s) \cdot P]$ $CPR_3[\overline{IR_8} \cdot IR_7 \cdot IR_6 \cdot -(R_s) \cdot P]$ $CPSP[IR_8 \cdot \overline{IR_7} \cdot \overline{IR_6} \cdot -(R_s) \cdot P]$ CPMAR[P]
	T_1	MREQ $R/\overline{W}=1$ $R_0 \rightarrow BUS_1[\overline{IR_8} \cdot \overline{IR_7} \cdot \overline{IR_6} \cdot (R_s)+]$ $R_1 \rightarrow BUS_1[\overline{IR_8} \cdot \overline{IR_7} \cdot IR_6 \cdot (R_s)+]$ $R_2 \rightarrow BUS_1[\overline{IR_8} \cdot IR_7 \cdot \overline{IR_6} \cdot (R_s)+]$ $R_3 \rightarrow BUS_1[\overline{IR_8} \cdot IR_7 \cdot IR_6 \cdot (R_s)+]$ $SP \rightarrow BUS_1[IR_8 \cdot \overline{IR_7} \cdot \overline{IR_6} \cdot (R_s)+]$ $PC \rightarrow BUS_1[IR_8 \cdot IR_7 \cdot IR_6 \cdot (R_s)+ \; + X_s \cdot \overline{Repeat}]$ $S_3S_2S_1S_0\overline{M}[(R_s)+ \; + X_s \cdot \overline{Repeat}]$ $C_0=1[(R_s)+ \; + X_s \cdot \overline{Repeat}]$ DM	$CPR_0[\overline{IR_8} \cdot \overline{IR_7} \cdot \overline{IR_6} \cdot (R_s)+ \cdot P]$ $CPR_1[\overline{IR_8} \cdot \overline{IR_7} \cdot IR_6 \cdot (R_s)+ \cdot P]$ $CPR_2[\overline{IR_8} \cdot IR_7 \cdot \overline{IR_6} \cdot (R_s)+ \cdot P]$ $CPR_3[\overline{IR_8} \cdot IR_7 \cdot IR_6 \cdot (R_s)+ \cdot P]$ $CPSP[IR_8 \cdot \overline{IR_7} \cdot \overline{IR_6} \cdot (R_s)+ \cdot P]$ $CPPC[IR_8 \cdot IR_7 \cdot IR_6 \cdot (R_s)+ \cdot P + X_s \cdot \overline{Repeat}]$ CPMAR[P]

续表

周期	节拍	微操作控制信号	
		电位信号	脉冲信号
ST	T_2	$MDR\rightarrow BUS_1$ $S_3S_2S_1S_0M$ DM	$CPTEMP[(\overline{X_s}+Repeat)\cdot P]$ $CPY[X_s\cdot\overline{Repeat}\cdot P]$
	T_3	$1\rightarrow ST[X_s\cdot\overline{Repeat}]$ $1\rightarrow DT[(\overline{X_s}+Repeat)\cdot\overline{DR}]$ $1\rightarrow ET[(\overline{X_s}+Repeat)\cdot DR]$	$CPRepeat[X_s\cdot\overline{P}]$ $CPFT[\overline{P}]$ $CPST[\overline{P}]$ $CPDT[\overline{P}]$ $CPET[\overline{P}]$

表 6-7　取目标操作数的操作时间表

周期	节拍	微操作控制信号	
		电位信号	脉冲信号
DT	T_0	$R_0\rightarrow BUS_1[\overline{IR_2}\cdot\overline{IR_1}\cdot\overline{IR_0}\cdot(\overline{X_D}+Repeat)]$ $R_1\rightarrow BUS_1[\overline{IR_2}\cdot\overline{IR_1}\cdot IR_0\cdot(\overline{X_D}+Repeat)]$ $R_2\rightarrow BUS_1[\overline{IR_2}\cdot IR_1\cdot\overline{IR_0}\cdot(\overline{X_D}+Repeat)]$ $R_3\rightarrow BUS_1[\overline{IR_2}\cdot IR_1\cdot IR_0\cdot(\overline{X_D}+Repeat)]$ $SP\rightarrow BUS_1[IR_2\cdot\overline{IR_1}\cdot\overline{IR_0}\cdot(\overline{X_D}+Repeat)]$ $PC\rightarrow BUS_1[IR_2\cdot IR_1\cdot IR_0+X_D\cdot\overline{Repeat}]$ $S_3S_2S_1S_0M[\overline{Repeat}\cdot\overline{-(R_D)}]$ $S_3\overline{S_2}\,\overline{S_1}S_0\overline{M}[Repeat]$ $\overline{S_3}\,\overline{S_2}\,\overline{S_1}\,\overline{S_0}\,\overline{M}[-(R_D)]$ DM	$CPR_0[\overline{IR_2}\cdot\overline{IR_1}\cdot\overline{IR_0}\cdot -(R_D)\cdot P]$ $CPR_1[\overline{IR_2}\cdot\overline{IR_1}\cdot IR_0\cdot -(R_D)\cdot P]$ $CPR_2[\overline{IR_2}\cdot IR_1\cdot\overline{IR_0}\cdot -(R_D)\cdot P]$ $CPR_3[\overline{IR_2}\cdot IR_1\cdot IR_0\cdot -(R_D)\cdot P]$ $CPSP[IR_2\cdot\overline{IR_1}\cdot\overline{IR_0}\cdot -(R_D)\cdot P]$ $CPMAR[P]$
	T_1	$MREQ[\overline{MOV}+X_D]$ $R/\overline{W}=1[\overline{MOV}+X_D]$ $R_0\rightarrow BUS_1[\overline{IR_2}\cdot\overline{IR_1}\cdot\overline{IR_0}\cdot(R_D)+]$ $R_1\rightarrow BUS_1[\overline{IR_2}\cdot\overline{IR_1}\cdot IR_0\cdot(R_D)+]$ $R_2\rightarrow BUS_1[\overline{IR_2}\cdot IR_1\cdot\overline{IR_0}\cdot(R_D)+]$ $R_3\rightarrow BUS_1[\overline{IR_2}\cdot IR_1\cdot IR_0\cdot(R_D)+]$ $SP\rightarrow BUS_1[IR_2\cdot\overline{IR_1}\cdot\overline{IR_0}\cdot(R_D)+]$ $PC\rightarrow BUS_1[IR_2\cdot IR_1\cdot IR_0\cdot(R_D)++X_D\cdot$ $\overline{Repeat}]$ $S_3S_2S_1S_0\overline{M}[(R_D)++X_D\cdot\overline{Repeat}]$ $C_0=1[(R_D)++X_D\cdot\overline{Repeat}]$ $DM[(R_D)++X_D\cdot\overline{Repeat}]$ $1\rightarrow ET[\overline{X_D}+Repeat]$	$CPR_0[\overline{IR_2}\cdot\overline{IR_1}\cdot\overline{IR_0}\cdot(R_D)+\cdot P]$ $CPR_1[\overline{IR_2}\cdot\overline{IR_1}\cdot IR_0\cdot(R_D)+\cdot P]$ $CPR_2[\overline{IR_2}\cdot IR_1\cdot\overline{IR_0}\cdot(R_D)+\cdot P]$ $CPR_3[\overline{IR_2}\cdot IR_1\cdot IR_0\cdot(R_D)+\cdot P]$ $CPSP[IR_2\cdot\overline{IR_1}\cdot\overline{IR_0}\cdot(R_D)+\cdot P]$ $CPPC[IR_2\cdot IR_1\cdot IR_0\cdot(R_D)+\cdot P+$ $X_D\cdot\overline{Repeat}\cdot P]$ $CPFT[(\overline{X_D}+Repeat)\cdot\overline{P}]$ $CPST[(\overline{X_D}+Repeat)\cdot\overline{P}]$ $CPDT[(\overline{X_D}+Repeat)\cdot\overline{P}]$ $CPET[(\overline{X_D}+Repeat)\cdot\overline{P}]$ $CPRepeat[Repeat\cdot\overline{P}]$

续表

周期	节拍	微操作控制信号	
		电 位 信 号	脉 冲 信 号
DT	T_2	$MDR\rightarrow BUS_1[X_D\cdot\overline{Repeat}]$ $S_3S_2S_1S_0M[X_D\cdot\overline{Repeat}]$ $DM[X_D\cdot\overline{Repeat}]$	$CPY[X_D\cdot\overline{Repeat}\cdot P]$
	T_3	$R_0\rightarrow BUS_1[\overline{IR_2}\cdot\overline{IR_1}\cdot\overline{IR_0}\cdot MOV]$ $R_1\rightarrow BUS_1[\overline{IR_2}\cdot\overline{IR_1}\cdot IR_0\cdot MOV]$ $R_2\rightarrow BUS_1[\overline{IR_2}\cdot IR_1\cdot\overline{IR_0}\cdot MOV]$ $R_3\rightarrow BUS_1[\overline{IR_2}\cdot IR_1\cdot IR_0\cdot MOV]$ $SP\rightarrow BUS_1[IR_2\cdot\overline{IR_1}\cdot\overline{IR_0}\cdot MOV]$ $PC\rightarrow BUS_1[IR_2\cdot IR_1\cdot IR_0\cdot MOV]$ $S_3\overline{S_2}\,\overline{S_1}S_0\overline{M}[MOV]$ $DM[MOV]$ $1\rightarrow ET[MOV]$ $1\rightarrow DT[\overline{MOV}]$	$CPMAR[MOV\cdot P]$ $CPFT[\overline{P}]$ $CPST[\overline{P}]$ $CPDT[\overline{P}]$ $CPET[\overline{P}]$ $CPRepeat[\overline{MOV}\cdot\overline{P}]$

表 6-8　MOV 指令执行周期的操作时间表

周期	节拍	微操作控制信号	
		电 位 信 号	脉 冲 信 号
ET	T_0	$R_0\rightarrow BUS_1[\overline{IR_8}\cdot\overline{IR_7}\cdot\overline{IR_6}\cdot SR]$ $R_1\rightarrow BUS_1[\overline{IR_8}\cdot\overline{IR_7}\cdot IR_6\cdot SR]$ $R_2\rightarrow BUS_1[\overline{IR_8}\cdot IR_7\cdot\overline{IR_6}\cdot SR]$ $R_3\rightarrow BUS_1[\overline{IR_8}\cdot IR_7\cdot IR_6\cdot SR]$ $SP\rightarrow BUS_1[IR_8\cdot\overline{IR_7}\cdot\overline{IR_6}\cdot SR]$ $PC\rightarrow BUS_1[IR_8\cdot IR_7\cdot IR_6\cdot SR]$ $TEMP\rightarrow BUS_1[\overline{SR}]$ $S_3S_2S_1S_0M$ DM	$CPR_0[\overline{IR_2}\cdot\overline{IR_1}\cdot\overline{IR_0}\cdot DR\cdot P]$ $CPR_1[\overline{IR_2}\cdot\overline{IR_1}\cdot IR_0\cdot DR\cdot P]$ $CPR_2[\overline{IR_2}\cdot IR_1\cdot\overline{IR_0}\cdot DR\cdot P]$ $CPR_3[\overline{IR_2}\cdot IR_1\cdot IR_0\cdot DR\cdot P]$ $CPSP[IR_2\cdot\overline{IR_1}\cdot\overline{IR_0}\cdot DR\cdot P]$ $CPMDR[\overline{DR}\cdot P]$
	T_1	$MREQ[\overline{DR}]$ $R/\overline{W}=0[\overline{DR}]$ $1\rightarrow FT[\overline{1\rightarrow IT}\cdot\overline{1\rightarrow DMAT}]$	$CPFT[\overline{P}]$ $CPST[\overline{P}]$ $CPDT[\overline{P}]$ $CPET[\overline{P}]$

表 6-9　单操作数指令执行周期的操作时间表

周期	节拍	微操作控制信号	
		电位信号	脉冲信号
ET	T_0	$R_0 \rightarrow BUS_1[\overline{IR_2} \cdot \overline{IR_1} \cdot \overline{IR_0} \cdot DR]$ $R_1 \rightarrow BUS_1[\overline{IR_2} \cdot \overline{IR_1} \cdot IR_0 \cdot DR]$ $R_2 \rightarrow BUS_1[\overline{IR_2} \cdot IR_1 \cdot \overline{IR_0} \cdot DR]$ $R_3 \rightarrow BUS_1[\overline{IR_2} \cdot IR_1 \cdot IR_0 \cdot DR]$ $SP \rightarrow BUS_1[IR_2 \cdot \overline{IR_1} \cdot \overline{IR_0} \cdot DR]$ $MDR \rightarrow BUS_1[\overline{DR}]$ $S_3 S_2 S_1 S_0 \overline{M}[INC]$ $\overline{S_3}\ \overline{S_2}\ \overline{S_1}\ \overline{S_0} M[COM]$ $S_3 S_2 S_1 S_0 M[ROL+ROR]$ $C_0=1[INC]$ DM[INC+COM] RL[ROL] RR[ROR]	$CPR_0[\overline{IR_2} \cdot \overline{IR_1} \cdot \overline{IR_0} \cdot DR \cdot P]$ $CPR_1[\overline{IR_2} \cdot \overline{IR_1} \cdot IR_0 \cdot DR \cdot P]$ $CPR_2[\overline{IR_2} \cdot IR_1 \cdot \overline{IR_0} \cdot DR \cdot P]$ $CPR_3[\overline{IR_2} \cdot IR_1 \cdot IR_0 \cdot DR \cdot P]$ $CPSP[IR_2 \cdot \overline{IR_1} \cdot \overline{IR_0} \cdot DR \cdot P]$ $CPMDR[\overline{DR} \cdot P]$ CPCc[P] CPCz[P]
	T_1	$MREQ[\overline{DR}]$ $R/\overline{W}=0[\overline{DR}]$ $1 \rightarrow FT[\overline{1 \rightarrow IT} \cdot \overline{1 \rightarrow DMAT}]$	$CPFT[\overline{P}]$ $CPST[\overline{P}]$ $CPDT[\overline{P}]$ $CPET[\overline{P}]$

表 6-10　双操作数指令执行周期的操作时间表

周期	节拍	微操作控制信号	
		电位信号	脉冲信号
ET	T_0	$R_0 \rightarrow BUS_1[\overline{IR_8} \cdot \overline{IR_7} \cdot \overline{IR_6} \cdot SR]$ $R_1 \rightarrow BUS_1[\overline{IR_8} \cdot \overline{IR_7} \cdot IR_6 \cdot SR]$ $R_2 \rightarrow BUS_1[\overline{IR_8} \cdot IR_7 \cdot \overline{IR_6} \cdot SR]$ $R_3 \rightarrow BUS_1[\overline{IR_8} \cdot IR_7 \cdot IR_6 \cdot SR]$ $SP \rightarrow BUS_1[IR_8 \cdot \overline{IR_7} \cdot \overline{IR_6} \cdot SR]$ $PC \rightarrow BUS_1[IR_8 \cdot IR_7 \cdot IR_6 \cdot SR]$ $TEMP \rightarrow BUS_1[\overline{SR}]$ $S_3 S_2 S_1 S_0 M$ DM	CPY[P]

续表

周期	节拍	微操作控制信号	
		电位信号	脉冲信号
ET	T_1	$R_0 \rightarrow BUS_1[\overline{IR_8} \cdot \overline{IR_7} \cdot \overline{IR_6} \cdot DR]$ $R_1 \rightarrow BUS_1[\overline{IR_8} \cdot \overline{IR_7} \cdot IR_6 \cdot DR]$ $R_2 \rightarrow BUS_1[\overline{IR_8} \cdot IR_7 \cdot \overline{IR_6} \cdot DR]$ $R_3 \rightarrow BUS_1[\overline{IR_8} \cdot IR_7 \cdot IR_6 \cdot DR]$ $SP \rightarrow BUS_1[IR_8 \cdot \overline{IR_7} \cdot \overline{IR_6} \cdot DR]$ $MDR \rightarrow BUS_1[\overline{DR}]$ $S_3 \overline{S_2}\ \overline{S_1}\ S_0 \overline{M}[ADD]$ $\overline{S_3}\ S_2 S_1 \overline{S0}\ \overline{M}[SUB]$ $S_3 S_2 S_1 \overline{S0} M[AND]$ $S_3 \overline{S_2} S_1 S_0 M[OR]$ $S_3 \overline{S_2}\ \overline{S_1} S_0 M[EOR]$ $C_0 = 1[SUB]$ DM $1 \rightarrow FT[\overline{1 \rightarrow IT} \cdot \overline{1 \rightarrow DMAT} \cdot DR]$	$CPR_0[\overline{IR_2} \cdot \overline{IR_1} \cdot \overline{IR_0} \cdot DR \cdot P]$ $CPR_1[\overline{IR_2} \cdot \overline{IR_1} \cdot IR_0 \cdot DR \cdot P]$ $CPR_2[\overline{IR_2} \cdot IR_1 \cdot \overline{IR_0} \cdot DR \cdot P]$ $CPR_3[\overline{IR_2} \cdot IR_1 \cdot IR_0 \cdot DR \cdot P]$ $CPSP[IR_2 \cdot \overline{IR_1} \cdot \overline{IR_0} \cdot DR \cdot P]$ $CPMDR[\overline{DR} \cdot P]$ $CPFT[DR \cdot \overline{P}]$ $CPST[DR \cdot \overline{P}]$ $CPDT[DR \cdot \overline{P}]$ $CPET[DR \cdot \overline{P}]$ $CPC_c[P]$ $CPC_z[P]$
	T_2	MREQ $R/\overline{W} = 0$	
	T_3	$1 \rightarrow FT[\overline{1 \rightarrow IT} \cdot \overline{1 \rightarrow DMAT}]$	$CPFT[\overline{P}]$ $CPST[\overline{P}]$ $CPDT[\overline{P}]$ $CPET[\overline{P}]$

表 6-11 停机指令执行周期的操作时间表

周期	节拍	微操作控制信号	
		电位信号	脉冲信号
ET	T_0	$0 \rightarrow RUN$	
	T_1		

表 6-12 转移类指令执行周期的操作时间表

周期	节拍	微操作控制信号	
		电位信号	脉冲信号
ET	T_0	$PC \rightarrow BUS_1[JP + JC \cdot C_c + JZ \cdot C_z]$ $S_3 S_2 S_1 S_0 M$ DM	$CPY[(JP + JC \cdot C_c + JZ \cdot C_z) \cdot P]$
	T_1	$IR(D) \rightarrow BUS_1[JP + JC \cdot C_c + JZ \cdot C_z]$ $S_3 \overline{S_2}\ \overline{S_1} S_0 \overline{M}[JP + JC \cdot C_c + JZ \cdot C_z]$ DM $1 \rightarrow FT[\overline{1 \rightarrow IT} \cdot \overline{1 \rightarrow DMAT}]$	$CPPC[(JP + JC \cdot C_c + JZ \cdot C_z) \cdot P]$ $CPFT[\overline{P}]$ $CPST[\overline{P}]$ $CPDT[\overline{P}]$ $CPET[\overline{P}]$

表 6-13 转子/返回指令执行周期的操作时间表

周期	节拍	微操作控制信号	
		电 位 信 号	脉 冲 信 号
ET	T_0	SP→BUS_1 $S_3S_2S_1S_0M$[RTS] $\overline{S_3}\,\overline{S_2}\,\overline{S_1}\,\overline{S_0}\,\overline{M}$[JSR] DM	CPSP[P] CPMAR[P]
	T_1	PC→BUS_1[JSR] SP→BUS_1[RTS] $S_3S_2S_1S_0\overline{M}$ $C_0=1$[RTS] DM	CPMDR[JSR·P] CPY[JSR·P] CPSP[RTS·P]
	T_2	MREQ $R/\overline{W}=1$[RTS] $R/\overline{W}=0$[JSR]	
	T_3	IR(D)→BUS_1[JSR] MDR→BUS_1[RTS] $S_3\overline{S_2}\,\overline{S_1}S_0\overline{M}$[JSR] $S_3S_2S_1S_0M$[RTS] DM 1→FT[$\overline{1\to IT}\cdot\overline{1\to DMAT}$]	CPFT[$\overline{P}$] CPST[$\overline{P}$] CPDT[$\overline{P}$] CPET[$\overline{P}$]

下面对操作时间表做简单说明,以助于学习和理解。

(1) 表中控制信号后面中括号里的内容为该控制信号的产生条件。

(2) 对于脉冲信号必须有脉冲控制,P 表示脉冲前沿起作用,$\overline{P}$ 表示脉冲后沿起作用。一般周期、节拍的转换用 $\overline{P}$,寄存器接收代码用 P。

(3) 表中未考虑在指令周期结束时出现中断请求、DMA 请求和电源失效等情况。实际应用中,一条指令执行结束,若有电源故障、中断请求,则应进入中断周期处理;若有 DMA 请求,则进入 DMA 周期处理。没有发生上述情况,则进入取指周期,取下条指令。

(4) 未考虑模型机移位指令实现的细节问题,如何实现不同的移位方式读者可自行考虑。

(5) 采用变址寻址时需在相应的取数周期内重复一次,因此设 Repeat 信号。实现方法是采用一位计数器,用 CPRepeat 信号控制 Repeat 信号的置 1 和清 0。如图 6-26 所示,系统启动运行时,由总清信号 Reset 将 FT 置 1,计数器 Repeat 清 0。系统由 FT 进入 ST 或 DT 时,只要不是变址寻址,就不会产生 CPRepeat 信号,使 Repeat 保持 0,如果是变址寻址,则在 T_3 拍产生 CPRepeat 信号,第一次时将 Repeat 置 1,重复周期时在 T_3 又产生 CPRepeat 信号,将 Repeat 清 0。

3. 微操作控制信号综合

前面的操作时间表根据指令流程、时序系统和数据通路结构,列出了实现整个指令系统全部操作控制信号。接着就要对操作时间表中的各个控制信号进行归纳、综合。将时间表中的所有相同信号按其条件写出综合逻辑表达式。表达式一般包括下列因素。

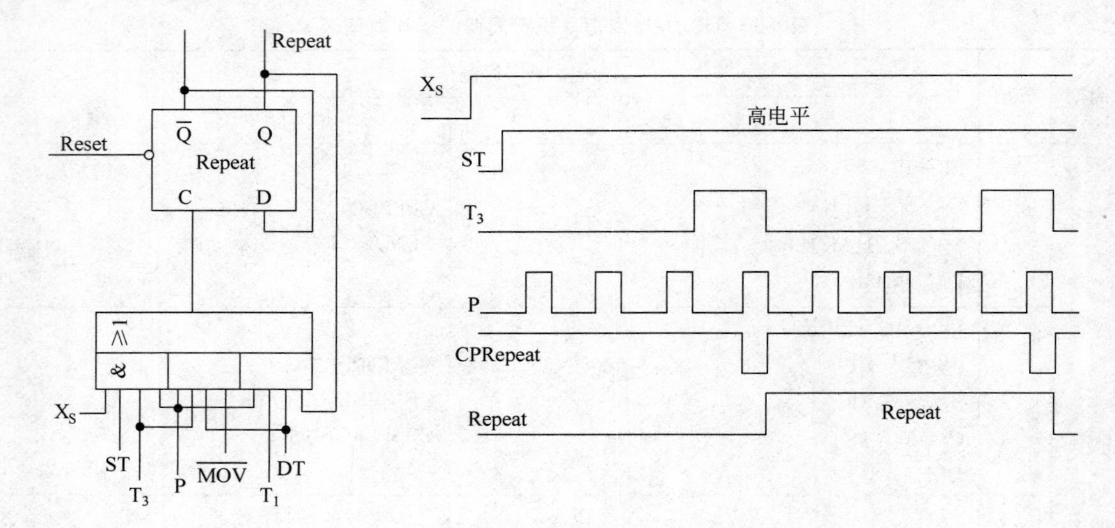

图 6-26 Repeat 信号的产生及部分时间关系

1) 微操作控制信号＝F(周期、节拍、脉冲、指令、状态条件)

由于模型机控制信号很多,每个控制信号都是一串复杂的逻辑表达式,我们仅举几个控制信号例子,不一一介绍所有信号的逻辑表达式。参照例子,也可很容易地列出其他微操作控制信号的逻辑表达式。

$$R/\overline{W} = FT \cdot T_1 + ST \cdot T_1 + DT \cdot T_1 \cdot (\overline{MOV} + X_D) + ET \cdot T_2 \cdot RTS$$

$$IR(D)(\text{指令地址码部分 } IR_{11} \sim IR_0) \to BUS_1 = ET \cdot T_1 \cdot (JP + JC \cdot C_c + JZ \cdot C_z) + ET \cdot T_3 \cdot JSR$$

式中 JP、JC、JZ、JSR 分别为指令操作码译码产生的操作控制电位。

$$\begin{aligned} PC \to BUS_1 = {} & FT \cdot (T_0 + T_1) + ST \cdot T_0 \cdot (IR_8 IR_7 IR_6 + X_S \cdot \overline{Repeat}) \\ & + ST \cdot T_1 \cdot (IR_8 IR_7 IR_6 \cdot (R_s) + + X_S \cdot \overline{Repeat}) + DT \cdot T_0 \cdot (IR_2 IR_1 IR_0 \\ & + X_D \cdot \overline{Repeat}) + DT \cdot T_1 \cdot (IR_2 IR_1 IR_0 \cdot (R_D) + + X_D \cdot \overline{Repeat}) \\ & + DT \cdot T_3 \cdot IR_2 IR_1 IR_0 \cdot MOV + ET \cdot T_0 \cdot IR_8 IR_7 IR_6 \cdot SR \cdot MOV \\ & + ET \cdot T_0 \cdot (JP + JC \cdot C_c + JZ \cdot C_z) + ET \cdot T_0 \cdot IR_8 IR_7 IR_6 \cdot SR \\ & \cdot (ADD + SUB + AND + OR + EOR) + ET \cdot T_1 \cdot JSR \end{aligned}$$

$$\begin{aligned} MDR \to BUS_1 = {} & FT \cdot T_2 + ST \cdot T_2 + DT \cdot T_2 \cdot X_D \cdot \overline{Repeat} + ET \cdot T_1 \cdot \overline{DR} \\ & \cdot (ADD + SUB + AND + OR + EOR) + ET \cdot T_0 \cdot \overline{DR} \cdot (INC \\ & + COM + ROL + ROR) + ET \cdot T_3 \cdot RTS \end{aligned}$$

$$\begin{aligned} CPMAR = {} & (FT \cdot T_0 + ST \cdot T_0 + DT \cdot T_0 + DT \cdot T_3 \cdot MOV \\ & + ET \cdot T_0 \cdot (JSR + RTS)) \cdot P \end{aligned}$$

$$CPTEMP = ST \cdot T_2 \cdot (\overline{X_s} + Repeat) \cdot P$$

2) 周期结束信号

$$\begin{aligned} T_{END} = {} & T_3 + ET \cdot T_1 \cdot (MOV + INC + COM + ROL + ROR + JP + JC + JZ) \\ & + ET \cdot T_1 \cdot DR \cdot (ADD + SUB + AND + OR + EOR) + DT \cdot T_1 \cdot (\overline{X_D} + Repeat) \end{aligned}$$

$$
\begin{aligned}
&= T_3 + ET \cdot T_1 \cdot (IR_{15}\overline{IR_{14}} + \overline{IR_{14}}\ \overline{IR_{13}}\ \overline{IR_{12}} + IR_{15}\overline{IR_{13}}\ \overline{IR_{12}} + \overline{IR_{15}}\ \overline{IR_{14}}\ \overline{IR_{13}}) \\
&\quad + ET \cdot T_1 \cdot DR \cdot (\overline{IR_{15}}\ \overline{IR_{14}}\ \overline{IR_{13}} + \overline{IR_{15}}\ \overline{IR_{14}} IR_{12} + \overline{IR_{15}} IR_{14} \overline{IR_{13}}) \\
&\quad + DT \cdot T_1 \cdot (\overline{X_D} + Repeat)
\end{aligned}
$$

对逻辑表达式需进行适当化简、调整,以便得到比较合理的逻辑表达式。

4. 电路实现

经逻辑综合、化简得到各个微操作控制信号的比较合理的表达式后,便可设计这些已优化的逻辑表达式的实现电路。

1）用组合逻辑电路实现

将各微操作控制信号用组合逻辑电路实现,即构成了组合逻辑控制器的微操作控制信号形成部件。图 6-27 画出了部分微操作控制信号的逻辑电路图。

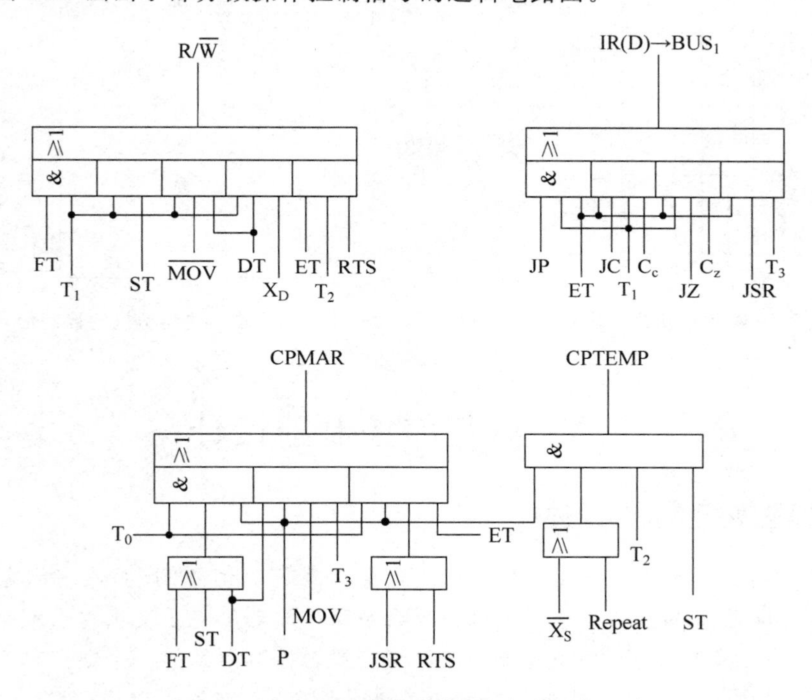

图 6-27 实现微操作控制信号的部分逻辑电路

在实际设计过程中,逻辑电路图用硬件实现时有时受逻辑门的扇入系数限制,需要修改逻辑表达式,此时就可能要增加逻辑电路。如果信号所经过的级数也增加的话,还将增加延迟时间。另外在实现时还有负载问题。

2）用 PLA 器件实现

可编程逻辑阵列 PLA 电路是由与阵列和或阵列组成,电路的输出为输入项的与或式。经微操作综合而得到的微操作控制信号的逻辑表达式基本上都是与或表达式,因而可很方便地用 PLA 电路实现。

先看一简单的例子,用 PLA 器件实现下列逻辑函数,PLA 的编程与实现如图 6-28 所示。

$$F_1 = A\overline{B} + AC$$
$$F_2 = \overline{A}BC + A\overline{B}C + \overline{A}\overline{B}\overline{C}$$
$$F_3 = \overline{A}\overline{B} + AB\overline{C}$$

$$F_4 = \overline{A}B\overline{C} + AB$$

当用 PLA 器件实现模型机控制信号逻辑时,则将指令码、机器周期、节拍、脉冲及某些状态条件作为 PLA 器件的与阵列输入信号,按微操作信号综合所得的逻辑表达式分别对与阵列、或阵列进行编程,即可由或阵列输出各个控制信号。图 6-29 示出了用 PLA 器件实现模型机控制信号逻辑的示意图。

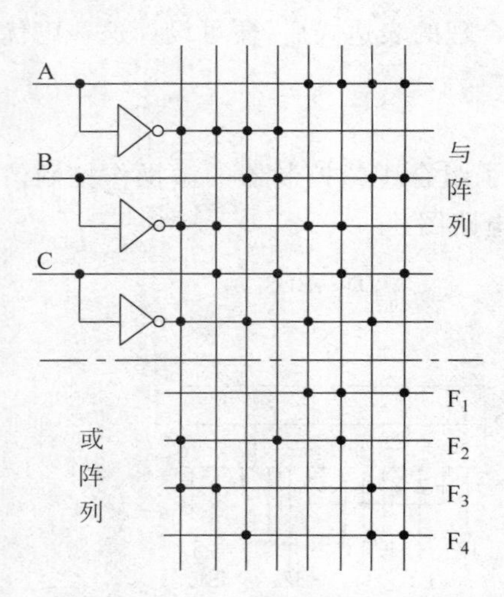

图 6-28 用 PLA 器件实现逻辑函数

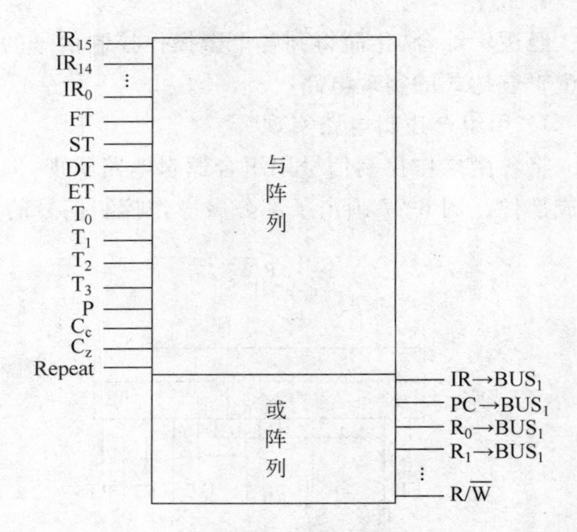

图 6-29 PLA 实现模型机的控制信号逻辑

6.6 微程序控制器设计

6.6.1 微程序控制器概述

前面讨论的组合逻辑控制器是用大量的门电路产生控制信号的,而这些门电路的输入逻辑都是一长串很不规整的逻辑表达式。因此组合逻辑控制器的一个突出缺点就是繁琐、杂乱,缺乏规律性,设计效率低,也不利于检查调试。组合逻辑控制器的另一个缺点是不易修改和扩充,缺乏灵活性。因为设计结果用印刷电路板(硬连逻辑)固定下来以后,就很难再修改与扩充。而且由于各个控制信号都包含许多条件,往往修改一处就会牵动很多地方,很难改动。所以,机器一旦设计制作完毕,要想修改其操作过程或处理方式,或者是进一步扩充与修改指令系统,基本上是不可能的。

正因为组合逻辑控制器存在上述的缺点,所以早在 1951 年英国剑桥大学的 M. V. Wilkes 教授就提出了另一种设计控制逻辑的方法——微程序设计。

微程序设计的实质是用程序设计的思想方法来组织操作控制逻辑,用规整的存储逻辑代替繁杂的组合逻辑。根据指令流程分析可以知道,每一条指令都对应着自己的微操作序列,也即每一条指令的执行过程,都可以划分为若干基本的微操作。如果我们采用程序设计的方法,把各条指令的微操作序列,以二进制编码字(称为微指令)的形式编制成程序(称为微程序),并存放在一个存储器(称为控制存储器)中,执行指令时,通过读取并执行相应的微程序实现一条指令的功能,这就是微程序控制的基本概念。它实际上是将微操作控制信号以编码字(即微指令)的形式存放在控制存储器中。执行指令时,通过依次读取一条条微指令,产生一组组操作控制信号,控制有关功能部件完成一组组微操作。因此,又称为存储逻辑。

在微程序控制机器中,涉及两个层次。一个层次是使用机器语言的程序员所看到的传统机器级——机器指令。用机器指令编制工作程序,完成某一处理任务。CPU 执行的程序存放在主存储器中。另一个层次是硬件设计者所看到的微程序级——微指令。用微指令编制微程序,用于完成一条机器指令的功能。微程序存放在控制存储器中。微指令用于产生一组控制命令,称为微命令,控制完成一组微操作。

1. 基本概念

下面首先介绍几个基本概念。

1) 微命令

微命令是构成控制信号序列的最小单位,通常指那些直接作用于部件或控制门电路的控制命令。例如模型机中的 $PC \rightarrow BUS_1$、$R_0 \rightarrow BUS_1$、$S_3S_2S_1S_0M$、CPIR、$R/\overline{W}$ 等控制信号。

2) 微操作

由微命令控制实现的最基本的操作称为微操作。微操作的定义可大可小,如模型机中的 $(PC) \rightarrow MAR$ 是一个微操作,它是在一组微命令 $PC \rightarrow BUS_1$、$S_3S_2S_1S_0M$、DM、CPMAR 的控制下实现的。也可以定义小一些,如打开 PC 与 BUS_1 之间的控制门也是一个微操作,它是在微命令 $PC \rightarrow BUS_1$ 的控制下实现的。

3) 微指令

以产生一组微命令,控制完成一组微操作的二进制编码字称为微指令。微指令存放在控制存储器中。一条微指令通常控制实现数据通路中的一步操作过程。

4) 微程序

一系列微指令的有序集合称为微程序。若干条有序的微指令构成的微程序,可以实现相应的一条机器指令的功能。在微程序控制的机器中,每一条机器指令都对应着一段微程序,通过解释执行这段微程序,完成指令所规定的操作功能。

5) 微周期

从控制存储器中读取一条微指令并执行相应的微操作所需的时间称为微周期。在微程序控制的机器中,微周期是它的主要时序信号。通常一个时钟周期为一个微周期。

6) 控制存储器

存放微程序的存储器称为控制存储器,也称为微程序存储器。一般计算机指令系统是固定的,因而实现指令系统的微程序也是固定的,所以控制存储器通常用只读存储器实现。

2. 微程序控制器组成结构

图 6-30 示出了微程序控制器组成框图。图中 PC、IR、PSR 等与组合逻辑控制器并无区别,它们的主要区别在于微操作控制信号形成部件的不同。组合逻辑控制器中的复杂组合逻辑网络在微程序控制器中被规整的存储逻辑所替代。存储逻辑包括存放微程序的控制存储器及其相关的逻辑。主要有下面几个部分。

1) 控制存储器 CM

控制存储器的每个单元存放一条微指令代码。图 6-30 中每条横线表示一个单元,其中每个交叉点表示微指令的一位,有"·"表示该位为 1,无"·"表示该位为 0。

2) 微指令寄存器 μIR

从控制存储器中读取的微指令,存放在微指令寄存器中。微指令通常分为两大字段:操

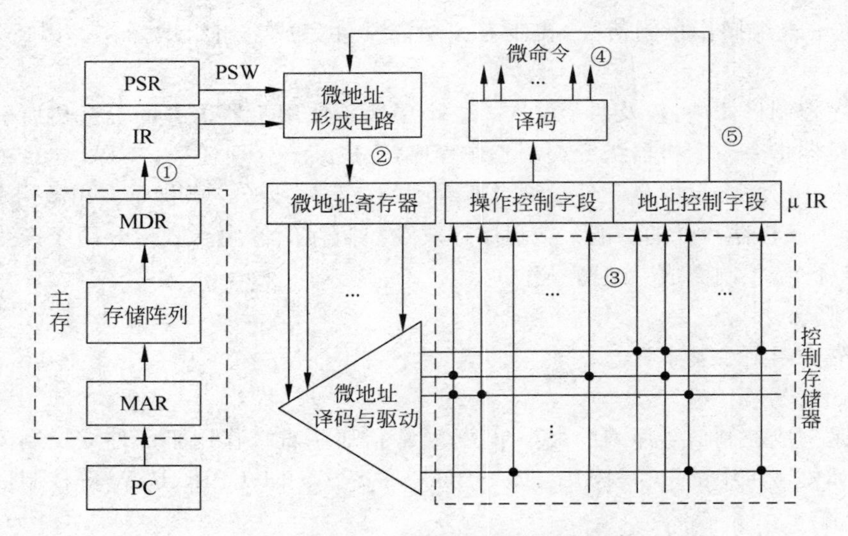

图 6-30　Wilkes 微程序控制器原理图

作控制字段与地址控制字段。操作控制字段经译码或直接产生一组微命令，控制有关部件完成微指令所规定的微操作。地址控制字段指示下条微指令地址的形成方式或直接给出下条微指令地址。

3）微地址形成电路

用以产生起始微地址和后继微地址，保证微程序的连续执行。

4）微地址寄存器 μMAR

用于接收微地址形成电路送来的地址，为读取微指令准备好控制存储器的地址。

5）译码与驱动电路

对微地址寄存器中的微地址进行译码，找到被访问的控制存储器（简称控存）单元并驱动其进行读取操作，读取微指令并存放于微指令寄存器中。

3. 微程序执行过程

图 6-30 中所标示的序号表示微程序控制器的工作过程。

(1) 启动取指微指令或微程序，根据程序计数器 PC 所提供的指令地址，从主存储器中取出所要执行的机器指令，送入指令寄存器 IR 中，并且完成 PC 增量，为下条指令准备地址。

(2) 根据 IR 寄存器中的指令码，微地址形成电路产生该指令的微程序的起始微地址，并送入 μMAR 中。

(3) μMAR 中的微地址经译码、驱动，从被选的控存单元中取出一条微指令并送入 μIR。

(4) μIR 中的微指令的操作控制字段经译码或直接产生一组微命令并送往有关的功能部件，控制其完成所规定的微操作。

(5) μIR 中微指令的地址控制字段及有关状态条件送往微地址形成电路，产生下条微指令的地址，再读取并执行下条微指令。如此循环，直到一条机器指令的微程序全部执行完毕。

(6) 一条指令的微程序执行结束，再启动取指令微指令或微程序，读取下条机器指令。根据该指令码形成起始微地址，又转入执行它的一段微程序。

由此可见，微程序定义了计算机的指令系统，只要改变控制存储器的内容就能改变机器的指令系统，为计算机设计者及用户提供了极大的灵活性。一条指令可能多次访问控制存储器，因此必须使用速度快的ROM芯片，以保持计算机有较高的性能。

微程序控制器设计的关键是解决好几个问题：第一，微指令的结构格式及编码方法，也即如何用一个二进制编码字表示各个微命令；第二，微程序顺序控制的方法，也就是如何编制微程序，解决不同机器指令所对应微程序的逻辑衔接，保证微程序的连续执行；第三，微指令执行方式，解决如何提高执行速度的问题。下面分别对这些问题进行讨论。

6.6.2 微指令的编译方法

微指令的编译方法，指的是如何对微指令的操作控制字段进行编码来表示各个微命令，以及如何把编码译成相应的微命令。微指令的结构格式主要考虑的问题是：如何有利于缩短微指令字长；如何有利于缩短微程序，减少所需的控存空间；如何有利于提高微程序执行速度。通常有下列几种微指令编译方法。

1. 直接控制法

微指令操作控制字段的每一位都直接表示一个微命令，如图6-31所示。当某位为1，表示执行这个微命令，为0则表示不执行。由于这种方法不需译码，所以也称不译法。

这种方法结构简单、并行性强、操作速度快，其缺点是微指令字太长、信息效率低。因为在这种方法中，有N个微命令，操作控制字段就需N位。在实际机器中，微命令数达几百个，使微指令字长达到难以接受的地步。同时，在几百个微命令中有很多是互斥的，不允许同时出现的，将它们安排在同一条微指令内，只会使信息效率降低。因此在实际机器中，往往与其他方法混合使用，仅部分位采用直接控制法。

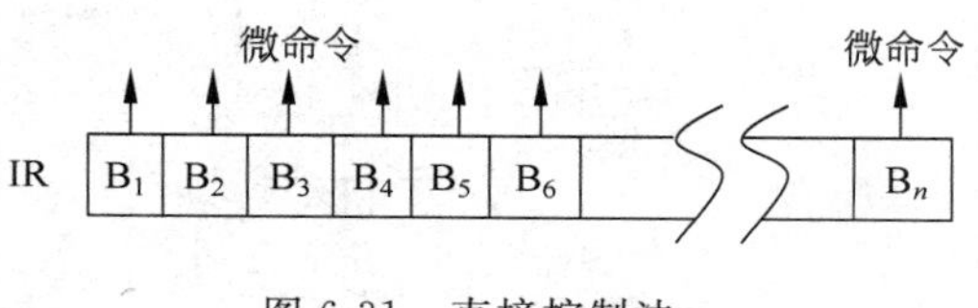

图6-31 直接控制法

2. 最短编码法

直接控制法使微指令最长，最短编码法则走向另一个极端，使微指令最短。这种方法是将所有的微命令进行统一编码，每条微指令只定义一个微命令。若微命令总数为N，则最短编码法中操作控制字段的长度L，应满足下列关系：

$$L \geqslant \log_2 N$$

最短编码法的微指令字长最短，但要通过微命令译码器译码才能得到所需的微命令。微命令越多，译码器就越复杂。同时这种方法在某一时间只能产生一个微命令，不能充分利用机器硬件所具有的并行性，使微程序很长，所以这种方法很少独立使用。

3. 字段直接编码法

这种编码法实际是上述两种方法的折中。它是将微指令操作控制字段划分为若干个子字段，每个子字段的所有微命令进行统一编码。因此在这种方法中，不同的子字段的不同编码，表示不同的微命令。

字段的划分一般应遵循下列几点原则：

(1) 把互斥的微命令(即不允许同时出现的微命令)划分在同一字段内，相容的(即允许同时出现)微命令划分在不同字段内；

(2) 字段的划分应与数据通路结构相适应；

(3) 一般每个子字段应留出一个状态，表示本字段不发任何微命令；

(4) 每个子字段所定义的微命令数不宜太多，否则将使微命令译码复杂。

字段直接编码法的微指令结构如图 6-32 所示。

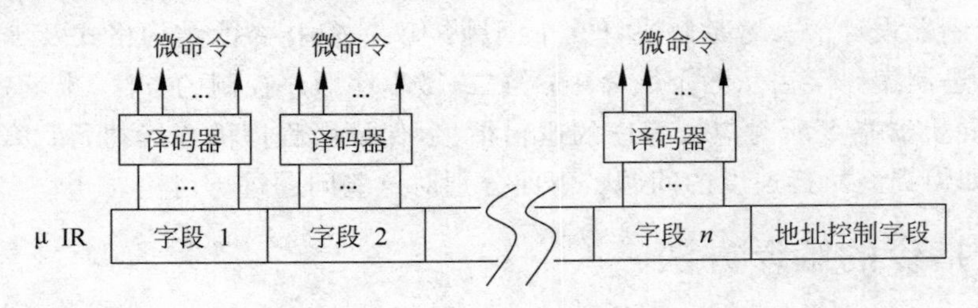

图 6-32　字段直接编码法

4. 字段间接编码法

字段间接编码法是在字段直接编码法的基础上，进一步压缩微指令长度的方法。所谓字段间接编码法是指一个字段的某一编码的意义由另一字段的编码来定义。也就是一个字段的编码不能直接独立地定义微命令，它必须与其他字段的编码联合定义，如图 6-33 所示。

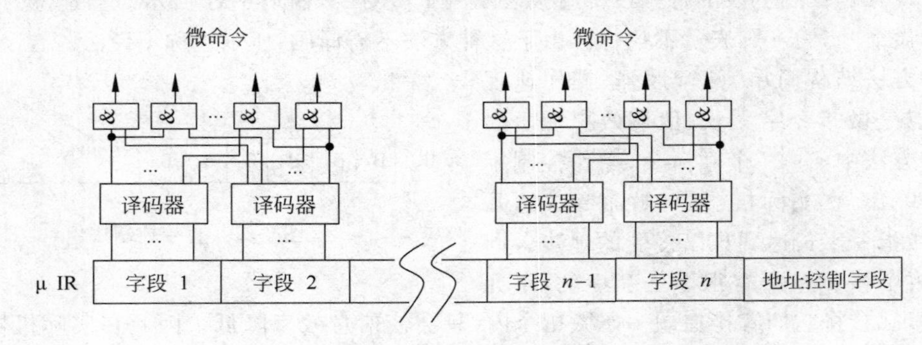

图 6-33　字段间接编码法

5. 常数源字段的设置

在微指令字中，通常还设置一个常数源字段，如同指令字中的立即数一样，用来提供某此常数，如给计数器置初值，为某此数据提供修改量，配合形成微程序转移微地址等。

除上述几种编码方法之外，还有其他一些方法，如分类编码法。将机器指令根据操作类型分为几类，如算术逻辑运算指令、访主存指令、I/O 指令及其他指令。不同的指令可以有不同的微指令格式。在实际机器中，微指令往往采用几种编码方法，如有些位采用直接控制方法，有些字段采用字段直接编码或字段间接编码，有些位作为常数源字段。

6.6.3　微程序的顺序控制方式

前面已经强调，在微程序控制的计算机中，机器指令是通过一段微程序解释执行的。每一条指令，都对应一段微程序，不同指令的微程序存放在控制存储器的不同存储区域内。通常把指令所对应的微程序的第一条微指令所在控制存储器单元的地址称为微程序的初始微地址，或称微程序的入口地址。执行微程序过程中，当前正在执行的微指令称为现行微指令，现行微指令所在控制存储器单元的地址称为现行微地址。现行微指令执行完毕后，下一条要执行的微指令称为后继微指令，后继微指令所在控存单元的地址称为后继微地址。本节主要讨论初始微地址和后继微地址的各种形成方法，这就是微程序顺序控制（或地址控制）的问题，有时也称为微指令排序问题。

1. 初始微地址的形成

由于每条机器指令的执行都必须首先进行取指令操作，所以要有取指令微程序控制从主存中取出一条机器指令，这段微程序（通常由一条或几条微指令组成）是公用的，一般安排在从0号控存单元或特定的控存单元开始。机器指令被从主存取到IR以后，要将机器指令操作码转换为该指令所对应的微程序入口地址，即形成初始微地址。初始微地址形成通常有下列几种方式。

1）一级功能转移

根据指令操作码，直接转移到相应微程序的入口，称为一级功能转移。当指令操作码的位置与位数均固定时，可直接使用操作码作为微地址的低位，例如微地址为00…0OP，OP为指令操作码。例如模型机16条指令，操作码对应IR的15～12位，当取出指令后，直接由$IR_{15\sim12}$作为微地址的低4位，如图6-34所示。

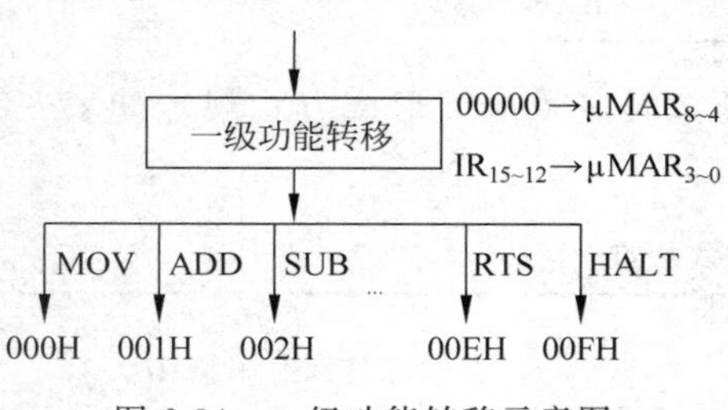

图6-34　一级功能转移示意图

由于指令操作码是一组连续的代码组合，所形成的初始微地址是一段连续的控存单元，所以这些单元被用来存放转移地址，通过它们再转移到指令所对应的微程序。

2）二级功能转移

如果机器指令的操作码的位数和位置不固定，则需采用二级功能转移。所谓二级功能转移是指先按指令类型标志转移，以区分出哪一类指令。在每类指令中假定操作码的位置和位数是固定的，第二级即可按操作码区分出具体是哪条指令，以便转移到相应微程序入口。

3）用PLA电路实现功能转移

PLA输入是指令操作码，输出就是相应微程序入口地址。假定有I_0，I_1，…，I_7共8条指令，其操作码分别为000，001，…，111，对应的微程序入口地址分别为020H，031H，…，146H，则用PLA的实现如图6-35所示。图中，IR_1、IR_2、IR_3为指令操作码，μMAR为微地址寄存器，其中μMAR_8为微地址高位，μMAR_0为微地址最低位。这种方法对于变长度、变位置的操作码尤为有效，而且转移速度较快。

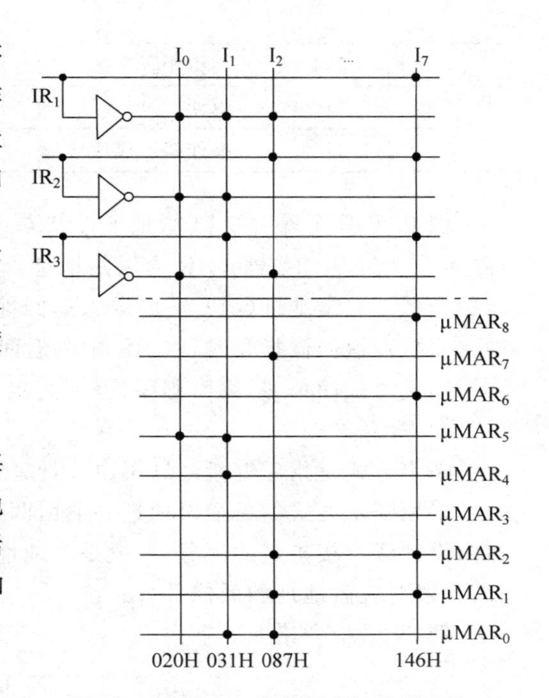

图6-35　用PLA器件形成初始微地址

2. 后继微地址的形成

找到初始微地址，开始执行相应的微程序，每条微指令执行完毕，都要根据要求形成后继微地址。后继微地址的形成方法对微程序编制的灵活性影响很大，它主要有两种基本类型：增量方式和断定方式。

1）增量方式

微地址的控制方式与程序地址控制方式相似，

也有顺序执行、转移、转子之分。所谓增量方式是指当微程序按地址递增顺序一条条地执行微指令时,后继微地址是现行微地址加上一个增量(通常为1);当微程序转移或调用微子程序时,由微指令地址控制字段产生转移微地址。因此,微程序控制器中应有一个微程序计数器(μPC),为节省设备,也可将 μMAR 做成具有计数功能的寄存器,与 μPC 合为一个寄存器。

为解决转移微地址的产生,通常把微指令的地址控制字段分为两个部分,一部分为转移地址字段 BAF,另一部分为转移控制字段 BCF,微指令格式如下:

操作控制字段(OCF)	BCF	BAF

BCF 用以规定地址形成方式,BAF 提供转移地址。假定微地址形成方式规定如表 6-14 所示。

表 6-14 微地址形成方式规定

BCF		转移控制方式	硬件条件	后继微地址及有关操作
编码	二进制			
0	000	顺序执行		μPC +1→μPC
1	001	结果为 0 转移	$C_z=0$	μPC +1→μPC
			$C_z=1$	BAF→μPC
2	010	有进位转移	$C_c=0$	μPC +1→μPC
			$C_c=1$	BAF→μPC
3	011	无条件转移		BAF→μPC
4	100	循环测试	$C_T=0$	μPC +1→μPC
			$C_T\neq0$	BAF→μPC
5	101	转微子程序		μPC +1→RR,BAF→μPC
6	110	返回		RR→μPC
7	111	操作码形成微地址		由操作码形成

图 6-36 是实现表 6-14 微地址控制方式的原理框图。图中,C_z为结果为 0 标志,C_c 为进位标志,C_T为循环计数器;RR 为返回地址寄存器,当执行转微子程序的转子微指令时,把现行微指令的下一微地址(μPC+1)送入返回地址寄存器 RR 中。然后将转移地址字段送入 μPC 中。当执行返回微指令时,将 RR 中的返回地址送入 μPC,返回微主程序。

增量方式简单,易编微程序,但不能实现多路转移。当需多路转移时,通常采用断定方式。

2) 断定方式

断定方式是指后继微地址可由设计者指定或由设计者指定的测试判定字段控制产生。

采用断定方式的后继微地址一般由两部分组成:非因变分量和因变分量。非因变分量是指由设计者直接指定的部分,一般是微地址的高位部分。因变分量是根据判定条件产生的部分,一般对应微地址的低位部分。

例如,微指令格式如下:

μIR:

OCF	微地址高位	A	B

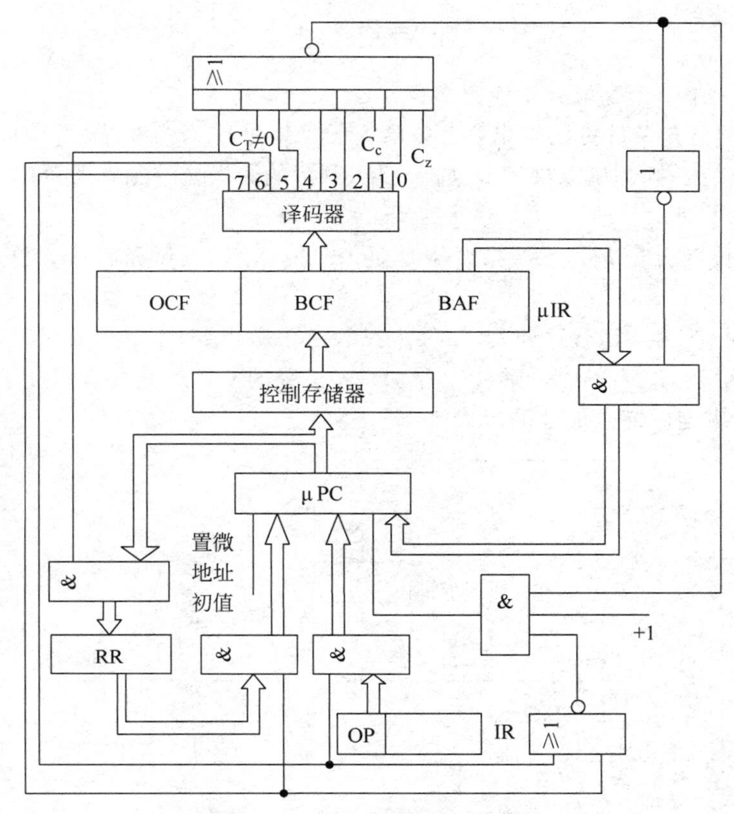

图 6-36 微地址控制原理框图

A、B为两个判定条件，表6-15给出了判定条件与后继微地址低位的关系。

表 6-15 判定条件与后继微地址低位的关系

判定条件 A	断定微地址次低位	判定条件 B	断定微地址低位
00	0	00	0
01	1	01	1
10	T_1	10	T_3
11	T_2	11	T_4

$T_1 \sim T_4$为4个状态标志，表示CPU运行程序的某些状态或特征，用作断定微地址的依据。

以上述规定为例，若现行微指令的高位地址为1011001，A字段为10，B字段为11，则后继微地址为$1011001T_1T_4$。根据T_1、T_4状态，可实现四路转移，若T_1、T_4分别为00，则后继微地址为164H；若T_1、T_4分别为10，则后继微地址为166H。

采用断定方式可以实现快速多路转移，适合于功能转移的需要。缺点是编制微程序时，地址安排比较复杂，微程序执行顺序不直观。在实际机器中，往往增量方式与断定方式混合使用。

例 6.4 已知某计算机采用微程序控制方式，其控制存储器的容量为512×32b。微程序可以在整个控制存储器中实现转移，可控制微程序转移的条件有6个，采用直接控制和字段混合编码，后继微指令地址采用断定方式，格式如下：

微操作编码	测试条件	微地址

请说明微指令中3个字段分别应为多少位?

解:从本题的已知条件可以得出:下条指令的微地址应当为9位(可访问2^9个单元),若每个判定条件占1位,则测试条件字段共需6位,剩下的为操作控制字段可用的位数(32－9－6＝17位)。

所以3段的位数分配是:下条指令微地址→9位,转移测试条件→6位,微操作编码→17位。

例6.5 图6-37为一微程序流程,每一方框为一条微指令,用字母A～P分别表示微指令执行的微操作,该微程序流程的两个分支分别是:指令的OP最低两位(I_1I_0)控制4路转移;状态标志C_z的值决定后继微地址的形成。

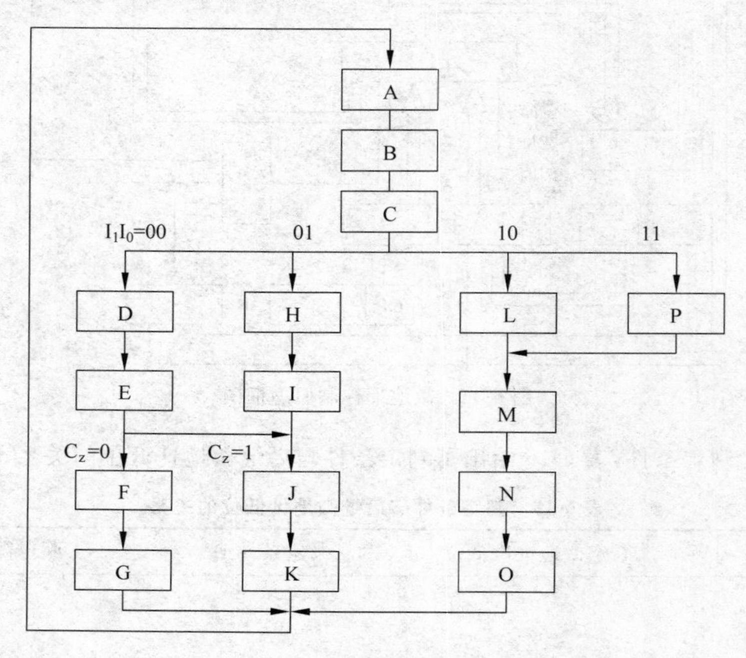

图6-37 某微程序流程图

请设计该微程序的微指令的顺序控制字段,并为每条微指令分配一个微地址。

解:由图可知,该微程序存在的两个分支是:指令操作码的I_1I_0(2位):指出4条微指令(控制转移),运算结果标志C_z的值决定2条微指令的执行次序。本微程序共有16条微指令,下地址需要4位。就本微程序而言,测试条件可用2位表示,描述后继地址的形成方式。

因此,本例的微指令格式由3部分内容组成,如下所示:

μOP	测试(2位)	下地址(4位)

00→取下地址

01→按指令OP转移(控制末2位)

10→按C_z转移(控制末1位)

11→无操作

地址的分配关键在于分支微指令的安排，此时下地址字段的值具有一定的约束条件，一般取测试条件控制的那几位为全 0，目的在于简化地址修改逻辑。

在本题中，微指令 C 按指令 OP($I_1 I_0$)实现 4 路分支，控制在末 2 位，这样，下地址的约束条件是末 2 位全为 0，地址为 0100，微指令 C 的后继 4 条微指令的地址分别为 0100、0101、0110、0111，末 2 位实现了按 $I_1 I_0$ 转移；同理，按 C_z 转移的地址则为 10x0、10x1；余下的微指令地址无约束条件，可任意分配，可根据微程序流程从小地址到大地址(或从上到下、从左到右)顺序，将控制存储器中没有分配的微地址安排到不同的微指令中。

表 6-16 是本例微程序的微指令的地址分配结果，其中深色部分微指令下地址的形成受测试字段约束条件的控制。在微地址形成电路形成微地址时，可通过图 6-38 的修改电路生成受约束的微地址(高位地址指定)。

表 6-16　微程序的地址分配表

微地址	微命令	测试条件	下地址	备　注
0000	A	00	0001	
0001	B	00	0010	
0010	C	01	$01I_1I_0$	按 OP 转移
0011	E	10	$101C_z$	按 C_z 转移
0100	D	00	0011	由指令 OP 控制
0101	H	00	1000	
0110	L	00	1001	
0111	P	00	1001	
1000	I	00	1011	
1001	M	00	1100	
1010	F	00	1101	由 C_z 控制
1011	J	00	1110	
1100	N	00	1111	
1101	G	00	0000	
1110	K	00	0000	
1111	O	00	0000	

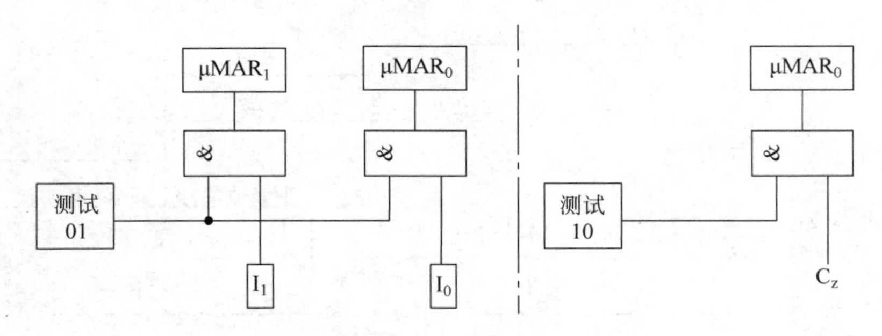

图 6-38　微地址修改电路

6.6.4　微指令的执行方式

微程序控制器是通过一条一条地执行微指令来实现指令控制的。执行一条微指令的过程基本上分为两步。第一步，将微指令从控制存储器中取出，称为取微指令；第二步执行微指令所规定的各个微操作,称为执行微指令。根据取后继微指令和执行现行微指令之间的时间关系,微指令有两种执行方式:串行执行和并行执行。

1. 串行执行方式

在这种方式中,取微指令和执行微指令是顺序、串行执行的,在一条微指令取出并执行完毕后,才能取下一条微指令。微周期的串行方式时序图如图 6-39 所示。

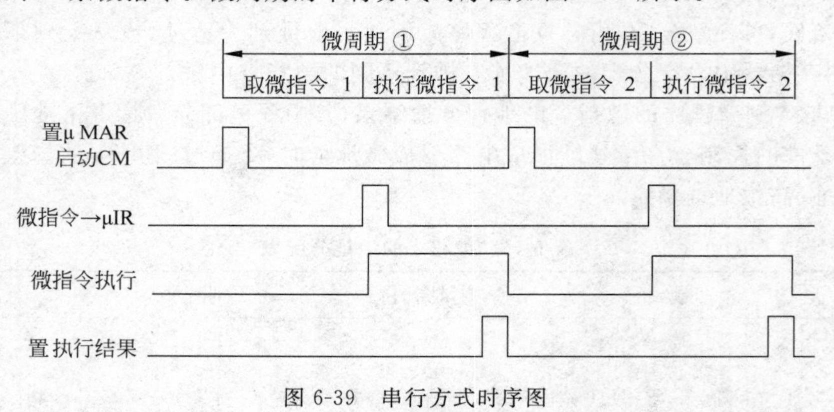

图 6-39 串行方式时序图

在一个微周期内的取微指令阶段,控制存储器工作,数据通路等待;而在执行微指令阶段,数据通路工作,控制存储器空闲。设备效率低、执行速度慢是串行方式的主要缺点。

串行方式的优点是控制简单,因为在每个微周期中,总要等到所有微操作结束,并建立了运算结果状态之后,才确定后继微指令地址。因此,无论后继微地址是按 μPC 增量方式,还是根据结果特征实现微程序转移,串行方式都可容易地实现控制。

2. 并行执行方式

为提高微指令的执行速度,可以将取指令操作和执行微指令操作重叠起来,这就是微指令的并行执行方式。由于取微指令与执行微指令分别在两个不同部件中执行,这种重叠是完全可行的。在执行本条微指令的同时,预取下一条微指令,其微周期并行方式时序图如图 6-40 所示。假设取微指令所需时间比执行微指令短,因而取执行微指令时间为微周期。

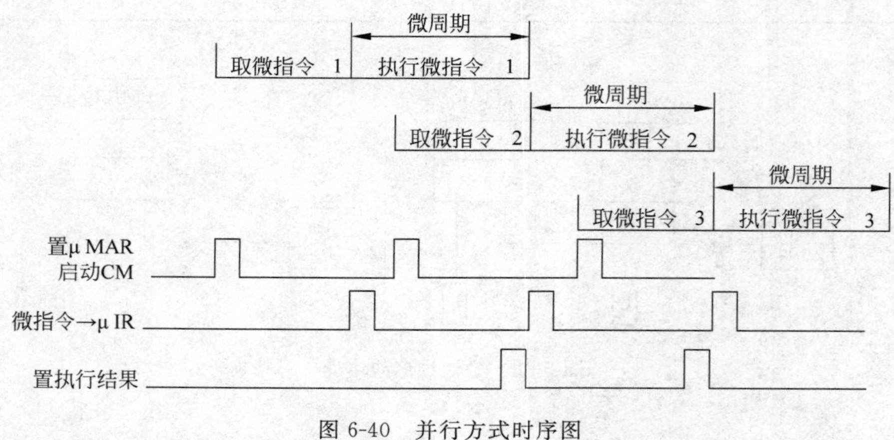

图 6-40 并行方式时序图

由于并行方式中取微指令与执行微指令在时间上有重叠,所以微程序执行速度比串行方式快,设备效率也高。但微指令的预取会带来一些控制问题。例如,有时需根据运算结果特征实现微程序转移，而结果产生是在微周期的末尾，此时预取的微指令已经取出。若转移成功，预取的微指令无效。如何处理并行方式中的微程序转移，是一个难度较大的问题。通常有延迟周期法、猜测法、预取多条转向微指令等方法。其中，最简单方法就是延迟周期法，遇到按现行微指令结果特征转移时，延迟一个微周期再取微指令。

6.6.5 微程序设计方法

微指令格式设计是微程序设计的主要部分，它直接影响微程序控制器的结构和微程序的编制，也影响着机器的处理速度和控制存储器的容量。微指令格式设计除了要实现计算机的整个指令系统外，还要考虑具体的数据通路、控制存储器速度以及微程序的编制等因素。在进行微程序设计时，应尽量缩短微指令字长，减少微程序长度，提高微程序的执行速度。

1. 水平型微指令与微程序设计

水平型微指令是指一次能定义并执行多个操作微命令的微指令。水平型微指令一般由控制字段、判别测试字段和下地址字段等3部分组成，格式如下所示：

控制字段	判别测试字段	下地址字段

一般水平微指令具有如下几个特点：

(1) 微指令字较长，一般为几十位到上百位，如VAX-11/780微指令字长为96位。巨型机ILLAIAC-Ⅳ微指令字长达280位。

(2) 微指令中微操作并行能力强，一个微周期中，一次能定义并执行多个并行操作微命令。

(3) 微指令编码简单，一般采用直接控制方式和字段直接编码法，微命令与数据通路各控制点之间有比较直接的对应关系。

采用水平型微指令编制微程序称为水平型微程序设计。这种设计由于微指令的并行操作能力强，效率高，编制微程序短，因此微程序的执行速度快，控制存储器的纵向容量小。一般水平型微程序设计是面对微处理器内部逻辑控制的描述，所以这种微程序设计方法又被称为硬方法。

水平型微指令的缺点是微指令字比较长，明显地增长了控制存储器的横向容量。另外微指令长，定义的微命令多，使微程序编制困难、复杂，也不易实现设计自动化。

2. 垂直型微指令与微程序设计

在微指令中设置微操作码字段，采用微操作码编译法，由微操作码规定微指令的功能，这一类微指令称为垂直型微指令。

垂直型微指令类似于机器指令格式，通过微操作码字段译码，一次只能控制信息从源部件到目的部件的一两种信息传送过程。例如，一条垂直型运算操作的微指令格式为：

μOP	源寄存器Ⅰ	源寄存器Ⅱ	目的寄存器	其他

μOP是微操作码，其意义是源寄存器Ⅰ字段指定的寄存器中的内容与源寄存器Ⅱ字段指定的寄存器中内容进行μOP所规定的操作，结果存入目的寄存器字段所指定的寄存器中。

再比如垂直型的微程序转移微指令格式为：

微程序转移	转移微地址	条件测试

其意义是若满足条件测试字段所指定的条件,微程序按指定的转移微地址转移。

垂直型微指令有如下特点:

(1) 微指令字短,一般为10～20位左右;

(2) 微指令字微操作并行能力弱,一条微指令只能控制数据通路的一两种信息传送;

(3) 采用微操作码,规定微指令基本功能和信息传送路径;

(4) 微指令编码复杂,微操作码字段需经过完全译码产生微命令,微指令的各个二进制位与数据通路的各个控制点之间不存在直接对应关系。

采用垂直型微指令编制微程序称为垂直型微程序设计。这种设计的主要优点是直观、规整、易于编制微程序,易于实现设计自动化。由于微指令字短,使控制存储器的横向容量少。垂直型微程序设计主要是面向算法的描述,故又称为软方法。

垂直型微指令缺点是因为微指令并行操作能力弱,所以编制的微程序长,要求控制存储器的纵向容量大。另外,执行效率较低,执行速度慢。

3. 毫微程序设计

由于上述两种微指令格式各有其优缺点,为此把两种微程序设计结合起来,这就是毫微程序设计的思想。

1) 毫微程序设计

毫微程序是一种解释微程序的微程序,而组成毫微程序的毫微指令是解释某一微指令的微指令。毫微程序设计就是用水平型的毫微指令来解释垂直型微指令的微程序设计。

毫微程序设计采用两级微程序设计方法,第一级采用垂直型微程序设计,即用垂直型微指令编制垂直微程序,第二级采用水平型微指令编制水平微程序,即水平型微程序设计。当执行一条指令时,首先进入第一级微程序,由于它是垂直型微指令,并行操作能力不强,需要时可调用第二级微程序(即毫微程序),执行完毕再返回第一级微程序。毫微程序控制器中有两个控制存储器,一个称为微程序控制存储器(μCM),用来存放垂直微程序,另一个称毫微程序控制存储器(nCM),用于存放毫微程序。图6-41给出了毫微程序控制器结构框图。

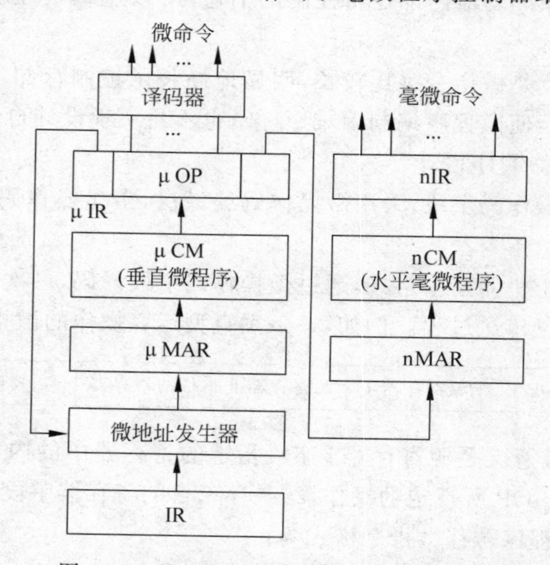

图6-41 基于毫微程序设计的控制器结构

在毫微程序控制的计算机中，垂直型微程序是根据机器指令系统和其他处理过程的需要而编制的，它有严格的顺序结构。由于垂直型微指令很像机器指令，所以很易编制微程序。水平型微程序是由垂直型微指令调用的，它具有较强的并行操作能力。若干条垂直微指令可以调用同一条毫微指令，所以在 nCM 中的每条毫微指令都是不相同的，相互之间也没有顺序关系。当从 μCM 中读出一条微指令，除了可以完成自己的操作外，还可给出一个 nCM 地址，以便调用一条毫微指令，来解释该微指令的操作，实现数据通路和其他处理过程的控制。

如 QM-1 型计算机是毫微程序控制的机器，其标准字长 18 位。存储器涉及以下 3 个方面：

(1) 主存储器 M→是一个 256KB×18 位的存储器，用于存放机器语言程序。

(2) 控制存储器 μCM→字长 18 位，存放微程序。

(3) 毫微存储器 nCM→容量为 1024×360 位，存放毫微程序。

机器指令从主存储器 M 中取出后，相关代码送到控制存储器 μCM 解析(作为 μMAR 访问)，取出 18 位的微指令，然后送到 nMAR，再从毫微存储器 nCM 取出 360 位的毫微指令，并产生微操作控制信号。

2) 毫微程序的优点

毫微程序设计的主要优点有：

(1) 通过使用少量的控制存储器空间，就可以达到高度的操作并行性。因为 μCM 横向容量很小，而 nCM 采用并行性高的水平型微指令，所以使 nCM 纵向容量很小。

(2) 用垂直微指令编制微程序容易，易于实现微程序设计自动化。

(3) 由于微指令可以调用毫微指令，所以效率高，并行能力强，可以充分利用数据通路。

(4) 独立性强，毫微程序之间没有顺序关系，修改、增删毫微指令不影响毫微程序的控制结构。

(5) 灵活性好，若改变机器指令的功能，只需修改垂直微程序，无须改变毫微程序，因此能方便地修改和扩充指令系统的功能，具有动态结构的特点。

毫微程序设计的缺点是由于一个微周期内两次访问控制存储器(一次访 μCM，一次访 nCM)，速度将受到影响。另外也增加了硬件成本，所以微、小型机一般不用。

6.6.6 微程序控制器设计步骤

微程序控制器设计的最主要任务是编写所有机器指令对应的微程序。具体地，可按下列步骤设计微程序控制器。

1. 确定微指令格式和执行方式

根据机器的微命令、微控制信号等具体情况决定是采用水平微指令格式还是垂直微指令格式，微指令是串行方式执行还是并行方式执行等。

2. 定义微命令集、确定微命令编码方式和微指令排序方式

根据机器指令的所有微控制信号拟定微命令集，确定微命令编码方式和字段的划分，选择微指令排序方法(增量式、断定式等)。

3. 编制微程序

列出机器指令的全部微命令节拍安排，按已定的微指令格式编制微程序，并对所有微程序进行优化和代码化。

4. 写入程序

将二进制表示的全部微程序写入控制存储器。

6.6.7 举例——模型机的微程序设计

1. 时序系统

采用微程序控制以后,指令的微操作序列不再由周期、节拍等时序信号控制,而代之以统一规整的微周期。为简化问题,模型机采用取微指令与执行微指令顺序串行执行的控制方式并采用三相时钟控制,时序关系如图 6-42 所示。图中 CP_1 用来打入微地址并启动控制存储器读取微指令。CP_2 用于把读出的微指令打入到 μIR 中,经译码或直接产生一组微命令,控制完成规定的微操作。CP_3 把操作结果打入到相应的寄存器中。

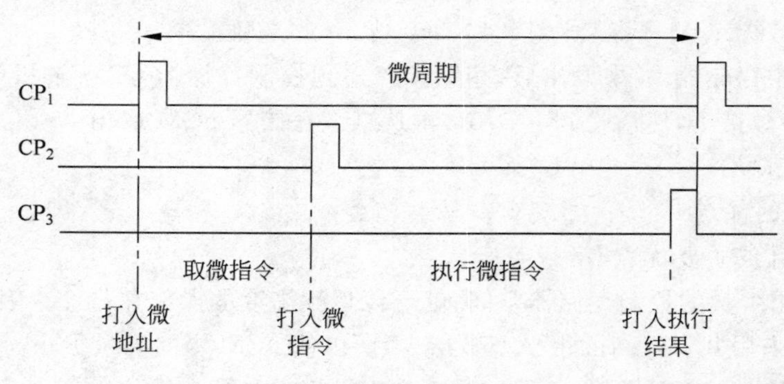

图 6-42 微程序时序关系

2. 微指令格式

根据图 6-10 所示的模型机数据通路结构的需要,模型机的微指令字长 31 位,采用直接控制和字段译码混合方式,将微控制信号共划分为 10 个字段,格式设计如下:

30 28	27 23	22	21 20	19 18	17 15	14	13 12	11 8	7 0
BUS_{in}	$S_3 S_2 S_1 S_0 M$	C_0	S	BUS_{o1}	BUS_{o2}	$R/\overline{W}$	MREQ/IOREQ	SCF	下地址

各字段编码及意义如下:

1) BUS_{in}:BUS_1 输入选择字段(三位)

000:无操作

001:$R_S \rightarrow BUS_1$ 010:$R_D \rightarrow BUS_1$ 011:$TEMP \rightarrow BUS_1$ 100:$SP \rightarrow BUS_1$

101:$MDR \rightarrow BUS_1$ 110:$IR(D) \rightarrow BUS_1$ 111:$PC \rightarrow BUS_1$

其中,$R_S \rightarrow BUS_1$ 与 $R_D \rightarrow BUS_1$ 所选的寄存器分别取决于指令字的 8~6 位和 2~0 位。例如:

$$R_0 \rightarrow BUS_1 = \overline{\mu IR_{30}}\,\overline{\mu IR_{29}}\,\mu IR_{28} \cdot \overline{IR_8}\,\overline{IR_7}\,\overline{IR_6} + \overline{\mu IR_{30}}\,\mu IR_{29}\,\overline{\mu IR_{28}} \cdot \overline{IR_2}\,\overline{IR_1}\,\overline{IR_0}$$

$$R_1 \rightarrow BUS_1 = \overline{\mu IR_{30}}\,\overline{\mu IR_{29}}\,\mu IR_{28} \cdot \overline{IR_8}\,\overline{IR_7}\,IR_6 + \overline{\mu IR_{30}}\,\mu IR_{29}\,\overline{\mu IR_{28}} \cdot \overline{IR_2}\,\overline{IR_1}\,IR_0$$

$$SP \rightarrow BUS_1 = \overline{\mu IR_{30}}\,\overline{\mu IR_{29}}\,\mu IR_{28} \cdot IR_8\,\overline{IR_7}\,\overline{IR_6} + \overline{\mu IR_{30}}\,\mu IR_{29}\,\overline{\mu IR_{28}} \cdot IR_2\,\overline{IR_1}\,\overline{IR_0} + \mu IR_{30}\,\overline{\mu IR_{29}}\,\overline{\mu IR_{28}}$$

$$PC \rightarrow BUS_1 = \overline{\mu IR_{30}}\,\overline{\mu IR_{29}}\,\mu IR_{28} \cdot IR_8\,IR_7\,IR_6 + \overline{\mu IR_{30}}\,\mu IR_{29}\,\overline{\mu IR_{28}} \cdot IR_2\,IR_1\,IR_0 + \mu IR_{30}\,\mu IR_{29}\,\mu IR_{28}$$

2）ALU操作控制字段（五位）

ALU采用的是74LS181芯片，由 $S_3S_2S_1S_0M$ 等5位控制（详见74LS181芯片的功能表）。

3）C_0 进位字段（一位）

0：$0 \rightarrow C_0$　1：$1 \rightarrow C_0$

4）S移位字段（二位）

00：DM（直接传送）　　01：SL（左移一位）

10：SR（右移一位）　　11：EX（高低字节交换）

5）BUS_{o1}：BUS_2 输出分配字段1（二位）

00：无操作

01：CPIR　　10：CPMAR　　11：CPC_Z、CPC_C

6）BUS_{o2}：BUS_2 输出分配字段2（三位）

000：无操作

001：CPR_S　　010：CPR_D　　011：CPY　　100：CPSP

101：CPMDR　　110：CPTEMP　　111：CPPC

其中，CPR_S、CPR_D 的意义与 $R_S \rightarrow BUS_1$、$R_D \rightarrow BUS_1$ 相类似，需由指令字的 $IR_{8\sim6}$、$IR_{2\sim0}$ 译码形成具体的控制命令。

7）$R/\overline{W}$ 可读写控制字段（一位）

0：写　1：读

8）MREQ/IOREQ：访主存/IO请求字段（二位）

00：无操作

01：MREQ，访主存　10：IOREQ，访I/O接口

9）SCF顺序控制字段（四位）

0000：下地址 $\rightarrow \mu MAR$

0001：$PLA_1 \rightarrow \mu MAR$　0010：$PLA_2 \rightarrow \mu MAR$　0011：$PLA_3 \rightarrow \mu MAR$

0100：按 C_C 转移，$0010110 \rightarrow \mu MAR_{7\sim1}$，$C_C \rightarrow \mu MAR_0$

0101：按 C_Z 转移，$0001111 \rightarrow \mu MAR_{7\sim1}$，$C_Z \rightarrow \mu MAR_0$

0110：高4位指定，$OP \rightarrow \mu MAR_{3\sim0}$

0111：高7位指定，$DR \rightarrow \mu MAR_0$（$DR = \overline{IR_5}\,\overline{IR_4}\,\overline{IR_3}$）

1000：转微子程序，$\mu MAR + 1 \rightarrow RR$（返回地址寄存器），下地址 $\rightarrow \mu MAR$

1001：返回，$RR \rightarrow \mu MAR$

当编码为0001时，$PLA_1 \rightarrow \mu MAR$ 初步实现按指令类型转移；当编码为0110时，$OP \rightarrow \mu MAR_{3\sim0}$ 则用于区分同类指令中的具体指令，如双操作数ADD、SUB的区分等。

RR为返回地址寄存器，存放返回微地址，执行返回微指令时按此地址返回微主程序。

10）下地址字段（八位）

指示下条微指令地址或微子程序入口地址。PLA_1 实现按指令类型的功能转移；PLA_2、PLA_3 分别实现按源寻址方式、目标寻址方式的功能转移。它们的逻辑设计如图6-43所示。

3. 模型机的微程序流程及微程序的编制

1）取指令的微程序流程

图6-44给出了取指微程序流程，矩形框里的内容表示微指令所要完成的微操作和下条微

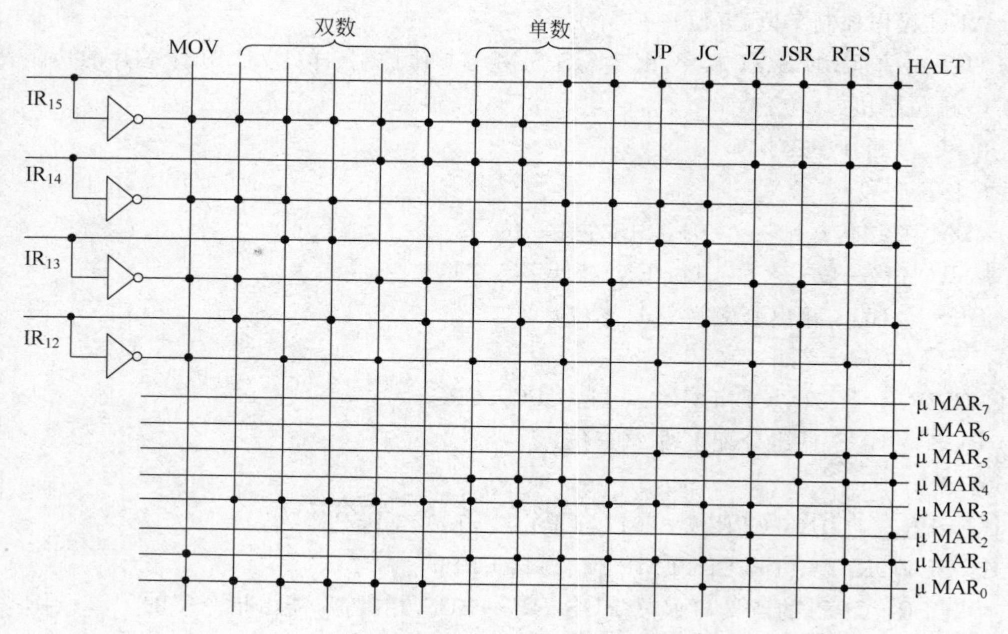

(a) PLA_1:实现按指令类型的功能转移

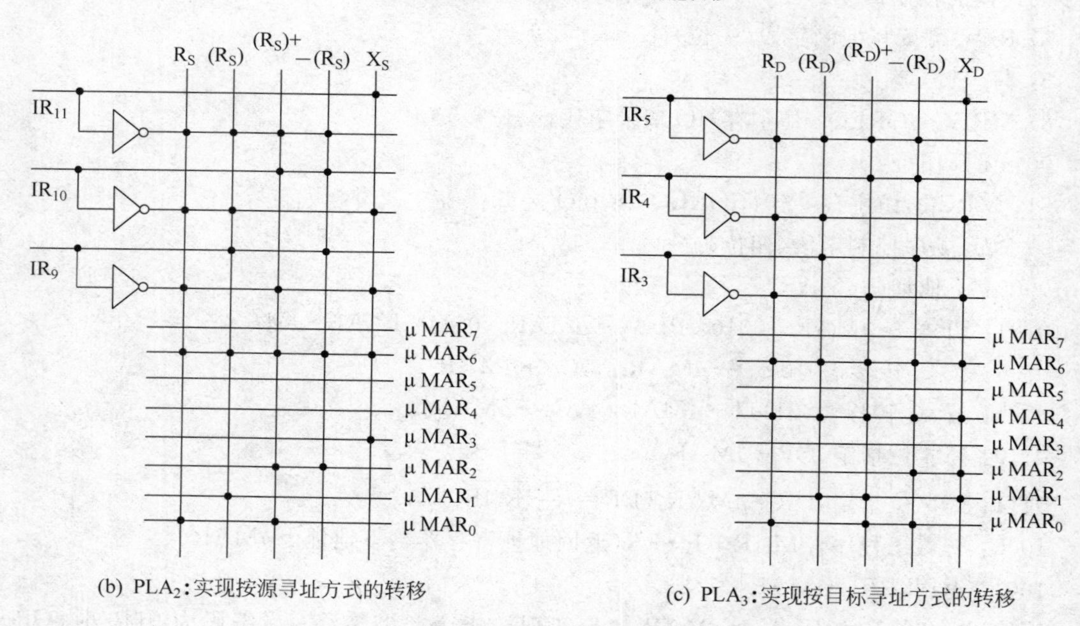

(b) PLA_2:实现按源寻址方式的转移

(c) PLA_3:实现按目标寻址方式的转移

图 6-43 实现功能转移的 PLA 逻辑结构

指令地址；框外左上角标注本微指令在控存储器中的微地址；右上角标注执行本条微指令的某些条件。

2）MOV 指令微程序流程

MOV 指令的微程序流程,如图 6-45 所示。

3）双操作数指令微程序流程

双操作数指令的微程序流程,如图 6-46 所示。

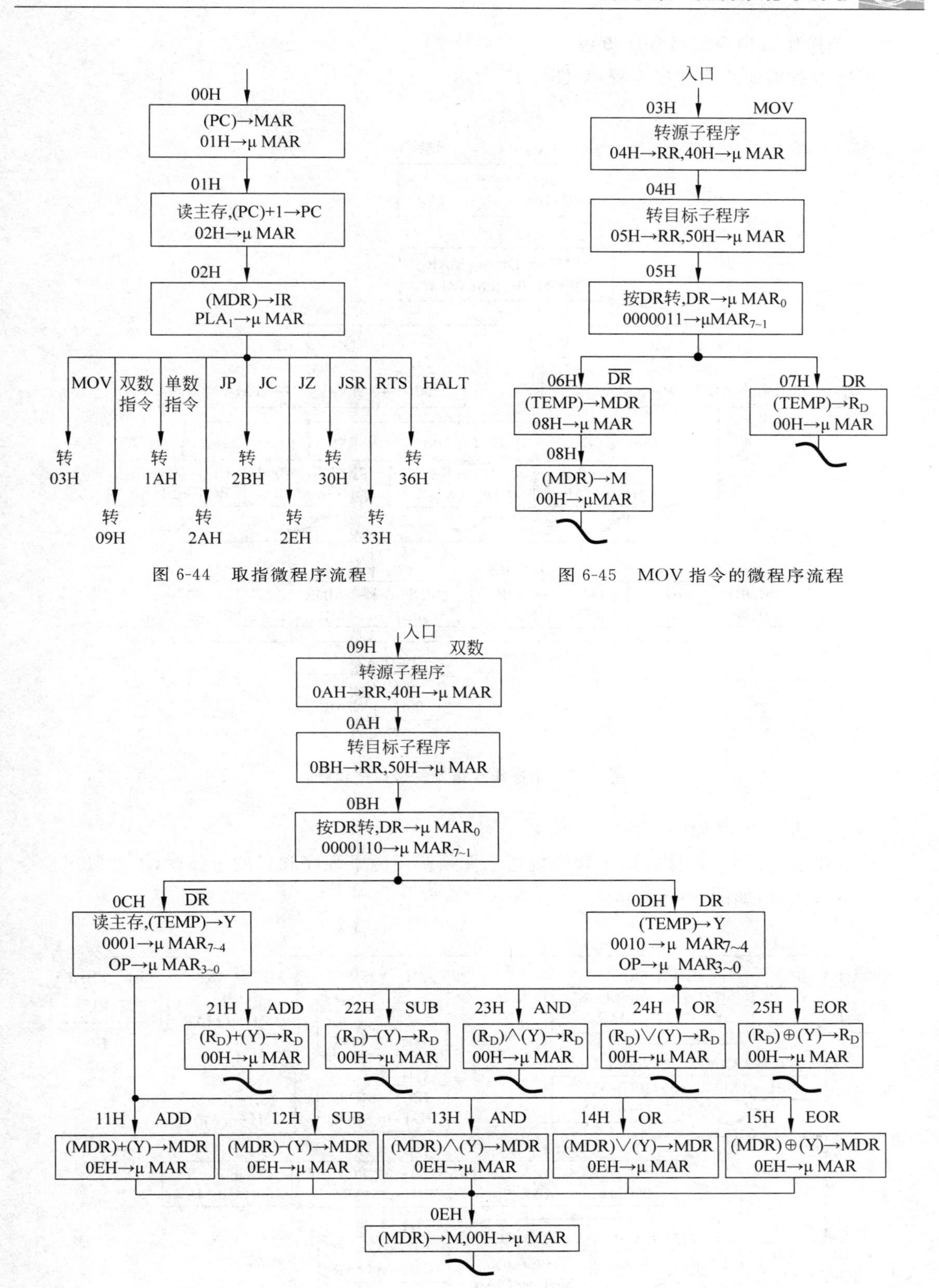

图 6-44 取指微程序流程

图 6-45 MOV 指令的微程序流程

图 6-46 双操作数指令的微程序流程

4）单操作数指令的微程序流程

单操作数指令的微程序流程，如图 6-47 所示。

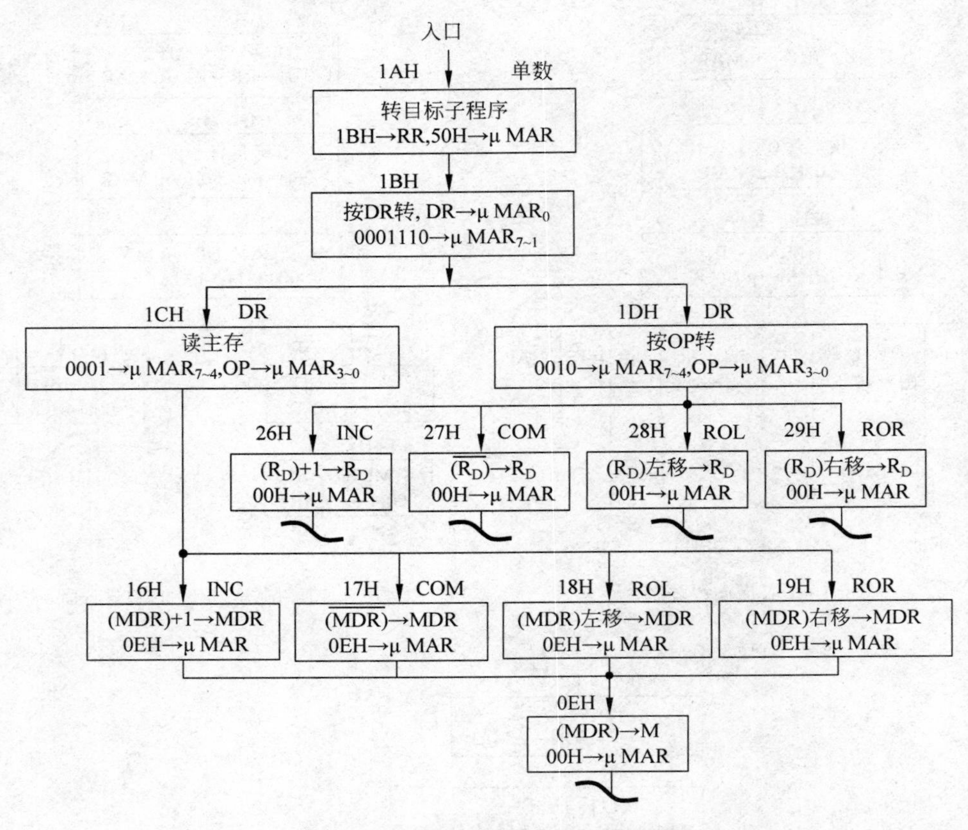

图 6-47 单操作数指令的微程序流程

5）其他指令的微程序流程

除上述指令以外，转移类指令和停机指令无须调用源子程序和目的子程序，因此取出指令后直接转入执行，如图 6-48 所示。

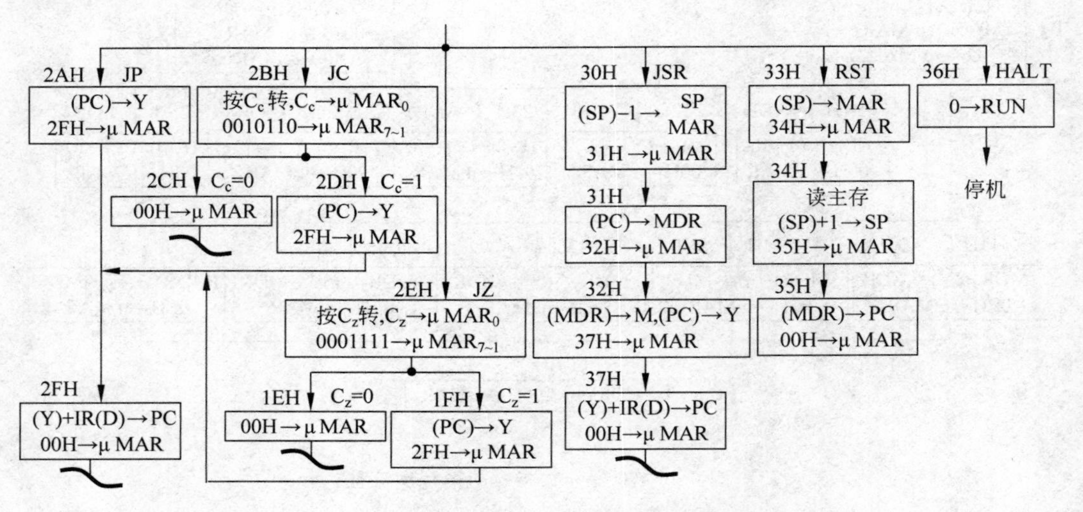

图 6-48 转移类指令和停机指令的微程序流程

6）源微子程序流程

为节省控存空间，模型机采用了微子程序技术。源微子程序的主要功能是根据源寻址方式形成源有效地址并取出源操作数据存放在暂存器 TEMP 中。为简化微程序设计，对于寄存器寻址，也安排把寄存器内容存放在 TEMP 中。

源微子程序流程如图 6-49 所示。

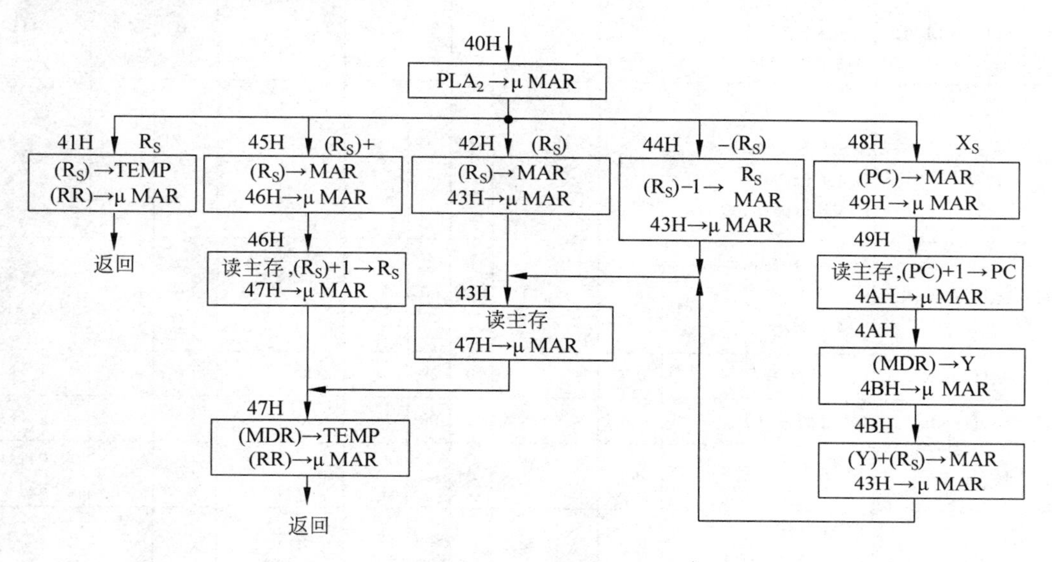

图 6-49 源微子程序流程

7）目的微子程序流程

目的微子程序的主要功能是根据目的寻址方式形成目的有效地址，由于 MOV 指令不取目的操作数，为使目的微子程序能为 MOV 指令、双操作数指令、单操作数指令所共享，所以在目的微子程序中不安排取数，只形成有效地址并传送到 MAR 中。目的微子程序流程如图 6-50 所示。

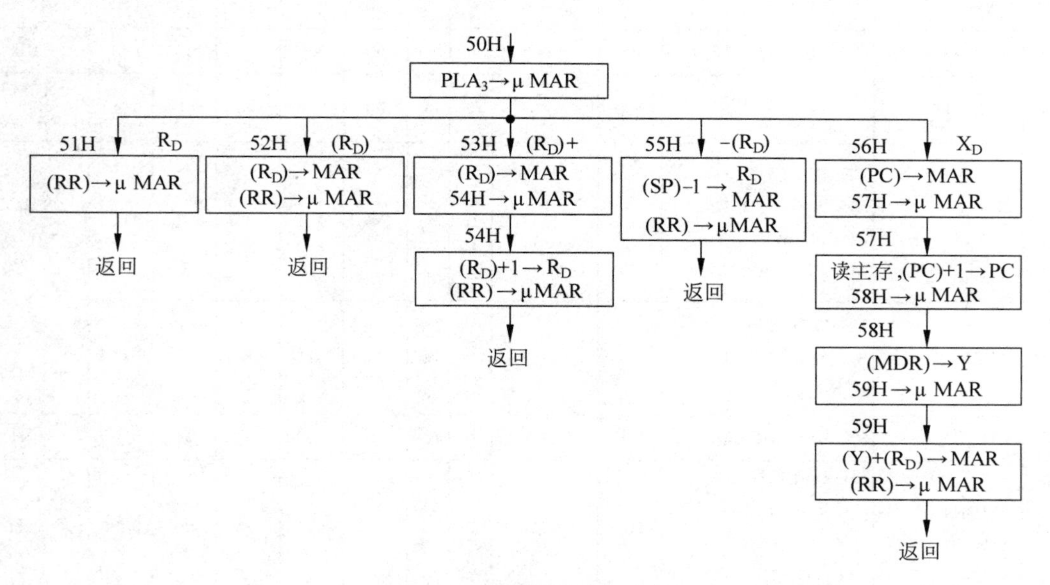

图 6-50 目的微子程序流程

模型机微程序的编制如表 6-17 所示。

表 6-17 模型机微程序的编制

微地址	微操作	微命令	微指令									
			BUS_{in}	$S_3S_2S_1S_0M$	C_0	S	BUS_{o1}	BUS_{o2}	$R/\overline{W}$	M/IO	SCF	下地址
00H	(PC)→MAR	PC→BUS_1，$S_3S_2S_1S_0M$，DM，CPMAR	111	11111	0	00	10	000	×	00	0000	01H
01H	读主存 (PC)+1→PC	PC→BUS_1，$S_3S_2S_1S_0$，$\overline{M}$，$C_0=1$，DM，CPPC，$R/\overline{W}=1$，MREQ	111	11110	1	00	00	111	1	01	0000	02H
02H	(MDR)→IR	MDR→BUS_1，$S_3S_2S_1S_0M$，DM，CPIR	101	11111	0	00	01	000	×	00	0001	(PLA_1)→μMAR
03H	04H→RR	（转源程序）	000	×××××	0	00	00	000	×	00	1000	40H
04H	05H→RR	（转目的程序）	000	×××××	0	00	00	000	×	00	1000	50H
05H	按 DR 转		000	×××××	0	00	00	000	×	00	0111	0000011DR→μMAR
06H	(TEMP)→MDR	TEMP→BUS_1，$S_3S_2S_1S_0M$，DM，CPMDR，CPC_c，CPC_z	011	11111	0	00	11	101	×	00	0000	08H
07H	(TEMP)→R_D	TEMP→BUS_1，$S_3S_2S_1S_0M$，DM，CPR_D，CPC_c，CPC_z	011	11111	0	00	11	010	×	00	0000	00H
08H	(MDR)→M	$R/\overline{W}=0$，MREQ	000	×××××	0	00	00	000	0	01	0000	00H
09H	0AH→RR	（转源程序）	000	×××××	0	00	00	000	×	00	1000	40H
0AH	0BH→RR	（转目的程序）	000	×××××	0	00	00	000	×	00	1000	50H
0BH	按 DR 转		000	×××××	0	00	00	000	×	00	0111	0000110DR→μMAR
0CH	读主存 (TEMP)→Y	TEMP→BUS_1，$S_3S_2S_1S_0M$，DM，CPY，$R/\overline{W}=1$，MREQ	011	11111	0	00	00	011	1	01	0110	0001OP→μMAR
0DH	(TEMP)→Y	TEMP→BUS_1，$S_3S_2S_1S_0M$，DM，CPY	011	11111	0	00	00	011	×	00	0110	0010OP→μMAR
0EH	(MDR)→M	$R/\overline{W}=0$，MREQ	000	×××××	0	00	00	000	0	01	0000	00H
11H	(MDR)+(Y)→MDR	MDR→BUS_1，$S_3\overline{S_2}\overline{S_1}S_0\overline{M}$，DM，CPMDR，$CPC_c$，$CPC_z$	101	10010	0	00	11	101	×	00	0000	0EH

续表

微地址	微操作	微命令	微指令									
			BUS_{in}	$S_3S_2S_1S_0M$	C_0	S	BUS_{o1}	BUS_{o2}	$R/\overline{W}$	M/IO	SCF	下地址
12H	(MDR)−(Y)→MDR	MDR→BUS_1,$\overline{S_3}S_2S_1\overline{S_0}\overline{M}$,$C_0$,DM,CPMDR,$CPC_c$,$CPC_z$	101	01100	1	00	11	101	×	00	0000	0EH
13H	(MDR)∧(Y)→MDR	MDR→BUS_1,$S_3S_2S_1\overline{S_0}$,M,DM,CPMDR,CPC_c,CPC_z	101	11101	0	00	11	101	×	00	0000	0EH
14H	(MDR)∨(Y)→MDR	MDR→BUS_1,$S_3\overline{S_2}S_1S_0$,M,DM,CPMDR,CPC_c,CPC_z	101	10111	0	00	11	101	×	00	0000	0EH
15H	(MDR)⊕(Y)→MDR	MDR→BUS_1,$S_3\overline{S_2}\overline{S_1}S_0$,M,DM,CPMDR,$CPC_c$,$CPC_z$	101	10011	0	00	11	101	×	00	0000	0EH
16H	(MDR)+1→MDR	MDR→BUS_1,$S_3S_2S_1S_0\overline{M}$,C_0,DM,CPMDR,CPC_c,CPC_z	101	11110	1	00	11	101	×	00	0000	0EH
17H	$\overline{(MDR)}$→MDR	MDR→BUS_1,$\overline{S_3}\overline{S_2}\overline{S_1}S_0$M,DM,CPMDR,$CPC_c$,$CPC_z$	101	00001	0	00	11	101	×	00	0000	0EH
18H	(MDR)左移→MDR	MDR→BUS_1,$S_3S_2S_1S_0$M,SL,CPMDR,CPC_c,CPC_z	101	11111	0	01	11	101	×	00	0000	0EH
19H	(MDR)右移→MDR	MDR→BUS_1,$S_3S_2S_1S_0$M,SR,CPMDR,CPC_c,CPC_z	101	11111	0	10	11	101	×	00	0000	0EH
1AH	1BH→RR	(转目的程序)	000	×××××	0	00	00	000	×	00	1000	50H
1BH	按DR转		000	×××××	0	00	00	000	×	00	0111	0001110DR→μMAR
1CH	读主存	$R/\overline{W}$=1,MREQ	000	×××××	0	00	00	000	1	01	0110	0001OP→μMAR
1DH	按OP转		000	×××××	0	00	00	000	×	00	0110	0010OP→μMAR
1EH			000	×××××	0	00	00	000	×	00	0000	00H

续表

微地址	微操作	微命令	微指令									
			BUS_{in}	$S_3S_2S_1S_0M$	C_0	S	BUS_{o1}	BUS_{o2}	$R/\overline{W}$	M/IO	SCF	下地址
1FH	(PC)→Y	PC→BUS_1, $S_3S_2S_1S_0M$,DM, CPY	111	11111	0	00	00	011	×	00	0000	2FH
21H	$(R_D)+(Y)$ $\to R_D$	$R_D\to BUS_1$, $S_3\overline{S_2}\,\overline{S_1}S_0\overline{M}$,DM, CPR_D,CPC_c,CPC_z	010	10010	0	00	11	010	×	00	0000	00H
22H	$(R_D)-(Y)$ $\to R_D$	$R_D\to BUS_1$,C_0 $\overline{S_3}S_2S_1\overline{S_0}\,\overline{M}$,DM, CPR_D,CPC_c,CPC_z	010	01100	1	00	11	010	×	00	0000	00H
23H	$(R_D)\wedge(Y)$ $\to R_D$	$R_D\to BUS_1$, $S_3S_2S_1\overline{S_0}$,M,DM, CPR_D,CPC_c,CPC_z	010	11101	0	00	11	010	×	00	0000	00H
24H	$(R_D)\vee(Y)$ $\to R_D$	$R_D\to BUS_1$, $S_3\overline{S_2}S_1S_0$,M,DM, CPR_D,CPC_c,CPC_z	010	10111	0	00	11	010	×	00	0000	00H
25H	$(R_D)\oplus(Y)$ $\to R_D$	$R_D\to BUS_1$, $S_3\overline{S_2}\,\overline{S_1}S_0$,M,DM, CPR_D,CPC_c,CPC_z	010	10011	0	00	11	010	×	00	0000	00H
26H	$(R_D)+1$ $\to R_D$	$R_D\to BUS_1$,C_0, $S_3S_2S_1S_0\overline{M}$,DM, CPR_D,CPC_c,CPC_z	010	11110	1	00	11	010	×	00	0000	00H
27H	$(\overline{RD})$ $\to R_D$	$R_D\to BUS_1$, $\overline{S_3}\,\overline{S_2}\,\overline{S_1}\,\overline{S_0}M$, DM,$CPR_D$, CPC_c,CPC_z	010	00001	0	00	11	010	×	00	0000	00H
28H	(R_D)左移 $\to R_D$	$R_D\to BUS_1$, $S_3S_2S_1S_0M$,SL, CPR_D,CPC_c,CPC_z	010	11111	0	01	11	010	×	00	0000	00H
29H	(R_D)右移 $\to R_D$	$R_D\to BUS_1$, $S_3S_2S_1S_0M$,SR, CPR_D,CPC_c,CPC_z	010	11111	0	10	11	010	×	00	0000	00H
2AH	(PC)→Y	PC→BUS_1, $S_3S_2S_1S_0M$,DM, CPY	111	11111	0	00	00	011	×	00	0000	2FH
2BH	按C_c转		000	×××××	0	00	00	000	×	00	0100	$0010110C_c$ $\to\mu MAR$
2CH			000	×××××	0	00	00	000	×	00	0000	00H
2DH	(PC)→Y	PC→BUS_1, $S_3S_2S_1S_0M$,DM, CPY	111	11111	0	00	00	011	×	00	0000	2FH

续表

微地址	微操作	微命令	微指令										
			BUS_{in}	$S_3S_2S_1S_0M$	C_0	S	BUS_{o1}	BUS_{o2}	$R/\overline{W}$	M/IO	SCF	下地址
2EH	按 C_z 转		000	×××××	0	00	00	000	×	00	0101	$000111C_z$ →μMAR
2FH	(Y)+IR(D)→PC	IR(D)→BUS_1，$S_3\overline{S_2}\overline{S_1}S_0\overline{M}$，DM，CPPC	110	10010	0	00	00	111	×	00	0000	00H
30H	(SP)−1→SP MAR	SP→BUS_1，$\overline{S_3}\overline{S_2}\overline{S_1}\overline{S_0}\overline{M}$，DM，CPSP，CPMAR	100	00000	0	00	10	100	×	00	0000	31H
31H	(PC)→MDR	PC→BUS_1，$S_3S_2S_1S_0M$，DM，CPMDR	111	11111	0	00	00	101	×	00	0000	32H
32H	(MDR)→M (PC)→Y	PC→BUS_1，$S_3S_2S_1S_0$M，DM，CPY，$R/\overline{W}$=0，MREQ	111	11111	0	00	00	011	0	01	0000	37H
33H	(SP)→MAR	SP→BUS_1，$S_3S_2S_1S_0$M，DM，CPMAR	100	11111	0	00	10	000	×	00	0000	34H
34H	读主存 (SP)+1→SP	SP→BUS_1，$S_3S_2S_1S_0$ $\overline{M}$，C_0，DM，CPSP $R/\overline{W}$=1，MREQ	100	11110	1	00	00	100	1	01	0000	35H
35H	(MDR)→PC	MDR→BUS_1，$S_3S_2S_1S_0M$，DM，CPPC	101	11111	0	00	00	111	×	00	0000	00H
36H	0→RUN	(停机)	000	×××××	0	00	00	000	×	00	××××	XXH
37H	(Y)+IR(D)→PC	IR(D)→BUS_1，$S_3\overline{S_2}\overline{S_1}S_0\overline{M}$，DM，CPPC	110	10010	0	00	00	111	×	00	0000	00H
40H	按(PLA_2)转		000	×××××	0	00	00	000	×	00	0010	(PLA_2)→μMAR
41H	(R_s)→TEMP	R_s→BUS_1，$S_3S_2S_1S_0$M，DM，CPTEMP	001	11111	0	00	00	110	×	00	1001	(RR)→μMAR
42H	(R_s)→MAR	R_s→BUS_1，$S_3S_2S_1S_0$M，DM，CPMAR	001	11111	0	00	10	000	×	00	0000	43H
43H	读主存	$R/\overline{W}$=1，MREQ	000	×××××	0	00	00	000	1	01	0000	47H
44H	(R_s)−1→R_s MAR	R_s→BUS_1，$\overline{S_3}\overline{S_2}\overline{S_1}\overline{S_0}\overline{M}$，DM，CPRs，CPMAR	001	00000	0	00	10	001	×	00	0000	43H

续表

微地址	微操作	微命令	微指令									
			BUS_{in}	$S_3S_2S_1S_0M$	C_0	S	BUS_{o1}	BUS_{o2}	$R/\overline{W}$	M/IO	SCF	下地址
45H	$(R_s)\to MAR$	$R_s\to BUS_1$，$S_3S_2S_1S_0M$，DM，CPMAR	001	11111	0	00	10	000	×	00	0000	46H
46H	读主存 $(R_s)+1\to R_s$	$R_s\to BUS_1$，$S_3S_2S_1S_0$ $\overline{M}$，C_0，DM，CPRs $R/\overline{W}=1$，MREQ	001	11110	1	00	00	001	1	01	0000	47H
47H	(MDR)→TEMP	$MDR\to BUS_1$，$S_3S_2S_1S_0M$，DM，CPTEMP	101	11111	0	00	00	110	×	00	1001	(RR)→μMAR
48H	(PC)→MAR	$PC\to BUS_1$，$S_3S_2S_1S_0$ M，DM，CPMAR	111	11111	0	00	10	000	×	00	0000	49H
49H	读主存 (PC)+1→PC	$PC\to BUS_1$，$S_3S_2S_1S_0$ $\overline{M}$，C_0，DM，CPPC $R/\overline{W}=1$，MREQ	111	11110	1	00	00	111	1	01	0000	4AH
4AH	(MDR)→Y	$MDR\to BUS_1$，$S_3S_2S_1S_0M$，DM，CPY	101	11111	0	00	00	011	×	00	0000	4BH
4BH	$(Y)+(R_s)\to MAR$	$Rs\to BUS_1$，$S_3\overline{S_2}\overline{S_1}S_0\overline{M}$，DM，CPMAR	001	10010	0	00	10	000	×	00	0000	43H
50H	按(PLA_3)转		000	×××××	0	00	00	000	×	00	0011	$(PLA_3)\to$ μMAR
51H	返　回		000	×××××	0	00	00	000	×	00	1001	(RR)→μMAR
52H	$(R_D)\to MAR$	$R_D\to BUS_1$，$S_3S_2S_1S_0$ M，DM，CPMAR	010	11111	0	00	10	000	×	00	1001	(RR)→μMAR
53H	$(R_D)\to MAR$	$R_D\to BUS_1$，$S_3S_2S_1S_0$ M，DM，CPMAR	010	11111	0	00	10	000	×	00	0000	54H
54H	$(R_D)+1\to R_D$	$R_D\to BUS_1$，$S_3S_2S_1S_0$ $\overline{M}$，C_0，DM，CPR_D	010	11110	1	00	00	010	×	00	1001	(RR)→μMAR
55H	$(R_D)-1\to$ R_D MAR	$R_D\to BUS_1$，M $\overline{S_3}\overline{S_2}\overline{S_1}\overline{S_0}$，DM，$CPR_D$，CPMAR	010	00000	0	00	10	010	×	00	1001	(RR)→μMAR
56H	(PC)→MAR	$PC\to BUS_1$，$S_3S_2S_1S_0$ M，DM，CPMAR	111	11111	0	00	10	000	×	00	0000	57H

续表

微地址	微操作	微命令	微指令									
			BUS_{in}	$S_3S_2S_1S_0M$	C_0	S	BUS_{o1}	BUS_{o2}	$R/\overline{W}$	M/IO	SCF	下地址
57H	读主存 (PC)+1→PC	PC→BUS_1，$S_3S_2S_1S_0$ $\overline{M}$，C_0，DM，CPPC $R/\overline{W}$=1，MREQ	111	11110	1	00	00	111	1	01	0000	58H
58H	(MDR)→Y	MDR→BUS_1，M $S_3S_2S_1S_0$，DM，CPY	101	11111	0	00	00	011	×	00	0000	59H
59H	(Y)+(R_D) →MAR	R_D→BUS_1， $S_3\overline{S_2}\,\overline{S_1}S_0\overline{M}$，DM， CPMAR	010	10010	0	00	10	000	×	00	1001	(RR)→ μMAR

6.6.8 微程序设计技术的应用

1. 微程序控制的特点

通过模型机控制器的两种设计方式的对比与分析，可以看出微程序控制方式具有以下明显的优点：

(1) 用规整的存储逻辑代替了复杂的、不规整的硬连逻辑，简化了硬件结构，有利于设计自动化。

(2) 适宜作系列机的控制器，可以用比较简单的硬件结构实现较复杂的指令系统。对组合逻辑控制器来说，随着指令系统功能的增加，其价格将迅速增加，控制逻辑也变得复杂。微程序控制的计算机在同一系列内，功能的增加主要表现为微程序的增加，即控制存储器容量的增加，其他硬件增加不多，所以性价比相对较高。

(3) 易于修改和扩充，灵活性、通用性强。在数据通路结构不变的前提下，可以通过修改微程序，修改指令功能或增加新的指令。

(4) 可靠性高，易于诊断与维护。这是因为微程序控制方式的结构简单、规整，易于采用诊断技术。

相对于组合逻辑控制方式，微程序控制方式的主要缺点是速度慢，因为增加了从控制存储器中读取微指令的时间。

另外，由于一条微指令的操作比一条机器指令所能定义的操作简单，因而可能会降低并行操作能力，影响执行效率。

2. 微程序的应用

随着微程序控制技术的发展，以及 E^2PROM 及 PLA 芯片的出现，为微程序技术的应用，提供了更加广泛的可能性和十分光明的发展前景。主要表现在下面几个方面。

1) 固件技术的发展

固件一词是 1967 年由美国的 A. Opler 首先提出来的。固件是指存放在存储器中的各种用途的微程序，是具有软件功能的硬件。固件是软、硬件结合的产物，吸取了软件、硬件各自的优点，其执行速度快于软件，灵活性优于硬件。固件技术包括硬件固化和软件固化。微程序控制器就是一种硬件固化的例子。软件固化范围更为广泛，如常用子程序，操作系统的内核、编译程序等都可以固件化，它具有提高速度，简化程序，节省主存容量的特点。计算机功能的固件化将成为计算机发展的一个趋势。

2)微程序仿真

所谓微程序仿真是指用一台计算机的微程序解释执行另一台计算机的指令系统,使本来不兼容的计算机之间具有程序兼容的能力。这对计算机系统的研制与开发具有重要价值。例如,我们可以在已有的计算机上,研制开发另一种新的计算机。

用来进行仿真的计算机称为宿主机,被仿真的计算机称为目标机。

3)具有动态结构的通用微程序计算机

如果在微程序一级上设置微操作系统,让微操作系统动态地切换微程序;并用可读可写的控制存储器,使用户能够编制与调用微程序,就可以做成通用微程序计算机。它可以根据程序需要自动选择不同的指令系统,从而实现动态计算机体系结构。

4)面向高级语言的微程序解释

常规的语言处理方式是将高级语言编制的源程序翻译为机器语言程序(目标代码),再用硬联逻辑或微程序解释执行。直接用微程序解释高级语言可极大地提高高级语言的执行效率。

6.7 流水线处理技术

6.7.1 指令的执行方式

根据各条指令之间的衔接关系,指令的执行可分为顺序、重叠、流水 3 种方式。

1. 顺序方式

顺序方式是指各指令之间按顺序串行执行,即一条指令执行完后,才取下条指令来执行。如果把一条指令执行过程划分为取指、取数、执行 3 个步骤,则顺序方式如图 6-51 所示。

取指 K	分析 K	执行 K	取指 $K+1$	分析 $K+1$	执行 $K+1$

图 6-51 顺序执行方式

顺序执行方式的优点是控制简单,节省设备,但执行速度慢,机器效率低,在时间上不能充分利用各部件。例如,在执行运算时主存可能是空闲的。

2. 重叠方式

所谓重叠方式是指前一条指令的解释执行完成之前,就开始下一条指令的解释执行,即相邻两条指令在时间上相互重叠。图 6-52(a)和图 6-52(b)分别示出了两种不同的重叠情况。

在重叠方式中,由于相邻两条指令重叠执行,因而加快了程序的运行速度,但其控制逻辑要比顺序方式复杂,对存储器系统频宽要求要高。一般要求存储器采用多存储体交叉工作的方法,以满足存储器速度要求。另外,通常采用指令预取部件,利用主存的空闲时间预取后续指令。

3. 流水方式

流水方式是重叠方式的进一步发展,采用类似生产流水线方式控制指令的解释执行。它是把指令的执行过程划分成若干个复杂程度相当、处理时间大致相等的子过程,每个子过程由一个独立的功能部件来完成。同一时间,多个功能部件同时工作,完成对不同子过程的处理。由于流水线上各功能部件并行工作,同时进行对多条指令的解释执行,使机器的处理速度大大提高。图 6-53(a)是一个 5 段的指令流水线,指令的流水处理过程如图 6-53(b)所示。

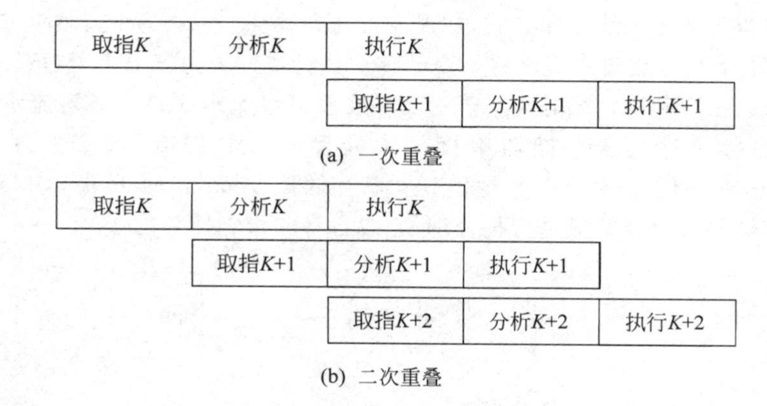

图 6-52 重叠执行方式

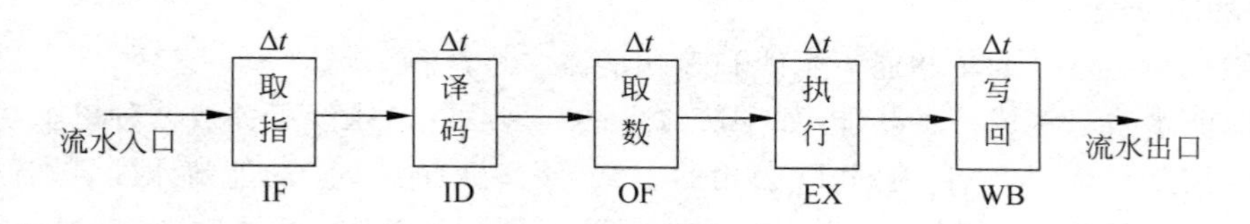

(a) 5段指令流水线

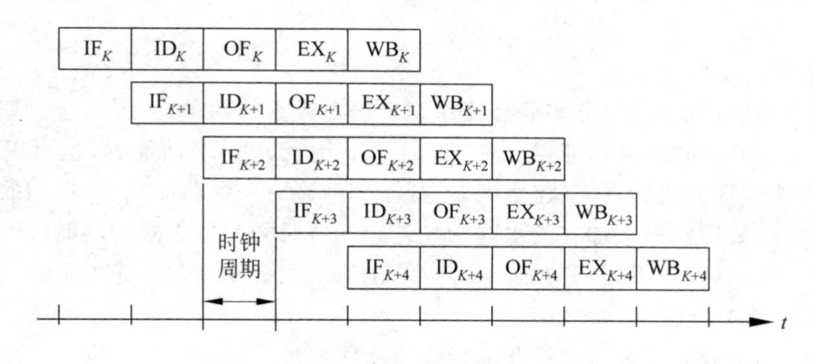

(b) 指令流水线处理方式

图 6-53 流水执行方式

从图 6-53(b)中可以看出，由于采用 5 段流水线对指令解释执行，因此在一个时钟周期内，同时有 5 条指令分别在不同的功能部件上解释。流水线稳定工作后，每个时钟周期都有一条指令的执行结果从流水线流出。若假定各功能段所需时间相等，均为一个时钟周期，则理想的情况下，流水线吞吐率（单位时间内所处理的指令条数）为$\frac{1}{\Delta t}$，Δt 为流水线时钟周期。如果采用顺序方式，则一条指令执行时间为 $T=5\Delta t$，显然流水方式大大提高了机器的吞吐率。

6.7.2 流水线的分类

站在不同的角度，流水线的分类方法也不同，但总体上可按下列方法进行分类。

1. 按处理级别分类

从处理级别角度，流水线可分为操作部件级、指令级和处理机级等。操作部件级流水线是将复杂的运算过程组成流水线工作方式,如浮点加法运算可分成求阶差、对阶、尾数加和规格化处理 4 个子部件;指令级流水线则将指令的整个执行过程分为若干个子过程,如取指令、指令译码、取操作数、执行和存结果等 5 个子过程;处理机级流水线是一条宏流水线,如图 6-54 所示。多个处理机通过共享存储器串接起来处理同一数据流,每个处理机(Processor Element,PE)完成专一任务,并将结果输出到共享存储器(Shared Memory,SM),而下一个处理机则从共享存储器取出新结果进行再处理(完成自身的指定任务)。

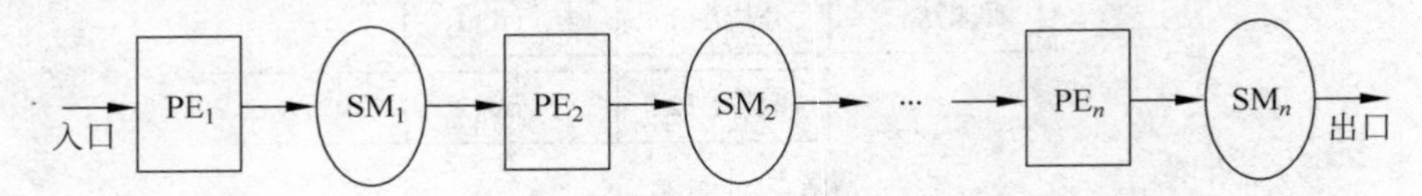

图 6-54 处理机级流水线

2. 按功能分类

流水线按功能可分为单功能流水线和多功能流水线两种。

单功能流水线只完成一种功能,如乘法流水线。多功能流水线可完成两种以上功能,多功能流水线的控制复杂。例如,美国 TI 公司的 ASC 计算机有一个多功能流水线,该流水线含 8 功能段(输入、求阶差、对阶移位、相加、规格化、相乘、累加和输出),可完成定点加运算(输入、相加、输出)、定点乘运算(输入、相乘、累加、输出)和浮点加运算(输入、求阶差、对阶移位、相加、规格化和输出)。

3. 按工作方式分类

从工作方式角度,流水线可分为静态流水线和动态流水线两种。

静态流水线在同一时间内只能以一种方式工作。它可以是单功能的,也可以是多功能的(必须在一种功能流水完成后,排空流水线,再静态切换到另一种功能)。多功能的频繁切换将严重影响流水线的处理效率。动态流水线则允许在同一时间内将不同的功能段组合成具有多种功能的流水子集,以完成不同的功能。自然,动态流水线必须是多功能流水线。

4. 按流水线结构分类

流水线按结构可分为线性流水线和非线性流水线两种。

线性流水规定流水线的每个功能段在处理流水任务时,最多只经过一次,没有反馈回路,图 6-53(a)被称为线性指令流水线。非线性流水则允许流水线的功能段可以通过反馈回路多次被使用,如图 6-55 所示。

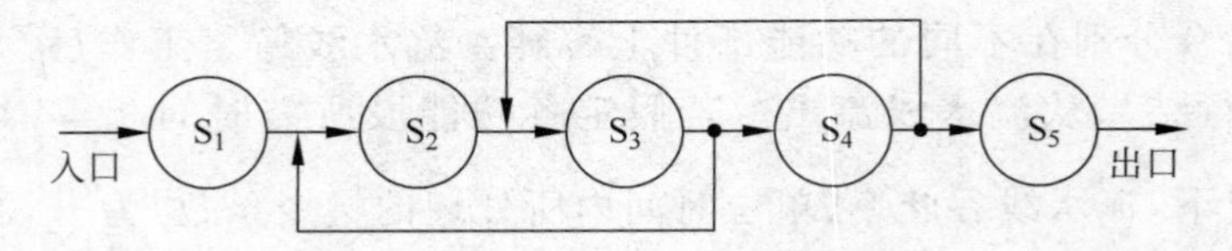

图 6-55 非线性流水线

6.7.3 线性流水线的性能

1. 流水线时空图

当一部件采用流水技术时,多个任务从流水线的输入口鱼贯而入,由各功能段加工处理,到达一定时间后,流水线的出口则每到一个时间片就产生一个结果。对于图 6-53 而言,则在经过 5 个 Δt 之后,每个 Δt 就执行完一条指令。这一过程可用图 6-56 的形式描述(称为时空图)。

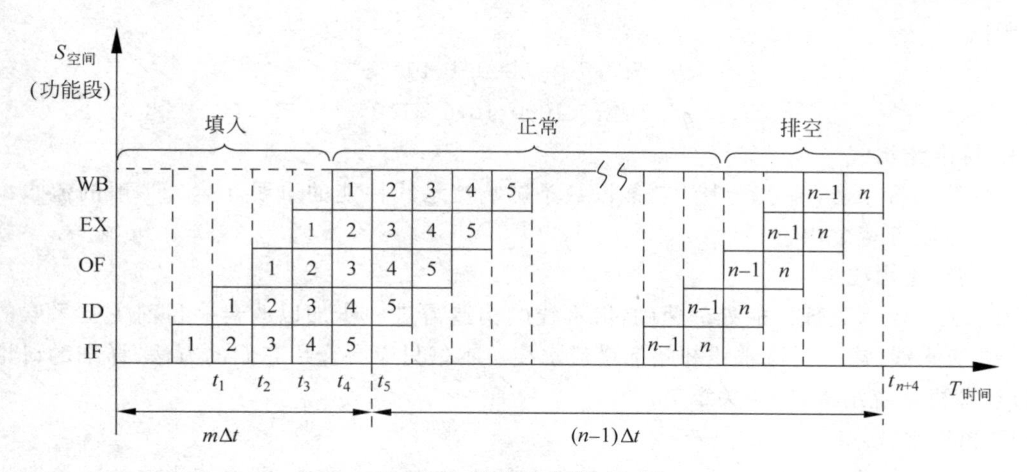

图 6-56 线性流水线时空图

2. 流水线主要指标

衡量流水线的主要指标有以下3个：吞吐率、效率和加速比。

1）吞吐率(T_P)

吞吐率是指单位时间内流水线能完成的指令数、任务数和输出结果数量。

对于线性流水线来说，在各功能部件占用时间相同的情况下，T_P的值可通过下列公式计算。

$$T_P = \frac{n}{m\Delta t + (n-1)\Delta t}$$

2）加速比(S_P)

加速比是指采用流水线后的工作速度与等效的顺序串行方式的工作速度之比。

对求解n个任务而言，若串行方式工作需要时间为T_S，而用m段流水线来完成该任务需要时间为T_C，则加速比可用下列公式求出。

$$S_P = \frac{T_S}{T_C} = \frac{nm\Delta t}{m\Delta t + (n-1)\Delta t} = \frac{m}{1+(m-1)/n}$$

3）效率(η)

效率是指流水线中各功能段的利用率。

由于流水线有建立和排空时间，因此各功能段的设备不可能一直处于忙碌状态，总有一段空闲时间。一般用流水线各段处于工作时间的时空区与流水线中各段总的时空区之比来计算效率。即：

$$\eta = \frac{n\text{个任务占用的时空区}}{m\text{段总的时空区}} = \frac{nm\Delta t}{m(m+n-1)\Delta t} = \frac{S_P}{m} = T_P\Delta t$$

例6.6 设有100条指令的程序段经过图6-53的指令流水线执行，请求出完成该程序段的流水时间、流水线的实际吞吐率、加速比和效率。(假定$\Delta t=10$ns)

解： 流水总时间

$$T_C = m\Delta t + (n-1)\Delta t = 5\times10+99\times10=1040\text{ns}$$

$$T_P = 100/T_C = 100/1040$$

因为非流水时间

$$T_S = 100\times5\times10=5000\text{ns}$$

所以

$$S_P = T_S / T_C = 5000/1040 \approx 5$$

$$\eta = T_P \Delta t = 1000/1040 \approx 100\%$$

3. 标准流水线

从性能指标来看,流水线中的功能段数是影响流水线性能的重要元素。一般的流水线功能段数限定在5段之内。

4. 高级流水线

为了加速流水处理器的处理速度,流水线的构造需进一步加以改善。目前主要采取的措施有:超流水线、超字长流水线和超标量流水线。本书只简要介绍它们的方法,详细的讨论请参阅《计算机系统结构》的相关章节。

1) 超流水技术

超流水技术(Super Pipelining)主要体现时间上的进一步重叠,即将流水线的功能段进一步细分,增加功能段数(5段以上)。

2) 超字长技术

超字长技术(Very Long Instruction Word,VLIW)用于指令系统的进一步重叠,即通过增加超长指令改善流水性能。VLIW经过编译优化,将多条能够并行执行的指令合并成一条具有多个操作码的超长指令。

3) 超标量技术

超标量处理器(Superscalar Processor)的主要方法是通过重复设置指令流水线(多条功能相同的指令流水线),进一步加快流水处理速度。如Pentium计算机采用了2套流水线(U、V流水线)提高运算器的运算速度。

超流水和超标量技术结合可以构造超标量超流水处理器。

6.7.4 流水线的相关问题

在理想情况下,采用流水线技术可以取得较高的运行效率,但是存在相关问题时,就会影响流水线的运行速度。

所谓相关,是指在一段程序的相近指令之间存在某种依赖关系,这种关系影响指令的并行执行。流水线的相关主要有资源相关、数据相关和控制转移相关。

1. 资源相关

资源相关是指,当有多条指令进入流水线后在同一机器周期内争用同一功能部件而导致流水不能继续运行的现象。

如图6-53所示的流水线,若OF_K涉及访问存储器(取存储单元的数据),则与IF_{K+2}发生访存冲突。解决这一类的冲突办法是,后续相关的指令延迟一节拍进入流水线,或者增加缓冲部件(如Cache),将指令提前预取到缓冲区。

2. 数据相关

由于多条指令进入流水线后,各条指令的操作重叠进行,使得原来对操作数的访问顺序发生了变化,产生了错误的运行结果,从而导致了数据相关冲突。

如图6-53的流水线,若OF_{K+1}取出的数据是WB_K保存的结果(Read After Write,RAW),则出现"先取后写"顺序错误,称为RAW相关。解决这一类的冲突办法是:后续相关的指令延迟进入流水线(推后法),或者增加快速直接通道(0延迟量)。

3. 控制转移相关

控制相关是指有分支指令、转子指令和中断等引起的相关。当转移类指令进入流水线时，而引起转移的状态还未形成，无法确定后续指令的进入。是选择成功分支的指令序列，还是选择不成功分支的指令序列，不得而知。

如图6-53所示的流水线，若 EX_K 是完成运算类指令的操作，则必须生成有关状态标志。而 IF_{K+1} 是条件转移指令，并在 ID_{K+1} 分析条件，出现了"分析条件在先，条件形成在后"的错误，导致错误的分支指令序列进入流水线。解决这一类冲突的常用办法有以下几种。

1）加快和提前形成条件码

在不影响状态标志的情况下将指令前移若干个位置(表面上改动了指令的执行顺序)，条件转移指令进入流水线后，可以按已形成的状态，立即判断后续的分支序列。

2）预取转移成功或不成功两个分支序列的指令

这是一种猜测法。基本思路是，在转移条件未形成之前，将判断条件出现概率高的分支指令序列预取到流水线，并完成译码、取操作数等动作，但不进行操作，或有操作不回送结果。一旦条件码生成并表明猜测成功时，就立即执行操作或回送结果。若是猜测不对，则作废猜测分支路径的所有操作。

3）采用延迟转移技术

从条件转移指令进入到获取正确的条件码之间，已有若干条指令进入流水线(此时段被称为转移延迟槽)，这些指令若是某分支上的指令，则随时被废弃。因此，可在转移延迟槽中安排一些有效的指令，如将转移指令前面的指令后移到槽中，或将转移指令后面的指令前移到延迟槽中。但这些指令的变动不能影响其他指令的正确执行。总之，充分利用延迟槽做有效的工作。

6.8 CPU举例

前面我们主要讨论了控制器的基本原理，并以简单而规整的模型机为例，讨论了组合逻辑控制器与微程序控制器的基本设计方法。实际的计算机CPU要比模型机复杂得多，为使读者对实际应用的计算机CPU有个概貌的了解，本节介绍CISC机——Pentium的CPU结构和RISC机——MIPS32 4K处理器核的结构，以及它们所采用的新技术。

6.8.1 Intel的Pentium处理器

Pentium处理器是CISC风格的典型代表，它将以前在大型机和超级计算机中使用的设计原则和技术引入到微型计算机中。

1. Pentium的特性

1993年，Intel公司推出了全新的高性能处理器——Pentium CPU芯片。Pentium的集成度为310万个晶体管。除了70%的晶体管用于和Intel的x86兼容外，其他的都用于提高整机性能上。可以说，Pentium引发了微处理器的一场革命，在微处理器的发展史上占有重要地位。归纳起来，Pentium有如下的特性。

1）采用超标量双流水结构

在Pentium CPU内部有两个ALU，分别对应两条流水线U和V(80486只有一条流水线)，U流水线执行整数和浮点数指令；V流水线执行整数指令，以及交换寄存器的内容。所以,Pentium 能在每个时钟周期内执行两条整数运算指令,或在每个时钟周期内执行一条浮点数运算指令。

U、V 两条指令流水线的段数都含有如下所示的 5 段,即:预取指令(PF)段、译码 1(D1)段、译码 2(D2)段、执行(EX)段和写回寄存器(WB)段。

PF	D1	D2	EX	WB

2) 独立的指令和数据 Cache

在 Pentium CPU 中,设置了分立的、容量各为 8KB 的高速缓冲器——Cache,以适应 U 流水线、V 流水线对指令和数据的双倍访问。Cache 还采用了回写(Write Back)技术和 MESI 协议,以减少写主存次数和 Cache-RAM 的数据一致性。

3) MESI 协议

MESI 协议是写无效式监听协议,它要求每个 Cache 行设置两个状态位,用于描述该行当前是处于修改态(M)、专有态(E)、共享态(S)或无效态(I)。MESI 状态的定义如下。

(1) Modified 状态:表明本行数据已修改(脏行),内容不同于存储器且为本 Cache 专有。

(2) Exclusive 状态:说明本行数据与存储器的相同(干净行),且不在其他 Cache 中出现。

(3) Shared 状态:说明本行数据与存储器的相同(干净行),且可以在其他 Cache 中出现。

(4) Invalid 状态:表明本行数据为废弃数据(空行)。

4) 超流水的浮点运算单元

Pentium CPU 有一个内置的浮点运算单元——FPU(Float Processing Unit),FPU 有自己的浮点寄存器堆、加法器和乘除运算器,并全部采用硬件实现。FPU 遵守 IEEE 754 标准,并采用超级流水技术,以便与整数运算相统一。浮点运算流水线扩充了 U 流水线,共分为 8 级,其中 1~5 级和 U 流水线共享。当执行浮点运算指令时,U 流水线及其第 4 级以后的控制从 ALU 移到 FPU。

5) 增强的 64 位数据总线

Pentium 处理器将 Cache 和总线接口之间的数据总线扩展为 64 位,大大提高了数据传输率。另外,Pentium 处理器还采用了总线周期流水线技术以增加总线带宽。

2. Pentium CPU 内部结构

如图 6-57 给出了 Pentium 处理器的内部结构,它共分成总线接口部分、指令和整数部分以及浮点处理部分等单元。

1) 总线接口单元

总线接口单元(BIU)是 Pentium 处理器与系统其他部分进行通信的物理界面,其主要功能有:

(1) 地址驱动和接收。在处理器启动总线周期时,驱动 A_{31}~A_3 地址线和字节使能线;在 Cache 控制器启动对处理器的查询时,接收 A_{31}~A_5 线上送来的监听命令中的行地址。

(2) 数据驱动和接收。64 位数据总线用于驱动写数据和接收读数据。BIU 有两个写缓冲器(Write Buffers),每个流水线对应一个。当数据 Cache 写丢失时,整个写操作(地址和修改数据)寄存于写缓冲器后,流水线可继续运行。

2) 指令和整数运算逻辑

通常指令由指令 Cache 顺序地取指令,若运算类指令为整数型指令,则进入到相应的整数 ALU 单元进行运算(可同时处理两条整数 ALU 运算指令);若为浮点运算指令,则进入浮点

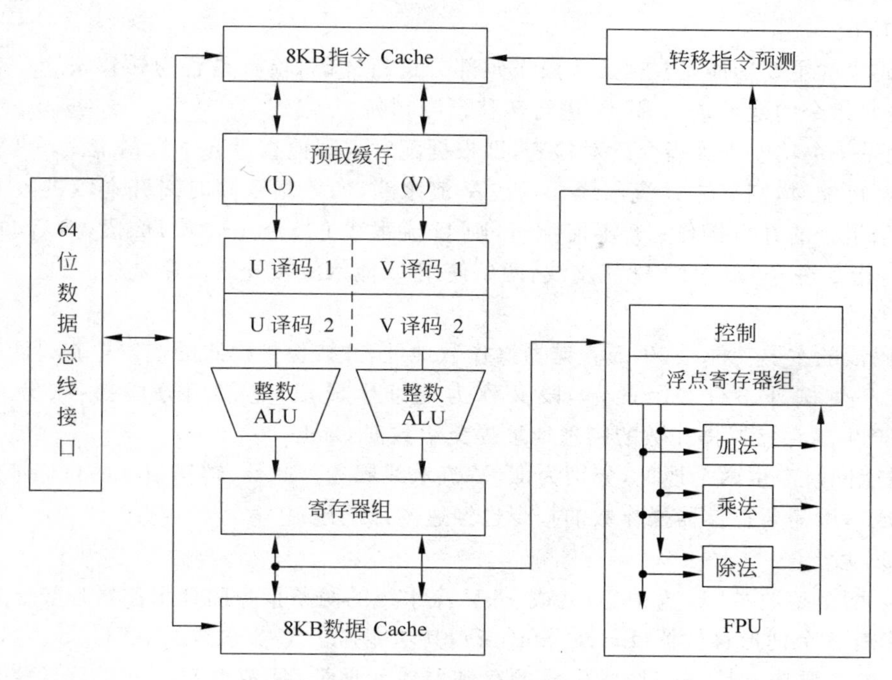

图 6-57　Pentium 处理器结构图

处理单元。

如果在指令流水线的处理过程中，在 D1 段遇到一条转移指令并预测在 EX 段将发生转移时，由目标缓冲器(Branch Target Buffer，BTB)提供预测发生转移的目标地址。

3) 寄存器组

寄存器是 CPU 内不可缺少的部件，Pentium 处理器的寄存器分为系统级寄存器组和基本结构级寄存器组两大类。

系统级寄存器组包括 GDTR、LDTR、IDTR、IR 这一类的表基地址寄存器和 CR_0～CR_4 控制寄存器以及勇于测试和测试目的的寄存器。

基本结构寄存器包括，指令指针 EIP 和标志寄存器 EFLAGS，以及 CS、DS、ES、FS、GS、SS 等 6 个段寄存器和 EAX、EBX、ECX、EDX、ESI、EDI、EBP、ESP 等 8 个(用户编程可用的)通用寄存器。

4) 浮点运算单元

Pentium 处理器通过扩展 U 流水线实现浮点运算指令的流水处理，即进入 FPU 运算器完成浮点运算。FPU 内部有 8 个 80 位的浮点寄存器 FR_0～FR_7，内部数据总线为 80 位宽，并有分立的浮点加法器、乘法器和除法器，可同时进行 3 种不同的浮点运算。

3. Pentium 流水的功能分配

1) 整数指令流水线功能划分

如前所述，Pentium 处理器的流水线由预取指令(PF)段、译码 1(D1)段、译码 2(D2)段、执行(EX)段和写回寄存器(WB)段等组成，各段的作用如下：

(1) PF 段

虽然 Pentium 处理器的 U、V 流水线各有一个 PF 段，但实际上指令预取器和预取缓冲器对两条流水线是共有的，并实施预取指令操作。

(2) D1段

本译码段的主要功能是:对指令操作码部分进行译码,检查是否为转移指令。若是转移指令,则将此指令的地址送入BTB,进行转移预测判断。

D1段另一个功能则为指令配对检查,即根据配对规则检查进入本段的i_t、i_{t+1}两条指令是否配对。若可配对,则i_t在U流水线,i_{t+1}在V流水线,两条指令同时离开本段进入D2段,真正开始两条指令的并行操作;若不能配对,则U流水线i_t指令先进入D2段,然后D1段的V流水线i_{t+1}指令进入D2段的U流水线,两条使用U流水线按先后次序处理。

(3) D2段

本译码段的主要功能是,生成存储器操作数地址,并按保护模式的规定检查是否有保护违约,若有则产生例外事件。因此,本段又称为地址生成段,它使用分段部件、分页部件和DTLB,将产生的存储器操作数的物理地址提交给数据Cache。

D2段能同时产生两个地址,分别为U、V流水线服务。此外,转移指令的目标地址计算也在本段完成。不需要存储器操作数的指令也经过本译码段。

(4) EX段

本段以两个整数ALU为中心,完成U、V流水线的两条指令的算术逻辑运算。U流水线的ALU带有一个桶形移位器(Barrel Shifter),其功能强于V流水线的ALU。

EX段的主要功能是,按D2段生成的存储器单元地址,从数据Cache中存取操作数。总之,在EX段前部,指令所需的存储器操作数、寄存器操作数都要全部就绪,在EX段后部完成指令所要求的算术逻辑运算。

对于转移指令,若在执行阶段实际发生的情况与预测相符,则只修改BTB中对应的历史位;若预测有误,则除修改历史位外,还需清除该指令之后已进入U、V流水线的全部指令,并控制指令预取器按反方向重新预取装入流水线。

(5) WB段

本段的主要功能是以ALU运算结果修改相应的寄存器,同时修改EFLAG标志寄存器的相关值。

2) 浮点指令流水线功能划分

Pentium处理器的浮点流水线分成8个功能段,由预取指令(PF)段、译码1(D1)段、译码2(D2)段、取操作数(EX)段、执行1(X1)段、执行2段(X2)、写回(WF)段和错误报告(ER)段等组成。前4段与U、V流水线的FP、D1、D2、EX段共享,后4段在FPU中完成。

浮点实际操作由U流水线控制完成前4个过程,而V流水线此时或空闲或执行浮点交换的少数指令。

6.8.2 MIPS32 4K处理器核

无内锁流水线微处理器(Microprocessor without Interlocked Pipeline Stages,MIPS)是斯坦福大学Hennessy教授团队的研究项目,是20世纪80年代初推出的RISC CPU的主要代表。

1. MIPS CPU的特性

1) 更好的浮点性能

MIPS在浮点处理器设计上有其独到之处,可以满足数字电视、机顶盒、图形以及字体缩放的需求。

2）设置大量寄存器

MIPS32有32个通用寄存器，可以减少因访问内存而产生的延迟，有利于指令编码。如采用动态编码器，明显提高Java的性能。对于浮点运算，设置了两类FPU寄存器：5个FPU控制寄存器，用于和控制FPU和8个浮点条件码；另外一类则在32位的FPU中，设有32个32位浮点寄存器(Float Point Register，FPR)，支持符合IEEE 754标准的单精度和双精度浮点运算。

3）微架构的优势

与其他微处理器架构相比，MIPS在架构上具有较强的优势，如有6个指令缓冲入口、512个分支历史表，这些都有助于提高处理器的性能。

4）支持用户定义指令

用户定义指令可以实现性能调整、设计重用。无须架构许可证就可以添加指令，充分接近微处理器核，紧密集成到流水线和通用寄存器中去。

5）多线程架构

MIPS硬件多线程结构可以实现多核处理器并行处理的功能，也可以使访问内存和I/O设备的性能得到提高。例如，当某个线程等待读取内存时，处理器可以执行另外一个线程；当数据到达处理器时，处理器重新执行刚才暂停的线程。

2. MIPS32 4K CPU的逻辑组成

图6-58是MIPS32 4K系列(4Kc/4Kp/4Km)处理器的逻辑结构图，包括必要模块和可选模块。必要模块是处理器核工作所必须的，主要包括执行单元、乘除单元、系统控制协处理单元、存储管理单元、缓存控制器、总线接口单元和功率控制单元；而可选模块则可在需要时再加入处理器核中，主要包括指令/数据缓存和EJTAG控制器。下面介绍主要功能模块。

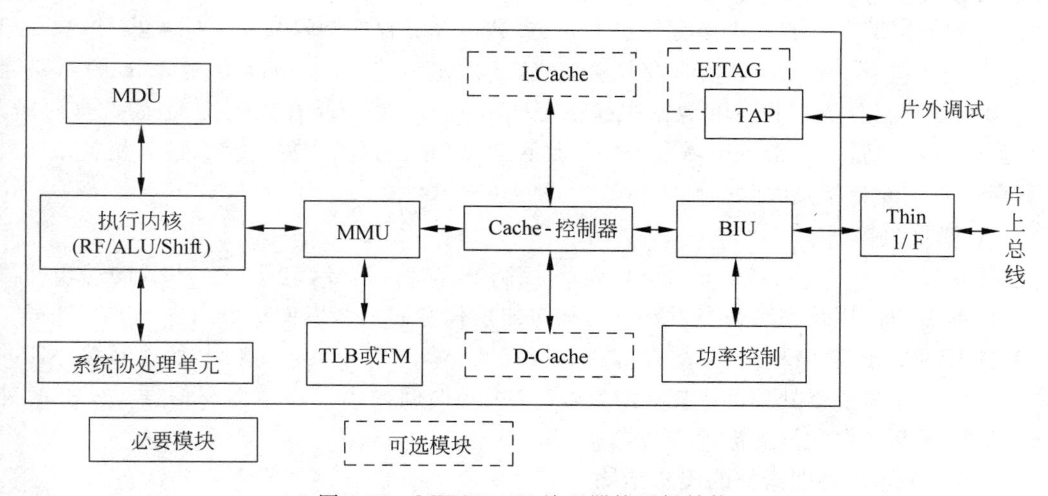

图6-58 MIPS32 4K处理器核逻辑结构

1）执行单元

MIPS32处理器核中，执行单元完成算术逻辑运算(Arithmetic & Logical)、移位运算(Shift)、分支判断(Branch)和跳转(Jump)等操作。执行单元的32个通用寄存器用于标量整数操作和地址计算，每个寄存器有2个读端口和1个写端口，且完全采用旁路设计，使得流水线中的操作执行时间最小化。

2）乘除单元

乘除单元(Multiply Divide Unit,MDU)执行乘法和除法操作。在4Kc和4Km处理器中,MDU包括一个32×16的乘法器、结果寄存器(特殊寄存器HI和LO联合形成64位寄存器)、一个除法状态机等。并且,MDU能很好地支持流水线,一个时钟周期执行16×或32×16的乘法操作,两个时钟周期执行32×32的乘法操作。

在4Kp处理器中,非流水线MDU没有使用布斯乘法器,而是用一个普通的32位全加器,采用每个时钟周期迭代1b的算法,执行任何乘法都需要32个周期。除法操作也是采用每个时钟周期1b的迭代算法,且需要35个时钟周期完成操作。

3）系统控制协处理器

MIPS协处理器CP0(coprocessor 0)负责虚拟地址到物理地址的转换、缓存协议、异常控制、处理器的诊断、操作模式(内核模式与用户模式等)的选择以及中断的允许和禁止。其中,缓存大小、组相连映射方法和EJTAG调试性能等配置信息都可以通过访问CP0的相关寄存器获得(CP0设有:状态寄存器、原因寄存器、异常返回寄存器、无效虚地址寄存器、计数/比较寄存器、处理器ID寄存器、配置寄存器、中断与异常设置寄存器、影子寄存器、链接加载地址寄存器等)。

4）存储管理单元

存储管理单元(Memory Management Unit,MMU)是执行单元和缓存控制器之间的接口,完成虚拟地址到物理地址的转换。MMU通过4Kc处理器的TLB(Translation Look-aside Buffer)或4Km和4Kp处理器的固定映射(Fixed Mapping,FM)实现地址转换。

5）缓存与缓存控制器

MIPS缓存包括指令缓存和数据缓存,是一个可选的片上存储器队列。该缓存允许虚拟地址到物理地址的转换与访问缓存同时进行,不需要等物理地址的转换结束后再访问缓存。指令缓存和数据缓存各有一个缓存控制器,数据和指令缓存控制器支持不同大小、组织和组相连映射方法的缓存。例如,数据缓存是2KB的2路组相连,而指令缓存是8KB的4路组相连。MIPS处理器核支持指令和数据缓存锁定(Cache Lock)。缓存锁定是提高指令级并行度的措施,由硬件判断一条指令所需要的资源是否满足(是否存在数据、资源、控制相关),如果满足(不存在相关或者相关解除),则将指令发送到执行部件。

6）总线接口单元

总线接口单元(Bus Interface Unit,BIU)控制外部接口信号,包含一个32B的写缓冲器部件。写缓冲器的作用是在写信号发到外部接口之前保存并组合以便执行向外部的写处理。由于所有MIPS32处理器核的数据缓存都遵循写直达(Write-Through)规则,所以写缓冲器的设置降低了向缓存写数据处理的次数,也减少了在很短时间内因发出很多写信号无法及时处理而导致的处理器核中大量数据停滞现象。

3. MIPS32 4K处理器核的流水结构

1）流水线功能结构

MIPS流水线包括5个功能段:取指(Instruction fetch,I阶段)、执行(Execution,E阶段)、存储器读取(Memory,M阶段)、对齐/累加(Align/Accumulate,A阶段)和回写(Writeback,W阶段),如图6-59所示。

(1) I阶段:从I-Cache中取出指令,执行虚拟地址到物理地址的转换;

(2) E阶段:从寄存器堆(Register File,32个通用寄存器和32个浮点寄存器)中取出操

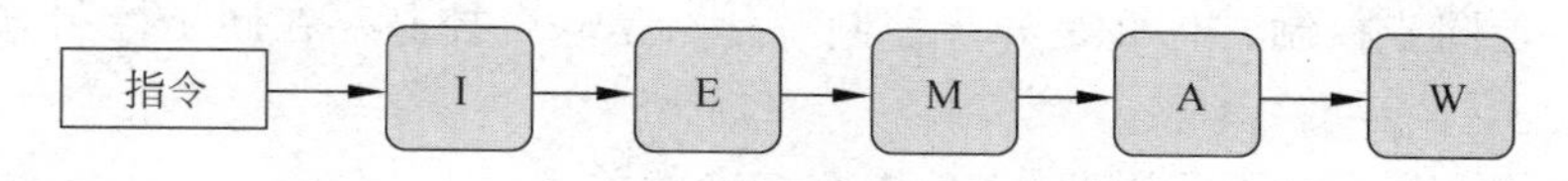

图 6-59　MIPS流水线结构图

作数，接收M和A阶段被旁路的操作数，完成R-R型简单ALU运算，ALU为读写操作计算数据虚拟地址，ALU判断分支条件和计算分支目标虚拟地址，并由指令逻辑选择一个指令地址。

(3) M阶段：执行读写指令对D-Cache的读写和虚拟地址到物理地址的转换，进行数据TLB(近限于4Kc)和数据缓存的查找并判断命中与否，停下1个或2个时钟周期完成乘除法(mul/mult/madd/msub指令)的迭代操作(乘法在MDU流水线的M_{MDU}阶段停31或33个周期，除法在MDU流水线的M_{MDU}阶段停32个周期)。

(4) A阶段：单设的对齐器(aligner)根据自的边界对齐读取的数据，准备好mul指令乘积结果，mult/madd/msub指令实施进位扩展加法操作并完成madd/msub的累积步骤(4Kc/4Km处理器的实际写回HI和LO寄存器在W阶段完成)，执行除法操作最后的符号调整，4Kp处理器的写回HI/LO寄存器，而4Kc/4Km处理器的写HI/LO寄存器操作在W阶段完成。

(5) W阶段：把指令执行结果写入寄存器堆。

2) 流水的相关处理技术

MIPS处理器采用分支延时槽、互锁和旁路等技术解决指令流水线处理过程中的相关(分支转移、数据相关、资源竞争等)问题。

(1) 分支延时槽：通过软件解决流水线等待问题。MIPS处理器流水线有一个时钟周期的分支延时，通过E阶段的分支判断逻辑给出。在做出分支决定后，处理器继续在分支路径取指令(取了一个分支)或在后续操作中取指令(不取分支路径)，但不管怎样，分支后的那条指令总是执行的。如果分支后的指令与上一条指令无关，则正常执行，否则汇编器或编译器在延时槽中插入一条nop指令。

(2) 互锁：当缓存命中失败或检测到数据相关(非RAW相关)时，正在运行的流水线就会被中断。如果这个中断需要硬件处理，则此中断称为互锁(inter-lock)。在每个流水时钟周期，MIPS处理器都会检查每条指令的互锁情况，并插入若干个时钟周期等待缓存命中或数据相关消失。互锁技术对编程人员是完全透明的。

(3) 旁路：延时槽和互锁解决了指令流水执行异常的问题，但降低了流水线的工作效率，而旁路的设计是为了解决在前后指令存在操作数相关(RAW相关)时如何最大限度地利用流水线结构的问题。大多数MIPS指令是R-R型的，R中的操作数在E阶段取出。由于ALU在E和M阶段都起作用，并且能在M阶段的开始给出结果，而最终结果在W阶段写入R中，使得后续指令在3个时钟周期内不能使用该结果。MIPS处理器通过在寄存器堆和ALU之间设置多条旁路(M到E、A到E、W到E等旁路)，直接将结果快速送到后续指令的操作中，几乎没有延时，大大提高了CPU的执行效率。

习　　题

6.1　控制器的基本功能是什么？它由哪些基本部件组成？各部件作用是什么？

6.2　CPU中有哪几个最主要的寄存器？它们的主要作用是什么？

6.3　什么是同步控制？什么是异步控制？什么是联合控制？在同步控制方式中，什么是三级时序系统？

6.4　试述指令周期、CPU周期、节拍周期三者的关系。

6.5　按图6-9 CPU结构框图，试写出执行下面各条指令的控制信号序列。

(1) ADD　R_0，R_1

(2) ADD　(R_0)，R_1

(3) ADD　(R_0)+，R_1

注：指令中第一个地址为源地址，第二个地址为目标地址。

6.6　试分析在模型机中执行下列指令的操作流程。

(1) ADD　(R_0)，R_1

(2) SUB　X(R_0)，(R_1)

(3) MOV　(R_0)+，(R_1)

6.7　试述组合逻辑控制器与微程序控制器的组成差别。

6.8　何谓微命令、微操作、微指令、微周期？

6.9　微指令编码有哪几种常用方式？在分段编码方法中，分段的原则是什么？

6.10　什么是起始微地址？什么是后继微地址？有哪几种形成方法？

6.11　试写出在微程序控制的模型机中执行下列指令的微程序流程。

(1) ADD　(R_0)，R_1

(2) SUB　X(R_0)，(R_1)

(3) MOV　(R_0)+，(R_1)

6.12　图6-60为一CPU的结构框图。

(1) 标明图中a、b、c、d四个寄存器的名称。

(2) 简述取指令的操作流程。

(3) 若加法指令格式与功能如下：

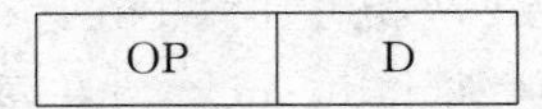

其功能为：(AC)+(D)→AC

试分析执行加法指令的操作流程。

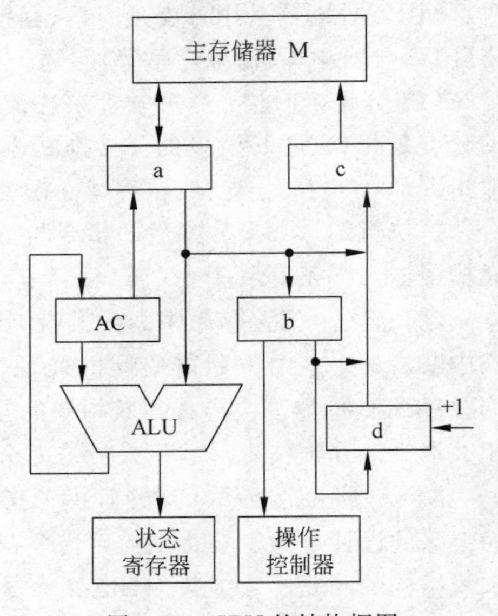

图6-60　CPU的结构框图

6.13　某计算机有如下部件：

ALU，移位寄存器，指令寄存器IR，

主存储器M，主存数据寄存器MDR，

主存地址寄存器MAR，通用寄存器R_0～R_3，

暂存器C和D。

试将各逻辑部件组成一个数据通路，并标明数据流动方向。

6.14　设R_1、R_2、R_3、R_4是CPU中的通用寄存器，请使用机器周期流程框图分别表示下列指令的执行流程。

(1) 取数指令：LDA　(R_1)，R_2

该指令是S-R型双操作数指令，R_1为源操作数，R_2为目的操作数。

(2) 存数指令：STA　R_3，(R_4)

该指令是R-S型双操作数指令，R_3为源操作数，R_4为目的操作数。

6.15 某计算机的运算器为三总线(B_1、B_2、B_3)结构，B_1和B_3通过控制信号G连通。算术逻辑部件ALU具有ADD、SUB、AND、OR、XOR等5种运算功能，其中SUB运算时ALU输入端为B_1-B_2模式，移位器SH可进行直送(DM)、左移一位(SL)、右移一位(SR)3种操作。通用寄存器R_0、R_1、R_2都有输入输出控制信号，用于控制寄存器的接收与发送，如图6-61所示。

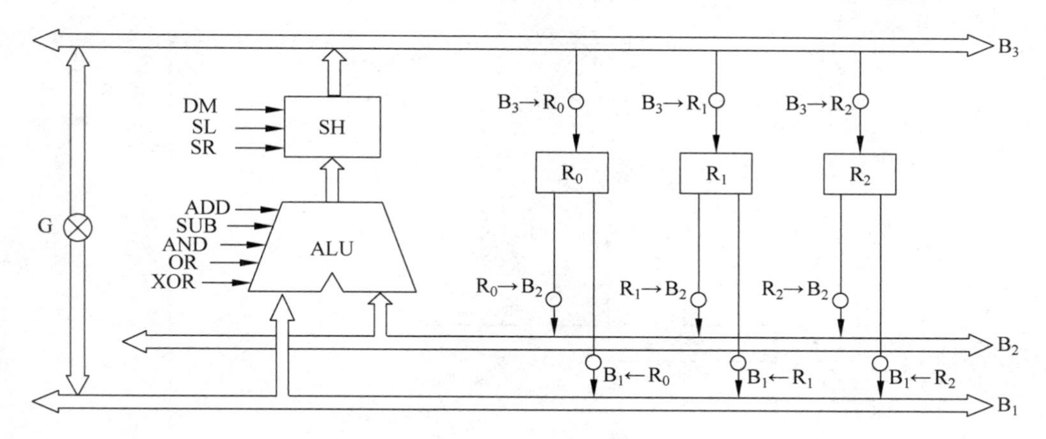

图6-61 某计算机的运算器

试分别写出实现下列功能所需的操作序列。

(1) $4(R_0)+(R_1)\rightarrow R_1$

(2) $[(R_2)-(R_1)]/2\rightarrow R_1$

(3) $(R_0)\rightarrow R_2$

(4) $(R_0)\wedge(R_1)\rightarrow R_0$

(5) $(R_2)\vee(R_1)\rightarrow R_2$

(6) $(R_2)\oplus(R_0)\rightarrow R_0$

(7) $0\rightarrow R_0$

说明：$\wedge\rightarrow$与操作、$\vee\rightarrow$或操作、$\oplus\rightarrow$异或操作

6.16 如图6-62所示为双总线结构机器的数据通路，控制信号G控制的是一个门电路。

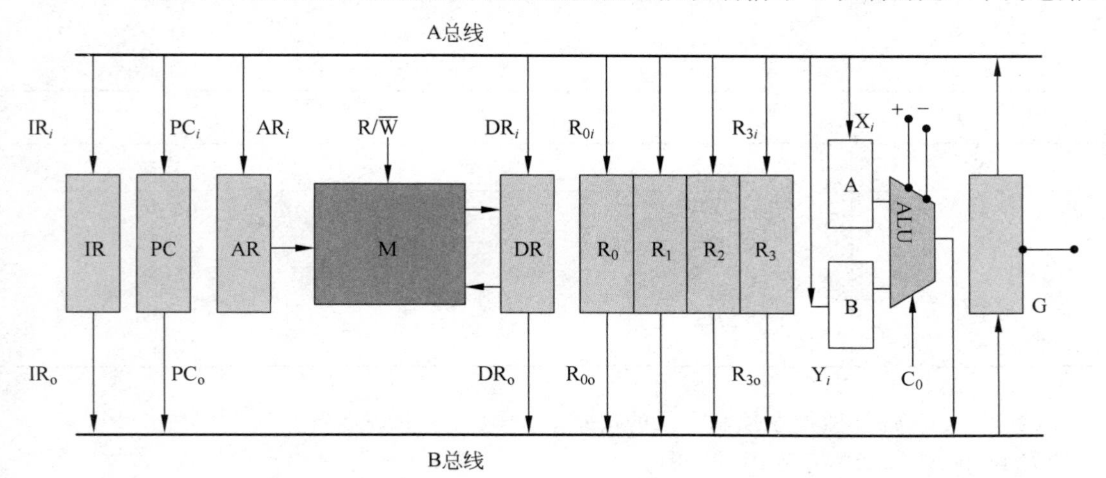

图6-62 双总线结构机器的数据通路

试解答:(注:假设所执行指令的地址已放入 PC 中)

(1) 请写出 ADD R_2,R_0 指令完成$(R_0)+(R_2)\rightarrow R_0$功能操作的指令流程。

(2) SUB R_1,R_3 指令完成$(R_3)-(R_1)\rightarrow R_3$功能操作的指令流程又如何?

6.17 假设某计算机的运算器框图如图 6-63 所示,其中 ALU 为 16 位的加法器(高电平工作),S_A、S_B 为 16 位锁存器,4 个通用寄存器由 D 触发器组成,Q 端输出。

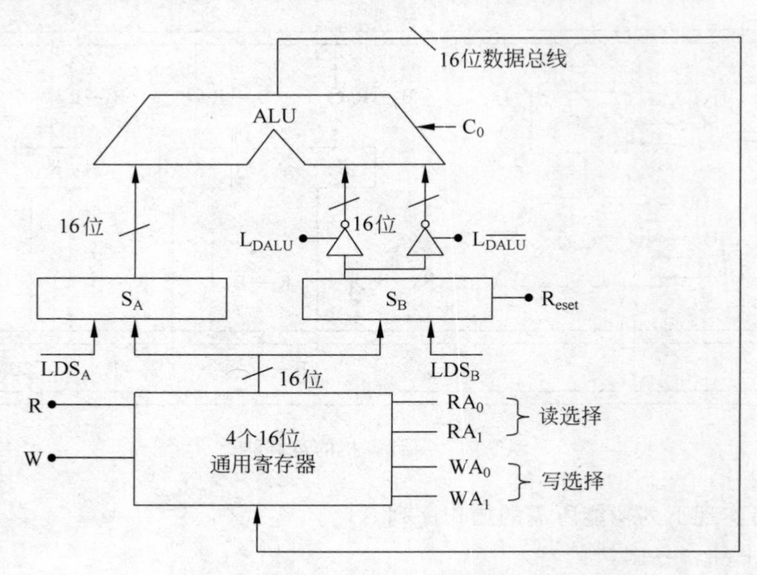

图 6-63 某计算机的运算器框图

其读写控制如表 6-18 所示。

表 6-18 读写控制

(a) 读控制

R	RA_0	RA_1	选择
1	0	0	读 R_0
1	0	1	读 R_1
1	1	0	读 R_2
1	1	1	读 R_3
0	×	×	不读出

(b) 写控制

W	WA_0	WA_1	选择
1	0	0	写 R_0
1	0	1	写 R_1
1	1	0	写 R_2
1	1	1	写 R_3
0	×	×	不写入

试解答:(1) 设计微指令控制字段的格式。(不考虑后继地址)

(2) 画出 ADD 微指令程序流程图。

6.18 现给出 8 条微指令 $I_1 \sim I_8$ 及所涉及的微命令(如表 6-19 所示)。请设计微指令控制字段格式，要求所使用的控制位最少，并且保持微指令自身内在的并行性。

表 6-19　微指令表

微　指　令	相关的微命令	微　指　令	相关的微命令
I_1	a,b,c,d,e	I_5	c,e,g,i
I_2	a,d,f,g	I_6	a,h,j
I_3	b,h	I_7	c,d,h
I_4	c	I_8	a,b,i

6.19　请按断定方式实现图 6-64 所示的微程序流程的顺序控制。要求：

(1) 给出微指令顺序控制字段格式(假定 μMAR 为 6 位)。

(2) 给出各条微指令的二进制地址并编写实现此流程的微程序。

(3) 画出地址修改逻辑电路。

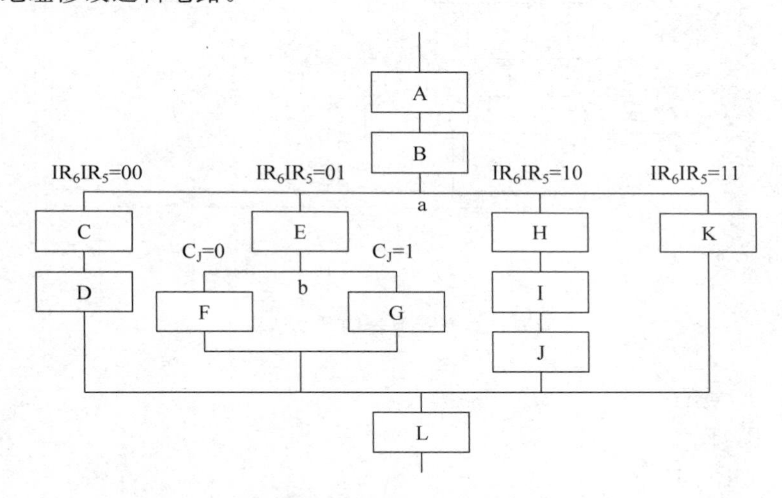

图 6-64　微程序流程的顺序控制

说明：图中每个方框代表一条微指令，分支点 a 由指令寄存器 IR_6IR_5 两位决定，分支点 b 由进位标志 C_J 决定。

6.20　已知某运算器的基本结构如图 6-65 所示，它具有＋(加)、－(减)、M(传送)3 种操作。

(1) 写出图 6-65 中 1～12 所表示的运算器操作的微命令。

(2) 指出相斥性微操作。

(3) 设计适合此运算器的微指令操作部分的格式。

6.21　说明相关性对流水线的影响，并给出 MIPS 处理器的解决方法。

6.22　假定某计算机的指令按取指、分析和执行 3 步骤处理，每步所需时间分别为 t_f、t_d、t_e，请分别计算满足下列要求时，执行 100 条所花费的时间。

(1) 依次串行执行。

(2) 仅$(K+1)$取指与 K 执行重叠。

(3) 仅$(K+2)$取指、$(K+1)$译码、K 执行重叠。

6.23　在图 6-53 的流水线上处理下述程序段时会出现什么问题？如何解决这些问题？

(1) ADD　R_1,R_2

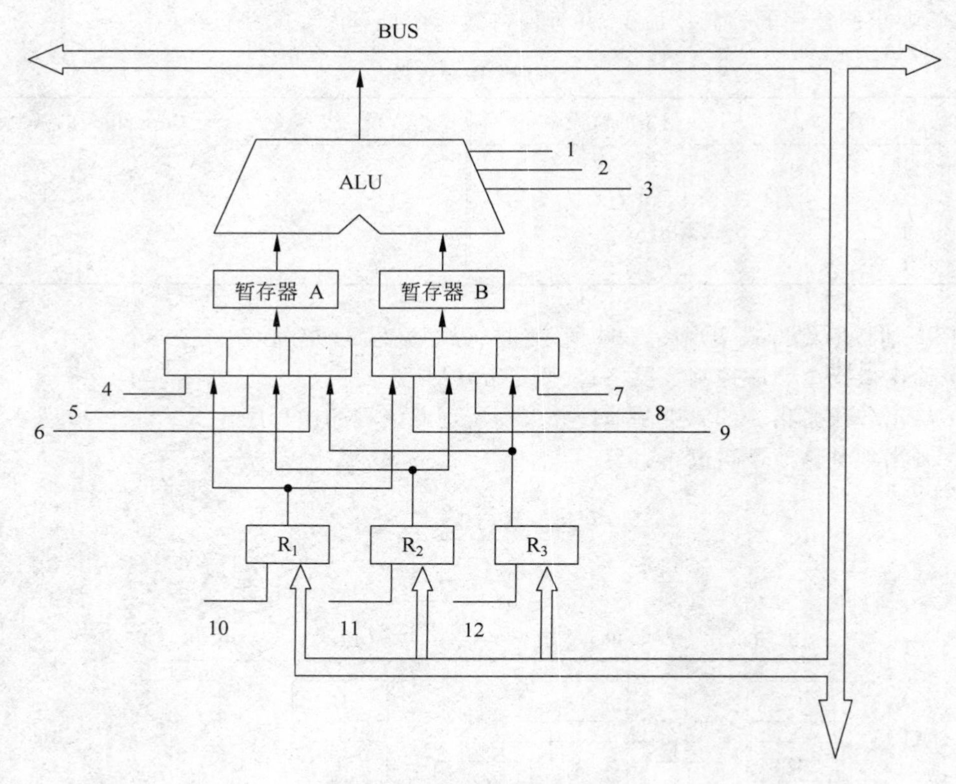

图 6-65　某运算器的基本结构

(2) MOV　R_3,R_1

(3) ADD　R_0,R_4

(4) MOV　(R_4),R_5

说明:前一个操作数为目的数,后一个操作数为源数。

6.24　单选题。

(1) 程序计数器的功能是________。

A. 存放微指令地址　　B. 计算程序长度

C. 存放指令　　D. 存放下条机器指令的地址

(2) CPU 从主存取出一条指令并执行该指令的所有时间称为________。

A. 时钟周期　　B. 节拍　　C. 机器周期　　D. 指令周期

(3) 主存中的程序被执行时,首先要将从内存中读出的指令存放到________。

A. 程序计数器　　B. 地址寄存器　　C. 指令译码器　　D. 指令寄存器

(4) 在下列的部件中,不属于控制器的是________。

A. 程序计数器　　B. 数据缓冲器　　C. 指令译码器　　D. 指令寄存器

(5) 为了确定下一条微指令的地址而采用的断定方式的基本思想是________。

A. 用程序计数器 PC 来产生后继微指令地址

B. 用微程序计数器 μPC 来产生后继微指令地址

C. 通过微指令顺序控制字段由设计者指定或由设计者指定的判别字段控制产生后继微指令地址

D. 通过指令中指定一个专门字段来控制产生后继微指令地址

(6) 构成控制信号序列的最小单位是________。

A. 微程序　　B. 微指令　　C. 微命令　　D. 机器指令

(7) 微程序控制器中，机器指令与微指令的关系是________。

A. 每一条机器指令由一条微指令来执行

B. 每一条机器指令由一段用微指令编成的微程序来解释执行

C. 一段机器指令组成的程序可由一条微指令来执行

D. 一条微指令由若干条机器指令组成

6.25 填空题。

(1) 控制器的主要功能包括__①__、__②__和__③__等3个功能。

(2) 一般而言，CPU中至少有__①__、__②__、__③__、__④__、__⑤__和__⑥__6个寄存器。

(3) 微指令的编码方式有__①__、__②__和__③__等3种。

(4) CPU周期也称为__①__周期，一个CPU周期包括若干个__②__。

(5) 在程序执行过程中，控制器控制计算机的运行总是处于__①__、分析指令和__②__的循环之中。

(6) 微程序控制器的核心部件是__①__，它一般由__②__构成。

(7) 在同一微周期中__①__的微命令被称为互斥微命令，而在同一微周期中__②__的微命令被称为相容微命令。显然，__③__的微命令不能放在一起译码。

(8) 由于微程序设计的灵活性，只要简单地改变__①__，就可改变微程序控制的机器指令系统。

6.26 是非题。

(1) 在主机中，只有存储器能存放数据。

(2) 一个指令周期由若干个机器周期组成。

(3) 决定计算机运算精度的主要技术指标是计算机的字长。

(4) 微程序设计的字段直接编译原则是：同时出现在一条微指令中的微命令放在不同的字段里，而分时出现的微命令放在同一个字段里。

(5) 由于微程序控制器采用了存储逻辑，结构简单规整，电路延迟小，而组合逻辑控制器结构复杂，电路延迟大，所以微程序控制器比组合逻辑控制器的速度快。

(6) 在CPU中，译码器主要用在运算器中选多路输入数据中的一路数据送到ALU。

(7) 控制存储器是用来存放微程序的存储器，它的速度应该比主存储器的速度快。

(8) 由于转移指令的出现而导致控制相关，因此CPU不能采用流水线技术。

第7章

总线技术

总线作为计算机传送信息的通道，是连接各个功能部件的纽带，在计算机系统中起着至关重要的作用。自从美国数字设备公司（简称DEC）在其小型计算机PDP-11/20上采用Unibus总线以来，伴随着技术的进步，各种各样标准的、非标准的总线系统纷纷面世，呈现百花齐放的态势。在现代计算机系统中，无论是在集成电路芯片内部还是在功能模块之间，无论是在主机和外设之间还是在主机与主机系统之间，都要通过各种总线实现互联。因此，一个计算机系统所配置总线的结构和性能，在很大程度上决定了该计算机系统的性能。本章讨论总线技术，就是让读者懂得在实现一个计算机系统时，需要针对不同层次上部件互联的需求，采用不同的总线互连技术。

7.1 总线概述

计算机系统大多采用模块结构，一个模块是实现具有某个（或某些）特定功能的插件电路板，通常也叫做功能部件、插件、插卡，例如CPU模块、存储器模块、各种I/O接口卡等。各模块之间传送信息的公共通路称为总线，是一个共享的传输媒介。当多个设备连接到总线上，其中任何一个设备通过总线传输的信号，都能被连接到总线上的其他设备所接收。如果两个设备同时向总线发送信号，总线上的信号将会产生叠加和混淆，因此需要对各功能部件使用总线的方式进行一定的限制，保证在任何时候只能允许一个设备向总线发送信号。

通常一条总线由多条通信线路（或线缆）组成，同一时刻每条通信线路能够传输表示一位二进制的1或0的信号，而在一个时间段内能够通过一条通信线路传输一系列的二进制数字信号。若一条总线上包含多条通信线路，则可以同时传送多个二进制数字信号，称为并行传送方式。例如，一个由8位二进制组成的数字信号，可以通过8位总线同时进行传送。

计算机系统设有不同种类的总线，在不同层次上为计算机组件之间提供通信通路。用于连接计算机系统中主要的组件（如CPU、存储器、I/O设备等）的总线称为系统总线。目前的计算机系统通常是基于使用各种总线来构造的，也就是说在一个计算机系统中，在不同层次上会有多种总线同时存在。

7.1.1 采用总线实现互连的优势

总线作为传送信息的公共通路，在早期的计算机系统中就已经被广泛采用。使用总线实现部件互连的优点有两个：一是可以减少各个部件之间的连线数量，降低成本；二是为了方便系统构建、扩充系统性能和便于产品更新换代。

我们知道，计算机的工作过程就是信息在计算机各个功能部件（器件）之间不断地有序流动的过程，因此各个功能部件（器件）之间实现互联是必不可少的。假如在系统中有 n 个部件需要交换信息，即使在这些部件之间仅需要设置一条物理信号线，要实现这 n 个部件之间的两两互连，也需要设置 $n(n-1)/2$ 条物理信号线。这种互连方案的最大的缺陷就是要实现的物理线路较多，线路数与连接对象的数目成正比。仔细分析该连接方式不难发现，造成线路多的原因是部件（器件）之间的连接是按一对一的方式进行的，即传输线路是独占的而非共享的。如果采用可被大家共享的总线，就可以大大减少线路的数目。例如，使用总线实现 n 个部件之间的互连，仅需要设置一条物理信号线就足够了。

使用标准总线实现系统部件互连后，计算机系统的构建、扩充和更新都变得十分方便。因为计算机系统内各个功能部件的互连都采取连接到标准总线上的方式，所以增加、减少或更新一个功能部件通常不会对整个系统造成什么影响。由此也进一步促使计算机系统的设计、生产走向了标准化，各计算机生产厂家可以按照行业制定的统一标准和规范组织设计和生产计算机的功能部件。由于这些功能部件具有通用性和互换性，因此厂商可以大批量地生产它们，从而降低了成本。对于某个计算机整机生产制造厂商来说，它也不必要设计、生产全套的功能部件，只需生产自己擅长的、有自身特色的且在市场上具有竞争力的部件，甚至可以不生产任何功能部件，因为标准的功能部件可以方便地到市场上采购到，整机生产制造厂商便可以生产出性价比极佳的主机，满足不同用户的需求。同样对于计算机用户来说，有了标准的总线就可以在众多的计算机生产制造厂商的产品中选择适合自己需要的功能部件，构建具有自身特色的计算机系统。目前的个人电脑产品的设计生产就是这种情况。

7.1.2　总线的分类

对于总线的分类，由于所处的角度不同有多种分类方法。

按总线所承担的任务，可分为内部总线和外部总线。简而言之，内部总线用于实现主机系统内部各功能模块（部件）之间的互连，外部总线用于实现主机系统与外部设备或其他主机系统之间的互连。其中，专门用于主机系统与外设之间互连的总线称为设备总线。然而在现实中，许多设备总线常被叫做某某接口，例如 SCSI 接口、USB 接口等，其实它们实质上是实现一个外部总线的功能。

按总线所处的物理位置，可分为（芯）片内总线，功能模块（板）内总线、功能模块（板）间总线（即通常说的系统总线）和外部总线。片内总线实现芯片内部功能部件之间的连接，例如微处理器内部使用的总线。功能模块（板）内总线实现该电路板上各个集成电路芯片之间的互连，而功能模块（板）间总线则用于把各个功能模块（如 CPU、主存储器、I/O 接口适配器等）连接到一起，构成主机系统，所以也称它为系统总线。外部总线的功能上面已经提到，在此不再复述。

按总线所传送的信息类型，可分为地址总线、数据总线和控制总线等。

按总线一次传送数据的位数又分为串行总线（一次仅传送一位二进制位，仅需设置一根数据信号线）和并行总线（一次同时传送多位二进制位，需要设置多条平行数据信号线）。

按总线操作的定时方式，又有同步总线和异步总线之分。总线操作定时的有关问题，将在 7.3 节做详细讨论。

7.1.3　总线的标准

对某个具体总线而言，在围绕该总线进行设计、生产和使用时，都必须遵守该总线所定义的标准或规范。总线的规范主要从以下几个方面来描述总线的功能和特性：

(1) 逻辑规范：引脚信号的功能描述。包括信号的含义、信号的传送方向(发送、接收或双向)、有效信号所采用的电平极性(高电平/低电平，正脉冲/负脉冲)及是否具有三态能力等。

(2) 时序规范：描述各信号有效/无效的发生时间以及不同信号之间相互配合的时间关系。例如，当地址信号有效后，至少需要多长时间的延迟才能使读/写信号有效。

(3) 电器规范：总线上各个信号所采用的电平标准(如1.5V电平、±3V电平等)和负载能力。负载能力定义了总线理论上最多可以连接模块的数量。

(4) 机械规范：它定义了总线包括插槽/插头或插板的结构、形状、大小方面的物理尺寸、接插件机械强度；总线信号的布局、引脚信号的长度、宽度以及间距等。

(5) 通信协议：定义数据通过总线传输时采用的连接方法、数据格式、发送速度等方面的规定。对串行总线而言会有这方面的规范。通信协议通常还要分为若干层次。

总线标准和规范的制定通常有两种途径，一是由具有权威性的标准化组织(如国际标准化组织ISO、电气电子工程师协会IEEE、美国国家标准协会ANSI等)制定并推荐使用；二是由某个或某几个在业界具有影响力的设备制造商提出，而被业内其他厂家认可并广泛使用的标准，即所谓事实标准。这种标准可能还没有经过正式、严格的定义，也有可能经过一段时间的使用后，被厂商提交给有关组织讨论而最终被确定为正式标准。

7.1.4 总线的性能

总线的性能由多方面的因素决定，决定一个总线的性能水平主要有以下几个因素：

(1) 总线的带宽：表示在单位时间内，总线所能传输的最大数据量，一般用兆字节/秒(MB/s)或吉位/秒(Gb/s)来表示。

(2) 总线宽度：笼统地说，一个总线所设置的通信线路(或线缆)的数目称为该总线的宽度。具体来说，在一个总线内设置的用于传送数据的信号线的数目，称为数据总线宽度。同样也存在一个地址总线的宽度。总线宽度的单位是二进制位，由此有8位、16位、32位及64位等总线之分。因为每条数据信号线一次只能传输1位二进制信号，因此数据总线的宽度决定了一次可以同时传送的二进制信息的位数。在总线工作频率一定的条件下，数据总线单位时间内的数据传输量与数据总线的宽度成正比关系，因此数据总线的宽度是决定计算机系统性能的一个关键特性。例如，假设某计算机系统数据总线的宽度是8位二进制位，一条为16位二进制位的指令，处理机在取该指令时就必须访问两次主存；数据总线的宽度如果是16位二进制位的话，取该指令时仅需要访问一次主存。

地址总线用来发送指示当前在数据总线上发送数据的源地址或目的地址。例如，如果处理机希望从存储器中读一个字(这个字可以是8位、16位或32位)的数据，它需要将这个字的存储单元地址发送到地址总线上。很明显，地址总线的宽度决定计算机系统的寻址能力。

(3) 总线的时钟频率：对于同步总线来说，由于采用统一的时钟脉冲作为定时基准，因此总线的时钟频率越高，总线上的操作就越快。显然，在数据总线宽度相同的情况下，较高的总线时钟频率，会带来较大的数据吞吐量。

(4) 总线的负载能力：限定在总线上可以连接模块的最大数目。

一般来说，我们都希望总线具有较高的带宽和较强的负载能力。实际上，在设计一个总线时，需要根据该总线的使用场合和使用目的，结合当时的技术水平制定适当的技术参数指标和实现方案，并留有在今后技术条件许可的情况下提升总线性能的余地。

7.2　总线的组成与结构

7.2.1　总线的组成

从逻辑构成上看，总线由两部分构成：一是连接各个功能模块的信号线；二是起管理总线作用的总线控制器。

一般说来，一条系统总线要由大约几十条到上百条通信线路来构成。每条通信线路都被赋予一种特定的含义或功能。据其传输信号的含义，通信线路被分成数据、地址和控制等功能组，因而形成了数据总线、地址总线和控制总线。另外还需要设置电源线和地线，以便用于向连接到总线上的部件提供电能。总线互连机制如图7-1所示。

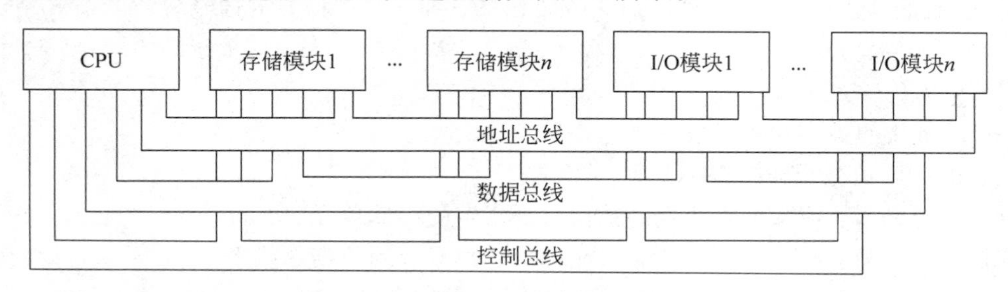

图7-1　总线互连机制

1. 数据总线

数据总线为系统部件之间提供传输数据的通路。数据总线的特点是：

(1) 双向传输。例如，在CPU和内存之间的数据线，既可以传送CPU发送到内存的数据，也可以传送内存发送到CPU的数据；

(2) 数据线的数目一般与计算机字长相同(当然也可以不同)；

(3) 采用具有三态能力的电路。

2. 地址总线

地址总线的作用是传送地址信号，它不仅用于传送内存地址，也用于传送I/O端口地址。例如，当计算机主机需要把数据传送到打印机上打印时，首先要把数据传送到打印机接口的数据缓冲寄存器中。要把数据正确地传送到打印机接口的数据缓冲寄存器中，主机需要预先把该数据缓冲寄存器的地址信息传送到地址总线上，打印机接口接收到这个地址并对地址信息进行译码分析，确认这个地址为打印机接口上的数据缓冲寄存器的地址，这样打印机接口的数据缓冲寄存器就能通过数据总线接收来自主机的数据，而其他外围设备的接口则对此地址不作响应。

在通常情况下，地址的高位部分用于形成芯片(或模块)的选片信号，而低位部分用于寻址芯片(或模块)内部的存储单元或I/O接口寄存器。例如，针对某8位地址总线，现有一个容量为128个字大小的存储模块和一个具有128个接口寄存器的I/O接口模块，分别称为模块0和模块1，则8位地址的最高位用来实现模块的选择，其余7位用于模块内的存储单元或I/O接口寄存器的定位。例如，在地址总线上现有地址信息01111111，表示处理机要选择模块0的第128个存储单元(请注意其中最高位为0表示要选择模块0)；而地址信息10000000，表示处理机要选择模块1的第1个I/O接口寄存器。

地址总线的特点是:

(1) 单向传输。

(2) 地址线的数目决定寻址能力的大小。

3. 控制总线

控制总线的作用是传送控制信号,以控制系统完成规定的操作。例如,利用控制信号在系统的各个功能模块之间指示命令和定时信息。其中,定时信号用于指示数据或地址信号的有效或无效,命令信号告诉功能模块执行什么操作。

控制总线可用于控制数据总线和地址总线的使用。因为数据/地址总线被系统所有的组件共享,因此必须要制定使用它们的方式和方法。例如,在CPU和磁盘控制器之间设有若干条控制信号线,其中有的是用于CPU发送控制命令给磁盘控制器的信号线,如“寻道”、“读”、“写”等,也有的是用于磁盘控制器向CPU传送“忙”和“完成”信号的信号线。

控制总线的特点是:

(1) 单向传输;

(2) 控制线的类型和数目取决于总线类型。

典型的控制信号线包括以下几种。

存储器写信号:使数据总线上的数据写到指定的存储单元。

存储器读信号:将从指定的存储单元读出的数据放到数据总线上。

I/O写信号:使数据总线上的数据输出到指定的I/O接口数据寄存器。

I/O读信号:将从指定的I/O接口数据寄存器输入的数据放到数据总线上。

传输应答信号(ACK):指示数据已被接收或已经放到数据总线上。

总线请求信号:指示一个功能模块需要获得总线的控制权。

总线授予信号:指示请求总线的功能模块已经获得了总线控制权。

中断请求信号:指示正在请求一个中断。

中断应答信号:指示先前请求的中断已经被响应。

时钟信号:使总线的各个功能模块上的操作实现时间上的同步。

复位信号:使总线上的各个功能模块初始化(复位)。

针对总线的所有操作都遵循总线的使用规则。如果一个功能模块需要发送数据到另一个功能模块,它必须做两件事:(1)获得总线;(2)通过总线传送数据。如果一个功能模块需要从另一个功能模块接收数据,它也必须做两件事:(1)获得总线;(2)通过向控制总线和地址总线传送适当的控制和地址信号,向其他功能模块发送传送数据的请求,然后等待其他功能模块发送数据。

4. 总线控制器

总线控制器负责控制和分配总线的使用,具体包括以下几项功能:

(1) 总线系统的资源分配与管理。负责向使用总线的功能模块分配中断向量号、DMA通道号以及I/O端口地址等资源。

(2) 提供总线定时信号脉冲。

(3) 负责总线使用权的仲裁。当多个模块都要使用总线发送信息时,总线控制器必须确定一个模块为当前总线的控制者,即总线的主控设备,简称主设备,这时其他使用总线的设备为从设备。当前的主控设备使用完总线后,再确定下面总线的主控设备由哪一个模块来担当。

（4）负责实现不同总线协议的转换和不同总线之间传输数据的缓冲。

5. 总线上的设备分类

按逻辑功能划分，连接到总线上的设备分为总线主设备和总线从设备。如上所述，总线主设备是总线操作的发起者，负责全面的总线控制；而总线的从设备不能引发总线操作，只能作为总线操作的对象。

按在信息交换的地位划分，可分为总线源设备和总线目的设备。源设备是发送数据的设备，目的设备是接收数据的设备。注意源设备未必是主设备，目的设备也未必是从设备。个中原因请读者考虑。另外，总线上有些设备在某一时段是主设备，而在另一时段又可能变成从设备，例如 SCSI 磁盘控制器。

7.2.2　总线的结构

在物理上，总线实际上由一系列并行的电子导体构成。以典型的系统总线为例，这些导体是蚀刻在一块印刷电路版上的金属线。总线向系统的所有组件提供服务，每个系统组件与总线上的全部或部分信号线相连接。典型的物理连接方案如图 7-2 所示。

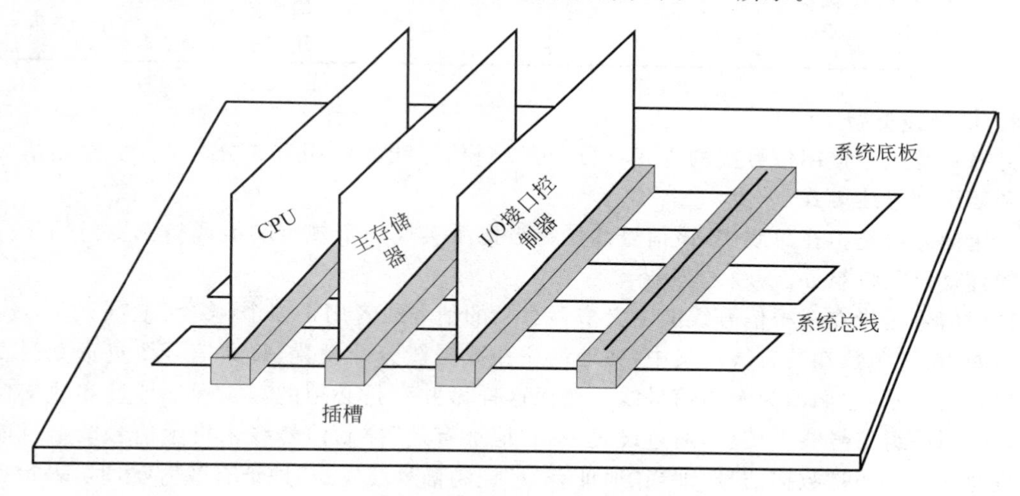

图 7-2　典型的物理连接方案

图 7-2 的例子中，系统总线安置到一块称为底板的印刷电路板上，由 3 组横向放置的导体构成。在该导体上等间距地设置 4 条内有总线信号接触点的插槽，这些插槽上可以以垂直方式插接印刷电路板（计算机的功能模块）。在一个计算机主机内部，每个主要的计算机系统组件可由一片或多片印刷电路板构成，并且插到系统总线的插槽中。这种使用总线的方式非常典型，在目前许多计算机系统的主机内部，仍然采用这种方式利用总线来连接计算机系统的主要组件。然而，现代计算机系统的趋势是将原来采用电路板实现的组件，改由集成电路来实现，即将原组件电路板上的所有元件集成到一块（或几块）集成电路芯片中。例如，我们常见的 CPU，由安置在芯片内部的总线来连接处理机和高速缓冲存储器（Cache）等功能部件，而安置在印刷电路板上的总线则用于连接处理机、主存和系统的其他组件。

采用这样的方法使得在构造和扩充计算机系统时非常方便。初始规模较小的计算机系统在后来扩充存储器或 I/O 接口控制器时只需要插入组件电路板即可。另外，如果一块电路板出现故障，该电路板也很容易被替换。

7.3 总线的设计要素与实现

7.3.1 总线的设计要素

尽管可用多种不同的方法来设计并实现一个总线,但是万变不离其宗。在设计总线时,对一些基本的总线要素需要慎重考虑,因为正是这些要素决定了一个总线的特性。一些关键的总线设计要素如表 7-1 所示。

表 7-1 总线设计要素

信号线类型:专用信号线 复用信号线	总线宽度:地址线宽度 数据线宽度
总线仲裁的方法:集中仲裁 分布仲裁	数据传输类型:读 写 读-修改-写 写后读 块传输(连续数据传输)
总线定时方法:同步 异步	

1. 信号线类型

针对在总线中使用信号线的方式不同,可以将信号线的使用方式分为两类:专用信号线方式和复用信号线方式。

专用信号线是指在总线中,该信号线始终被指派实现一个规定功能或指派专门用于一类特定的计算机系统组件。

复用信号是指在一根信号线上定义多种意义的信号或者用于多个(多类)总线设备。

例如,在许多熟知的总线定义中,将地址线和数据线分开设置,每类信号线负责专门发送地址或数据信号,它们即为专用信号线。然而这样做并不是必须的。实际上地址和数据信号也可以在同一组信号线上传输,通过设置一条"地址有效"控制信号线来指示信号线上目前传输的是地址信号还是数据信号,即当"地址有效"控制信号线发送"地址有效"信号时,表示目前正在发送地址信号,反之则表示目前发送的是数据信号。

在这种情形下,传送一个数据被分成两个阶段。在数据传送的第一阶段,首先将地址发送到信号线上,同时"地址有效"控制信号线发送"地址有效"信号。此时,连接到总线上的每一个功能模块执行一个特殊的地址获取时段,在该总线时段内各功能模块拷贝总线上的地址并且判断出该地址是否为本模块的地址,如为本模块的地址则准备接收数据,否则对将来发送的数据信号不予理睬。在这个总线时段结束后,进入第二阶段,地址信号从总线上撤销,同时"地址有效"控制信号线发送"地址无效"信号,接下来总线被用于数据传输,如图 7-3 所示。实际上在这种方式中,总线上的信号线分时复用,这是复用信号线的一种方式。

分时复用信号线的优点是总线只需要设置较少的信号线,这样可以节省空间,降低成本。而缺点是总线时序复杂,因此每个功能模块需要实现较为复杂的电路,同时也有潜在的性能下降的危险,因为总线操作只能串行执行,不能并行执行。

物理专用信号线方式是指在系统中使用多条不同种类的总线时,每个功能模块依据其功能的不同被连接到不同的总线上。例如,在系统中分别设置系统总线和 I/O 总线,在通常情况下,仅在 I/O 总线上扩充 I/O 模块。I/O 总线与系统总线之间的信息沟通可以通过 I/O 总

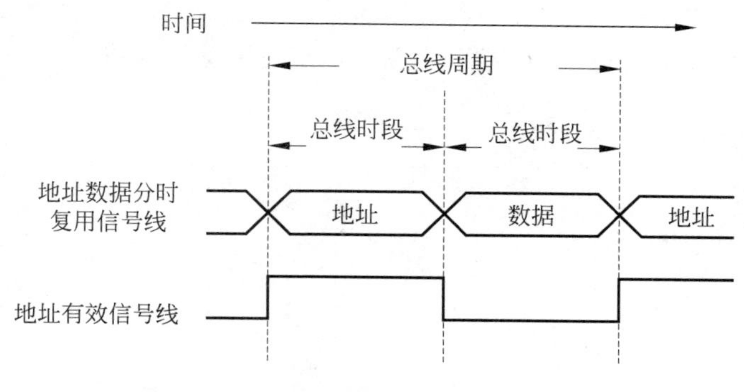

图 7-3　分时复用信号

线适配模块实现，这样 I/O 总线就可以连接到系统总线上了。使用物理专用信号线方式的优点是系统中的各条总线都具有较高的吞吐量，因为每条总线只有较少的设备连接在其上；同时发生总线竞争的概率也较低。缺点是占用系统的空间较大，相对成本也较高。

2. 总线仲裁的方法

对于总线来说，通常会有多于一个的功能模块同时提出需要使用总线的情况。例如，当一个 I/O 模块不通过处理机而直接对主存进行读写时，这时就可能会有处理机与 I/O 设备控制器争用总线的情况发生。因为在同一时刻总线只能允许一个功能模块成为总线的主控设备，所以必须要有总线仲裁电路。

所谓总线仲裁，就是根据连接到总线上的各功能模块所承担任务的轻重缓急，预先或动态地赋予它们不同的使用总线的优先级，当有多个模块同时请求使用总线时，总线仲裁电路选出当前优先级最高的那个，赋予总线控制权。

总线仲裁方法通常可以分成集中仲裁和分布仲裁两类；从另一个角度也可把总线仲裁方法分为并行仲裁和串行仲裁；从基于优先级的角度还可分成固定优先级和动态优先级。无论采用哪种总线仲裁方式，其结果都是要确定哪一个总线设备作为当前的主控设备。

所谓集中仲裁就是在系统中设置一个仲裁电路来集中处理连接到总线上的各个设备所提出的使用总线的请求信号，集中对它们的优先级进行比较，由此确定总线的主控设备；而在采用分布仲裁的系统中，不存在一个专门的仲裁电路来集中进行优先级的比较工作，每一个总线设备中都有较为复杂的总线访问请求控制逻辑，优先级比较电路也是分布在各个总线设备中，由各个已连接到总线上的并且目前有总线请求的设备共同来决定下面应该由哪个设备成为总线的主控设备。

所谓并行仲裁就是连接到总线上的每个设备与总线仲裁电路之间都有独立的总线请求线和总线允许信号线；而串行仲裁是指连接到总线上的设备共用一条总线请求信号线或(和)一条总线允许信号线。

所谓固定优先级是指总线上的各个设备的优先级一经指定后就不再改变；而动态优先级方案则允许设备使用总线的优先级是随时间变化的。

图 7-4 给出了一个集中式并行总线仲裁示意图。在该方式中，系统设置了一个集中总线仲裁器，连接到总线上的每个设备分别有一条总线请求信号线和一条总线允许信号线连接到总线仲裁器，当设备需要使用总线时，就通过自己的总线请求信号线向总线仲裁器发送总线请求信号，总线仲裁器根据预先设定好的排队原则对总线请求信号进行排队，以便在当前请求总线的设备中选出优先级最高的那个设备，并向其发出总线允许(应答)信号，接收到总线允许信

号的那个设备就成为总线的主控设备。待该设备使用完总线后，就撤销总线请求信号，这样优先级低的设备也有机会使用总线，有可能成为下一次使用总线的主控设备。显然图 7-4 所采用的总线仲裁方式也是并行仲裁方式。

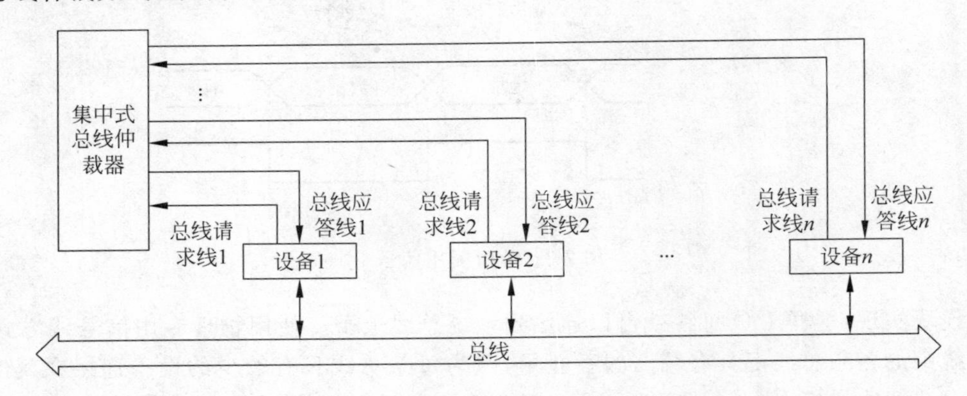

图 7-4　集中式并行总线仲裁

图 7-5 给出了一个串行总线仲裁的示意图。总线仲裁器与设备之间只设置一根总线请求信号线，一根总线应答信号线和一根总线忙信号线，连接到总线上的所有设备共享这 3 根信号线。总线上设备的优先级是由设备在该电路中的位置决定的，越靠近总线仲裁器的设备，优先级越高。总线上的设备只有在总线"忙"信号无效时，才能申请使用总线，即通过总线请求信号线向总线仲裁器发出总线请求信号。总线仲裁器接到总线请求信号后，总线仲裁器就发出总线应答信号给离它最近的设备，如果该设备没有使用总线的要求，他就把总线应答信号传递给它的下一级设备，就这样总线应答信号可以逐级传递下去。一旦某个设备接收到总线应答信号而且该设备又有使用总线的要求，该设备就不再向它的下一级设备传递总线应答信号，这个设备就成为总线的主控设备，同时通过总线忙信号线发出总线忙信号，通知其他总线上的设备此时不能再申请使用总线，即使已经发出总线请求信号，这时也必须暂时撤销。当然，待总线忙信号撤销后，设备如有使用总线的要求的话，还可以再次发出总线请求信号。

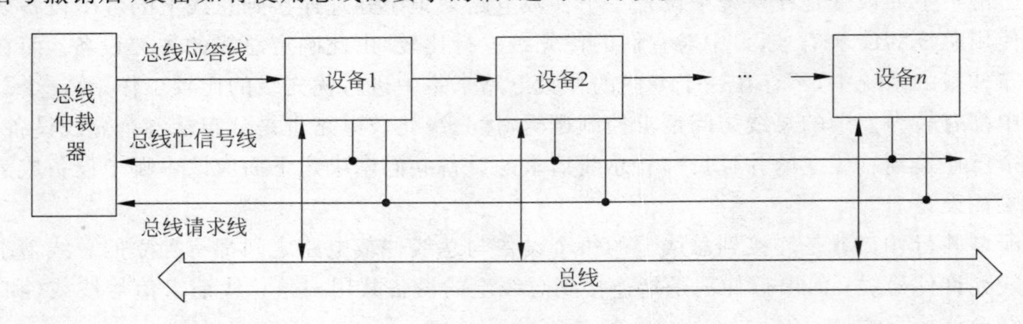

图 7-5　串行总线仲裁

集中式仲裁机制的优点是：系统模块化程度高，设备一方电路设计较为简单，但系统可靠性不太高，一旦仲裁电路发生故障，总线就不能使用。分布式仲裁则正好相反。

并行仲裁的优点是总线仲裁速度快，优先级设置灵活，即有可能通过向总线仲裁器发送不同的控制命令，实现不同的优先级策略。缺点是每个设备与总线仲裁器之间都需要设置一条总线请求信号线和一条总线允许信号线。由于总线仲裁器电路在具体实现时，这对信号线的数目是固定的，这意味着可以连接到总线设备的数量实际上还会受到这对信号线数目的限制。

同时也有可靠性不高的缺点。

串行仲裁的优点是用于总线管理的信号线数目较少，且与连接到总线上的设备数目无关，同时总线仲裁器电路的实现也较为简。但缺点也是很明显的，主要是一旦设备连接到总线上，设备的优先级随即固定下来，要改变一个设备使用总线的优先级，就必须改变它所处总线的物理位置；而且在该方案中，总线优先级的判定时间较长，因为总线应答信号需要逐级向下传递，如果连接到总线上的设备数量较多，对于排在后面的设备相比排在前面的设备来说，从发出总线请求信号到接到总线应答信号，所等待的时间要长一些。

对于采用固定优先级策略的总线系统来说，硬件实现会简单一些，但当设备较多时，优先级低的设备就很难有机会使用总线；而动态优先级策略虽然在硬件实现上比固定优先级策略复杂许多，但能够很好地适应总线上存在较多设备的情形。典型的动态优先级策略是轮转策略，即首先将设备排队，指定一个设备为目前优先级最高的设备，队中的下一个设备次之，就这样先排下去。当目前具有最高优先级的设备使用一次总线后，它就变成优先级最低的设备，即排到队尾，队中下一个设备就变成目前具有最高优先级的设备。这样所有设备都具有平等使用总线的机会。

3. 总线定时方法

总线定时方式是指为了协调总线上发生的事件所采用的方法。总线上发生的事件是指那些为了使用总线传输信息，总线所做的各种必要的动作。例如，处理机要求从主存中读出数据，总线所做的动作包括向主存发送存储单元的地址、向主存发出读信号以及将主存发送到数据总线上的数据交给处理机等。总线定时的方法分为同步定时和异步定时，由此总线又可分为同步总线和异步总线。

在同步总线中，总线上所有事件的发生，都要由一个时钟脉冲序列来定时。在这种定时方式下，总线应包含一条时钟信号线，该时钟信号线负责传送一个固定频率的方波信号。所谓方波信号是指高、低电平具有相同持续时间的脉冲信号。从一个高电平有效开始到接下来的低电平结束(即一个脉冲周期)在这里称为一个时钟周期，它定义了一个最基本的总线操作的时间单位。一个总线时段则由一个或多个时钟周期构成。连接到总线上的所有设备都通过时钟信号线获取用于事件同步的时钟脉冲信号，所有的总线事件都应在一个时钟周期的开始时(即高电平有效时)启动动作。

图 7-6 给出了一个在同步方式下具备读和写操作的时序图。虽然这里给出的仅仅是一个简化了的时序图，但它具有非常典型的意义。在该时序状态图中我们可以看到：总线上的信号都在时钟脉冲前沿开始变化(当然实际上会有微小的延迟)。大多数总线事件通常会在一个总线时段内完成操作。

这个例子向我们展示了总线事件操作是如何与时钟脉冲同步的。首先，处理机在第一个总线时段内将主存单元的地址放到地址总线上，同时也可能将某些状态信息发送到状态信号线上。一旦处理机给出的地址/状态信号在地址总线和状态信号线上形成稳定的电平信号，处理机这时会通过“地址有效”信号线发出“地址有效”信号；从设备在得到“地址有效”信号后就开始对地址总线上的地址进行译码。对于读操作，处理机在接下来的第二个总线时段通过“读”信号线发出“读有效”信号。从设备在接下来的一个总线时段里，在根据前面的地址译码确定了这次要访问的目标单元之后，依据“读”命令，从该单元中读出数据并将数据放到数据总线上。对于写操作，处理机会在第二个总线时段开始时将数据放到数据总线上，待数据总线上的数据信号稳定之后，处理机会通过“写”信号线发出“写有效”信号。从设备同样通过译码确定了这次要写的目标单元后,依据"写"命令,在接下来的第 3 个总线时段从数据总线上拷贝数据并写到目标单元中。

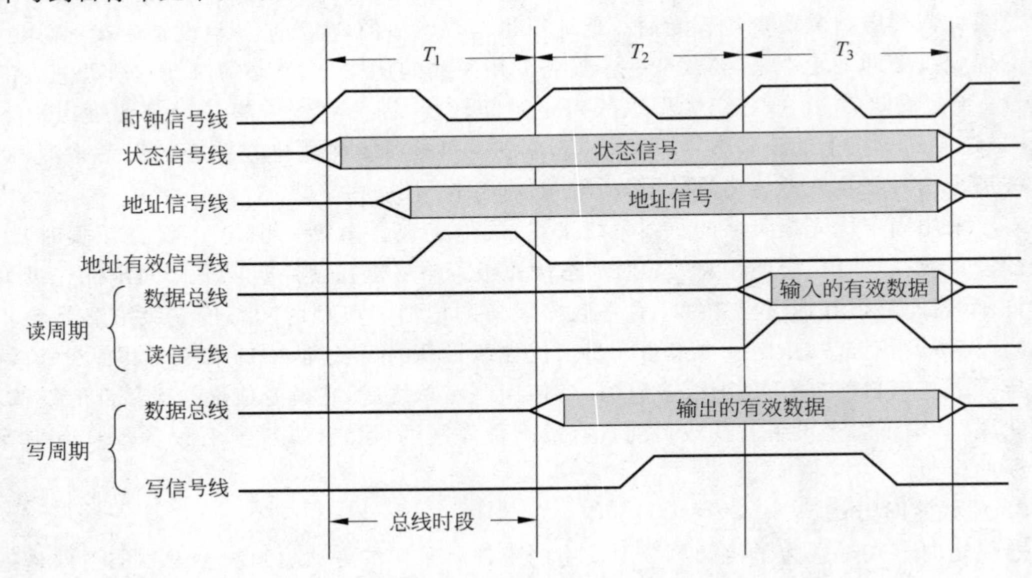

图 7-6 同步定时方式下的总线操作

在采用异步定时的方法中,总线上一个事件的动作发生与否,依赖于前一个事件动作的执行情况。从图 7-7 所示的一个简单的异步读操作的例子中可以看到,处理机(目前是作为总线的主控设备)首先将地址和状态信号发送到总线上,经过一个短暂的延时,待这些信号稳定后,处理机接下来发送一个读命令,指示已经送出了有效的地址和控制信号,以此通知主存储存器下面需要执行"读"操作。主存储器随即对处理机送来的地址进行译码,由此主存储器控制器可以找到该地址所对应的存储单元,接下来控制从该存储单元中读出数据并将该数据放到数据总线上,待数据信号在数据总线上稳定了之后,主存器通过"应答(或确认)"信号线向处理机发送"应答(或确认)"信号,表示数据已经有效、可用。处理机从数据总线上读取数据之后,处理机这时才会使"读"信号变为无效。主存储器发现"读"信号无效后,它才会将"应答"信号撤销并使存储器的数据线与数据总线隔离(通过三态门)。当处理机发现"应答"信号无效后,处理机这才撤销地址和状态信号。

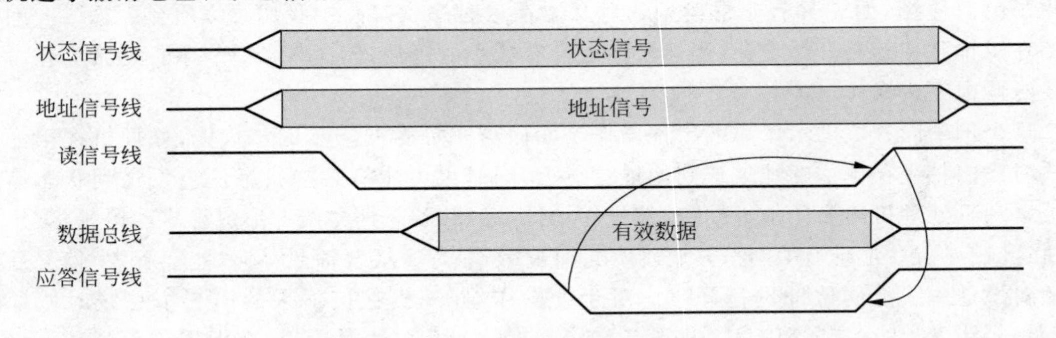

图 7-7 异步方式下的读总线周期

图 7-8 给出了一个简单异步写操作例子。在图 7-8 所示情形下,总线的主控设备将地址和状态信号发送到总线上时,同时也将数据发送到数据总线上,待地址、状态和数据信号在总

线上稳定后，主控设备发出写命令。写命令应一直保持有效，直到主控设备接收到主存储器发回的“应答”信号为止。也就是说主控设备在接收到来自主存储器的“应答”信号之后，才能够撤销“写”信号。对于主存储器一方，当它接收到这个写命令之后，它应当首先根据地址总线上所提供的地址经译码分析后找到该地址所对应的存储单元，接下来主存储器再从数据总线上拷贝数据并写到存储单元中。当主存储器执行完“写”操作之后，它向主控设备发出“应答”信号。总线的主控设备在接收到“应答”信号后，马上撤销“写”信号。而主存器只有发现“写”信号撤销后，它才会撤销“应答”信号。当主控设备发现“应答”信号无效后，主控设备这才撤销地址和状态信号。

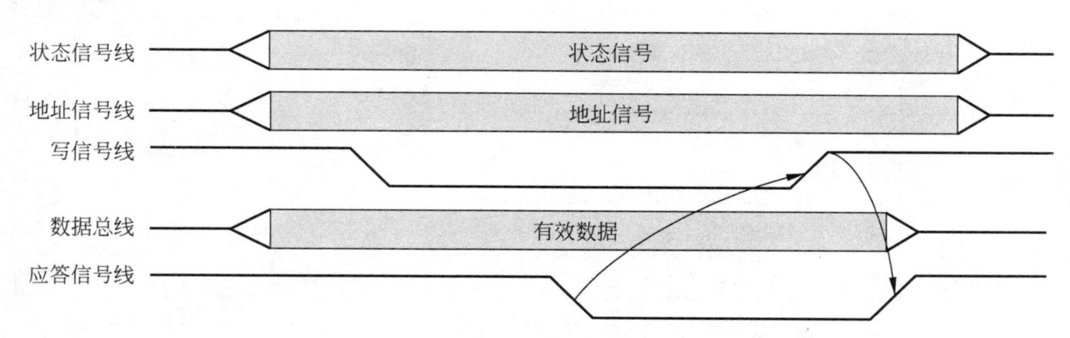

图 7-8　异步方式下的写总线周期

同步定时方式的优点是系统中各个连接到总线的模块，在其控制电路的实现和测试都比较简单，缺点是与异步定时方式相比，操作定时不够灵活。因为连到同步总线上的所有设备都受到固定的时钟频率之约束，这意味着所有设备只能在同一速率下运行，性能较高的高速设备不能发挥其速度优势，从而不能给系统带来性能提升。对于采用异步定时方式，无论是快速还是慢速设备，也无论是新设备还是旧设备，它们都能比较容易地连接到总线上，通过总线实现它们之间的数据交换。但控制电路实现起来较为复杂，代价也比较高。同时由于每次发送和接收数据都需要在总线的主、从设备之间多次交换信息，所以数据传输效率较低。

4. 总线宽度

前面我们已经提到总线宽度的概念，这里主要讨论总线宽度与总线性能之间的关系。

数据总线宽度往往在很大程度上决定了一个计算机总线的性能。在总线操作速率一定的条件下，数据总线的宽度越宽，一次传送的二进制位数就越多。但是由于并行数据总线在较高的工作频率下传送数据时，往往会在数据线之间会产生信号串扰，因此会使传输的数据发生错误。也就是说并行的数据总线在某种意义上限制了总线的工作频率。所以有些总线在设计、实现上摒弃了并行数据总线的方式而采用串行数据总线的方式，这样一方面可以大大提高总线的工作速率而又不会造成数据出错，同时又减少了信号线的数量，减小了总线接插件的物理尺寸，还可以提高数据传输的距离。

地址总线的宽度决定着系统的寻址能力。地址总线越宽，总线上可寻址的单元就越多，系统能够访问的地址范围就越大，这意味着系统可以有更大容量的存储器，可以连接更多的外部设备。但同时也大大增加了总线设备译码电路的复杂性。

5. 数据传输类型

总线的基本功能是传输数据信息。总线上的一次数据传输包括两个阶段：地址、命令阶段和数据传输阶段。由于总线及总线设备的多样性，使得数据传输也存在多种方式。图 7-9

展示了通常总线所支持的各种数据传输类型。实际上所有的总线都会支持两个最基本的总线操作：读操作(总线的从设备发送数据到主控设备)和写操作(总线的主控设备发送数据到从设备)。数据传输类型就是指读/写操作在各种类型总线上的各种实现方法。

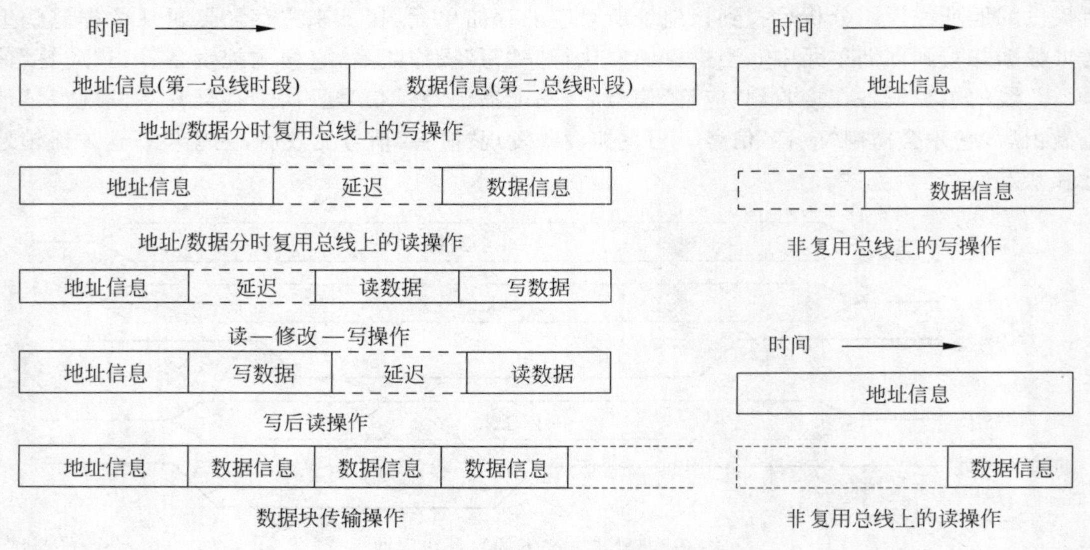

图 7-9　总线所支持的数据传输类型

在地址和数据分时复用总线上,由于地址信息和数据信息分时复用总线上同一组物理信号线,因此总线上这组被复用信号线需要在不同的时间段发送不同的信息(地址或数据)。在通常情况下,分时复用的信号线首先被用来发送地址信号,然后才会用来传送数据。对于读操作来说,总线的主控设备在发送过地址信号后,在它能够通过总线获得从设备发送来的数据之前,需要有一个短暂的时间延迟,也称为总线转换阶段。设置总线转换阶段的原因是,在地址阶段,分时复用的地址/数据信号线是由总线的主控设备驱动的地址信号,但在数据传输阶段,分时复用的地址/数据信号线是由总线的从设备驱动的数据信号,为了避免多个设备同时驱动同一个信号线而形成的竞争,所以要求同一个信号线由一个设备驱动转换到由另一个设备驱动之前,需要加入一个短暂的延迟,即加入一个总线转换阶段。对于写操作,由于无论是地址阶段还是数据传输阶段,对于分时复用信号线的驱动都是由总线的主控设备驱动的,所以在地址阶段和数据传输阶段之间不需要插入总线转换阶段。而对于某些总线来说,由于总线仲裁的原因,无论对于读操作还是写操作,在地址、命令阶段和数据传输阶段之间都会有延迟发生。因为首先要申请获得总线以便发出地址信息和读/写请求,然后还要申请获得总线才能够去执行读/写操作。

在采用专用信号线方式时,由于地址总线和数据总线相互独立,在一个总线操作周期内,针对同一个信号线,不会发生驱动设备变更的情形,因此不需要设置总线转换阶段,即减少了延迟。而且发送到地址总线上的地址信号不会受到外界影响,当数据放到数据总线上时,地址信息仍然保留在地址总线上。对于写操作来说,当地址总线上地址信号稳定之后,总线的主控设备就将数据信息发送到数据总线上。对于读操作来说,当总线的从设备完成地址译码从而确定了数据存放位置并且读取数据之后,就将数据放到数据总线上。

一些总线还支持某些联合操作。例如,“读—修改—写”操作就是在读操作之后对同一单元立即实施写操作,这样数据单元的地址只需在操作开始时发送一次即可,且整个操作是不间断地连续执行的，这样可以防止其他潜在的总线主控设备（如其他处理机）在操作执行期间对目标数据单元实施访问操作。这样做的主要目的是在多道程序执行的环境下，确保保存在共享存储资源中的数据能够保持数据的一致性。

“写后读”操作也是一个不可分割的连续操作，它的功能是对某一存储单元的写操作完成后立即实施读操作。这里执行读操作的目的是为了对刚刚写入的信息进行校验。

以上的数据传输类型共同的特征是在数据传送阶段只有一次数据传送操作。有些总线还支持数据块传输方式（Burst mode），也称为连续数据传输方式、突发（猝发或迸发）数据传输方式或成组数据传输方式。在这种情形下，在一个地址、命令阶段后，或者说给出了第一个数据所在存储单元的地址之后，可以有多个数据传送操作，即可以读/写连续的多个数据单元。这意味着总线的主控设备只需将要发送或接收的第一个数据项的地址发送给存储器，其余多个数据项的地址相对于第一个数据项的地址来说都是连续地址，主存储器可以自动修改后续访问的数据单元的地址而不需要主控设备每次都发送地址。这样做能够大大提高数据的传输效率。例如，刷新高速缓冲存储器（Cache）中“一行”的操作往往要求总线（也包括内存）支持这类数据传输类型。

7.3.2　总线的实现

总线是实现源部件传送信息到一个或多个部件的一组传输线。为了能使多个设备共享总线，必须将这些设备的输入输出物理信号线都连接到总线上，其核心是要实现多个设备上的元件的输出，都可以作为总线上的另一元件的输入，因此对于发送的信息必须经过选择，以避免产生多个部件同时发送信息的情形，即要求在任何时刻最多有一个输出被选中。目前广泛采用两种方案用于解决上述问题，即集电极开路与非门（OC 门）电路和三态门电路。

1. 采用集电极开路与非门电路实现总线

将多个集电极开路与非门（OC 门）的输出端连接在一起，并在集成电路外面接一个公用负载电阻，即可构成与或非门。在图 7-10 所示的例子中，两个 OC 门的输出连接到一起形成输出信号 F，它们的逻辑关系为 $F=\overline{S_1X_1}\cdot\overline{S_2X_2}$ 或 $F=\overline{S_1X_1+S_2X_2}$。由 F 的逻辑表达式可以看出：当 $S_1=1$（表示 OC 门 1 被选中，可以向总线发送信息），$F=\overline{X_1}$；当 $S_2=1$（表示 OC 门 2 被选中，可以向总线发送信息），$F=\overline{X_2}$。这实际上就是一个一位的集电极开路总线，OC 门的输入信号 S_i 起着选择器的作用，另一输入信号 X_i 是数据输入。假定在任何时刻最多只有一个 S_i 信号有效，这个信号就决定了当前的数据来源，因此我们称它为选通信号。推而广之，增加 OC 门个数，即可实现不同宽度的总线。不过由于 OC 门的工作速度较慢，因此在目前的计算机系统中较少采用集电极开路门实现总线。

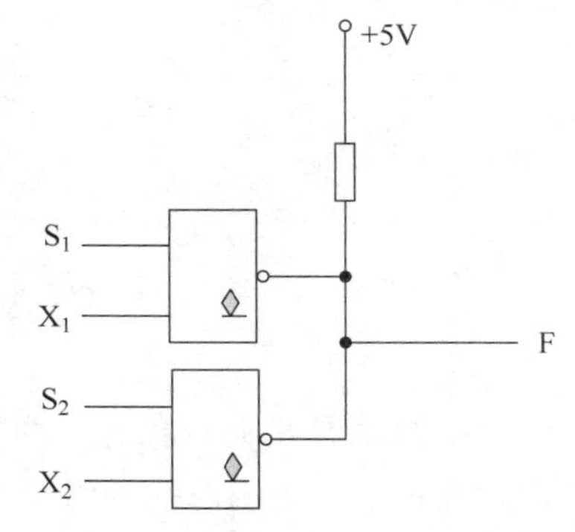

图 7-10　采用集电极开路门构造的总线

2. 采用三态门电路实现总线

目前，计算机系统在总线的物理实现上，主要采用三态门电路和传输线来进行构造。所谓三态门电路，是指门电路的输出除了有高电平和低电平两种状态之外，还有一个高阻状态，即门电路的输出端呈现高阻抗。门电路的输出是否呈现高阻抗状态，可以通过电路的三态控制信号加以控制。当三态控制信号控制门电路为正常工作状态时，三态门电路的逻辑功能与普通与非门完全相同；当三态控制信号控制门电路工作在高阻状态时，三态门电路的输出端呈现高阻抗状态。

采用三态门电路可使连接到总线上的设备在不使用总线时对总线呈现高阻状态，此时设备在物理上与总线断开，设备绝不可能向总线发送信息，从而避免了干扰总线正常操作的问题；同时设备也不作为总线的负载，从而为总线可靠地传送信息创造了有利条件。

与 OC 门不同的是，三态门电路的输出端无须外接负载电阻，多个三态门电路的输出端可以连在一起接到总线上，但在同一时刻绝对不能有多于一个门电路被选中而脱离高阻状态向总线发送信息。因为，假设两个门电路同时向总线发送信息，其中一个可能向总线发送低电平信号，而另一个则可能向总线发送高电平信号，这将会在两个门电路之间造成短路并形成大电流，这样不仅会使总线发送错误的信息，甚至有可能会造成门电路的永久性损坏，因此在设备的电路实现时需要引起特别的注意，防止上述现象的发生。另外，虽然总线上可连接多个部件，但总线的驱动能力是有限制的，因此在设备电路的实现时，应限制在 1～2 个负载以内为佳，具体情况应视具体的总线而定。

图 7-11 给出了使用三态门电路实现的 1 位双向总线的逻辑图。图中，s 是三态控制端，当 s＝0 时，右边的三态门电路脱离高阻状态，左边的三态门电路呈现高阻抗状态，从而信号线 Y_1 上的信号可以通过右边的三态门电路送到左端非门电路的输入端，经过非门电路的反向后，X_1 信号线上呈现与 Y_1 同样的信号状态，即实现了信号从右边发送到左边。同理当 s＝1 时，则实现信号从左边发送到右边。

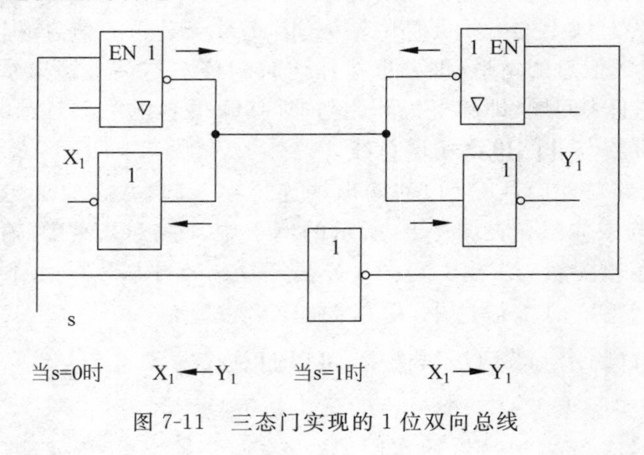

图 7-11　三态门实现的 1 位双向总线

7.4　总线与计算机系统

总线与计算机系统的关系可以从一个计算机系统中的总线所采用的组织结构方面来体现。计算机系统中的总线的组织方法很多，按照总线的组织结构不同，可以在大体上分成单总线结构的计算机系统、双总线结构的计算机系统和多总线结构的计算机系统。

1. 单总线结构的计算机系统

如 1.4.3 节中所述，在单总线结构的计算机系统中，采用称为系统总线的一组总线来连接整个计算机系统中的各个功能部件，例如处理机模块、主存储器模块、I/O 设备控制器模块等，计算机系统中的所有外部设备通过设备控制器也挂在这条总线上。在这种结构的计算机系统内部，各个功能部件之间的所有信息传送都通过系统总线来实现。

显然在单总线结构的计算机系统中，通常利用系统总线实现 I/O 设备与 CPU 之间、I/O 设备与主存之间以及 I/O 设备之间的直接联系。这种结构是小型计算机系统和早期的微型计算机系统经常采用的一种总线结构。

单总线结构具有以下一些特点：

(1) 所有连接到系统总线上的功能部件既可以共享同一地址空间也可以分享不同的地址空间。也就是说，主存储器的存储单元和 I/O 接口寄存器既可以统一编址，也可以独立编址。如果两者采用统一编址，则 I/O 设备地址将采取存储器映射方式进行编址，即 I/O 端口的地址占用主存地址的一部分地址空间，计算机系统提供的所有可以访问存储单元的指令，都可以用来访问 I/O 接口寄存器，因而在指令系统中不必要设置 I/O 指令，也不需要实现 I/O 总线周期时序逻辑。这样可以大大简化 CPU 中控制器的设计，降低控制器的实现难度。很明显，这样做带来的后果是主存的地址空间将被侵占，同时也给机器语言或汇编语言程序员带来程序设计上的困难。因为，他们必须深入了解计算机具体的硬件实现，才能清楚地了解两类地址是如何划分的。如果采用两者采用独立编址，则主存储器单元和 I/O 接口寄存器将分别单独编址。由于独立编址时主存地址和 I/O 端口地址之间没有任何关系，给机器语言或汇编语言程序员编写程序带来了便利。但因为在指令系统中需增加 I/O 类指令，需要实现 I/O 总线周期时序逻辑，所以势必增加 CPU 中控制器的设计和实现的难度。在早期的中小型计算机系统中，有许多机器采用单总线结构及存储单元与 I/O 端口寄存器的统一编址，以简化 CPU 的设计与实现。

(2) 早期采用单总线结构的小型计算机系统大多采用异步定时方式。其优点是设备之间的传输速率只与参与通信的设备固有速率有关，而与总线上其他设备无关，也与总线本身无关。这便于实现计算机系统的各个功能模块。不过在后来的以微处理器为核心的微型计算机系统中，虽然也采用了单总线结构，但是采用的是同步定时方式。

(3) 单总线往往成为计算机系统性能的瓶颈。很明显，单总线结构的主要缺陷是系统效率不高。这主要体现在连接到总线上的各个功能模块的利用率不高，这是因为单总线不允许多于两组的设备同时交换信息。例如，当 CPU 与主存储器进行数据交换时，两台 I/O 设备之间就不能通过总线进行数据交换，因此总线往往成为计算机系统中各个功能模块竞相争夺的一个资源。特别是当总线上连接的设备数量较多时，总线往往成为系统功能提升的瓶颈。这也是往往单总线结构只在小型和微型计算机系统中采用的主要原因。

2. 双总线结构的计算机系统

为了克服单总线结构本身固有的缺陷，在大、中型计算机系统甚至在个别小型计算机系统以及目前的微型计算机系统中，增加了一条内存总线，CPU 访问主存单元时通过内存总线来实现，原有的系统总线则用来实现 CPU 与外设以及内存与外设之间的数据通信，从而形成了双总线结构如第 1 章所示。

在双总线结构的计算机系统中，通过设置内存总线，使 CPU 和主存储器之间的信息流与外设和主存储器之间的信息流分开，大大减轻了系统总线的负担，实现了 CPU 与外设的并行操作，有效地提升了计算机系统的性能，但又保持了单总线结构所具有的简洁、易扩充的优点。其代价是必须解决内存总线与系统总线对主存储器的访问冲突问题。

3. 多总线结构的计算机系统

多总线结构计算机系统是在双总线结构基础上增加 I/O 总线实现的一种计算机系统结构。增加 I/O 总线的目的是进一步提高计算机系统的工作效率。这种总线结构是在计算机系统的各部件之间采用多条各自独立的总线来构成分层次的信息通路,如第1章图1-10所示。

在大型计算机系统中,I/O设备通过I/O通道或I/O处理机实现与系统总线之间的信息交换。通道是大型计算机系统中的一个独立部件,其作用是控制各种外部设备,使CPU不再执行与设备控制有关的程序,因此CPU执行应用程序的效率大大提高。通道一般有专门的通道指令,通道通过执行由通道指令构成的通道程序实现对外部设备的控制并可以实现形式多样而且更为复杂的数据传送。多总线结构计算机系统性能的提高是以增加通道这一设备为代价的,通道实际上是一台具有特殊功能的处理器。基于上述理念,进一步扩充通道的功能,扩充完善通道指令,就形成了I/O处理机。I/O处理机不但能起到通道的作用,由于它具有丰富的各类指令,因此I/O处理机还可完成诸如编码转换、数据校验以及纠错等功能。

4. 多层次总线结构

现代计算机系统往往会根据系统功能模块性能上的要求设置不同层次、不同种类的总线,不会完全拘泥于上述3种总线结构。这里我们讨论有关多层次总线结构的问题。

引入层次型总线的必要性在于如果大量的组件电路板被连接到总线,系统性能将会变得非常糟糕。这主要有以下几方面的原因:

(1) 如果计算机系统中的所有设备都在使用单一的系统总线的话,就会使得系统总线显得非常拥挤。解决的方法之一就是在处理机子系统中配置专供CPU使用的局部总线,在局部总线上连接局部存储器和局部I/O接口,而在系统总线上连接主存储器和其他速度较慢的I/O设备控制器。

(2) 在通常情况下,要将许多组件电路板连接到总线,势必要增加总线的长度,从而带来传递延迟。造成这种延迟的原因是总线仲裁机构用来协调各个组件对总线使用的有关操作,这种协调工作是需要花费时间的。当总线的使用权频繁地从一个组件传递到另一个组件,这些延迟明显地影响了总线的性能。

(3) 一些需要连续的且数目较大的数据字的传输的应用,几乎耗尽了总线的带宽,比如主存到显示缓冲存储器之间的数据传输就是这样,这时总线变成了系统的瓶颈。通过提高总线的带宽的方法,比如增加数据总线的宽度(如将数据总线的宽度由32位增加到64位)以及提高总线的工作频率,似乎可以解决这个问题,然而由于某些组件(如图形、视频显示适配器、千兆网络接口适配器等)对总线带宽的要求增长得非常快,对于结构单一总线来说最终注定难于满足这些要求。

现代多数计算机系统采用分层划分的层次型多总线结构,如图7-12所示。这里局部总线用来连接处理机和高速缓冲存储器(Cache)以及其他局部组件(例如显示适配器)。高速缓冲存储器控制器不仅仅只是与局部总线相连,它还与系统总线相连,由此实现局部总线与主存的连接。我们知道使用高速缓冲存储器结构能有效地隔离处理机对主存频繁的访问请求,因此主存不再与局部总线连接,转而连接到系统总线。在这种方式下I/O设备与主存之间的数据传输只需要通过系统总线即可完成,从而不会干扰到处理机的操作。

I/O接口控制器可以直接连接到系统总线,但I/O设备的速度差别非常大。因此更为有效的解决方法是设置一条或多条扩展总线来连接这些I/O接口控制器。扩展总线接口在系统总线和连接在扩展总线上的I/O接口控制器之间起了一个缓冲数据的作用。这样做带来两方面的好处,其一是计算机系统可以方便地支持速率不同的各种I/O设备,其二是使主存与处理机之间的数据传输和主存与I/O设备之间的数据传输分隔开来,各行其道,互不干扰。

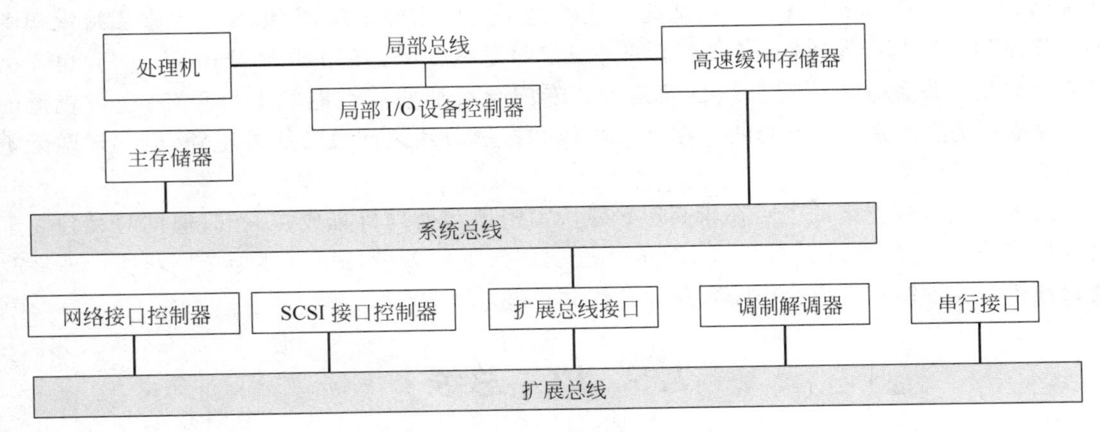

图 7-12 层次型多总线结构

图 7-12 展示了一些 I/O 设备控制器连接到扩展总线的典型例子。网络接口控制器可以是传输速度为 10Mbps 的局域网适配器（例如以太网适配器）和广域网适配器（例如基于包交换的 ISDN 网络适配器）。小型计算机系统接口（SCSI）是一种用来支持本地磁盘驱动器和其他 SCSI 外设的设备总线。传统的串行接口通常用来连接扫描仪、串口打印机等外设。

传统的层次型多总线结构无疑提高了系统性能，其主要体现在 I/O 设备上。为了满足一些新型设备（例如视频/图形显示接口适配器、千兆以太网卡等）对总线在性能方面不断增长的需求，业界普遍采用的方法是构建一个具有与处理机紧密集成的、用来支撑整个系统且相对独立的高速总线。所谓与处理机紧密集成是指高速总线充分考虑与它连接的处理机的体系结构，如处理机引脚的信号定义情况以及工作时序，使得处理机与高速总线之间仅需要一个桥接电路（简称总线桥）即可实现处理机与总线的互连，而不需要另外去实现一个复杂的处理机引脚信号与标准的总线信号之间的转换电路，以降低系统实现的难度。

图 7-13 展示了一个典型的采用总线桥的解决方案。图中有一条局部总线将处理机连接到高速缓冲存储器控制器以及总线桥，通过总线桥实现与系统总线的连接，从而实现了处理机对主存的访问。高速缓冲存储器控制器和总线桥是集成在一起的，总线桥也与用于连接高速外设的高速总线互连，实现了与设备交换数据的缓冲。高速总线可以用来支持高速的局域网

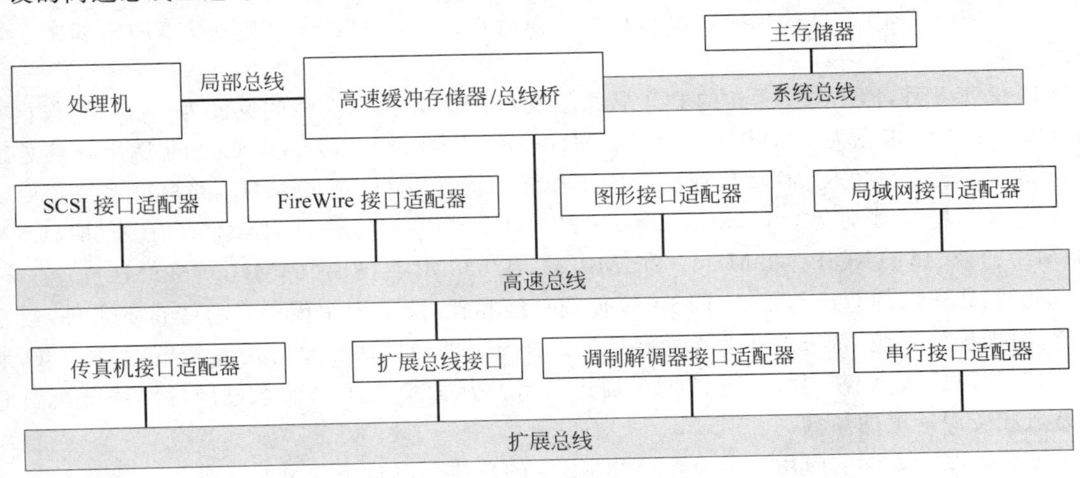

图 7-13 典型的采用总线桥的解决方案

适配器,例如 100Mbps 快速以太网适配器或者是千兆以太网适配器,也可以用来支持视频图形工作站的三维图形加速器,当然本地的外设接口总线控制器(如 SCSI,FireWire 等)也连接到高速总线。设置一条高速总线目的是为了专门支持那些高性能的 I/O 设备,速度较低的 I/O 设备则仍然连接到扩展总线。在高速总线和扩展总线之间设置缓冲电路,以实现匹配不同性能设备的需要。

这种总线分层方案的优点在于高速总线桥紧密地和处理机集成在一起,但同时又独立于处理机之外。这样,处理机与高速总线在信号线定义上的差别可以方便地予以解决。即使改变处理机的体系结构也不会影响到高速总线和扩展总线,反之亦然。

7.5 PCI 总线

外围组件互联 PCI(Peripheral Component Interconnect)总线标准由 PCI-SIG(Peripheral Component Interconnect Special Interest Group)负责制定和颁布。成立于 1992 年的 PCI-SIG 是一个非盈利组织的电子工业协会,现有会员单位超过 800 家,英特尔、微软、IBM、惠普(HP)和英伟达(NVDIA)等都是该协会的董事会成员单位。PCI-SIG 先后颁布了三代 PIC 总线,即 PCI 总线(规范名称应该为 PCI Local Bus,即 PCI 局部总线)、PCI-X 总线和 PCI Express 总线(简称 PCIe)。本节主要介绍 PCI 局部总线规范。

7.5.1 PCI 总线的概况

1. PCI 总线的开发动机和发展历程

20 世纪 90 年代初期,随着图形处理技术和多媒体技术的广泛应用,特别是在以 Windows 为代表的图形用户界面操作系统得到广泛普及之后,要求计算机系统具有对图形图像数据的高速处理以及对显示数据的快速传输能力,这对总线技术提出了前所未有的挑战。原有 PC 上的各类总线已远远不能满足应用的需求,总线成为处理机和显示设备之间数据传送的瓶颈,进而成为整个计算机系统性能提升的主要障碍。

在此背景下,Intel 公司于 1991 年首先提出了 PCI 总线的概念,并联合 IBM、Compaq、AST、HP 等 100 多家公司成立了 PCI-SIG,负责起草制定 PCI 局部总线标准,颁布 PCI 总线规范,并在市场上推出了符合相应规范的计算机系统产品。PCI 总线家族的发展历程如图 7-14 所示。

1992 年 6 月,PCI-SIG 颁布的 PCI 局部总线 v1.0 规定数据总线的宽度为 32 位,工作频率为 33MHz,总线带宽为 132MB/s(4B×33MHz =132MB/s);1995 年 6 月的 PCI 局部总线 v2.1 规定数据总线宽度为 32 位或 64 位,工作频率为 33MHz 或 66MHz,并根据系统需要实现 3 种不同的总线带宽:132MB/s(4B×33MHz =132MB/s),264MB/s(4B×66MHz=264MB/s),264MB/s(8B×33MHz=264MB/s),或 528MB/s(8B×66MHz=528MB/s)。

此时,PCI 局部总线与 ISA、EISA 等传统总线相比,除了大幅度提升总线带宽之外,给系统软件(即操作系统)带来的革命性的好处是:实现了即插即用自动分配系统资源(如 I/O 地址、内存映射区域,中断引线编号、DMA 通道号等),从而免去了之前通过硬件跳线分配资源极易造成资源冲突的烦恼。

随着千兆以太网的应用日渐成熟,528MB/s 的总线带已远不能满足千兆以太网适配器以及智能 I/O 接口控制器(如 SCSI 磁盘阵列控制器等)对数据传输的需求,于是 PCI-SIG 提出

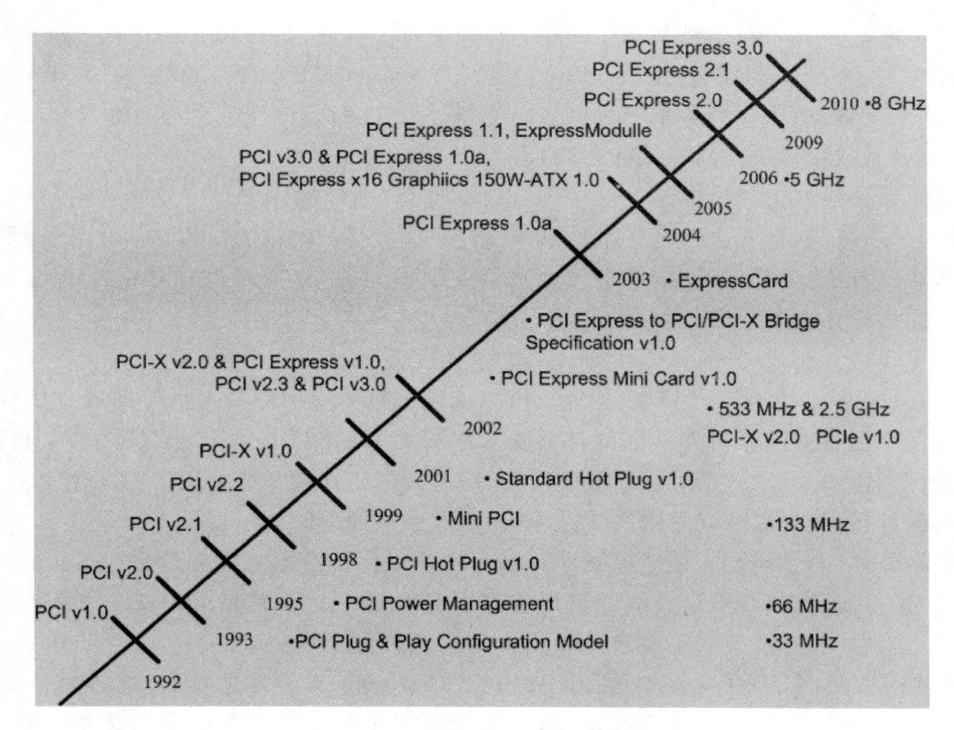

图 7-14　PCI 总线家族的发展历程

了 PCI-X 总线标准(X 在此意为 eXtend),并于 1999 年和 2002 年分别颁布了 PCI-X v1.0 和 PCI-X v2.0 规范,提升了 64 位数据总线 PCI 的工作频率(定义了 66MHz、100MHz、133MHz、266MHz 和 533MHz 工作频率),PCI-X 总线的最大带宽可达 4.264GB/s(8B×533MHz=4264MB/s)。各种 PCI 局部总线和 PCI-X 总线带宽如表 7-2 所示。

表 7-2　各种 PCI 局部总线和 PCI-X 总线带宽

工作频率(MHz)	数据总线的宽度(b)	总线类型	总线的最大带宽(MB/s)
33	32	PCI	132
33	64	PCI-X	264
66	32	PCI 和 PCI-X	264
66	64	PCI-X	528
133	64	PCI-X	1064
266	64	PCI-X	2128
533	64	PCI-X	4264

在 PCI 局部总线标准 v1.0 颁布的 10 年之后,PCI-SIG 于 2002 年颁布了全新的 PCI Express 总线规范 V1.0。不像基于并行总线的设计理念的 PCI 局部总线和 PCI-X 总线,PCI Express 采用了串行总线的思想,以期有更高的总线工作频率,提供 32GB/s 甚至更高的总线带宽,同时支持基于需求且灵活的带宽实现,也完善了热插拔、电源管理、服务质量控制(QoS)、数据完整性保证和错误处理等功能。

2. PCI 局部总线的设计目标和总线特点

PCI 总线是基于分层多层次总线设计思想的一种时钟同步型总线。最初,PCI 是在 CPU 和原来的系统总线(如 ISA 总线)之间插入的一级局部总线,起着高速总线的作用。但随着

ISA/EISA 总线退出,PCI 总线则成了主要的系统总线。依照 PCI-SIG 正式颁布的 PCI 局部总线规范中对 PCI 局部总线的定义:PCI 局部总线是一种具有 32/64 位地址/数据分时复用的、用于实现处理器/主存储器系统与高集成度的外设控制组件(指安置在主板上的 I/O 接口控制器)以及外设接口适配器连接的总线。

PCI 局部总线的主要目标是实现一个具有标准化、高性能、低成本、差异化的局部总线架构,能覆盖从服务器、台式机、笔记本到手持电脑多平台、多种架构的应用,是一个既注重当前,又兼顾未来的标准。PCI 总线是一个与处理器的架构无关、支持多处理器系统的独立总线。PCI 局部总线具有以下特点:

(1) 高性能:提供较高的总线带宽,支持突发传输模式。在数据总线宽度上定义了 32/64 位两种规范和多种工作频率,使计算机系统能够根据应用需要提供不同的总线带宽,以适应目前及今后各类计算机外部设备对总线带宽的需求。PCI 提供与处理器/主存储器子系统并发操作的能力,且总线与处理器异步工作,即总线的工作频率与处理器的工作频率相互独立。总线的仲裁工作,隐藏在总线操作之中,无须花费额外的时间。

(2) 低成本:PCI 总线规范考虑对芯片级互联的优化。数据总线和地址总线可以分时复用,最少时只需要设置 50 根信号线就可以实现 PCI 总线。较少数量的引脚定义降低了芯片封装的技术难度,也有利于减小接插件的尺寸,从而降低了成本。

(3) 使用方便:实现了自动资源分配和即插即用功能。系统加电时 BIOS 检测机器配置,自动给外围设备分配 I/O 端口地址、中断向量号、DMA 通道号及存储器的缓冲区地址等资源,避免了 I/O 设备控制器之间由于分配资源不当而引发的冲突。

(4) 产品寿命周期长:与处理器架构的无关性使得遵循 PCI 局部总线规范的产品可以应用到各种平台上。PCI 局部总线规范具备在 3.3V 和 5V 信号系统上的兼容。

(5) 通用性强、可靠性高:接口适配器外形尺寸较小。设置了用于控制和监视功耗的信号,以适应对功耗有不同要求的系统。32 位和 64 位应用相互兼容,以及高低不同的工作频率相互兼容。要求至少 2000 小时的 SPICE 模拟,以确保硬件可靠的工作。

(6) 适应性强:PCI 局部总线是一个完全支持多总线主控设备的总线,不仅仅是处理器,总线上其他设备也允许成为总线的主控设备,这样也有助于在计算机系统中实现多 CPU 结构。PCI 局部总线实现了总线上的任何总线主设备和从设备一对一的数据传输。

(7) 数据完整性保证:提供对数据/地址信息的奇偶校验,保证了所传输数据的完整性和准确性,并允许进一步实现具有更为健壮的用户平台。

(8) 与软件的兼容性较强:PCI 局部总线组建可以很好地与现行驱动程序和应用软件兼容,驱动程序跨平台移植较为容易。

3. PCI 局部总线的架构

图 7-15 展现了 PCI 局部总线在台式计算机系统中的典型架构,处理器、高速缓冲存储器和主存储器通过 PCI 总线桥电路连接到 PCI 局部总线,总线桥中包含有总线仲裁电路以及一定容量的缓冲存储器。通过该总线桥,处理器可以直接访问连接到 PCI 局部总线上的任何 I/O 接口,总线桥电路为此提供了一个低延迟的访问通道。

通常情况下,PCI 局部总线提供 4 个总线设备扩展插槽,以便安装各种适配器或扩展卡。

图 7-16 展示了 PCI 局部总线在多处理器计算机系统中的典型架构,PCI 局部总线允许 1 个或多个桥接电路连接到系统总线上,而系统总线仅连接处理器、高速缓冲存储器(Cache)和内存控制器,由此可方便地实现具有对称多处理机(SMP)结构的多处理器计算机系统。

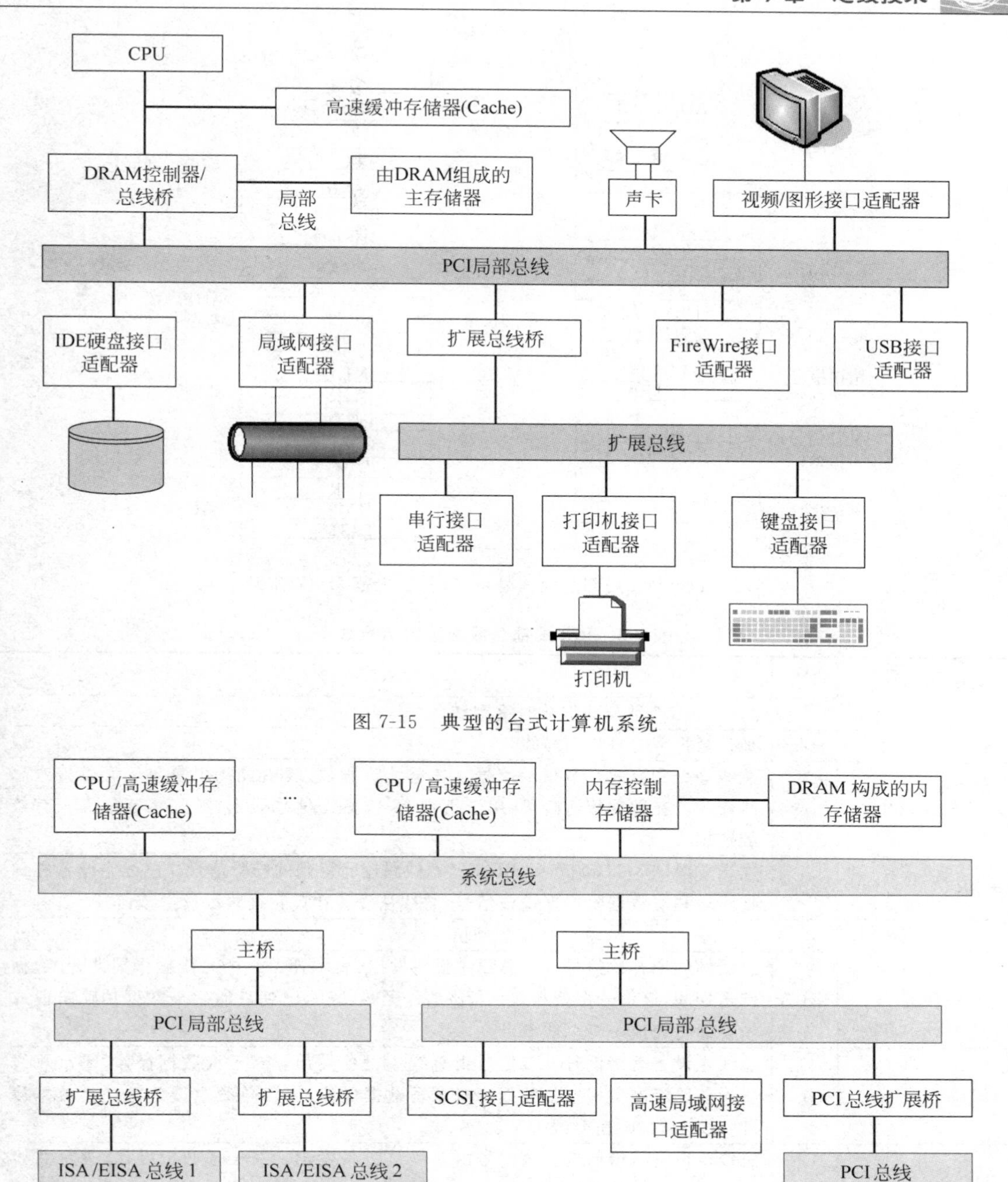

图 7-15　典型的台式计算机系统

图 7-16　典型的多处理器计算机系统

7.5.2　PCI 局部总线的信号定义

图 7-17 展示了 PCI 局部总线规范版本 3.0 设备所使用的信号定义。其中，49 根信号线是必备的，其余是可选的。

必备信号线分成以下 5 组，详细描述如表 7-3 所示。

(1) 地址与数据分时复用和命令信号线：包括 32 根地址/数据的复用线、总线命令以及奇偶校验信号线。

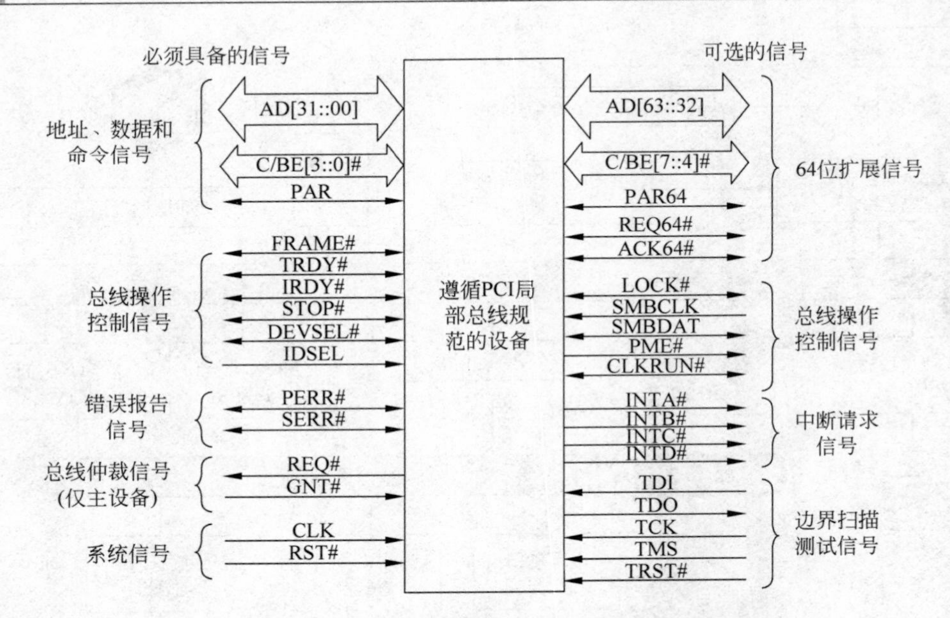

图 7-17 PCI 局部总线信号定义(基于规范 3.0 版本)

表 7-3 PCI 局部总线必选的信号线

信　　号	类型	功 能 描 述
		地址与数据分时复用和命令信号线
AD[31∶∶00]	t/s	地址数据分时复用信号线
C/BE[3∶∶0]#	t/s	总线命令和有效字节指示信号。在地址阶段,总线主设备用来向从设备传送总线命令。在数据传送阶段,用于指示 32 位数据信号线上,哪些字节是真正有效的数据
PAR	t/s	发送对 AD[31∶∶00]和 C/BE[3∶∶0]做偶校验得到的校验信号。总线主设备在地址阶段和写数据阶段发送该信号,总线从设备在读数据阶段发送该信号
		总线操作控制信号线
FRAME#	s/t/s	总线帧周期开始信号。由总线主设备发出,表示开始一个总线操作周期,在数据传送期间,该信号保持有效;当该信号无效,表示已到最后一个数据传输阶段或者说即将完成一个总线事务
IRDY#	s/t/s	总线主设备就绪信号。该信号由总线主设备发出。对于读数据操作,表示总线主设备已经准备好接收数据。对于写数据操作,表示总线主设备已经将数据放到 AD[31∶∶00]信号线上
TRDY#	s/t/s	总线从设备就绪信号。该信号由总线从设备发出。对于读数据操作,表示总线从设备已经将数据放到 AD[31∶∶00]信号线上。对于写数据操作,表示总线从设备已经准备好接收数据
STOP#	s/t/s	停止总线操作信号。该信号由总线从设备发出,表示从设备请求主设备停止现行的总线事务
DEVSEL#	s/t/s	设备选定信号。该信号由从设备发出,表示 PCI 局部总线上的一个设备,对主设备发送来的地址进行译码后,已确认该地址就是该设备拥有的地址,即表明该从设备就是主设备要寻址的设备,通过向主设备发送该信号,表示总线上已有一个从设备被选中
IDSEL	in	初始化设备选择信号。当要对 PCI 局部总线设备进行初始化配置时,用该信号选择设备

续表

信　　号	类型	功 能 描 述
		错误报告信号线
PERR#	s/t/s	奇偶校验错误信号。除了特殊周期,当接收数据的一方发现奇偶校验错误时,向数据的发送方发送该信号
SERR#	o/d	系统错误信号。在执行特殊周期时,如果发生了地址奇偶校验错或数据奇偶校验错或者在任何情况下,系统发生了灾难性错误时,凡发现该类错误发生的设备都可以发送该信号
		总线仲裁信号线(仅那些可以作为总线主设备的设备需要设置)
REQ#	t/s	总线请求信号。当总线上一个设备想要成为总线主设备时,向总线仲裁电路发送该信号
GNT#	t/s	总线授权信号。总线仲裁电路通过该信号通知一个设备获得了总线控制权
		系统信号线
CLK	in	时钟信号。为所有的总线操作提供同步定时。PCI 局部总线规范规定:除了 RST#,INTA#,INTB#,INTC#,INTD#,PME# 和 CLKRUN# 信号外,对信号的采样,都在一个时钟脉冲的上升沿到来时进行,而信号的同步操作(发送信号有效或撤销有效信号),都在一个时钟脉冲的下降沿到来时进行
RST#	in	系统复位信号。使所有寄存器、计数器及信号恢复到初始状态

(2) 总线操作控制信号线：主/从设备的应答、数据传输启/停等工作时序控制信号。

(3) 错误报告信号线：报告奇偶校验错误及其他总线操作错误。

(4) 总线仲裁信号线：连接到 PCI 总线上的每个总线主设备都有一对总线申请和总线应答信号线,它们直接连到总线仲裁器。

(5) 系统信号线：时钟和复位信号线。

可选的信号分成以下 4 组,详细描述如表 7-4 所示。

表 7-4　PCI 局部总线可选的信号线

信号	类型	功 能 描 述
		64 位扩展信号线
AD[63::32]	t/s	地址数据分时复用的高 32 位信号线
C/BE[7::4]#	t/s	总线命令和有效字节指示信号的高 4 位。在地址阶段,总线主设备用来向从设备传送附加的总线命令。在数据传送阶段,用于指示高 32 位数据信号线上,哪些字节是真正有效的数据
REQ64#	s/t/s	请求 64 位传输信号。总线主设备以此信号来表示它希望使用 64 位数据总线来传输数据。该信号与 FRAME# 信号同步发送和同步结束
ACK64#	s/t/s	允许 64 位传输信号。总线从设备以此信号应答总线主设备可以使用 64 位数据总线来传输数据。该信号与 DEVSEL# 信号同步发送
PAR64	t/s	针对高 32 位地址/数据和高 4 位总线命令偶校验信号。要求该信号在 REQ64# 信号有效后的地址阶段结束后,持续有效一个时钟周期
		总线操作控制信号线
LOCK#	s/t/s	总线锁定信号线。对于一个总线桥,如果完成一次总线事务需要多个总线操作,且该总线事务是不能被打断的,就需要发出该信号通知总线仲裁电路,在本次总线事务完成前不能将总线分配给其他潜在的总线主设备使用。PCI 局部总线规范规定除总线桥外,其他设备不能使用该信号

续表

信号	类型	功能描述
		总线操作控制信号线
SMBCLK	o/d	系统管理总线(SMB)的时钟信号。该信号与SMBDAT信号,是为PCI局部总线与系统管理总线之间互联而设置的信号
SMBDAT	o/d	系统管理总线(SMB)数据发送/接收信号
PME#	o/d	电源管理事件信号。设备可以通过它发送改变设备或系统电源状态的命令。该信号与CKL时钟信号是异步关系,该信号可以随时发送有效信号或无效信号,不受CLK信号的同步约束
CLKRUN#	in,o/d,s/t/s	时钟状态信号。作为输入信号,设备可以了解PCI局部总线控制器发送的时钟信号的状态(有无时钟信号及时钟的频率信息)。作为输出信号,设备可以通过该信号,向PCI局部总线控制器发送时钟启停、增加或降低时钟频率的命令。该信号主要用于手持设备
		中断请求信号线
INTA#	o/d	用于发送中断请求信号(电平触发信号)。单一功能设备使用该信号
INTB#	o/d	用于发送中断请求信号(电平触发信号)。多功能设备使用该信号
INTC#	o/d	用于发送中断请求信号(电平触发信号)。多功能设备使用该信号
INTD#	o/d	用于发送中断请求信号(电平触发信号)。多功能设备使用该信号
		边界扫描测试信号线
TCK	in	测试时钟信号。在边界扫描期间,该时钟用于实现向被测试的PCI局部总线设备串行输入输出测试数据和测试指令的同步控制信号
TDI	in	测试数据输入信号。同过该引脚,在边界扫描期间,在TCK脉冲的同步下,将测试数据和指令连续移位进入被测试的设备
TDO	out	测试数据输出信号。同过该引脚,在边界扫描期间,在TCK脉冲的同步下,从被测试的设备中,将测试数据和指令连续移位送出
TMS	in	测试模式选择信号。该信号用于控制被测试设备中的测试访问端口控制器的状态
TRST	in	测试复位信号。该信号用于实现对测试访问端口控制器的初始化操作

(1) 64位扩展信号线:包括32根地址/数据的复用线,用于传送高32位地址/数据;扩展的高4位总线命令和用于上述信号校验的奇偶校验信号线;另外还设置了64位请求/应答信号线。

(2) 总线操作控制信号线:包括总线锁定信号线;系统管理总线(System Manager Bus,SMB)的时钟和数据信号线;电源事件管理信号以及用于时钟状态检测和请求的信号线。

(3) 中断请求信号线:共享的中断请求信号线。

(4) 边界扫描测试信号线:遵从IEEE Standard 1149.1"测试访问端口和边界扫描架构"规范而设置5根信号线。

此外,PCI局部总线规范还定义了若干可选的附加信号,如表7-5所示。

表内符号说明:

表示低电平有效信号。

in 表示是单向输入信号引脚。

out 表示是单向输出信号引脚。

t/s 表示是双向且具有三态功能的输入输出信号引脚。

表 7-5　PCI 局部总线可选的附加信号线

信号	类型	功能描述
PRSNT [1 :: 2]#	in	存在信号线。该信号不是为设备定义的一个信号，而是为 PCI 局部总线扩展卡(适配器)定义的一个信号。该信号之一用于通知在一个 PCI 局部总线扩展槽上，是否存在一块总线扩展卡，如果存在的话，另外一个信号线负责发送该扩展卡上电路需要的电源总功率信息
M66EN	in	66MHz 有效信号。该信号若有效，表示目前总线段采用 66MHz 的时钟频率；若无效，则指示使用 33MHz 的时钟频率
3.3Vaux	in	当出于电源管理的需要，关闭了 PCI 局部总线扩展卡的 5V 主电源后，该引脚负责向该总线扩展卡提供 3.3V 的辅助电源，以降低设备的功耗

s/t/s　表示持续的三态(Sustained Tri-State)信号，是低电平有效的信号。只有拥有该信号共制权的设备才能发送该信号，该信号可以由不同的设备驱动，但一次只允许一个设备驱动。

o/d　表示该引脚是通过线或(wire-OR)方式，使多个设备通过共享同一个信号线发送信号的信号引脚。

::　表示信号范围，如 AD[31::0]表示分时复用的地址/数据信号线 AD31～AD0。

7.5.3　PCI 局部总线的操作

PCI 总线上的一次总线传输操作，称为一个总线事务。约定 PCI 总线的主控设备称为主设备或总线事务的发起者，总线传输的另一方称为总线从设备或目标设备。

PCI 总线事务是基于突发传输机制，一个总线事务由一个地址阶段和一个或多个数据阶段组成。在地址阶段，主设备在 AD 信号线上发送目标设备的地址，在 C/BE#(此时取 C，即命令含义)信号线上发送总线操作命令(或称总线事务命令)；在数据阶段，AD 信号线上传送的是数据信息，C/BE#(此时取 BE，即字节有效含义)信号线上发送指示当前 AD 信号线上，哪一个(或哪些)数据字节是有效数据的指示信息。一个地址阶段或数据阶段持续时间一般是一个同步脉冲周期的持续时间。

1. PCI 局部总线规范定义的物理地址空间

PCI 局部总线规范定义了 3 种物理地址空间，即存储器地址空间、I/O 地址空间和配置地址空间。其中，前两种地址空间与处理机理解是一致的，配置空间用于对 PCI 总线设备硬件配置寄存器(如基地址寄存器、命令及状态寄存器)进行编址，以便实现即插即用功能(要对资源实施自动分配功能，需要初始化某些设备硬件配置寄存器)。PCI 局部总线规范定义的存储器地址空间和 I/O 地址空可达 2^{32}(32 位 PCI 局部总线)，在实现了 64 位扩展的情形下，存储器地址空间可达 2^{64}，配置地址空间大小为 2^{8}。

1) 存储器地址空间(32 位总线)

AD[31::02]提供一个 30 位的双字(32 位或 4 字节)边界地址，即能被 4 整除的 32 位地址，AD[1::0]两位内存放的信息不是地址的一部分，AD[1::0]两位用来描述总线主控设备请求数据传输的突发规则(Burst Order)，见表 7-6。

对突发规则解释如下：

(1) 地址线性增量模式：每传输完一个 32 位数据后，地址增加 4；输完一个 64 位数据后，地址增加 8。

表 7-6 请求数据传输的突发规则

AD1	AD0	突发规则
0	0	地址线性增量模式
0	1	保留
1	0	Cache 行环绕模式
1	1	保留

(2) Cache 行环绕模式：针对一个 Cache 行操作，同样每传输完一个 32 位数据后，地址增加 4；输完一个 64 位数据后，地址增加 8，地址增量后，如果超越了该 Cache 行的行尾，则地址变为该 Cache 行的开始地址。

(3) 目标设备必须在地址阶段侦测 AD[1::0]，如果目标设备不支持总线主设备提请的突发规则，目标设备必须在完成一个数据阶段后终止该总线事务请求。

2) I/O 地址空间

AD[31::0]提供一个 32 位的字节地址。总线主控设备在初始化一个 I/O 事务时，必须确保 AD[1::0]提供一个本次传输的最低有效字节的地址。有效字节指示信息(BE[3::0]#)必须与 AD[1::0]提供的信息含义一致，如表 7-7 所示。

表 7-7 有效字节指示信息(BE[3::0]#)和 AD[1::0]编码

AD[1::0]	起始字节	有效的 BE[3::0]#
00	从双字边界地址开始的字节 0	xxx0 或 1111
01	从双字边界地址开始的字节 1	xx01 或 1111
10	从双字边界地址开始的字节 2	x011 或 1111
11	从双字边界地址开始的字节 3	0111 或 1111

注：x 表示可以为 0(有效)，也可以为 1(无效)

3) 配置地址空间

PCI 局部总线规范要求每个设备的每个子功能都要实现一个 256B 大小的配置地址空间，以便在需要的时候可以访问有关配置寄存器，但对于主总线桥，可以根据实际需要实现配置地址空间，也可以不实现。对配置地址空间的访问，通过有效的 IDSEL 信号配合 AD[7::2]给出的一个双字边界对齐的起始地址来实现，如此时 AD[1::0]=00，则该地址指向当前总线段上的某一个设备；若 AD[1::0]=01 且 AD[7::2]是一个扩展总线桥的地址，则该地址指向扩展总线段上的某一个设备。

4) 选中的从设备响应

在一个总线事务的地址阶段，主设备将设备地址发送到 AD[31::0]，当前总线段上的所有从设备对该地址进行全译码操作，以确定自己是否就是主设备要选择的目标。如果经过全译码操作，一个从设备确认自己是本次总线事务的目标设备，必须将 DEVSEL# 信号置为有效状态，以通知主设备已有从设备响应本次总线操作。PCI 局部总线协议规范对 DEVSEL# 信号的响应时间是有要求的：对于正向译码(positive decode)设备，要求在 FRAME# 信号有效后，3 个脉冲周期时间内给出，如果在此期间没有正向译码设备给出有效的 DEVSEL# 信号，当前总线段上又有一个负向译码(subtractive decode)设备(如一个扩展总线的总线桥)，且该地址又是该负向译码设备需要响应的地址，则在 FRAME# 信号有效后第 4 个脉冲周期的下降沿，该负向译码设备给出有效的 DEVSEL# 信号。如果在 FRAME# 信号有效后，4 个脉冲周期内没有从设备给出有效的 DEVSEL＃信号，主设备则终止本次总线事务，上述过程如图 7-18 所示。PCI 局部总线规范把分派给一个总线段上除扩展总线桥之外的、所有设备的地址称为正向地址，而地址空间中，除去正向地址之外的地址称为负向地址。

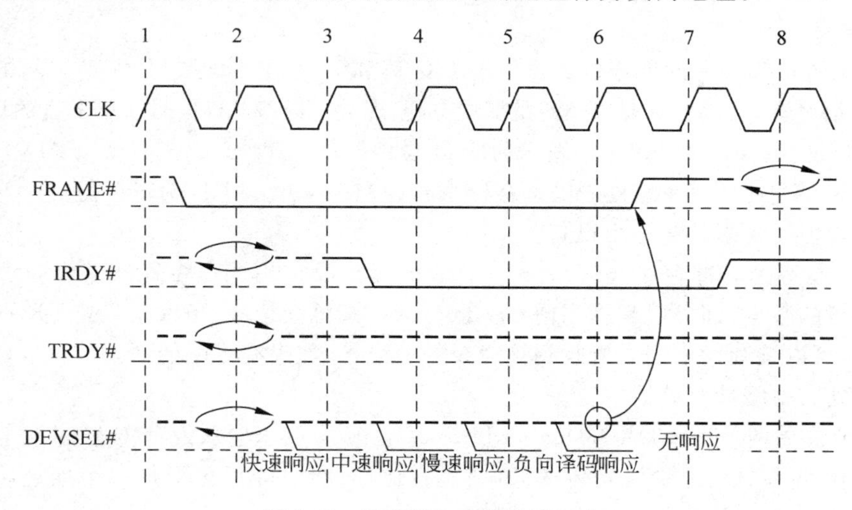

图 7-18　DEVSEL＃信号的定时

2. 总线操作命令

总线主设备通过总线操作命令通知总线从设备此次总线操作事务的类型。总线主设备在地址阶段通过 C/BE＃信号线发送总线操作命令编码，总线操作命令编码如表 7-8 所示。

表 7-8　PCI 局部总线的总线操作命令

总线命令编码	命令含义	总线命令编码	命令含义
0000	中断响应	1000	保留
0001	特殊周期	1001	保留
0010	I/O 读	1010	读配置空间
0011	I/O 写	1011	写配置空间
0100	保留	1100	读多行高速缓冲存储器(Cache)
0101	保留	1101	双地址周期
0110	存储器读	1110	读单行高速缓冲存储器(Cache)
0111	存储器写	1111	写高速缓冲存储器且置无效状态

总线操作命令主要有：

(1) 中断响应：是特殊的读周期，读取中断向量。由于默认的从设备是系统的中断控制器，因此地址阶段发送的地址信息被忽略；在数据传输阶段，有效字节指示信号指示的是中断向量的位数。

(2) 特殊周期：提供一种简单的消息广播机制，用于数据传输阶段。该周期发送的常见信息是造成处理机目前停止工作的原因，如进入休眠状态。没有任何设备会响应该命令。

(3) I/O 读和 I/O 写：针对 I/O 地址空间的数据读/写。在地址阶段，提供 32 位 I/O 地址。在数据传输阶段，有效字节指示信号指示的是哪些字节是真正有效的数据。

(4) 存储器读和存储器写：针对存储器地址空间的数据读/写。在地址阶段，提供 32 位存储器地址。在数据传输阶段,有效字节指示信号指示的是哪些字节是真正有效的数据。PCI局部总线规范要求在电路实现层面,必须确保读/写数据的一致性。此外在读数据时,一般不能超越64字节的边界;在写数据时,要保证无效的字节(有效字节指示信号指示的是“无效”状态)不能被写入。

(5) 读配置空间和写配置空间:类似于I/O读和I/O写,读写的是配置空间的数据。通过使IDSEL信号有效,代表目前选择的是配置空间,即地址阶段AD信号线上发送的地址是表示配置空间的地址。此时,设备仅关心发送的低11位地址,即AD[10::0],且要求AD[1::0]为00。AD[7::2]内的信息指示配置空间中的寄存器编号(共有64个双字长的寄存器),AD[10::8]则用于指示多功能设备中的某一个设备。

(6) 读多行高速缓冲存储器(Cache):总线的主控设备用此命令通知从设备要读取超过一个Cache行的数据,即可以超越当前Cache行的末端继续读取,条件是只要FRAME#信号是有效的,就可以继续读下去。接收到该命令的从设备,如果有可能的话,要“预取(prefetch)”较多的数据到它的缓冲存储器中。

(7) 双地址周期:简称DAC(Dual Address Cycle)。用于向从设备传送64位存储器地址信息。即使用第一个地址阶段先传送低32位存储器地址,随后再附加一个地址阶段传送高32位存储器地址,且高32位地址不能为全0。

(8) 读单行高速缓冲存储器(Cache):总线的主控设备用此命令通知从设备要读取一个完整的Cache行的数据,即读到当前的Cache行尾为止。

(9) 写高速缓冲存储器且置无效状态:总线的主控设备用此命令通知从设备,该总线事务至少要写完整的一行Cache行数据(也可能要写多行Cache行)。该命令要求在数据传输期间,有效字节指示信号要指示所有字节均为有效。该命令也允许对“回写”型Cache做性能优化。一般来说,一个含有“脏”数据的“回写”型Cache,在它需要将标记为“脏”的Cache行内的数据写回存储器时,要中断对Cache的写操作,即先要将“脏”数据写回存储器后,才能允许向Cache内写入新的数据,但如果希望Cache暂时不要执行写回操作,即先允许向Cache写入数据,就可以使用该命令。该命令简单地置这个“回写”Cache的“脏”状态为无效状态,就可以不中断对Cache的写操作。

3. PCI局部总线定时

PCI局部总线是同步总线,总线的同步时钟周期以同步时钟脉冲上升沿开始,到下一个时钟脉冲上升沿结束(先是半个时钟周期的高电平,然后是半个时钟周期的低电平组成一个时钟周期)。PCI规定:总线上所有事件发生(即信号状态的变化)的同步时间点,在每个时钟周期的下降沿时刻,而对信号状态的采样(即获得当前信号的高低电平状态)的同步时间点,在每个时钟周期的上升沿处,这样保证了从总线事件发生,到采样动作的执行,两者之间至少有半个时钟周期的时间延迟,这个延迟的时间,即为信号稳定的最小时间间隔。

4. PCI局部总线数据传输控制

图7-19和图7-20给出了PCI局部总线规范定义的基本控制信号。

FRAME#:该信号由总线主设备驱动,用于指示一个总线事务的开始(信号有效)及结束(信号无效)。

IRDY#:该信号由总线主设备驱动,用于指示总线主设备已经为数据传输做好了准备(总线主设备已就绪)。

TRDY#:该信号由目标设备驱动,用于指示目标设备已经为数据传输做好了准备(目标设备已就绪)。

信号 FRAME＃和 IRDY＃的状态组合，实际上反映了总线当前的状态，如表 7-9 所示。

表 7-9　总线状态

FRAME＃	IRDY＃	总线状态
0	0	数据阶段
0	1	地址阶段
1	0	传送本次总线事务最后一个数据
1	1	总线空闲(Idle 状态)

在某个时钟周期的下降沿，FRAME＃信号变为有效，代表一个总线事务的开始，亦即一个地址阶段的开始，同在这个下降沿时刻，主设备要发送目标设备的地址和总线操作命令，从下一个时钟周期的下降沿开始，为第一个数据阶段，如果该总线事务需要多个数据阶段才能完成，假设没有等待周期发生，此后每一个时钟周期的下降沿，都是一个新的数据阶段的开始，在每个数据阶段中，如果 IRDY＃和 TRDY＃同处于有效状态，在时钟脉冲的上升沿完成数据传输；如果 IRDY＃和 TRDY＃同处于无效状态，则表示总线当前处于等待周期。

PCI 局部总线规范对 FRAME＃信号和 IRDY＃信号有如下要求：

(1) 主设备一旦将 FRAME＃信号变为无效，在同一总线事务期间不能重新将该信号设置成有效状态。

(2) 只有在 IRDY＃信号变为有效后，如果需要，主设备才能将 FRAME＃信号变为无效。

(3) 一旦 IRDY＃信号有效，直到当前数据阶段结束为止，主设备不能改变 FRAME＃和 IRDY＃信号的状态。

(4) 一旦 TRDY＃信号有效，直到当前数据阶段结束为止，从设备不能改变 DEVSEL＃、TRDY＃和 STOP＃信号的状态。

1) 32 位 PCI 局部总线的读事务时序

图 7-19 给出了一个 32 位 PCI 局部总线读事务时序示例，该示例展示了主设备读取 3 个数据的情形，时钟脉冲 1 和脉冲 2 为地址阶段，时钟脉冲 3～8 为数据阶段。说明如下：

(1) 时钟周期 1：下降沿时主设备置 FRAME＃信号有效(低电平)，同时在 AD 信号线上发送目标设备的地址，在 C/BE＃信号线上发送本次总线事务的命令(读命令)。

(2) 时钟周期 2：上升沿时总线的每个从设备都收到 FRAME＃低电平信号，并对 AD 信号线上地址信息进行解码，同时采样在 C/BE＃信号线上命令信息，以便了解主设备要执行的总线事务。如果从设备解码地址信息发现是自己的地址，则在下降沿置 DEVSEL＃信号有效(低电平)，以响应主设备。通常执行的是读总线事务，因此在下降沿置 IRDY＃信号有效(低电平)，表示主设备已经准备好接受来自从设备的数据，同时在 C/BE＃信号线上送出字节有效指示信息。

(3) 时钟周期 3：在下降沿，从设备将传送给主设备的数据信号发送到 AD 信号线，同时置 TRDY＃信号有效(低电平)，表示通知主设备数据已经就绪。

(4) 时钟周期 4：在上升沿，主设备采样到 TRDY＃信号为有效，表示可以采样数据线上的数据信息，主设备则依据 C/BE＃信号线上送出字节有效指示信息，采样有效字节的数据。在该示例图上，由于从设备没有能力连续提供下一个数据，因此在该时钟的下降沿，将 TRDY＃信号变为无效(高电平)，以通知主设备需要等待一下，再读取下一个数据。

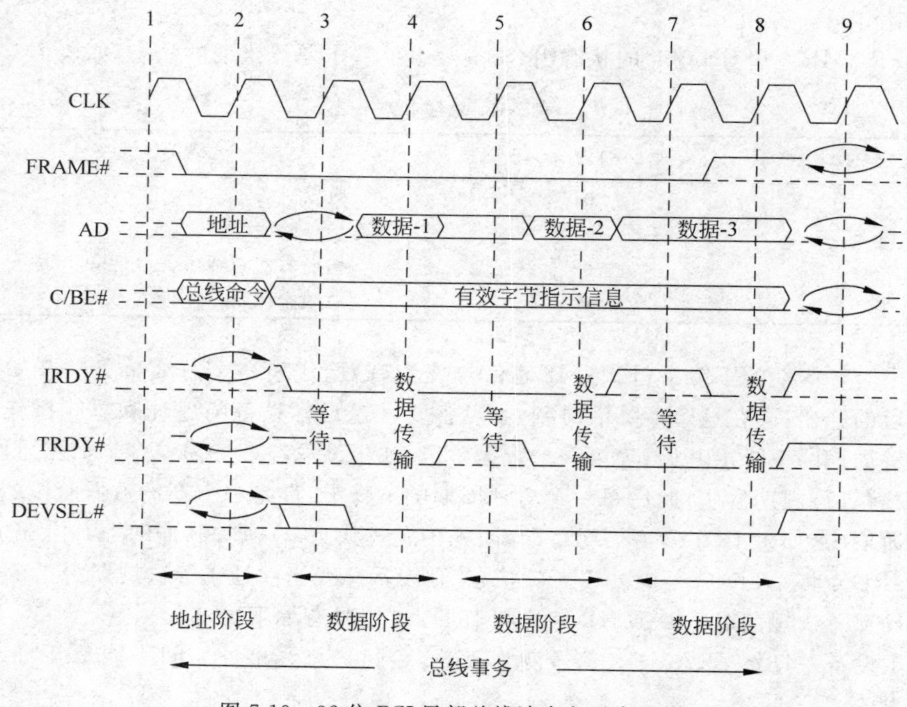

图 7-19　32 位 PCI 局部总线读事务时序示例

(5) 时钟周期 5：在上升沿，主设备采样 TRDY＃信号为无效，表示本周期主设备不能采样数据线上的信息，至少要延迟一个时钟周期。此时，从设备准备好下一个数据，并在下降沿将数据信号发送到 AD 信号线，同时将 IRDY＃信号置为有效。

(6) 时钟周期 6：在上升沿，主设备采样到 TRDY＃信号为有效，主设备采样有效字节的数据。由于此时主设备暂时不能再接受新的来自从设备的数据(比如数据缓冲区已满)，在下降沿，主设备将 IRDY＃信号变为无效(高电平)，以通知从设备需要暂缓发送下一个数据。但此时从设备已准备好下一个数据，在下降沿，它仍然将数据发送到 AD 信号线上，同时置 TRDY＃信号为有效状态。

(7) 时钟周期 7：在上升沿，主设备采样到 TRDY＃信号为有效，但是由于已将 IRDY＃信号变为无效，所以此时主设备不再采样 AD 信号线上的数据。只有主设备处理了前面读取的数据，才可以接受新的数据，并在下降沿发出 IRDY＃有效信号；由于第 3 个数据是本次总线事务要读取的最后 1 个数据，因此在本周期的下降沿，主设备将 FRAME＃信号置为无效(高电平)，通知从设备将结束本次总线事务。

(8) 时钟周期 8：在上升沿，主设备采样到 TRDY＃信号为有效，主设备则采样有效字节的数据。由于已完成所有数据传输，在下降沿，主设备将 IDRY＃信号置为无效状态，从设备将 TDRY＃和 DEVSEL＃信号置为无效状态。

(9) 时钟周期 9：总线为空闲状态或一次新的总线事务的开始。

2) 32 位 PCI 局部总线的写事务时序

图 7-20 给出了一个 32 位 PCI 局部总线写事务时序示例，该示例展示了主设备发送 3 个数据到从设备的情形。

由于写事务与读事务相似，下面仅简要说明两者不同之处：

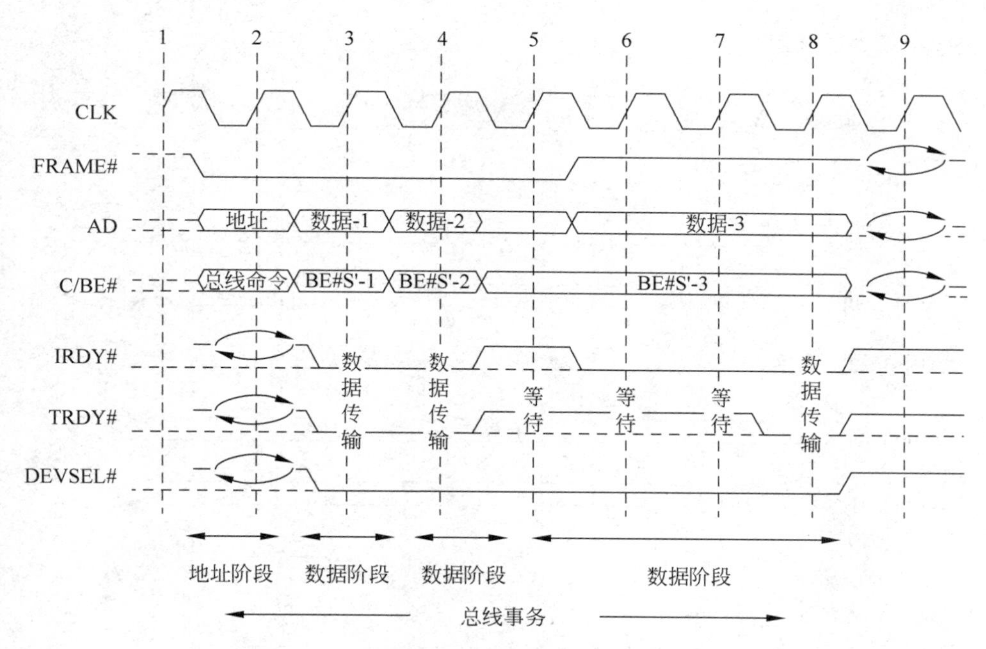

图 7-20　32 位 PCI 局部总线写事务时序示例

(1) 与读事务不同，地址阶段和数据阶段之间，无须时钟周期的等待，因为在写总线事务中，AD 信号线的驱动方总是主设备，因此不需要设置转换周期。

(2) 依照图例，在时钟周期 3 和 4 传送完两个数据后，主设备不能继续提供第 3 个数据(例如数据输出缓冲寄存器已空)，并在周期 4 的下降沿将 IDRY＃信号置为无效，直到周期 5 下降沿，才将数据 3 发送到 AD 信号线，同时将 IDRY＃信号置为有效。由于是最后一个数据，主设备将 FRAME＃信号置为无效，但在周期 6 的上升沿，主设备采到 TRDY＃信号为无效状态，需要继续等待，直到周期 8 的上升沿采样到 TRDY＃信号为有效状态(表示从设备已取走最后一个数据)；从设备接受到两个数据后，暂时不能接受新数据(比如数据输入缓冲区已满)，并在周期 4 的下降沿将 TDRY＃信号置为无效，直到周期 7 的下降沿才将 TDRY＃信号置为有效，表示可以接受新的数据。在第 8 个时钟脉冲上升沿，从设备采样 IDRY＃信号为有效状态，从 AD 信号线上读取最后一个有效数据；时钟脉冲 8 结束时，主、从设备结束本次总线事务。

3) 64 位传输控制

64 位传输控制可分为 3 种情形：32 位地址信息/64 位数据信息的传输控制、64 位地址信息/32 位数据信息的传输控制和地址和数据信息同为 64 位的传输控制。下面简要介绍。

(1) 32 位地址信息/64 位数据信息的传输控制

这种情况下的传输控制与 32 位数据传输控制是相似的。在地址阶段，主设备仍然使用 AD[31∷0]来发送地址信息，使用 C/BE＃[3∷0]来发送总线命令，不同之处在于：在数据阶段，使用了 64 位扩展的地址/数据分时信号线 AD[63∷32]来传送高 32 位数据，使用 C/BE＃[3∷0]和 64 位扩展的 C/BE[7∷4]来发送指示哪些数据字节为有效数据的信号。一个 32 位地址信息/64 位数据信息的读总线事务如图 7-21 所示。

从图中可以看到，在地址阶段，64 位扩展的地址/数据分时信号线 AD[63∷32]和 C/BE[7∷4]信号线上并不传送有效的传输控制信息。

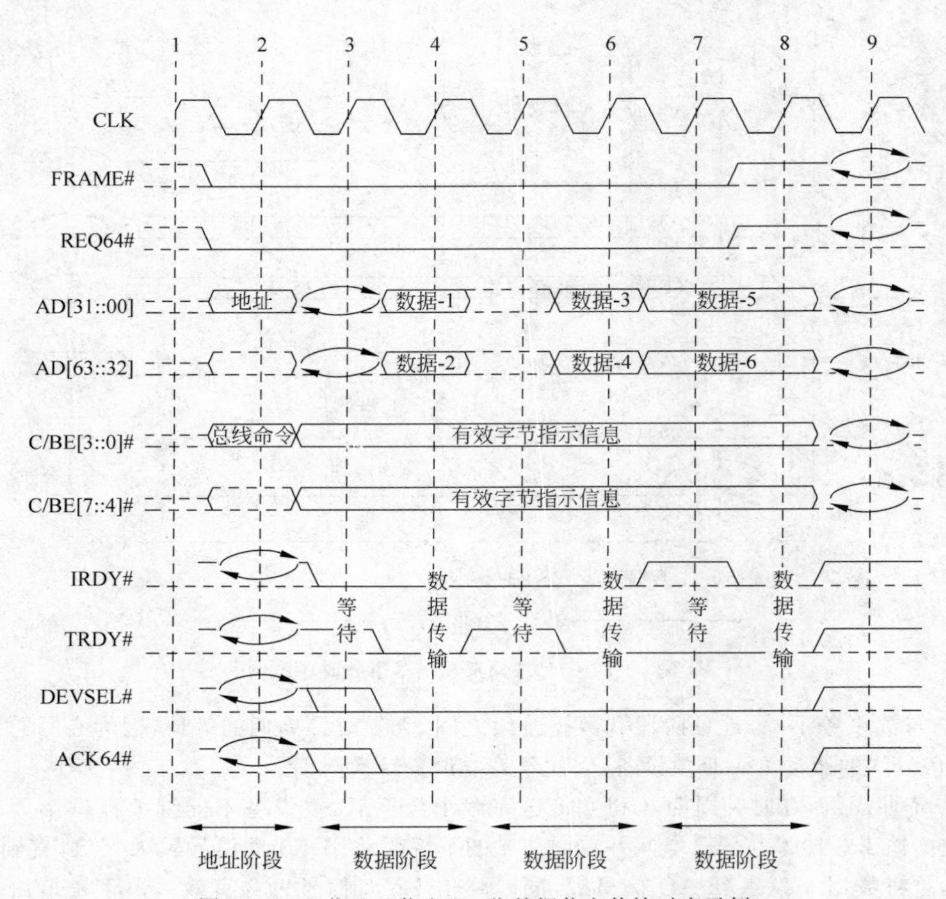

图 7-21　32 位地址信息/64 位数据信息传输时序示例

(2) 64 位地址信息 32/64 位数据信息的传输控制

PCI 局部总线规范规定,如果发送 64 位地址信息,该总线事务必须使用双地址周期,图 7-22 展示了 64 位双地址周期的读总线事务时序。从图可知,64 位地址信息是分两个地址阶段由 AD[31∷0]送出的,在第 1 个地址阶段,AD[31∷0]送出的是低 32 位地址,C/BE＃[3∷0]送出的是双地址周期总线命令编码(1101);在第 2 个地址阶段,AD[31∷0]送出的是高 32 位地址,C/BE＃[3∷0]送出的是读周期总线命令编码;作为实现的选项,如果是 64 位数据传输,即要求使用 64 位扩展信号,在两个地址周期期间,AD[63∷32]发送的是高 32 位地址,C/BE[7∷4]发送读总线命令。

5. 总线仲裁

PCI 总线规定:总线仲裁采用类似于图 7-4 的集中式并行总线仲裁方式,每个可以成为 PCI 总线主的设备(简称主设备),都有一对独立的总线请求(REQ＃,该信号由主设备驱动)和总线授权(GNT＃,该信号由总线仲裁电路驱动)信号线与总线仲裁电路相连。总线仲裁电路依据仲裁算法对同时送来的总线请求进行仲裁,决定将总线的使用权授予哪个总线主设备,仲裁算法由具体系统的实现者来确定。但仲裁算法对于任何主设备来说,从发出 REQ＃有效信号到获得有效的 GNT＃信号的延迟时间是可度量的。

一个主设备通过置 REQ＃信号向总线仲裁电路提出使用总线的申请,总线仲裁电路若裁决其使用总线,则设置该主设备的 GNT＃信号为有效状态,表示该设备拥有总线的使用权。

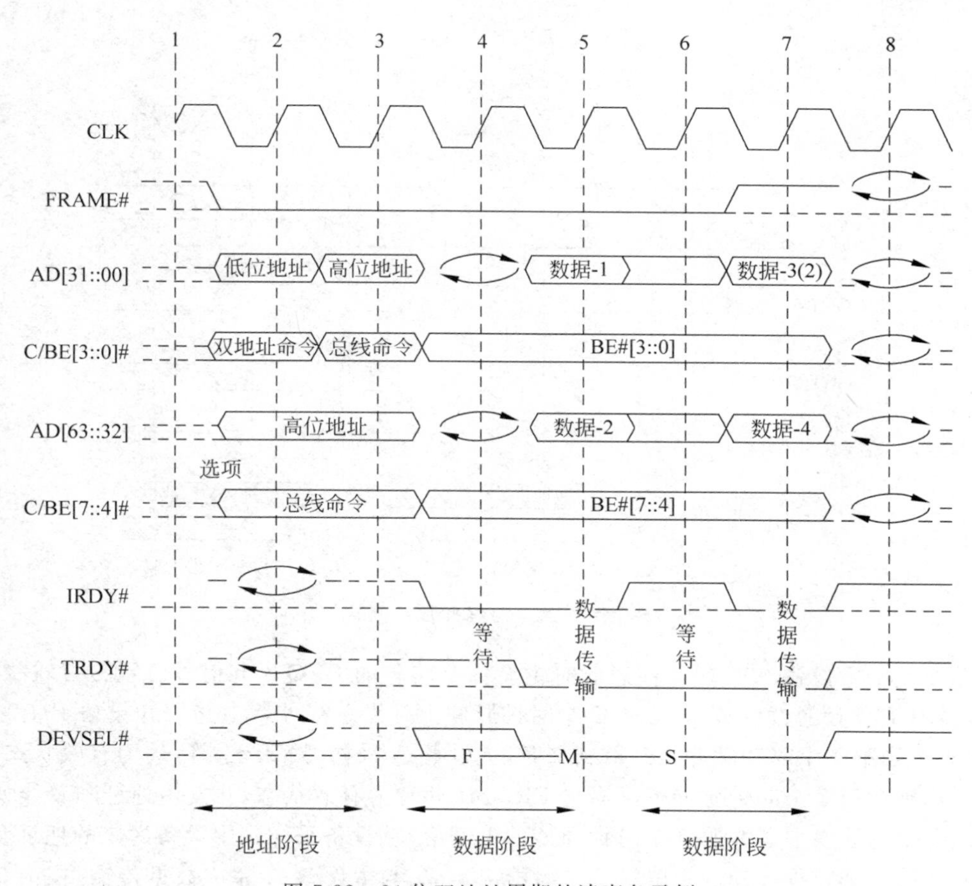

图 7-22 64 位双地址周期的读事务示例

主设备在时钟的上升沿检测到其 GNT＃信号为有效状态，且总线又处于空闲状态，则启动一个总线事务。总线仲裁电路有权在任何时钟周期的下降沿撤销主设备的 GNT＃信号(置为无效)，主设备检测到 GNT＃信号无效，不管事务是否完成立即停止事务操作，直到总线仲裁电路恢复 GNT＃信号为有效状态，并继续事务操作。

总线仲裁电路将主设备的 GNT＃信号置为有效和无效的原则是：

(1) 如果在同一个时钟周期内 GNT＃为无效状态而 FRAME＃为有效状态，总线事务是有效的并要执行下去。

(2) 总线不空闲时，总线仲裁电路将一个主设备的 GNT＃信号变为无效，同时将另一个主设备的 GNT＃信号置为有效。否则在将一个主设备的 GNT＃信号变为无效后，需要延迟一个时钟周期才能将另一个主设备的 GNT＃信号置为有效。

(3) 当 FRAME＃为无效状态时，总线仲裁电路在有必要时，则将主设备的 GNT＃信号变为无效。例如，当该设备撤销了 REQ＃有效信号，或者有优先级较高的主设备需要使用总线。

图 7-23 给出的仲裁过程展示了仲裁电路协调两个总线主设备交替使用总线的过程。

当第 1 个时钟脉冲上升沿到来时，主设备 A 的 REQ＃-a 信号已处于有效状态(REQ＃-a 信号始终处于有效状态，表示主设备 A 要多次使用总线)，此时主设备 B 的 REQ＃-b 处于无效状态，总线仲裁电路此时检测后，在第 1 个时钟脉冲的下降沿将 GNT＃-a 信号置为有效状

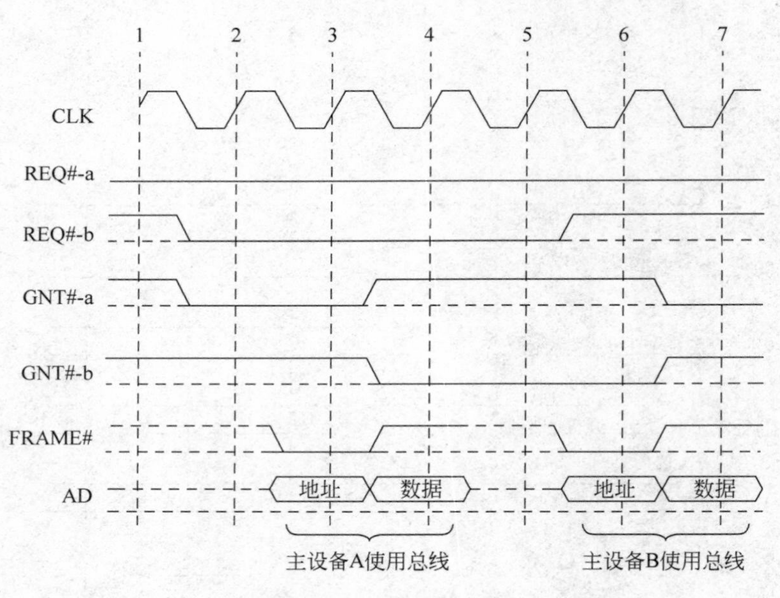

图 7-23 总线仲裁示例

态,将总线交给主设备 A 使用。注意此时主设备 B 将他的 REQ♯-b 信号已置为有效状态,表示主设备 B 有使用总线的要求,在第 2 个时钟脉冲上升沿总线仲裁电路获知设备 B 有使用总线的要求。当第 2 个时钟脉冲上升沿到来时,主设备 A 采样 GNT♯-a 信号为有效状态,获准使用总线,则在第 2 个时钟脉冲下降沿将 FRAME♯ 置为有效状态,并发出地址和总线操作命令,启动一个总线事务。在第 3 个时钟周期的上升沿,从设备采样到主设备送来的地址和命令信息,并在第 3 个时钟周期的下降沿到来时给出响应,与主设备 A 完成数据传输(在第 3 个时钟周期的下降沿及第 4 个时钟脉冲的上升沿之间),同时总线仲裁电路在第 3 个时钟脉冲的下降沿将 GNT♯-a 信号置为无效状态、将 GNT♯-b 信号置为有效状态(依照的是上面所述的规则(2)),将总线交由主设备 B 使用。在第 4 个时钟周期的上升沿,主设备 A 和 B 分别检测到 GNT♯-a 和 GNT♯-b 信号分别变为无效和有效,但由于涉及总线信号驱动方发生了变化,依据规范需要执行一个等待周期,因此主设备 B 在第 5 个时钟脉冲下降沿将 FRAME♯ 置为有效状态,并发出地址和总线操作命令,启动一个总线事务,在第 6 个时钟脉冲的下降沿和第 7 个时钟脉冲的上升沿完成它与从设备的数据传输。由于主设备 B 只要求使用一次总线,因此在第 5 个时钟脉冲下降沿将 REQ♯-b 置为无效状态。总线仲裁电路在第 6 个时钟脉冲的上升沿发现主设备 B 撤销了 REQ♯-b 有效状态,则在第 6 个时钟脉冲的下降沿将 GNT♯-b 信号置为无效状态、将 GNT♯-a 信号置为有效状态。当在第 7 个时钟脉冲上升沿到来时主设备 B 完成数据传输后,主设备 A 将再次获得总线。

6. 总线配置

PCI 总线实现了即插即用,添加设备后系统自动实现设备的检测和资源配置,而无须人工干预。这项工作有 PCI 局部总线规范中定义的配置空间来完成。一般情况下,在系统加电后,系统扫描当前的每条 PCI 总线,列举出每条总线上存在的 PCI 设备,系统软件通过读取 PCI 设备上配置空间内的相关信息,确定该设备需要的系统资源(如存储器地址空间、I/O 地址空间及中断向量等),并将这些资源合理地分配给每一个 PCI 总线上的设备。

依照 PCI 局部总线标准规范,理论上一个系统最多可以设置 256 条 PCI 总线,每条 PCI

总线可以连接 32 个物理 PCI 设备，每个物理设备又能最多允许包含 8 个独立的逻辑设备(PCI 局部总线规范称之为 PCI 功能(Function))，只包含一个 PCI 功能的物理设备称为单功能设备，否则称之为多功能设备。对于每个 PCI 功能，在物理设备上必须为它实现一个 256 个字节的配置空间，一般采用 64 个 32 位的寄存器来实现配置空间。配置空间可以分成两个区域：标准的头区(最前面的 64 个字节)和设备相关区。

头区的格式示如图 7-24 所示，分成两个部分：最前的 16 字节和余下部分。最前的 16 字节记录的信息类型和信息结构布局对于所有的设备来说都是相同的，余下部分记录的信息类型和信息结构布局则根据该设备支持的基本功能不同而有所不同，设备支持的基本功能由头类型域(偏移地址为 0EH)中填写的代码来标识。PCI 总线定义了 3 种头类型代码：00H(代表普通 PCI 设备，头区的格式布局如图 7-24 所示)，01H(代表连接两层 PCI 总线的总线桥(PCI-to-PCI bridges)，头区的格式未画出)和 02H(代表卡总线桥(CardBus bridges)，头区的格式未画出)，对后两种桥设备配置空间的格式布局可参阅相关标准规范文献。

31	16	15	0	
设备ID		厂商ID		00h
状态		命令		04h
设备分类代码			版本信息	08h
内建自测	头类型	延迟时间	Cache行大小	0Ch
基地址寄存器				10h 14h 18h 1Ch 20h 24h
卡总线的卡信息结构指针				28h
子系统ID		子系统厂商ID		2Ch
扩展ROM基地址寄存器				30h
保留			能力结构链表指针	34h
保留				38h
突发周期频率	突发周期长度	中断请求引脚	中断请求引线	3Ch

图 7-24　头类型为 00H 的配置空间头区格式

设备相关区记录的信息由设备制造商选择实现，用于记录一些无法在头区中反映的该设备所具有的特定功能或行为能力。为了记录这些信息，PCI 总线标准定义了一个称作“能力链表(Capabilities List)”的数据结构，“能力链表”中每一个结点称为一个能力结构，每个能力结构记录一个特定功能或行为能力。如果设备存在一个"能力链表"的话,头区中状态寄存器的"能力链表"状态位(bit4)置1,同时头区偏移地址34H处的"能力指针(Capabilities Pointer)"寄存器内存放的是该设备"能力链表"中的第一个结点的地址。一个"能力链表"的示例如图7-25所示,每个能力结构由一个标识能力的8位能力ID、一个8位的结点指针和一些用于描述该能力的附加信息组成,附加信息的长度没有限制,但要求每一个能力结构必须从双字边界开始(地址的最低两位必须为00),ID代码则由PCI-SIG统一定义。

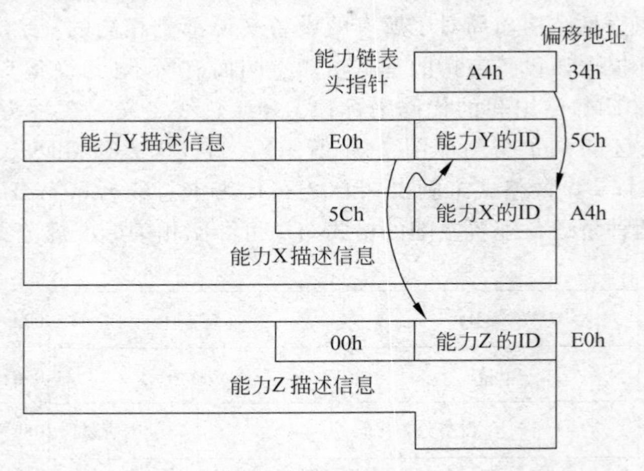

图7-25 能力链表的示例

7. 中断

根据PCI总线标准要求,PCI设备可以通过硬件实现的中断请求信号线INTx#或使用发送中断消息(Message Signaled Interrupts,MSI)方式向系统发送中断请求信号。

1) 通过INTx#信号线发送中断请求方式

该方式是PCI总线规范首先推荐使用的方式,与现存的计算机系统有较好的兼容性。

如前所述,PCI总线标准定义了4个可选择实现的中断请求信号线:INTA#、INTB#、INTC#和INTD#,PCI功能通过这些信号线发送与同步时钟脉冲异步的、低电平有效的中断请求信号。INTx#信号采用菊花链方式将总线上各个PCI功能的中断请求信号链接起来,由总线上各个设备共享。PCI总线标准要求INTx#信号线上的中断请求信号要保持到该中断得到响应后才能撤销,即响应某个中断请求后,该设备的驱动程序要向该设备发送一个清除中断的命令,设备硬件接收到该命令后,才将其中断请求信号置为无效。

PCI总线标准规定,单功能设备只能使用INTA#信号线。多功能设备上的所有PCI功能可通过共享INTB#、INTC#或INTD#信号线之一发送中断请求,也可让每个PCI功能单独使用INTB#、INTC#或INTD#信号线之一发送中断请求,或者采用上述两种情况的混合方式。PCI配置空间头区偏移地址为3DH的中断引脚(Interrupt Pin)寄存器中保存的数值(1代表INTA#,2代表INTB#,…,以此类推),决定着该PCI功能所使用的中断请求线,中断引脚寄存器值为0表示该PCI功能不使用任何中断请求线。头区偏移地址为3CH的"中断线(Interrupt Line)"寄存器则描述上述中断请求线所连接到的系统中断控制器上的中断请求输入端的编号。INTx#信号线连接到系统中断控制器的方式可采用"线或(wire-ORed)"方式,也可采用电子开关切换方式。

2）发送中断消息(MSI)方式

PCI 总线标准还提供了可选择的称为发送中断消息的中断机制，可不使用任何中断请求信号线(INTx#)发送中断服务请求。方法是：向系统存储器空间中某个系统事先指定的地址(下面称之为消息地址)单元中写入系统事先指定的特定数值(如中断向量)，表示某个设备请求中断服务。向存储单元写入特定值的行为并不是一个特殊的总线事务，而是通常向存储空间写数据的写总线事务。这里指定的特定地址和数值要在初始化时事先写入该 PCI 功能的配置空间内，记录这里的特定地址和数值的数据结构，就是前面提到的能力结构，一个具有 64 位消息地址的 MSI 能力结构如图 7-26 所示。

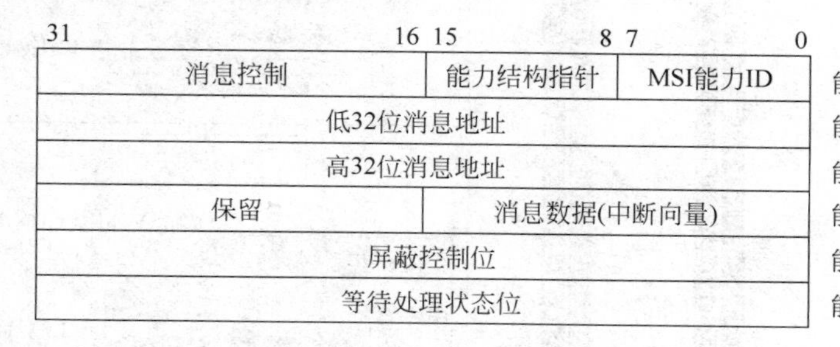

图 7-26 具有 64 位消息地址的 MSI 能力结构

作为对于 MSI 的基本功能的扩展，MSI-X 发送中断消息中断机制，为每个 PCI 功能提供了更多可用的中断消息(消息地址和中断向量)，为此 MSI-X 提供了一个中断消息表，表内每一个表项都是一个中断消息，该表最多可以记录 2048 个表项。MSI-X 提供的其他功能与 MSI 相同。MSI-X 能力结构如图 7-27 所示，MSI-X 中断消息表结构如图 7-28 所示。

31 … 16	15 … 8	7 … 3	2 1 0	
消息控制	能力结构指针	MSI-X能力ID		基地址+00H
高32位消息地址				基地址+04H
中断消息表内偏移地址			BIR	基地址+08H

BIR：基地址寄存器的指针

图 7-27 MSI-X 能力结构

消息地址	消息数据	数据项0	基地址
消息地址	消息数据	数据项1	基地址+1×8
消息地址	消息数据	数据项2	基地址+2×8
...	...	...	...
消息地址	消息数据	数据项(N–1)	基地址+(N–1)×8

图 7-28 MSI-X 中断消息表结构

PCI 总线标准还定义了“屏蔽向量(Per-vector Masking)”工作方式(MSI 是可选项，MSI-X 是必备项)，对每一个中断向量分别设置一对控制/状态位：“屏蔽(mask)”控制位和“等待处理(Pending)”状态位。MSI 的设置情况如图 7-26 所示，MSI-X 是位于每个消息地址的最低两位(位 0 是等待处理状态位，位 1 是屏蔽控制位)。PCI 总线标准允许一个 PCI 功能在实现时同时支持 INTx# 信号线请求中断方式、MSI 方式和 MSI-X 方式，但设备驱动程序只能使用上述 3 种方式之一来控制设备发送中断请求。

8. PCI 局部总线插槽和插卡

PCI 总线标准根据工作电压和数据总线宽度的不同组合情况，存在 4 种 PCI 插槽和 6 种 PCI 插卡，如图 7-29 所示。

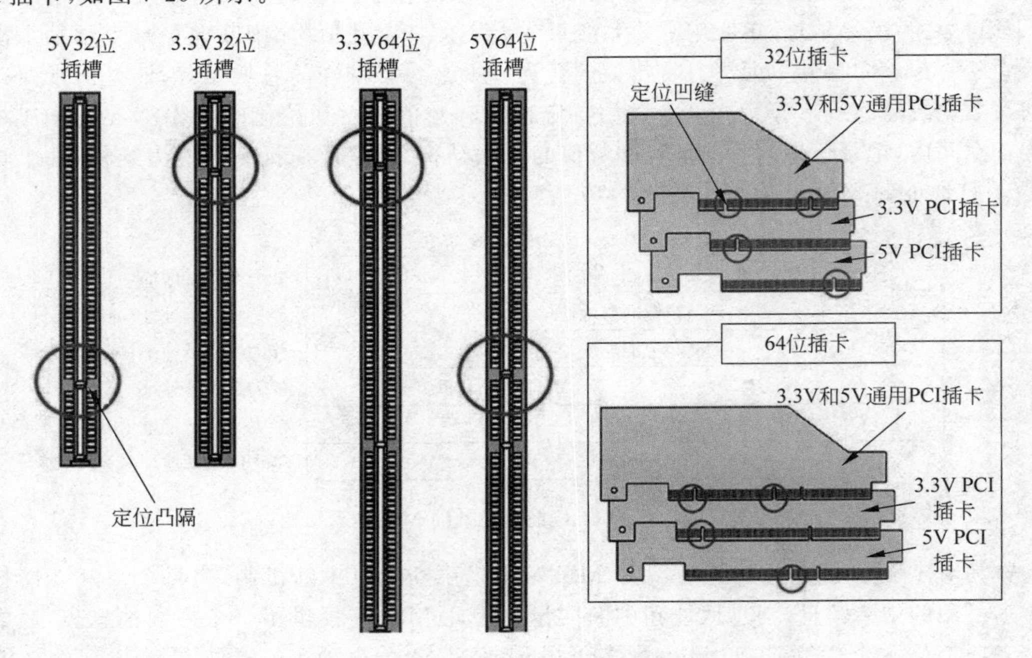

图 7-29 PCI 局部总线插槽和插卡

32/64 位的 PCI 插槽分为 2 种类型：5V 的 PCI 插槽和 3.3V 的 PCI 插槽，而插卡可以分为 3 种类型：5V 的 PCI 插卡、3.3V 的 PCI 插卡和 3.3V/5V 兼容的通用 PCI 插卡。为了防止插卡误插到不同电压的插槽内，PCI 局部总线标准规范对两种电压的插卡和插槽定义的定位凹缝和定位凸隔的位置是不同的(如图 7-29 和表 7-10 所示)。根据数据总线位数的不同，PCI 插槽和插卡可以分为 32 位和 64 位两种，在满足供电电压的前提下，其中的 32 位的插卡既可以插在 32 位插槽内，也可插在 64 位插槽的 32 位区段内。同样，64 位的插卡也可以插在 32 位插槽内，但只能按 32 位进行数据传输。PCI 局部总线信号在 PCI 插卡上的排列如表 7-10 所示，其中 A 面指的是插卡上元器件的焊接面，B 面指的是插卡的元件面。

表 7-10 PCI 局部总线插卡的信号引脚排列

	通用扩展卡		3.3V 扩展卡			通用扩展卡		3.3V 扩展卡	
Pin	B 面	A 面	B 面	A 面	Pin	B 面	A 面	B 面	A 面
1	−12V	TRST#	−12V	TRST#	10	Reserved	$+V_{I/O}$	Reserved	+3.3V
2	TCK	+12V	TCK	+12V	11	PRSNT2#	Reserved	PRSNT2#	Reserved
3	Ground	TMS	Ground	TMS	12	3.3V 定位凹缝		3.3V 定位凹缝	
4	TDO	TDI	TDO	TDI	13	3.3V 定位凹缝		3.3V 定位凹缝	
5	+5V	+5V	+5V	+5V	14	Reserved	3.3Vaux	Reserved	3.3Vaux
6	+5V	INTA#	+5V	INTA#	15	Ground	RST#	Ground	RST#
7	INTB#	INTC#	INTB#	INTC#	16	CLK	$+V_{I/O}$	CLK	+3.3V
8	INTD#	+5V	INTD#	+5V	17	Ground	GNT#	Ground	GNT#
9	PRSNT1#	Reserved	PRSNT1#	Reserved	18	REQ#	Ground	REQ#	Ground

续表

	通用扩展卡		3.3V 扩展卡			通用扩展卡		3.3V 扩展卡	
Pin	B 面	A 面	B 面	A 面	Pin	B 面	A 面	B 面	A 面
19	$+V_{I/O}$	PME#	+3.3V	PME#	58	AD[01]	AD[00]	AD[01]	AD[00]
20	AD[31]	AD[30]	AD[31]	AD[30]	59	$+V_{I/O}$	$+V_{I/O}$	+3.3V	+3.3V
21	AD[29]	+3.3V	AD[29]	+3.3V	60	ACK64#	REQ64#	ACK64#	REQ64#
22	Ground	AD[28]	Ground	AD[28]	61	+5V	+5V	+5V	+5V
23	AD[27]	AD[26]	AD[27]	AD[26]	62	+5V	+5V	+5V	+5V
24	AD[25]	Ground	AD[25]	Ground		64 位定位凹缝		64 位定位凹缝	
25	+3.3V	AD[24]	+3.3V	AD[24]		64 位定位凹缝		64 位定位凹缝	
26	C/BE[3]#	IDSEL	C/BE[3]#	IDSEL	63	Reserved	Ground	Reserved	Ground
27	AD[23]	+3.3V	AD[23]	+3.3V	64	Ground	C/BE[7]#	Ground	C/BE[7]#
28	Ground	AD[22]	Ground	AD[22]	65	C/BE[6]#	C/BE[5]#	C/BE[6]#	C/BE[5]#
29	AD[21]	AD[20]	AD[21]	AD[20]	66	C/BE[4]#	+VI/O	C/BE[4]#	+3.3V
30	AD[19]	Ground	AD[19]	Ground	67	Ground	PAR64	Ground	PAR64
31	+3.3V	AD[18]	+3.3V	AD[18]	68	AD[63]	AD[62]	AD[63]	AD[62]
32	AD[17]	AD[16]	AD[17]	AD[16]	69	AD[61]	Ground	AD[61]	Ground
33	C/BE[2]#	+3.3V	C/BE[2]#	+3.3V	70	$+V_{I/O}$	AD[60]	+3.3V	AD[60]
34	Ground	FRAME#	Ground	FRAME#	71	AD[59]	AD[58]	AD[59]	AD[58]
35	IRDY#	Ground	IRDY#	Ground	72	AD[57]	Ground	AD[57]	Ground
36	+3.3V	TRDY#	+3.3V	TRDY#	73	Ground	AD[56]	Ground	AD[56]
37	DEVSEL#	Ground	DEVSEL#	Ground	74	AD[55]	AD[54]	AD[55]	AD[54]
38	PCIXCAP	STOP#	PCIXCAP	STOP#	75	AD[53]	$+V_{I/O}$	AD[53]	+3.3V
39	LOCK#	+3.3V	LOCK#	+3.3V	76	Ground	AD[52]	Ground	AD[52]
40	PERR#	SMBCLK	PERR#	SMBCLK	77	AD[51]	AD[50]	AD[51]	AD[50]
41	+3.3V	SMBDAT	+3.3V	SMBDAT	78	AD[49]	Ground	AD[49]	Ground
42	SERR#	Ground	SERR#	Ground	79	$+V_{I/O}$	AD[48]	+3.3V	AD[48]
43	+3.3V	PAR	+3.3V	PAR	80	AD[47]	AD[46]	AD[47]	AD[46]
44	C/BE[1]#	AD[15]	C/BE[1]#	AD[15]	81	AD[45]	Ground	AD[45]	Ground
45	AD[14]	+3.3V	AD[14]	+3.3V	82	Ground	AD[44]	Ground	AD[44]
46	Ground	AD[13]	Ground	AD[13]	83	AD[43]	AD[42]	AD[43]	AD[42]
47	AD[12]	AD[11]	AD[12]	AD[11]	84	AD[41]	$+V_{I/O}$	AD[41]	+3.3V
48	AD[10]	Ground	AD[10]	Ground	85	Ground	AD[40]	Ground	AD[40]
49	M66EN	AD[09]	M66EN	AD[09]	86	AD[39]	AD[38]	AD[39]	AD[38]
50	5V 定位凹缝		Ground	Ground	87	AD[37]	Ground	AD[37]	Ground
51	5V 定位凹缝		Ground	Ground	88	$+V_{I/O}$	AD[36]	+3.3V	AD[36]
52	AD[08]	C/BE[0]#	AD[08]	C/BE[0]#	89	AD[35]	AD[34]	AD[35]	AD[34]
53	AD[07]	+3.3V	AD[07]	+3.3V	90	AD[33]	Ground	AD[33]	Ground
54	+3.3V	AD[06]	+3.3V	AD[06]	91	Ground	AD[32]	Ground	AD[32]
55	AD[05]	AD[04]	AD[05]	AD[04]	92	Reserved	Reserved	Reserved	Reserved
56	AD[03]	Ground	AD[03]	Ground	93	Reserved	Ground	Reserved	Ground
57	Ground	AD[02]	Ground	AD[02]	94	Ground	Reserved	Ground	Reserved

7.6 通用串行总线

通用串行总线(Universal Serial Bus,USB)是实现个人计算机主机与机箱外的外部设备之间的连接而定义的基于电缆连接的串行外部总线。装有USB总线控制器的主机及操作系统的USB总线,使用调度协议软件模块控制连接到USB总线上的外设共享USB总线带宽。在电器层面,USB总线允许在带电状态下向总线上添加设备或从总线上断开设备。USB总线还可通过添加USB集线器方式扩充USB接口数量,也可以向外设供电。

USB总线基于通用连接技术,采用简单方式将外设快速、方便地连接到计算机主机上,解决了个人计算机存在的外部设备接口繁多且接口标准不统一等问题。

7.6.1 USB总线的历史和使用概况

1994年Compaq、DEC、IBM、Microsoft、NEC等多家世界著名的计算机和通信公司与Intel公司一起成立了USB开发者论坛(USB Implementers Forum,USB-IF),负责USB总线标准规范的制订工作。1996年1月颁布了USB总线规范1.0版本,定义数据传输速率为12Mb/s(1.43MB/s)。1998年11月正式颁布了USB总线规范1.1版本,规定了两种数据传输速率,即高速率12Mb/s(1.43MB/s)和低速率1.5Mb/s(0.183MB/s)。2000年4月颁布的USB 2.0版本引入了最高可达480Mb/s(57MB/s)的数据传输速率。在USB 2.0版本中,10kb/s～100kb/s数据传输速率称为低速(Low-Speed),用于连接键盘、鼠标和游戏操纵杆等交互式设备,500kb/s～10Mb/s数据传输速率称为全速(Full-Speed),用于连接声卡、手机及处理压缩影像等设备,25Mb/s～400Mb/s数据传输速率称为高速(High-Speed),用于连接摄像头和移动存储等设备。2008年12月颁布的USB 3.0版本将数据传输率提高到最高5Gb/s(625MB/s),称为超高速(Super-Speed)。

USB总线是影响力最广泛的总线之一,其主要特点是:即插即用,带电插拔,可向设备供电,系统扩展方便,成本低。USB连接器(接口)将各种外设I/O接口合而为一,用户只需简单地将外设插入到USB接口上,计算机就能自动识别和配置这个USB设备。

7.6.2 USB总线的体系结构

USB总线采用非对称设计思想,由一个总线主控制器、连接到主控制器的多个USB端口以及多个连接在USB端口上的设备组成,呈现一个多层次树形拓扑结构,如图7-30所示。

1. USB总线系统的硬件组成

USB总线的硬件由USB主控制器(USB Host Controller)、USB互联装置(USB Interconnect)和USB设备组成。

1) USB主控制器

USB主控制器是USB总线上唯一的总线主控设备,负责控制USB总线上所有数据通信的过程,因此USB总线规范限定只有USB主控制器可以和连接到总线的设备之间发生数据传输,且在一条USB总线上只允许有一个USB主控制器。含有USB主控制器的设备称为USB主机(Host),如个人计算机。此外,USB主控制器还负责实现串行/并行数据转换和实现协议层层次上的设备互联。USB主控制器的实现,需要综合考虑硬件、固件及软件层面的因素。下列是USB主控制器的主要功能:

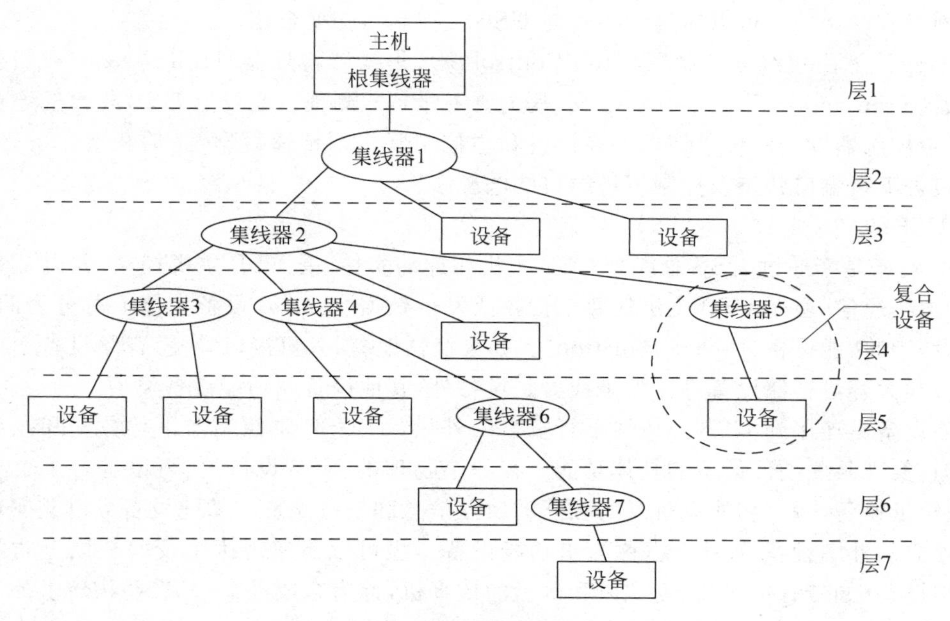

图 7-30　USB 总线拓扑结构

（1）检测 USB 总线上设备的插拔动作（需要集线器配合）；

（2）管理主机和 USB 设备之间的控制信息（命令、状态信息）的发送接收；

（3）管理主机和 USB 设备之间的数据信息的发送和接收；

（4）收集各种状态信息和设备动作统计信息（如总线带宽的使用情况）；

（5）通过集线器向总线上的设备提供电源。

2）USB 互联装置

USB 互联装置通常称为 USB 集线器（USB Hub），其作用是连接 USB 主控制器和 USB 设备。USB 设备与 USB 集线器的连接点称作端口（Port），且一个 USB 集线器可以将一个连接点扩展成多个连接点。USB 的物理拓扑结构采用层次树状总线拓扑结构（如图 7-30 所示），每个集线器上都有一个上行端口（用于连接到上一层某个集线器的一个下行端口）和若干个下行端口（用于连接下一层次的某个集线器或 USB 设备）。图 7-31 给出了一个典型的 USB 集线器，图中除了有一个上相端口外，还有 7 个下行端口，即端口＃1～端口＃7。

USB 总线系统有一个特殊的集线器——根集线器（Root Hub），一般与 USB 主控制器集成在一起，它没有上行端口而只有下行端口，可提供一个或多个下行端口。USB 主控制器上的根集线器主要负责 USB 主控制器与 USB 设备（包括 USB 集线器）之间的电气互联。

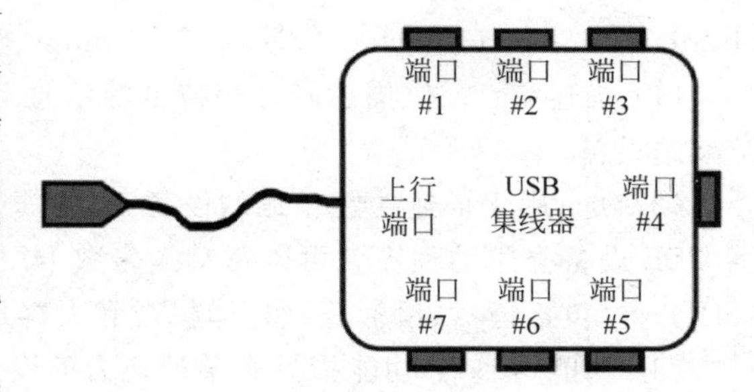

图 7-31　USB 集线器示意图

除根集线器之外，USB 总线上还可以连接附加的集线器，以扩展 USB 总线层次及总线上的端口数目。USB 总线允许最多连接 7 层 USB 设备（包括根集线器），因此附加集线器的层数最多是 5 层。由于集线器具有多路转换的功能，所以不论有多少台外设连到集线器上，在同一时刻只有一台外设可以通过集线器与 USB 主控制器交换数据。

USB 集线器由集线器控制器(Hub Controller)、集线器转发器(Hub Repeater)和事务处理转换器(Transaction Translator)组成,其主要工作是监测现行端口上 USB 外设的连接和断开,执行主控制器发出的传输请求并在设备和主控制器之间传递数据,激活和禁止下行端口,设置或报告下行端口状态及控制下行端口的电源。

3) USB 设备

USB 设备是指通过 USB 总线与 USB 主机相连的实体,受 USB 主机控制,并以从属方式与 USB 主机通信(遵循 USB 主机的要求接收或发送数据)。USB 设备大体上可分为两大类:集线器设备和功能设备(Device Function)。如集线器设备、人机接口设备、音频设备、打印机、成像设备和大容量存储设备等。除集线器是设备外,其他设备属功能设备类型。

功能设备是连接到 USB 集线器下行端口的外设,和 USB 主控制器进行数据和控制信息交互传输,实现某些硬件设备的具体功能。在一个物理的 USB 设备上,可以有若干个功能设备,即逻辑子设备,每个功能设备具有独立的属性信息和设备地址。功能设备可以是实现单一功能的独立的外围设备(如 U 盘,称为单功能设备),也可以是实现两个及两个以上功能的独立的外围设备(如带有扩音器、麦克风和键盘的传真机,称为合成设备)。有些物理上外观单一的 USB 设备,通过其内部的 USB 集线器连接不同功能的外设(如集成了麦克风的网络摄像头,即该设备是由一个麦克风和一个摄像头通过 USB 集线器集成到一起的、外观单一的设备),称为复合设备。

复合设备和合成设备的区别是,复合设备是始终连接着一个或多个设备的 USB 设备,是由集线器设备和功能设备集成在一起的 USB 设备,具有多个设备类型描述(如集线器设备类型描述和一个或多个功能设备类型描述),且每个逻辑设备由 USB 主机分配不同的设备地址,但物理上这些设备是不能分开的。而合成设备是一台连接到 USB 总线上包含有多个功能(或接口)的外设,这些接口公用部分配置信息,具有一个 USB 地址、一个功能设备类型描述符和配置描述符,但有不同的接口描述符和端点描述符。

USB 设备上含有与设备功能相符的标识设备类型、设备行为及配置有关的信息。设备在连接到总线上之后,USB 主机上运行的协议软件(隶属操作系统),通过与 USB 设备通信,获得设备属性信息,对其进行正确的识别和配置,然后才能使用该设备。设备内部都包含有描述其功能和资源需求的属性信息,如设备类型、需要的总线带宽等。为了保证 USB 设备的通用型性,USB 总线规范为 USB 设备定义了如下属性:描述符(Descriptor)、类(Class)、功能(Function)/接口(Interface)、端点(Endpoint)、管道(Pipe)和设备地址(Device Address)。

(1) 描述符:提供描述属性和特点的信息,USB 主机通过设备提供的描述符来区分不同类型的设备。

(2) 类:用于描述功能相近的设备,以便简化 USB 主机上运行的驱动程序,主机端只要提供 USB 设备类驱动程序就可以驱动大多数 USB 设备。设备类包括音频(Audio)类、人机接口(HID)类(包括键盘、鼠标等)、打印机类和大容量存储(Mass-Storage)类等。

(3) 功能/接口:功能指具有某种能力的设备,如键盘。一般情况下一个具有单一功能的 USB 设备只对应一个接口,例如键盘对应键盘接口。但有些 USB 设备物理上具有几种不同的功能,因此一个物理上的 USB 设备对应可能对应多个接口,例如对于 CD-ROM 驱动器来说,当用于文件传输时,使用大容量存储接口;当播放 CD 时,使用音频接口。

(4) 端点:端点指 USB 设备中与主机进行通信的基本单元,即 USB 设备通过端点完成和主机端的数据交换。一个 USB 设备允许有多个端点，即一个接口可包含多个端点，但每个端点只支持一种 USB 传输方式。

(5) 管道：管道是 USB 设备和 USB 主机之间数据通信的逻辑通道，管道的物理介质就是 USB 系统中的数据线。在设备端，管道的主体就是端点，每个端点占据各自的管道与主机通信。

(6) 设备地址：设备地址是 USB 主机控制器用来区分不同 USB 设备的地址。USB 主机负责为已连接到 USB 总线上的设备分配设备地址。在数据通信时，USB 主机除了要指明设备地址，还要指明端点号。

2. USB 总线系统的软件

USB 系统的软件主要分为应用软件和驱动程序两大类，应用软件（或客户端软件）是指最终与 USB 设备进行数据交换的 USB 主机上的软件。驱动程序主要分为 3 类：

(1) USB 主控制器驱动程序。负责完成 USB 总线上传输信息事物交换的调度，并通过根集线器或其他集线器完成对交换事物的初始化。

(2) USB 驱动程序。负责设备连接到 USB 总线时，读取设备上的配置信息（如设备类），以获取设备的特征，并根据这些特征，在产生数据交换请求时，组织数据。

(3) USB 设备驱动程序。使用 I/O 请求包（I/O Request Package，IRP），将 USB 主控制器发出的请求发送给 USB 设备。I/O 请求包内包含请求标示，描述这个传输是 USB 主控制器发送给 USB 设备，还是 USB 设备发送给主控制器。

3. USB 总线系统的拓扑结构

USB 总线采用了非对称设计、层次化的星形拓扑结构模型。该结构以 USB 集线器为 USB 设备提供连接点，USB 主控制器中的根集线器是所有 USB 端口的起点，是一级级的级联方式，由于 USB 总线并不采用存储转发技术，因此传输速度不会因级联层次的增多而加大延迟时间，即理论上讲一个 USB 设备无论连接到 USB 总线哪个层次上，传输速度都是相同的。USB 总线规范规定，在根集线器下面，最多可以级联 5 层集线器。

4. USB 总线系统的互联通信模型

USB 主机和一个 USB 功能设备之间通过一个称为管道的逻辑通道实现它们之间的通信，如图 7-32 所示。

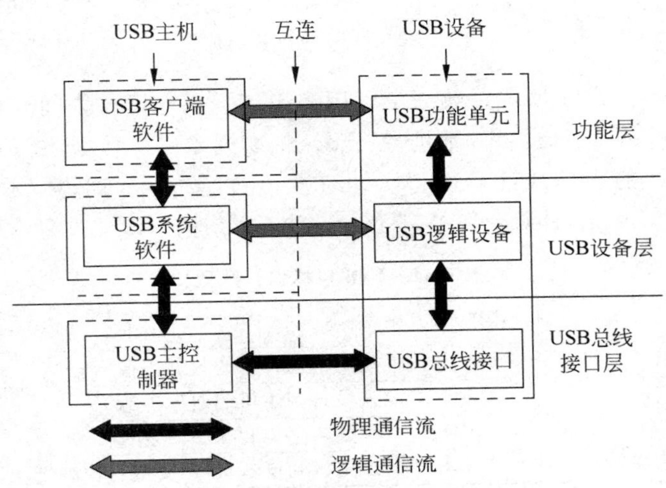

图 7-32　USB 总线系统的互连通信模型

7.6.3 USB 总线的事务和传输

USB 总线上的数据传输是一种主-从式的传输，由 USB 主机发起，USB 设备仅仅在主机对它提出要求时才进行数据传输。USB 总线有 4 种不同的数据传输模式：①实时传输，主要用于像网卡、数码相机、扫描仪这样的中等速度的设备。②中断传输，用于像键盘、鼠标这样的低速设备；③批量传输，支持像打印机、调制解调器、数字音响等不定期地传送大量数据的中速设备；④控制传输，专为配置设备参数时使用，为总线管理服务。

一次数据传输需要一个或多个 USB 事务(Transaction)，每个事务中包括数据的源地址和目的地址，数据量少的传输可能只需要一个事务，如果数据量很大则需要多个事务。一个事务就是执行一次通信，且必须连续执行不允许被中断。

每个事务由 1 个、2 个或 3 个包组成，即令牌包(Token)、数据包和握手包(Handshake)，其中令牌包和数据包可以在所有的传输类型中使用。令牌包只能由主机发送，数据包则主机和设备都可发送，握手包只用在控制、中断或批量传输类型中，主机和设备都可发送握手包。

USB 包是数据传送的基本单位，首先由主机发出令牌包开始传输，令牌包含有设备地址码、端点号、传输方向和传输类型等信息；其次是数据源向目的地发送的数据包或者发送无数据传送的指示信息，数据包可以携带的数据最多为 1023B。最后是数据接收方向数据发送方发回一个握手包，提供数据是否已正常接收的反馈信息。如果有错误，需要重发。除了同步传输之外，其他传输类型都需要握手包(称为状态段、状态包或交换段)。图 7-33 给出了 USB 包的组成，包括同步字段(SYNC)、包标识符字段(PID)、数据字段、循环冗余校验字段(CRC)和包结尾字段。同步字段用于数据包位同步，由 8 位二进制位(00000001)组成，最后两位既表示同步字段的结束，也标志着包标识符字段(PID 字段)的开始。包标识符字段是 USB 包类型的唯一标识，USB 主机和 USB 设备在接收到包后，必须首先对包标识符解码而了解包的类型，以便执行下一步动作。PID 的低 4 位表示事务的种类，高 4 位用于低 4 位的校验，即由低 4 位取反而得。

同步字段 (SYNC)	PID 字段 (PID)	数据字段	CRC 字段	包结尾字段

图 7-33 USB 数据包组成

包标识符类型如表 7-11 所示。数据字段用来携带主机与设备之间要传递的信息。根据事务的不同，可能是一个目标设备的地址、端点号、帧序列号以及数据。CRC 校验字段根据包的类型不同而由不同的多项式计算而得。针对数据包，要进行 16 位 CRC 计算，多项式为 $G(X_{16})=x^{16}+x^{15}+x^2+1$。针对令牌包，要进行 5 位 CRC 计算，多项式为 $G(X_5)=x^5+x^2+1$。

表 7-11 USB 包标识符类型

PID 类型	名称	PID 码	描述
令牌 (Token)	输出(OUT)	0001b	从主机到设备的数据传输
	输入(IN)	1001b	从设备到主机的数据传输
	帧起始(SOF)	0101b	帧开始标识和帧序列号
	设置(SETUP)	1101b	从主机到设备，表示要进行控制传输

续表

PID 类型	名　称	PID 码	描　述
数据 (Data)	数据 0(DATA0)	0011b	同步切换位为 0 的数据包
	数据 1(DATA1)	1011b	同步切换位为 1 的数据包
握手 (Handshake)	确认(ACK)	0010b	接收端收到无差错的数据包
	不确认(NAK)	1010b	接收设备不能接收数据，或发送设备不能发送数据
	停止(STALL)	1110b	设备端点挂起，或一个控制传输命令得不到设备的支持
专用(Special)	预同步(PRE)	1100b	由主机发送，表示将进行低速设备的总线通信

7.7　其他设备总线

外部总线(或设备总线)主要用于计算机系统的主机与外部设备之间的互联。外部设备之间的差别很大，外部总线在形式上与系统总线也有很大的差别，且多在机箱外部，其外形多样，差别很大，互不兼容。本节只介绍一些常见的外部总线。

7.7.1　小型计算机系统接口

小型计算机系统接口(Small Computer System Interface，SCSI)是一种外部并行总线，是用于小型、微型计算机和外围设备连接的一种接口标准，SCSI 接口可以有 8 位、16 位或 32 位数据线，支持包括磁盘驱动器、磁带机、光盘驱动器以及扫描仪在内的多种外部设备。每个 SCSI 设备有两个连接 SCSI 线缆的接口：一个用于输入，另一个用于输出。SCSI 设备通过 SCSI 标准连接线串接形成一个 SCSI 设备链，链的一端连接到计算机系统主机上，另一端接 SCSI 终接器，如图 7-34 所示。SCSI 接口的设备独立发挥作用，通过 SCSI 接口实现 SCSI 设备之间的数据交换而不需要主机的干预。例如，磁盘驱动器可以直接与磁带机进行数据交换而无须打扰主机中的处理机。

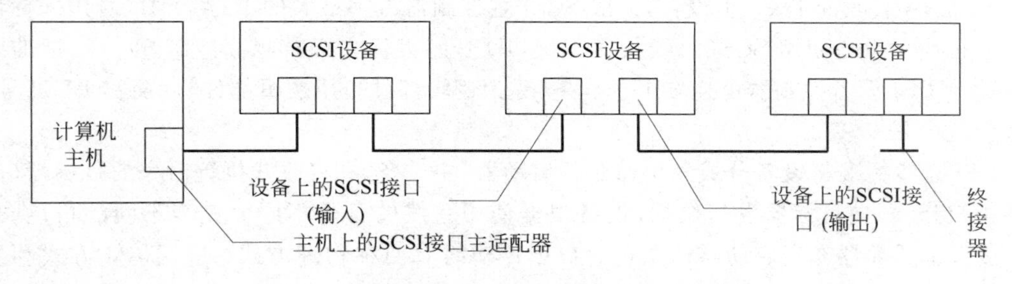

图 7-34　计算机主机与 SCSI 设备的连接示意图

SCSI 接口最早用于苹果公司于 1984 年推出的 Macintosh 个人计算机系统，目前已经广泛使用在 PC 服务器和高性能图形工作站中。1986 年美国国家标准局(ANSI)在 SASI 接口(Shugart Associates Systems Interface)的基础上经过功能扩充和协议标准化，制定并颁布了 SCSI-1 标准(后被 ISO 确认为国际标准)。SCSI-1 标准定义 SCSI 接口使用 8 位数据总线，工作时钟频率为 5MHz，即数据传输率(带宽)为 5MB/s，允许最多 7 个设备串联地接到 SCSI 接口上。1991 年推出了增强的 SCSI 接口(Enhanced Small Computer System Interface)——SCSI-2 标准。它与原有的 SCSI 标准兼容，数据线由 8 位扩展到 16 位或 32 位，工作时钟频率上升到 10MHz(数据传输率最大可以达到 20MB/s 或 40MB/s)，并扩充了总线的功能和设备命令集。从1992年至今一直都在制订和完善SCSI-3标准,SCSI-3标准将SCSI命令集、数据传输协议和物理接口分成各自的标准分别制定,如1992年公布的Fast-Wide SCSI接口(带宽20MB/s),1995—2001年公布的Ultra SCSI(带宽40MB/s)、Ultra320 SCSI(带宽320MB/s),2002年又公布了新串行SCSI总线(Serial Attached SCSI,SAS),它能支持现有的并行SCSI设备和ATA接口设备,以及遵循SAS标准的设备。在SAS-2标准中,规定数据传输速率可达到600MB/s。

SCSI接口由主机系统的SCSI接口主适配器、SCSI设备的设备控制器和SCSI设备(逻辑部件)组成,由SCSI控制器控制数据的传输,结构如图7-35所示。SCSI控制器相当于专用的小型CPU,有自己的命令集和缓存。由于SCSI设备含有SCSI控制器,因而也称为智能外设。SCSI接口主适配器也称SCSI接口板,插在主机系统内的系统总线或高速总线(例如PCI总线)的扩展槽中,也可以直接安置在主机底板(主板或母板)上。

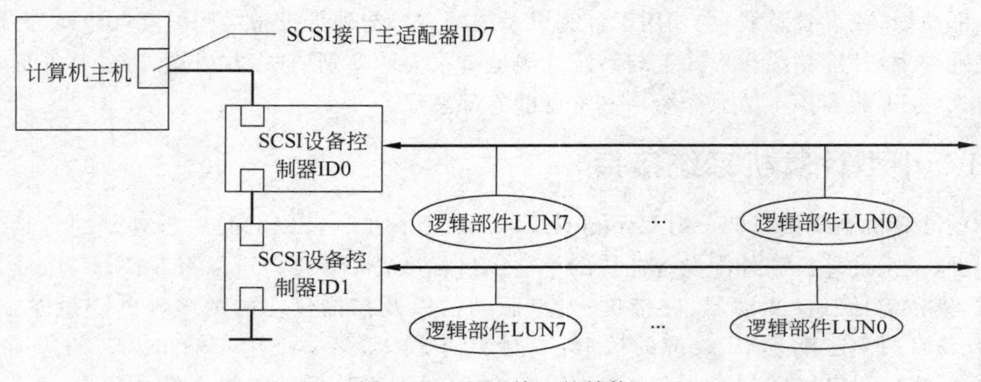

图7-35 SCSI接口的结构

连接到SCSI总线的SCSI设备控制器(包括主机的SCSI接口主适配器)都有一标识号(称ID号),SCSI-2及以前的SCSI标准规定ID号为0,1,…,7,总共8个设备,SCSI-3标准则规定为0,1,…,31,总共32个设备,一般SCSI主控制器占用最大的ID号。ID号用来标识设备,同时也表示设备使用SCSI总线的优先级,ID号越大优先级就越高。SCSI总线标准同时规定每个SCSI设备控制器可连8个子设备(称为逻辑部件),用逻辑部件号(简称LUN号)标识,取值范围是0~7。

SCSI总线标准将设备分成发出命令的启动器(主设备)和接收并执行命令的目标器(从设备)两类,启动器向目标器发送数据,设备根据使用总线的身份不同而充当不同的角色,其中SCSI接口主适配器充当启动器的角色。数据传输时有两种物理方式:单端传输方式和差分传输方式。单端传输方式把全部信号线集中在一根50芯的扁平电缆上,其中大部分是地线以保证信号屏蔽良好,设置的信号线总共18根,包括9条数据线(8位数据加1位奇偶校验位)和9条控制线,总长度限制为6米。差分传输方式把单端传输方式中的一部分地线改成数据线和控制信号线的对称差分信号线,类似于PCI Express总线方式,以提高所传输的数据信号的抗干扰能力,因此线缆总长度可延伸到25米。

7.7.2 ATA接口

ATA接口(AT Attachment)是微机主板与硬盘等外部存储器之间的一种接口或总线,其前身是集成设备电子部件(Integrated Device Electronics,IDE)接口。由于PC/AT机的硬盘控制器和硬盘驱动器是分开的两个部件，硬盘控制器是一个单独的ISA总线接口适配器。1984年磁盘控制器接口(ST506磁盘控制器)直接装到磁盘驱动器内(称为IDE硬盘，与主板之间的接口称为IDE接口)，提高了数据传输的可靠性。公共存取方法(Common Access Method，CAM)委员会于1989年3月推出了AT连接标准(AT Attachment，ATA)得到ANSI的批准，即ATA接口。ATA接口标准经历了ATA-1(ATA的最初版本-IDE，传输速率为3.3MB/s)、ATA-2(Enhanced IDE-EIDE，传输速率为16MB/s)、ATA-3(传输速率为16MB/s)、UltraATA/33(ATA/ATAPI-4，传输速率为33MB/s)、UltraATA/66(ATA/ATAPI-5，传输速率为66MB/s)、UltraATA/100(ATA/ATAPI-6，传输速率为100MB/s)和Ultra ATA/133(ATA/ATAPI-7，传输速率133MB/s)等阶段。其中，AT附属的报文分组接口(AT Attached Packed Interface，ATAPI)标准结合了SCSI和ATA特点，使得ATA接口能执行SCSI命令。2002年Intel公司联合西部数据公司等硬盘厂商共同制定了串行ATA标准(Serial ATA，SATA)1.0，SATA 1.0支持的最高数据传输率为150MB/s。

一个并行ATA接口可以连接两台IDE(EIDE)或ATAPI设备，一个称为主设备，另一个称为从设备。主、从设备通过设备“跳线”的不同来标识，或者根据设备在总线上所处的位置不同来区分。到目前为止，ATA接口有4种数据传送方式，即程序控制I/O(简称PIO)方式、单字DMA方式、多字DMA方式和超级DMA (Ultra DMA)方式。程序控制I/O方式要求CPU直接控制输入输出，其他3种DMA方式传输数据无须CPU直接控制，设备与主存之间的数据传输在DMA控制器的控制下完成。

习　题

7.1　什么是总线？总线传输有何特点？

7.2　使用总线的好处是什么？

7.3　简述总线的组成。

7.4　什么是总线主设备和总线从设备？

7.5　按照总线所处的物理位置分，总线可分成哪几类？

7.6　总线规范一般包括哪些？分别做简要说明。

7.7　什么是总线控制器？它的主要功能是什么？

7.8　说明下列名称或概念的含义：内部总线、外部总线、设备总线、局部总线、I/O扩展总线、串行总线、并行总线。

7.9　总线标准和总线产品哪一个先出现？

7.10　什么叫猝发传输？

7.11　哪些总线具有热插拔功能？对适用于哪一类应用场合的总线来说必须具备此功能？

7.12　假设在4位数据总线上挂接两个设备，每个设备能收能发，还能从电气上与总线断开，画出逻辑图并做简要说明。

7.13　什么是USB主控制器？USB集线器(Hub)用来做什么？

7.14　USB系统采用什么拓扑结构？简要说明该结构。

7.15　USB总线规范中规定了哪几种传输类型？它们分别用于什么场合？

7.16　两台PCI设备之间可直接传输数据吗？两台USB设备之间呢？

7.17　一台微机有5台USB设备,另一台微机有10台USB设备,各需用几个4端口的USB集线器?画出它们的结构图。

7.18　一条SCSI-2总线可连接多少台设备?一条SCSI-3总线可连接多少台设备?

7.19　在SCSI总线标准中,ID有什么作用?LUN指什么?

7.20　在SCSI总线上,只有主适配器才能充当启动器。这句话对吗?

7.21　ATAPI的英文全称是什么?它的主要特点是什么?目前所用的ATA标准是否支持ATAPI?

7.22　到目前为止,ATA接口支持哪几种数据传送方式?分别做简要说明。

7.23　对错题。

(1) 计算机使用总线结构的主要优点是便于实现模块化,同时减少了信息传输线的数目。

(2) 在计算机的总线中,地址信息、数据信息和控制信息不能同时出现在总线上。

(3) 计算机系统中的所有与存储器和I/O设备有关的控制信号、时序信号,以及来自存储器和I/O设备的响应信号都由控制总线来提供信息传送通路。

(4) 使用三态门电路可以构成数据总线,它的输出电平有逻辑1、逻辑0和高阻(浮空)3种状态。

(5) USB提供的4条连线中有2条信号线,每一条信号线可以连通一台外设,因此在某一时刻,可以同时有2台外设获得USB总线的控制权。

(6) 组成总线时不仅要提供传输信息的物理传输线,还应有实现信息传输控制的器件,它们是总线缓冲器和总线控制器。

(7) 总线技术的发展是和CPU技术的发展紧密相连的,CPU的速度提高后,总线的数据传输率如果不随之提高,势必妨碍整机性能的提高。

7.24　单选题。

(1) 现代计算机一般通过总线来组织,下述总线结构的计算机中,__①__操作速度最快,__②__的操作速度最慢。

A. 单总线结构　　B. 双总线结构　　C. 三总线结构　　D. 多总线结构

(2) 在多总线结构的计算机系统中,采用______方法,对提高系统的吞吐率最有效。

A. 多端口存储器　　B. 提高主存的工作速度

C. 交叉编址存储器　　D. 高速缓冲存储器

(3) 总线中地址总线的作用是______。

A. 用于选择存储器单元

B. 用于选择I/O设备

C. 用于指定存储器单元和I/O设备接口寄存器的地址

D. 决定数据总线上数据的传输方向

(4) 异步控制常用于______中,作为其主要的控制方式。

A. 单总线结构计算机中,CPU访问主存与外围设备

B. 微型机中的CPU控制

C. 采用组合逻辑控制方式实现的CPU

D. 微程序控制器

(5) 能够直接产生总线请求的总线部件是______。

A. 任何外设　　B. 具有总线主设备接口电路的外设

C. 高速外设　　D. 需要与主机批量交换数据的外设

(6) 同步总线之所以比异步总线具有较高的传输速率是因为________。

A. 同步总线不需要应答信号

B. 同步总线用一个公共的时钟进行操作同步

C. 同步总线方式的总线长度较短

D. 同步总线中，各部件存取时间比较接近

(7) 把总线分成数据总线、地址总线、控制总线3类是根据________来分的。

A. 总线所处的位置　　B. 总线所传送信息的内容

C. 总线的传送方式　　D. 总线所传送信息的方向

(8) 为了协调计算机系统中各个部件的工作，需要有一种器件来提供统一的时钟标准，这个器件是________。

A. 总线缓冲器　　B. 总线控制器

C. 时钟发生器　　D. 操作命令产生器

7.25　填空题。

(1) 在串行仲裁和并行仲裁两种总线控制判优方式中，响应时间较快的是__①__方式；对电路故障不太敏感的是__②__方式。

(2) 在单总线、双总线、三总线3种系统中，从信息流传送效率的角度看，__①__的工作效率最低；从吞吐量来看，__②__最强。

(3) 在单总线结构的计算机系统中，每个时刻只能有两个设备进行通信，在这两个设备中，获得总线控制权的设备叫__①__，由它指定并与之通信的设备叫__②__。

(4) 为了减轻总线的负担，总线上的部件大都具有__①__。

(5) 在地址和数据线分时复用的总线中，为了使总线或设备能区分地址信号和数据信号，所以必须有__①__控制信号。

(6) 标准微机总线中，PC/AT总线是__①__位总线，EISA总线是__②__位总线，PCI总线是__③__位总线。

(7) USB端口通过使用__①__，可以使一台微机连接的外部设备数多达__②__台。

第 8 章

I/O设备

I/O 设备是实现计算机系统与外部世界之间进行信息交换或信息存储的装置。现实世界中，人们常用数字、字符、文字、图形、图像、影像、声音等形式来表示各种信息，而计算机直接处理的却是以信号表示的数字代码，因而，需要输入设备将现实世界各种形式表示的信息，转换为计算机所能识别、处理的信息形式，并输入计算机。利用输出设备，将计算机处理的结果，以现实世界所能接受的信息形式输出，以便为人或其他系统所用。

本章将介绍目前常用的外部设备并简要叙述他们的工作原理。

8.1 I/O 设备概述

按设备在系统中的功能与作用来分，I/O 设备可以大致分为 5 类。

1. 输入设备

输入设备将外部的信息输入主机，通常是将操作者所提供的外部世界的信息，转换为计算机所能识别的信息，然后送入主机。目前，广泛使用的输入设备主要有键盘、鼠标器、触摸屏、数码相机、摄像头、麦克风等。其中，键盘和鼠标是最基本的输入设备，其他输入设备又被称作多媒体输入设备。

2. 输出设备

输出设备将计算机处理结果，从数字代码形式转换成人或其他系统所能识别的信息形式。常用的输出设备有显示器、打印机、投影仪、耳机、音箱等。其中，显示器和打印机是最基本的输出设备，其他输出设备又被称作多媒体输出设备。

3. 存储设备

外存储器是指主机之外的一些存储设备，如磁带、磁盘、光盘、U 盘等。存储设备一方面可以存储文件，另一方面也可以广义的看作对于文件输入和文件输出的特殊的输入输出设备。这部分内容在 4.3 节中已讲述过，本章不再赘述。

4. 网络设备

网络设备用于连接计算机网络，也可以广义的看作计算机对外部网络的输入输出设备，被称为终端设备。包括制解调器、网卡、红外设备、蓝牙设备等。用户通过终端设备在一定距离之外操作计算机，通过终端输入信息或获得结果。利用终端设备，可使多个用户同时共享计算机系统资源。

5. 其他 I/O 设备

某些特定应用领域需要用到一些特殊的 I/O 设备，如在工业控制应用中的数据采集设备——仪表、传感器、A/D 和 D/A 转换器等。

还有一类所谓的脱机设备，即数据制备设备，如软磁盘/磁带数据站。它是一种数据录入装置，为了不让数据录入占用大、巨型主机的宝贵运行时间，大批数据录入往往采取脱机录入方式，即先在专门的录入装置上人工按键录入，结果存入磁盘或磁带之中，然后将磁盘或磁带联机输入主机。

8.2 输入设备

在计算机中，输入设备主要完成输入程序、数据、操作命令、各种图形、图像、声音等信息。键盘和鼠标是最常用的输入设备，随着外部设备的发展，尤其是多媒体输入设备的发展又出现了诸如摄像头、摄像机、数码相机、扫描仪、触摸屏等设备。本节将常用于进行操作输入的键盘、鼠标和触摸屏放在一起介绍。对于任何一台计算机系统，这些输入设备必有其一。其他设备在多媒体一节中介绍。

8.2.1 键盘

键盘是最基本、最常用的输入设备。虽然键盘只能输入字符和代码，但能方便地将人的控制意图告诉计算机，是人机交互的重要输入工具。

1. 键盘的分类

键盘的种类很多，但总体可以分为下列几种情况。

1）按照键盘的工作原理和按键方式分类

可以划分为4种：

（1）机械键盘（Mechanical）。采用类似金属接触式开关，工作原理是使触点导通或断开，具有工艺简单、噪音大的特点。

（2）塑料薄膜式键盘（Membrane）。键盘内部共分4层，实现了无机械磨损。其特点是低价格、低噪声和低成本，已占领市场绝大部分份额。

（3）导电橡胶式键盘（Conductive Rubber）。触点的结构是通过导电橡胶相连。键盘内部有一层凸起带电的导电橡胶，每个按键都对应一个凸起，按下时把下面的触点接通。这种类型键盘是市场由机械键盘向薄膜键盘的过渡产品。

（4）无接点静电电容键盘（Capacitive）。使用类似电容式开关的原理，通过按键时改变电极间的距离引起电容容量改变从而驱动编码器。特点是无磨损且密封性较好。

2）按照键盘的按键数量分类

通用计算机系统使用的往往是按标准字符键排列的通用键盘。这种键盘上包含着字符键与一些控制功能键。键盘的按键数曾出现过83键、93键、96键、101键、102键、104键、107键等。104键的键盘是在101键的基础上为Windows 9x平台提供增加了3个快捷键（有2个是重复的），所以也被称为Windows 9x键盘。在某些需要大量输入单一数字的系统中还有一种小型数字录入键盘，基本上就是将标准键盘的小键盘独立出来，以达到缩小体积、降低成本的目的。

3）按照键盘的接口分类

键盘的接口有AT接口、PS/2接口和最新的USB接口，现在的台式机多采用PS/2接口，且大多数主板都提供PS/2键盘接口。AT接口键盘出现于早期机器，现在不用。USB作为新型的接口，也越来越普及。

2. 键盘扫描原理

根据形成按键编码的基本原理与实现方法键盘又可分为硬件扫描键盘和软件扫描键盘。

在键盘上,各键的安装位置可根据操作的需要而定。但在电气连接上,可将诸键连接成矩阵,即分成 n 行×m 列,每个键连接于某个行线与某个列线交叉点之处。通过硬件扫描或软件扫描,识别所按下的键的行列位置,称为位置码或扫描码。

1) 硬件扫描键盘原理

硬件扫描键盘(电子扫描式编码键盘)是由硬件逻辑实现扫描,所用的硬件逻辑可称为广义上的编码器,如图 8-1 所示。硬件扫描式键盘的逻辑组成如下:键盘矩阵、振荡器、计数器、行译码器、列译码器、符合比较器、ROM、键盘接口、去抖电路等。

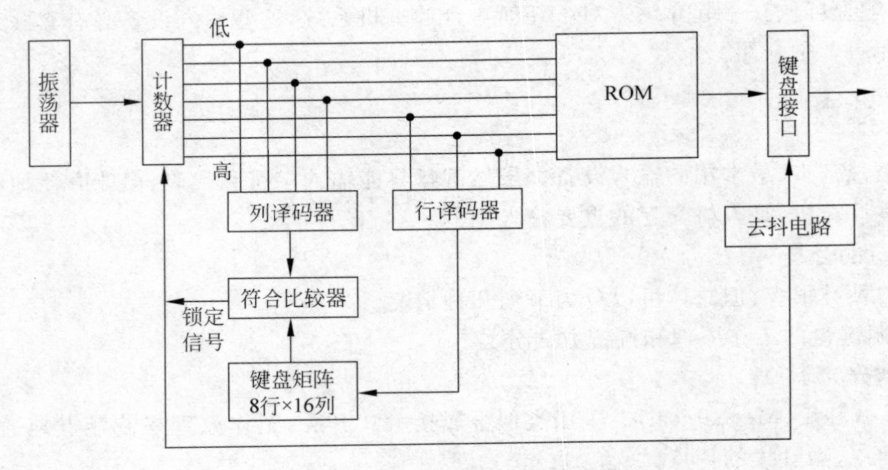

图 8-1 硬件扫描式键盘原理框图

假定键盘矩阵为 8 行×16 列,可安装 128 个键,则位置码需要 7 位,相应地设置一个 7 位计数器。振荡器提供计数脉冲,计数器以 128 为模循环计数。计数器输出 7 位代码,其中高 3 位送给行译码器译码输出,送键盘矩阵行线。计数器输出的低 4 位经列译码器送至符合比较器。键盘矩阵的列线输出也送符合比较器,二者进行符合比较。

假定按下的键位于第 1 行、第 1 列(序号从 0 开始),则当计数值为 0010001 时,行线 1 被行译码器的输出置为低电平。由于该键闭合,使第 1 行与第 1 列接通,则列线 1 也为低电平。低 4 位代码 0001 译码输出与列线输出相同,符合比较器输出一个锁定信号,使计数器停止计数,其输出代码维持为 0010001,就是按键的行列位置码,或称为扫描码。

用一个只读存储器 ROM 芯片装入代码转换表,按键的位置码送往 ROM 作为地址输入,从 ROM 中读出对应的按键字符编码或功能编码。由 ROM 输出的按键编码经接口芯片送往 CPU。更换 ROM 中写入的内容,即可重新定义各键的编码与功能的含义。

在实现一个键盘时,要注意的一个问题是,键在闭合过程中往往存在一些难以避免的机械性抖动,使输出信号也产生抖动,所以图 8-1 中有去抖电路。另一个需要注意的问题是重键,当快速按键时,有可能发生这样一种情况,前一次按键的键码尚未送出,后面按键产生了新键码,造成键码的重叠混乱。在图 8-1 的逻辑中,是依靠锁定信号来防止重键现象。在扫描找到第一次按键位置时,符合比较器输出锁定信号,使计数器停止计数,只认可第一次按键产生的键码。仅当键码送出之后,才解除对计数器的封锁,允许扫描识别后面按下的键。

硬件扫描键盘的优点是不需要主机担负扫描任务。当键盘产生键码之后，才向主机发出中断请求，CPU以响应中断方式，接收随机按键产生的键码。现已很少用小规模集成电路来构成这种硬件扫描键盘，而是尽可能利用全集成化的键盘接口芯片，如Intel 8279。

2）软件扫描键盘原理

软件扫描是指为了识别按键的行列位置，通过执行键盘扫描程序对键盘矩阵进行扫描。若对主机工作速度要求不高（如教学实验单板机），可由CPU执行键盘扫描程序。按键时，键盘向主机提出中断请求，CPU响应并执行键盘中断处理程序，该程序包含键盘扫描程序、键码转换程序及预处理程序等。若对主机工作速度要求较高，希望少占用CPU处理时间，可在键盘中设置一个单片机，负责执行键盘扫描程序、预处理程序，再向CPU申请中断并送出扫描码。

现代计算机的通用键盘大多采用第二种方案，如IBM-PC/XT机的通用键盘。它采用电容式无触点式键，共83～110键，连接为16行×8列，由Intel 8048单片机进行控制，以行列扫描法获得按键扫描码。键盘通过电缆与主机板上的键盘接口相连，以串行方式将扫描码送往接口，由移位寄存器组装，然后向CPU请求中断。CPU以并行方式从接口中读取按键扫描码。图8-2中，虚线左边是键盘逻辑，右边是位于主机板上的接口逻辑。

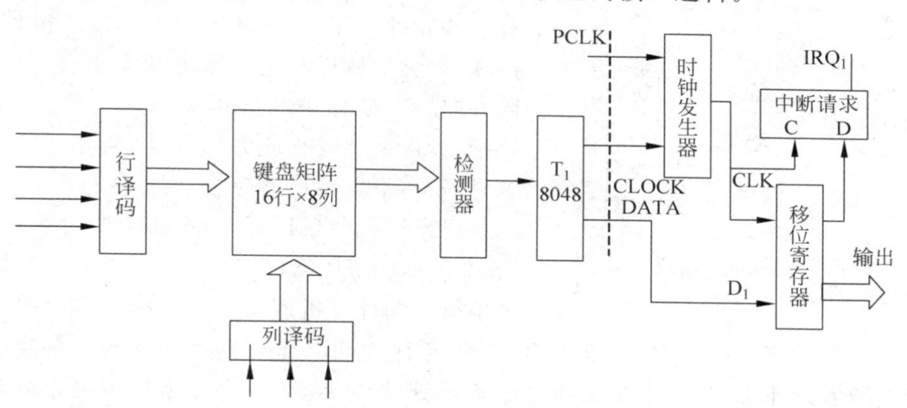

图8-2 IBM-PC键盘粗框图与接口

由Intel 8048输出计数信号控制行、列译码器，先逐列为“1”地步进扫描。当某列为“1”时，若该列线上无键按下，则行线组输出为“0”；若该列线上有键按下，则行线组输出为“1”。将每次扫描结果串行送入8048T_1端，检测当哪一列为“1”时，键盘矩阵行线组输出也为“1”，即表明该列有键按下。然后再逐行为“1”地步进扫描，由8048T_1端判断当哪一行为“1”时，列线组输出也为“1”，即判哪行按了键。8048根据行、列扫描结果便能确定按键位置，并由按键的行号和列号形成对应的扫描码（位置码）。

键盘向主机键盘接口输送的是扫描码。当键按下时，输出的数据称接通扫描码，而该键松开时，输出的数据称断开扫描码。PC系列中不同机型的键盘，接通和断开的扫描码有所不同，如PC/XT机键盘与AT机键盘扫描码就不一样，因此不能互换使用。在PC/XT键盘中，接通的扫描码与键号（键位置）是等值的，用1字节（2位十六进制数）表示，如“M”键，键号为50（十进制），接通码为32H。断开扫描码也是1字节，是接通扫描码加上80H所得，如“M”键按下后又松开，则先输出32H，再输出B2H。PC/XT键盘的拍发速率是固定的（10次/秒），当键按下0.5秒后仍不松开，将重复输出该键的接通扫描码。

8.2.2 鼠标

鼠标是计算机系统中，仅次于键盘的最基本，最常用的输入设备。用户手持鼠标在桌面或专用板上滑动，光标就在显示器屏幕上移动，按下鼠标相关键就可以完成菜单选择、定位拾取等操作。由于按下按键或移动位置可拾取信息和发送信息，故鼠标常被称为定点设备(Pointing Device)。随着GUI(图形化用户接口技术)的普及，鼠标的使用也越来越频繁，在不同的计算机设备中衍生出滚轴鼠标(轨迹球)感应鼠标、操作杆等。

1. 鼠标的分类及工作原理

鼠标是由位置采样机构、传感器和专用处理器芯片组成。如图8-3所示，当鼠标相对桌面移动时，采样机构按 X、Y 相互垂直的方向将位置信息传递给 X、Y 方向的传感器，由传感器将它转换为脉冲输入给专用处理器，专用处理器再将位移和SW鼠标按键状态组合成数据格式，传送至主机。

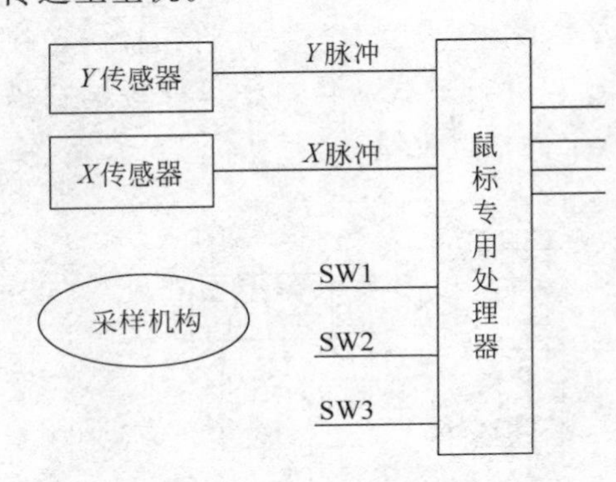

图 8-3 鼠标机构组成

根据鼠标外形可分为二键鼠标、三键鼠标、滚轴鼠标和感应鼠标。二键鼠标和三键鼠标的左右按键功能完全一致。对于三键鼠标的中间按键，常常配合一些软件使用，如文本翻页等；滚轴鼠标(又称轨迹球)和感应鼠标在笔记本电脑上用得很普遍，往不同方向转动鼠标中间的小圆球，或在感应板上移动手指，光标就会向相应方向移动，当光标到达预定位置时，按一下鼠标或感应板，就可执行相应功能。

根据鼠标的接口不同，可将鼠标分为串口鼠标、PS/2鼠标、USB鼠标、无线鼠标4类。早期鼠标通过串行口和计算机连接，由于计算机的串口资源少，很容易产生资源冲突。PS/2接口是20世纪90年代后期出现的，它作为鼠标的固定接口与计算机连接。随着近年USB口的普及和笔记本电脑的广泛使用，USB鼠标也越来越流行。就鼠标本身而言，3种接口鼠标并没有什么区别，有些鼠标配备了PS/2或USB的转换头，可采用多种方式和计算机进行连接。无线鼠标器是为了适应大屏幕显示器而生产的。所谓无线，即没有电线连接，采用红外线，或蓝牙和主机进行通信，接收范围在1.8米以内。无论采用何种接口，其内部结构依然不变。

根据鼠标的采样机构不同可将其分为4类：机械式鼠标、光机式鼠标、光电式鼠标和光学鼠标。现代广泛使用的鼠标基本上都是光学鼠标，下面简要介绍光学鼠标的原理。

光学鼠标的底部没有滚轮，也不需要借助反射板来实现定位，其核心部件是发光二极管、微型摄像头、透镜组件、光学引擎和控制芯片，如图8-4所示。光学鼠标精度高，无机械结构，使用时无须清洁，在诞生之后迅速引起业界瞩目。

发光二极管：光学鼠标通过摄像头在黑漆漆的鼠标底部拍摄画面，必须借助发光二极管来照明。一般说来，光学鼠标多采用红色或者蓝色的发光二极管，但以前者较为常见，原因并非是红色光对拍摄图像有利，而是红光型二极管最早诞生，技术成熟，价格也最为低廉。与第一代光电鼠标不同，光学鼠标不需要摄取反射光来定位，发光二极管的唯一用途就是照明，因此其品质如何与鼠标的实际性能并不相关，只是一种常规部件。

透镜组件：透镜组件是成像的必不可缺的关键部件。透镜组件位于鼠标的底部位置，它

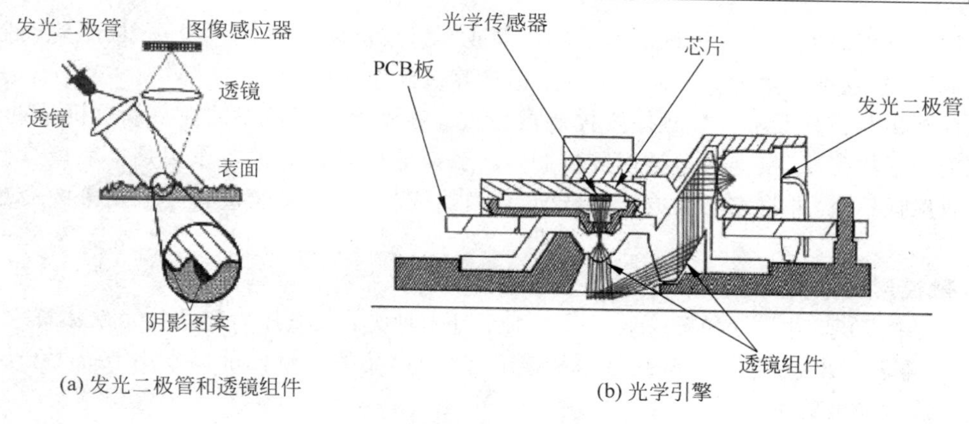

(a) 发光二极管和透镜组件　(b) 光学引擎

图 8-4　光学鼠标

由连接在一起的一个棱光镜和一个圆形透镜共同组成。棱光镜负责将发光二极管发射的光线折射至鼠标底部并将它照亮，为光线输出的必要辅助。而圆形透镜则相当于摄像机的镜头，它负责将反射图像的光线聚焦到光学引擎底部的接收孔中，相当于光线输入的辅助。不难看出，棱光镜与圆形透镜具有同等的重要性，倘若我们将其中任何一个部件拿掉，光学鼠标便根本无法工作。透镜组件不能直接决定光学鼠标的性能指标，不过与发光二极管一样，它们的品质会影响鼠标的操作灵敏度。一般来说，光学鼠标的透镜可使用玻璃和有机玻璃两种材料，但前者加工难度很大，成本高昂，后者虽然透明度和玻璃有一定差距，但具有可塑性好、容易加工、成本低廉的优点，因此有机玻璃便成为制造光学鼠标透镜组件的主要材料。

光学引擎：光学引擎(Optical Engine)是光学鼠标的核心部件，它的作用就好比是人的眼睛，不断摄取所见到的图像并进行分析。光学引擎由 CMOS 图像感应器和光学定位 DSP(数字信号处理器)组成，前者负责图像的收集并将其同步为二进制的数字图像矩阵，而 DSP 则负责相邻图像矩阵的分析比较，并据此计算出鼠标的位置偏移。光学鼠标主要有分辨率和刷新频率两项指标，二者均是由 CMOS 感应器所决定，若分辨率、采样频率较高，所生成的数字矩阵信息量也成倍增加，对应的 DSP 必须具备与之相称的硬件计算能力。

控制芯片：控制芯片可以说是光学鼠标的神经中枢，但由于主要的计算工作由光学引擎中的定位 DSP 芯片所承担，控制芯片的任务就集中在负责指挥、协调光学鼠标中各部件的协调工作，同时也承担与主机连接的 I/O 职能。

2. 轨迹球和操作杆

轨迹球，又称为滚轴鼠标。其工作原理与机电式鼠标完全相同，只不过是用手代替了摩擦平板，犹如翻转使用的鼠标，因而是鼠标的一种变形应用。常使用在笔记本计算机上。因其通常比鼠标中的小球大一些，故分辨率较高，更加灵敏和精确。同时使用轨迹球移动光标只需转动球体，因此可以节省大量桌面空间。

操作杆，又称为摇杆。它本身不能产生表示距离的脉冲序列，只能产生运动方向信号，但可以通过软件定时查询方式产生脉冲序列，达到移动光标的目的。操作杆实际上是一个能在上下左右及 4 个斜向方向移动的操纵开关。该开关允许有 9 个状态。屏幕光标能在 8 个方向的一个方向上以恒定的速率改变。常配合游戏软件一同使用。

8.2.3　触摸屏

触摸屏是一种全新的键盘和显示一体化的人-机交互设备随着计算机发展日渐普及。用户只要用手指轻轻地碰计算机显示屏上的图符或文字就能实现对主机操作，从而使人机交互更为直截了当，这种技术大大方便了那些不懂计算机操作的用户。

触摸屏由触摸检测部件和触摸屏控制器组成；触摸检测部件安装在显示器屏幕前面，用于检测用户触摸位置，接受后送触摸屏控制器；触摸屏控制器的主要作用是从触摸点检测装置上接收触摸信息，并将它转换成触点坐标，再送给主机，它同时能接收主机发来的命令并加以执行。

1. 触摸屏的分类及工作原理

根据触摸原理不同，触摸屏一般可分为5个基本种类：矢量压力传感技术触摸屏、电阻技术触摸屏、电容技术触摸屏、红外线技术触摸屏、表面声波技术触摸屏。本小节简要介绍电阻式和电容式触摸屏的工作原理。

电阻式触摸屏：如图8-5所示，这种触摸屏利用压力感应进行控制。电阻触摸屏的主要部分是一块与显示器表面非常配合的电阻薄膜屏，这是一种多层的复合薄膜，它以一层玻璃或硬塑料平板作为基层，表面涂有一层透明氧化金属（透明的导电电阻）导电层，上面再盖有一层外表面硬化处理、光滑防擦的塑料层、它的内表面也涂有一层涂层、在他们之间有许多细小的透明隔离点把两层导电层隔开绝缘。当手指触摸屏幕时，两层导电层在触摸点位置就有了接触，电阻发生变化，在X和Y两个方向上产生信号，然后送触摸屏控制器。控制器侦测到这一接触并计算出（X,Y）的位置，再根据模拟鼠标的方式运作。这就是电阻技术触摸屏的最基本的原理。常用的透明导电涂层材料有：①ITO、氧化铟弱导电体，特性是当厚度降到1800个埃以下时会突然变得透明，透光率为80%，再薄下去透光率反而下降，到300埃厚度时又上升到80%。ITO是所有电阻技术触摸屏及电容技术触摸屏都用到的主要材料，实际上电阻和电容技术触摸屏的工作面就是ITO涂层。②镍金涂层、镍金涂层延展性好，寿命长，但工艺成本较为高昂。电阻技术触摸屏的定位准确，由于是一种对外界完全隔离的工作环境，不怕灰尘、水汽和油污，可以用任何物体来触摸，可以用来写字画画。但其价格颇高，且怕刮易损。

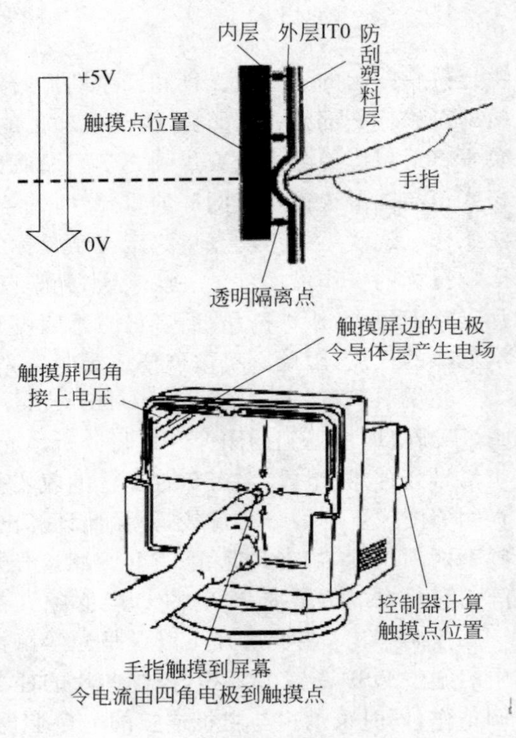

图8-5 电阻式触摸屏

电容式触摸屏：电容式触摸屏是一块4层复合玻璃屏，如图8-6所示，玻璃屏的内表面和夹层各涂有一层ITO，最外层是一薄层矽土玻璃保护层，夹层ITO涂层作为工作面，4个角上引出4个电极，内层ITO为屏蔽层以保证良好的工作环境。手指触摸在金属层时，由于人体电场，用户和触摸屏表面形成一个耦合电容，对于高频电流来说，电容是直接导体，于是手指从接触点吸走一个很小的电流，从触摸屏4个角的电极中流出（流经这4个电极的电流与手指到4个的距离成正比），控制器通过对这4个电流比例的精确计算，得出触摸点的位置。电容屏反光严重，而且电容技术的4层复合触摸屏对各波长光的透光率不均匀，存在色彩失真的问题，由于光线在各层间的反射，还造成图像字符的模糊。当环境温度、湿度改变时，环境电场发生改变时，都会引起电容屏的漂移，造成不准确。

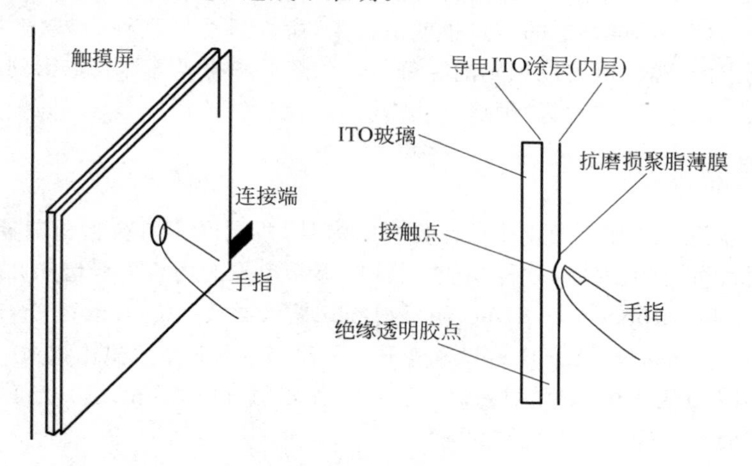

图 8-6 电容触摸屏

2. 手写板和触摸笔

触摸屏技术方便了人们对计算机的操作使用，已经广泛应用于平板电脑、手机等新型计算机设备。除了传统意义上的触摸屏，手写板和触摸笔已经开发出来。

手写板是一种通过手写向计算机输入信息的输入设备。手写板的硬件由两部分组成：一部分是一块与主机相连接的内部装有传感器的光滑基板；另一部分是用来在基板上写字的笔。一方面笔具有类似鼠标的拾取、交互功能；另一方面，笔还具有字符的输入功能。当用户通过笔在基板上写字时，它所移动的轨迹被读入计算机，计算机通过手写字符识别软件根据轨迹特征辨别所写的内容。

从实现技术而言，手写板和触摸笔是触摸屏技术的衍生技术。主要也可分为电阻式手写板、电磁式手写板和电容式手写板几类。

电阻式手写板由一层可变形的电阻薄膜和一层固定的电阻薄膜构成，中间由空气相隔离。其工作原理是：当用笔或手指接触手写板时，上层电阻受压变形并与下层电阻接触，下层电阻薄膜就能感应出笔的位置。

电磁式手写板通过手写板下方的布线电路通电，在一定空间范围内形成电磁场，来感应带有线圈的笔尖的位置进行工作。这种技术具有良好的性能，可进行流畅的书写和绘图。

电容式手写板主要通过人体的电容来感知笔的位置，笔接触到触控板的瞬间在板的表面产生了一个电容。由于触控板表面附着的传感矩阵与一块特殊芯片一起持续不断地跟踪着使用者手指电容的轨迹，经过内部一系列的处理后，能精确计算位置（X、Y 坐标），同时测量由于笔与板间距离（压力大小）形成的电容值的变化，确定 Z 坐标，最终完成 X、Y、Z 坐标值的确定。电容式触控板的手写笔无须电源供给，特别适合于便携式产品。

8.3 输出设备

计算机输出设备的功能是将计算机内部处理的结果，如编辑好的文稿、编写调试后的程序、设计好的工程图、处理过的图像、计算得到的数据等，由计算机二进制编码的形式转换为人类能够接受的各种媒体形式并输出。常用的输出设备有显示设备、打印输出设备两大类。其中,显示器是在屏幕上输出信息,进行人机对话的监视设备。显示器屏幕上的字符、图形不能永久记录下来,一旦关机,屏幕上的信息也就消失了,所以显示器又称为“软拷贝”装置。打印机是按照用户要求的格式,以人能识别的字符、数字、图形和符号等形式输出到纸面上的设备,因为信息能够永久保存,又被称为“硬拷贝”装置。

8.3.1 显示器

显示器的功能是在屏幕上迅速显示计算机的信息,并允许人们在利用键盘将数据和指令输入计算机时通过机器的硬件和软件功能,对同时显示出来的内容进行增删和修改。目前,显示器主要包括 CRT(Cathode Ray Tube,阴极射线管显示器)、LCD(Liquid Crystal Display,液晶显示器)、PDP(Plasma Display Panel,等离子显示器)。CRT 显示器体积大、功耗大,已渐渐退出历史舞台。LCD 因为体积小、重量轻、功耗小、无辐射、画面柔和,已日渐普及。PDP 显示器也作为新一代的显示设备快速发展起来。

1. CRT 显示器

按屏幕表面曲度来分,CRT 显示器分为球面显像管、平面直角显像管、柱面显像管和纯平显像管 4 种类型。目前市场上还能见到纯平显像管显示器,这种显像管在水平和垂直两个方向上都是笔直的,整个显示器外表面就像一面镜子那样平,而且屏幕图形和文字的失真、反光都降得很低。

CRT 的整体结构如图 8-7 所示,由电子枪、视频放大驱动器及同步扫描电路 3 部分组成。

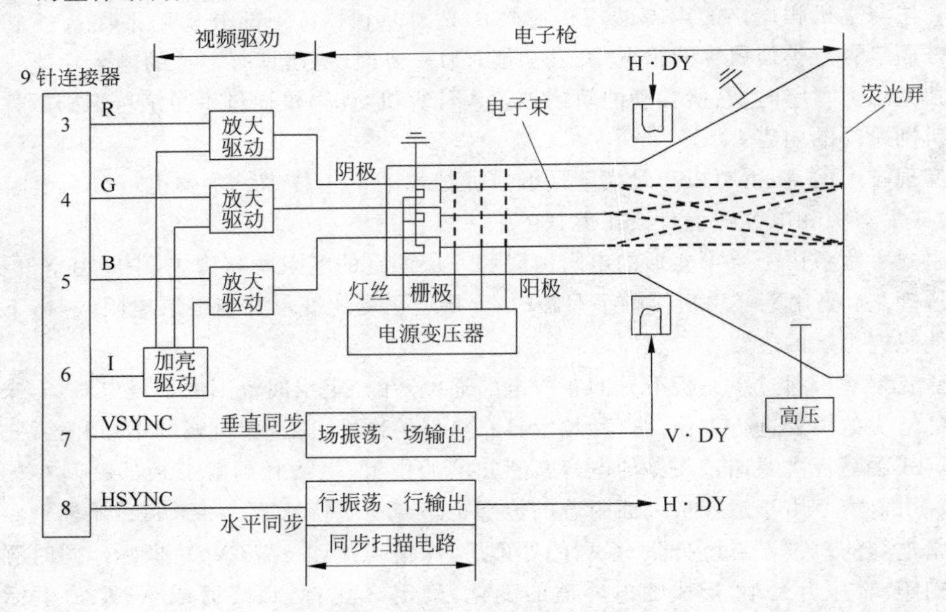

图 8-7 彩色 CRT 结构示意图

当阴极射线管的灯丝加热后,由视频信号放大驱动电路输出的电流驱动阴极,使之发射电子束,故俗称电子枪。CRT 由红、绿、蓝三基色的阴极发射的三色电子束(其强度由视频信号的有、无控制),经栅极、加速极(第一阳极)和聚焦极(第二阳极),并在高压极(第三阳极)的作用下,形成具有一定能量的电子束,向荧光屏冲射。在垂直偏转线圈和水平偏转线圈经相应扫描电流驱动产生的磁场控制下，三色电子束就会聚到荧光屏内侧金属荫罩板上的某一小孔中，并轰击荧光屏的某一位置。此时，涂有荧光粉的屏幕被激励而出现红、绿、蓝三基色之一或由三基色组成的其他各种彩色点。荧光屏的发光亮度随加速极电压增加而增加。但通常是控制阴极驱动电流（由加亮驱动电路实现）使亮度发生变化。

2. LCD 显示器

LCD 采用液晶为材料，具有体积小、重量轻、省电、辐射低、易于携带等优点。液晶是介于固态和液态间的有机化合物。将其加热会变成透明液态，冷却后会变成结晶的混浊固态。在电场作用下，液晶分子会发生排列上的变化，从而影响通过其的光线变化，这种光线的变化通过偏光片的作用可以表现为明暗的变化。就这样，人们通过对电场的控制最终控制了光线的明暗变化，从而达到显示图像的目的。下面简单介绍几种 LCD 显示原理。

（1）扭曲型液晶显示器（Twisted Nematic Liquid Crystal Display），简称 TN 型液晶显示器，如图 8-8 所示。TN 型液晶显示器包括垂直方向与水平方向的偏光片、具有细纹沟槽的配向膜、液晶材料以及导电的玻璃基板。

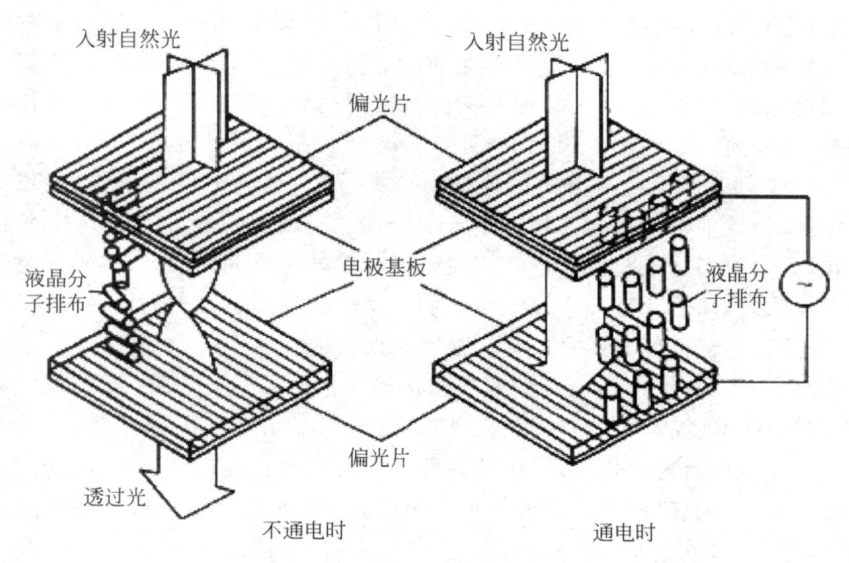

(a) TN型液晶显示器分子排布与透光示意图

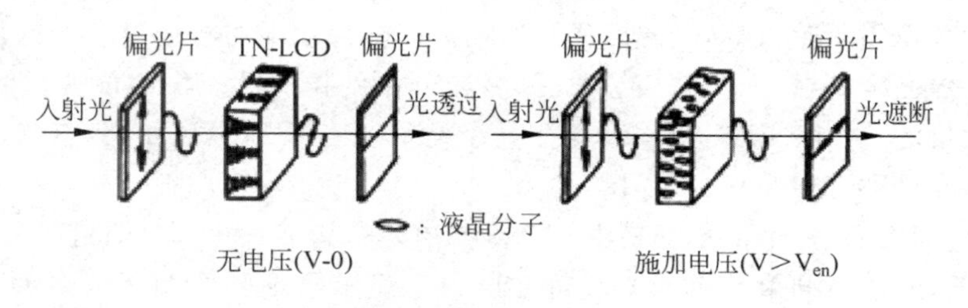

(b) TN型液晶显示器光电效应原理

图 8-8　TN 型液晶显示器显示原理

当不加电场时，入射光经过偏光片后通过液晶层，偏光被分子扭转排列的液晶层旋转 90°，离开液晶层时，其偏光方向恰与另一偏光片的方向一致，光线能顺利通过，并使整个电极面呈现光亮的状态;当加入电场时,每个液晶分子的光轴转向与电场方向一致,液晶层因此失去了旋光的能力,结果来自入射偏光片的偏光方向与另一偏光片的偏光方向成垂直的关系,并无法通过,电极面因此呈现黑暗的状态。其显像原理是将液晶材料置于两片贴附光轴垂直偏光片之透明导向玻璃间,液晶分子会依配向膜的细沟槽方向依序旋转排列,如果电场未形成,光线会顺利地从偏光片射入,依液晶分子旋转其行进方向,然后从另一边射出。如果在两片导电玻璃通电之后,两片玻璃间会造成电场,进而影响其间液晶分子的排列,使其分子棒进行扭转,光线便无法穿透,进而遮住光源。这样所得到光暗对比的现象,叫做扭转式向列场效应(Twisted Nematic Field Effect,TNFE)。TN 型液晶显示器件的基本结构原理是:将涂有氧化铟、锡(ITO)透明导电层的玻璃光刻上一定的透明电板图形,将这种带有透明导电电极图形的前后两片玻璃基板夹持上一层具有正介电各向异性的向列相液晶材料,四周进行密封,形成一个厚度仅为数微米的扁平液晶盒。由于在玻璃内表面涂有一层定向层膜,并进行定向处理,在盒内液晶分子沿玻璃表面平行排列。但由于两片玻璃内表面定向层定向处理的方向互相垂直,液晶分子在两片玻璃之间呈 90°扭曲,这就是扭曲向列液晶显示器件名称的由来。由于 TN 型液晶显示器件中液晶分子在盒中的扭曲螺距远比可见光波长大得多,当沿一侧玻璃表面的液晶分子排列方向一致或正交的直线偏振光射入后,其偏光方向在通过整个液晶层后会被扭曲 90°由另一侧射出,因此液晶盒具有在平行偏振片间可以遮光,而在正交偏振片间可以透光的作用和功能。如果这时在液晶盒上施加电压并达到一定值后,液晶分子长轴将开始沿电场方向倾斜,当电压达到约两倍闭值电压后,除电极表面的液晶分子外,所有液晶盒内两电极之间的液晶分子都变成沿电场方向的再排列。这时,90°旋光的功能消失,在正交偏振片间失去了旋光作用,使器件不能透光。面在平行偏振片之间由于失去了旋光作用,使器件也不再能遮光。因此,如果我们将液晶盒放置在正交或平行偏振片之间,可通过给液晶盒通电使光改变其透过一遮住状态,从而实现显示。平时我们看见液晶显示器件时隐时现的黑字,不是液晶在变色,而是液晶显示器件使光透过或使光被吸收所致。

(2) TFT(Thin Film Transistor)型液晶显示器的构件包括荧光管、导光板、偏光板、滤光板、玻璃基板、配向膜、液晶材料、晶体管(FET)等。液晶显示器利用背光源(荧光管投射出的光源),经过先偏光板然后再经过液晶,由液晶分子的排列方式改变穿透液晶的光线角度,然后这些光线经过彩色的滤光膜与另一块偏光板。因此,只要改变刺激液晶的电压值就可以控制最后出现的光线强度与色彩,在液晶面板上变化出有不同深浅的颜色组合。TFT 型液晶显示器也采用两夹层间填充液晶分子的设计,左边夹层的电极为 FET,右边夹层的电极为共通电极。在液晶的背部设置了荧光管,光源路径从右向左。光源照射时先通过右偏振片向左透出,借助液晶分子传导光线。在 FET 电极导通时,液晶分子的排列状态发生改变,并通过遮光和透光达到显示的目的。由于 FET 晶体管具有电容效应,能够保持电位状态,直到 FET 电极下一次再加电改变其排列方式为止。

在彩色 LCD 面板中,每个像素都是由 3 个液晶单元格构成,每个单元格前面设置红色、绿色、蓝色的过滤器,经过不同单元格的光线可在屏幕上显示出不同的颜色。LCD 屏含有固定数量的液晶单元,全屏幕只能使用一种分辨率显示(每个单元就是一个像素)。

相比 CRT,LCD 不存在聚焦问题,因为每个液晶单元单独配置开关。所以一幅图在 LCD 屏幕上显得更加清晰。LCD 也不必关心刷新频率和闪烁(液晶单元或开或关),所以在 40～60Hz 这样的低刷新频率下显示的图像不会比 75Hz 下显示的图像更闪烁。现在,几乎所有的应用于笔记本或桌面系统的 LCD 都使用薄膜晶体管——TFT。

(3) LED液晶显示器。它用LED代替了传统的液晶背光模组,亮度高,可以在寿命范围内实现稳定的亮度和色彩表现。LED功率易控制,无论在明亮的户外还是黑暗的室内,用户都很容易把显示设备的亮度调整到最悦目的状态。

3. PDP显示器

PDP显示器又称电浆显示器。"电浆",或称为离子化气体,其成分包括气体原子、阳离子及电子,被称为除了固态、液态、气态外的物质的第四态。从工作原理上讲,等离子体技术同其他显示方式相比存在明显的差别。等离子显示技术的成像原理是在显示屏上排列上千个密封的小低压气体室,通过电流激发使其发出肉眼看不见的紫外光,然后紫外光碰击后面玻璃上的红、绿、蓝3色荧光体发出肉眼能看到的可见光,以此成像。每个小低压气体室(CELL)的结构如图8-9所示。

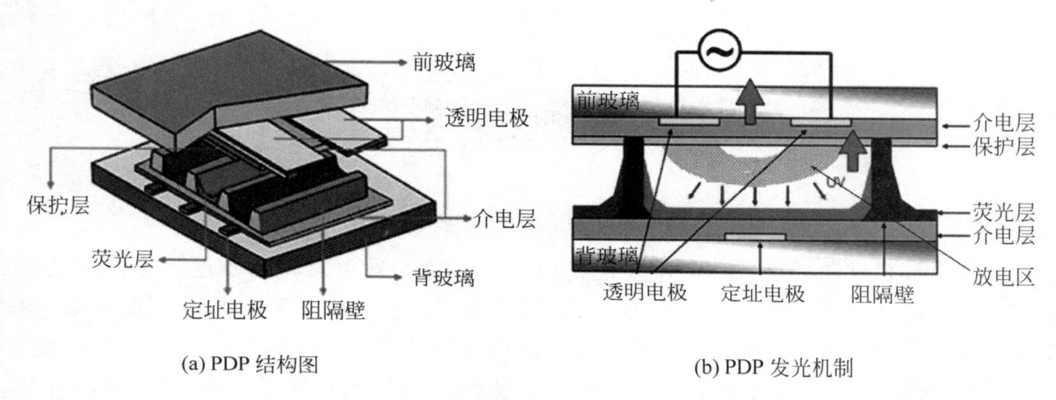

(a) PDP结构图　　(b) PDP发光机制

图8-9 PDP显示器显示原理

8.3.2 打印机

1. 概述

打印设备是计算机的重要输出设备之一,它能将机器处理的结果以字符、图形等人们所能识别的形式记录在纸上,作为硬拷贝长期保存。为适应计算机飞速发展的需要,打印设备已从传统的机械式打印发展到新型的电子式打印,从逐字顺序打印发展到成行或成页打印,从窄行打印(每行打印几十个字符)发展到宽行打印(每行打印上百个字符),并继续朝着不断提高打印速度、降低噪声、提高印刷清晰度、实现彩色印刷等方向发展。

打印设备品种繁多,根据不同的工作方式、印字方式和字符产生方式,可将打印设备分为如下几种类型,如图8-10所示。

按工作方式的不同,打印设备可分为串行打印机和并行打印机两类。

(1) 串行打印时,一行字符按顺序逐字打印,速度慢,衡量打印速度的单位是字符/秒。

(2) 并行打印也称为行式打印,一次同时打印-行或一页,打印速度快,常用行/秒、行/分或页/分作为速度单位。

按印字方法的不同,又可将打印设备分为击打式打印机和非击打式打印机。

(1) 击打式打印机是通过字锤或字模的机械运动推动字符击打色带,使色带与纸接触,从而在纸上印出字符。当色带与纸接触的瞬间,若字符和纸处于相对静止状态,则称为静印方式。有的打印机(如快速宽行打印机)则多采用飞印方式印字,以提高打印速度。字符被字轮带动高速旋转,在击打的瞬间,字符和纸之间有微小的相对位移,故称为飞印或飞打。

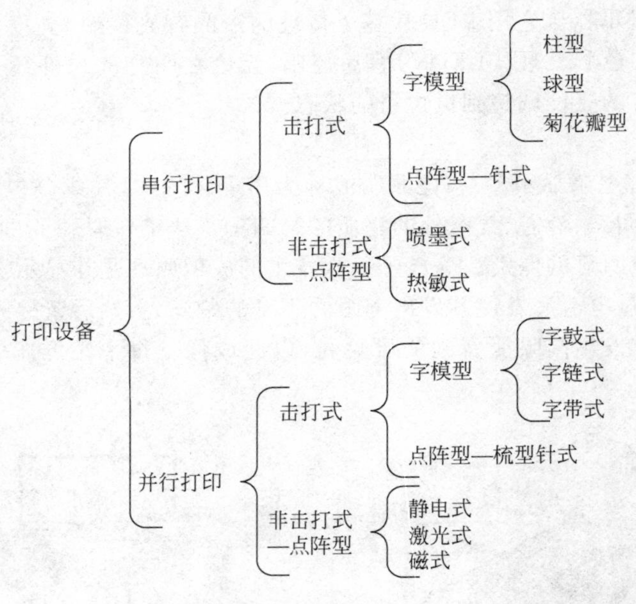

图 8-10 打印机分类图

(2) 非击打式打印机具有打印速度快、噪声小(或者无噪声)、印刷质量高等优点,它们通过电子、化学、激光等非机械方式来印字。例如,激光打印机、磁打印机等,利用激光或磁场先在字符载体上形成潜像,然后转印在普通纸上形成字符或图形;喷墨打印机不通过中间字符载体,由电荷控制直接在普通纸上印字。静电印刷机以及热敏、电敏式印刷机等,则通过静电、热、化学反应等作用,在特殊纸上印出图像。

按字符产生方式来划分,打印设备有字模型和点阵型两类。

(1) 字模型是将字模(活字)装在链、球、盘或鼓上,用打印锤击打字模将字符印在纸上(正印),或者打印锤击打纸和色带,使纸和色带压向字模实现印字(反印)。字模型用在击打式打印机中,印出的字迹清晰,但组字不灵活,且不能打印图形、汉字等图像。

(2) 点阵式打印机不用字模产生字符,而是将字符以点阵形式存放在字符发生器中。印字时,用取出的点阵代码控制打印头中的针在纸上打印出字符的点阵图形。常用的字符点阵为 5×7、7×9、9×9,汉字点阵为 24×24。点阵式打印机组字灵活,可以打印各种字符、汉字、图形、表格等,且打印质量越来越高。针式打印机及所有非击打式打印机均采用点阵型。

目前,用于各种计算机系统的打印设备主要是宽行打印机,点阵针式打印机、激光印刷机及喷墨打印机等。本节简单介绍点阵打印机、行式打印机、激光打印机和喷墨打印机的基本原理。

2. 点阵打印机

点阵打印机是一种击打式打印机,靠打印头打击色带,色带与纸接触,在纸上印出字符。

绝大多数点阵打印机使用的打印纸是连续的,即上千张打印纸头尾相连接在一起。打印纸的两边有小孔,可以方便地将打印纸送入打印机。每张纸相连处都有分割线,用户很容易地把打印纸分成标准大小如 21.59cm×27.94mm(8.5 英寸×11 英寸)。许多点阵打印机既支持纵向打印,也支持横向打印。

点阵打印机中的打印头一般有 9～24 根针。针数越多,表明印出每个字符的点越多,字符质量自然就高了。

大多数点阵打印机的速度是300～1100字符/秒速度与所要求的打印质量有关。

税务、银行、医院等部门的票据打印使用的都是这类打印机。

下面简述点阵打印机的结构及工作过程。

1）基本结构

从一台点阵打印机完成的基本功能而言，其内部结构可分为如下几部分。

(1) 接口控制部件

该接口的功能是接收系统的打印控制命令和打印数据，并返回打印机的操作状态。

(2) 中央控制部件

该部件是打印机的核心，由以微处理器为中心的控制电路所组成，主要包括：

① 8位微处理器：完成的功能包含两个方面：其一，按打印控制命令和接收的打印数据完成指定的打印功能，并将打印机状态返回给系统和操作面板；其二，控制直流伺服电动机和步进电机的动作，完成辅助打印功能，如回车、走纸等。

② 行缓存RAM：其容量通常为几千字节，有的配置几十万字节，用于存放一行待打印的点阵数据。若是字符打印，则系统发送的打印数据是字符码，打印机接受后到其内部的ROM点阵发生器检索并取出相应的点阵数据存放于此；若是图形打印，则系统发送的打印数据本身便是点阵数据，即直接存放于此。

③ 点阵发生器ROM：其容量通常也为几千字节或几万字节，用于ANK字符(字母、数字、片假名)的点阵发生器。在打印机处于字符方式下，它的功能是根据系统发送的打印数据，由ROM检索出相应的点阵数据保存在行缓存RAM中。除此之外，打印机内部微处理器执行的所有程序均固化在此。

(3) 打印头及打印驱动部件

该部件接收行缓存RAM中打印的点阵信息。根据信息1或0，打印驱动电路驱使打印头的相应针动作或不动作。

(4) 打印机械控制部件

如图8-11所示，该部件由以下若干个机构组成。

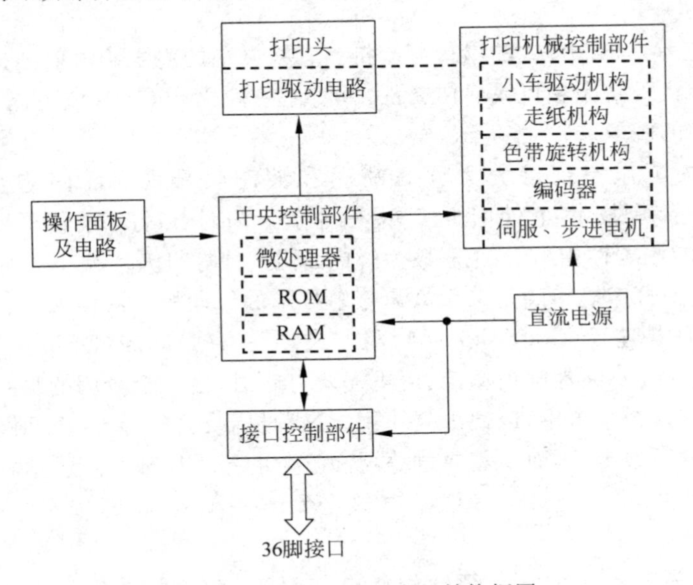

图8-11　一台点阵打印机结构框图

① 小车驱动机构:小车拖着打印头,按直流伺服电机旋转方向作水平正向或反向运动。

② 走纸机构:由步进电机每旋转一步,驱使滚筒顺时针旋转一角度(由行距控制,可变)。同时,通过纸牵引器使打印纸向前移动,某些型号的打印机还可使打印纸向后移动。

③ 色带旋转机构:环形色带装在色带盒内。当小车在伺服电机作用下运动时,使色带驱动轴也随之作同一方向的旋转,带动色带在色带盒内周而复始地循环。

④ 编码器:安装在直流伺服电机上的编码器记载小车的当前位置,其检测值供中央控制部件控制直流伺服电机旋转方向,从而使小车驱动部件驱使打印头到达下一目标位置。

⑤ 伺服电机与步进电机:伺服电机控制小车驱动机构,步进电机控制走纸机构。

(5) 操作面板及电路

该面板上的按钮与指示灯随不同的打印机而异。但总的功能包括电源接通、联机或脱机、自检、报警、走纸控制等。

2) 工作原理

打印机被初始化后,如无故障,则进入接码阶段,接码工作的任务就是接收主机发来的数据。在读入一个数据后,首先判断是功能码还是字符代码,如果是功能码,则转入相应的功能码处理程序。若是字符代码,则把字符代码送入行缓存 RAM 中,此字符代码经地址译码到字符发生器 ROM 中找到相应打印码的字符点阵,再存入行缓存 RAM 中;若在图形方式下打印,则接收的就是图形点阵数据,直接存放在行缓存 RAM 中。当接收到的功能码是打印命令(CR、FF、VF、LF 等),或行缓冲打印区已满,则进入打印处理程序。

打印处理程序首先确定第一个连续打印的首、尾指针(查找打印的缓冲区,将第一个和最后一个非空白的打印码地址送入打印码首尾取数指针中)。之后按照行缓存 RAM 中字符或图形编码驱动打印头,击打色带在打印纸上打出信息。一行打印完毕后,启动走纸电机,驱动打印纸走纸一行。若是自左到右的正向打印,则先进行奇数针打印,之后偶数针打印。若反向打印,奇偶针的打印顺序与正向打印相反。为了提高打印速度,在打印处理程序中还对一定长度的空格码(如连续 5 个空格码)作为无动作的处理,使字车以较快速度通过此区,以缩短打印的时间。

3. 喷墨打印机

喷墨打印机是一类非击打式的串行打印机。它将微小的墨水滴喷射到打印纸上印出字符和图形。喷墨打印机可打印彩色或黑白文件,分辨率一般为 600DPI 或更高,可以输出高质量的文本或高分辨率的图像。

喷墨打印机按工作原理可分为固态喷墨和液态喷墨两种。固态喷墨是美国泰克(Tektronix)公司的专利技术,它使用的相变墨在常温下为固态,打印时墨被加热液化后喷射到纸张上,并渗透其中,附着性相当好,色彩极为鲜艳。但这种打印机昂贵,适合于专业用户选用。

通常所说的喷墨打印机指的是采用液态喷墨技术的打印机。液体喷墨打印机技术在原理上又分成两种,一种是连续(Continuous)喷墨方式,另一种是间断(Drop on Demand)喷墨方式。连续喷墨方式连续不断地喷射墨流,但不需要打印时,由一个专用的腹腔来储存喷射出的墨水,过滤后重新注入墨水盒中,以便重复使用。这种机制比较复杂。而间断喷墨方式比较简化,它仅在打印时喷射墨水,因而不需要过滤器和复杂的墨水循环系统。这种间断喷墨方式的驱动部分又有两种不同的技术,一是压电式(Piezoelectric)间断喷墨,另一种是热敏式(Thermal)间断喷墨。

压电式间断喷墨方式采用一种特殊的压电材料,当电压脉冲作用于压电材料时,产生形变并将墨水从喷口挤出，射在纸上。下面以热敏式间断喷墨为例简述喷墨打印机的工作原理。

图 8-12 是热敏式喷墨打印机的工作原理图。热敏式间断喷墨方式采用一种发热电阻，当电信号作用其上时，迅速产生热量，使喷嘴底部的一薄层墨水在华氏 900°以上的温度下保持百万分之几秒后汽化，产生气泡，随着气泡的增大，墨水从喷嘴喷出，并在喷嘴的尖端形成墨滴。喷嘴末端安装的压电晶体高频振荡，使墨滴喷出的速度达每秒 10^5 滴。墨滴的直径只有 0.5mm。小墨滴克服墨水的表面张力喷向纸面，形成打点。当发热电阻冷却时，气泡自行熄灭，气泡破碎时产生的吸引力就把新的墨从储墨盒中吸到喷头，等待下一次工作。各墨滴之间距离只有 0.1mm。

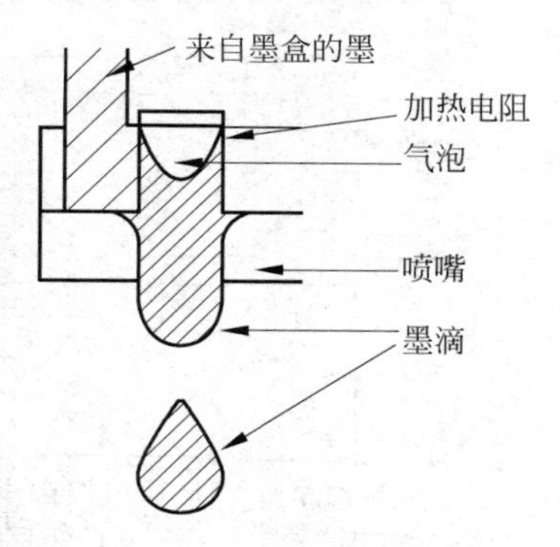

图 8-12 热敏式喷墨打印机原理图

喷嘴安装在墨盒里，步进电机带动墨盒沿打印纸的水平方向运动，而打印纸相对于喷嘴纵向前进。从打印机控制器传来的要打印信息，经过打印机的字符发生器转化为点阵信息，用于控制墨滴的运动轨迹，这样就在打印纸上印出了图像。

彩色喷墨打印机通常有两个墨盒，一个黑色墨盒用于打印黑白图像；彩色墨盒中包括青色、品红和黄色 3 种颜色的墨水，4 种颜色（包括黑色）的墨水按照一定比例组合即可产生多种颜色，印出彩色图像。

4. 激光打印机

激光打印机具有打印质量高、速度快、安静的特点，但与喷墨打印机比其价格高、便携性差，所以通常安装在办公室，几台计算机利用网络共享一台激光打印机。由于彩色激光打印机价位更高，所以大多数激光打印机都是黑白或灰度打印机，用于打印文本或简单的图像。激光打印机的分辨率为 600～1200dpi，每分钟可打印 4～20 张纸。

激光打印机利用激光扫描技术将经过调制的、载有字符点阵信息或图形信息的激光束扫描在光导材料上，并利用电子摄影技术让激光照射过的部分曝光，形成图形的静电潜像。再经过墨粉显影、电场转印和热压定影，便在纸上印刷出可见的字符或图形。

1）基本结构

激光打印机主要由打印控制器和打印装置构成。

（1）打印控制器

打印控制器负责接收从主机传来的打印数据，并把这些数据转换为图像。

控制系统对激光打印机的整个打印过程进行控制，包括控制激光器的调制；控制扫描电机驱动多面棱镜匀速转动，进行同步信号检测，控制行扫描定位精度；控制步进电机驱动感光鼓等速旋转，保证垂直扫描精度，使激光束每扫描一行都与前一行保持相等的间距。此外，还对显影、转印、定影、消电、走纸等操作进行控制。接口控制部分接收和处理主机发来的各种信号，并向主机回送激光打印机的状态信号。

控制电路的简化框图如图 8-13 所示。打印机装有一个激光二极管，它能快速接通或断开，从而在打印机上形成要打印的点或空白。打印开始时，控制电路扫描存储器中的内容，在每一个打印点中，电路确定是打印还是空白。当要打印点时，激光二极管便接通。

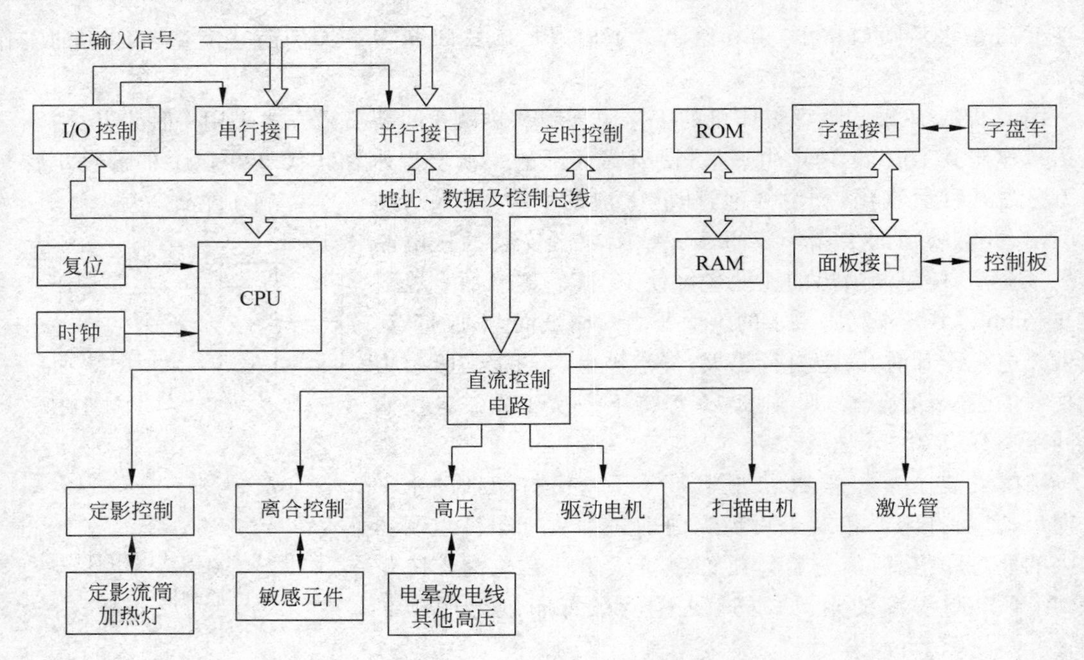

图 8-13 控制电路的简化框图

(2) 打印装置

打印装置的内部结构如图 8-14 所示,它是一组电子与机械相结合的系统,它能把打印控制器生成的点阵图形打印出来。打印装置有自己的处理器,用来控制引擎和电路。图 8-14 给出了打印装置的结构图,它由以下部件构成:激光扫描装置、感光鼓、硒鼓、显影装置、静电滚筒、黏合装置、纸张传送装置、清洁刀片、进纸器和出纸托盘。下面简单介绍其中一些主要部件的工作方式。

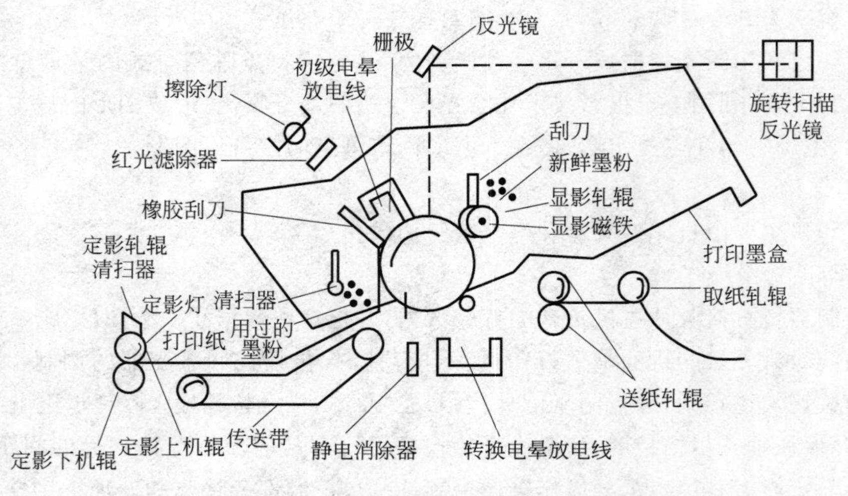

图 8-14 激光打印机的内部结构示意图

① 激光扫描装置

激光扫描装置是激光打印机的核心部件,它是激光写入部件,也称激光打印头。由光源、光调制器、光学系统和光偏转器等构成。

• 光源

作为光源的激光，除特殊机型例外，早年的大型高速设备都用 He-Ne 激光，近年来大力发展中的低速机型多用半导体激光。He-Ne 激光在早年之所以是应用最多的一种光源，其原因就是这种激光器具有长寿命、高可靠性能、低噪音、低成本的优点。寿命可达 1 万小时以上，输出稳定度可达 95%以上，噪声一般都能控制在 1%rms(Root-mean-square)左右。

随着半导体激光器性能的改进，激光式打印机的光源越来越多地采用这种光源。半导体激光器的芯片可做到 0.5mm 以下，包括散热板在内也不超过数厘米，由于可以直接调制激光器的驱动电流，能实现高达吉赫兹频率的高速调制，而且不需要光调制器，因此可以实现小型化，容易降低造价，已成为当前激光打印机的主要光源。

• 光调制器

根据打印信息对激光束的调制方法，有利用电光效应的 EO 调制器，也有利用声光效应的 AO 调制器。

EO 调制器的调制频带可达到吉赫兹数量级，能进行高速调制，但存在温度特性不稳的问题，为稳定工作需采取温度补偿措施，而且成本高，因而目前的激光式打印机都不采用这种调制器。AO 调制器的调制频率可达 30MHz 左右，特性稳定，价格也较便宜，因此所有采用气体激光的打印机，几乎都利用这种调制器。

• 光学系统

为使激光束在感光体上生成打印所需的印点，需要一套复杂的光学系统。这套光学系统的组成，大致有为使散射的光束变细的聚焦透镜，为扩大光束的扩展透镜以及光束整形透镜等一组透镜群。其中，有对偏转器等角速度扫描的光束，使其在感光体表面上形成等速直线扫描的光束的门透镜，有为缓和对偏转器的精度要求的转镜界面校正透镜。

采用半导体激光器时，因为发出的是一种椭圆形散射的光束，为提高光束的利用效率，所以需设计相应的耦合透镜。由于半导体激光器发出的光束是不规则的，同一种耦合透镜不一定适用于所有的半导体激光器。

• 光偏转器

光偏转器，也是为实现激光扫描记录的重要部件之一。作为固体偏转器有 EO 偏转器和 AO 偏转器，都是比较理想的偏转器，机械偏转器有检测电流的检流偏转镜和高速转动的多面转镜。检流偏转镜的实用扫描频率只能达到几百赫兹，为能实用需提高至数千赫兹，因而多数激光式打印机大多都采用多面转镜。

② 感光鼓

感光鼓是成像的核心部件，它一般是用铝合金制成的一个圆筒，鼓面上再涂敷一层感光材料(如硒-碲-砷合金或硒等)。通常情况下，感光涂层是很好的绝缘体，如果在感光鼓的外表面上加负电荷，这些电荷会停留在上面不动。然而一旦感光鼓某一部分受光照射，该部分就变成导体，它表面上分布的电荷就会通过导体排入地，而未受光照的部分的电荷依然存在。激光打印机工作时，首先将感光鼓在黑暗中均匀地充上负电荷。当激光束投射到鼓的表面的某一个点时，这个点的静电便被释放掉，这样在鼓的表面便产生一个不带电的点，从而形成字符的静电潜像。鼓以一种相对缓慢但又绝对恒定的速度旋转，使激光能够在鼓的表面形成连续的、没有空隙的纵向投射。

③ 硒鼓

硒鼓是用来盛碳粉的装置。有些打印机的硒鼓与感光鼓装在一起，被称为打印组件。碳粉是从许多特殊的合成塑料炭灰、氧化铁中产生的。碳粉原料被混合、熔化、重新凝固,然后被粉碎成大小一致的极小的颗粒。碳粉越细微,越均匀,所产生的图像就越细致。

④ 显影装置

实际上就是一条覆盖有磁性微粒的滚轴。这些带有磁性的微粒附着在滚轴的表面,就像一个极为精细的刷子。这条滚轴分别与感应鼓和硒鼓紧靠在一起,当滚轴滚动时,滚轴表面的小颗粒先从硒鼓那里刷来一层均匀的碳粉,然后这些碳粉在经过感应鼓时便被吸附到感应鼓的表面。打印机的显影装置有对碳粉进行充电的功能,因为若想使碳粉只被感应鼓表面不带有静电的那部分(即被激光扫描过的点位)所吸附,必须使碳粉带有电荷,使鼓的表面吸附碳粉,形成一个极为清晰的图像。

⑤ 纸张传送装置

纸张传送装置是激光打印机最重要的机械装置。这个装置通过两根由马达驱动的滚轴来实现对纸张的传送。纸张由进纸器开始,经过感光鼓、加热滚轴等部件,最后再被送出打印机。激光打印机中的滚动设备,如感光鼓、磁性滚轴和送纸滚轴的转动必须是同步进行的,它们的速度必须保持一致才能确保精确的打印输出。

⑥ 粘合装置

纸张经过传送装置到达感光鼓时,鼓表面所附着的碳粉又被吸附到纸的表面。为了使碳粉永久地附着在纸张表面,必须对碳粉进行粘合处理。在激光打印机内部有两根紧靠在一起的非常热的滚轴,它们的作用便是对从其间经过的纸张加热,使碳粉熔化从而粘合在纸张的表面。

2) 工作原理

激光打印机的工作原理与静电复印机类似,二者都采用电子照相印刷技术。激光打印机的打印过程分7步进行。

(1) 充电

预先在暗处由充电电晕靠近感光鼓放电,使鼓面充以均匀负电荷。

(2) 曝光

主机输出的字符代码经接口送入激光打印机的缓冲存储器,通过字符发生器转换为字符点阵信息。调制驱动器在同步信号控制下,用字符点阵信息调制半导体激光器,使激光器发出载有字符信息的激光束。这种激光束是发散的,经透镜整形成为准直光束,并照射在多面转镜上,再通过聚焦镜将反射光束聚焦成所需要的光点尺寸,然后光束沿感光鼓轴线方向匀速扫描成一条直线。

当充有电荷的鼓面转到激光束照射处时,便进行曝光。由于激光束已按字符点阵信息调制,使鼓面上显示字符的部分被光照射,而不显示字符的部分不被光照射。光照部分电阻下降,电荷消失,其他部位仍然保持静电荷,于是在鼓面形成一行静电潜像。转镜每转过一面,由同步信号控制重新调制激光束,并在旋转的鼓面上再次扫描,形成下一行静电潜像。

(3) 显影

当载有静电潜像的感光鼓面转到显影处时,磁刷中带有负电荷的墨粉便按鼓面上静电分布的情况,被吸附在鼓面上的静电潜像上,从而在鼓面显影成可见的字符墨粉图像。

(4) 转印

墨粉图像随鼓面转到转印处,在纸的背面用转印电晕放电,使纸面带上与墨粉极性相反的静电荷,于是墨粉便靠静电吸引而粘附到纸上,完成图像的转印。

(5) 分离

在转印过程中,静电引力使纸紧贴鼓面。当感光鼓转至分离电晕处时,用电晕不断地向纸施放正、负电荷,消除纸与鼓面因正、负电荷所产生的相互吸引力,使纸离开鼓面。

(6) 定影

转印到纸上的墨粉像如不经处理,就会很容易被抹掉。因此在墨粉中还加有含高分子的有机树脂成分,它在高温状态下可以熔化,熔化后的墨粉再凝固,就可以永久地粘在纸张表面。所以与感光鼓脱开的打印纸还要经过一对定影热辊(即粘合装置)。上轧辊装有一个高温灯泡,当打印纸通过这里时,灯泡发出的热量使墨粉中的树脂熔化,两个轧辊之间的压力又迫使溶化后的墨粉进入纸的纤维中,将墨粉紧密地粘合在纸上,形成最终的打印结果,这一过程称作定影。定影轧辊上涂有特氟龙涂料,防止加热后墨粉粘在上面。还有一块涂有硅油的抹布,将粘在轧辊上的多余墨粉和灰尘抹掉。

(7) 消电、清洁

完成转印后,感光鼓表面还留有残余的电荷和墨粉。当鼓面转到消电电晕处时,利用电晕向鼓面施放相反极性的电荷,使鼓面残留的电荷被中和掉。感光鼓再转到清扫刷处,刷去鼓面的残余墨粉。这样,感光鼓便恢复原来的状态,可开始新的一次打印过程。

由于要将打印的内容转换为位图形式,所以驱动激光打印机的软件较复杂。便宜的激光打印机由相连的计算机完成格式的转换,之后将转换好的位图发送给打印机。而价格高的激光打印机,内部嵌入了微处理器,转换过程由打印机中的微处理器完成。较昂贵的打印机,可以接收 Adobe 公司的 Postscript 格式文件。

8.4 多媒体 I/O 设备

随着计算机系统的发展,一般计算机都能够处理图像、音频、视频的信息。对于这些信息的输入和输出往往需要特殊的设备。本节将根据处理对象的不同按照音频、图像和视频来介绍多媒体设备。

8.4.1 音频设备

1. 声卡

声卡(Sound Card)也叫音频卡,是实现声波/数字信号相互转换的一种硬件。声卡的基本功能是把原始声音信号加以转换,输出到耳机、扬声器、扩音机、录音机等声响设备,或通过音乐设备数字接口(MIDI)使乐器发音。

1) 声卡的基本功能

声卡的基本功能包括模拟声音的输入输出功能、混频压缩功能、语音识别和合成功能、合成音乐功能。

(1) 声音的输入输出功能。声音信号是模拟信号,计算机不能处理模拟信号,声音输入后,应先将其转换为数字信号。转化时首先需要对模拟量进行采样,为了保持较高的采样频率,又不增加存储容量,需对数据进行压缩处理。同样,输出时需要将相应的文件解压缩,然后进行数/模转换,将数字信号文件转化为模拟信号,播放出来。

(2) 混频功能。这一工作是将来自不同声源的声音组合在一起再输出。有的声卡还具有数字声音效果处理器的功能,该功能是对数字化的声音信号进行处理以获得所需要的音响效果,即实现数字信号处理的功能。

(3) 语音识别和合成功能。语音识别是人工智能的一种应用。首先要对语音信号实时采样、抽取参数、进行判断,然后运用识别算法快速分析,实现语音输入。在某些场合下也可以根据需要合成不同的语音信号。一般使用两种技术,一是查取不同语种发音的编码;二是基于某种算法规则,由语音合成完成。

(4) 合成音乐功能。实现音乐合成的方法有两种。一种是调频(FM)方法,将多个频率的简单声音合成复合音来模拟各种乐器的声音。另一种是波表合成法,采用数字化处理后的真实乐器的波形数据,经过调制、滤波、再合成等处理,形成立体声发音。提供了支持 MIDI (Musical Instruments Digital Interface,电子乐器数字化接口)的接口,使计算机可以控制多台具有 MIDI 接口的电子乐器。另外,在驱动程序的作用下,声卡可以将 MIDI 格式存放的文件输出到相应的电子乐器中,发出相应的声音,使电子乐器受声卡的指挥。

2) 声卡的工作原理和基本组成

声卡的工作原理:录音时将声音模拟信号输入模/数转换器,模/数转换器将模拟信号转换为数字信号,再送到数字声音处理器中进行分析和处理,软件发出指令给控制单元,由控制单元对模/数转换器送来的数据进行处理。控制单元再将处理后的数字信号送到计算机的CPU 中。CPU 启动播放程序,播放刚刚形成的波形文件,以检验录音的效果和正确性。音效处理单元将该数字信号送到数/模转换器中,由数/模转换器将其转换为模拟信号,再经过滤波和放大,送到声卡的音频输出端口(LINE OUT)通过音箱或其他声音输出设备播放输入的声音。

声卡承担多路双向的信号转换任务,进出声卡的信号通路包括 4 种:模拟通路、脉宽 PCM 信号、光驱通路和双声道。声卡电路各个部件的构成如图 8-15 所示。

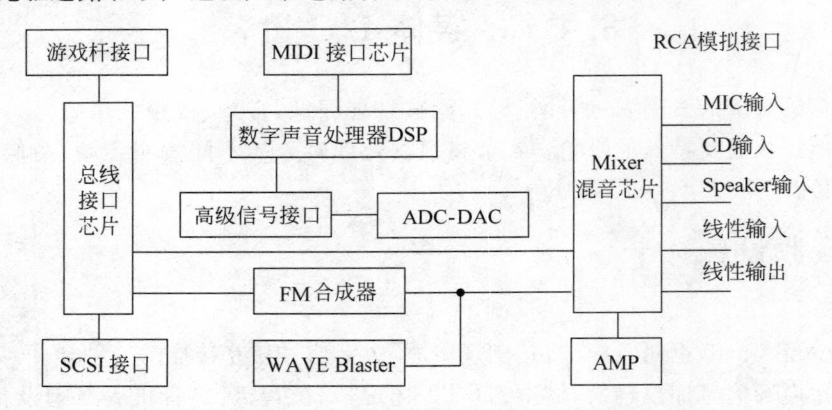

图 8-15 声卡电路各个部件的构成图

图 8-15 中,高级信号接口是 DSP 电路的一部分,用于转换四种不同的信号通路。第一路模拟信号首先经过采样和 16 位 A/D 转换,照样本速率完成编码,再进入 DSP 数字信号处理单元完成滤波、压缩等运算形成数字样本。第二路属于 PCM 脉冲调制码的数据格式,数字格式样本进入 16 位 DAC 完成译码,并输出模拟信号。第三路进入光驱的信息,先经过 A/D 转换、数据压缩,再保存到 CD 介质中去;从光驱读取的数字格式先经过解压缩,再进行 D/A 转换,最终送到扬声器。第四路对于双声道立体声的处理,分别需要两个 DSP 和 DAC 进行同时双向操作。

(1) 数字声音处理器 DSP

数字声音处理器 DSP(Digital Sound Processor)是声卡的核心电路之一。包括执行 8 位或16位数字声音的录音和回放、执行压缩和还原、解释MPU和MIDI命令、建立主机与高级信号接口的联系通道、装载高级处理器代码、提供DAC音符控制和多种模式的DMA传输。

(2) 高级信号接口

高级信号处理器(Advanced Signal Processor)完成声音信号的压缩、解压缩处理。增加特殊声效和传真Modem等。

(3) 混音芯片

混音芯片(Mixer Chip)主要用来混合不同声源信号,控制音量。

(4) FM合成器

FM合成芯片的作用是将低频正弦波合成为声音。

(5) 波形合成表(ROM)和波表合成器芯片

在波表ROM中存放有实际乐音的声音样本,供播放MIDI使用。一般的中高档声卡都采用波表方式,可以获得十分逼真的使用效果。波表合成芯片的功能是按照MIDI命令,读取波表ROM中的样本声音合成并转换成实际的乐音。

(6) 其他辅助元件

声卡上的辅助元件主要有晶体振荡器、电容、运算放大器、功率放大器等。晶体振荡器用来产生声卡数字电路的工作频率。电容起到隔直流通交流的作用,所选用电容的品质对声卡的音质有很大影响。运算放大器用来放大从主音频处理芯片输出的能量较小的标准电平信号以减少输出时的干扰和衰减。功率放大器则主要接无源音箱,起到放大信号的作用。

2. 耳机

耳机也是音频输出设备,大多没有外接电源。耳机根据其换能方式分类,主要有动圈式、等磁式、动铁式和静电式。

(1) 动圈式

动圈式耳机的驱动单元基本上就是一只小型的动圈扬声器,由处于永磁场中的音圈驱动与之相连的振膜振动。动圈式耳机效率比较高,大多可为音响上的耳机输出驱动,可靠耐用。

(2) 等磁式

等磁式耳机的驱动器类似于缩小的平面扬声器,它将平面的音圈嵌入轻薄的振膜里,像印刷电路板一样,可以使驱动力平均分布。磁体集中在振膜的一侧或两侧,振膜在其形成的磁场中振动。

(3) 动铁式

动铁式耳机利用了电磁铁产生交变磁场,通过一个结构精密的连接棒传导到一个微型振膜的中心点,振动部分是一个铁片悬浮在电磁铁前方,信号经过电磁铁的时候会使磁场变化,从而使铁片振动发声。

(4) 静电式耳机

静电式耳机有轻而薄的振膜,振膜悬挂在由两块固定的金属板(定子)形成的静电场中,当音频信号加载到定子上时,静电场发生变化,驱动振膜振动。

8.4.2 视频设备

1. 显卡

显卡(也叫显示适配卡)是显示器与主机之间的接口电路,负责将主机发送的信号送给显示器。数据从CPU到显示屏,一般经过4个步骤:①从总线进入GPU(Graphics Processing

Unit,图形处理器):将 CPU 送来的数据送给 GPU 处理;②从 Video Chipset(显卡芯片组)进入 Video RAM(显存):将 GPU 处理完的数据送到显存;③从显存进入 Digital Analog Converter (RAM DAC,随机读写存储模数转换器):将显示显存读取出数据再送到 RAM DAC 进行数据转换的工作(数字信号转模拟信号);④从 DAC 进入显示器(Monitor)——将转换完的模拟信号送到显示屏。

显卡自身带有处理器、RAM 和输入输出系统(BIOS)芯片,输入输出芯片用于存储显卡的设置以及在启动时对内存、输入和输出执行诊断。显卡的主要部件如下。

(1) 图形处理单元(GPU)

显卡的处理器(GPU)是专为执行复杂的数学和几何计算而设计的,用于图形渲染。由于 GPU 产生大量热量,所以它的上方通常安装散热器或风扇。

(2) 显示缓存(简称显存)

显卡 RAM 的用途是存放 GPU 生成的图像,存储有关每个像素的数据、每个像素的颜色及其在屏幕上的位置。部分 RAM 用作帧缓冲器,保存已完成的图像。显卡 RAM 采取双端口设计,系统可以同时对其进行读取和写入操作。

(3) 显卡 BIOS

BIOS 里包含了显示芯片和驱动程序间的控制程序、产品标识等信息。

(4) 数字模拟转换器(RAMDAC)

显存直接连接到数模转换器(RAMDAC),用于将图像转换成监视器的模拟信号。有些显卡具有多个 RAMDAC,以提高性能及支持多台监视器。

(5) 总线接口

显卡通过电脑主板供电(有些显卡需要直供电源),并与 CPU 通信。显卡通常有 3 种接口与主板连接:外设部件互连(PCI)、高级图形端口(AGP)和 PCI Express(PCIe)。PCI Express 是最新型的接口,传输速率最快。

(6) 输入输出接口

当显卡将显示信号处理完毕之后,必然要相应的接口将信号传送给显示器,显卡信号输入输出接口担负着显卡输出的任务。显卡接口包括 VGA 接口、DVI 接口、S-Video 接口、HDMI 接口、DisplayPort 接口等。

2. 摄像头

摄像头(CAMERA)又称为电脑相机、电脑眼等,是一种常见的视频输入设备,被广泛地运用于视频会议、远程医疗及实时监控等方面。人们也可以彼此通过摄像头在网络进行有影像的交谈和沟通。

摄像头分为数字摄像头和模拟摄像头两大类。模拟摄像头捕捉到的视频信号必须经过特定的视频捕捉卡将模拟信号转换成数字模式,并加以压缩后才可以转换到计算机上运用。数字摄像头可以直接捕捉影像,然后通过串、并口或者 USB 接口传到计算机里。

摄像头的主要结构和组件包括如下。

(1) 镜头(LENS):由几片透镜组成,一般有塑胶透镜(plastic)或玻璃透镜(glass)。通常摄像头用的镜头构造有 1P、2P、1G1P、1G2P、2G2P、4G 等。透镜越多,成本越高。

(2) 感光器件(SENSOR):一种是 CCD(Charge Coupled Device,电荷耦合器),一般是用于摄影摄像方面的高端技术元件,应用技术成熟,噪声小,信噪比大,成像效果较好。但是生产工艺复杂、成本高。另外一种是 CMOS(Complementary Metal Oxide Semiconductor,互补金属氧化物半导体)，它相对于CCD来说价格低，功耗小。但是噪声比较大、灵敏度较低、对实物的色彩还原能力偏弱。

(3) A/D转换器(Analog Digital Converter，ADC)：是将模拟信号转换为数字信号的器件。

(4) 数字信号处理芯片(DSP)：对图像进行格式变换等处理。

(5) 电源：摄像头内部需要3.3V和2.5V两种工作电压，最新工艺芯片有用到1.8V。

3. 投影机

投影机又称投影仪，发展至今已形成3大系列：CRT(Cathode Ray Tube)阴极射线管投影机、LCD(Liquid Crystal Display)液晶投影机、DLP(Digital Lighting Process)数字光处理器投影机。它可以直接连接显卡进行显示。

下面简要介绍DLP和DLV投影机(CRT和LCD原理见8.3.1节)。

1) DLP

DLP(Digital Light Procession，数字光处理)投影机是一种光学数字化反射式投射设备。其关键成像器件DMD(Digital Micromirror Device，数字微透镜装置)是一种可通过二位元脉冲控制的半导体元件。该元件具有快速反射式数字开关性能，能够准确控制光源。其基本原理是：光束通过一高速旋转的三色透镜后，再投射在DMD部件上，然后通过光学透镜投射在大屏幕上完成图像投影。DLP投影机实际上是一种基于DMD技术的全数字反射式投影设备。

2) DLV

DLV(Digital Light Valve，数码光路真空管，简称数字光阀)是一种将CRT透射式投影技术与DLP反射式投影技术结合在一起的新技术，它将小管径CRT作为投影机的成像面，并采用氙灯作为光源，将成像面上的图像射向投影面。因此，DLV投影机在充分利用CRT投影机的高分辨率和可调性特点的同时，还利用氙灯光源高亮度和色彩还原好的特点，是一款分辨率、对比度、色彩饱和度、亮度很高的投影机。

8.4.3 图像设备

图像设备指的是将现实图像转化为计算机能够存储和处理的设备或将数字图像显示出来的设备。图像设备有扫描仪(Scanner)、数码相机、摄像头等。扫描仪是最常见的数字化输入设备，它通过捕获图像并将之转换成计算机可以显示、编辑、存储与输出的电子文档形式。

扫描仪对原稿进行光学扫描，然后将光学图像传送到光电转换器中变为模拟电信号，又将模拟电信号变换成为数字电信号，最后通过计算机接口送至计算机中。工作时发出的强光照射在稿件上，没有被吸收的光线将被反射到光学感应器上。光感应器接收到这些信号后，将这些信号传送到模/数(A/D)转换器，模/数转换器再将其转换成计算机能读取的信号，然后通过驱动程序转换成显示器上能看到的正确图像。光电转换器件和模/数(A/D)转换器是扫描仪的核心部件。

本节简要介绍3种扫描仪的工作原理。

1. CCD扫描仪工作原理

多数平板式扫描仪使用电荷耦合器(CCD)为光电转换元件，其形状像小型化的复印机，在上盖板的下面是放置原稿的平板玻璃，如图8-16所示。开始扫描时，机内平行光源发出均匀光线照亮玻璃面板上的原稿，步进电机驱动扫描头在原稿下面移动。产生表示图像特征的反射光(反射稿)或透射光(透射稿)。反射光经过玻璃板和一组镜头,分成红绿蓝 3 种颜色汇聚在 CCD 感光器件上,CCD 将 RGB 光带转变为模拟电子信号,此信号又被 A/D 转换器转变为数字电子信号。最后通过 USB 等接口送至计算机。

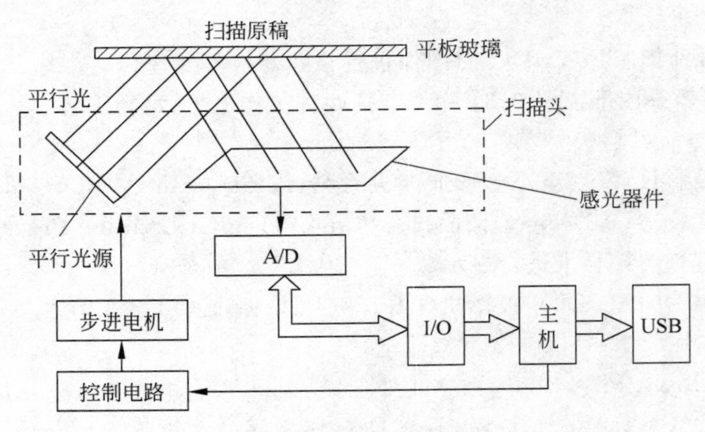

图 8-16 扫描仪原理图

2. CIS 扫描仪工作原理

绝大多数手持式扫描仪采用接触式图像传感器(CIS)技术。CIS 感光器件一般使用制造光敏电阻的硫化镉作感光材料,由于感光单元之间干扰大,严重影响清晰度。它不能使用冷阴极灯管而只能使用 LED 发光二极管阵列作为光源。LIDE(LED In Direct Exposure,二极管直接曝光)技术对二极管装置及引导光线的光导材料进行了改造,使二极管光源可以产生均匀并且亮度足够的光线用于扫描。LIDE 通过接触式图像传感器 CIS 从近距离接触以 1∶1 的比例对原稿进行扫描,不需要复杂的光学系统,这就使扫描仪的尺寸可以做的较小,同时也使扫描仪变得非常轻巧。此外,由于二极管光源及扫描头移动所需要的功耗极小,这类产品能够通过 PC 的 USB 端口提供所需的电力。笔式扫描仪出现于 2000 年左右,扫描宽度大约只有四号汉字大小,使用时,贴在纸上一行一行地扫描,配合相应的文字识别软件,可以用于文字识别。

3. PMT 扫描仪工作原理

滚筒式扫描仪采用光电倍增管(PMT)作为光电转换元件。它的主要组成部件有旋转电机、透明滚筒、机械传动机构、控制电路和成像装置等。滚筒式扫描仪扫描图像时,将要扫描的原稿贴附在透明滚筒上,滚筒在步进电机的驱动下,高速旋转形成高速旋转柱面,同时高强度的点光源光线从透明滚筒内部照射出来,投射到原稿上逐点对原稿进行扫描,并将透射和反射光线经由透镜、反射镜、半透明反射镜、红绿蓝滤色片所构成的光路将光线引导到光电倍增管进行放大,然后进行模/数转换进而获得每个扫描像素点的红(R)、绿(G)、蓝(B)三基色的分色值数字信号,并存储在计算机上,完成扫描任务。这类产品信号采集精度高,图像信息还原性好,几乎不受温度的影响,可以在任何环境中工作。而且它的输出信号在相当大范围内保持着高度的线性输出,使输出信号几乎不用做任何修正就可以获得准确的色彩还原。

习　题

8.1 I/O 设备可分为哪些类型?

8.2 试说明软件扫描键盘是如何给出按下键的键码的。

8.3 简述CRT显示器、液晶显示器的成像原理。

8.4 打印机可分为哪些类型？简述激光、喷墨打印机的工作原理。

8.5 选择题。

(1) 计算机的外围设备是指________。

A. 输入输出设备　　B. 外存储器

C. 远程通信设备　　D. 除了CPU和内存以外的其他设备

(2) CRT显示器显示图形图像的原理是图形图像________。

A. 由点阵组成　　B. 由线条组成　　C. 由色块组成　　D. 由方格组成

(3) 灰度级是指________。

A. 显示图像像素点的亮度差别

B. 显示器显示的灰度块的多少

C. 显示器显示灰色图形的能力级别

D. 显示器灰色外观的级别

(4) 帧是指________。

A. 显示器一次光栅扫描完整个屏幕构成的图像

B. 隔行扫描中自左至右水平扫描的一次扫描过程

C. 一幅照片所对应显示的一幅静态图像

D. 一幅固定不变的图像所对应的扫描

(5) 一台可以显示256种颜色的彩色显示器，其每个像素对应的显示存储单元的长度(位数)为________。

A. 16位　　B. 8位　　C. 256位　　D. 9位

(6) 若显示器的灰度级为16，则每个像素的显示数据位数至少是________。

A. 4位　　B. 8位　　C. 16位　　D. 24位

(7) 显示器的主要参数之一是分辨率，以下描述中含义正确的是________。

A. 显示器的水平和垂直扫描频率

B. 显示器屏幕上光栅的列数和行数

C. 可显示的不同颜色的总数

D. 同一幅画面允许显示的不同颜色的最大数目

(8) CRT的分辨率为1024×768像素，像素的颜色数为256，为保证一次刷新所需数据都存储在显示缓冲存储器中，显示缓冲存储器的容量至少为________。

A. 512KB　　B. 1MB　　C. 256KB　　D. 2MB

(9) 下面关于计算机图形、图像的叙述中，正确的是________。

A. 图形比图像更适合表现类似与照片和绘画之类的真实感画面

B. 一般来说图像比图形的数据量要少一些

C. 图形比图像更容易编辑、修改

D. 图像比图形更有用

(10) 激光打印机打印原理是________。

A. 激光直接打在纸上　　B. 利用静电转印

C. 激光控制墨粉的运动方向　　D. 激光照射样稿

(11) 把一种设备的移动距离和方向变为脉冲信息传送给计算机，计算机再把该脉冲信息转换成显示器光标的坐标数据,从而达到指示位置的目的的设备是________。

A. 键盘　　B. 鼠标器　　C. 扫描仪　　D. 数字化仪

(12) 传递转动采用滚球、转轴的机械结构,但是编码器采用的是光学器件,通过光栅切割红外线的光学方法来判断移动方向的鼠标是________鼠标。

A. 光电式　　B. 机械式　　C. 球鼠　　D. 光机式

(13) 组成声卡的下列各部件中,对音质影响最直接、最基础的是________。

A. 晶体振荡器　　B. 主音频处理芯片

C. 运算放大器　　D. 多媒体数字信号编码器芯片

(14) 计算机通过下列________设备,可以将声音文件的数字音频信号转变为模拟音频信号。

A. 视频卡　　B. 音箱　　C. 声卡　　D. 麦克风

(15) 音箱除了接口部分和音箱本身外,一般都具有________。

A. A/D 转换器　　B. D/A 转换器

C. 压缩解压缩线路　　D. 放大器

8.6　填空题。

(1) 计算机的外围设备大致分为输入设备、输出设备、__①__、__②__、__③__和其他辅助设备。

(2) 显示器的刷新存储器(或称显示缓冲存储器)的容量是由__①__、__②__决定的。

(3) 显示适配器作为 CRT 与 CPU 的接口,由__①__存储器、__②__控制器和 ROM BIOS 三部分组成。先进的__③__控制器具有__④__加速能力。

(4) CRT 显示器的光栅扫描方式可分为__①__和__②__。

(5) 根据打印方式的不同,打印机可以分成__①__和__②__两种。

(6) 激光打印机的工作过程可分为__①__阶段、__②__阶段、__③__阶段和__④__阶段。

(7) 鼠标器按与计算机连接的接口方式可以分为__①__鼠标、__②__鼠标、__③__鼠标和__④__鼠标 4 类。

(8) 在分辨率相同的情况下,CRT 显示器与 LCD 显示器图像清晰度高的是__①__,对人体有害的辐射低的是__②__,响应速度__③__较快。

(9) 在彩色 LCD 面板中,每一个像素都是由__①__液晶单元格构成,其中每一个单元格前面都分别有__②__,__③__,或__④__的过滤器。这样,通过不同单元格的光线就可以在屏幕上显示出不同的颜色。

第9章

I/O系统组织

输入输出系统,简称 I/O 系统,是一个计算机系统中实现主机与外界数据交换的软硬件系统。在早期计算机系统中,人们集中精力研究如何提高 CPU 执行指令的速度、扩大主存储器的容量、提高主存储器的读写速度和可靠性等,而对输入输出设备、输入输出方法与接口技术没能给予足够的重视,导致 I/O 系统落后于主机技术。随着计算机硬件系统和软件系统的发展,人们逐渐认识到要充分发挥主机的性能,高效率、高可靠地处理信息,必须要有合理的输入输出系统与接口部件,要配备先进的输入输出设备。

通过第 8 章的学习,我们知道现代计算机系统的外围设备种类繁多,各类设备都有各自不同的组成结构和工作原理,与系统的连接方式也各有所异,外设的工作速度差别也很大。因此,计算机的 I/O 系统就成为整个计算机系统中具有多样性和复杂性的部分。本章主要讨论 I/O 系统的组织问题,以便对 I/O 系统的设计与实现提供一些有益的思路。

9.1 I/O 系统概述

9.1.1 I/O 系统需要解决的主要问题

计算机系统中的 I/O 系统,主要解决主机与外部设备间的数据交换的问题,使外围设备与主机能够协调一致地工作。这里所谓协调一致有两层含义:一是实现处理机与外部设备在数据处理的速度上能够相互匹配;二是实现处理机与外部设备并行工作,以提高整个计算机系统的工作效率。以上两点就是在计算机系统的硬件组织和实现角度上需要 I/O 系统解决的主要问题。我们知道许多外部设备功能的实现与处理机有很大不同,它不仅依靠微电子技术,还广泛涉及电、光、声、机械以及化学乃至生物等多学科的技术,例如打印机就是这样。因此,外部设备的工作速度一般要比处理机的工作速度慢很多,那么如何实现他们之间的速度匹配呢?主要是靠缓冲技术。那么又如何实现处理机与外部设备并行工作呢?关键是减少处理机对外部设备的直接控制,甚至处理机干脆不再干预外部设备的控制,而交由专门的硬件装置去实现对外部设备的管理与监督。为了减少处理机对外部设备的控制干预,在计算机发展的过程中人们先后发明了中断技术、直接存储器访问(Direct Memory Access,DMA)技术、I/O 通道技术和 I/O 处理机技术。上述各项技术在实现原理与手段以及各自所适应的工作场合,都有所不同。

9.1.2 I/O 系统的组成

在现代计算机系统中的 I/O 系统由 4 部分组成:扩展总线、I/O 设备接口控制器、I/O 设备以及相关控制软件。计算机 I/O 系统典型结构如图 9-1 所示。

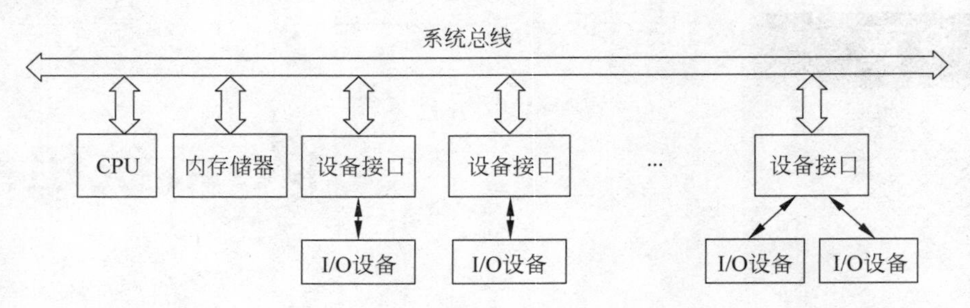

图 9-1 计算机 I/O 系统典型结构

虽然系统总线作为公共信息通路,通常起到连接处理机、主存储器和外围设备的作用,但实际上外围设备并不能直接连接到系统总线上,需要通过扩展总线以及 I/O 接口控制器来实现 I/O 设备与主机两者之间的连接。这样做的理由有两个:其一,因为现代计算机系统的主机与外设工作速度相差很大,需要分流 CPU 和内存之间以及外设和内存之间的数据流,因此需要引入扩展总线,这一点已在上一章作了讨论;其二,由于系统总线(也包括扩展总线)中的控制总线所定义的控制信号,往往被定义成通用的或标准的信号,也就是说并非专门为某一个(或某类)I/O 设备的控制而定义,而就一台具体的 I/O 设备而言,它会根据自己控制需要设置专用的控制信号。例如,CRT 显示器需要 R、G、B 和亮度控制信号,而键盘仅仅需要主机送来的选通信号等等。因此 I/O 接口控制器的功能之一就是要利用适当的手段,译码处理机送来的用于控制外设的命令字,进而向他所控制的外设提供所需要的控制信号,除此之外接口控制器也需要接收外设返回的状态,并以此为依据进一步将其组织成设备状态字提供给处理机查询。同时 I/O 接口还要在一定程度上负责数据的缓冲,从而实现处理机与外设之间的速度匹配。要说明一点的是,在某些机器中,通常会将一些通用的公共接口逻辑电路(如中断控制逻辑、DMA 控制逻辑)从各个设备的接口控制器中抽取出来,集中安置在系统底板上,为所有的接口控制器服务,这样就可以极大地简化接口控制器的设计,也便于系统实现标准化、模块化。

在现代计算机系统中,基于成熟的大规模集成电路技术,在许多 I/O 设备的控制器中(比如磁盘控制器、激光打印机)往往会采用专用的微处理器(一种由大规模集成电路技术实现的 CPU)用于有关 I/O 设备的控制,这样就会有相应的设备控制程序的存在,即由传统的单纯由硬件电路实现的 I/O 设备控制接口,演变为由软、硬件相互配合的 I/O 设备控制接口。

9.1.3 主机与外围设备间的连接方式与组织管理

在现代计算机中,主机与外围设备的连接方式大致可分为:总线方式、通道方式和 I/O 处理机(IOP)方式。

1. 总线型连接方式

在这种方式中,CPU 通过系统总线与内存储器,与 I/O 接口控制器相连接,通过 I/O 接口控制器实现对外围设备的控制,如图 9-1 所示。

这种连接方式是目前大多数中、小型计算机包括微型计算机所采用的连接模式,其优点在于系统模块化程度较高,I/O 接口扩充方便。缺点在于系统中部件之间的信息交换均依赖于总线,总线容易成为系统中的瓶颈,因而不适用于系统需要配备大量外围设备的场合。另外,实际上一个 I/O 接口控制器未必仅仅控制一台 I/O 设备,有些种类的 I/O 接口控制器可以控制多台 I/O 设备,比如多用户卡以及图形工作站上的可以支持两台显示器的显卡都属于这类情况，一般一块多用户卡通常可以控制 4 台以上终端的工作。

2. 通道控制连接方式

通道控制连接方式如图 9-2 所示，主要用于大型主机(Mainframe)系统，一般用在所连接外设数量多、类型多以及速度差异大的系统中。最早为 IBM 360 系列机所采用。

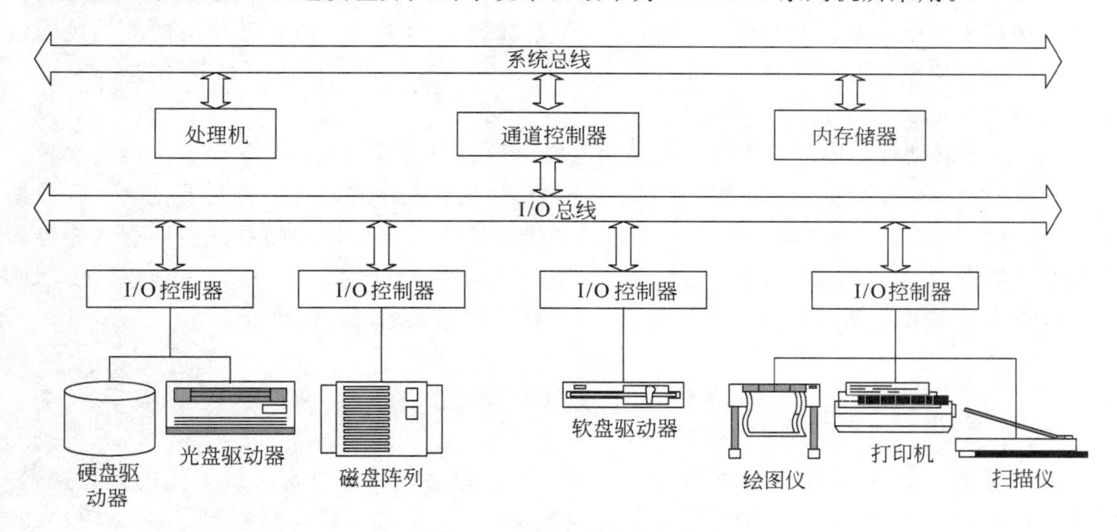

图 9-2　通道控制连接方式

通道控制器是一种专门负责 I/O 操作控制的控制器，它通过执行由专门的通道指令编制的并存放在内存之中的通道程序实现对外设的控制。在这种 I/O 控制方式下，由通道控制器控制实现主存储器与外部设备之间的直接数据交换，CPU 不再负责具体的 I/O 控制，实现了处理机与通道控制器和外设的并行工作。

从连接角度看，通道控制器的一端与系统总线相连，另一端则控制一条 I/O 总线，设备控制器及其所控制的设备则连接到 I/O 总线上，构成了主机、通道、I/O 接口(设备控制器)和外设的四级连接方式。

通道的功能及实现方法具有较大弹性，在逻辑功能划分上亦可有多种变化，有的将通道控制器置于 CPU 之中，称为结合型通道；有的则置于 CPU 之外，称为独立型通道。通道程序可放在主存储器中，也可放在各自带有的局部存储器中。

3. I/O 处理机控制连接方式

I/O 处理机(I/O Processor，IOP)与通道相比，有更强的独立性，它与主机中 CPU 所采用的体系结构无关，可视为一种专用的 CPU。I/O 处理机一般都有自己的指令系统，可以通过编制程序实现对 I/O 设备的控制，因而适应性强，通用性好。其程序的执行可与 CPU 并行，可使 CPU 彻底摆脱对 I/O 的控制任务。

I/O 处理机可大可小，大的如在巨型机系统中，外围处理机可以是一台通用的小型机或中型计算机，也称为前端处理机；小的则为一块大规模集成电路芯片，如 Intel 公司的微处理器 8089。主机与 I/O 处理机之间可以通过高带宽总线或高速专用互联网络实现互联。

9.1.4　I/O 信息传送的控制方式

I/O 数据传送控制方式也称信息交换方式，它与主机和外围设备之间的连接方式有很大的关系，各种方式也有其不同的适用对象和应用场合，也需要相应的硬件来支撑。

按I/O控制的组织方式及处理机干预数据传送控制的程度,可以把I/O控制分为以下两大类:

(1) 由程序控制的数据传送。这种控制方式是指在主机和设备之间的I/O数据传送,需要通过处理机执行具体的I/O指令来完成,即由处理机执行所谓的I/O程序,实现对整个I/O数据传送过程的全程监督与管理,一般在总线型连接方式中采用。由程序控制的数据传送可进一步分为直接程序控制方式(Programmed Direct Control)和程序中断传送方式(Program Interrupt Transfer)。

(2) 由专有硬件控制的数据传送。采用这类I/O控制方式都会在系统设置专门用于控制I/O数据传输的硬件装置,处理机只要启动这些装置,就会在这些装置的控制下完成I/O数据传输,而具体的I/O数据传输过程无须处理机控制。由专有硬件控制的数据传送可具体分为直接存储器存取(DMA)方式、通道控制方式和I/O处理机控制方式。

有关I/O数据传送控制方式的详细讨论,将在本章稍后的部分给出。

9.2 I/O接口

接口通常指设备(硬件)之间的界面。主机与外部设备或其他外部系统之间的接口逻辑,称为I/O接口。I/O接口能完成主机与外部设备相互通信所需要的某些控制,如数据缓冲(实现速度匹配)、命令转换、状态传输以及数据格式转换等。

前面已经提到,由于I/O设备与主机在技术特性上有很大差异,它们都有各自的时钟及独立的时序控制逻辑和状态标志,I/O设备与主机在工作速度上也相差很大,因此两者之间操作定时往往采用异步方式。另外,主机与外部设备在数据格式上也可能会有所不同,主机采用二进制编码表示信息,而外设大多采用ASCII编码。从这些差异来看,当主机与外设相连时,必须要有相应的逻辑部件来解决两者之间的操作同步与协调、工作速度匹配以及数据格式的转换等问题,这些问题需要通过设置相应的接口逻辑来解决。

在现代计算机中,为实现设备间通信,不仅需要由硬件逻辑构成接口部件,还需要相应的软件,即形成意义更为广泛的接口概念,即接口技术。软件之间交接的部分称为软件接口。硬件与软件相互作用,所涉及的硬件逻辑与软件,又称为软硬接口。I/O接口也称为输入输出控制器或I/O模块。

9.2.1 I/O接口的基本功能

I/O接口处于系统总线与外围设备之间,主要目的是解决总线的标准控制信号与外设要求的个性化控制信号之间的矛盾。具体包括以下几方面:数据缓冲,即实现速度匹配;数据格式转换;电平匹配与时序协调;交换控制状态信息。一个I/O接口的典型结构如图9-3所示。

通常I/O接口的基本功能可概括为以下几个方面。

1. 数据传送与数据缓冲、隔离和锁存

在接口电路中,一般设置一个或几个数据缓冲寄存器(数据锁存器),每个寄存器都分配有I/O地址。在数据传送过程中,先将数据送入数据缓冲寄存器,然后再送到目的地,如外设(输出)或主机(输入)。这一部分控制逻辑提供主机与设备之间的数据通路以及数据的缓冲装置,实现速度上的匹配。

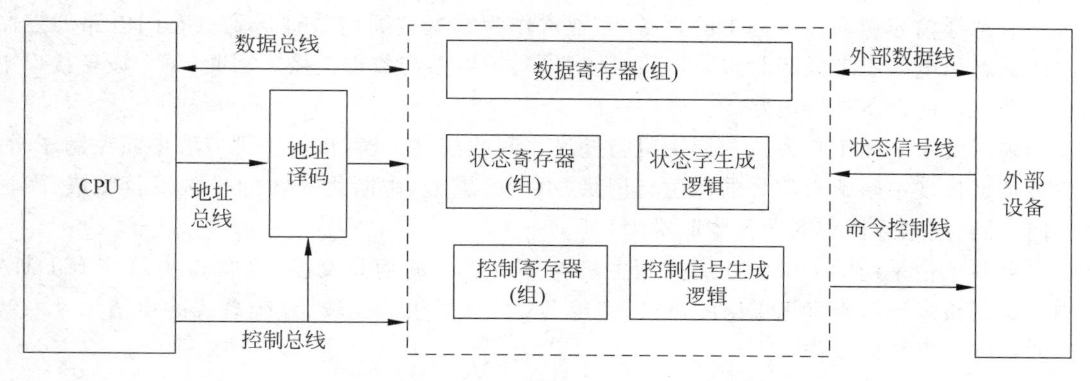

图 9-3 I/O 接口的典型结构

由于外设的工作速度较慢，而处理机和总线又十分繁忙，所以在输出接口中，一般要对输出的数据实施锁存(采用锁存器电路)，以便工作速度相对较慢的外设能有足够的时间处理主机送给它的数据。在输入接口中，即使不安排数据锁存的话，至少要实施数据隔离(如采用三态门电路)，只有当处理机选通某个 I/O 接口时，才允许某个选定的输入设备将数据发送到数据总线上，其他的输入输出设备此时应该与数据总线隔离。如果安排数据锁存的话，同样要实施数据隔离，只不过输入的数据将被锁存到输入数据缓冲寄存器中。有时接口中设置的数据锁存器既可用于输入操作也可用于输出操作，可以通过设置读写控制信号来区分数据的流向。有时也可以分别设置数据输入缓冲寄存器和数据输出缓冲寄存器，但两者使用同一个 I/O 端口地址，可以通过设置读写控制信号来区分它们。

2. 实现数据格式转换、电平转换及数字量与模拟量的转换

计算机主机系统采用二进制数字编码来表示信息，而 I/O 设备有时采用模拟量来表示信息，如电流、电压等。这就需要将模拟信号转换成数字信号(输入)，或将数字信号转换为模拟信号(输出)。再有，外设有时采用 ASCII 编码来表示信息，接口就要负责实现 ASCII 编码与二进制编码之间的转换。另外，还可能有串行数据格式与并行数据格式之间的转换。因为主机一般采用并行格式处理、存储数据，而主机在与某些接口设备(如 USB、RS-232 这类串行通信接口设备)交换信息时需要使用串行数据格式，因此接口也要负责实现数据的并行格式与串行格式之间的转换。再者，I/O 设备使用的电源与主机所使用的电源往往不同，电平信号有可能不同，例如 RS-232 接口采用了±12V 电平，而主机内的总线采用±5V 的电平，因此电平转换也是必须的。

3. 主机与外设之间的通信联络控制

主机与外设之间的通信联络控制一般包括命令译码、状态字的生成、同步控制、设备选择以及中断控制等。

主机发给外设的命令通常采用命令编码字的格式，而实现对外设控制的物理信号有时需要采用电流、电压等模拟量的形式，因此接口电路需要对主机送来的命令字译码并形成外设所需的信号形式。同样道理外设回送给接口的状态也可能是采用模拟形式的信号，接口也需要对这些信号进行编码形成状态字，以便主机通过读取状态字来了解命令执行情况。接口为此要设置控制(命令)寄存器和状态寄存器，如图 9-3 所示。

当主机或外设将数据发送到接口后，接口需要给出数据已经“就绪”的信号通知对方可以取走数据进行处理，即由该信号实现同步控制。

设备选择信号用来指示选中的设备,它通常作为数据选通信号被送到三态门电路的控制端上使三态门电路脱离高阻状态,以便选中的设备可以参与数据交换。因此,每个设备接口中都有一个专门的设备选择电路。

如果系统中采用中断方式控制主机与外设之间的信息交换,接口中则应有中断控制逻辑。该逻辑负责实现中断请求信号的产生与记录、中断的屏蔽、中断优先级的排队以及生成、发送中断向量码(用来标识中断源及中断类型)等。

如果系统中采用的DMA方式控制主机与外设之间的信息交换,则接口中就应有DMA控制逻辑。该逻辑负责发送DMA请求、实现DMA优先级的比较、系统总线的申请以及系统总线的接管与释放等操作。

4. 寻址

在一个计算机系统中,通常会连接多个外设,为了对I/O设备进行选择,必须给众多的外围设备编址,也就是给每个设备分配一个或多个地址码,也称为设备号或设备码。然而外设是接在相应的I/O接口上的,因此处理机对设备的寻址实质上就是对I/O接口中寄存器的寻址,设备号或设备码实际上就是该设备控制器上某个寄存器的地址,也称为端口地址。地址总线上的地址信号经有关译码器译码后产生设备号,进而选择相应的外设寄存器。

对I/O端口编址的方法分为两种:一种是独立编址方式,也称独立编址方式;另一种是存储器映射方式,也称存储器统一编址方式。

独立编址方式指存储单元与I/O接口寄存器的地址分别编址,各自有自己的译码部件。在CPU设计上要实现专门的I/O指令及相应的总线控制时序,以此区分地址总线上的地址是存储器地址还是I/O端口地址。IBM PC微型计算机系统中就采用了此种方式,如图9-4所示。在IBM PC微型计算机系统中,内存单元的地址最多有1兆个,I/O端口地址有1024个,各自独立编址。在IBM PC中部分I/O端口地址分配如表9-1所示。

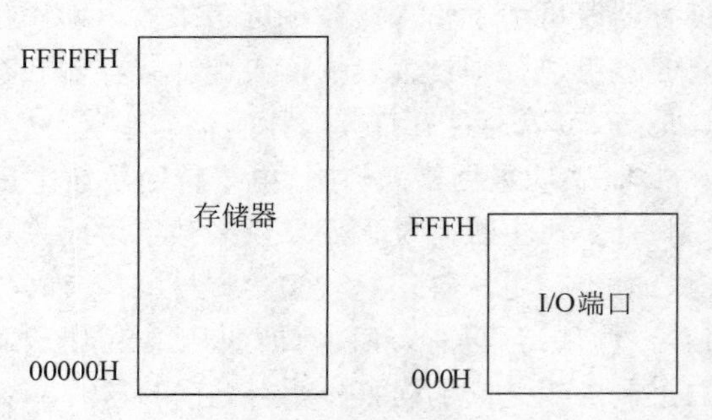

图9-4 I/O设备独立编址方式

表9-1 IBM PC中I/O地址分配

输入输出设备	占用地址数	地址(十六进制)
硬盘控制器	16	320～32F
软盘控制器	8	3F0～3F7
彩色图形显示适配器	16	3D0～3DF
异步通信控制器	8	3F8～3FF

这种编址方法的优点是:I/O端口与存储器单元都有各自独立的地址空间,各自的地址译码与控制电路会相对简单一些,同时由于设置了I/O指令,使机器语言或汇编语言源程序中的I/O部分较为明显,程序的结构比较清晰,便于阅读、修改程序。其缺点是通常为I/O指令设计的寻址方式与存储单元访问指令中的寻址方式相比要单调一些,但一般不会给程序的编制带来不便。

存储器映射方式是从主存储器地址空间中分出一部分地址作为I/O端口地址,即存储单元与I/O端口寄存器处在一个统一的地址空间中，如图9-5所示。这样由于能访问存储单元的指令都能够访问到I/O端口，所以在这种方式下不需要在CPU中设置专门的I/O指令及相应的总线控制时序，从而简化了CPU控制器的设计和实现。当访问存储器的指令中出现被I/O映射的地址码时，表示当前访问的对象不是存储单元而是I/O端口。由于通常对访问存储单元的指令会设计较多的寻址方式，因而I/O程序编制较为方便灵活。但这种方式的缺点也很明显，其一是存储器的空间被占用；其二是机器语言或汇编语言源程序中的I/O部分难于阅读、修改及维护。

图9-5 存储器映射的I/O设备编址方式

9.2.2 I/O接口的分类

I/O接口的类型取决于I/O设备特性、I/O设备对接口的特殊要求、CPU与接口（或I/O设备）之间信息交换方式等因素。早期I/O接口电路的各个部分分散在CPU和I/O设备中，采用大规模集成电路技术后，接口部件向着标准化、通用化、系列化方向发展。

归纳起来，I/O接口大致可分为以下几种。

1. 并行接口和串行接口

按照数据传送格式可将接口分为并行接口和串行接口两类。在并行接口中，主机与接口、接口与I/O设备之间都是以并行方式传送信息，即每次传送一个字节（或一个字）的全部代码。因此并行接口的数据通路宽度是字或字节宽度的数倍。当外部设备与主机系统距离较近时，通常选用并行接口。

在串行接口中，I/O设备与接口之间是一位一位地串行传送数据的，而接口和主机之间则是按并行方式交换数据。因此，在串行接口中必须设置具有移位功能的数据缓冲寄存器，以实现数据格式的串-并转换，此外还需要有同步定时脉冲信号来控制信息传送的速率以及根据字符编码格式在连续的串行信号中，识别出所传输数据的措施。采用串行方式工作的I/O设备主要有中、低速的扫描仪、绘图仪等，计算机网络的远程终端设备、大型主机系统的终端设备以及通信系统的终端设备通常也都会采用串行数据传送方式。串行数据传输方式的优点是需要的物理线路少，成本低，有利于实现远距离的数据传输。其缺点是数据传输速度相对较慢，控制较为复杂。

2. 同步接口和异步接口

按时序的控制方式可将接口分为同步接口和异步接口。同步接口一般与同步总线相连，接口与总线的数据传送由统一的时钟信号来同步。这种接口的控制逻辑较为简单，但要求I/O设备与CPU、主存在速度上必须匹配，这在某种程度上限制了所使用I/O设备的种类与型号。因此在实际应用中，考虑到系统的灵活性，一般允许I/O操作总线周期的时钟脉冲个数可以在一定范围内变化，即总线时段的长短可以不统一划分。

异步接口与异步总线相连，接口与系统总线之间采用异步应答方式。通常把交换信息的两个设备分成主设备和从设备。例如，把处理机作为主设备，而某一个I/O设备作为从设备。主设备首先提出要求交换信息的请求信号，经总线和接口传递到从设备，从设备完成主设备指定的操作后，又通过接口和总线向主设备发出回答信号。整个信息交换过程总是这样请求、回答地进行着。而从请求到回答的间隔时间是由操作的实际时间决定，而非系统定时节拍的硬性规定。采用这样接口的机器如DEC公司的PDP-11系列机。

无论同步接口还是异步接口，接口与I/O设备交换信息一般都是采用异步方式，但第8章提到的具有总线特性的接口有时也可采用同步方式，如ATA接口就是这样。

3. 直接程序控制、程序中断和直接存储器存取接口

按信息传送交换的控制方式可将接口分为直接程序控制输入输出接口、程序中断输入输出接口以及直接存储器存取（DMA）方式输入输出接口等。这里提到的几种信息传送的控制方式，下面将会给出详细的讨论。

在实际应用中，I/O接口体现为多样性，即并非严格按上述情况划分，比如在程序中断I/O接口中，也包含有一般的接口模块，可以按直接程序控制I/O接口方式工作。有一些接口，如磁盘，既有中断I/O方式接口也有DMA控制方式接口，两者配合协同工作实现磁盘的I/O控制。

9.3 程序控制方式

前面已经提到程序控制下的数据传送，可以分成直接程序控制方式和程序中断传送方式两类。这两种数据传输方式的共同特点是数据传输操作需要在处理机上执行的I/O指令来实现。此时数据传输的大致过程如下：输入数据时，CPU首先执行输入指令，即启动输入操作总线周期，将I/O接口数据缓冲寄存器中的数据取到CPU中的累加寄存器中，接下来CPU再执行一条写存储单元的指令，即启动写存储器总线周期，将累加寄存器中存放的输入数据写到内存某个单元中；输出数据时，CPU首先执行一条读存储单元的指令，即启动读存储器总线周期，将内存某个单元中存放的待输出数据取到CPU的累加寄存器中，接下来CPU执行一条输出指令，即启动输出操作总线周期，将累加寄存器中存放的待输出数据写到设备接口的数据缓冲寄存器中。从上面工作过程可以看出，内存与外设交换一个数据需要使用两次总线，即总线要执行一个访问存储单元的总线周期和一个I/O总线周期。

下面分别详细介绍这两种工作方式。

9.3.1 直接程序控制方式

直接程序控制方式是I/O数据传送控制最简单的一种，通过CPU执行I/O指令实现I/O数据传送。

这种方式是完全通过程序来控制主机与外设之间信息传送的，通常是在用户程序中安排一段由I/O指令和其他指令组成的I/O程序，通过执行I/O程序实现对外设工作的直接控制。直接程序控制方式又分为两种情况。

一是如果有关设备I/O操作时间固定且已知，可以直接执行I/O指令，事先无须查询设备的状态，亦即无须考虑同步问题。例如，从某设备控制接口的缓冲区中读取数据，或向缓冲区输出数据，就属于这种情况，称为直接数据传送方式。在采用这种控制方式进行数据传输的接口中无须设置状态寄存器及相关逻辑。

二是如果有关设备I/O操作的时间未知或不定，如打印设备的初始化工作，则往往采用先通过查询接口的状态寄存器中的状态字，了解设备状态，如果状态字反映设备并未处理完I/O数据或执行完I/O命令，称为设备“忙”状态，则处理机通过执行循环程序来等待设备完成处理，在此循环等待期间处理机会不断读取状态字，以了解设备执行情况，若设备状态字反映设备已经完成处理(设备已“就绪”或设备“准备好”),处理机再往设备发送下一个数据或命令。这个过程实际上是实现处理机与 I/O 设备操作同步的同步控制。通常主机执行 I/O 操作的步骤为：首先向 I/O 设备发送启动命令,之后主机不断通过 I/O 指令查询设备的状态,检查设备是否经过初始化后已具备执行 I/O 数据传送的条件；或者设备是否已经执行完前次数据传送操作,可以进行下一个数据传送操作,这种设备状态称为设备“准备好”或“就绪”状态。若设备处于“忙”状态,处理机将继续循环等待并不断查询设备状态,直到设备“就绪”,处理机再通过执行 I/O 指令进行新一次的 I/O 数据传送。这种数据传送控制方式也称为程序查询数据传送控制方式,如图 9-6 所示。

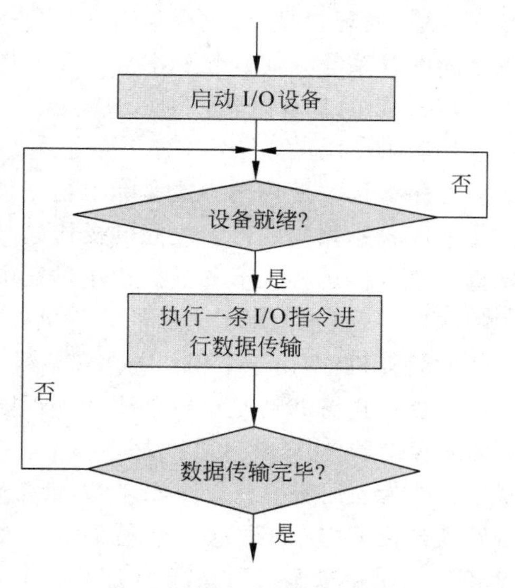

图 9-6　程序查询数据传送控制方式

从上面的论述可以看出程序查询数据传送方式包括两个环节：查询环节和数据传送环节。在查询环节,处理机从接口的状态寄存器读取设备状态字检查设备是否“就绪”,若设备状态字反映设备“忙”,CPU 就需要继续查询,不断循环执行读取状态字以检查设备状态；若设备状态字反映设备已“就绪”,则进入数据传送环节。在数据传送环节,如果是输入,处理机可以通过执行输入指令从接口的数据缓冲寄存器中读入数据到累加寄存器中；如果是输出,可以通过执行输出指令将累加寄存器中的数据写到接口的数据缓冲寄存器中。

对于存在多个设备同时进行输入输出的情形,可采用一个一个地查询设备状态的方法,发现一个设备就绪处理机就与之交换数据,然后再查询下一个设备,此过程循环往复直到所有设备的 I/O 全部完成为止。

直接程序控制传送方式的接口设计方案很多,与系统总线的类型、机器的指令系统以及外围设备等因素有关。为了给程序提供查询依据,通常需要在接口中设置状态寄存器,该寄存器需要占用一个(或多个)I/O 端口地址,要安排给数据缓冲寄存器另外一个 I/O 端口地址。当 CPU 访问接口时,地址总线送来 I/O 地址,控制总线送来 I/O 读写命令,经译码器对地址译码,进而可以选中接口中的某一个寄存器,通过数据总线传送 I/O 数据或 I/O 命令以及读取 I/O 状态字。

直接程序控制方式通常适用于下述场合：CPU 速度不高(早期计算机系统的情况)；CPU 工作效率问题不是很重要(如个人计算机系统以及简单的控制系统的情况)；在调试 I/O 接口及设备或诊断 I/O 接口及设备的场合。

这种 I/O 控制方法的实质是 CPU 成为外设的主要控制部件,控制外设的 I/O 动作,其结果造成 CPU 与外设、外设与外设之间只能串行工作,大量的 CPU 资源得不到充分利用。因此,这种方式的缺点在于：CPU 与外围设备无法并行工作,CPU 的工作效率很低；无法发现和处理异常情况,以及不适应来自外部设备的随机 I/O 请求,如键盘 I/O 操作。这就需要采用下面所论述的程序中断控制方式与外部设备进行信息交换。

9.3.2　程序中断控制方式

程序中断方式简称为中断方式,它是目前几乎所有计算机系统都具备的一种重要的工作机制。中断的概念最早在20世纪50年代中期,即晶体管计算机时代就已提出,发展至今其内涵不断深化。目前,它不仅用在输入输出过程控制中,在多道程序、分时操作、实时处理、人机联系、故障处理、程序的监视与跟踪、用户程序和操作系统之间的联系以及多处理机系统处理机之间的联系等方面都起着十分重要的作用。

1. 中断的基本概念

1)中断问题的提出

程序查询数据传送方式实际上是一种异步数据传送定时方式,它能很好地实现处理机与工作速度各不相同的外设之间的操作同步,但这是以牺牲处理机的工作效率为代价的。在程序查询数据传送方式下的数据传送过程中,处理机要不断地以循环的形式多次查询外设接口中的状态字,显然占用了大量的处理机时间,而真正用于数据传送的时间是很少的。在电子管时代的计算机中,由于CPU、主存和总线工作速度与外设的工作速度相差不是很大,采用程序查询数据传送方式还是可以接受的。但随着实现计算机CPU的电子器件改用晶体管,内存采用磁芯存储器,这样就迅速拉大了CPU、主存与外设工作速度的差距,这使低效率的I/O控制方式就不能为人们所容忍。例如,早期纸带输入机输入一个字符的时间约为150ms,某个采用电子管实现的CPU处理这个字符的时间约为90ms,此时CPU的利用率为90/(150+90)=37.5%。如果考虑采用晶体管实现CPU,仍然使用同样的纸带机的话,CPU处理一个字符的时间约为9ms(通常晶体管实现CPU的工作速度是电子管实现CPU工作速度的10倍),此时CPU的利用率为9/(150+9)=5.66%,显然是太低了。因此,必须采取新的I/O控制方式以提高CPU的利用率。

在直接程序控制方式中,在I/O设备被启动后,CPU实际是处于等待I/O设备完成其工作的状态。由于设备的工作速度远低于CPU的工作速度,致使CPU大部分时间因等待I/O设备完成工作而被浪费掉了,所以CPU的工作效率很低。如果设备被启动以后,设备与CPU能够并行的工作,当设备要求与主机交换信息并提出请求时,CPU再把现行工作停下来,转入为设备服务。这样可以使CPU绝大部分时间是与被启动的设备并行工作的,从而可大大提高CPU的效率。

提高CPU的利用率的关键是要实现在主机与I/O外设交换数据的过程中,CPU无须等待也不必去查询I/O设备的状态,而去执行其他任务(需要操作系统实现多道程序,即内存中存放有多个待执行的程序,以便大家轮流使用CPU),即实现CPU与外设并行工作。从上面的直接程序控制方式的工作过程可以看出,在I/O控制过程中需要CPU主动去了解设备的状况,这样就把CPU牢牢地拴在那里等I/O设备完成数据准备,那么能不能让设备变得主动一些呢?即CPU发出I/O命令后就不再主动地查询设备状态而去做其他更有意义的工作,让设备在“就绪”后主动通知CPU“上一次I/O操作已经完成”,这样CPU与I/O设备就并行工作起来了。当然可以实现上面的想法,设备通知CPU的手段称为“中断(Interruption)”。为什么叫中断呢?因为作为CPU一方它不可能知道设备在什么时候会发来“就绪”(即中断)信号,而CPU接收到设备送来的“就绪”(中断)信号就表明设备已经完成了上一个命令正在等待CPU给出新的指令,因此在接到设备“就绪”信号后CPU应该立刻暂停目前手中的工作转去处理设备请求,或者向I/O设备发送新的命令,或者向I/O设备发送下一个数据,或从设备取一个数据,这样就会使设备重新工作起来,之后CPU还需要回到刚才被打断工作的地方恢复原来的工作继续执行。所以,这实际上是使CPU上执行的程序被暂时中止执行,而后又要恢复执行的过程。

由此可见，所谓中断就是指处理机暂时中止执行现行程序而转去执行处理更加紧迫事件的服务程序，待处理完毕后，再自动返回执行原来的程序的过程。

依据上面的定义，在理解中断时应注意以下几个问题：①中断过程实质上是一种程序切换过程，因此必须处理好保存旧现场、建立新现场的问题；②中断具有随机性，因此必须及时检测中断请求信号，以便能及时处理中断；③中断不具备重复性，这是指某个程序的某次执行可能被中断过多次，而同一程序的另一次执行可能一次中断也没有遇到过。这是因为每次运行这个程序的计算环境不可能是百分百相同，这里计算环境包括在内存中等待运行程序的种类、数量及外部因素（比如网络用户数量和用户种类）等。也就是说相对于在CPU上运行的程序来说，中断具有随机性（不可预测性）、异步性和不可再现性。

2）中断机构的建立

中断机构是指在一个计算机系统中，为解决中断问题而制定的一整套软硬机制、策略和方法。不同的计算机系统基于其系统规模以及应用目的不同，在处理中断的机制、策略和方法上会有很大的不同，这里我们就共同涉及的有关问题作一点讨论。

设计、实现一个计算机系统的中断机构主要涉及以下一些要素：

（1）中断源的设置。定义当系统中出现了哪些情形将会引发中断。

（2）中断的分类与分级。决定如何对中断源分类，以及对各类中断应该赋予什么级别的优先级。

（3）中断信号的建立与传送。即如何记录中断请求以及如何将中断请求发送给CPU。

（4）实现优先级比较的方式方法。

（5）CPU响应中断的条件和时机，以及CPU在响应中断时要做的工作。

（6）CPU识别各个中断的方法，以及如何找到处理相应中断的中断处理程序。

（7）是否允许正在执行的中断处理程序被其他高级别的中断请求打断，即系统是否允许中断嵌套。

3）中断系统的设计及实现要求

在一个成功的中断系统的设计、实现中，中断系统应满足以下要求：

（1）保证中断请求信号的建立及保持的准确性，保证中断在未被响应时，中断请求信号不能被随便丢失。

（2）保证中断响应的及时性，各类中断都能及时得到响应，不应出现某些中断由于某种原因长时间得不到响应。

（3）必须防止在处理某个中断过程中，又去响应同样的中断。

（4）保证中断处理过程的正确性，在中断处理过程结束后能够正确返回被中断的程序使之继续执行。

（5）高级中断能打断低级中断的处理过程，允许中断嵌套。

（6）中断优先级的设置应具备方便性及灵活性，允许动态改变一个中断的优先级别。

2. 中断源的设置

中断源是指能引起中断事件的原因。比如，前面提到的由于设备"就绪"所引发的中断，设备"就绪"就是一种引发中断事件的原因。

在一个计算机系统中设置什么样的中断源，取决于这个计算机系统希望利用中断这种手段来解决什么样的问题。系统设置前面提到的设备"就绪"中断，就是为了解决CPU与设备并行工作这个问题。除此之外，中断还能帮助我们解决在计算机系统中许多看似难以解决的

问题,这些问题归纳如下:

(1) 实现人机联系。在计算机工作过程中,人要随机地干预机器,如抽查计算的中间结果,了解机器的工作状态,给机器下达临时性的命令等。在没有中断系统的机器里这些功能几乎是无法实现的。利用中断系统实现人机通信是很方便、很有效的。

(2) 单步调试程序。在调试机器语言或汇编程序时,常常需要每执行一条机器指令,就要查看中间结果;或者在执行一段指令后,需要查看中间结果(相当于在高级语言调试环境下调试一条语句或一段程序)。为了实现上述功能需要在程序中的某条指令处设置"断点"。"断点"的设置和处理如果没有中断技术的帮助几乎不可能实现。

(3) 实时处理。所谓实时处理,是指在某个事件或现象出现时需要 CPU 及时做出反应,对事件及时进行处理,而不是集中起来再进行批处理。例如,在某个计算机过程控制系统中,当随机出现压力过大、温度过高等情况时,计算机必须及时进行处理。这些事件出现的时刻是随机的,而不是程序本身所能预见的,因此要求中断目前计算机正在执行的程序,转而去执行中断处理(服务)程序。

(4) 提高机器的可靠性。在计算机工作时,当运行的程序发生程序错误时或者硬设备出现某些故障时,机器中断系统可以自动进行处理,避免某些偶然故障引起的计算错误或停机,提高了机器的可靠性。

(5) 应用程序和操作系统的联系。在现代计算机中,出于系统保护的原因,CPU 有两种工作状态:用户态(也称目态)和系统态(也称管态或核心态)。在这两种 CPU 工作状态下运行的程序所具有的权限是不同的。在系统态下执行的程序有全部的访问权限,即有不加任何限制地访问所有主存单元和 I/O 接口寄存器的权利,显然这种权利只能给操作系统,也就是说只有操作系统的程序代码是在系统态下运行的。而普通用户的应用程序只能运行在用户态下,即普通用户的应用程序只具有访问操作系统分配给他的主存单元的权限。那么如果应用程序有输入输出要求又当如何处理?方法是把这个要求交给操作系统去处理,即应用程序交出 CPU 给操作系统,让 CPU 执行操作系统的有关代码去实现 I/O,这也需要将 CPU 的工作状态由用户态转变成系统态。如何实现应用程序和操作系统之间的联系呢?需要在 CPU 的指令系统中设置一条自陷(trap)指令或软中断(int)指令,统称为访管指令。这样用户程序通过安排一条访管指令来调用操作系统提供的服务,这种调用是通过中断来实现的,通过中断可以实现目态与管态之间的变换。

(6) 实现多道程序。在计算机系统中实现多道程序并发运行是提高机器效率的有效手段。多道程序的切换运行需借助于中断。在程序的运行过程中,通过 I/O 中断实现从一道程序切换到另外一道程序运行。比如,通过分配给每道程序一个固定的使用 CPU 的时间(称为时间片),利用时钟定时器发中断进行程序切换。

(7) 实现多处理机系统中各处理机之间的联系。在多处理机系统中,处理机和处理机之间的信息交流和任务切换都是通过中断来实现的。

中断源可以存在于硬件装置上,比如 I/O 设备接口控制器。此时,在硬件装置上发生的事件会引发中断。中断源可以隐藏在指令中,如自陷指令或中断指令。中断源可以是 CPU 内部某个状态寄存器,如浮点数计算溢出标志寄存器,也就是说出现浮点数溢出,可以引发中断。对于后两类中断源所引发的中断,都是在 CPU 执行某条指令时由某种特殊情况而引起的,此时中断产生在 CPU 内部,而不像设备中断那样产生于 CPU 外部。

中断源数目的多少随计算机系统的实际情况会有所不同,比如某个 CPU 无浮点运算部件，则无浮点数计算溢出中断。而其中的外部中断源（通常指在CPU外部的硬件装置上的中断源）的多少则随着应用场合的不同而不同。例如，在某个应用场合中系统有两个时钟中断源，而在另一应用场合中可能连一个时钟中断源都没有设置。

3. 中断源的分类

中断的分类方法很多，不同的系统有自己的分类方法，比如分为硬件中断（设备中断）和软件中断（trap或int指令中断），也可分为外部中断和内部中断等。

外部中断，指中断源在CPU外部，如设备中断、存储器故障中断、电源故障中断等。其中，设备中断如前所述具有随机性（不可预测性）、异步性和不可再现性。但故障中断则具有可再现性，比如两次分别对内存的故障单元的访问都会引发存储器故障中断。

内部中断，指中断的原因由CPU当前执行的指令所引起，即中断源在CPU内部，这类中断具有可预测性和再现性，比如溢出中断，只要程序和数据不做任何改动而两次执行同样的程序都会发生溢出中断。实际上内部中断（或软件中断）是广泛意义上的中断，因为这些中断已不具备随机性（不可预测性）、异步性和不可再现性，但是处理这类中段的方法与处理设备中断的方法相同。在有些计算机系统中，为了和传统意义上的中断（Interruption）相区别，称为例外或异常（Exception）。

4. 中断请求信号的建立与传送

1）中断请求信号的建立与中断屏蔽

中断请求信号的建立，是基于中断源有请求中断的要求，如外设已就绪，可以用这类状态信号作为中断请求信号建立的原始信号，使中断请求触发器置位（置1）；当CPU响应这个中断后，应当将中断请求信号撤销，将中断请求触发器复位（置0）。建立中断请求信号的一种实现方法如图9-7所示。

中断请求触发器被置1，表明已有中断请求，但这个中断请求信号是否能够传送给CPU，要看当时占有CPU执行程序的优先级，如该程序优先级高于或等于这个中断请求，则CPU可以不响应这个中断，即可将这个中断屏蔽掉；如果低于请求中断的优先级，则不应屏蔽这个中断，而使CPU能够响应这个中断。

屏蔽一个中断的方法很多，通常是在CPU的外部实现对中断请求信号的屏蔽。这种方法是另设一个中断屏蔽触发器，对中断请求触发器的输出端（Q端）的中断请求信号（IRQ）进行屏蔽，如图9-8所示。如果中断屏蔽触发器置1，中断请求触发器发出的中断请求信号（IRQ）就被屏蔽，此时这个中断请求信号不能被发送到CPU。

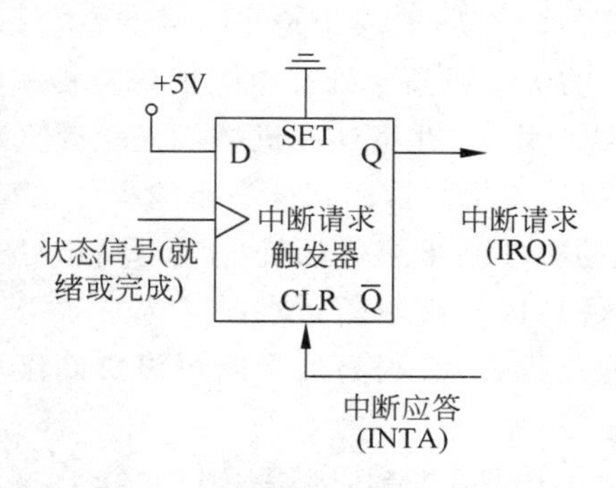

图9-7 中断请求信号的建立

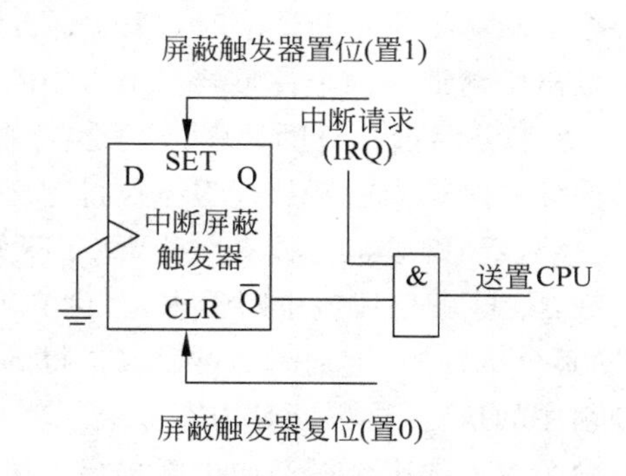

图9-8 对中断源的中断请求进行屏蔽

2) 中断请求信号的传送

一台计算机系统中有多个中断源,有可能同时产生多个中断请求信号,它们如何传送给CPU呢?通常有4种传送模式,如图9-9所示。

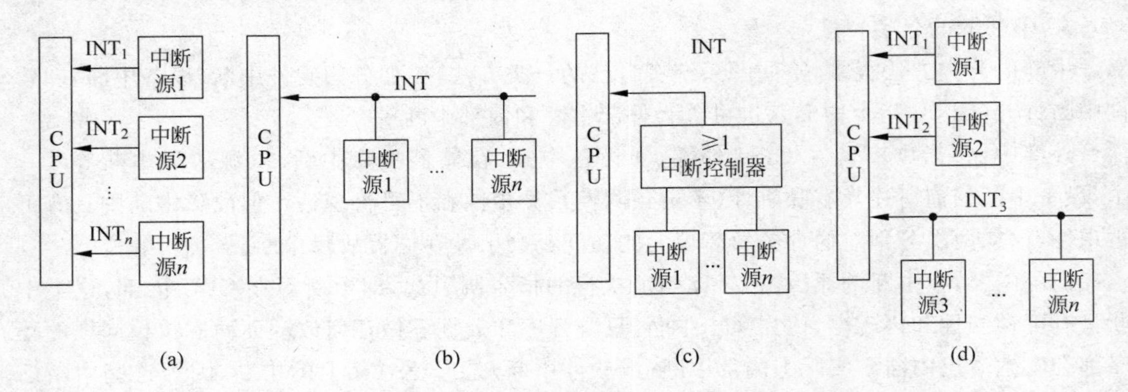

图9-9 中断请求信号的传送模式

(1) 各中断源单独设置自己的中断请求线,每条中断请求线都直接送往CPU,即CPU一端需要设置多条中断请求信号线,如图9-9(a)所示。这样做的好处是当CPU接到中断请求信号后,立即就可以知道请求源是谁,这有利于实现对中断的快速响应,因为可以通过编码电路形成中断服务程序的入口地址。其缺点是CPU所能连接的中断请求线数目有限,特别是由于集成电路芯片的引脚数目有限,不可能给中断请求信号线分配多个引脚,因此中断源难于扩充。

(2) 各中断源的中断请求信号通过三态门电路汇集到一根公共中断请求线,如图9-9(b)所示。只要负载能力允许,挂在公共请求线上的中断请求信号线可以任意扩充,而对于CPU来说只需设置一根中断请求信号线就足够了。采用这种连接逻辑时,也可在CPU外部设置一个中断控制电路,该电路负责将所有中断源所发出的中断请求汇集起来,通过或门向CPU请求中断,如图9-9(c)所示。该中断控制电路中也可设置优先级比较电路进行优先级的比较。比如Intel公司为其x86芯片配套的可编程中断控制器8259就属于这样的中断控制电路。

(3) 另一种方案是兼有公共请求线与独立请求线,如图9-9(d)所示。对要求快速响应的1～2个中断请求,采取独立请求线方式,以便快速识别。将其余响应速度允许相对低些的中断请求,汇集为一根公共请求线。

5. 中断判优

当一个中断源提出中断请求时,CPU是否响应这个中断,取决于是CPU现行执行的程序重要还是发出中断请求的事件重要。请求中断事件的优先级高于处理机当前执行程序的优先级时,CPU就暂停目前执行的程序,转去执行中断处理程序,并将处理机的优先级改变成中断请求事件的优先级。当中断处理程序执行完之后,则处理机便返回到被中断的程序,恢复它的状态(包括优先级)继续执行程序。若要CPU处理的中断请求事件的优先级不高于处理机当前的优先级,CPU就保留该中断请求,直到它变为最高优先级中断请求时才为它服务。由此看出,中断是分级别的,级别高的可以较早得到响应。再者,级别高的中断可以打断级别低的中断处理程序的执行,这也就是中断嵌套。

当有两个以上的中断源都向中断提出了请求时,CPU首先响应哪个中断请求?这就要求中断系统应该具有相应的中断排队逻辑,同时具有动态调整中断优先级的手段。

1) CPU 目前执行程序的优先级与中断请求优先级间的判优

CPU 的状态就是现行程序的执行状态，而外部中断请求则是外部事件的服务请求。一般有两种手段可用于处理它们之间的优先权比较问题。

首先，可在 CPU 内部设置了一个允许中断触发器，如图 9-10 所示，指令系统提供具有开中断与关中断功能的指令。执行开中断指令会使允许中断触发器置 1，执行关中断指令会使允许中断触发器置 0。如果允许中断触发器处于关中断状态，则 CPU 不响应外部中断请求。换句话说，所有外部中断请求所要求的服务都没有现行程序的任务重要。如果开中断，则 CPU 可响应外部请求，发出中断应答(INTA)信号。在早期的微型计算机系统中，只安排了这一级控制。

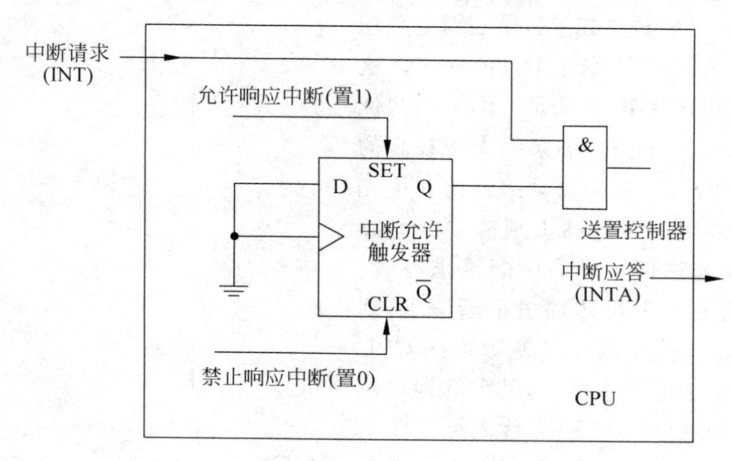

图 9-10 CPU 内部的允许中断触发器

性能更强的计算机，除了设置允许中断触发器与开、关中断的指令外，还可在程序状态字(PSW)中记录现行程序的优先级，以进一步细分程序任务的重要程度。CPU 通常设置多条中断请求输入线，据此将中断请求划分为不同的优先级。CPU 内部有一个优先级比较逻辑，对 PSW 中给定的优先级与中断请求的优先级进行比较，根据比较结果决定是否需要暂停现行程序的执行而去响应中断请求。操作系统可以根据实际情况动态地对 PSW 中的优先级进行调整。

2) 中断请求之间的判优

首先按中断请求性质来划分优先级。一般来说，CPU 内部引发的中断优先级最高，然后才是外部中断。对外部中断而言，不可屏蔽中断的优先级要高于可屏蔽中断，前者往往要求 CPU 处理故障，后者要求 CPU 处理一般的 I/O 中断。对于一般的 I/O 中断，按中断请求要求的数据传送方向，通常的原则是让输入操作的请求优于输出操作的请求。因为如果不及时响应输入操作请求，有可能丢失输入信息。而输出信息一般存于主存中，暂时延缓一些，信息不至于丢失。当然，上述原则也不是绝对的，在设计时还必须具体分析。

在多数计算机中，一方面用硬件逻辑实现优先级排队(简称为判优逻辑)，另一方面，计算机又可以用软件查询方式体现优先级判别。在硬件优先级排队逻辑中，各中断源的优先级可以是固定的，也可以通过软件控制的方法动态调整各中断源的中断请求优先级。在采用通过软件查询来确定响应中断次序的方式中，改变查询次序就意味着改变了中断请求优先级。此外，采用屏蔽技术也可在一定程度上动态调整优先顺序。下面，我们介绍几种优先级排队方法。

(1) 软件查询

响应中断请求后，先转入查询程序，查询程序按优先顺序依次询问各个中断源，是否已经提出了中断请求。如果是，则转入相应的服务处理程序。如果否，则继续往下查询。查询的顺序体现了优先级别的高低，改变查询顺序也就改变了优先级，如图 9-11 所示。

(2) 并行优先级排队逻辑

如果各中断源都能提供独立的中断请求信号线送往 CPU，则可以采取并行优先级排队逻辑，也称具有独立请求线的硬件优先级排队逻辑，如图 9-12 所示。各中断源的中断请求触发器向优先级排队逻辑电路送出自己的请求信号：$INTR_0'$、$INTR_1'$……。经过优先级排队逻辑电路向 CPU 送出中断请求信号 $INTR_0$、$INTR_1$……。这种优先级排队逻辑的工作原理是：$INTR_0'$的优先权最高，$INTR_1'$次之……。如果优先级较高的中断源此时有中断请求，就会自动封锁比它优先级低的所有中断请求。而当高级别的中断源没有中断请求时，才允许低级别的中断请求有效。因此，如果同时有几个 $INTR_i'$提出中断请求，则只有其中具有最高优先级的中断源可以向 CPU 送出有效的 $INTR_i$ 中断请求信号，其余的则均被封锁。在这种优先级排队逻辑中，优先级排队结果表现为请求信号是否有效，即是否允许发出中断请求信号 INTR。采用并行优先级排队逻辑排队速度快，但硬件代价较高。

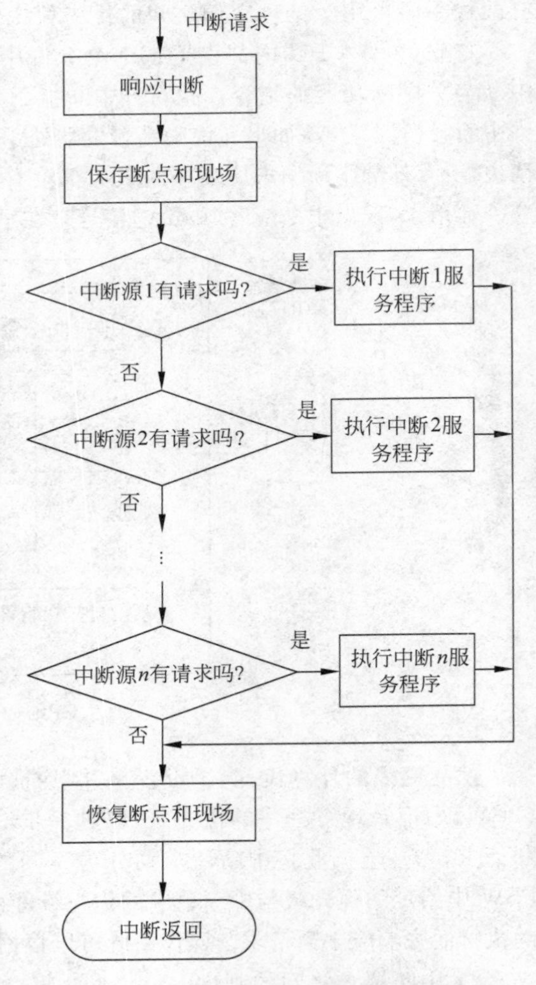

图 9-11　软件查询中断的中断请求逻辑和查询流程

(3) 链式优先排队逻辑

如果中断请求信号的传递模式采用公共请求线方式，则优先级排队结果可以用形成的设备编码或中断识别编码来表示，相应地可采用链式优先级排队逻辑，该逻辑也称为优先链逻辑。各个中断源提出的中断请求都送到公共中断请求信号线上，形成公用的中断请求信号 INT 送往 CPU。响应请求时，CPU 向 I/O 设备发出一个公用的中断批准(INTA)信号，也称中断应答信号，如图 9-13 所示。

在图 9-13(a)结构中，CPU 发出的中断批准信号(INTA)先送给中断请求优先级最高的设备，如果该设备提出了中断请求，则在接到该批准信号后，通过系统总线向 CPU 送出自己的中断识别编码(或设备编码，或中断类型编码，或向量地址编码也可以是一条 CPU 指令的编码)，批准信号的传送也就到此为止，不再往下传送。如果该设备没有提出请求，则将批准信号传递到下一级设备……。在采取这种连接方式时，所有可能作为中断源的设备被连接成一条链，其连接顺序体现了优先级顺序，在逻辑上离 CPU 最近的设备，优先级最高。这种优先链结构，在许多文献中也被称为菊花链，是应用很广泛的一种逻辑结构。

串行链式优先级排队逻辑是由硬件实现的采用公共请求线的优先级排队方式，其逻辑线路如图 9-14 所示。

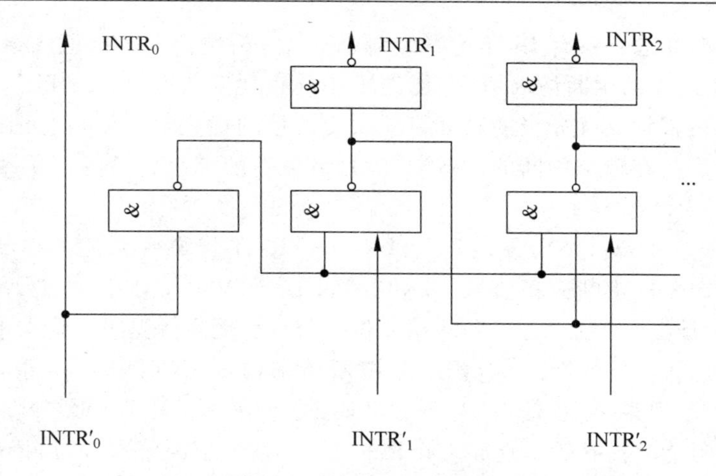

图 9-12 具有独立请求线的硬件优先级排队电路

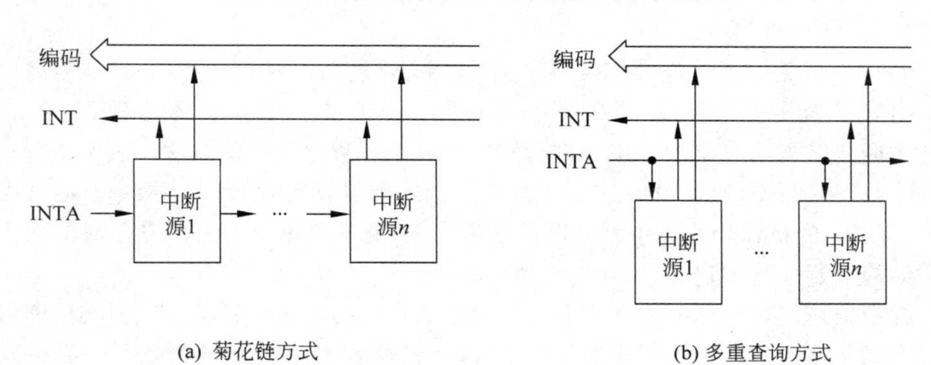

图 9-13 优先链排队逻辑

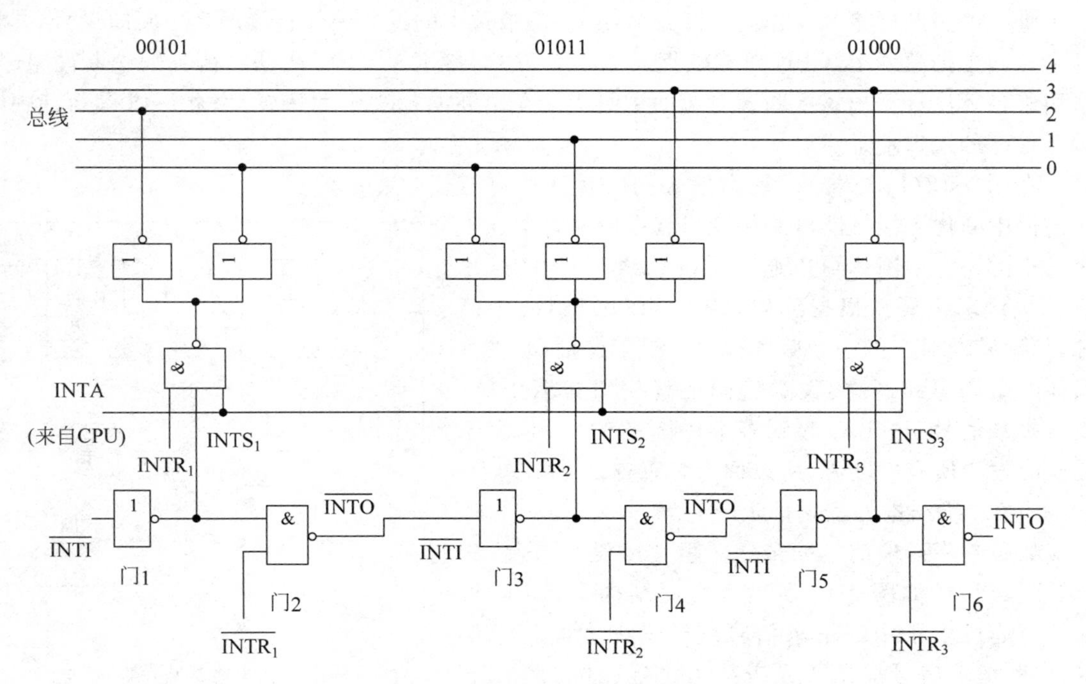

图 9-14 串行优先级排队电路

图 9-14 中下半部分是一个串行优先级排队链,由门电路 1~6 组成该优先级排队链。$INTR_i$是从各设备送来的中断请求信号,优先顺序从高到低依次是:$INTR_1$,$INTR_2$,$INTR_3$。若要扩充中断源,可根据其优先级的高低以串联形式接到优先链中即可。图的上半部分是一个编码电路,它将产生在请求中断的设备中,优先级最高的那个设备的标识编码,该编码经数据总线送往 CPU。

图 9-14 中,INS_1、INS_2、INS_3分别为 $INTR_1$、$INTR_2$、$INTR_3$所对应的中断排队选中信号。INTA 是由 CPU 送来的中断应答信号。INTI 为中断排队输入信号,INTO 为中断排队输出信号。数据总线标号由下而上为第 0 位至第 4 位。若没有更高优先级的请求中断时 INTI=0,门 1 的输出为高电平,即 $INTS_1=1$,若此时中断请求信号 $INTR_1$为高(即有中断请求),且 INTA 为高电平(有中断批准信号),则 $INTR_1$ 被选中,使得 $INTS_2$、$INTS_3$ 均为低电平,$INTR_2$、$INTR_3$中断请求被封锁。这时 $INTR_1$向 CPU 发出中断请求,并由译码电路将中断识别编码$(00101)_2$送到数据总线。CPU 从数据总线取走该识别编码,并以此查找中断服务程序。

此时若 $INTR_1$无中断请求,则 $INTR_1$为低电平,经过门 2 和门 3,使 $INTS_2$为高电平。如果此时 $INTR_2$为高电平,则可以向 CPU 发出中断请求信号。否则,将继续顺序选择。

上述中断排队方式可以配合用于多种转向中断服务程序入口的方法。其中一种是在中断响应过程中执行一条专门的中断指令,如在 Z80 微处理器设置的 RST *n* 指令。通常由中断源提供 RST *n* 指令的机器码作为中断排队的结果,其功能是通过查询主存中存放的程序转移表而转到中断服务程序的入口。

另一种目前应用更广泛的方法叫做向量中断法。中断向量包括该中断源的中断服务程序入口地址和执行这个中断服务程序所需的 PSW。将所有的中断向量集中到一起存放则形成一张中断向量表。中断向量表一般存放在内存中。向量中断方式是为每一个中断源事先安排一个唯一的中断向量号。作为中断排队结果,由被选中的设备硬件直接产生中断向量号,并将其发送到数据总线上,CPU 可在数据总线上获取之,接下来 CPU 依据刚得到的中断向量号,采用某种算法计算出该中断源对应的中断向量在中断向量表中的位置,由此可以得到其中断服务程序的入口地址。

在图 9-13(b)结构中,批准信号同时送往所有接口。但中断优先级排队电路保证只有在申请者中优先级最高的一个中断源可以通过系统总线向 CPU 送出自己的识别编码。根据编码,CPU 可以识别出中断源,从而转向对应的中断服务程序。限于篇幅,略去了具体的编码电路、控制发送编码的优先级排队电路。此时批准信号(INTA)起到查询中断源的作用,由于它同时发给所有中断源,所以称为多重查询方式。

(4) 二维结构的优先排队

如果中断请求信号的传送采取二维结构,则优先排队逻辑结构如图 9-15 所示。在此结构中,CPU 可以接受通过多条中断请求信号线送来的中断请求信号,中断请求信号线的优先级称为主优先级,在 CPU 内部有一个相应的优先级排队电路,保证首先响应优

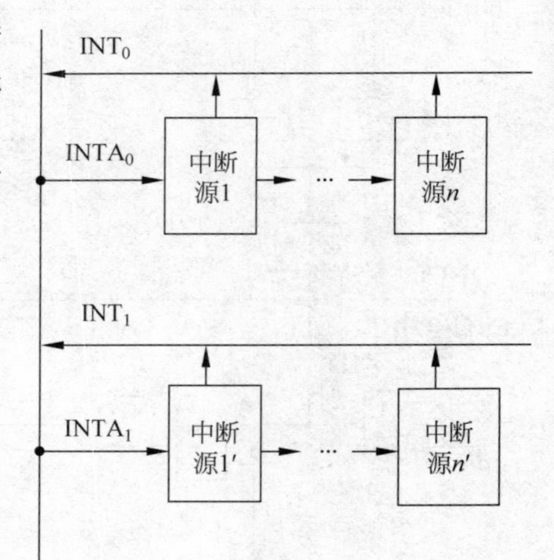

图 9-15 采用二维结构的优先排队逻辑结构图

先级最高的那条中断请求信号线上的中断请求。如果程序状态字中有 CPU 现行程序的优先级编码，这个优先级排队电路同时担负 CPU 目前执行程序的优先级与中断请求优先级之间的比较问题。

将外部中断源分成多组，每组的中断请求汇集到同一根中断请求信号线上，拥有同一个主优先级。在一个小组内，各中断源又作进一步的优先级划分，称为次优先级。通常在组内采取菊花链式的优先链结构。

(5) 采用中断控制器集成芯片的优先逻辑

在微型计算机中广泛使用一种中断控制器集成芯片来管理外部中断，如 Intel 的 8259A。它将中断请求信号的寄存、汇集、屏蔽、优先级比较、中断向量号编码等逻辑集成在一块芯片之中。在设计中断系统时，使用这种芯片就显得非常方便，因为设计者不必了解芯片内部究竟使用何种具体的优先级排队逻辑，就可以方便地管理系统中的各个中断。

Intel8259A 芯片内部大致的逻辑结构如图 9-16 所示。Intel 8259A 芯片主要包含下述组件：

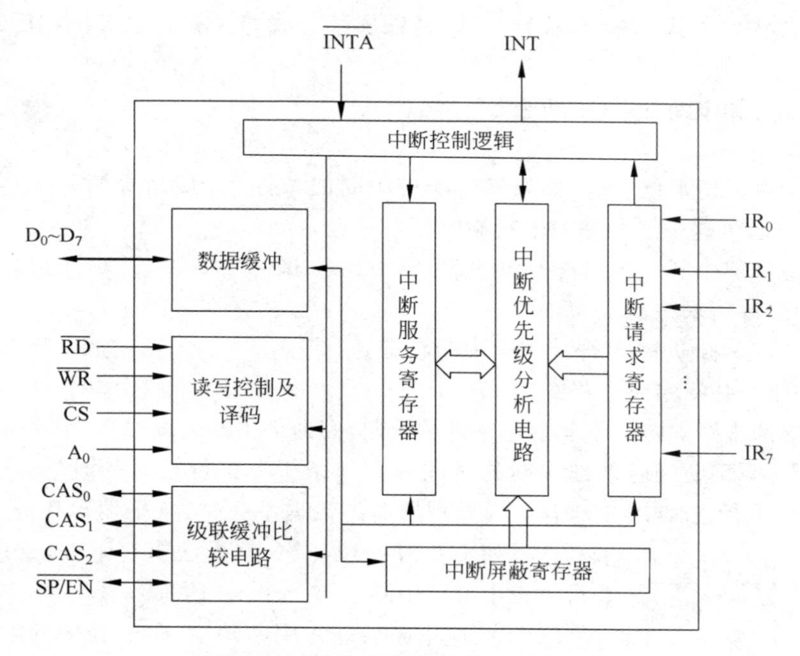

图 9-16　可编程中断控制器 Intel 8259A

中断请求寄存器：它是 8 位寄存器，可存放 8 个中断请求信号，作为向 CPU 申请中断、中断优先级排队以及中断向量号码编码的依据。

优先级分析电路：即优先级排队逻辑，选择出优先级别最高的中断申请者。

中断屏蔽寄存器：其内容可由 CPU 预置。记录在中断请求寄存器中的各个中断请求信号，若在中断屏蔽寄存器中对应的屏蔽位为 1，则该中断请求被屏蔽，不能参与中断优先级的排队。

中断服务寄存器：记录目前 CPU 正在为之服务的中断。

中断控制逻辑：负责发送中断请求信号、接受中断应答信号、编码中断向量码以及发送中断向量码。在对 8259A 进行初始化时，CPU 会为每个中断源分配一个唯一的中断类型码，即给每个中断请求输入端(IR_i)分配它所对应的中断向量号。当CPU响应中断请求时,8259A送出被批准中断的中断源所对应的中断向量号作为CPU寻找中断服务程序入口地址的依据。

中断控制器8259A作为公共接口逻辑一般位于主机板上。它接收各路中断源发出的中断请求信号(IR_0~IR_7),存放于中断请求寄存器中,并将各中断请求汇集为一个公共的中断请求信号INT送往CPU。当CPU响应中断请求时,发出批准信号INTA送给8259A。优先级分析电路确定首先批准哪个中断请求,将它的中断向量号编码经数据总线送CPU。在CPU内部对该中断向量号编码经过简单变换形成向量地址码,据此访问中断向量表取出服务程序的入口地址。

8259A也可以多级串连,将一片8259A的INT作为上一级的IR_i上的中断请求信号来使用,以达到扩展中断请求的数量的目的。

综上所述,我们围绕中断优先级的排队问题讨论了多种方法,有些方法可以综合运用,从而在实际应用中派生出许多具体方式。例如,中断控制器8259A可编程指定多种优先级排队方法,如固定优先级方式、循环优先级方式、特殊屏蔽方式等。有关细节将在后续课程中详细介绍。

6. 中断响应和中断处理(中断服务)

1) 中断响应

CPU接到中断请求信号后,如果满足响应中断的条件,CPU就会暂停现行程序的执行,而转入中断处理,将这一过程称为中断响应。

CPU响应外部中断一般应具备如下条件。

(1) 有中断源请求中断。

(2) CPU允许响应中断,即处于开中断状态。

(3) 一条指令执行结束。

CPU对内部中断的响应不受上述条件的限制,有内部中断请求发生,就会立即响应。

一般情况下,CPU响应外部中断的时间是在一条指令执行结束的时候。但某些内部中断,例如在指令执行过程中,取操作数时发现所需的数据不在主存(采用虚存时会发生这种情形),这时如不及时处理,指令就无法执行下去,这就要求在指令执行过程中响应中断。

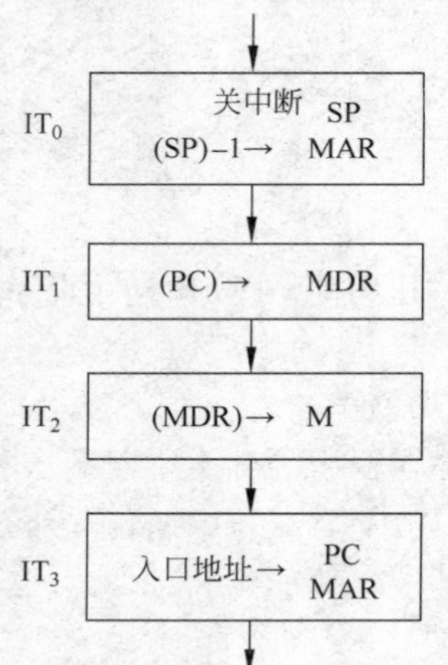

图9-17 中断响应隐指令操作流程

CPU响应中断后进入中断响应周期,在中断响应周期内,完成下面操作。

(1) 关中断:以便在保存现场的过程中不允许响应新的中断请求,确保现场保存的正确性。

(2) 保存断点地址(即返回地址)和程序状态字:一般将它们压入堆栈中。

(3) 转入中断服务程序入口:以便执行相应的中断服务程序,完成中断处理任务。

图9-17给出了简化的中断响应周期的操作流程。这些操作不是在程序中安排的,而是直接由硬件完成的,因此通常把这些操作的执行,视为CPU执行了一条中断响应隐指令,其中隐是指程序员在CPU的指令系统中找不到这条指令。

2）中断处理（中断服务）

经过中断响应取得了中断服务程序的入口地址后（具体的中断服务程序入口地址的获取方法在下面论述），CPU 开始执行中断服务程序，完成规定的中断处理任务。

中断服务程序一般由 3 部分组成，即起始部分、主体部分、结尾部分。

中断服务程序的起始部分的主要功能按执行次序如下：

（1）判明中断原因，识别中断源，对于不同中断源转入不同的服务程序。

对于向量中断，直接由硬件查明中断源并给出中断向量地址，转入相应中断服务程序。对于非向量中断，需要通过执行一段查询程序，由该程序查明中断源后转入相应的中断服务程序。

（2）设置屏蔽字，封锁同级中断与低级中断。

（3）保存中断现场。除了程序计数器（PC）和程序状态字（PSW）外，还有一些 CPU 内部寄存器的内容需要保护。因为在执行中断服务程序的过程中，如果需要用到 CPU 内部的某些寄存器的话，则需要事先将它们现有的内容保存起来。通常是将它们压入到内存中的堆栈来实现内容的保存。

（4）开中断，以便在本次中断处理过程中能够响应更高级的中断请求。

中断服务程序的主体部分是执行处理具体中断的程序。如控制设备进行输入输出操作。

中断服务程序的结尾部分按执行次序主要完成下列功能。

（1）关中断，以便在恢复现场的过程中不允许响应新的中断。

（2）恢复中断现场，将起始部分保存的寄存器内容送回到原寄存器中。

（3）清中断请求或中断服务信号，表示本次中断处理结束。

（4）清屏蔽字，开放同级中断和低级中断。

（5）开中断，以便响应新的中断请求。

（6）恢复 PSW、PC，返回被中断的程序。

7. 中断服务程序入口地址的获取方法

为了执行中断服务程序，关键是获得该中断服务程序的入口地址。入口地址的获取有两种方式，即向量中断和非向量中断。

1）向量中断

首先，我们先阐明 3 个有关的概念。

中断向量：通常将中断服务程序的入口地址及其程序状态字合称为中断向量。有些计算机系统（例如早期的微型计算机）没有完整的程序状态字，此时中断向量仅指中断服务程序的入口地址。

中断向量表：存放中断向量的表格。通常，系统将所有的中断向量连续地存放在内存的一个特定区域中，形成一个一维的表格，称中断向量表，如图 9-18 所示。

向量地址：访问中断向量表中的一个表项的地址码，即读取中断向量所需的内存地址，也称为中断指针。

中断类型码：中断源提供的标识中断类型的编码，CPU 一般根据此编码计算得到向量地址。

向量中断是这样一种中断响应方式：先将各个中断服务程序的中断向量组织成中断向量表。响应中断时，由中断源提供中断类型编码，

PSWn
PCn
⋮
PSW_2
PC_2
PSW_1
PC_1

图 9-18 中断向量表

根据此 CPU 计算得到对应于该中断的向量地址，再根据向量地址访问中断向量表，从中读取相应的中断服务程序的入口地址及 PSW 编码字，将入口地址装到程序计数器(PC)中，将 PSW 编码字装入到程序状态字寄存器中，由此 CPU 就转向执行中断服务程序。上述工作一般安排在中断响应周期中，由 CPU 执行中断响应隐指令实现。

向量中断的特点是系统可以管理大量中断，并能根据中断类型编码较快地转向对应的中断服务程序。因此，现代计算机基本上都具有向量中断功能，但具体实现方法有多种。如在 CPU 具有多条中断请求信号线的系统中，可根据请求信号线的状态编码产生各中断源的向量地址。又如，在菊花链形式的中断优先级排队结构中，经硬件链式查询找到被批准的中断源，该中断源通过总线向 CPU 发出其中断向量号。也可由中断源送出一种中断指令(如 RST n)及其编码，CPU 通过执行该指令而获取中断向量。在 Intel 8086 中，中断源产生的是偏移量，与 CPU 提供的中断向量表基址相加，形成向量地址。在有些系统中，CPU 内有一个中断向量寄存器，存放向量地址的高位部分，中断源产生向量地址的低位部分，二者拼接形成完整的向量地址。

2) 非向量中断

非向量中断是指这样一种中断响应方式。CPU 在响应中断时只产生一个固定的地址，该地址是中断查询程序的入口地址，这样 CPU 可以转去执行查询程序，通过软件查询确定被优先批准的中断源，然后执行相应的中断服务程序。

例如，在 DJS-130 计算机中，CPU 响应中断时，在中断响应周期中让 PC 与 MAR 内容均为 1，即从 1 号存储单元中读出查询程序的入口地址，然后转去执行查询程序。通过执行查询程序，按优先顺序逐个查询各中断源，若中断源提出了中断请求，则转去执行相应的中断服务程序，若中断源没有提出中断请求，则继续往下询问。

查询程序是为所有中断请求服务的，又称为中断总服务程序。它的任务仅仅是判定提出中断请求的中断源，进而转去执行处理中断的服务程序。查询程序本身可以存放在主存的任何位置，但它的入口地址被写入一个实现约定好的内存单元中，如在上面的例子中，入口地址被写入 1 号单元，这个特定的内存单元地址在硬件上是固定的，软件无法改变；而各个中断服务程序的入口地址则被写进查询程序之中。

查询方式可以是软件轮询，即按某个次序逐个查询有关设备的状态标志；也可以先通过硬件取回被批准中断源的设备码(作为优先级排队电路对中断请求排队的结果)，再通过查询软件依据设备码查询中断向量表以获取中断向量。

可见，非向量中断方式是通过软件方式确定中断服务程序入口地址的。这种方式可以简化硬件逻辑，灵活地修改优先顺序，但相对来说中断的响应速度较慢。

现代计算机大多具备向量中断功能，也可以将非向量中断方式作为一种补充手段。

8. 多重中断与中断屏蔽

如果 CPU 在处理某一级中断的过程中，又遇到了新的中断请求，CPU 暂停原中断的处理，而转去处理新的中断，待处理完毕，再恢复原来中断的处理，把这种中断行为称为多重中断，也称中断嵌套，如图 9-19 所示。

是否在中断处理中断过程中出现任何新的中断请求 CPU 都要予以响应呢？显然不是这样的。多重中断的处理有一定的原则：若目前请求中断的优先级高于正在处理之中的中断的优先级，则 CPU 要响应这个中断请求；若目前请求中断的中断优先级等同或低于正在处理之中的中断的优先级，则 CPU 不予响应，必须等待目前的中断处理完成后，再响应中断。

例如，某计算机中断系统分为五级中断，中断响应的优先次序从高到低为 1→2→3→4→5，如果 CPU 在执行某一正常程序时出现了 1、2、4 级的中断请求，CPU 将首先转去执行处理 1 级中断的中断处理程序，待处理完成后返回正常程序。但此时还有 2、4 级的中断请求未被处理，所以在正常程序执行了一条指令后，CPU 又转去执行处理 2 级中断的中断处理程序，待 2 级中断处理完成后返回正常程序。因为此时还有 4 级的中断请求未被处理，所以在正常程序执行了一条指令后，CPU 马上又转去执行处理 4 级中断的中断处理程序。如果在执行处理 4 级中断的中断处理程序的过程中又出现了 3 级中断请求，因为 3 级中断的优先级高于 4 级中断，所以 CPU 必须转去执行处理 3 级中断的中断处理程序。若在执行处理 3 级中断的中断处理程序的过程中又出现了 1,5 级中断请求，因为 1 级中断的优先级高于 3 级中断，所以 CPU 将中断 3 级中断处理程序，而转去执行处理 1 级中断的中断处理程序但因为 5 级中断的优先级别最低，所以不能中断其他高级别的中断处理程序。待 1 级中断处理完成后，CPU 返回 3 级中断的中断处理程序继续执行；3 级中断处理完成后，返回 4 级中断的中断处理程序继续执行；当 4 级中断处理完成后，CPU 返回正常程序。但此时还有 5 级的中断请求未被处理，所以在正常程序执行了一条指令后，CPU 又转去执行处理 5 级中断的中断处理程序，待 5 级中断处理完成后，返回正常程序继续执行。CPU 处理上述中断的过程如图 9-20 所示。

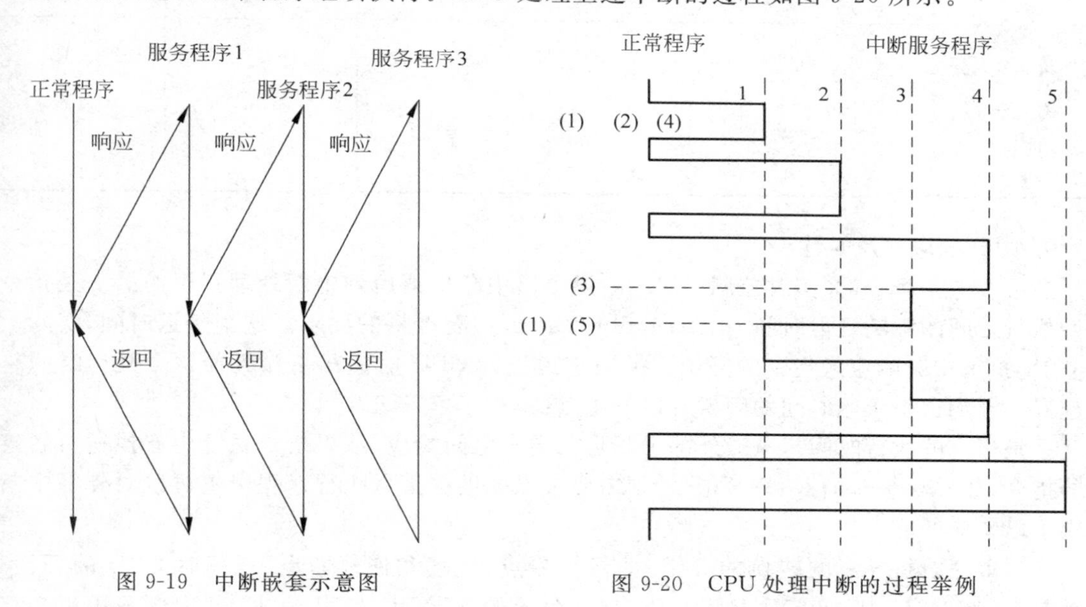

图 9-19 中断嵌套示意图

图 9-20 CPU 处理中断的过程举例

实现多重中断处理的方法之一是利用中断屏蔽有选择地封锁部分中断，而允许其余未被屏蔽的中断提出中断请求。具体实现方法可以给每一个可屏蔽的中断源设置一个中断屏蔽触发器，用来决定是否屏蔽该中断源提出的中断请求。当 CPU 响应某个中断源的中断请求后，由相应的中断服务程序送出一个新的中断屏蔽字，对同级和低级中断实施屏蔽，只允许 CPU 响应优先级更高的中断，从而实现多重中断处理。

中断屏蔽还有一个用处就是中断升级。有些设备的优先级较低，因此申请的中断有可能长时间得不到响应，这就需要让它升级，利用屏蔽技术可以将原来优先级较高设备的中断请求暂时屏蔽掉，而由于优先级低的设备的中断请求未被屏蔽，优先级就相对提高了，这就是所谓的中断升级。

还是前面的中断例子，各中断源的优先级为 1→2→3→4→5，每个中断源对应一个屏蔽码,屏蔽码为 1 表示中断被屏蔽。根据多重中断的处理原则,屏蔽码的设置如表 9-2 所示。

表 9-2 程序级别与屏蔽码的设置

程序级别	屏蔽码				
	1 级	2 级	3 级	4 级	5 级
第一级	1	1	1	1	1
第二级	0	1	1	1	1
第三级	0	0	1	1	1
第四级	0	0	0	1	1
第五级	0	0	0	0	1

如果要采用中断屏蔽技术修改中断处理的次序,例如将处理次序修改为 1→4→3→2→5,则只需将中断屏蔽码修改成如表 9-3 所示的情况即可。

表 9-3 修改中断处理次序屏蔽码

程序级别	屏蔽码				
	1 级	2 级	3 级	4 级	5 级
第一级	1	1	1	1	1
第二级	0	1	0	0	1
第三级	0	1	1	0	1
第四级	0	1	1	1	1
第五级	0	0	0	0	1

9. 中断响应的及时性

在某些应用场合(如实时控制),对中断源提出中断申请后到中断处理程序的第一条指令开始执行之间的中断延迟时间(Interruption Latency)有严格的要求。这个延迟时间,实际上是 CPU 执行中断响应隐指令的开销。一般来说设计 CPU 时应尽量做到使这个延迟时间越小越好。影响这个延迟时间的因素有以下 4 点:

一是指令的执行时间。一般外部中断是在指令之间响应,如果指令系统中有执行时间较长的指令,如 x86 平台的 MOVS 指令,则需要考虑提供在指令执行过程中也可以对外部中断请求予以响应的能力。

二是程序执行环境的转换的开销,即保护断点、现场和恢复断点、现场时 CPU 的开销。在某些 RISC CPU 中,如 SUN Microsystems 公司的 SPARC 芯片,在 CPU 内部采用了多组寄存器窗口,使得环境转换得以加快,因为这时的转换工作只是在 CPU 内部寄存器组之间转换,而不是将大批数据传回内存,减少了环境转换的开销。

三是中断服务程序入口地址的确定方式。在某些处理机中采用固定地址对应的方法,即某个中断源的中断服务程序的第一条指令,放在固定的内存单元中,这样 CPU 在响应这个中断时,可直接转入中断服务程序,支持这种方式的处理机如 Z80 微处理器。而有些系统则采用中断向量表的方法,如 x86 平台,这时确定入口地址需要访问内存,所花费的时间要多一些,可考虑将中断向量表安排在 CPU 内部的 Cache 中,以加快入口地址的确定时间。

四是中断处理程序最好也安排在 Cache 中,以便加快中断处理。

10. 小结

至此,我们已讨论了从中断源发出中断请求开始,直到中断服务程序执行完毕,返回原来被中断的程序的全过程。现总结如下：

(1) 中断请求；

(2) 择优响应；

(3) 保存现场；

(4) 中断服务；

(5) 恢复现场；

(6) 中断返回。

在这一过程中，有些工作是由硬件完成的，有些是由软件完成的，因此中断是一种软、硬件结合的技术手段。在不同的机器中，软、硬件功能分配的比例会有所不同。

9.4 直接存储器访问方式

直接存储器访问方式(Direct Memory Access，DMA)简称DMA方式。DMA方式是一种直接依靠硬件在主存与I/O设备间进行数据传送，且在数据传送过程中不需要CPU干预的I/O数据传送控制方式。DMA方式通常用于高速外设按照连续地址方式访问内存。

直接存储器存取(DMA)意味着在主存储器与I/O设备间有直接的数据传送通路，I/O设备与内存交换数据不必再经过CPU的累加器转手，即可在内存单元与设备接口数据缓冲器之间直接实现数据直传。即输入设备的数据只需经过系统总线中的数据总线，就可以直接输入到主存储器；同样主存中的数据也可经数据总线直接输出给输出设备，因此称为直接存储器存取。DMA的另一层含义是与直接程序控制方式不同，对数据传送的控制是由硬件实现的，不依靠CPU执行具体的I/O指令，所以在DMA控制的数据传送期间不需要CPU执行程序来控制I/O操作。

作为一种对比，我们再简要回顾一下程序控制方式。在程序查询方式(直接程序传送方式)中，当设备就绪时，CPU要执行I/O指令实现数据的输入输出。而且有些计算机的访问存储单元的指令与I/O指令是分别设置的，需要先执行访问存储单元的指令将数据由主存读入CPU，再执行输出指令将数据由CPU写入I/O设备，或者反过来实现数据输入。在程序中断方式中，首先要切换到中断服务程序，在中断服务程序中同样要通过执行访问存储单元的指令与I/O指令实现数据的输入输出。

9.4.1 DMA方式的特点与应用场合

DMA的特点是可以响应设备的随机I/O请求，实现主存与I/O设备间的快速数据传送，除非出现了访问主存的冲突，DMA控制方式下的数据传送一般不会影响CPU正在执行的程序。换句话说在DMA控制的数据传送期间，CPU可以继续执行自己的程序，因而提高CPU利用率。但DMA方式本身只能处理简单的数据传送，不能实现诸如数据校验、代码转换等功能。

与程序查询方式相比，DMA方式可以响应随机的I/O请求，当传送数据的条件具备时，接口提出DMA请求，获得批准后占用系统总线进行数据的输入输出。CPU不必为此等待查询，可以继续执行自身的程序。I/O数据传送的实现是直接由硬件控制的，CPU不必为此执行指令，其程序也不受影响。

与程序中断方式相比，DMA方式仅需占用系统总线，不需要切换程序，因此不存在保存断点、保护现场、恢复现场、恢复断点等操作。因而在接到随机I/O请求后,可以快速插入DMA数据传送总线周期,只要不存在对主存的访问冲突,CPU也可以与DMA控制的数据传送并行地工作。

鉴于以上特点,DMA方式一般应用于主存与高速I/O设备间的简单数据传送(高速I/O设备指磁盘、磁带、光盘等外存储器),以及主存与其他带局部存储器的外围设备、通信设备(如网络接口适配器等)之间的数据传送。

根据磁盘的工作原理,对存放在磁盘上数据的读写是以数据块为单位进行的,一旦找到数据块起始位置,就将连续地进行读写。因为找到数据块起始位置是随机的,所以接口何时满足数据传送条件也是随机的。由于磁盘读写速度较快,而且在磁盘接口控制器上安排有较大容量的数据缓冲存储器,所以在数据传输过程中不会长时间占用总线,因此主机与磁盘之间的数据交换一般采用DMA方式传送数据。写盘时内存单元的数据直接经数据总线输出到磁盘接口的数据缓冲存储器中,然后由磁头写入盘片;读盘时由磁头从盘片上读出数据放到磁盘接口的数据缓冲存储器中,然后经数据总线写入主存。

当计算机系统通过通信设备与外部通信时,常以数据帧为单位进行批量传送。何时引发一次通信也是随机的,但开始通信后常以较快的传输速度连续传送。因此,适于采用DMA方式。

在大批量数据采集系统中,也可以采用DMA方式。

为了提高半导体存储器芯片的单片容量,许多计算机系统选用动态存储器(DRAM)构造主存,并用异步刷新方式安排刷新周期。刷新请求对主机来说是随机的。DRAM的刷新操作是对原存储内容读出并重写,可视为存储器内部的数据批量传送。因此,也可采用DMA方式实现,将每次刷新请求当成DMA请求,CPU在刷新周期中让出系统总线。在执行存储器刷新操作时,DMA控制器提供存储器的行地址(即刷新地址)和读写信号给主存,这样在一个存储周期内实现各存储芯片中的一行刷新。利用系统的DMA机制实现动态存储器的刷新,简化了存储器的动态刷新逻辑。

DMA传送的最大优势是直接依靠硬件实现数据的快速直传,也正是由于这一点DMA方式本身不能处理数据传输过程中的复杂事态。因此,在某些场合需要综合应用DMA方式与程序中断方式,二者互为补充。典型的例子是主机对磁盘的读写,磁盘读写采用DMA方式进行数据传送,而对于类似磁盘寻道结果是否正确的判别处理、批量传送结束后的善后处理这类操作,则采用程序中断方式由CPU执行相应的I/O程序来完成。

9.4.2 DMA的传送方式

DMA传送方式是指DMA控制器获取或使用总线的方法。

DMA方式使用DMA控制器(简称DMAC)来控制和管理数据的传输。DMA控制器具有独立访问内存和I/O接口寄存器的能力,即DMA控制器能够通过地址总线向内存或I/O接口提供访问地址,通过控制总线向内存或I/O接口发出读写控制信号,以实现外设与存储器之间的数据交换。通常DMA控制器和CPU共享系统总线,在DMA控制器控制传输数据时,CPU必须放弃对系统总线的控制而由DMA控制器来控制系统总线。不同的计算机系统会采用不同的方法来解决CPU与DMA控制器共享总线问题。CPU与DMA控制器共享总线大致有3种方式。

1. CPU 暂停方式

CPU 响应 DMA 请求后，让出系统总线给 DMA 控制器使用，直到数据全部传送完毕后，DMA 控制器再把总线交还给 CPU。在此期间 CPU 是不能访问主存的，因此 CPU 需要暂时停止工作。此时 CPU 内部的控制器要在 CPU 内部封锁时钟信号，并使 CPU 与总线之间的信号线呈现高阻状态。DMA 控制器获得总线控制权以后，开始进行数据传送。在一批数据传送完毕后，DMA 控制器通知 CPU 可以使用内存，并把总线控制权交还给 CPU。如图 9-21(a)所示的是这种传送方式的时间图。采用这种 DMA 工作方式的 I/O 设备，需要在其接口控制器中设置一定容量的存储器作为数据缓冲存储器使用，I/O 设备与数据缓冲存储器交换数据，主存也只与数据缓冲存储器交换数据，由于数据缓冲存储器的存取速度较快，这样可以减少由于执行 DMA 数据传送而占用系统总线的时间，从而减少了 CPU 暂停的时间。这种控制方式比较简单，用于高速 I/O 的成批数据传送是比较合适的。其缺点是 CPU 的工作会受到明显的延误，当 I/O 数据传送时间大于主存周期时，主存的利用不够充分。

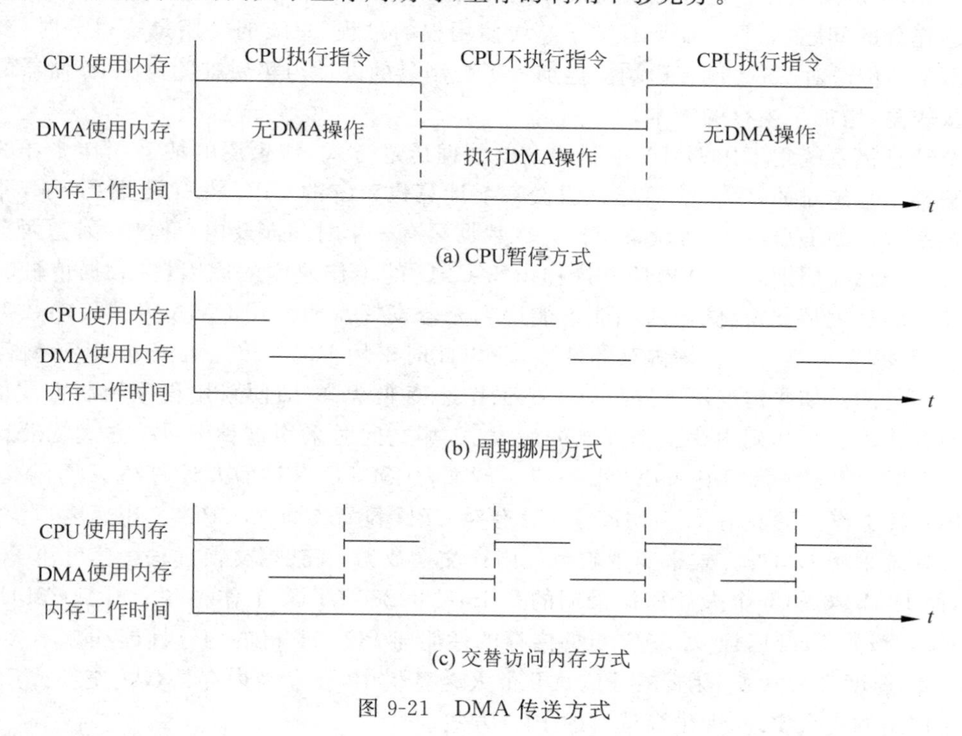

图 9-21 DMA 传送方式

2. 周期挪用方式

这种方式有时也被称作周期窃取方式。在这种方式中，当 I/O 设备无 DMA 传送请求时，CPU 正常访问主存。当 I/O 设备需要使用总线传送数据时，产生 DMA 请求，DMA 控制器把总线请求发给 CPU，此时若 CPU 本身无使用总线的要求，CPU 就可把总线交给 DMA 控制器，由 DMA 控制器控制 I/O 设备使用总线，这样的情形当然最为理想；如果此时 CPU 也要使用总线，则 CPU 自身进入一个空闲总线周期状态，即 CPU 让出一个总线周期给 DMA 控制器(也称 DMA 控制器挪用一个总线周期)，DMA 控制器利用此总线周期控制传送一个数据字后，再把总线交还给 CPU，以便 CPU 可以执行总线操作。可见当 I/O 设备与 CPU 同时都要访问主存而出现访问主存冲突时，I/O 设备访问的优先权高于 CPU 访问的优先权，因为 I/O 设备每次占用总线的时间较短(仅一个总线周期)。如图 9-21(b)所示的是这种传送方式的时间图。

周期挪用方式能够充分发挥 CPU 与 I/O 设备的利用率,是当前普遍采用的方式。其缺点是,每传送一个数据,DMA 都要产生访问请求,待到 CPU 响应后才能传送,因此判优操作及总线切换操作非常频繁,其花费的时间开销较大。往往在传输一个数据块时,需要 DMA 控制器多次申请使用总线,这影响了 DMA 的数据传输速度,这种情况适用于 I/O 设备接口控制器中数据缓冲器容量不大的场合,例如在接口控制器中仅仅设置了一个数据寄存器的情形,不合适有较大容量数据缓冲存储器的高速外设。

3. 交替访问内存方式

如图 9-21(c)所示的是这种传送方式的时间图。使用这种方式的前提是 CPU 的工作速度相对较慢,而内存的工作速度较快,或者人为拉长 CPU 执行指令的时间。如主存的存取周期为 Δt,而 CPU 每隔 $2\Delta t$ 才产生一次访存请求,那么在 $2\Delta t$ 内,一个 Δt 供 CPU 访问主存,另一个 Δt 供 DMA 访问主存。这种方式比较好地解决了 CPU 与 I/O 设备之间的访存冲突以及设备利用不充分的问题,而且不需要有请求总线使用权的过程,总线的使用是通过分时控制的,此时 DMA 的传送对 CPU 没有影响。但加大了控制器的设计与实现难度,且对存储器的工作速度要求较高,增加了主存的成本。

一个计算机系统用不用 DMA 控制的 I/O 数据传送方式,如果用的话采用什么样的使用总线方法都不是绝对的,因系统而异。假设某个计算机系统的 CPU 没有设置 Cache,那么采用程序控制方式的 I/O,主机与设备交换一次数据只有一半时间涉及内存操作,因为两个总线周期中有一个总线周期是 I/O 周期。这样由于 CPU 的工作速度的原因,在数据传输时将达不到存储器的最大带宽,存储器的性能不能得到充分发挥。而采用 DMA 方式传输数据只要一个总线周期,有可能充分发挥内存的性能,所以此时采用 DMA 传送方式的 CPU 暂停方式工作也是值得的。如果情况不是这样,CPU 工作速度非常快,即便采用程序控制方式的 I/O 也能使数据传输速度达到内存工作带宽的最大值,那么此时采用这种 DMA 方式就没有任何必要,所有的 I/O 工作都可让 CPU 来完成。例如,IBM PC/XT 个人计算机采用的是 Intel 8088 CPU,其工作主频只有 4.77MHz,且没有对 CPU 设置 Cache,CPU 工作速度不快,因此该计算机系统采用 DMA 方式来实现硬盘与内存交换数据,在数据交换过程中实际上 8088 无事可干,而 IBM PC/AT 个人计算机采用的是 Intel 80286 CPU,工作主频上升到 16MHz,也没有对 CPU 设置 Cache,且 PC/AT 机的内存的性能与 PC/XT 机的内存性能相差不大,由于 CPU 的工作速度大大加快,因此在 PC/AT 个人计算机中,硬盘与内存的数据交换改用 CPU 执行程序控制方式来实现,即硬盘读写的 PIO 方式。

9.4.3 DMA 的硬件组织

在目前的计算机系统中,大多专门设置了 DMA 控制器,而且较多采取 DMA 控制器与 DMA 接口相分离的方式。

DMA 控制器只负责申请、接管总线的控制权、发送地址和操作命令以及控制 DMA 传送过程的起始与终止,因而可以为各个设备通用,独立于具体 I/O 设备。

DMA 接口用于实现与设备的连接和数据缓冲,反映设备的特定要求。

按照这种方式,DMA 控制器中存放着传送命令信息、主存缓冲区地址信息、数据交换量信息等,它的功能是接收接口送来的 DMA 请求,向 CPU 申请掌管总线,向总线发出传送命令与内存地址,控制 DMA 传送。在逻辑划分上,DMA 控制器是输入输出子系统中的公共接口逻辑。为各 DMA 接口所共用，是控制系统总线的设备之一。在具体组装上，DMA 控制器有集成芯片可供选用，常将它装配在主机系统板上。

DMA 接口的组成与功能相应简化，一般包含数据缓冲寄存器、I/O 设备寻址信息、DMA 请求逻辑。DMA 接口可以根据寻址信息访问 I/O 设备，将数据从设备读入数据缓冲寄存器，或将数据缓冲寄存器中的数据写入设备。在需要进行 DMA 传送时，接口向 DMA 控制器提出请求，在获得批准后，接口将数据缓冲寄存器存放的数据经数据总线写入主存单元，或将主存单元存放的内容写入接口数据缓冲寄存器。

9.4.4 DMA 控制器的组成

DMA 控制器的基本组成如图 9-22 所示。它由各类寄存器组、DMA 控制逻辑以及中断控制逻辑组成。

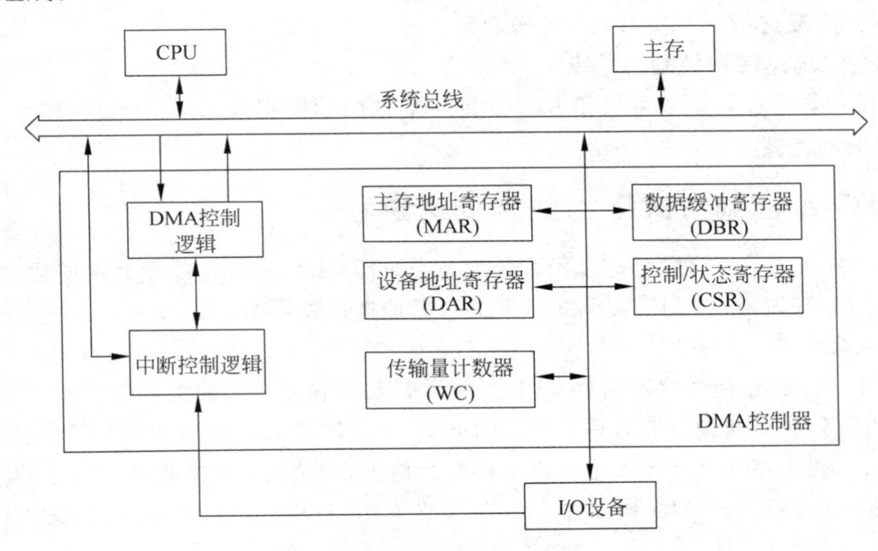

图 9-22 DMA 控制器的基本组成框图

1. 寄存器组

通常 DMA 控制器中包含多个寄存器(组)，主要的寄存器有以下几种。

(1) 主存地址寄存器(MAR)：该寄存器初始值为主存缓冲区的首地址。主存缓冲区是由连续地址单元组成的内存区域。在 DMA 操作过程中，主存地址寄存器负责提供交换数据的内存单元的地址。与设备交换数据时，从首地址指向的内存单元开始，每次数据传送后都修改 MAR 中的地址，直到一批数据传送完毕为止。

(2) 设备地址寄存器(DAR)：该寄存器用于存放 I/O 设备的设备码，或者表示设备接口控制器上数据缓冲器的地址信息。具体内容取决于 I/O 设备接口控制器的设计。

(3) 传输量计数器(WC)：该计数器对传送数据的总字数进行统计，一般采用补码表示要传送的数据量。每传送一个字(或字节)计数器自动加 1，当 WC 内容溢出时表示数据已全部传送完毕。

(4) 控制与状态寄存器(CSR)：该寄存器用于存放控制字(命令字)和状态字。有的接口中使用多个寄存器，分别存放控制字和状态字。

(5) 数据缓冲寄存器(DBR)：该寄存器用来暂存 I/O 设备与主存传送的数据。通常，

DMA与主存之间是以字为单位传送数据的,而DMA与设备之间可能是以字节或位为单位传送数据的,因此DMA控制器还可能要有装配和拆卸字信息的硬件,如数据移位缓冲寄存器、字节计数器等。有的系统采用外设控制器上的数据缓冲器与内存单元之间通过数据总线直传的方法,这样就不需要数据缓冲寄存器。

以上各寄存器均有自己的端口地址,以便CPU访问。

2. DMA控制逻辑

DMA控制逻辑负责完成DMA的预处理(初始化各类寄存器)、接收设备控制器送来的DMA请求信号、向设备控制器回答DMA允许(应答)信号、向系统申请总线以及控制总线实现DMA传输控制等工作。

3. 中断控制逻辑

DMA中断控制逻辑负责在DMA操作完成后向CPU发出中断请求,申请CPU对DMA操作进行后处理或进行下一次DMA传送的预处理。

4. 数据线、地址线和控制信号线

DMA控制器中设置了与主机和I/O设备两个方向的数据线、地址线和控制信号线以及有关收发与驱动电路。

9.4.5 DMA控制方式下的数据传送过程

DMA控制方式下的数据传送过程可分为3个阶段:DMA传送前预处理阶段、数据传送阶段及传送后处理阶段。DMA控制方式下的数据传送过程如图9-23所示。

1. DMA预处理

在进行DMA数据传送之前需要CPU执行一段程序做一些必要的准备工作。首先,CPU要测试设备状态,在确认设备完好后CPU再向DMA控制器的设备地址寄存器中送入设备地址并启动设备,在主存地址寄存器中送入主存起始地址,在传输量计数器中送入要传送的数据个数,向控制寄存器写入DMA操作命令。在这些工作完成之后,CPU可以继续执行原来的程序。

当外围设备准备好发送的数据(输入)或上次接收的数据已处理完毕(输出)后,就发出DMA请求给DMA控制器,由DMA控制器发出总线请求,申请使用系统总线。如果此时有几个I/O设备同时发出DMA请求,DMA控制器要用硬件排队线路对DMA请求进行排队,以确定首先进行DMA传输的设备。在DMA控制器获得总线使用权后,DMA控制器向该设备发出DMA允许信号(DMA应答信号),在DMA控制器的控制下,I/O设备开始与内存进行数据交换。

2. 数据交换操作

DMA控制器获取总线后,DMA控制器根据在DMA预处理阶段CPU送来的DMA操作命令字所规定的传送方式进行输入输出操作,直到将所有数据传输完毕,DMA控制器交还总线,发出中断请求。

若为输入数据,则具体操作过程如下:

(1) 从输入设备接口控制器的数据缓冲寄存器中读入一个字到DMA控制器的数据缓冲寄存器(DBR)中。如I/O设备是面向字符的,也就是一次读入的数据为一个字节,则需将两个字节(或多个字节)的数据组成一个字。

(2) DMA控制器将主存地址寄存器(MAR)中的主存地址送主存的地址寄存器。

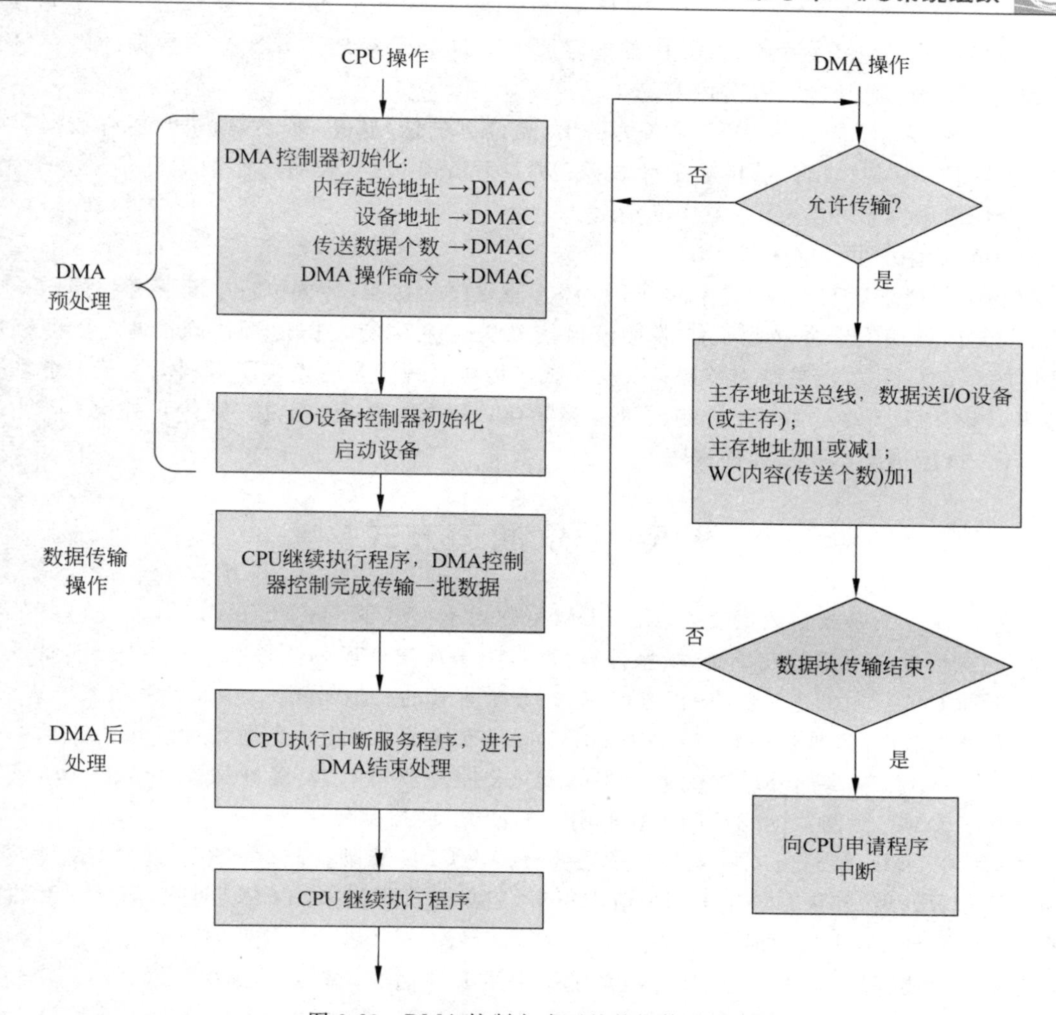

图 9-23 DMA 控制方式下的数据传输过程

(3) DMA 控制器将数据缓冲寄存器(DBR)中的数据送入主存的数据寄存器中,并发出存储器写操作信号,将数据写入主存单元。

(4) 将主存地址寄存器(MAR)中的内容加 1 或减 1,以确定下一次交换数据的内存单元的地址。将传输量计数器(WC)内容加 1。

(5) 判断传输量计数器(WC)是否为溢出(高位有进位)状态,若不是,说明还有数据需要传送,准备下一字的输入。若传输量计数器(WC)为溢出状态,表明一组数据已传送完毕,置 DMA 操作结束标志并向 CPU 发中断请求。

若为输出数据,则具体操作过程如下:

(1) DMA 控制器将主存地址寄存器(MAR)的内容送主存的地址寄存器。

(2) DMA 控制器发出存储器读操作信号以启动主存的读操作,将对应单元的内容读入主存的数据寄存器中。

(3) 将主存数据寄存器的内容送到 DMA 控制器中的数据缓冲寄存器(DBR)中。

(4) 将数据缓冲寄存器(DBR)的内容送到输出设备控制器的数据缓冲寄存器中,若为字符设备,则需将 DBR 内存放的字分解成字符后再输出。

(5) 将主存地址寄存器(MAR)中的内容加1或减1,以确定下一次交换数据的内存单元的地址。将传输量计数器(WC)内容加1。

(6) 判断传输量计数器(WC)是否为溢出(高位有进位)状态,若不是,说明还有数据需要传送,准备下一字的输出。若传输量计数器(WC)为溢出状态,表明一组数据已传送完毕,置DMA操作结束标志并向CPU发中断请求。

3. DMA后处理

接到中断请求后CPU响应中断,CPU停止原程序的执行,转去执行中断服务程序做一些DMA的结束处理工作。这些工作常常包括校验送入主存的数据是否正确;决定是继续用DMA方式传送下去,还是结束传送;以及测试在传送过程中是否发生了错误等。若需继续交换数据,则CPU又要对DMA控制器进行初始化;若不需要交换数据,则停止外设;若为出错,则转去执行错误诊断及处理程序。

9.5 I/O通道方式

对于高速外设的成组数据交换,采用DMA方式不仅减少了CPU的开销,而且提高了系统I/O的执行效率。因此在小型、微型计算机中,由于连接外设的数量和种类有限,因而采用程序中断和DMA方式进行系统的I/O处理是非常有效的。但对于大、中型计算机系统来说,由于配置外设较多,数据传送频繁,如仍采用DMA方式会存在以下问题:

(1) 如果为数众多的外设都配置专用的DMA控制器,将大幅度增加硬件成本。而且难以解决众多DMA控制器同时访问主存所引起的冲突,使控制复杂化。

(2) 采用DMA传送方式的众多外设还要直接由CPU管理控制,由CPU进行DMA操作的预处理和后处理,如果系统中DMA请求很多,势必会占用很多的CPU时间,而且频繁的周期挪用也会降低CPU执行程序的效率。

为避免上述弊病,在大、中型计算机系统中采用I/O通道控制方式进行数据交换。

I/O通道控制方式最早应用于IBM 360大型机中,近年来,在中、小型及微型计算机中进一步发展了这种技术,形成了各种I/O处理器。而在承担高端计算的大、巨型机系统中,则广泛使用外围处理机。

1. 概述

I/O通道是计算机系统中代替CPU管理控制外设的独立部件,是一种能执行有限的I/O通道指令的I/O控制器。它使主机与I/O设备之间达到更高的并行程度。由于它的任务是控制、管理输入输出操作,为I/O设备提供一种传送数据的通道,所以将这种控制部件称作I/O通道。

一台主机可以连接若干I/O通道,每个I/O通道可以通过I/O总线连接多台I/O设备。形成主机-I/O通道-I/O设备控制器-I/O设备四级连接方式。典型的使用方式是:一种通道连接多台慢速设备,它们之间以字节为单位交叉地占用I/O扩展总线传送数据;另一种通道连接多台快速设备,如磁盘、磁带,它们之间以数据块为单位占用I/O扩展总线连续传送数据。各通道之间可以并行工作,但通道与主存储器之间传送数据时,依照优先级别每次只能接通一个通道。当选中一个通道与主存进行数据交换时,其他通道可以继续保持I/O设备之间的数据传送。

具有I/O通道的计算机系统除了提供CPU机器指令系统外,系统还设置了供I/O通道专用的一组I/O通道指令，用I/O通道指令编制成I/O通道程序，存放到存储器中。当需要进行I/O操作时，CPU只需给出启动I/O通道的命令，然后CPU就可以继续执行自身的程序，而I/O通道则开始执行通道程序，管理I/O操作。在I/O通道程序中，允许采取多种I/O传送方式，使I/O设备与主存之间进行数据直传。因此，CPU与通道之间可以有很高的并行工作程度。

为了加深对通道方式特点的认识，下面将它与程序中断方式和DMA控制方式作一下对比。

与DMA方式相比，二者都能在I/O设备与主存间建立数据直传通路，使CPU从I/O操作控制中脱出身来，提高CPU与I/O之间的并行处理程度。DMA方式直接依靠纯硬件管理输入输出，只能实现简单的数据传送。而I/O通道是基于I/O通道硬件依靠执行I/O通道程序来管理输入输出的，因而通道除了承担DMA的全部功能外，还承担了诸如对设备控制器初始化的工作，并能处理来自以单个字符传送为主的低速外设的中断请求，因此它分担了计算机系统中全部或大部分的I/O控制与管理功能，实现了对数据进行某些预处理，对I/O过程进行检测、判别与错误处理等功能，进一步减轻了CPU的负担，实现了CPU与I/O设备之间的并行工作。因此，可以认为通道方式是一种在DMA方式的基础上发展形成的、功能更强的I/O管理方式。

与程序中断方式相比，二者都通过执行程序去管理I/O操作，因而灵活性较强，可以通过扩展程序的功能来扩展处理能力。由于程序中断方式在数据传输时需要占用CPU宝贵的时间，而I/O通道在被CPU启动后，几乎完全取代了CPU去管理I/O操作，包括对来自设备的中断请求的处理，除非CPU本身需要I/O数据，否则CPU根本不会关心I/O操作。因此，I/O通道使CPU最大限度地从I/O管理中解脱出来。

事实上，I/O通道结构具有很强的弹性，根据需要可以简化或者增强。在早期的一些系统中，采用一种结合型I/O通道，它虽可独立执行I/O通道程序，但需借用CPU的某些部件来协同实现控制与处理；因而可将这些通道视为主机的一部分，与CPU结合设计和实现。后来，I/O通道完全独立于CPU，具有自己的完整逻辑结构，称为独立型I/O通道，CPU在启动I/O通道后就由I/O通道独立地管理I/O操作，需要时，CPU可对I/O通道进行检测，也可以终止I/O通道目前正在执行的操作。在CPU启动I/O通道后，I/O通道自动地去取出I/O通道指令并执行该指令，直到数据传输结束，I/O通道向CPU发出中断请求，进行结束处理工作。

那么I/O通道程序存放在哪里呢？在早期的I/O通道实现中，I/O通道程序存放在主机的主存储器中，即I/O通道与CPU共用主存，例如IBM 370系统。后来，一些计算机为I/O通道配置了局部存储器，这样就减少了CPU与I/O通道之间的冲突，进一步提高了CPU与I/O通道工作的并行度。

一般来说，I/O通道应有以下具体功能：

(1) 根据CPU要求选择某一指定外设与系统相连，向该外设发出操作命令，并进行初始化。

(2) 指出要求外设读写信息的位置以及与外设交换信息的主存缓冲区地址。

(3) 控制外设与主存之间的数据交换，并完成数据字的分拆与装配。

(4) 指定数据传送结束时的操作内容，并检查外设的状态，正常或故障。

2. 通道的类型

按照所采取的传送方式,通道分为字节多路通道、选择通道和数组多路通道 3 种。

1) 字节多路通道

字节多路通道是一种简单的共享通道,在时间分割的基础上,服务于多台面向字符的低、中速外围设备。这种通道可以连接与管理多台慢速设备,以字节交叉方式传送数据。其传送方式如图 9-24 所示。

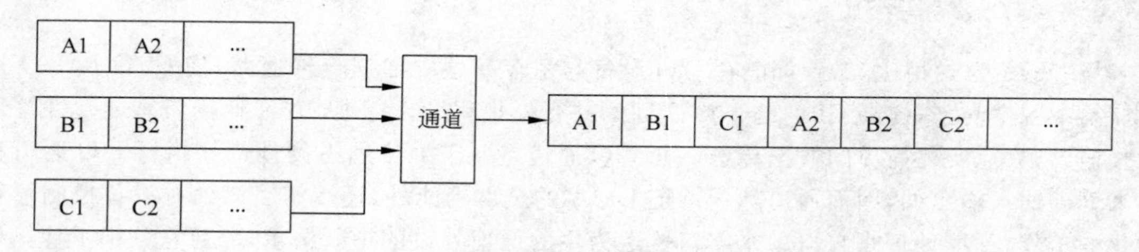

图 9-24　字节多路通道传送方式示意图

字节多路通道包括多个子通道,每个子通道服务于一个设备控制器,可以独立地执行通道指令。例如,IBM 370 的多路通道可连接 128 个子通道。图 9-24 中只示意地连接了 3 个子通道。每个子通道都需要有字符缓冲寄存器、I/O 请求标志寄存器、I/O 控制寄存器、主存地址寄存器和字节计数寄存器等。而所有子通道的控制部分是公共的,由所有子通道所共享。通常,每个通道的有关指令和参量存放在主存固定单元中或通道自身的存储器中。当通道在逻辑上与某一设备连通时,将这些指令和参量取出来,送入公共控制部分的寄存器中以便使用。

字节多路通道要求每种设备分时占用通道一个很短的时间段,不同的设备在各自分得的时间段内与通道建立传输连接,实现数据的传送。

字节多路通道所连接的都是慢速设备,如键盘终端、打印机等。在多用户分时系统中,所连接的键盘、终端数目可能是大的。所谓慢速设备,是指设备为准备一次输入数据,或为接收一次输出数据所需的时间较长。例如键盘,两次按键之间的间隔至少数分之一秒,才能向主机发送一个字节的键码。又如打印机,在接收一个或一行打印信息后,通过机电部件完成一次打印所需时间较长,一行数据打印完后才能接收新的打印信息。如果让一台慢速设备独占通道,其传输效率很低。所以字节多路通道选择以字节为传送单位,由各设备轮流(交叉)地使用通道进行数据传送。在图 9-24 的示例中,字节多路通道先选择设备 A,为其传送一个字节 A1;然后选择设备 B,传送字节 B1;再选择设备 C,传送字节 C1;再交叉地传送 A2,B2,C2,…。所以字节多路通道的功能好比一个多路开关,交叉地接通各台设备。当通道传送某一设备的数据字节时,其他设备可以并行地工作,准备需要传送的数据字节,或处理收到的数据字节。

2) 选择通道

选择通道每次只能从所连接的设备中选择一台 I/O 设备,此刻该通道程序独占了整个通道,当该设备与主存交换完数据后,选择通道才能转去执行另一个设备的通道控制程序,为另一台设备服务。因此,连接在选择通道上的若干设备,只能依次使用通道与主存交换数据,并且数据传送是以数据块(成组)方式进行的,每次传送一个数据块,因此传送速率很高。选择通道适合于控制快速设备,如磁盘。

图 9-25 是一个选择通道传送方式的示意图。选择通道先选择设备 A,成组连续传送 A1A2…。当设备 A 的数据传送完毕后,选择通道又选择设备 B,成组连续传送 B1B2…。再选择设备 C,成组连续传送 C1C2…。

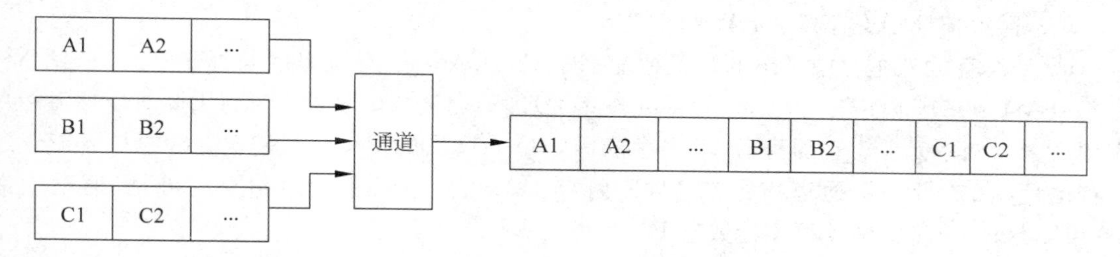

图 9-25 选择通道传送方式示意图

采用这样的传送方式，是为了适应快速设备的连续传送要求。但各设备之间不能并行工作，只有为设备 A 服务的通道程序执行完毕后，才能执行为设备 B 服务的通道程序。连接在选择通道上的若干台设备，只能依次使用选择通道与主存交换数据。所以选择通道在物理上可以连接多台设备，但是逻辑上相当于在每段时间内只连接了一台设备。

3）数组多路通道

数组多路通道把字节多路通道和选择通道的特点结合起来。它有多个子通道，可以执行多路通道程序，就像字节多路通道那样，所有子通道分时共享父通道，又可以用选择通道那样的方式传送数据。

这种通道可以连接多台快速设备，允许设备并行工作，但通道以成组交叉方式传送数据。快速设备要求成组连续传送，不允许以字节为单位切换设备，不能采用字节多路通道。快速设备也需有启动后的准备时间，在工作过程中也有可能遇到机电性操作，如磁头移动等。如果采用选择通道，只有等待，因而会浪费通道的时间。

数组多路通道允许几个设备同时工作，当一个设备使用通道（执行通道程序）进行成组传送时，其他设备仍可执行机电性操作，如寻址等。当一个设备传送完一个数据块或该设备遇到机电性操作时，就将该设备挂起，通道改为另一设备传送数据。当设备完成机电性操作，准备好传送数据时，就等待通道响应其传送申请。从某种意义上讲，各设备的通道程序是以多道程序运行方式工作的。

因此，数组多路通道综合了字节多路通道和选择通道的优点，既允许各子通道间并行工作（多路），又以数组为单位成组地连续传送，具有很高的数据传输率。常用数组多路通道连接管理磁带、磁盘等外存储器。

在一台较大规模的计算机系统中，可同时连接上述 3 种类型的通道，每种通道再连接若干设备，同一通道所挂接的设备其速度属于相近的档次。

3. I/O 指令、I/O 通道指令与 I/O 通道程序

I/O 指令是计算机系统给用户使用的指令系统的一部分。由 CPU 负责解释执行。由于采用了通道控制器，此时 I/O 指令不再直接控制 I/O 数据的具体传送，一般只用来负责启、停 I/O 通道，查询通道及 I/O 设备状态，控制 I/O 通道进行某些操作等。

I/O 通道指令又称为 I/O 通道控制字（CCW），它是用来编制 I/O 通道程序的指令，专供 I/O 通道来解释执行，以实现 I/O 数据传输等 I/O 操作。对于 I/O 设备的具体控制，要用 CCW 编制成有关的 I/O 通道程序，在 CPU 的命令下启动这个程序实现有关 I/O 操作。

4. 通道的组成结构

图 9-26 是一种选择通道的简化组成模型，多路通道的组成基本与其相似。通道位于主机与设备控制器之间，图中示意性地画出了主要信息传送途径，不是实际的逻辑连接线。

(1) 通道地址字寄存器(CAWR)

CAWR 存放从主存中读出的通道地址字 CAW,CAW 指明通道指令所在单元的地址码。对于 IBM4300,基本字长 32 位,主存单元按字编址,而通道指令字长 64 位,因此每条通道指令占用 2 个存储单元。启动通道后,由主存的固定单元读出的 CAW,CAW 给出的是通道程序的首地址,每执行一条通道指令,CAWR 内容＋2,指向下一条通道指令。可见,通道中的 CAWR 类似于 CPU 中的程序计数器 PC。

(2) 通道指令寄存器(CCWR)

由主存读出的通道指令,存放在通道的 CCWR 中,据此向设备控制器发出控制命令。CCWR 的作用类似于 CPU 中的指令寄存器 IR。由于一条通道指令可以执行若干周期,以实现成组传送,所以每传送一次,需对 CCWR 中的数据地址与计数值进行±1 修改。

(3) 数据缓冲寄存器

当通道申请与主存进行数据传送时,由于访存冲突的存在,有可能等待一段时间才会获得响应,所以通道应该有足够大小的数据缓冲寄存器。通道与设备间可能按字节传送,而通道与主存之间则按字(多个字节)传送,因此通道的数据缓冲寄存器还应具有数据的组装与拆分的功能。

(4) 设备地址寄存器

CPU 启动通道的 I/O 指令中包含设备号,它被送入通道的设备地址寄存器。据此向 I/O 总线送出设备地址,经设备控制器译码产生设备选中信号。

(5) 通道状态字寄存器(CSWR)

CSWR 存放本通道与设备的状态信息,供 CPU 的 TCH 指令查询。

(6) 通道控制器(微命令发生器)

通道相当于一个专门执行通道指令的小型的 CPU,为此也需要一个微命令发生器来控制通道的操作。它可以采用组合逻辑或微程序方式实现。

(7) 时序系统

负责 I/O 操作中有关的时序控制。

5. 通道工作过程

对于图 9-26 所示通道,其工作过程大致如下。

在编制通道程序时,应根据 I/O 设备的需要在主存中开辟相应的输入输出缓冲区,一般采取多缓冲区技术。在需要启动某通道与设备时,先将使用者的主存缓冲区首地址及传送字节数填写到通道程序中,并将通道程序的首地址写入某固定单元(IBM4300 约定为 77 号单元)。做好上述准备工作之后,可执行启动通道指令 SIO,在该指令中给出通道号及设备号。

被指定的通道接到启动信号后,从主存 77 号单元取出通道地址字 CAW,送入通道地址字寄存器 CAWR。

通道将 SIO 指令送来的设备号送入设备地址寄存器,然后向 I/O 总线送出所要启动的设备号。被指定的设备向通道送出回答信号,并回送本设备地址,如果回答的设备地址与通道送出的设备号一致,表明启动成功。于是通道根据 CAWR 中的通道程序的首地址,从主存中取出第一条通道指令,开始执行通道程序。通道指令被送入通道指令寄存器 CCWR,根据 CCW 的命令字段代码,通道向设备发出控制命令。设备在接到命令之后,向通道送出状态码。

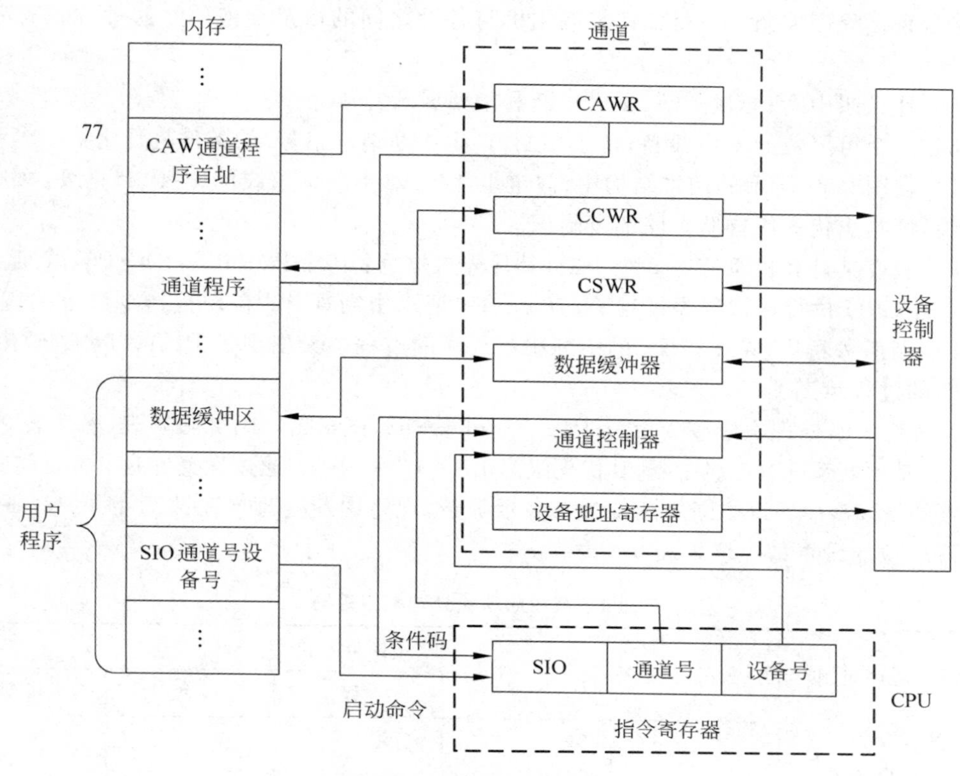

图 9-26　通道的逻辑框图

当执行第一条通道指令时,CPU 还需判别这次启动是否成功。如果设备在接到第一条通道指令发出的命令后,回送的状态编码为全 0,表示接受命令。于是通道向 CPU 送出条件码,表示启动成功。CPU 便可转去执行其他程序,由通道独立地执行通道程序。若设备送回的状态编码不是全 0,表示不能正常执行通道命令,状态编码指示不能接受命令的原因,例如设备出错。

执行完一条通道指令后,通道地址字寄存器的内容 CAWR 加 2,以便读取第二条通道指令。

如果执行数据传送指令,则每传送一次数据,相应修改通道指令字 CCW 中的数据地址与计数值。当计数值为 0 时,表明本次数据传送完毕。

如果所执行的通道指令中数据链标志 CD 与命令链标志 CC 均为 0,表明这是本通道程序中的最后一条。在执行完这条通道指令后,结束通道程序。通道程序执行结束后,通道一方面向设备发出结束命令,一方面向 CPU 申请中断,并将通道状态字 CSW 写入主存某指定单元中,供中断处理程序分析,作结束处理。

习　　题

9.1　主机与外围设备间的连接有哪几种模式？各自的优缺点是什么？

9.2　接口的主要功能是什么？

9.3　何谓并行接口、串行接口、同步接口和异步接口？各有何特点？

9.4 直接程序控制方式是如何控制主机与外设之间的信息交换的？这种方式有哪些优缺点？

9.5 什么叫中断、向量中断、多重中断和中断屏蔽？

9.6 一个可屏蔽的I/O设备，请求中断(产生中断请求信号)的条件是什么？

9.7 在图9-15所示的两维结构中，假定主优先级(中断请求线优先级)有三级，次优先级也有三级，试给出优先级排队电路的逻辑图。

9.8 假设某计算机系统有5级中断，其优先次序为：P1→P2→P3→P4→P5，试问：

(1) 若CPU执行正常程序过程中，有P2、P4请求中断，CPU在现行指令结束响应中断，执行P4中断服务程序，在执行P2的中断服务程序的过程中又出现了P1、P3请求，画出CPU处理中断的过程示意图。

(2) 若将中断处理次序改为P2→P4→P1→P5→P3，试给出中断屏蔽码表(参考表9-2)。

9.9 某中断系统有5级中断，其优先级为1→2→3→4→5。通过设置屏蔽的方法可以改变各级中断的处理次序。设中断屏蔽位为0表示屏蔽，现将中断处理次序改为1→4→2→5→3，将中断屏蔽位的设置情况填入表9-4内。

表9-4 某中断系统处理程序级别

中断处理程序级别	中断屏蔽位				
	1级	2级	3级	4级	5级
第1级					
第2级					
第3级					
第4级					
第5级					

9.10 试述CPU处理一个可屏蔽设备的中断请求的处理过程。

9.11 与程序中断方式相比，DMA方式有哪些主要特点？

9.12 DMA控制器由哪些主要部件组成？如果要用DMA方式从硬盘中向主存调入2KB的信息到以7F0000H为地址的主存缓冲区中，试述其传送信息的过程。

9.13 比较直接程序控制方式，程序中断方式、DMA方式及通道方式进行信息传送控制的主要特点和适用场合。

9.14 说明DMA控制器中下面寄存器或部件的作用。

(1) 数据缓冲寄存器DBR (2) 主存地址寄存器DMAR (3) 中断控制逻辑

9.15 某计算机系统中的磁盘，采用周期挪用方式与主存交换信息，假定现在主存要到磁盘中读取一个扇区的数据，问在这种方式中，什么时候发DMA请求信号？什么时候发中断请求信号？二者有何区别？

9.16 什么是DMA方式？在用DMA方式进行信息传送的预处理阶段应传送哪些初始参数？

9.17 某计算机中断系统设有5个中断源，分别为P_1、P_2、P_3、P_4、P_5，它们的优先次序从高到低为$P_1 \to P_2 \to P_3 \to P_4 \to P_5$，假设来自设备的中断请求信号分别为$INTR_1$、$INTR_2$、$INTR_3$、$INTR_4$、$INTR_5$，经排队后送入向量地址产生电路的信号为$INT_1$、$INT_2$、$INT_3$、$INT_4$、$INT_5$。已知各中断源的向量地址如表9-5所示。

表 9-5　中断源的向量地址

中断源	中断信号	中断向量地址
P_1	INT_1	0005H
P_2	INT_2	0007H
P_3	INT_3	0009H
P_4	INT_4	000BH
P_5	INT_5	000DH

设向量地址寄存器为 VMAR。当 CPU 给出中断响应信号 INTA 时，将目前已申请中断且优先级最高之中断源的向量地址送入 VMAR。试设计中断排队电路、向量地址形成电路及 VMAR 的第 4 位到第 0 位的逻辑电路。给定器件如图 9-27 所示(扇入系数不限)。

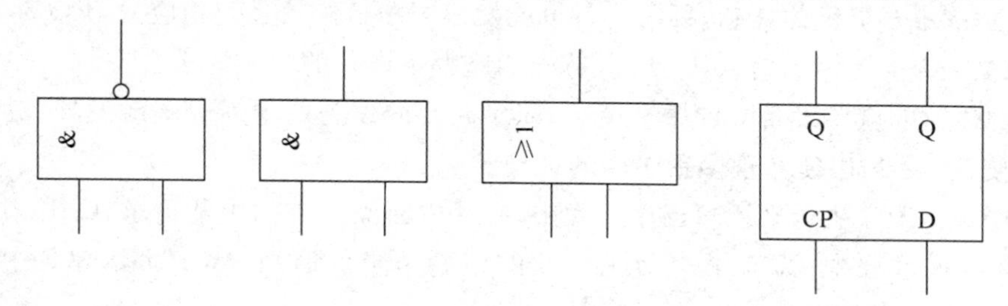

图 9-27　给定器件

9.18　图 9-28 给出了一个中断控制逻辑线路。

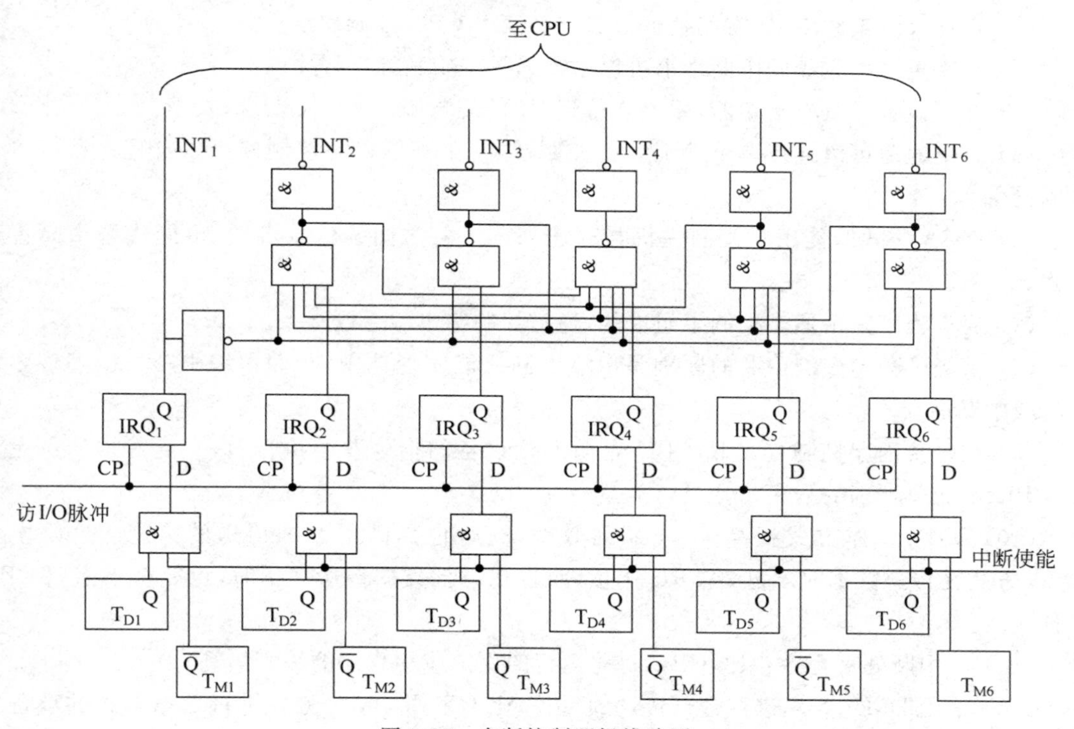

图 9-28　中断控制逻辑线路图

图中：T_{Mi}为第 i 级设备的中断屏蔽触发器，$T_{Mi}=1$ 表示屏蔽该设备的中断请求。($i=1\sim6$)。T_{Di}为第 i 级设备的完成(或就绪)触发器，$T_{Di}=1$ 表示第 i 级设备工作完成或就绪，可以发出中断请求。IRQ_i为第 i 级设备的中断请求触发器。$IRQ_i=1$ 表示第 i 级设备发出中断请求。INT_i为第 i 级设备向 CPU 或中断向量地址编码电路传送的中断请求信号。

表 9-6 中给出了某时刻各中断源(设备)的状态。

表 9-6 某时刻各中断源的状态

设备 状态	P_1	P_2	P_3	P_4	P_5	P_6
T_{Di}	1	1	1	1	1	1
T_{Mi}	1	0	0	0	0	1

请回答:

(1) 根据表 9-6 提供的信息,哪些设备可能发出中断请求信号使相应的 $IRQ_i=1$?

(2) 根据表 9-6 提供的信息,CPU 应首先响应哪个设备的中断请求?

(3) 若 CPU 响应了设备 6 的中断请求,问应向哪些设备的中断屏蔽触发器 T_{Mi} 发出中断屏蔽信号,使 $T_{Mi}=1$,以便实现多重中断的处理?

(4) 如果在 CPU 执行某用户程序过程中,有了中断源 1、4 的中断请求,CPU 在处理中断源 4 的中断请求过程中,又有了中断源 2、3 的中断请求。请画出 CPU 处理各中断请求的过程。

9.19 判断题。

(1) DMA 控制器和 CPU 可以同时使用总线工作。

(2) 在计算机系统中,所有的数据传送都必须由 CPU 控制实现。

(3) 一个更高优先级的中断请求可以中断另一个中断处理程序的执行。

(4) 外围设备一旦申请中断,立刻能得到 CPU 的响应。

(5) 一个通道可以连接多个外围设备控制器,一个外围设备控制器可以管理一台或多台外围设备。

(6) DMA 方式既能用于控制主机与高速外围设备之间的信息传送,也能代替中断传送方式。

(7) 通道程序是由通道控制字组成的,通道控制字也称通道指令。

(8) 单级中断与多级中断的区别是单级中断只能实现单中断,而多级中断可以实现多重中断或中断嵌套。

(9) 在直接程序控制方式下,CPU 启动 I/O 设备的指令开始执行后,直到数据传送完为止,CPU 不能执行别的程序。

(10) DMA 工作方式提高了 CPU 的效率,同时也提高了数据传送的速度。这是由于 DMA 方式在传送数据时不需要 CPU 干预,而且在一批数据传送完毕时,也完全不需要 CPU 干预。

(11) 与中断处理程序相比,CPU 目前运行的用户应用程序的级别最高。

(12) 采用 DMA 方式进行数据传送的设备,比不采用 DMA 方式进行数据传送的设备优先级要高。

(13) CPU 在执行当前指令最后所做的检查是否有各类中断请求的次序,即为 CPU 处理各类中断的次序。

9.20　选择题。

(1) I/O 接口中的数据缓冲器的作用是________。

A. 用来暂存外围设备和 CPU 之间传送的数据

B. 用来暂存外围设备的状态

C. 用来暂存外围设备的地址

D. 以上都不是

(2) 在中断响应过程中，保护程序计数器的作用是________。

A. 使 CPU 能找到中断处理程序的入口地址

B. 使中断返回后，能回到断点处继续原程序的执行

C. 使 CPU 和外围设备能并行工作

D. 为了实现中断嵌套

(3) DMA 方式用来实现________。

A. CPU 和内存之间的数据传送

B. 外围设备和外围设备之间的数据传送

C. CPU 和外围设备之间的数据传送

D. 内存和外围设备之间的数据传送

(4) 如果认为 CPU 查询设备的状态信号是处于非有效工作状态，那么，在下面几种主机与设备之间的数据传送方式中，__①__主机与设备是串行工作的，__②__主机与设备是并行工作的，__③__主程序与外围设备是并行运行的。

A. 程序查询方式　　B. 中断方式

C. DMA 方式　　D. 通道方式

(5) 下面哪种情况会提出中断请求？________

A. 产生存储周期窃取　　B. 一次 I/O 操作结束

C. 两个数相加　　D. 上述三种情况都发生

(6) 中断向量地址是________。

A. 子程序的入口地址　　B. 中断服务程序的入口地址

C. 中断服务程序入口地址的地址　　D. 中断向量表的起始地址

(7) 向量中断与非向量中断的区别在于________。

A. 非向量中断是单一中断源的中断，而向量中断是多中断源的中断

B. 非向量中断只有单一中断处理程序入口，而向量中断有多个中断处理程序入口

C. 非向量中断是单级中断，而向量中断可以实现多级中断

D. 非向量不能作为中断隐指令，而向量可以形成隐指令

(8) 采用 DMA 方式传送数据时，每传送一个数据，就要占用________的时间。

A. 一个指令周期　　B. 一个 CPU 周期

C. 一个存储周期　　D. 一个总线周期

(9) 周期挪用方式常用于________中。

A. 直接存储器存取方式的输入输出

B. 直接程序控制传送方式的输入输出

C. CPU 的某寄存器与存储器之间的直接程序控制传送

D. 程序中断方式的输入输出

(10) 在下面有关DMA概念的叙述中,正确的是________。

A. 当CPU在执行指令时,CPU与DMA控制器同时提出了对主存访问的要求,这时应首先满足CPU的要求,以免指令执行发生错误,而DMA传送数据是可等待的

B. DMA周期挪用方式是在CPU访问存储器总线周期结束时,插入一个DMA访问周期。在此期间,CPU等待或执行不需要访问内存的操作

C. 因为DMA传送是在DMA控制器控制下内存与外设直接数据传送,因此在这种方式中,始终不需要CPU干预

D. CPU在接到DMA请求后,必须尽快地在一条指令执行后予以响应

9.21 填空题。

(1) CPU对输入输出设备的访问,采用按地址访问的形式。对I/O设备编址的方法,目前采用方式主要有:__①__和__②__,其中__③__需要有专门的I/O指令支持。

(2) 主机与外围设备之间的数据交换方式有__①__、__②__、__③__和__④__等几种。

(3) 接口接收到中断响应信号INTA后,要将__①__传送给CPU。

(4) 选择型DMA控制器在物理上可以连接__①__设备,而在逻辑上只允许连接__②__设备,它适合于连接__③__设备。

(5) DMA控制器和CPU分时使用总线的方式有__①__、__②__和__③__3种。

(6) 通道的种类有__①__、__②__和__③__3种。

(7) 通道的工作过程可分为__①__、__②__和__③__3部分。

(8) 在I/O控制方式中,主要由程序实现的控制方式是__①__方式。

(9) 中断处理过程可以__①__进行,__②__的设备可以中断__③__的中断服务程序。

(10) I/O通道是一个特殊功能的__①__,它有自己的__②__,专门负责数据输入输出的传输控制,CPU只负责__③__功能。

(11) 程序中断I/O方式与DMA方式除了应用场合及响应时间不同以外,两者的主要区别在于__①__。

参考文献

[1] 张功萱，顾一禾，邹建伟，等. 计算机组成原理. 北京：清华大学出版社，2005.

[2] 白中英，戴志涛. 计算机组成原理(第五版). 北京：科学出版社，2013.

[3] 蒋本珊. 计算机组成原理(第 3 版). 北京：清华大学出版社，2013.

[4] 徐洁，俸远祯. 计算机组成原理与汇编语言程序设计(第 3 版). 北京：电子工业出版社，2011.

[5] 王庆荣. 计算机组成原理与体系结构. 北京：北京交通大学出版社，2013.

[6] 唐朔飞. 计算机组成原理(第 2 版). 北京：高等教育出版社，2008.

[7] 封超. 计算机组成原理与系统结构. 北京：清华大学出版社，2012.

[8] 徐爱萍. 计算机组成原理习题与解析 A 级. 北京：清华大学出版社，2007.

[9] 顾一禾，朱近，路一新. 计算机组成原理辅导与提高. 北京：清华大学出版社，2004.

[10] 袁春风. 计算机组成与系统结构. 北京：清华大学出版社，2010.

[11] 张晨曦，刘依，张硕，等. 计算机组成与结构. 北京：高等教育出版社，2009.

[12] Randal E. Bryant，David R. O'Hallaron 著. 龚奕利，雷迎春译. 深入理解计算机系统. 北京：机械工业出版社，2011.

[13] David A. Patterson，John L. Hennessy 著. 计算机组成与设计：硬件/软件接口(英). 北京：机械工业出版社，2014.

[14] Andrew S. Tanenbaum 著. 刘卫东，宋佳兴，徐恪译. 计算机组成结构化方法(第 5 版). 北京：人民邮电出版社，2006.

[15] Dominic Sweetman 著. 李鹏，鲍峥，石洋，等译. MIPS 体系结构透视(英). 北京：机械工业出版社，2008.

[16] 刘佩林，谭志明，刘嘉龑. MIPS 体系结构与编程. 北京：科学出版社，2008.

[17] William Stallings 著. 张昆藏，等译. 计算机组织与体系结构：性能设计. 北京：清华大学出版社，2006.

[18] 王志英，张春元，等. 计算机体系结构. 北京：清华大学出版社，2010.

[19] PCI-SIG. PCI Local Bus Specification Revision 3.0，2012.08.

[20] PCI-SIG. PCI Local Bus Specification Revision 2.3，2002.05.

[21] PCI-SIG. PCI Local Bus Specification Revision 2.2，1998.11.

[22] PCI-SIG. PCI Local Bus Specification Revision 2.1，1995.06.

[23] Compaq Computer Corporation，Hewlett-Packard Company，Intel Corporation，Lucent Technologies Inc，Microsoft Corporation，NEC Corporation，Koninklijke Philips Electronics N.V. Universal Serial Bus Specification Revision 2.0，2000.04.

图书资源支持

感谢您一直以来对清华版图书的支持和爱护。为了配合本书的使用，本书提供配套的素材，有需求的用户请到清华大学出版社主页（http://www.tup.com.cn）上查询和下载，也可以拨打电话或发送电子邮件咨询。

如果您在使用本书的过程中遇到了什么问题，或者有相关图书出版计划，也请您发邮件告诉我们，以便我们更好地为您服务。

我们的联系方式：

地　　址：北京海淀区双清路学研大厦 A 座 707

邮　　编：100084

电　　话：010－62770175－4604

资源下载：http://www.tup.com.cn

电子邮件：weijj@tup.tsinghua.edu.cn

QQ：883604（请写明您的单位和姓名）

扫一扫

资源下载、样书申请

新书推荐、技术交流

用微信扫一扫右边的二维码，即可关注清华大学出版社公众号“书圈”。